数值传热学

(第 2 版)

陶文铨　编著

Numerical Heat Transfer

(Second Edition)

西安交通大学出版社

内 容 提 要

《数值传热学》(第 2 版)是在本书 1988 年(第 1 版)的基础上修改增删写成的。引入和阐述了 10 年来国内外有关科研成果和资料,重点介绍了椭圆型方程数值求解在工程流动与传热问题中的应用等内容,适当提高起点,删减或简化了部分内容。

本书可作动力、能源、化工、航空、冶金等类专业领域的研究生、大学生教材,也可供上述技术领域的科技人员阅读。

图书在版编目(CIP)数据

数值传热学/陶文铨编著. —2 版.—西安:西安交通大学出版社,2001.5(2023.9 重印)
ISBN 978-7-5605-1436-9

Ⅰ.数… Ⅱ.陶… Ⅲ.数值计算-应用-传热学-研究生-教材 Ⅳ.TK124

中国版本图书馆 CIP 数据核字(2001)第 043819 号

*

西安交通大学出版社出版发行
(西安市兴庆南路 1 号 邮政编码:710048 电话:(029)82668315)
陕西博文印务有限责任公司印装
各地新华书店经销

*

开本:727 mm×960 mm 1/16 印张:36 字数:596 千字
2001 年 5 月第 1 版 2023 年 9 月第 21 次印刷
印数:41 001~44 500 定价:50.00 元

发行科电话:(029)82668357,82667874

第 2 版前言

《数值传热学》第 1 版自 1988 年发行以来,蒙国内广大同行与读者的厚爱,纷纷采用作为研究生教学的教材或参考书;不少海外华人学子,也常把本书作为传热问题数值计算的参考用书。本书并两次被中国科学时报公布为全国引频次数最高的前 20 本专著之一,先后重印两次,总发行量 7000 余册,对促进我国的计算传热学的教学与研究工作的开展起到了一定的作用。在这 10 余年中,随着计算机工业的突飞猛进的发展,流动与传热问题数值计算的方法也有了飞速的进步,很有必要对第 1 版的内容作一修订。2000 年教育部研究生工作办公室批准推荐本书作为全国的研究生教材,趁此机会,笔者对本书第 1 版的内容作了较大的修改。

在修订本书时,笔者仍将它定位在研究生学习流动与传热的一本入门性教材的层次上,旨在使读者通过本书的学习,能够较好地掌握一种数值计算方法,熟练地使用目前已在我国高等学校广泛使用的教学程序,并在此基础上开发适用于更复杂问题的计算软件或能高效地使用现代商业软件,获得所需要的结果。因此,在众多的数值离散方法中,本书着重介绍发展成熟、应用广泛的有限容积法;在有限容积法的区域离散、方程离散、压力与速度耦合关系的处理、代数方程的求解等环节方面,笔者也作了必要的限定:区域离散方法不涉及非结构化网格;方程离散中不引入高阶组合格式;压力与速度耦合方法方面着重于 SIMPLE 系列算法;代数方程求解方法不介绍共轭梯度型的一些方法。和第 1 版中一样,本书不涉及辐射换热问题的数值解。这样有所为、有所不为地组织内容的目的在于使初学者能在有限的时间内较好地掌握一种有效的数值方法,不仅对总体内容有透彻的了解,而且也能知道必要的实施细节。根据作者近 20 年来的教学经验,这是学习数值计算的一种有效方法。

在上述界定的范围内,本书对近 10 余年中发展出来的或广泛应用的方法作了必要充实与完善,删去了一部分内容简单或应用不广的方法和相应的文献，增加了这10余年中有代表性的文献350余篇。各章的主要修改如下。在绪论一章中，增加了描写传热与流动问题的控制方程、边界条件及控制方程分类的系统介绍。对区域与方程离散化及离散方程误差与性能分析两章（第2,3章）在保持原来的基本内容情况下对叙述方式作了改进，也增加了近年来的一些表示方式。第1版中导热问题数值计算方法与管道内充分发展对流换热的计算两章合并成1章（第4章），以节省篇幅。第5章（对流－扩散方程的离散格式）增加了离散格式的重要性及两种离散方式的介绍，以使读者能对这一问题有一个总体的了解，在高阶格式讨论中增加了延迟修正方法、QUICK的源项表示方法，同时介绍了三维对流－扩散方程的离散方程，本章中删去了文献中很少应用的斜迎风格式、局部分析解与CONDIF格式的介绍。第6章（求解椭圆型流动与换热问题的原始变量法）删去了PUMPIN算法，增加了SIMPLEX，及加速SIMPLER算法的内容，同时引入了同位网格上SIMPLE算法。按照数值计算的顺序，第2版中把离散方程的求解安排在第7章，并且增加了有关采用多重网格求解的内容。在涡量—流函数法一章（第8章）的介绍中，保留了基本的内容，删去了二维通用方程离散的部分，使篇幅得以精简。鉴于工程数值计算中大量遇到的是椭圆型问题，第2版中删去了边界层型问题数值解的全部内容（原第9章）。从第1章到第8章是本书的基本部分，学时较少的课程可以把教学内容主要限在这8章。由于工程问题中的流动与换热大多属于湍流范围，第9章关于湍流模型的介绍此次修订作了较大的增补，引入了非线性$k-\varepsilon$模型，RNG $k-\varepsilon$模型，多尺度$k-\varepsilon$模型及二阶矩模型等内容。在网格生成技术（第10章）的介绍中，删去了第1版中关于三角形网格及一般正交曲线坐标系的介绍，着重在用代数方程及微分方程法生成网格方法的介绍，同时叙述的顺序也作了调整，沿着网格生成、计算平面求解的顺序来开展，结合实例增加了利用计算平面的结果进行数据整理的介绍，并对块结构化网格作了简要说明。本版第11章命名为“专题”，一个目的是通过三个典型常见的问题，使读者对如何运用已具有的知识求解较复杂的实际问题有进一步的体会与训练，任课教师可以根据自己从事数值模拟的经历对内容做相应的选择或增删；同时通过对基准解、数值计算误差分析及商业软件的介绍进一步扩大数值计算及其应用的知识面。考虑到过去10余年中我国计算传热学的发展情况，并为了节省篇幅，第1版中的附录均已删去。读者如果需要实施压力与速度耦合算法的教学程序，可通过电子邮件向笔者索取。

本书中所引的笔者及其研究生的工作都是在国家自然科学基金、教育部博士学科点专项基金以及国家重点基础研究项目(G20000 26303)资助下进行的,笔者在此深表谢意。

每当笔者完成一篇论文或一本书稿时,总是情不自禁地想起指导笔者走上传热学与数值传热学研究道路的导师,上海交通大学杨世铭教授和美国明尼苏达大学E M Sparrow教授,杨世铭教授曾热情地为本书第1版作序,Sparrow教授则鼓励笔者写出英文的书稿,笔者在此向两位导师表示深深的敬意。笔者感谢教育部研究生工作办公室批准推荐本书作为研究生教材,感谢西安交通大学研究生院及西安交通大学出版社为出版本书第1版及第2版所给予的支持与帮助,特别是总编辑杨洪森教授和责任编辑朱兆雪编审,为了第2版的早日问世给笔者提供了许多方便,朱兆雪编审详细地审阅了书稿,避免了不少错误,使本书增色不少。清华大学工程力学系过增元教授和陈熙教授对本书第1版和第2版的出版给予了热情的帮助,过增元教授对第2版的修改提出了宝贵的建议,陈熙教授指出了第1版中个别欠妥之处,笔者衷心地感谢他们。笔者的同事,西安交通大学能源与动力工程学院的王秋旺、何雅玲两位教授给笔者的写作提供了不少支持与帮助,笔者所在的cfd－nht及强化传热研究组对笔者的修改大纲提出了许多改进意见,研究生屈治国、曾敏,同事王育清为本书的出版事务提供了不少帮助,笔者在此向他们一并表示谢意。笔者还要感谢过去10余年中所指导过的博士研究生们,是他们在读期间及毕业后的出色工作,丰富了本书的内容。例如关于QUICK格式延迟修正实施方式中源项的表达式是杨茉教授在日本作研究时完成的,关于促进SIMPLER算法收敛速度的方法是宇波博士在日本九州大学做博士后研究时提出的,这些内容都已收集在第2版中。最后笔者要感谢自己的妻子与儿子,是她(他)们为笔者提供了有利于写作的环境,并给予了精神上的支持与鼓励,使得笔者能在较短期内完成本书第2版的修改工作。

作者才疏学浅,加之时间匆促,书中错误和不足之处在所难免,敬希读者批评指正。

陶文铨

2001年5月

wqtao@xjtu.edu.cn

目　录

第4章 扩散方程的数值解法及其应用

第5章 对流-扩散方程的离散格式

第6章 求解椭圆型流动与换热问题的原始变量法

第 1 章 绪论

流动与热交换现象大量地出现在自然界及各个工程领域中，其具体的表现形式多种多样。从现代楼宇的暖通空调过程到自然界风霜雨雪的形成，从航天飞机重返大气层时壳体的保护到微电子器件的有效冷却，从现代汽车流线外型的确定到紧凑式换热器中翅片形状的选取，无不都与流动和传热过程密切相关；而各种生产电力的方法几乎都是以流体流动及传热作为其基本过程的。所有这些变化万千的流动与传热过程都受最基本的 3 个物理规律的支配，即质量守恒、动量守恒及能量守恒。本章的基本目的是从数值传热学的角度，向读者介绍在流动与传热问题中这些守恒定律的数学表达式——偏微分方程（称为控制方程，*governing equations*），使一个过程区别于另一个过程的单值性条件（初始条件及边界条件，*initial and boundary conditions*），不同形式的控制方程对数值计算结果的影响，以及用数值方法对控制方程进行求解的基本思想和常用的数值方法。最后介绍本书的主要内容。

1.1 描写流动与传热问题的控制方程

设在如图 1-1 所示的三维直角坐标系中有一对流换热过程，流体的速度矢量 $\boldsymbol{U}$ 在三个坐标上的分量分别为 u, v, w，压力为 p，流体的密度为 ρ。这里，为一般化起见，u, v, w, p 及 ρ 都是空间坐标及时间的函数。对图中所示的微元体积 $\mathrm{d}x\mathrm{d}y\mathrm{d}z$，应用质量守恒定律、动量守恒定律及能量守恒定律，可得出三个守恒定律的数学表达式。

1.1.1 质量守恒方程（*mass conservation equation*）

对图 1-1 中固定在空间位置的微元体，质量守恒定律可表示为：

［单位时间内微元体中流体质量的增加］=［同一时间间隔内流入该微元体的净质量］

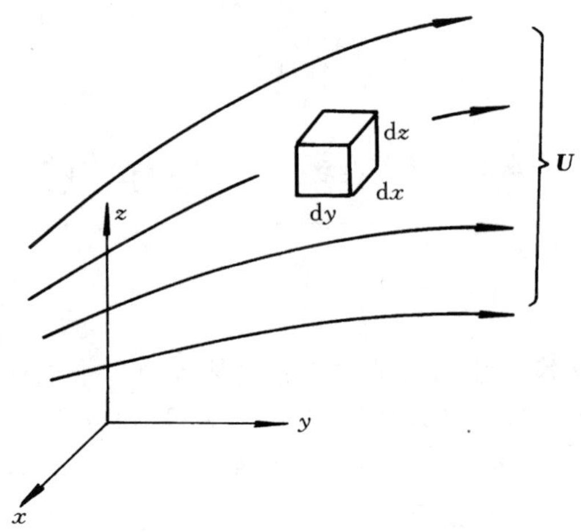

图 1－1　三维直角坐标系及微元体

据此,可以得出以下的质量守恒方程(又称连续性方程,*continuity equation*):

$$\frac{\partial \rho}{\partial t}+\frac{\partial(\rho u)}{\partial x}+\frac{\partial(\rho v)}{\partial y}+\frac{\partial(\rho w)}{\partial z}=0 \qquad (1-1)$$

上式中的第 2,3,4 项是质量流密度(单位时间内通过单位面积的流体质量)的散度,可用矢量符号写出为:

$$\frac{\partial \rho}{\partial t}+\operatorname{div}(\rho \boldsymbol{U})=0 \qquad (1-2)$$

对于不可压缩流体,其流体密度为常数,连续性方程简化为:

$$\operatorname{div}(\boldsymbol{U})=0 \qquad (1-3)$$

1.1.2　动量守恒方程(*momentum conservation equation*)

对图 1－1 所示的微元体分别在三个坐标方向上应用 Newton 第 2 定律($\boldsymbol{F}=m\boldsymbol{a}$)在流体流动中的表现形式:

[微元体中流体动量的增加率]=[作用在微元体上各种力之和]

并引入 Newton 切应力公式及 Stokes 的表达式,可得 3 个速度分量的动量方程如下[1]:

u－动量方程

$$\frac{\partial(\rho u)}{\partial t}+\frac{\partial(\rho u u)}{\partial x}+\frac{\partial(\rho v u)}{\partial y}+\frac{\partial(\rho w u)}{\partial z}$$

$$= -\frac{\partial p}{\partial x} + \frac{\partial}{\partial x}(\bar{\lambda}\mathrm{div}\boldsymbol{U} + 2\eta\frac{\partial u}{\partial x}) + \frac{\partial}{\partial y}[\eta(\frac{\partial v}{\partial x} + \frac{\partial u}{\partial y})] + \frac{\partial}{\partial z}[\eta(\frac{\partial u}{\partial z} + \frac{\partial w}{\partial x})] + \rho F_x \tag{1-4a}$$

v－动量方程

$$\frac{\partial(\rho v)}{\partial t} + \frac{\partial(\rho uv)}{\partial x} + \frac{\partial(\rho vv)}{\partial y} + \frac{\partial(\rho wv)}{\partial z}$$
$$= -\frac{\partial p}{\partial y} + \frac{\partial}{\partial x}[\eta(\frac{\partial u}{\partial y} + \frac{\partial v}{\partial x})] + \frac{\partial}{\partial y}(\bar{\lambda}\mathrm{div}\boldsymbol{U} + 2\eta\frac{\partial v}{\partial y}) + \frac{\partial}{\partial z}[\eta(\frac{\partial v}{\partial z} + \frac{\partial w}{\partial y})] + \rho F_y \tag{1-4b}$$

w－动量方程

$$\frac{\partial(\rho w)}{\partial t} + \frac{\partial(\rho uw)}{\partial x} + \frac{\partial(\rho vw)}{\partial y} + \frac{\partial(\rho ww)}{\partial z}$$
$$= -\frac{\partial p}{\partial z} + \frac{\partial}{\partial x}[\eta(\frac{\partial u}{\partial z} + \frac{\partial w}{\partial x})] + \frac{\partial}{\partial y}[\eta(\frac{\partial v}{\partial z} + \frac{\partial w}{\partial y})] + \frac{\partial}{\partial z}(\bar{\lambda}\mathrm{div}\boldsymbol{U} + 2\eta\frac{\partial w}{\partial z}) + \rho F_z \tag{1-4c}$$

其中 η 为流体的动力粘度，$\bar{\lambda}$ 称为流体的第 2 分子黏度，对气体可取为 $-2/3$[1]。

在数值传热学中常常将上述 3 式等号后的分子粘性作用项做如下变化，以 u -动量方程为例：

$$\frac{\partial}{\partial x}(\lambda\mathrm{div}\boldsymbol{U} + 2\eta\frac{\partial u}{\partial x}) + \frac{\partial}{\partial y}[\eta(\frac{\partial v}{\partial x} + \frac{\partial u}{\partial y})] + \frac{\partial}{\partial z}[\eta(\frac{\partial u}{\partial z} + \frac{\partial w}{\partial x})]$$
$$= \frac{\partial}{\partial x}(\eta\frac{\partial u}{\partial x}) + \frac{\partial}{\partial y}(\eta\frac{\partial u}{\partial y}) + \frac{\partial}{\partial z}(\eta\frac{\partial u}{\partial z}) + \frac{\partial}{\partial x}(\eta\frac{\partial u}{\partial x}) + \frac{\partial}{\partial y}(\eta\frac{\partial v}{\partial x}) + \frac{\partial}{\partial z}(\eta\frac{\partial w}{\partial x}) + \frac{\partial}{\partial x}(\lambda\mathrm{div}\boldsymbol{U})$$
$$= \mathrm{div}(\eta\,\mathbf{grad}u) + S_u \tag{1-5}$$

据此，上述动量方程可以进一步写成以下矢量形式：

$$\frac{\partial(\rho u)}{\partial t} + \mathrm{div}(\rho u\boldsymbol{U}) = \mathrm{div}(\eta\,\mathbf{grad}u) + S_u - \frac{\partial p}{\partial x} \tag{1-6a}$$

$$\frac{\partial(\rho v)}{\partial t} + \mathrm{div}(\rho v\boldsymbol{U}) = \mathrm{div}(\eta\,\mathbf{grad}v) + S_v - \frac{\partial p}{\partial y} \tag{1-6b}$$

$$\frac{\partial(\rho w)}{\partial t} + \mathrm{div}(\rho w\boldsymbol{U}) = \mathrm{div}(\eta\,\mathbf{grad}w) + S_w - \frac{\partial p}{\partial z} \tag{1-6c}$$

其中 S_u，S_v，S_w 为 3 个动量方程的广义源项，其表达式可对照式(1-5)得出如下：

$$S_u = \frac{\partial}{\partial x}(\eta\frac{\partial u}{\partial x}) + \frac{\partial}{\partial y}(\eta\frac{\partial v}{\partial x}) + \frac{\partial}{\partial z}(\eta\frac{\partial w}{\partial x}) + \frac{\partial}{\partial x}(\lambda\,\mathrm{div}\boldsymbol{U}) \tag{1-7a}$$

$$S_v = \frac{\partial}{\partial x}(\eta\frac{\partial u}{\partial y}) + \frac{\partial}{\partial y}(\eta\frac{\partial v}{\partial y}) + \frac{\partial}{\partial z}(\eta\frac{\partial w}{\partial y}) + \frac{\partial}{\partial y}(\lambda\,\mathrm{div}\boldsymbol{U}) \tag{1-7b}$$

$$S_w = \frac{\partial}{\partial x}(\eta\frac{\partial u}{\partial z}) + \frac{\partial}{\partial y}(\eta\frac{\partial v}{\partial z}) + \frac{\partial}{\partial z}(\eta\frac{\partial w}{\partial z}) + \frac{\partial}{\partial z}(\lambda\,\mathrm{div}\boldsymbol{U}) \tag{1-7c}$$

对于粘性为常数的不可压缩流体，$S_u = S_v = S_w = 0$，于是式(1-6)简化成为：

$$\frac{\partial u}{\partial t} + \mathrm{div}(u\boldsymbol{U}) = \mathrm{div}(\nu\,\mathbf{grad}\,u) - \frac{1}{\rho}\frac{\partial p}{\partial x} \tag{1-8a}$$

$$\frac{\partial v}{\partial t} + \mathrm{div}(v\boldsymbol{U}) = \mathrm{div}(\nu\,\mathbf{grad}\,v) - \frac{1}{\rho}\frac{\partial p}{\partial y} \tag{1-8b}$$

$$\frac{\partial w}{\partial t} + \mathrm{div}(w\boldsymbol{U}) = \mathrm{div}(\nu\,\mathbf{grad}\,w) - \frac{1}{\rho}\frac{\partial p}{\partial z} \tag{1-8c}$$

其中 ν 为流体的运动粘度。

式(1-6)～(1-8)称为 *Navier-Stokes* 方程。

1.1.3 能量守恒方程(*energy conservation equation*)

对图 1-1 所示的微元体应用能量守恒定律：

[微元体内热力学能的增加率]=[进入微元体的净热流量]+[体积力与表面力对微元体做的功]

再引入导热 Fourier 定律，可得出用流体比焓 h 及温度 T 表示的能量方程：

$$\frac{\partial(\rho h)}{\partial t} + \frac{\partial(\rho u h)}{\partial x} + \frac{\partial(\rho v h)}{\partial y} + \frac{\partial(\rho w h)}{\partial z} = -p\,\mathrm{div}\boldsymbol{U} + \mathrm{div}(\lambda\,\mathbf{grad}\,T) + \Phi + S_h \tag{1-9}$$

其中 λ 是流体的导热系数，S_h 为流体的内热源，Φ 为由于粘性作用机械能转换为热能的部分，称为耗散函数(*dissipation function*)，其计算式如下[2]：

$$\Phi = \eta\left\{2\left[(\frac{\partial u}{\partial x})^2 + (\frac{\partial v}{\partial y})^2 + (\frac{\partial w}{\partial z})^2\right] + (\frac{\partial u}{\partial y} + \frac{\partial v}{\partial x})^2 + (\frac{\partial u}{\partial z} + \frac{\partial w}{\partial x})^2 + (\frac{\partial v}{\partial z} + \frac{\partial w}{\partial y})^2\right\} + \lambda\,\mathrm{div}\boldsymbol{U} \tag{1-10}$$

式(1-9)中 $p\,\mathrm{div}\boldsymbol{U}$ 系表面力对流体微元体所做的功，一般可以忽略；同时对理想气体，液体及固体可以取 $h = c_pT$，进一步取 c_p 为常数，并把耗

散函数 Φ 纳入到源项 S_T 中($S_T = S_h + \Phi$),于是可得:

$$\frac{\partial(\rho T)}{\partial t} + \operatorname{div}(\rho \boldsymbol{U} T) = \operatorname{div}\left(\frac{\lambda}{c_p}\mathbf{grad}\, T\right) + S_T \tag{1-11}$$

对不可压缩流体有:

$$\frac{\partial T}{\partial t} + \operatorname{div}(\boldsymbol{U} T) = \operatorname{div}\left(\frac{\lambda}{\rho c_p}\mathbf{grad}\, T\right) + \frac{S_T}{\rho} \tag{1-12}$$

式(1-2),(1-4a),(1-4b),(1-4c)及(1-11)包含6个未知量,u,v,w,p,T 及 ρ,还需补充一个联系 p,ρ 的状态方程,方程组才能封闭:

$$\rho = f(p, T) \tag{1-13}$$

对理想气体可有:

$$p = \rho R T \tag{1-14}$$

其中 R 为摩尔气体常数。

1.1.4 控制方程的通用形式

在流动与传热问题求解中所需求解主要变量(速度及温度等)的控制方程都可以表示成以下通用形式[3]:

$$\frac{\partial(\rho \phi)}{\partial t} + \operatorname{div}(\rho \boldsymbol{U} \phi) = \operatorname{div}(\Gamma_\phi \mathbf{grad}\, \phi) + S_\phi \tag{1-15}$$

式中 ϕ 为通用变量,可以代表 u,v,w,T 等求解变量;Γ_ϕ 为广义扩散系数;S_ϕ 为广义源项。这里引入“广义”二字,表示处在 Γ_ϕ 与 S_ϕ 位置上的项不必是原来物理意义上的量,而是数值计算模型方程中的一种定义,不同求解变量之间的区别除了边界条件与初始条件外,就在于 Γ_ϕ 与 S_ϕ 的表达式的不同。式(1-15)也包括了质量守恒方程,只要令 $\phi=1$,$S_\phi=0$ 即可。在计算传热学的一些文献中常常在给出式(1-15)这样的通用形式后,以表格的形式给出所求解变量的 Γ_ϕ 与 S_ϕ 的表达式。

1.1.5 几点说明

对于上述控制方程要做以下几点说明:

1. 式(1-4)是三维非稳态 Navier-Stokes 方程,无论对层流或湍流都是适用的。但是对于湍流,如果直接求解三维非稳态的控制方程,需要采用对计算机的内存与速度要求很高的直接模拟方法(*direct numerical simulation*),目前无法应用于工程计算。工程中广为采用的是对非稳态 Navier-Stokes 方程做时间平均的方程,并且还需要补充能反映湍流特性的其它方程。这些方程也可以纳入式(1-15)的形式中,将在第9章中介绍。

2. 当流动与换热过程伴随有质交换现象时,控制方程中还应增加组分守恒定律。设组分 l 的质量百分数为 m_l,在引入质扩散的 Fick 定律后,可得

$$\frac{\partial(\rho m_l)}{\partial t} + \mathrm{div}(\rho m_l \boldsymbol{U}) = \mathrm{div}(\Gamma_l \mathbf{grad} m_l) + R_l \qquad (1-16)$$

式中 R_l 是单位容积内组分 l 的产生率($\mathrm{kg/(s \cdot m^3)}$),$\Gamma_l$ 是组分 l 的扩散系数。显然式(1-16)也可以归入式(1-15)的模式中去。

3. 在式(1-11)及式(1-12)中,虽然假定了 c_p 为常数,但这并不意味着式(1-11)等只能用于 c_p 为常数的情形。对于变物性的问题(c_p 与温度有关),我们可以用上一次迭代或上一个时层的温度来确定其值,使 c_p 仍能随着温度的变化而改变,只是在迭代或时间的层次上稍有滞后。对于稳态的问题,当整个计算过程收敛时,这一差别也就消失。

4. 在传热学的 3 种热量传递方式中,导热与对流可以由以上控制方程来描写。如果流体本身是辐射性的介质(如高温烟气),则除了导热与对流以外,不相邻的流体微团之间及流体与壁面之间还有辐射换热,辐射换热需要用积分方程来描述。本书中将不涉及这类问题,有关辐射换热的数值计算可参见文献[4,5]。

1.2 控制方程的守恒与非守恒形式及单值性条件

1.2.1 控制方程的守恒型与非守恒型

在式(1-15)所代表的通用控制方程中,对流项都采用散度(*divergence*)的形式来表示,在数值计算的文献中称为守恒型的控制方程或控制方程的守恒形式(*conservative form*)。位于式(1-15)散度符号内的都是通过流动在单位时间内单位面积上进入所研究区域的某个物理量的净值;在式(1-2)中为质量流速 $\rho\boldsymbol{U}$;在式(1-4)中是 3 个坐标方向上的动量流密度 $\rho\boldsymbol{U}u$, $\rho\boldsymbol{U}v$, $\rho\boldsymbol{U}w$;在式(1-11)中的则是能量流密度 $\rho c_p\boldsymbol{U}T$。在流体力学与传热学的一般文献中[1,6,7],还经常见到所谓非守恒型的控制方程。以能量方程为例,式(1-11)可写成为:

$$T\frac{\partial \rho}{\partial t} + \rho\frac{\partial T}{\partial t} + T\frac{\partial(\rho u)}{\partial x} + \rho u\frac{\partial T}{\partial x} + T\frac{\partial(\rho v)}{\partial y} +$$
$$\rho v\frac{\partial T}{\partial y} + T\frac{\partial(\rho w)}{\partial z} + \rho w\frac{\partial T}{\partial z}$$

$$= \operatorname{div}(\frac{k}{c_p}\mathbf{grad}T) + S_T$$

根据式(1－1),上式可简化为:

$$\rho(\frac{\partial T}{\partial t} + u\frac{\partial T}{\partial x} + v\frac{\partial T}{\partial y} + w\frac{\partial T}{\partial z}) = \operatorname{div}(\frac{k}{c_p}\mathbf{grad}T) + S_T \quad (1-17)$$

式(1－17)即为能量守恒方程的非守恒形式(*non-conservative form*)。类似地,可得动量守恒及质量守恒方程的非守恒形式为:

质量守恒方程:$\frac{\partial \rho}{\partial t} + u\frac{\partial \rho}{\partial x} + v\frac{\partial \rho}{\partial y} + w\frac{\partial \rho}{\partial z} + \rho\operatorname{div}\boldsymbol{U} = 0$

动量守恒方程:

$$\rho(\frac{\partial u}{\partial t} + u\frac{\partial u}{\partial x} + v\frac{\partial u}{\partial y} + w\frac{\partial u}{\partial z}) = -\frac{\partial p}{\partial x} + \operatorname{div}(\eta\mathbf{grad}u) + S_u \quad (1-18a)$$

$$\rho(\frac{\partial v}{\partial t} + u\frac{\partial v}{\partial x} + v\frac{\partial v}{\partial y} + w\frac{\partial v}{\partial z}) = -\frac{\partial p}{\partial y} + \operatorname{div}(\eta\mathbf{grad}v) + S_v \quad (1-18b)$$

$$\rho(\frac{\partial w}{\partial t} + u\frac{\partial w}{\partial x} + v\frac{\partial w}{\partial y} + w\frac{\partial w}{\partial z}) = -\frac{\partial p}{\partial z} + \operatorname{div}(\eta\mathbf{grad}w) + S_w \quad (1-18c)$$

值得指出,从微元体的角度,控制方程的守恒型与非守恒型是等价的,都是物理的守恒定律的数学表示。但是数值计算是对有限大小的计算单元进行的,对有限大小的计算体积,两种形式的控制方程则有不同的特性,控制方程的守恒型与非守恒型的名称也是在20世纪80年代后才在有关文献中出现[8,9]。从数值计算的观点,守恒型的方程有两个优点。在计算可压缩流动时,守恒型的控制方程可以使激波的计算结果光滑而且稳定,而应用非守恒型方程时激波的计算结果会在激波前及后引起解的振荡,并导致错误的激波位置。所以在空气动力学的数值计算中守恒型的控制方程特别受到重视,并且用通量的列矢量的一阶导数的方程组的形式来表示,但这种表达方式在计算传热学中并不采用,故此处不予介绍,有兴趣的读者可参见文献[8]。在计算传热学中,希望数值计算结果能满足守恒定律,而要保证做到这一条,应该采用守恒型的控制方程。也就是说只有守恒型的控制方程才可以保证对有限大小的控制容积内所研究的物理量的守恒定律仍然得到满足。为了说明这一点,我们将式(1－11)对空间任意有限大小的容积 V 做积分:

$$\frac{\partial}{\partial t}\int_V(\rho c_p T)\mathrm{d}v = -\int_V \operatorname{div}(\rho c_p \boldsymbol{U}T)\mathrm{d}v + \int_V \operatorname{div}(\lambda\mathbf{grad}T)\mathrm{d}v + \int_V(c_p S)\mathrm{d}v$$

利用 Gauss 降维定律,可得

$$\frac{\partial}{\partial t}\int_V(\rho c_p T)\mathrm{d}v = -\int_{\partial V}(\rho c_p \boldsymbol{U}T)\cdot\boldsymbol{n}\mathrm{d}F + \int_{\partial V}(\lambda\,\mathbf{grad}\,T)\cdot\boldsymbol{n}\mathrm{d}F + \int_V(c_p S)\mathrm{d}v$$

上式中，∂V 为该容积的总表面积，$\mathrm{d}F$ 为体积 V 上的微元表面积。此式表明，该体积内单位时间内能量的增加等于同一时间间隔内下列各项能量之和：通过该容积的表面由于流体的流动而进入该容积的能量，由于热传导进入该容积的能量以及内热源的生成热。显然这就是所研究的有限大小容积的能量守恒的表达式。如果对式(1-17)做同样的积分，则由于对流项不表示成散度的形式而无法得出上述结果。

讨论控制方程守恒型与非守恒型的目的在于：不论节点布置的疏密程度如何，根据控制方程而导出的离散方程也具有对任意大小容积守恒的特性。离散方程的守恒特性是工程计算所希望的。从以后的章节可以看出，凡是从守恒型的控制方程出发，采用控制容积积分法导出的离散方程可以保证具有守恒特性，而从非守恒型控制方程出发所导出的离散方程则未必具有守恒特性。

1.2.2 初始条件与边界条件

上面所讨论的守恒型与非守恒型的控制方程适用于所有 Newton 流体的流动与换热过程，各个不同过程之间的区别是由初始条件及边界条件(统称为单值性条件)来规定的。控制方程及相应的初始与边界条件的组合构成了对一个物理过程的完整的数学描写(*mathematical formulation*)。

初始条件是所研究现象在过程开始时刻的各个求解变量的空间分布，必须予以给定。对于稳态问题不需要初试条件。

边界条件是在求解区域的边界上所求解的变量或其一阶导数随地点及时间的变化规律。在所研究区域的物理边界上，一般速度与温度的边界条件设置方法如下：

在固体边界上对速度取无滑移边界条件(*no-slip boundary condition*)，即在固体边界上流体的速度等于固体表面的速度，当固体表面静止时，有：

$$u = v = w = 0$$

对于温度在固体表面上可能有 3 种类型的边界条件[10]。这里要指出，对于第 3 类边界条件，导热问题与对流问题有所区别。图 1-2 显示出了其差别。在导热问题中，第 3 类边界条件给出了求解的固体区域周围的流体温度及表面传热系数(对流换热系数)(图 1-2a)；在求解对流换热问题时,第3类边界条件给出的是包围计算区域的固体壁面外侧的流体温度及表面传热系数(图1-2b)。

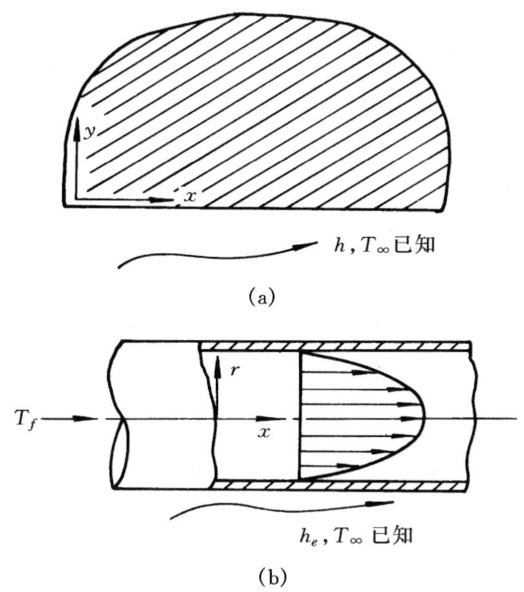

(a) 导热问题的第3类边界条件 (b)对流问题的第3类边界条件

图1-2 导热问题与对流问题的第3类边界条件

在对流动及传热问题进行数值计算时,常常遇到计算边界,即因为计算需要而划定但并不是实际存在的边界。如何给定这些边界上的条件,是数值传热学中的一个研究课题,我们将在以后有关章节中介绍。下面我们以常物性的不可压缩流体流经一个二维突扩区域的稳态层流换热问题(图1-3)为例,给出流动与换热的守恒型的控制方程及边界条件结束本节的讨论,假定流动是对称的,取一半作为研究对象。

控制方程:

质量守恒方程 $\dfrac{\partial u}{\partial x}+\dfrac{\partial v}{\partial y}=0$

动量守恒方程 $\dfrac{\partial (uu)}{\partial x}+\dfrac{\partial (vu)}{\partial y}=-\dfrac{1}{\rho}\dfrac{\partial p}{\partial x}+\nu\left(\dfrac{\partial^2 u}{\partial x^2}+\dfrac{\partial^2 u}{\partial y^2}\right)$

$$\frac{\partial (uv)}{\partial x}+\frac{\partial (vv)}{\partial y}=-\frac{1}{\rho}\frac{\partial p}{\partial y}+\nu\left(\frac{\partial^2 v}{\partial x^2}+\frac{\partial^2 v}{\partial y^2}\right)$$

能量守恒方程 $\dfrac{\partial (uT)}{\partial x}+\dfrac{\partial (vT)}{\partial y}=a\left(\dfrac{\partial^2 T}{\partial x^2}+\dfrac{\partial^2 T}{\partial y^2}\right)$

边界条件:

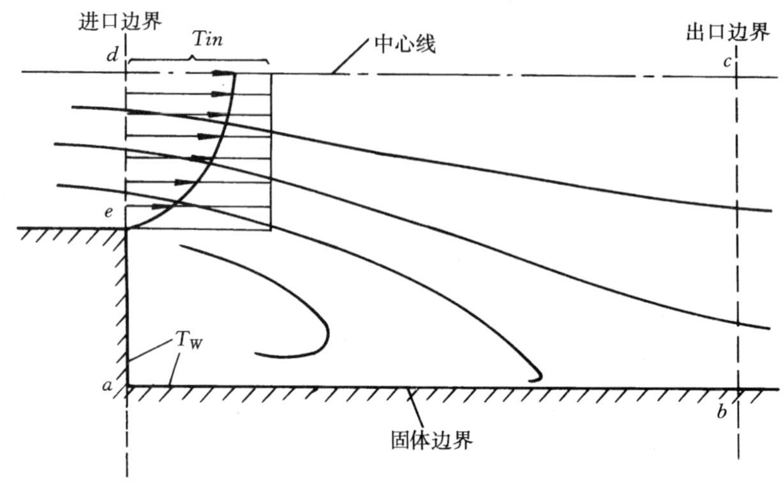

图 1-3　突扩区域内的流动与换热

进口截面$\overline{de}$　　u, v 及 T 随 y 的分布给定；

固体壁面$\overline{eab}$　　$u=v=0$, $T=T_w$

中心线$\overline{cd}$上　　$\dfrac{\partial u}{\partial y}=0$, $\dfrac{\partial T}{\partial y}=0$, $v=0$

出口边界$\overline{bc}$上　从数学的角度应给出 u,v 及 T 随 y 的分布,实际上常常难以实现,数值处理方法将在 6.8 节中讨论。关于压力的边界条件处理方法也将在 6.3 节中介绍。

1.3　控制方程的数学分类及其对数值解的影响

由前面介绍的流动与传热过程的控制方程可见,最高阶的导数是二阶(扩散项),而且都是线性的:即二阶导数项中既没有出现导数的乘积,也没有不等于 1 的指数,它们都与一个系数相乘,后者可能是空间坐标或被求变量的函数。数学上称这一类方程为拟线性偏微分方程(*quasilinear partial differential equation*)。对于二阶二元的拟线性偏微分方程,其数学上的一般形式为:

$$a\phi_{xx} + b\phi_{xy} + c\phi_{yy} + d\phi_x + e\phi_y + f\phi = g(x,y) \qquad (1-19)$$

其中下标 x,y 表示对该自变量的偏导数,系数 a,b,c,d,e,f 可以是因变量 ϕ 及自变量 x,y 的函数。

1.3.1 偏微分方程的3种类型

对由上述偏微分方程所描写的物理过程，系数 a,b,c 之值一般随求解区域中的位置而异。对区域中某点 (x_0,y_0)，视 (b^2-4ac) 大于、等于或小于零的情况，可把微分方程在该点称为：

双曲型(*hyperbolic*)，如果 $b^2-4ac>0$，过该点有两条实的特征线；

抛物型(*parabolic*)，如果 $b^2-4ac=0$，过该点有一条实的特征线；

椭圆型(*elliptic*)，如果 $b^2-4ac<0$，过该点没有实的特征线。

如果在整个求解区域中，描写物理问题的偏微分方程都属于同一个类型，则该物理问题就可以用偏微分方程的类型来称谓。例如双曲型问题，抛物型问题或椭圆型问题。在有的物理问题中，同一求解区域内的偏微分方程可能属于不同的类型，称为混合型问题。在传热学问题中很少出现这种情况，本书不予研究。不同类型偏微分方程在特性上的主要区别是它们的依赖区(*domain of dependence*)与影响区(*domain of influence*)不同。

假设要在 $x-y$ 平面上的区域 R(其边界为 B)来求解式(1-19)，则所谓 R 中任一点 P 的依赖区是指 R 中这样一些点的集合，为了唯一地确定 P 点之值，这些点上的条件必须完全给定；而所谓任一点 P 的影响区则是指那样一些点的集合，当 P 点之值变化时，那些点上之值也随之而异。

1.3.2 椭圆型方程

椭圆型方程描写物理学中一类稳态问题，这种物理问题的变量与时间无关而需要在空间的一个闭区域内来求解。如图1-4a所示，这时任一点 P 的依赖区是包围该点的求解区域边界的封闭曲线，而 P 点的影响

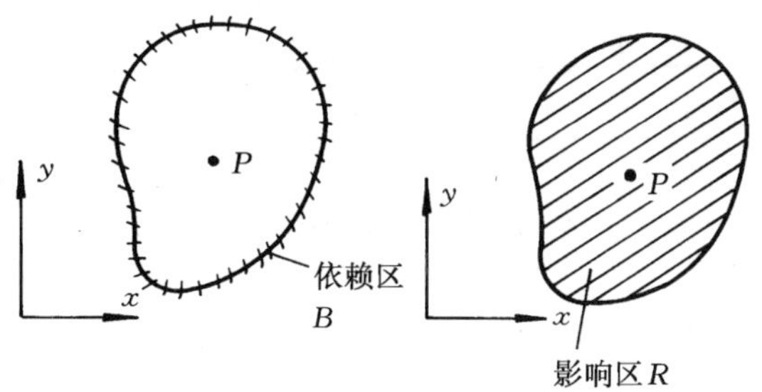

(a) 依赖区；(b) 影响区

图1-4 椭圆型方程的依赖区与影响区

区则是整个求解区域 R（图 1－4b）。因而这类问题又称边值问题（*boundary value problem*）。稳态导热过程，有回流的流动与对流换热都属于椭圆型问题，其控制方程都是椭圆型的。

椭圆型方程的上述特点决定了其离散方程求解的基本方法。由于求解区中各点上的值是互相影响的，因而各节点上的代数方程必须联立求解，而不能先解得区域中某一部分上的值后再去确定其余地区上的值。

1.3.3 抛物型方程

抛物型方程描写物理学中一类步进问题，这类问题中因变量与时间有关，或问题中有类似于时间的变量，因而又称初值问题。其求解区域是一个开区间，计算时从已知的初值出发，逐步向前推进，依次获得适合于给定边界条件的解。这种数值求解方法称为步进法（*marching method*）。一维非稳态导热是关于时间的步进问题，而边界层型的流动与换热则是主流方向的步进问题。在这类问题中，特征线是与步进方向垂直的，其依赖区与影响区以特征线为分界线，如图 1－5 所示。图中的 x 对非稳态问题是时间坐标，对二维边界层类型问题则代表了主流方向。

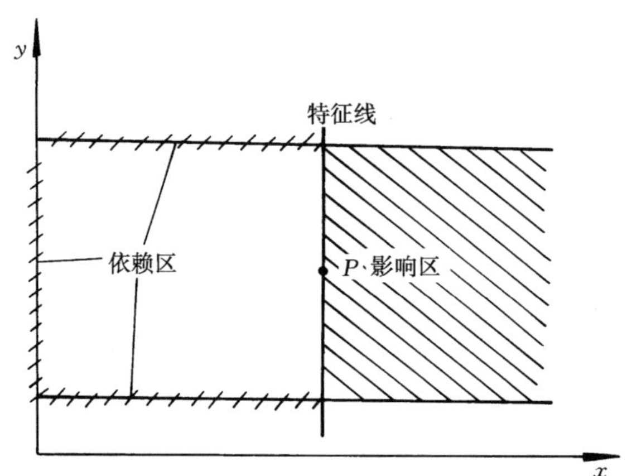

图 1－5　抛物型方程的依赖区与影响区

步进问题的依赖区与影响区以特征线为界而截然分开是有其明确的物理意义的。对非稳态导热，常识告诉我们，某一瞬时物体中的温度分布取决于该瞬时以前的情况及边界条件，而与该瞬时以后将要发生的情形无关。对于边界层类型的流动与换热问题，因为略去了主流方向的扩散作用，抛物型方程的上述特性是下游的物理量取决于上游，而上游的物理量不会受下游影响的这一物理现象的反映。

步进问题的上述特点对于数值计算十分有利。在这类问题中，不必像平衡问题那样，整个区域内各节点的值要同时求解，而是可以从给定的初值出发，采用层层推进的方法，一直计算到所需时刻或地点为止。例如，对于一个二维稳态的边界层类型的流动与换热问题，只要给出了上游某一位置垂直于主流方向上各节点处的变量值及边界条件，就可以得出主流方向上以后各位置处因变量的分布。这样，虽然所计算的问题是二维的，但求解代数方程时所需的存储容量却只是一维的，这就可以大大节省所需的计算时间及内存。

1.3.4 双曲型方程

对于由双曲型方程描写的物理问题，通过计算区域中的任意一点 P 有两条实的特征线，如图 1-6 所示。此时 P 点的依赖区是上游位于特征线间的区域，而其影响区则是下游特征线间的区域。双曲型方程数值求解也是一种步进过程：从 $x=0$ 的 ab 段上的初始条件出发，沿着 x 方向步步推进。P 点上所求解的因变量(例如 u，v)仅受到 ab 段上边界条件的影响，位于 ab 段外的任意一点(例如 c 点)的影响沿着通过 c 的特征线所包围的区域传递，而不会影响到 P 点。物理学中的波动方程，空气动力学中的无粘流体稳态超音速流动及无粘流体的非稳态流动，都是双曲型问题。例如不考虑粘性时气体在管道内的一维非稳态流动就用双曲型方程来描写；发生在极短时间内的导热过程(非 Fourier 导热过程)，

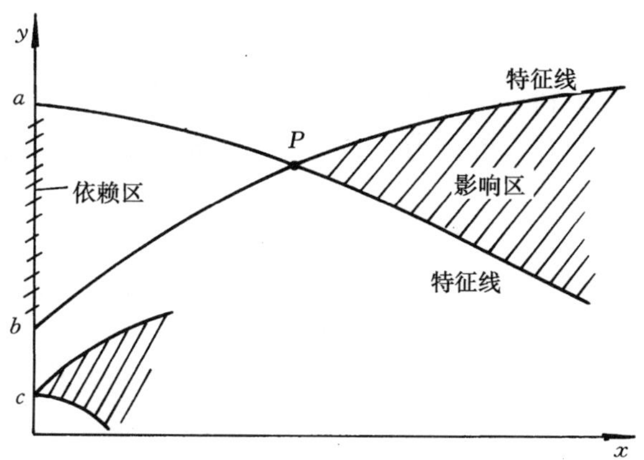

图 1-6 双曲型方程的依赖区与影响区

温度场随时间的变化也是一个双曲型方程。对一般的工程导热与对流换热问题进行数值分析时，不采用双曲型方程的数学模型。因此本书今后的讨论将不涉及这类问题。有关非 Fourier 导热及双曲型方程的数值解可参见文献[11－15]。

1.3.5 单向坐标与双向坐标

值得指出的是，上面在提到一维非稳态导热问题时，称之为关于时间坐标的步进问题。这是因为对空间坐标而言，它仍具有平衡问题的特性——同一时层上空间不同点的值必须同时求解。这就是说，在描述微分方程的类别时，应当指出是对什么坐标而言的。例如，一个二维稳态的边界层问题，在主流方向上控制方程是抛物型的，是个步进问题；而在垂直于主流方向上，则具有椭圆型方程的性质。这是与在不同的坐标方向上，扰动或影响的传递具有不同的特性有关的。在有的坐标轴上，扰动可以向两个方向传递，同时该坐标上任一点处物理量之值可受到两侧条件的影响，这样的坐标被形象地称为“双向坐标”(*two-way coordinate*)[3]。在另一类坐标中，扰动仅能向一个方向传递，同时该坐标上任一点处的物理量也仅受到来自一侧条件的影响，这种坐标称为“单向坐标”(*one-way coordinate*)。因而，抛物型这一名称表示了一种单向作用的概念，而椭圆型这一术语则具有双向作用的意义。于是可以说，在一个多维的非稳态导热问题中，时间是单向坐标，而所有的空间坐标则均为双向坐标。

由此可见，在流动与换热的数值计算中，区别控制方程或坐标的类型具有重要的意义。如果所研究的问题中有一个空间坐标是单向的，就称这种流动或换热是边界层型的问题；如果所有的空间坐标都是双向的，就称为回流流动。抛物型与椭圆型是从数学的角度来命名的，而边界层型与回流型则是物理意义的称谓。在本书以后的叙述中，将把它们当作同义词来应用。

1.4 什么是数值传热学及常用的数值方法

对前两节中所介绍的描写流动与换热的偏微分方程，数学界已经发展出了不少获得其精确解(*exact solution*；又称分析解，*analytical solution*)的数学方法。这些精确解是在整个求解区域内连续变化的函数。但是直到目前，这些分析解还只能对少量的简单的情形得出，可参见文献[16－18]，对于大量具有工程实际意义的流动与换热问题，数值计算的方法越来越广泛地得到应用。

1.4.1 数值传热学求解问题的基本思想

数值传热学(*Numerical Heat Transfer*, NHT)又称计算传热学(*Computational Heat Transfer*, CHT),是指对描写流动与传热问题的控制方程采用数值方法通过计算机予以求解的一门传热学与数值方法相结合的交叉学科。数值传热学求解问题的基本思想是:把原来在空间与时间坐标中连续的物理量的场(如速度场,温度场,浓度场等),用一系列有限个离散点(称为节点,*node*)上的值的集合来代替,通过一定的原则建立起这些离散点上变量值之间关系的代数方程(称为离散方程,*discretization equation*),求解所建立起来的代数方程以获得所求解变量的近似值。上述基本思想可以用图1-7来表示。

在过去的几十年内已经发展出了多种数值解法,其间的主要区别在

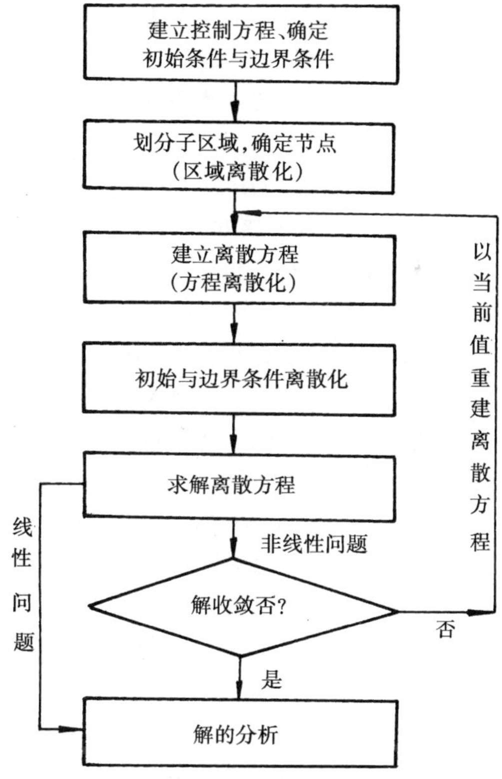

图1-7 物理问题数值求解的基本过程

于区域的离散方式、方程的离散方式及代数方程求解的方法这 3 个环节上。在流动与传热计算中应用较广泛的是有限差分法(*finite difference method*, FDM),有限元法(*finite element method*, FEM),有限分析法(*finite analytic method*, FAM)及有限容积法(*finite volume method*, FVM)。现将它们的主要思想简述如下。

1.4.2 数值传热学中常用的数值方法简介

1.4.2.1 有限差分法(*finite difference method*, FDM)

这是历史上最早采用的数值方法,对简单几何形状中的流动与换热问题也是一种最容易实施的数值方法。其基本点是:将求解区域用与坐标轴平行的一系列网格线的交点所组成的点的集合来代替,在每个节点上,将控制方程中每一个导数用相应的差分表达式来代替,从而在每个节点上形成一个代数方程,每个方程中包括了本节点及其附近一些节点上的未知值,求解这些代数方程就获得了所需的数值解。由于各阶导数的差分表达式可以从 Taylor 展开式来导出,这种方法又称建立离散方程的 Taylor 展开法,本书将做扼要介绍。文献[19,20]是用有限差分法求解偏微分方程的专著。有限差分法的主要缺点是对复杂区域的适应性较差及数值解的守恒性难以保证。

1.4.2.2 有限容积法(*finite volume method*, FVM)

在有限容积法中将所计算的区域划分成一系列控制容积,每个控制容积都有一个节点作代表。通过将守恒型的控制方程对控制容积做积分来导出离散方程。在导出过程中,需要对界面上的被求函数本身及其一阶导数的构成作出假定,这种构成的方式就是有限容积法中的离散格式。用有限容积法导出的离散方程可以保证具有守恒特性,而且离散方程系数的物理意义明确,是目前流动与传热问题的数值计算中应用最广的一种方法。据 *Manole* 与 *Lage* 对 1990 - 1992 三年内发表在 *Int J Heat Mass Transfer* 及 *ASME J Transfer* 两杂志上论文的统计[21],用有限容积法计算的论文占总数的 47%,而笔者对 *Numerical Heat Transfer*(A)杂志的统计这一比例还要更高。关于有限容积法在计算流动问题时的突出优点,在文献[22]中有很深刻的描述。还值得指出,文献中曾经有过将有限容积法作为有限差分法的一种形式的看法[23,24]。实际上这两种数值方法在获得离散方程的途径方面完全不同,正像有限分析法与有限差分法获得离散方程的方法不同而作为两种离散数值方法一样,将有限差分法与有限容积法作为两种数值方法更为合适。

1.4.2.3　有限元法(*finite element method*, FEM)

在有限元法中把计算区域划分成一系列元体(在二维情况下,元体多为三角形或四边形),有每个元体上取数个点作为节点,然后通过对控制方程做积分来获得离散方程。它与有限容积法区别主要在于:

1. 要选定一个形状函数(最简单的是线性函数),并通过元体中节点上的被求变量之值来表示该形状函数。在积分之前将该形状函数代入到控制方程中去;这一形状函数在建立离散方程及求解后结果的处理上都要应用。

2. 控制方程在积分之前要乘上一个权函数,要求在整个计算区域上控制方程余量(即代入形状函数后使控制方程等号两端不相等的差值)的加权平均值等于零,从而得出一组关于节点上的被求变量的代数方程组。

有限元法的最大优点是对不规则区域的适应性好。但计算的工作量一般较有限容积法大,而且在求解流动与换热问题时,对流项的离散处理方法及不可压流体原始变量法求解方面没有有限容积法成熟。关于用有限元法求解流动与传热问题的内容可参见文献[25,26,27]。

我们以二维稳态导热问题为例,在直角坐标的均分网格上采用FDM, FVM及FEM的网格及P点离散方程涉及到的邻点情况,示于图1-8(a), (b),(c)中。图中黑点代表温度场离散方程所涉及到的节点。

1.4.2.4　有限分析法(*finite analytic method*, FAM)

有限分析法是由美国籍华裔科学家陈景仁教授在1981年提出的。在这种方法中,也像有限差分法那样,用一系列网格线将区域离散,所不同的是每一个节点与相邻的4个网格(二维)问题组成计算单元,即一个计算单元由一个中心节点与8个邻点组成(图1-8d)。在计算单元中把控制方程中的非线性项(如Navier-Stokes方程中的对流项)局部线性化(即认为流速已知),并对该单元上未知函数的变化型线作出假设,把所选定型线表达式中的系数和常数项用单元边界节点上未知的变量值来表示,这样该单元内的被求问题就转化为第一类边界条件下的一个定解问题,可以找出其分析解;然后利用这一分析解,得出该单元中点及边界上8个邻点上未知值间的代数方程,此即为单元中点的离散方程。关于有限分析法的内容文献[27,28]中有进一步的介绍,文献[29,30]是关于有限分析法的专著。有限分析法中的系数不像有限容积法中那样有明确的物理意义,对不规则区域的适应性也较差。

目前已应用于流动与传热计算的数值方法还有边界元法等[26]。对不同数值方法的评价常常取决于使用者的习惯和经验。依笔者所见,上述 4 种在流动与传热问题计算中应用较广的数值方法，就实施的简易，发展的成熟及应用的广泛等方面综合评价，有限容积法无疑居优。本书主要介绍有限容积法，也会简要地涉及到有限差分法的内容。对其它方法感兴趣的读者，可参见上述有关教材或专著。

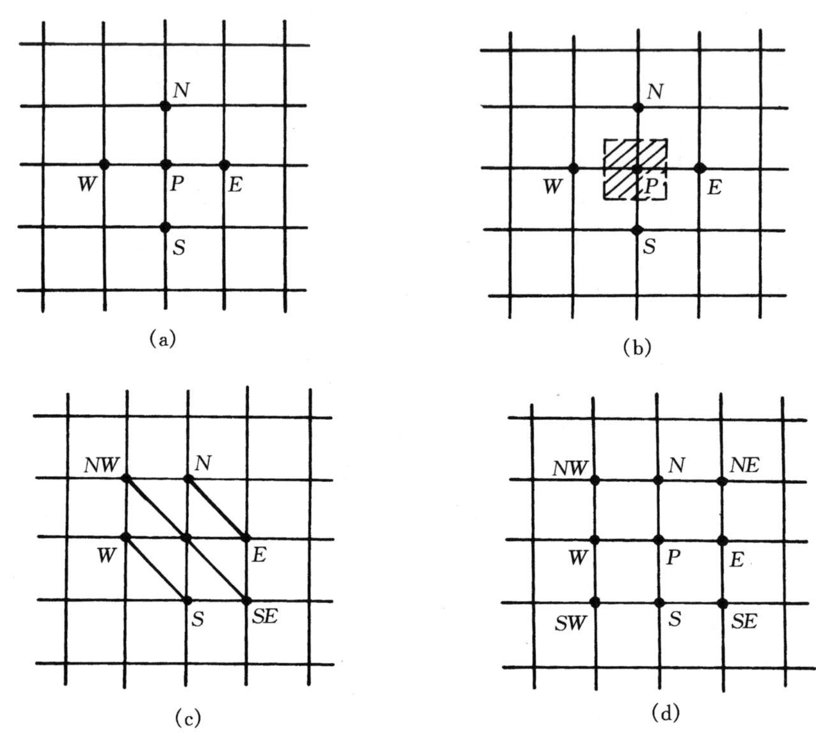

(a) FDM　(b) FVM　(c) FEM　(d)FAM

图 1-8　不同数值方法区域与节点的划分

1.5　数值传热学在现代传热学研究中的作用与地位

如果我们把研究方法作为依据，像流体力学那样分理论流体力学、实验流体力学与计算流体力学，则传热学也有分析传热学、实验传热学及数值传热学(即计算传热学)之别。这三者之间互相关联，共同构成了现代传热学的研究大厦。

1.5.1　分析传热学

这是应用数学求解的方法来获得传热学问题精确解的传热学分支，在导热领域发展得尤为成熟，不少传热学的名著都是属于导热领域的，如文献[31,32]。但即使在导热的领域，复杂的问题（如带有相变的导热问题），也还是难以获得分析解。至于对流换热，由于问题本身的非线性，能得出分析解的例子更少，已经获得的有：边界层理论中的相似解，膜状凝结时的Nusselt理论解等可数的几个例子。

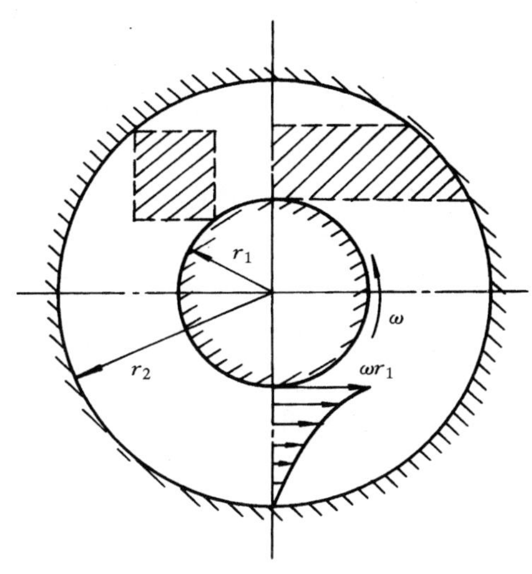

图1－9　内环旋转、外环静止时环形空间中的流动

虽然对复杂的流动与传热问题目前难以得出分析解，但不能因此而忽视分析解的作用。这是因为(1)分析解具有普遍性，各种因素的影响清晰可见。(2)分析解为检验数值计算的准确度提供了比较依据。在数值传热学的研究中，每当提出一种新的数值方法或开发出一个新的软件时，总是要使用所提出的方法或软件来计算几个有分析解的问题，以通过对结果的分析比较从一个侧面确认方法或软件的可靠性。例如位于两个同心圆筒壁内的粘性流体，当其中一个壁面旋转，另一个壁面静止时，会由于粘性的作用而流动。这一速度场已有Navier-Stokes方程的精确解。对于内筒旋转、外筒静止的情形（图1－9），切向速度的分析解为[28]：

$$\frac{u}{u_1}=\frac{r_1/r_2}{1-(r_1/r_2)^2}\cdot\frac{1-(r/r_2)^2}{r/r_2},\ u_1=\omega r_1$$

我们可以在环形区域内取出任何一个计算区域，例如图1－9中的虚线所示区域，用以考核所发展的数值方法，该区域边界上的速度可用上述公式算出而作为第一类边界条件赋给计算区域，数值求解的结果就可以和上述分析解做对比。(3)分析解还常常为发展新的数值方法提供了基础，这方面，有限分析法是一个很好的例子。前已指出，有限分析法中的离散方程是通过计算区域内一个简化了的控制方程的分析解而得出的，由于这一特点，使有限分析法可以避免其它数值方法中存在的对流项离散格式的稳定性问题。

1.5.2 实验传热学

实验研究无疑仍是传热学最基本的研究方法。这是因为，数值计算中所采用的物理与数学模型需要通过对现象的必要观测与测定才能建立；数值计算所需的流体或固体的物理特性需要通过实验测定来获得；而数值计算的准确性也往往需要通过与必要的实验结果做比较才能确认。正因为如此，近年来国内外都重视建立基准实验数据(*benchmark test data*, *validation data*)。所谓基准实验数据是指实验条件明确、有不确定度分析的那些高精度的可靠实验测定结果。美国机械工程师协会流体工程分会专门设立了一个数据库，以收集这样的实验结果。这种实验结果对考核软件具有重要的意义。

1.5.3 数值传热学

数值传热学在最近20年中得到飞速的发展，除了计算机硬件工业的发展给它提供了坚实的物质基础外，还主要因为无论分析的方法或实验的方法都有较大的限制，例如由于问题的复杂性，既无法做分析解，也因费用的昂贵而无力进行实验测定，而数值计算的方法正具有成本较低和能模拟较复杂或较理想的过程等优点。经过一定考核的数值计算软件可以拓宽实验研究的范围，减少成本昂贵的实验工作量。在给定的参数下用计算机对现象进行一次数值模拟相当于进行一次数值实验，历史上也曾有过首先由数值模拟发现新现象而后由实验予以证实的例子。

在这里要指出对数值模拟结果准确度应持正确认识。任何一个物理过程数值模拟结果的准确度首先取决于物理问题的数学模型是否正确。如果所用的数学模型本身不合适，例如有强烈回流的问题用边界层方程来计算，一个三维的问题用了二维的数学描写等，那么即使在数值计算方法上作了努力，仍然不能提高解的准确度；其次数值计算所用的物性数据要可靠。如果物性数据本身有较大的误差，则过分追求减少数值误差的努力也没有实际意义。总之,计算机本身不能创造信息、发现规律,它只是把人们送入的信息按照计算者所选定的规律进行处理、加工而已。

但一旦建立了实际问题合理的数学模型,数值模拟又能发挥很大的作用。由于它本身一些固有的优点,在最近20余年中,数值模拟已发展成为工业界进行CAD/CAM及过程控制的一个重要手段,在多种工程领域中得到广泛的应用。例如:叶轮机械粘性三元流的计算,电站锅炉炉膛内流场与温度场的模拟;大型铸件凝固过程中温度场的预测;单晶拉制过程中温度场及磁场作用的分析;电子器件冷却过程中最高温度的测算;换热器壳侧流场与温度场的三维仿真等。在这段期间内,用于流动与传热数值模拟的商业软件市场也有了很大的发展,先后出现了像PHOENICS, FLUENT, STAR——CD, CFX, FLOW—3D等大型通用软件。同时还涌现出了一批针对某一类目的或过程的专用软件,如适用于电子器件冷却计算的软件FLOW-THERM,用于分析内燃机中流动与传热的KIVA,计算聚合物流场的POLYFLOW,预测燃烧过程的SMART-FIRE,及生成网格(前处理)的ICEMCFD,和处理计算结果(后处理)的TECPLOT等。顺便指出,当商业软件PHOENICS刚刚投放市场时,它还被欧州共同体列为对共产党国家禁运的商品之列,后来由于国际市场上CFD/NHT商用软件之间竞争的加剧,西欧共同体才于1993年解除了PHOENICS对中国的禁运。由此可见,传热与流动的数值模拟在发展工业与国民经济中的重要作用。

由上可见,由于理论分析、实验研究及数值模拟各有其适用范围,把这三种研究手段巧妙地结合起来可以收到互相补充、相得益彰的作用。在科学技术发展到今天的阶段,把实验测定、理论分析和数值模拟有机而协调地结合起来,是研究传热问题的理想而有效的手段。可以预期,随着计算机工业和数值方法的进一步发展,对流动和传热过程的数值模拟方法将会发挥其越来越大的作用。

1.6 本书内容介绍

本书取名为《数值传热学》,顾名思义,它研究如何用数值计算方法来求解传热问题。这是传热学与数值方法的交叉学科。为了使读者在学完本书后有从事传热问题实际计算的基本能力,而不仅是了解一些数值处理方法,应使读者对所学的数值方法能做到"明其全而析其微"。为此,本书把主要篇幅放在有限容积法上,而不采取将各种数值方法都逐一介绍的做法。这样在有限的时间内读者不仅能对所学的方法在原理上有较透彻的掌握(“明其全”),而且对这些方法具体实施过程中的细节也有较好的了解(“析其微”)。根据笔者近 20 年来从事计算传热学教学的经历与体会,这是一种有效的教学与学习的方法。

由于对流换热的求解与流场的求解不可分割地联系在一起,本书中将花相当大的篇幅来介绍流场的数值求解方法,因此本书对主要是从事流场求解的读者也有相当的参考价值。但本书不是一本计算流体动力学(*computational fluid dynamics*, CFD)的教材。文献中有一种把计算流体动力学看作为是包罗万象(与流体流动,传热学,燃烧学等相关的)的学科的观点[24],笔者对此不敢苟同。笔者认为 CFD 与 NHT(或 CHT)是既有联系又有区别的。这正如流体力学与传热学是有联系的,但我们不能认为流体力学可以涵盖传热学、燃烧学等学科一样,我们也不宜认为计算流体动力学可以包括传热学与燃烧学等的研究领域。从研究的内容与侧重点而言,也有较明显的差别。在 CFD 中理想流体的数值模拟及激波的捕获是数值计算的重要内容[8],但这些内容在计算传热学中则没有什么地位;另一方面,换热器的三维数值模拟是计算传热学重要的应用例子,而在计算流体动力学的专著如参考文献[8,9]中,却从不包含这方面的内容。附加源项法是处理计算传热学中第二、第三类边界条件的有效方法,但在计算流体力学中则很少会遇到这一类的问题,更不必说辐射的数值计算了。因此,把计算流体力学与计算传热学看成是既有联系又有区别的两个研究领域更为合适。

本书的读者是已掌握了流动与传热过程物理机理的基础知识的从事工程科学的研究生、技术人员和研究人员。根据笔者自己的体会,不少数值计算方法都有其深刻的物理背景,而且流动与传热计算中某些广为应用的算法本身正是从物理过程的机理考虑才发展出来的(如著名的 SIMPLE 算法,块修正技术等)。因此,在介绍数值方法时力图说明其物理本质是作者坚持的一个原则。

本书的基本内容主要为满足我国能源动力类、化学工程类、核工程类、建筑类等大类硕士研究生教学的需要。但由于热现象的普遍性,其它许多大类专业的研究生(包括博士研究生)也可从本书中学到求解热现象问题的数值方法,笔者在写作时也已考虑到了这一因素。

本书正是从上述基本观点出发来安排与组织教材的。全书共分 11 章,第 1 章到第 3 章是全书的基础部分,主要介绍控制方程,它的离散及离散方程的数值与物理特性;第 4 章到第 8 章是用有限容积法求解导热与对流换热问题的详细介绍,其中包括了代数方程的求解方法在内,而重点则在于流场的求解;第 9 章与第 11 章,是全书的提高部分,包括湍流模型,网格生成技术及有限容积法的应用实例。下面分别说明第 2 章及以后各章的内容。

第 2 章中介绍有限容积法中区域离散的基本方法及建立离散方程的方法。为便于对照和分析数值误差的需要,也较详细地介绍了有限差分法建立离散方程的方法,对复杂区域的离散方法将在第 10 章中讨论。

第 3 章是对离散方程的数学误差和物理特性的分析。在介绍相容性、收敛性与稳定性时,作者没有从计算数学的严格角度来展开,而是采用比较简洁、易懂的语言加以说明。在离散方程众多的物理特性中,着重选择了守恒性、迁移特性及数值扩散三方面予以介绍,因为这三个特性密切关系到对数值计算结果的评价。由于对流项的离散要到第 5 章中讨论,本章中仅引出守恒性与迁移特性。

第 4 章以导热问题为背景介绍扩散方程的数值求解方法。在介绍扩散方程的数值求解方法过程中,我们逐一地将一系列数值处理的技巧介绍给读者。这样凡是不涉及流动问题的有关数值方法,我们都在这一章中作了介绍。学习了本章后,为求解对流换热问题,我们只剩下两个一阶导数的处理了(即对流项及压力梯度项)。作为扩散方程数值解法的应用,本章中介绍了两个简单的充分发展对流换热的数值求解例子。

第 5 章着重处理对流项的离散问题。讨论的第一部分对 5 种二维问题的 5 点格式进行。虽然对一阶迎风等低阶格式的应用,近年来在国际学术界颇有争议。笔者认为,由于它的绝对稳定性,对初学者至少从训练的角度仍有其使用的价值,更何况构成格式的思想对高阶格式的构造也有参考价值,而现有的采用一阶迎风的程序可以通过“延迟修正”来引入高阶格式,因此仍作为基本内容予以介绍。当然,应当使读者了解这些低阶格式带来的缺点及改进的方法,这一内容在本章的第 2 部分中介绍,着重讨论了 QUICK 等格式。本章最后介绍了分析对流项稳定性的符号不变原则,并导出了通用对流 - 扩散方程的离散形式。

第 6 章专门解决离散方程的顺序求解方法,在引入了交叉网格后,着重讨论 SIMPLE 算法,在此基础上介绍了 SIMPLER, SIMPLEC, SIMPLEX 算法。然后介绍了在多重网格上实施 SIMPLE 算法的问题及同位网格上的 SIMPLE 算法。

第 7 章讨论代数方程的求解方法。考虑到一般读者已经在计算方法中了解了基本的求解方法,本章主要从求解非线性的流动与传热问题的离散方程的角度开展讨论。着重介绍求解代数方程迭代法的迭代方式的构造,迭代法收敛的充分条件,及加速迭代法收敛的方法。无论讨论收敛的条件还是加速收敛的方法,都注意结合数值方法的物理实质来讨论问题。

虽然原始变量法求解流场与对流换热问题已成为目前主要的计算选择,但是涡量-流函数法的求解方式也仍有不少作者采用,尤其是对二维自然对流换热问题。因此,本书第 8 章对求解流场的涡量-流函数法作了必要的介绍。由于涡量-流函数方法的控制方程属于一般的对流-扩散方程,离散过程的讨论只介绍了其特点之处,而把重点放在边界条件的处理及方法的应用上。

第 9 章以两方程 $k-\varepsilon$ 模型为重点叙述了湍流的数值模拟方法,包括标准 $k-\varepsilon$ 模型/壁面函数法、低 Re 数 $k-\varepsilon$ 模型及 $k-\varepsilon$ 模型的发展。同时对目前已开始应用于工程计算的二阶矩模型也作了必要的介绍。

第 10 章讨论网格生成技术,分为网格生成及在计算平面上的流场求解方法两大部分。网格生成方法部分以求解偏微分方程的方法为主,较详细地讨论了应用椭圆型偏微分方程的方法。在计算平面上的求解讨论了 SIMPLE 算法的实施问题。对计算平面所得出结果的处理问题文献中很少关注,本章中通过实例作了说明。

本书最后一章是计算传热学的专题。首先分别从耦合问题,周期性充分发展流动与换热及换热器的数值模拟三个方面开展了论述,以作为求解复杂流动与换热问题的例子。接着讨论了数值计算结果的误差分析及基准解问题。最后介绍了国际上比较通行的大型商用软件的基本情况,相信对读者会有所帮助。

习 题

1-1 一维、常物性、无内热源、非稳态的导热方程为:

$$\frac{\partial T}{\partial t}=a\frac{\partial^2 T}{\partial x^2}$$

其中 a 是热扩散率。试分析该方程的数学类型。

1-2 二维、稳态、常物性、无内热源的导热方程为:

$$\frac{\partial^2 T}{\partial x^2}+\frac{\partial^2 T}{\partial y^2}=0$$

试证明它是一个椭圆型方程。

1－3 二阶波动方程为：

$$\frac{\partial^2 \phi}{\partial t^2} = c^2 \frac{\partial^2 \phi}{\partial x^2}$$

其中 c 为波速。试证明上式是双曲型方程。

1－4 一阶波动方程为：

$$\frac{\partial \phi}{\partial t} = - c \frac{\partial \phi}{\partial x}$$

试证明它是一个波动型方程

（提示：此式经过对 t 及 x 的求导，可以化为习题 1.3 的二阶波动方程的形式。）

1－5 试写出一维、无内热、变物性导热问题的控制方程的守恒形式与非守恒形式。非守恒形式是否意味着对无限小的容积守恒性也遭到破坏？

1－6 试分析二维非稳态 Navier-Stokes 方程及二维稳态边界层动量方程的各个自变量的性质（单向坐标还是双向坐标）。

1－7 如图 1－10 所示，在一个二维平行板通道内的中心线上置有一个温度均匀的正方形柱体，计算区域入口流体温度为 $T_{in} = c$，流速已达充分发展，上、下平板绝热，出口边界离开柱体比较远。试写出层流、稳态对流换热的控制方程组，并对所取定的计算区域写出流速及温度的边界条件（出口边界可取一阶导数为零的条件）。

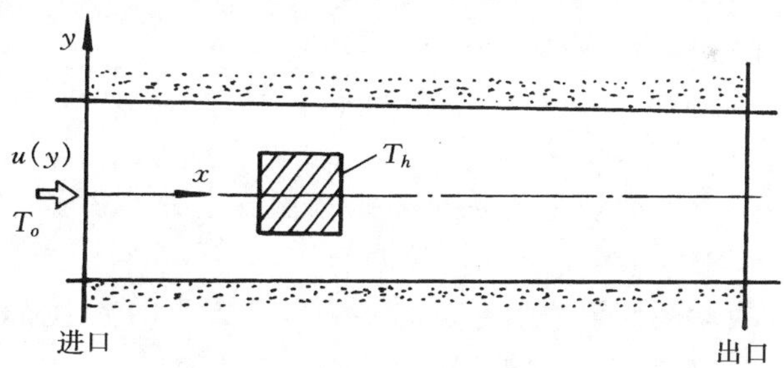

图 1－10 习题 1－7 的图示

参考文献

1 Schlichting H. Boundary layer theory. 8th ed. New York: McGraw-Hill, 1979.64－69

2 Rohsenow W M, Hartnett J P, Ganic E N. Handbook of heat transfer Fundamentals. 2nd ed. New York:McGraw-Hill, 1985

3 Patankar S V. Numerical heat transfer and fluid flow. New York: McGraw-Hill, 1980 (中文版本:张政译　蒋章焰校．传热与流体流动的数值计算．北京:科学出版社,1989)

4 俞其铮编著．辐射换热原理．哈尔滨:哈尔滨工业大学出版社,2000.116-132

5 范维澄　万跃鹏编著．流动及燃烧的模型与计算．合肥:中国科学技术大学出版社,1992.202－243

6 Eckert E R G, Drake R M Jr. Analysis of heat and mass transfer. New York: McGraw-Hill,1972.258－270

7 Bejan A. Convection heat transfer. New York: John Wiley & Sons, 1984.4－16

8 Anderson J D Jr. Computational fluid dynamics. The basics with applications. New York: McGraw-Hill, 1995.82

9 Roach P J. Computational fluid dynamics. Revised printing. Hermosa, Albuquerque, N M, 1976

10 杨世铭　陶文铨编著．传热学．第 3 版．北京:高等教育出版社,1998.27－28

11 南京大学教学系计算数学专业编．偏微分方程的数值解法．北京:科学出版社,1979.96－170

12 程心一著．计算流体动力学——偏微分方程的数值解法．北京:科学出版社,1984.43－57

13 朱家昆．计算流体动力学．北京:科学出版社,1985.86－111

14 姜任秋著．热传导、质扩散与动量传递中的瞬态冲击效应．北京:科学出版社,1997.36－55

15 胡键伟　汤怀民著. 微分方程数值解法. 北京:科学出版社,1999.247－312

16 Berker R. Integrationdes equations du mouvement d'un fluide visqueux incompressible. In: Flugge S. ed. Handbuch der Physik. Berlin: Springer, 1963. 1－384

17 Wang C Y. Exact solutions of the unsteady Navier-Stokes equations. Appl Mech Rev, 1989.42; s269－s282

18 Wang C Y. Exact solutions of the steady－state Navier-Stokes equations. Annu Rev Fluid Mech, 1991. 23:159－177

19 Smith G D. Numerical solutions of partial differential equations (finite difference methods). 3rded. Oxford: Clarendon Press, 1985

20 Richtmyer R D. Morton K W. Difference methods for initial problems. 2nd ed. New York: Interscience Publishers, 1967

21 Manole D M. Lage J L. Nonunifrom grid accuracy test applied to the natural convection flow within a porous medium cavity. Numer Heat Transfer. Part B, 1993. 23:351－368

22 谭维炎著.计算浅水动力学.北京:清华大学出版社,1998.Ⅲ

23 陶文铨编著.数值传热学.西安:西安交通大学出版社,1988.1－2

24 Versteeg H K, Malalsekera W. An introduction to computational fluid dynamics. The finite volume method. Essex: Longman Scientific & Technical, 1995.4

25 孔祥谦.有限单元法在传热学中的应用.第3版.北京:科学出版社,1998

26 刘西云,赵润祥.流体力学中的有限元法与边界元法.上海:上海交通大学出版社,1993

27 陶文铨编著.计算流体力学与传热学.北京:中国建筑工业出版社,1991.210－213

28 陶文铨著.计算传热学的近代进展.北京:科学出版社,2000.341,395－400

29 李炜著. 粘性流体的混合有限分析法.北京:科学出版社,2000

30 Chen C J, Bernatz R, Carlson K D, Lin W L. Finite analytic method in flows and heat transfer. New York: Taylor & Francis, 2000

31 奥齐西克 M N. 热传导. 俞昌铭主译.北京:高等教育出版社,1984

32 Carslaw H S, Jaeger J C. Conduction of heat in solids. 2nded. Oxford: Clarendon Press, 1986

第 2 章　计算区域与控制方程的离散化

图 1－7 表明,对流动与传热问题进行数值计算的第一步是区域离散化,即对空间上连续的计算区域进行剖分,把它划分成许多个子区域,并确定每个区域中的节点,这一过程又称为网格生成(*grid generation*)。由于工程上所遇到的流动与传热问题大多发生在复杂的区域内,不规则计算区域内的网格生成是计算传热学中的一个十分重要的研究领域。作为入门知识,本章中仅介绍在规则的计算区域内生成网格的两种方法,不规则区域中网格生成的问题将在第 10 章中讨论。生成网格后,就要将控制方程离散化,即将描写流动与传热过程的偏微分方程转化成为各个节点上的代数方程组。本章着重介绍有限差分法中采用的 Taylor 展开法及有限容积法中采用的控制容积积分法,同时也要提到多项式拟合法及平衡法。最后对 Taylor 展开法及控制容积积分法这两种离散化方法作出比较。

2.1　空间区域的离散化

2.1.1　区域离散化的实质与内容

所谓区域离散化(*domain discretization*)实质上就是用一组有限个离散的点来代替原来的连续空间。一般的实施过程是:把所计算的区域划分成许多个互不重迭的子区域(*sub-domain*),确定每个子区域中的节点位置及该节点所代表的控制容积(*control volume*)。区域离散化过程结束后,可以得到以下 4 种几何要素:

1. 节点　需要求解的未知物理量的几何位置;
2. 控制容积　应用控制方程或守恒定律的最小几何单位;
3. 界面　它规定了与各节点相对应的控制容积的分界面位置;

4. 网格线　沿坐标轴方向联结相邻两节点而形成的曲线簇。

我们把节点看成是控制容积的代表。控制容积与子区域并不总是重合的。在区域离散化过程开始时,由一系列与坐标轴相应的直线或曲线簇所划分出来的小区域称为子区域。视节点在子区域中位置的不同,可以把 FDM 及 FVM 中的区域离散化方法分成两大类:外节点法与内节点法。

2.1.2　两类设置节点的方法

1. 外节点法　节点位于子区域的角顶上,划分子区域的曲线簇就是网格线,但子区域不是控制容积。为了确定各节点的控制容积,需要在相邻两节点的中间位置上作界面线,由这些界面线构成各节点的控制容积。从计算过程的先后来看,是先确定节点的坐标再计算相应的界面,因而也可称为先节点后界面的方法。在文献[1]中称为方法 A,在文献[2]中称为外节点法,也有称为单元顶点法的(*cell vertex scheme*),如文献[3]。

2. 内节点法　节点位于子区域的中心,这时子区域就是控制容积,划分子区域的曲线簇就是控制体的界面线。就实施过程而言,先规定界面位置而后确定节点,因而是一种先界面后节点的方法。在文献[1]中称为方法 B,在文献[2]中则称为内节点法,文献[3]中则称为单元中心法(*cell centered scheme*)。

为以后讨论方便,这里对本书中网格的图示法作以下一般规定:实线表示网格线,虚线表示界面线,黑点表示节点。二维的三种坐标系中上述两种离散化方法示于图 2-1 中。

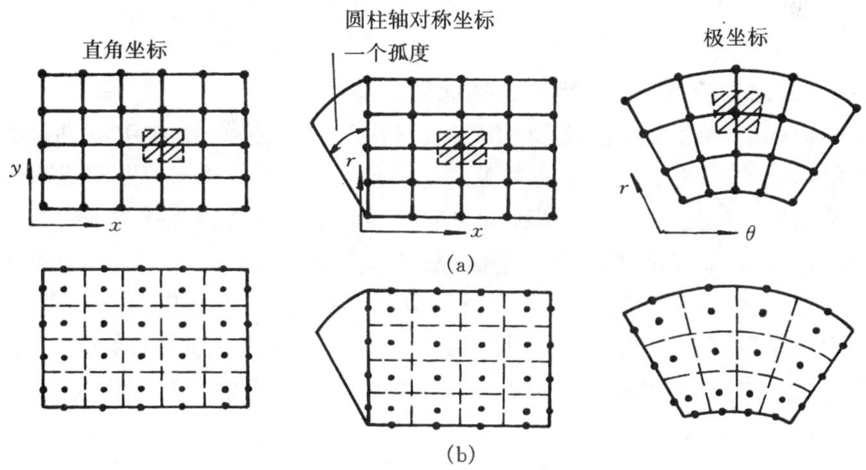

图 2-1　三种坐标系中的两种区域离散化方法

(a) 外节点法(方法 A)　(b) 内节点法(方法 B)

为建立节点的离散方程并进行特性分析，还需对节点及有关的几何要素的命名方法作出规定。为便于讨论，本书中采用两种命名方法。当要对离散方程进行特性分析时，采用 $i-j-n$ 表示法，即所研究的二维问题的节点位置记为(i,j)，与该节点相邻的界面则分别为 $i+\frac{1}{2}$，$i-\frac{1}{2}$，$j+\frac{1}{2}$及 $j-\frac{1}{2}$，n 表示非稳态问题的时层。在其它情形下采用 P,N,E,W,S 表示所研究的节点及相邻的 4 个节点，用 n,e,w,s 表示相应的界面，而用上标 0 表示非稳态问题中上一时层之值。相邻两节点间的距离，以 x 方向为例，以 δx 表示，而 Δx 则表示相邻两界面间的距离。对于一维区域，这种表示方式示于图 2-2 中。在均分的网格系统中或不强调 δx 与 Δx 间的区别时，节点间的距离也可用 Δx 表示。

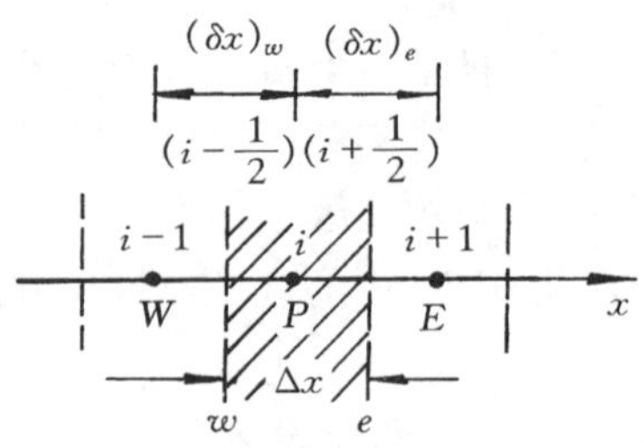

图 2-2　网格命名方法

上面所介绍的两种网格中节点排列有序，给出了一个节点的编号，立即可以得出其相邻节点的编号。这种网格称为结构化网格（*structured grid*），其优点是生成方法简单，缺点是对不规则区域的适应性较差。在 20 世纪 80—90 年代，在流动与传热的数值计算研究中发展出了一种非结构化网格（*unstructured grid*），其优点是对不规则区域的适应性强，但网格生成过程则要复杂得多，我们将在第 10 章中进一步提及。

2.1.3　两类节点设置方法的比较

现在来讨论两种区域离散化方法的特点，当网格划分均匀时，两种方法所形成的节点分布在区域内部趋于一致，仅在坐标轴方向上节点有半个控制容积厚度的位错。两种方法的主要区别表现在以下 4 方面：

1. 边界节点所代表的控制容积不同，如图 2-3 所示。在外节点法中，位于非角顶上的边界节点代表了半个控制容积；而在内节点法中，则应看成是厚度为零的控制容积的代表（图 2-3(b) 中打阴影线的部分是节点 P 的控制容积），即相当于外节点法中边界节点的控制容积在 $\Delta x\to 0$ 时的极限。

2. 当网格不均分时，内节点法中节点永远位处控制容积的中心（图 2-4b），而由外节点法形成的节点则不然（图 2-4(a)）。从节点是控制容积的代表这一角度看,内节点法更合理。

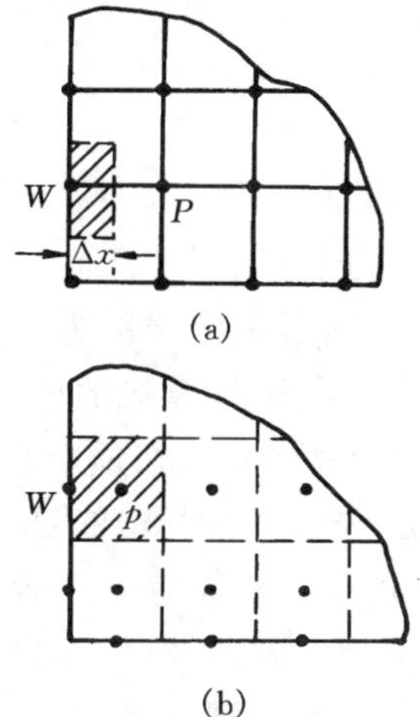

图2-3　两种方法边界节点的比较

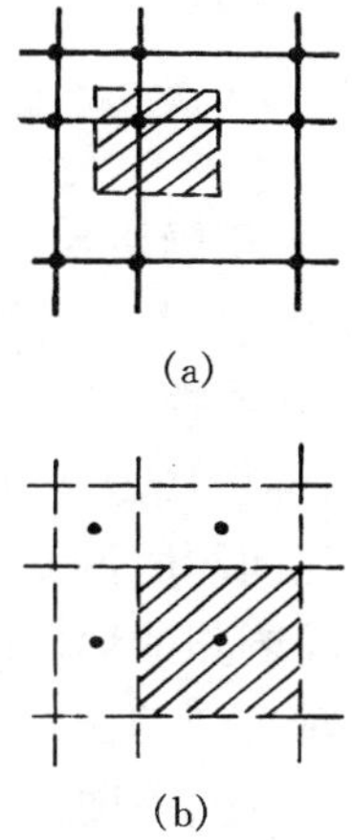

图2-4　不均分网格的比较(1)

3. 当网格不均匀时,外节点法中界面永远位处两邻点的中间位置(图2-5(a)),而内节点法则不然(图2-5(b))。如果界面上的导数采用下列计算式来表示:

$$\left(\frac{\partial \phi}{\partial x}\right)_e \cong \frac{\phi_E - \phi_P}{(\delta x)_e}$$

则对于内节点法,计算的精度比上式名义上的截断误差(见2.2)要低一些,但对外节点法则没有这一问题。

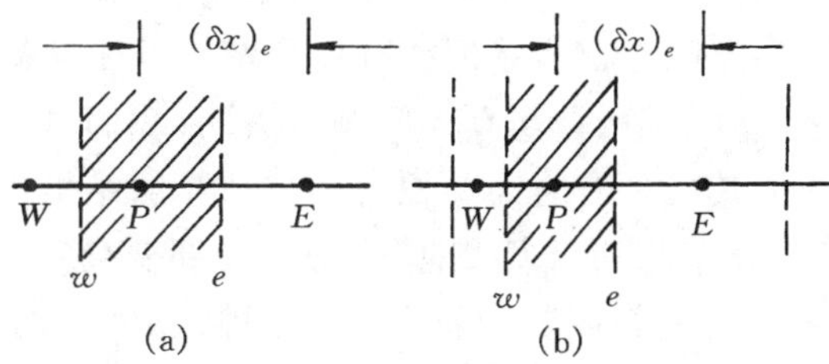

图2-5　不均分网格的比较(2)

在文献[3]中曾对设置节点的两种方法作过计算比较,发现对一维问题当节点不均匀布置时外节点法的离散误差比较小,但对二维流动问题用四边形网格来计算时,发现两种布置方法几乎得出完全相同的结果。内节点法由于取子区域(单元)为控制容积,界面自然生成,程序的编制与计算都较容易。本书以后的讨论内容,如无特别说明,对两种节点的设置方法都适用。在使用一个已有的计算软件时则应当弄清楚是按哪种方式设置节点的。

2.1.4 关于网格生成问题的进一步说明

1. 图2-1中为作图的方便,网格是均匀分布的,即不仅在同一坐标方向上子区域(或控制容积)的宽度是均匀的,而且两个坐标方向上的子区域(或控制容积)的宽度也是一样的。为充分利用计算机的内存资源,进行实际工程问题的数值计算时,网格常常不是均匀的;在预期所求解的变量变化比较剧烈的地区网格分布应该稠密一些。这时要注意两方面的问题。一是对每个控制容积在不同方向的宽度应该保持一个合适的比例,对椭圆型问题,不同方向的宽度之比应接近于1;只有对于抛物型问题或某个方向的变化率明显大于另一个方向的椭圆型问题,才适宜采用狭长的控制容积,此时变化剧烈的方向应取较小的宽度。二是在同一坐标方向上相邻两子区域(或控制容积)宽度的变化应保持在一个合适的范围之内。文献[4]推荐这一比值宜保持在0.8~1.2之内,而据文献[5]的数值实验,只要这一比值保持在1.5~2.0以内时,不会对计算结果的数值误差产生明显的影响。

2. 在进行实际问题的数值计算时,网格的生成也往往不是一蹴而就的,而要经过反复的调试与比较,才能获得适合于所计算的具体问题的网络。这里包括两方面的内容。其一是,作为获得数值解的网格应当足够的细密,以致于再进一步加密网格已经对数值计算结果基本上没有影响了。这种数值解称为网格独立的解(*grid-independent solution*)。作为数值计算的正式结果原则上都应是网格独立的解。至于网格加密到什么程度才能得出网格独立的解,是与具体问题有关的,我们将在以后的讨论中进一步举例说明。其二是有时需要根据初步计算的结果再反过来修改网格,使网格疏密的分布与所计算物理量场的局部变化率更好地相适应。这种根据计算结果而重新调整疏密分布的网格称为自适应网格(*adaptive grid*),有兴趣的读者可参见文献[6]。

2.2 建立离散方程的Taylor展开法及多项式拟合法

2.2.1 一维模型方程

在1.1节中我们已经给出了描写流动与传热问题控制方程的完全形

式。所有这些方程都由 4 个反映不同物理特性的项所组成:非稳态项、对流项、扩散项及源项。在讨论离散方程建立的基本方法时,为了不使问题复杂化,同时又能使不同离散方法的特点得以充分表达,我们的讨论将针对所谓的一维模型方程来进行,它是一个一维非稳态有源项的对流-扩散方程:

非守恒型:

$$\rho \frac{\partial \phi}{\partial t} + \rho u \frac{\partial \phi}{\partial x} = \frac{\partial}{\partial x}(\Gamma \frac{\partial \phi}{\partial x}) + S \tag{2-1a}$$

守恒型:

$$\frac{\partial(\rho\phi)}{\partial t} + \frac{\partial(\rho u\phi)}{\partial x} = \frac{\partial}{\partial x}\left(\Gamma \frac{\partial \phi}{\partial x}\right) + S \tag{2-1b}$$

其中 ϕ 是广义变量(如速度、温度、浓度等),Γ 为相应于 ϕ 的广义扩散系数,S 为广义源项。在模型方程中引入广义源项的意义不容低估。源项中包括了不能归入非稳态项、对流项及扩散项中的一切其它项,使式(2-1)可以代表相当多的流动与传热现象。它既可以代表抛物型方程(t 为单向坐标),又兼具椭圆型方程的一些特性(x 为双向坐标)。对流项的存在还可以模拟 Navier-Stokes 方程数值解中的一些特殊问题。当式(2-1)中的 $S=0$ 时,称为 Burgers 方程。在应用模型方程来讨论时,我们大多假定其中的流速 u 及物性 ρ,Γ 均为已知的常数(称为线性化处理)。

在有限差分法中,通过把控制方程中的各阶导数用相应的差分表达式来代替而形成离散方程(常叫差分方程)。由于各阶导数的差分表达式可由 Taylor 级数展开而得,故而常把这种建立离散方程的方法称为 Taylor 展开法。实际上,一阶、二阶导数的差分表达式还可以通过多项式的拟合来获得,本节下面也会简要地提及。

2.2.2 用 Taylor 展开法导出导数的差分表达式

先看一阶、二阶导数差分表达式的导出。试将函数 $\phi(x,t)$ 在图 2-2所示的均匀网格中某点$(i+1,\ n)$对点(i,n)作 Taylor 展开,有:

$$\phi(i+1,n) = \phi(i,n) + \left.\frac{\partial \phi}{\partial x}\right|_{i,n} \Delta x + \left.\frac{\partial^2 \phi}{\partial x^2}\right|_{i,n} \frac{\Delta x^2}{2!} + \cdots$$

由此得:

$$\begin{aligned}\left.\frac{\partial \phi}{\partial x}\right|_{i,n} &= \frac{\phi(i+1,\ n) - \phi(i,n)}{\Delta x} - \frac{\Delta x}{2}\left(\frac{\partial^2 \phi}{\partial x^2}\right)_{i,n} + \cdots \\ &= \frac{\phi(i+1,n) - \phi(i,n)}{\Delta x} + O(\Delta x)\end{aligned} \tag{2-2}$$

上式右端中 $O(\Delta x)$代替了二阶及更高阶导数项之和，称为截断误差(*truncation error*)，符号 $O(\Delta x)$ 表示随 Δx 的趋近于零，用 $\dfrac{\phi(i+1,n)-\phi(i,n)}{\Delta x}$来代替$\left.\dfrac{\partial\phi}{\partial x}\right|_{i,n}$的截断误差小于等于$K|\Delta x|$，这里 K 是与 Δx 无关的正实数。符号 $O(\Delta x)$并未给出截差的准确值，只是告诉我们截差是如何随 Δx 趋近于零而变小的。如果另一个表达式的截差为 $O(\Delta x^2)$，则可以预期，当 Δx 足够小时，后一表达式比前一表达式更准确。

在式(2-2)中，$\phi(i,n)$代表了函数 $\phi(x,t)$在节点(i,n)处的精确值。在进行有限差分数值计算时，这一精确值是未知的，只能用其近似值(记为 ϕ_i^n)来代替。因此$\left.\dfrac{\partial\phi}{\partial x}\right|_{i,n}$就可以用下列具有一阶精度的差分表达式来近似地代替：

$$\left.\frac{\partial\phi}{\partial x}\right|_{i,n}\cong\frac{\phi_{i+1}^n-\phi_i^n}{\Delta x},\ O(\Delta x) \tag{2-3}$$

式(2-3)称为$\left.\dfrac{\partial\phi}{\partial x}\right|_{i,n}$的向前差分(*forward difference*)①。

类似地，向后差分(*backwand difference*)为：

$$\left.\frac{\partial\phi}{\partial x}\right|_{i,n}=\frac{\phi_i^n-\phi_{i-1}^n}{\Delta x},\ O(\Delta x) \tag{2-4}$$

如果把函数 $\phi(x,t)$在节点$(i+1,n)$，$(i-1,n)$上对点(i,n)作 Taylor 展开，然后相减，可得具有二阶精度的中心差分(*central difference*)表示式：

$$\left.\frac{\partial\phi}{\partial x}\right|_{i,n}=\frac{\phi_{i+1}^n-\phi_{i-1}^n}{2\Delta x},\ O(\Delta x^2) \tag{2-5}$$

传热学中的偏微分方程大多只包含一阶、二阶导数。在表 2-1 中列出了一阶、二阶导数常用的几种差分格式及相应的截差等级。表中还画出了各个差分表示式的格式图案(*stencil*)，它是指构成一个离散表达式所需的节点的集合。图中用"○"表示的节点是建差分表达式的节点，而用"•"表示的是该表达式所用到的邻点位置。

仔细分析表 2-1 中的各个差分表达式，可以得出以下几点结论：

1. 为使各阶导数差分表达式满足均匀场各阶导数为零的条件，差分表达式分子各项系数的代数和必须为零。

---

① 在数学书籍中常称向前差商，但在工程技术文献中一般对差分与差商二词不作严格的区分，本书中采用后一种做法。

2．各阶导数差分表达式的量纲必须与导数的量纲一致，因而一阶导数各个差分表达式的分母均为 Δx，而二阶导数的各种差分表达式分母都是 Δx^2。

3．当给出一个差分表达式时必须指明是对哪一点建的，同样的节点数不同的建格式的点导致不同的截断误差。例如表中的第 9 式，对 i 点只有一阶截差，但如用于 $(i+1)$ 点则是二阶导数具有二阶截差的表示式。

表 2-1　一阶、二阶导数的几种差分表示式

导数	差分表示式	格式图案	截差
$\left.\frac{\partial\phi}{\partial x}\right)_{i,n}$	$\frac{\phi_{i+1}^n-\phi_i^n}{\Delta x}$	i (○), $i+1$ (●) → x	$O(\Delta x)$
	$\frac{\phi_i^n-\phi_{i-1}^n}{\Delta x}$	$i-1$ (●), i (○) → x	$O(\Delta x)$
	$\frac{\phi_{i+1}^n-\phi_{i-1}^n}{2\Delta x}$	$i-1$ (●), i (○), $i+1$ (●) → x	$O(\Delta x^2)$
	$\frac{-3\phi_i^n+4\phi_{i+1}^n-\phi_{i+2}^n}{2\Delta x}$	i (○), $i+1$ (●), $i+2$ (●) → x	$O(\Delta x^2)$
	$\frac{3\phi_i^n-4\phi_{i-1}^n+\phi_{i-2}^n}{2\Delta x}$	$i-2$ (●), $i-1$ (●), i (○) → x	$O(\Delta x^2)$
	$\frac{4\phi_{i+1}^n+6\phi_i^n-12\phi_{i-1}^n+2\phi_{i-2}^n}{12\Delta x}$	$i-2$ (●), $i-1$ (●), i (○), $i+1$ (●) → x	$O(\Delta x^3)$
	$\frac{-2\phi_{i+2}^n+12\phi_{i+1}^n-6\phi_i^n-4\phi_{i-1}^n}{12\Delta x}$	$i-1$ (●), i (○), $i+1$ (●), $i+2$ (●) → x	$O(\Delta x^3)$
	$\frac{\phi_{i-2}^n-8\phi_{i-1}^n+8\phi_{i+1}^n-\phi_{i+2}^n}{12\Delta x}$	$i-2$ (●), $i-1$ (●), i (○), $i+1$ (●), $i+2$ (●) → x	$O(\Delta x^4)$
$\left.\frac{\partial^2\phi}{\partial x^2}\right)_{i,n}$	$\frac{\phi_i^n-2\phi_{i+1}^n+\phi_{i+2}^n}{\Delta x^2}$	i (○), $i+1$ (●), $i+2$ (●) → x	$O(\Delta x)$
	$\frac{\phi_i^n-2\phi_{i-1}^n+\phi_{i-2}^n}{\Delta x^2}$	$i-2$ (●), $i-1$ (●), i (○) → x	$O(\Delta x)$
	$\frac{\phi_{i+1}^n-2\phi_i^n+\phi_{i-1}^n}{\Delta x^2}$	$i-1$ (●), i (○), $i+1$ (●) → x	$O(\Delta x^2)$
	$(-\phi_{i-2}^n+16\phi_{i-1}^n-30\phi_i^n$ $+16\phi_{i+1}^n-\phi_{i+2}^n)/12\Delta x^2$	$i-2$ (●), $i-1$ (●), i (○), $i+1$ (●), $i+2$ (●) → x	$O(\Delta x^4)$

对于非稳态项$\frac{\partial \phi}{\partial t}$,也有向前、向后及中心差分等几种格式,其表达式与表2-1所列类似,只是应维持下标不变,使上标作相应的变化,且空间步长 Δx 用时间步长 Δt 来代替。

2.2.3 一维模型方程的离散

为了对求解区域中的每个节点建立起整个控制方程的差分表达式,必须将方程中的每一项导数对同一节点作 Taylor 展开,这样每一项的截差才能相加,从而得出整个差分方程的截断误差。对于非稳态问题,当从初始时层出发步步向前推进时,还必须规定每一时层上空间导数的差分按哪一个时刻之值来计算。如果按每一时层的初始时刻之值来计算,所形成的离散方程称为显式;如果按每一时层的终了时刻之值计算,就得全隐格式。也可以按每一时层的中间时刻之值计算,就构成 Crank-Nicolson 格式。这是非稳态问题离散在时间坐标方面的三种常用格式,其在时-空网格上的表示见图2-6。它们均是二(时)层格式。非稳态问题的其它差分格式可参阅文献[7]。

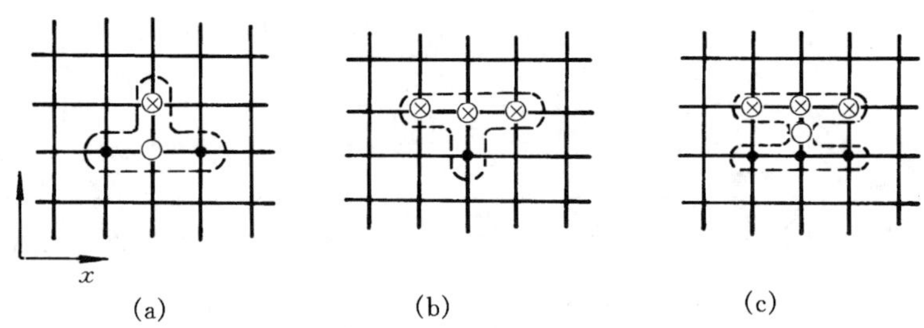

图2-6 非稳态问题三种格式的图示

(a) 显式 (b) 隐式 (c) $C-N$ 格式

•—已知 ϕ 值的节点 ╳—待求 ϕ 值的节点 ○—Taylor 级数展开点

将一维模型方程的精确解(假定它是存在的)在节点$(i,n+1)$,$(i+1,n)$,$(i-1,n)$上对节点(i,n)作 Taylor 展开,并取时间的向前差分、空间的中心差分(显式),可得:

$$\rho\frac{\phi(i,n+1)-\phi(i,n)}{\Delta t}+\rho u\frac{\phi(i+1,n)-\phi(i-1,n)}{2\Delta x}$$

$$=\Gamma\frac{\phi(i+1,n)-2\phi(i,n)+\phi(i-1,n)}{\Delta x^2}+S(i,n)+\text{HOT} \tag{2-6a}$$

式中符号 HOT 代表了所有未写出的更高阶导数项之和。

为了得出未知函数 ϕ 在各节点上近似值之间的代数关系式，显然上式中 HOT 所代表的部分必须略去，同时用近似值 ϕ_i^n 代替精确解 $\phi(i,n)$。于是得：

$$\rho\frac{\phi_i^{n+1}-\phi_i^n}{\Delta t}+\rho u\frac{\phi_{i+1}^n-\phi_{i-1}^n}{2\Delta x}$$
$$=\Gamma\frac{\phi_{i+1}^n-2\phi_i^n+\phi_{i-1}^n}{\Delta x^2}+S_i^n \qquad (2-6b)$$

这就是按 Taylor 展开法导出的一维模型方程的一种显式离散格式。如果在式(2－6a)中两项空间导数的展开都是对每一 Δt 的终了时刻来进行，则得隐式的离散方程。而如果 Taylor 展开是对 $\Delta t/2$ 的时刻来进行就得出 Crank-Nicolson 格式。显然，如果把式(2－1a)中的各项导数直接用相应的差分表达式来代替，也能得出式(2－6b)。

2.2.4　用多项式拟合法建立导数的差分表达式

导数的差分表达式也可以通过多项式的拟合来获得。这相当于对未知函数的局部变化型线采用多项式来逼近。例如，设函数 $\phi(x,t)$ 在节点(i,n)附近对 x 的变化关系近似地成线性，则有：

$$\phi(x_0+\Delta x,\ t)\cong a+bx$$

其中 x_0 为点(i,n)的 x 坐标。为方便起见，令 $x_0=0$，于是有：

$$\phi_{i+1}^n=a+b\Delta x$$
$$\phi_i^n=a$$

由此两式得：

$$b=\frac{\phi_{i+1}^n-\phi_i^n}{\Delta x}$$

因而$\frac{\partial\phi}{\partial x}$在点$(i,n)$的向前差分为：

$$\frac{\partial\phi}{\partial x}\cong b=\frac{\phi_{i+1}^n-\phi_i^n}{\Delta x}$$

为了得出具有二阶精度的空间导数公式，采用二次曲线拟合：

$$\phi(x_0+\Delta x,t)\cong a+bx+cx^2$$

于是有：

$$\phi_{i+1}^n=a+b\Delta x+c\Delta x^2$$
$$\phi_i^n=a$$

$$\phi_{i-1}^{n}=a-b\Delta x+c\Delta x^{2}$$

由此可解得：

$$b=\frac{\phi_{i+1}^{n}-\phi_{i-1}^{n}}{2\Delta x}$$

$$c=\frac{\phi_{i+1}^{n}-2\phi_{i}^{n}+\phi_{i-1}^{n}}{2\Delta x^{2}}$$

于是一、二阶导数的差分逼近式为：

$$\frac{\partial \phi}{\partial x}\cong\frac{\phi_{i+1}^{n}-\phi_{i-1}^{n}}{2\Delta x}$$

$$\frac{\partial^{2} \phi}{\partial x^{2}}\cong\frac{\phi_{i+1}^{n}-2\phi_{i}^{n}+\phi_{i-1}^{n}}{\Delta x^{2}}$$

可见采用多项式拟合法也可以把一维模型方程离散成式(2-6b)。

在流动与传热问题的数值计算中，多项式拟合法主要用来处理对流项的高阶格式及边界条件。例如对流项的QUICK格式就可以用多项式拟合的方式来导出，我们将在第5章中讨论。这里先举一个处理边界条件的例子。例如当由已知的节点温度来确定边界上的热流密度或由给定的热流密度确定节点温度时，即可采用多项式拟合法。

例2-1 设在图2-7所示情形中，已知区域内部与边界节点的温度，物体导热系数λ为常数，试用多项式拟合法确定穿过壁面的热流密度。

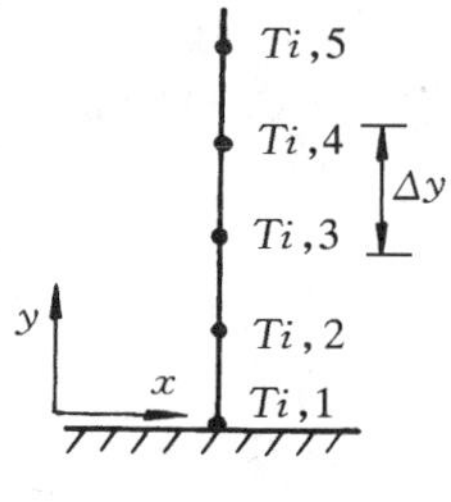

图2-7 多项式拟合法应用例题

解 设壁面附近温度T①按线性关系变化，则据前所述有：

$$q_{B}=-\lambda\left.\frac{\partial T}{\partial y}\right|_{y=0}\cong-\lambda\frac{T_{i,2}-T_{i,1}}{\Delta y}$$

如果取温度分布为二次曲线：

$$T(x_{0},y)\cong a+by+cy^{2}$$

则有：

$$\left.\frac{\partial T}{\partial y}\right|_{y=0}\cong b$$

$$T_{i,1}=a$$

$$T_{i,2}=a+b\Delta y+c\Delta y^{2}$$

① 按国家标准GB3102.4—93，T为热力学温度，t为摄氏温度。考虑到本书中用t表示时间(GB3102.1—93)，因而本书中统一用T表示温度，如无特别说明，可为热力学温度或摄氏温度。

$$T_{i,3} = a + 2b\Delta y + 4c\Delta y^2$$

由此可得：

$$b = \frac{-3T_{i,1} + 4T_{i,2} - T_{i,3}}{2\Delta y}$$

$$c = \frac{T_{i,1} - 2T_{i,2} + T_{i,3}}{2\Delta y^2}$$

于是得：

$$q_B = -\lambda \left.\frac{\partial T}{\partial y}\right|_{y=0} \cong -\lambda b$$

$$= \frac{\lambda}{2\Delta y}(3T_{i,1} - 4T_{i,2} + T_{i,3})$$

可以看到利用二次曲线拟合的结果与表 2－1 中具有二阶精度的格式相一致。这一点也可以通过把精确解 $T(x_0, y)$ 在 $y=0$ 作 Taylor 展开看出：

$$T(x_0,y) = T(x_0,0) + \left.\frac{\partial T}{\partial y}\right|_{y=0} y + \left.\frac{\partial^2 T}{\partial y^2}\right|_{y=0} \frac{y^2}{2} + \left.\frac{\partial^3 T}{\partial y^3}\right|_{y=0} \frac{y^3}{3!} + \cdots$$

此式表明在边界附近二次曲线分布的假设相当于展开式的头三项，其截差为 $O(\Delta y^3)$。由上式解出 $\left.\frac{\partial T}{\partial y}\right|_{y=0}$ 时要除以 Δy，因而一阶导数差分表示式的截差就降为 $O(\Delta y^2)$。

反之，如果给定了边界上的热流密 q_B，则可用多项式拟合法由 q_B 及内点温度来计算边界温度。很容易看出，采用三次多项式时有：

$$T_{i,1} = \frac{1}{11}\left(18T_{i,2} - 9T_{i,3} + 2T_{i,4} + \frac{6\Delta y q_B}{\lambda}\right) \qquad (2-7)$$

此式的截差可通过将 $T_{i,2}$、$T_{i,3}$ 及 $T_{i,4}$ 对点 $(i,1)$ 作 Taylor 展开来获得。

2.3　建立离散方程的控制容积积分法及平衡法

控制容积积分法（*control volume integration*）是有限容积法中建立离散方程的主要方法，也是本章的重点内容。直接对控制容积应用守恒定律建立离散方程的方法（平衡法 *balance method*）可以看成是控制容积法的一种变形与补充，本节中也作简要介绍。

2.3.1 控制容积积分法的实施步骤及常用的型线

应用控制容积积分法导出离散方程的主要步骤如下：

1. 将守恒型的控制方程在任一控制容积及时间间隔内对空间与时间作积分。

2. 选定未知函数及其导数对时间及空间的局部分布曲线，即型线(*profile*)，也就是如何从相邻节点的函数值来确定控制容积界面上被求函数值的插值方式。

3. 对各个项按选定的型线作出积分，并整理成关于节点上未知值的代数方程。

在实施控制容积积分法时常用的型线有两种，即分段线性(*piecewise-linear*)分布及阶梯式(*stepwise*)分布。在图 2－8a 中画出了函数 ϕ 随空间坐标而变化的这两种型线，而图 2－8b 中则是 ϕ 随时间而变化的几种情形。

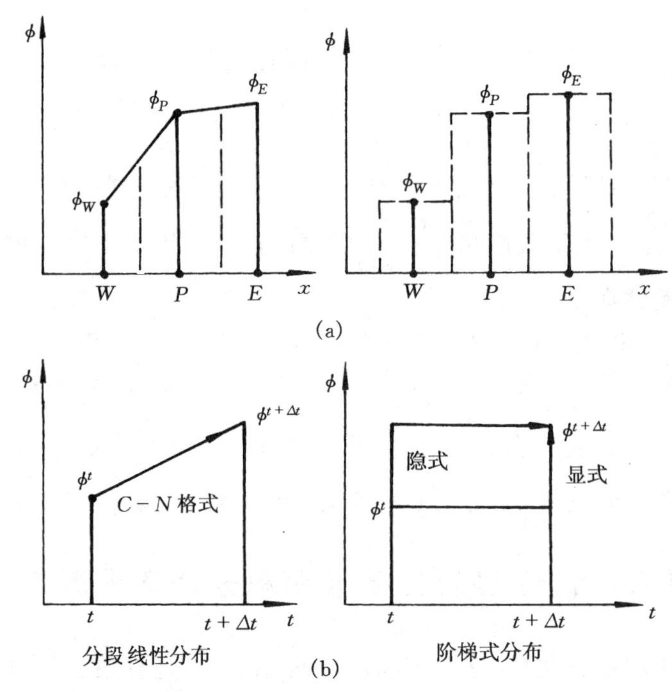

图 2－8　两种型线

2.3.2 用控制容积积分法离散一维模型方程

将一维模型方程的守恒形式(2－1b)对图 2－2 所示的控制容积 P 在

Δt 时间间隔内作积分,把可积的部分积出后得:

$$\rho\int_w^e(\phi^{t+\Delta t}-\phi^t)\mathrm{d}x+\rho\int_t^{t+\Delta t}[(u\phi)_e-(u\phi)_w]\mathrm{d}t$$

$$=\Gamma\int_t^{t+\Delta t}\left[\left(\frac{\partial\phi}{\partial x}\right)_e-\left(\frac{\partial\phi}{\partial x}\right)_w\right]\mathrm{d}t+\int_w^e S\mathrm{d}x\mathrm{d}t \tag{a}$$

为了最终完成各项积分以获得节点上未知值间的代数方程,需要对各项中变量 ϕ 的型线作出决择。正是在这一步中,引入了对被求量的近似处理方法。

1．非稳态项　需要选定 ϕ 随 x 而变化的型线,这里取为阶梯式,即同一控制容积中各处的 ϕ 值相同,等于节点上之值 ϕ_P,于是有:

$$\int_w^e(\phi^{t+\Delta t}-\phi^t)\mathrm{d}x=(\phi_P^{t+\Delta t}-\phi_P^t)\Delta x \tag{b}$$

2．对流项　这里要对 ϕ 随 t 而变化的规律作出决择,我们采用阶梯显式,即在整个 Δt 间隔内取 t 时刻之值,仅当 $(t+\Delta t)$ 时刻才跃升成为 $\phi^{t+\Delta t}$(见图2-8(b))。据此得

$$\int_t^{t+\Delta t}[(u\phi)_e-(u\phi)_w]\mathrm{d}t=[(u\phi)_e^t-(u\phi)_w^t]\Delta t \tag{c}$$

3．扩散项　选取一阶导数随时间作显式阶跃式的变化,得

$$\int_t^{t+\Delta t}\left[\left(\frac{\partial\phi}{\partial x}\right)_e-\left(\frac{\partial\phi}{\partial x}\right)_w\right]\mathrm{d}t$$

$$=\left[\left(\frac{\partial\phi}{\partial x}\right)_e^t-\left(\frac{\partial\phi}{\partial x}\right)_w^t\right]\Delta t \tag{d}$$

进一步,取 ϕ 随 x 呈分段线性的变化,则式(c),(d)中界面上的对流项 $(u\phi)$ 及扩散项 $\left(\frac{\partial\phi}{\partial x}\right)$ 可以表示成为:

$$(u\phi)_e=\frac{(u\phi)_P+(u\phi)_E}{2} \tag{e}$$

$$(u\phi)_w=\frac{(u\phi)_W+(u\phi)_P}{2}$$

$$\left(\frac{\partial\phi}{\partial x}\right)_e=\frac{\phi_E-\phi_P}{(\delta x)_e},\ \left(\frac{\partial\phi}{\partial x}\right)_w=\frac{\phi_P-\phi_W}{(\delta x)_w} \tag{f}$$

需要指出的是式(e)对区域离散方法 A 无论网格是否均分都是成立的,而对区域离散方法 B 则仅适用于均分网格的内部控制容积。

4．源项　假设 S 对 t 及 x 均呈阶梯式变化,则有:

$$\int_t^{t+\Delta t}\int_w^e S\mathrm{d}x\mathrm{d}t=\bar{S}^t\Delta x\Delta t \tag{g}$$

其中 $\bar{S}^t$ 为源项在 t 时刻控制容积中的平均值。这里为简便起见，取源项的控制容积的平均值来完成积分。对于源项是被求解变量的函数的情形，我们以后还要介绍更合理的处理方法。

将式(b)～(g)代入(a)，整理之，得：

$$\rho\frac{\phi_P^{t+\Delta t}-\phi_P^t}{\Delta t}+\rho\frac{(u\phi)_E^t-(u\phi)_W^t}{2\Delta x}=\Gamma\frac{\phi_E^t-2\phi_P^t+\phi_W^t}{\Delta x^2}+\bar{S}^t \tag{2-8}$$

这就是采用控制容积积分法得出的一维模型方程的离散形式，这里应用了均分网格的特性：$(\delta x)_e=(\delta x)_w=\Delta x$。显然上式就是在 2.2 节中得出的式(2-6b)。

2.3.3　关于型线假设的进一步讨论

在控制容积积分法中，控制容积界面上被求函数插值方式，即型线的选取是离散过程中极为重要的一步，需要作以下进一步讨论。

1. 前面已指出，在有限容积法中选取型线仅是为了导出离散方程，一旦离散方程建立起来，型线就完成了使命而不再具有任何意义。这是有限容积法区别于有限元法的一个重要方面。在有限元法中，型线一旦选定就始终认定为被求量的函数形式。

2. 在选取型线时主要考虑的是实施的方便及所形成的离散方程具有满意的数值特性，而不必追求一致性。也就是说，同一控制方程中不同的物理量可以有不同的分布曲线；同一物理量对不同的坐标可以有不同的分布曲线；甚至同一物理量在不同项中对同一坐标的型线都可以不同。例如在上述推导中，非稳态项的 ϕ 对 x 作阶梯式变化，但在对流及扩散项中则取分段线性分布。显然如果扩散项中也取为阶梯式变化，则根本就导不出离散方程。

3. 型线对于离散方程的求解方法及结果有很大影响。在控制容积积分法中，所谓不同的差分格式，主要是由于型线的不同而致。例如非稳态问题中变量对时间型线的不同导致显式、隐式等格式(图 2-8b)，而对流问题中界面上型线的不同就形成对流项的各种差分格式。这将是本书第 5 章中主要讨论的内容。

2.3.4　由控制容积平衡法导出离散方程

把物理上的守恒定律直接应用于所研究的控制容积，并把节点看成是控制容积的代表，可以导出节点上未知值间的代数关系式。这就是控制容积平衡法。

例如,对于有源项的一维对流-扩散问题,参照图 2-2 的坐标系,守恒定律就表现为:在 Δt 时间间隔内控制容积 P 中变量 ϕ 的增量,等于在同一时间间隔内由对流及扩散作用进入该控制容积的 ϕ 的净值及源项所生之值的总和。于是有:

$$\rho(\phi_P^{t+\Delta t} - \phi_P^t)\Delta x = \rho[(u\phi)_w - (u\phi)_e]\Delta t + \Gamma\left[\left(\frac{\partial \phi}{\partial x}\right)_e - \left(\frac{\partial \phi}{\partial x}\right)_w\right]\Delta t + \bar{S}\Delta x\Delta t \tag{2-9}$$

为把此式变成关于 ϕ_P, ϕ_E, ϕ_W 的代数关系式,需进一步规定:

1. 上式右端各项取在 t 时刻之值(即显式);
2. 界面上未知函数取为相邻两点间的平均值(即分段线性);
3. 界面上的导数亦按分段线性计算。

作了以上三点规定后,式(2-9)就化成为式(2-8)。

应当指出,在均匀的网格系统的内部控制容积中,对一维模型方程采用 4 种方法得出了相同的离散形式,但这不能认为是普遍的情形。在不少场合下,用控制容积积分法导出的离散方程,与用 Taylor 展开法导出的不同,计算结果的准确度也不一样。

2.3.5　不同离散方法的比较

上述 4 种方法中,Taylor 展开法与多项式拟合法偏重于从数学角度进行推导,把控制方程式中的各阶导数用相应的差分表示式来代替,而控制容积积分法与平衡法则着重于从物理观点来分析,每一个离散方程都是有限大小容积上某种物理量守恒的表示式。前一类方法的优点是易于对离散方程进行其数学特性的分析,缺点是变步长网格的离散方程形式比较复杂,导出过程的物理概念也不清晰,而且不能保证所得差分方程具有守恒特性(见 2.3 节)。而控制容积积分法及平衡法则正好相反,两种方法的推导过程物理概念清晰,离散方程的系数具有一定的物理意义,并可以保证离散方程具有守恒特性。缺点是不便对方程进行数学特性的分析。这两大类方法分别展示了有限差分法与有限容积法这两种数值解法的基本持点。综合起来考虑,显然是有限容积法更具有吸引力,这也就是为什么目前国际上著名的流动与传热问题的商用软件(PHOENICS, FLUENT, STAR-CD, CFX, FLOW-3D 等)都是以有限容积法为基础而发展起来的原因[6,8]。本书以后各章主要采用控制容积积分法,当需要对离散方程进行数学特性分析时,则应用由 Taylor 展开法导出的公式。

习　题

2-1　在二维直角坐标系中有一长方形的计算区域，设 x 方向的区域宽度为 XL，y 方向宽度为 YL。x 方向与 y 方向的节点数各为 $L1$ 与 $M1$。试对于区域离散方法 B，写出确定各控制容积的界面位置及各节点位置的程序块。建议采用下列符号：

i——x 方向节点与界面的标号；

j——y 方向节点与界面的标号；

$X(i)$——x 方向节点的位置，$i=1,\ L1$；

$Y(j)$——y 方向节点的位置，$j=1,\ M1$；

$XF(i)$——x 方向界面的位置，将左侧第一个界面取为 $i=2$，则最后一个界面为 $i=L1$；

$YF(j)$——y 方向界面的位置，底部第一个界面取为 $j=2$，则最后一个界面为 $j=M1$。

为使所生成网格能包括均匀划分、逐渐变稀与逐渐变密这几种情形，界面位置可按下列方式确定(以 x 方向为例)：

$$XF(i) = (XL)\left(\frac{i-2}{L1-2}\right)^{\mathrm{POWER}},\ i = 2,3,\ \ldots,\ L1$$

其中指数 POWER 之值取：

等于 1，采用均分网格时；

大于 1，采用沿 x 方向逐渐变稀网格时；

小于 1，采用沿 x 方向逐渐变密网格时。

2-2　对图 2-9 所示的非均分网格，设 $(\delta x)^+/(\delta x)^-=a$，试导出 $\left.\frac{\mathrm{d}\phi}{\mathrm{d}x}\right|_i$ 的截差为二阶精度的差分表达式。

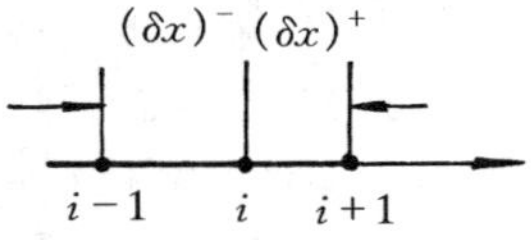

图 2-9　习题 2-2 图示

2-3　设在下列非线性方程中 η 为常数：$u\frac{\partial u}{\partial x}=\eta\frac{\partial^2 u}{\partial y^2}$，试写出其守恒形式并用控制容积积分法导出其离散方程。

2-4　用控制容积积分法导出下列一维导热问题的离散方程

$$\frac{1}{r}\frac{\mathrm{d}}{\mathrm{d}r}\left(rk\frac{\mathrm{d}T}{\mathrm{d}r}\right)+S=0,\ S\ 为常数$$

另用 Taylor 展开法导出其非守恒型式

$$k\frac{\mathrm{d}^2T}{\mathrm{d}r^2}+\frac{k}{r}\frac{\mathrm{d}T}{\mathrm{d}r}+S=0$$

的离散方程，并把两种结果都表示成 $a_PT_P=a_ET_E+a_WT_W+b$ 的形式，其中 b 为不包括 T_P、T_E 及 T_W 的已知项。对于常物性、均分网格，两种结果是否一致？

2－5　试用 Taylor 展开法导出二阶导数$\frac{\partial^2\phi}{\partial x\partial y}$的下列差分表示式：

$$\frac{\delta^2\phi}{\delta x\delta y}=\frac{\phi_{i+1,j+1}-\phi_{i+1,j-1}-\phi_{i-1,,j+1}+\phi_{i-1,,j-1}}{4\Delta x\Delta y}$$

设在 x 方向及 y 方向上网格各自均分。

2－6　把一维变物性有内热源的导热方程守恒形式

$$\frac{\mathrm{d}}{\mathrm{d}x}\left(k\frac{\mathrm{d}T}{\mathrm{d}x}\right)+S=0,\ S\text{ 为常数}$$

写成非守恒形式

$$k\frac{\mathrm{d}^2T}{\mathrm{d}x^2}+\frac{\mathrm{d}k}{\mathrm{d}x}\frac{\mathrm{d}T}{\mathrm{d}x}+S=0$$

假设$\frac{\mathrm{d}k}{\mathrm{d}x}=f(x)$为已知，试在均分网格中采用中心差分将非守恒形式离散化，并写成 $a_PT_P=a_ET_E+a_WT_W+b$ 的形式。分析在什么情形下 a_E 或 a_W 会成为负值，a_E 或 a_W 成为负值后对求解结果会有什么影响？

2－7　试推导式(2－7)并分析其截差等级。

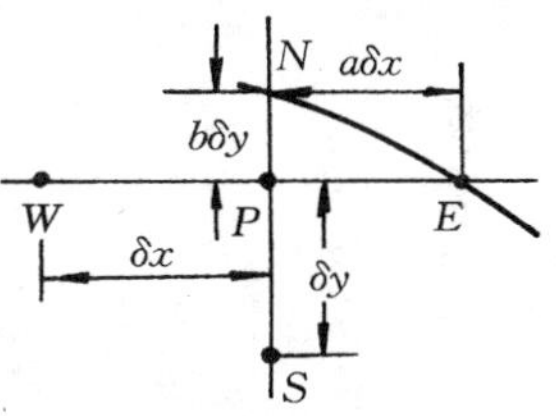

图 2－10　习题 2－8 图示

2－8　对图 2－10 所示的位于曲线边界旁的一内节点 P，分别利用 Taylor 展开法、控制容积平衡法导出常物性、无内热源的稳态导热问题的离散方程。

2－9　在某一流动问题中，x 方向的坐标均匀划分(图 2－11)。设 p_1、p_2 及 p_3 分别为节点 1、2、3 上的压力值，试导出截差为二阶精度的边界节点 1 上的压力梯度表示式。

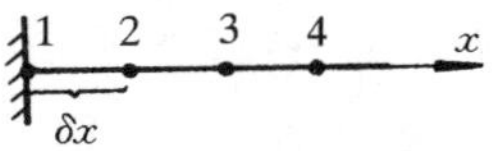

图 2－11　习题 2－9 图示

2－10　设有如图 2－12 所示的四个等间距节点 1，2，3 及 4，其上的温度值均已知。今采用所谓双抛物线插值来求 2，3 两点中间位置上的温度 T_m：按 1，2，3 做抛物线(即二项式)插值，得 T_{m1}，再按 2，3，4 做抛物线插值，得 T_{m2}，然后取 $T_m=(T_{m1}+T_{m2})/2$。

试导出 T_m 的计算式并分析其截差等级。

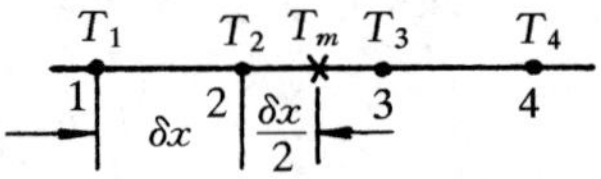

T_1 T_2 T_m T_3 T_4
1 δx 2 $\frac{\delta x}{2}$ 3 4

图 2-12 习题 2-10 图示

2-11 试导出一阶导数$\frac{\partial\phi}{\partial x}$的具有三阶截差的偏差分表达式(参见表 2-1,上游方向取 2 个节点,下游方向取 1 个节点)。

2-12 试导出二阶导数$\frac{\partial^2\phi}{\partial x^2}$的具有四阶截差的差分表达式。

参考文献

1. 帕坦卡 S V 著．传热与流体流动的数值计算．张政译．北京:科学出版社,1989.80
2. 大中逸雄著．计算机传热凝固解析入门．许云祥译．北京:机械工业出版社,1988.57
3. Swanson R C, Radespiel R. Cell centered and cell vertex multigrid schemes for the Navier-Stokes equations. AIAA J., 1991. 29(5): 697－703
4. Fletcher C A J. Computational techniques for fluid dynamics, Vol I: Fundamentals and general techniques. 2nd ed. Berlin: Springer-Varlag, 1991. 351
5. Huang Huaxiong, Prosperetti A. Effect of grid orthorgonality on the solution accuracy of the two-dimensional convection-diffusion equation. Numer Heat Transfer, Part B, 1994. 26:1－20
6. 陶文铨著．计算传热学的近代进展．北京:科学出版社,2000. 84－96, 383－395
7. Richtmyer R D, Morton K W. Difference methods for initial problems. 2nd ed. New York: Interscience Publishers, 1967
8. Freitas C J. Prospective: selected benchmarks from commercial CFD codes. ASME J Fluids Engineering, 1995. 117:208－218

第 3 章 离散方程的误差与物理特性的分析

从第 2 章所述的导出离散方程的过程可以看出，无论哪一种方法，都在建立离散方程的过程中作了近似处理，因而必然会引入误差。从数学角度而言，这些误差包括离散方程的截断误差、离散方程解的离散误差及数字计算过程中的舍入误差。另一方面，我们希望所得到的数值解能保持物理现象原有的一些基本属性，例如在有限容积范围内的守恒特性，在纯对流问题中扰动仅沿流速方向传递的特性等。本章将依次讨论这些问题。至于对流-扩散离散方程的人工粘性（即假扩散），则留到第 5 章中进行分析。

3.1 离散方程的相容性、收敛性及稳定性

3.1.1 截断误差及相容性

3.1.1.1 离散方程的精确解

为讨论离散方程的误差，首先要引入离散方程精确解的概念。它是指在离散方程的求解过程中不引入任何舍入误差的解，即使用了一台具有无限位字长的计算机所得的解。下面以一维非稳态问题为例开展讨论，并把离散方程的精确解记为 ϕ_i^n。

3.1.1.2 离散方程的截断误差

用符号 $L(\phi)_{i,n}$ 表示对函数 ϕ 在点 (i,n) 作某些微分运算的算子。例如对一维非稳态对流-扩散问题，可以定义微分算子：

$$L(\phi)_{i,n} = \left(\rho \frac{\partial \phi}{\partial t} + \rho u \frac{\partial \phi}{\partial x} - \Gamma \frac{\partial^2 \phi}{\partial x^2} - S\right)_{i,n}$$

而 $L(\phi)_{i,n}=0$ 就是在节点 (i,n) 处的一维模型方程。

用符号 $L_{\Delta x,\Delta t}(\phi_i^n)$表示对 ϕ_i^n 作某些差分运算的算子，例如定义：

$$L_{\Delta x,\Delta t}(\phi_i^n)=\rho\frac{\phi_i^{n+1}-\phi_i^n}{\Delta t}+\rho u\frac{\phi_{i+1}^n-\phi_{i-1}^n}{2\Delta x}-\Gamma\frac{\phi_{i+1}^n-2\phi_i^n+\phi_{i-1}^n}{\Delta x^2}-S_i^n$$

于是 $L_{\Delta x,\Delta t}(\phi_i^n)=0$ 就代表了一维模型方程的显式格式。

所谓一个离散方程的截差是指其差分算子与相应的微分算子间的差[1,2]，记为 TE，即：

$$TE=L_{\Delta x,\Delta t}(\phi_i^n)-L(\phi)_{i,n} \tag{3-1}$$

离散方程的截差可以通过对差分方程的精确解作 Taylor 展开来导出(假设离散方程的精确解满足作 Taylor 展开的条件)。例如对一维模型方程的显式格式，把 ϕ_i^{n+1}，$\phi_{i\pm1}^n$在点(i,n)的 Taylor 展开式代入该离散方程并整理之(为简便起见，设源项中不包括 ϕ 的函数)，得：

$$\begin{aligned}&\left\{\rho\frac{\phi_i^{n+1}-\phi_i^n}{\Delta t}+\rho u\frac{\phi_{i+1}^n-\phi_{i-1}^n}{2\Delta x}-\Gamma\frac{\phi_{i+1}^n-2\phi_i^n+\phi_{i-1}^n}{\Delta x^2}-S_i^n\right\}\\&-\left\{\rho\frac{\partial\phi}{\partial t}\bigg|_{i,n}+\rho u\frac{\partial\phi}{\partial x}\bigg|_{i,n}-\Gamma\frac{\partial^2\phi}{\partial x^2}\bigg|_{i,n}-S\bigg|_{i,n}\right\}\\&=O(\Delta t)+O(\Delta x^2)\end{aligned}$$

对此例

$$TE=L_{\Delta x,\Delta t}(\phi_i^n)-L(\phi)_{i,n}=O(\Delta t,\Delta x^2) \tag{3-2}$$

注意，上式中 ϕ_i^n 是离散方程的精确解，差分算子因而为零，但微分算子则不为零。式(3-2)表明，存在着两个正的常数 K_1 与 K_2，当 $\Delta t\to0$ 及 $\Delta x\to0$ 时，差分算子与微分算子之差小于等于$(K_1\Delta t+K_2\Delta x^2)$[6]。

3.1.1.3　离散方程的相容性(*consistency*)

当时间、空间的网格步长趋近于零时，如果离散方程的截差趋于零，则称此离散方程与微分方程相容[4]。相容性意味着当时、空步长均趋近零时，离散方程逼近微分方程。显然，当离散方程的截差呈 $O(\Delta t^m,\Delta x^n)$的形式时(m,n 均大于零)，该离散方程具有相容性。但当截差表达式中含有 $\Delta t/\Delta x$ 项时，相容性仅在一定的条件下才能满足，例如 Dufort-Frankel 格式就是如此(参见习题 3-1)。

值得指出，离散方程的截断误差是就整个方程而言的，它并不是离散方程数值解的误差，但与数值解的误差有密切的关系，我们将在下面进一步讨论。

3.1.2 离散误差与收敛性

3.1.2.1 数值解的离散误差(*discretization error*)

在网格节点(i,n)上离散方程的精确解 ϕ_i^n 偏离该点上相应的微分方程精确解$\phi(i,n)$的值,称为该点上的离散误差[2,5],记为 ρ_i^n,即:

$$\rho_i^n = \phi(i,n) - \phi_i^n \tag{3-3}$$

3.1.2.2 影响离散误差的因素

离散误差的大小同离散方程的截断误差有关。在相同的网格步长下,一般地说,截断误差的阶数提高,离散误差会随着减小。对同一离散格式,网格加密,离散误差也会减小。那么进行工程数值计算时网格应细密到什么程度才可认为是足够了呢?显然,我们不可能在十分接近于零的网格步长下作计算。因为且不说计算机资源的限制,由于离散方程数目的巨大使求解计算次数剧增而导致舍入误差把数值解都“湮没”了[7]。实际的数值计算应使网格细密到这样的程度,即再进一步细化网格,在工程允许的偏差范围内数值解已几乎不再发生变化,这样的解就是 2.1 节中指出的网格独立的解。获得网格独立的解是国际学术界接受数值计算论文的基本要求。作为示例,图 3-1, 3-2 中给出了两个二维问题数值计算结果的网格考核情况[8,9]。图 3-1 中给出了计算区域(图中打阴影线的区域)的平均 *Nusselt* 数与节点数的关系,而图 3-2 中则给出了射流冲击滞止点的 *Nusselt* 数与节点数的关系。实际的数值计算都在所考核的指标基本与网格无关(例如偏差≤±1% ~2%)的网格下进行。

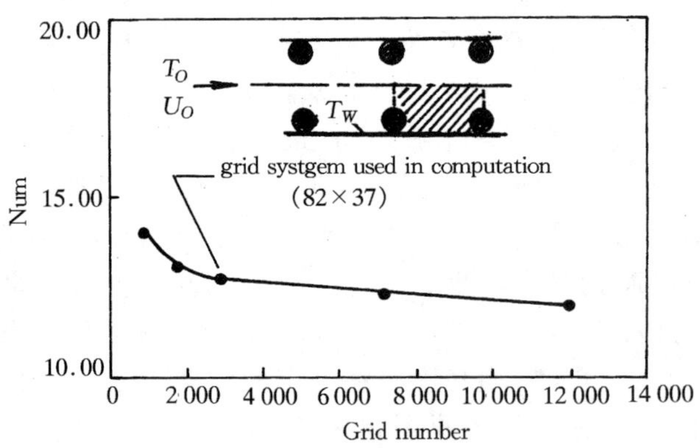

图 3-1 平均 *Nu* 数与网格节点数的关系[8]

3.1.2.3 离散方程的收敛性(*convergence*)

当时间与空间步长均趋近于零时,如果各个节点上的离散误差都趋

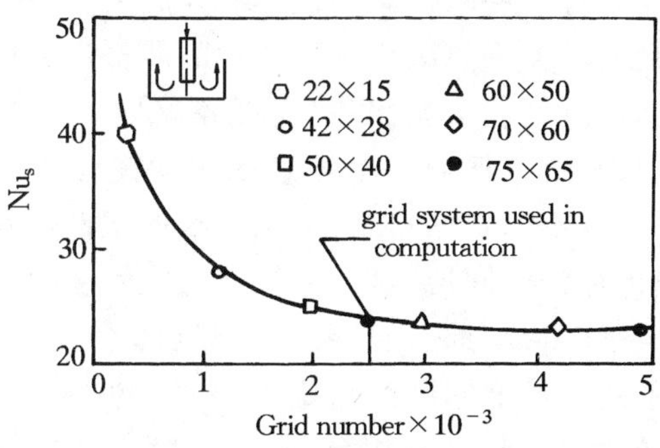

图 3-2 滞止点 Nu 数与网格节点数的关系[9]

近于零,则称该离散方程(或离散格式)是收敛的。离散格式收敛性的证明比较困难[5]。但对于线性初值问题,离散格式的收敛性可由其稳定性而得到保证。

3.1.3 舍入误差(*round-off error*)与初值问题的稳定性(*stability*)

3.1.3.1 数值解的舍入误差

在离散方程的实际求解过程中不可避免地会引入舍入误差。设由计算机实际求得的解为 $\tilde{\phi}_i^n$, 则在节点(i,n)上的舍入误差 ε_i^n 为:

$$\varepsilon_i^n = \phi_i^n - \tilde{\phi}_i^n \tag{3-4}$$

对于给定的物理问题,其数值解的舍入误差大小取决于所采用的计算方法及所用计算机的字长。

3.1.3.2 数值解误差的组成

设所得到的数值解 $\tilde{\phi}_i^n$ 不存在迭代不完全误差(例如通过代数方程的直接解法而获得),则由式(3-3), (3-4)可得

$$\phi(i,n) - \tilde{\phi}_i^n = \phi(i,n) - \phi_i^n + \phi_i^n - \tilde{\phi}_i^n = \rho_i^n + \varepsilon_i^n \tag{3-5}$$

此式表明:离散方程的数值解偏离相应精确解的总误差由离散误差与舍入误差两部分所组成。计算实践表明,误差的主要来源是离散误差[3]。

3.1.3.3 初值问题离散格式的稳定性

对于非稳态情形,当由初始条件出发一步步地向前推进时,还需要考虑这样的问题:在初始条件给出过程中引入的误差或某一时层计算中引入的误差,会不会在以后各时层的计算中被逐渐放大,以致于物理问题的解被完全破坏? 这就涉及到初值问题的稳定性。

一个初值问题的离散格式,如果可以确保在任一时层计算中所引入

的误差都不会在以后各时层的计算中被不断地放大，以致变得无界，则称此离散格式是稳定的。关于离散格式稳定性的严格定义可参见有关数学书籍，如文献[6]。这里只着重指出：稳定或不稳定是一个离散格式的固有属性。凡是稳定的格式，任何一个信息或扰动在计算过程中被放大的程度总是有限的；凡是不稳定的格式，无论什么误差都会在计算过程中被不断放大，以致当计算的时间层足够多时，所得之解变得毫无意义。

3.1.3.4　联系收敛性与稳定性的 Lax 原理

最后给出联系线性初值问题的稳定性与收敛性的 Lax 原理：对于适定的线性初值问题所建立起来的相容的格式，稳定性是收敛性的充分与必要条件。有关的证明可参阅文献[3]。值得指出，Lax 原理是在很苛刻的条件下才能应用的。对于工程传热问题，只有常物性无源项（或虽有源项但与温度无关）的非稳态导热问题的数值计算，才能应用 Lax 原理确认数值计算可以获得收敛的解。对于非线性问题。例如由 Navier-Stokes 方程所描写的粘性流体的流动，离散方程的相容性与稳定性仅是获得收敛解的必要条件而非充分条件[7]。但是在进行工程流动与传热问题的数值计算时，只要对实际问题建立合适的物理与数学模型，我们假定由相容与稳定的离散格式可以获得收敛的数值解。关于离散方程上述三个数学特性我们不进行深入的讨论。在对工程流动与传热问题进行数值计算时，我们更关心的是下面要讨论的三个物理特性（守恒性，迁移特性及人工粘性）。

下面我们举例说明离散方程的截差和网格的疏密对数值计算结果的影响，以及初值问题的稳定性。

例 3-1　设有：

$$\frac{\mathrm{d}^2\phi}{\mathrm{d}x^2}+\frac{\mathrm{d}\phi}{\mathrm{d}x}-2\phi=0,\ \phi(0)=0,\ \phi(4)=1$$

试用二阶截差与四阶截差的格式将该式离散，采用均匀布置的 4 个节点进行求解并比较其结果。

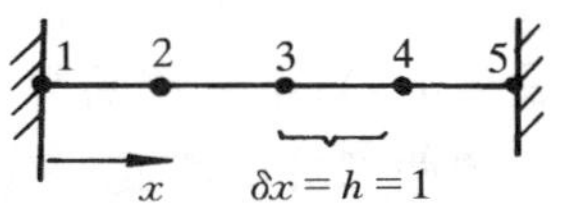

图 3-3　例题 3-1 求解区域的划分

解　采用区域离散方法 A，网格划分如图 3-3所示。把表 2-1 中二阶截差的表达式代入，得：

$$-(2-h)\phi_{i-1}+4(1+h^2)\phi_i-(2+h)\phi_{i+1}=0,\quad i=2,3,4$$

如果采用四阶的差分表达式，则对节点 3 可有：

$$\left(\frac{1}{12h}-\frac{1}{12h^2}\right)\phi_{i-2}+\left(\frac{16}{12h^2}-\frac{8}{12h}\right)\phi_{i-1}-\frac{30}{12h^2}\phi_i$$
$$+\left(\frac{16}{12h^2}+\frac{8}{12h}\right)\phi_{i+1}-\left(\frac{1}{12h^2}+\frac{1}{12h}\right)\phi_{i+2}=0$$

注意:对节点 $i=2,4$,四阶格式是不适用的,而只能采用截差为二阶的格式。

上述微分方程的精确解为:

$$\phi=\frac{\mathrm{e}^x-\mathrm{e}^{2x}}{\mathrm{e}^4-\mathrm{e}^{-8}}$$

两种差分格式的数值解与精确解的比较列于表 3-1 中。由表可见,虽然四阶格式仅在 $i=3$ 这一点上采用,但其解仍比所有节点均为二阶截差的格式要更接近于精确解。表 3-2 中列出了对于二阶截差的格式,当网格加密以后,在 $x=1, 2, 3$ 三点上的数值解的变化。由表可见,当区间数为 64 时,在 4 位有效数字内,数值解已与精确解一致。根据对问题要求的不同,区间数在 16—32 范围内时已经可以认为获得了与网格无关的解。

表 3-1　不同格式计算结果的比较

格　式	ϕ_1	ϕ_2	ϕ_3	ϕ_4	ϕ_5
精确解	0	0.047 3	0.135 0	0.367 9	1
($i=2,3,4$) 二阶格式	0	0.058 2	0.155 2	0.394 4	1
($i=3$) 四阶格式	0	0.050 5	0.134 8	0.391 8	1

表 3-2　网格疏密的影响(二阶格式)

区间数	4	8	16	32	64	精确解
$\phi_{x=1}$	0.058 2	0.050 2	0.048 0	0.047 5	0.047 3	0.047 3
$\phi_{x=2}$	0.155 2	0.140 4	0.136 4	0.135 3	0.135 0	0.135 0
$\phi_{x=3}$	0.394 4	0.375 2	0.369 7	0.368 3	0.367 9	0.367 9

讨论:注意,不能由上例得出这样的普遍结论,即对传热问题的数值计算离散格式截差越高、网格越密越好。除了经济上的原因以外,还因

为:1. 整个数值解的精确度取决于求解区上各个节点离散方程的截差,而对于邻接边界的内节点,往往难以得到高阶截差的表达式;2. 对于对流换热问题,除了上述数学上的一些误差需要考虑以外,更要顾及离散格式在物理特性上的表现,而后者不是都能与截差联系起来的;3. 过分细密的网格要大大增加计算机的运算次数,舍入误差会因此而增加。对于工程对流换热问题的数值计算,目前一般认为扩散项采用二阶精度截差、对流项采用二阶到三阶的离散格式是比较合适的[10,11]。

例 3-2 设有下列一维非稳态导热问题:

$$\frac{\partial T}{\partial t} = a\frac{\partial^2 T}{\partial x^2},\ 0 < x < 2\delta$$

$$t < 0,\ T = 100℃,\ 0 \leqslant x \leqslant 2\delta$$

$$t \geqslant 0,\ T(0,t) = 400℃,\ T(2\delta,t) = 400℃$$

我们知道采用显式格式求解时,稳定条件为$\frac{a\Delta t}{\Delta x^2} \leqslant 0.5$。试取$\frac{a\Delta t}{\Delta x^2} = 1$作数值计算并分析其结果。

解: 由于对称性取半个厚度作为计算区,采用区域离散方法 A,等分为 4 个子区域,得 5 个节点。则显式差分方程化为:

$$T_i^{n+1} = T_{i+1}^n + T_{i-1}^n - T_i^n$$

按此式对开始的 4 个时层的计算结果列于表 3-3 中。由表可见,当计算进入到第三时层时,数值结果已呈现出振荡的特性,失去了物理意义。

表 3-3 当$\frac{a\Delta t}{\Delta x^2} = 1$时的计算结果

时刻 \ 数值 \ 节点	1	2	3	4	5
0	400	100	100	100	100
Δt	400	400	100	100	100
$2\Delta t$	400	100	400	100	100
$3\Delta t$	400	700	−200	400	100
$4\Delta t$	400	−500	1 300	−500	700

讨论: 在上述计算中并未引入任何舍入误差,由于稳定性条件不满足,出现了解的振荡。因而初值问题离散方程的稳定性是格式本身的固有属性,凡是不稳定的格式总要引起解的振荡。

例 3-3　设有以下初值问题

$$\frac{\partial T}{\partial t}=\frac{\partial^2 T}{\partial x^2}\qquad 0<x<1$$

$$t\leqslant 0,\ T=2x,\ 0\leqslant x\leqslant 0.5;\ T=2(1-x),\ 0.5\leqslant x\leqslant 1$$

$$t>0,\ T(0,t)=T(1,t)=0$$

试在$\dfrac{a\Delta t}{\Delta x^2}=\dfrac{\Delta t}{\Delta x^2}=0.48$ 及 0.52 下进行数值计算并与精确解相比较。

解:计算结果用图线方式示于图 3-4 中。

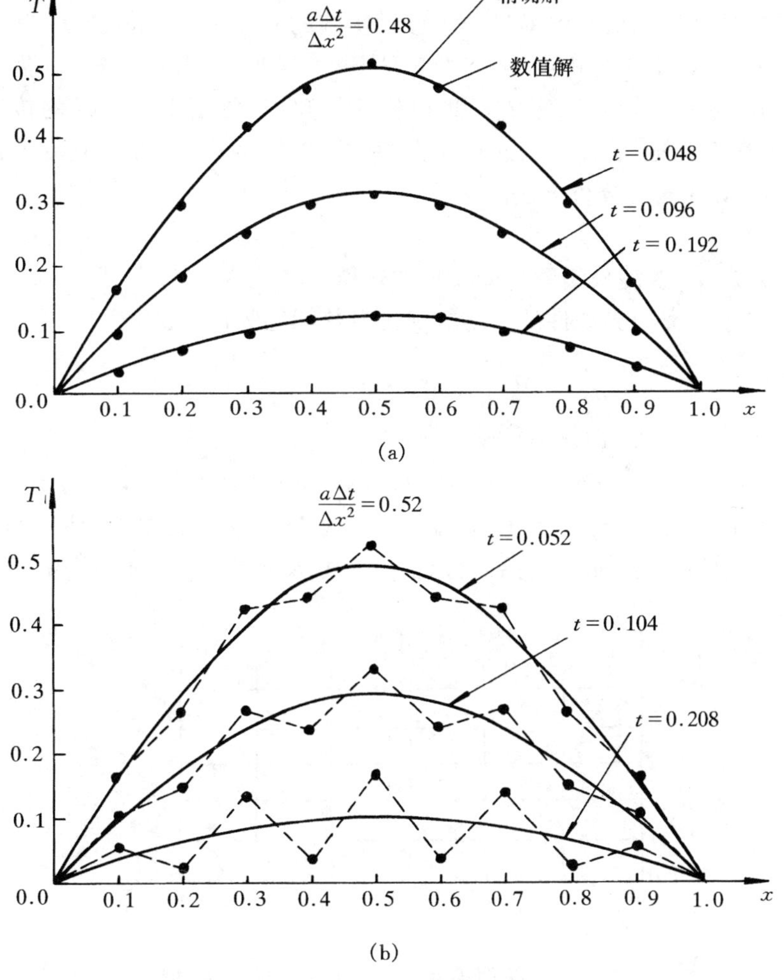

图 3-4　例题 3-3 的计算结果

讨论:对于所研究的一维非稳态导热的显式格式,$\frac{a\Delta t}{\Delta x^2}=0.5$ 是一个临界值,稍一超过就会引起数值解的振荡。在一定空间步长下,就意味着时间步长超过一定的值就会引起数值解的振荡。我们把初值问题中由于时间步长取值不当而引起的不稳定性称为初值不稳定性,以区别于以后要讨论的对流不稳定性。关于初值不稳定性的分析方法将在下节中介绍。

3.2 分析初值问题稳定性的 von Neumann 方法

关于线性初值问题差分格式的稳定性已经进行了深入的研究,并提出了多种分析方法。本书只介绍容易实施的 von Neumann 方法,其它的一些方法,如矩阵分析法、分离变量法等,可参见文献[5,6,12]。为了说明 von Neumann 方法,需要一些预备性的知识,包括误差矢量的传递规律,离散 Fourier 展开。下面首先介绍这两方面的内容,在此基础上再引出 von Neumann 分析方法。

3.2.1 误差矢量随时间传递的规律

以第一类边界条件的一维非稳态导热问题为例

$$\frac{\partial T}{\partial t} = a\frac{\partial^2 T}{\partial x^2},\ 0 < x < L$$

$$T(x,0) = F(x)$$

$$T(0,t) = f_1(t),\ T(L,t) = f_2(t)$$

为讨论方便,设时-空网格的划分如图 3-5 所示,其特点是 x 与 t 方向各自均匀划分,而且起始点标记为 $i=0$ 及 $n=0$。这样网格中任一点

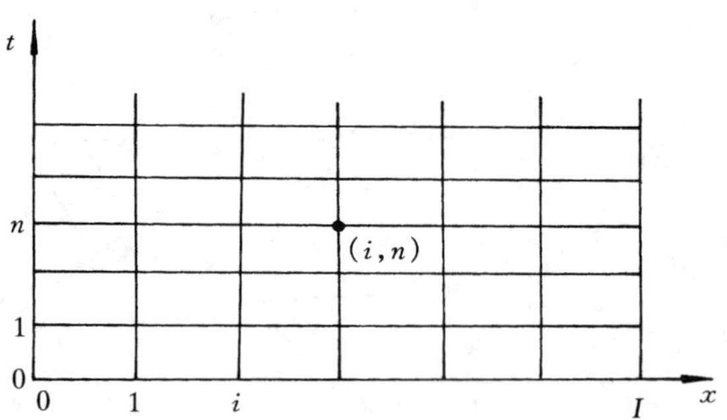

图 3-5 说明误差矢量传递规律的时-空网格

的位置$(i\Delta x, n\Delta t)$就可以简记为(i, n)。采用空间中心差分的显式格式时,上述问题的离散方程为:

$$\frac{T_i^{n+1}-T_i^n}{\Delta t}=a\frac{T_{i+1}^n-2T_i^n+T_{i-1}^n}{\Delta x^2},\ i=1,3,\cdots,I-1$$

$$T_i^0=F(x_i),\ i=0,1,\cdots,I$$

$$T_0^n=f_1(n\Delta t),\ T_I^n=f_2(n\Delta t),\ n=1,2,\cdots$$

令 $r=\dfrac{a\Delta t}{\Delta x^2}$,则差分方程可化为:

$$T_i^{n+1}=T_i^n(1-2r)+r(T_{i+1}^n+T_{i-1}^n)$$

固定 n,将此式对 $i=1,2,\cdots,I-1$ 写出,可得下列矩阵形式的方程:

$$\begin{bmatrix} T_1^{n+1} \\ T_2^{n+1} \\ \vdots \\ T_{I-2}^{n+1} \\ T_{I-1}^{n+1} \end{bmatrix}=\begin{bmatrix} (1-2r) & r & & & \\ r & (1-2r) & r & & \mathbf{0} \\ & \ddots & \ddots & \ddots & \\ \mathbf{0} & & r & (1-2r) & r \\ & & & r & (1-2r) \end{bmatrix}\begin{bmatrix} T_1^n \\ T_2^n \\ \vdots \\ T_{I-2}^n \\ T_{I-1}^n \end{bmatrix}+\begin{bmatrix} rT_0^n \\ 0 \\ \vdots \\ 0 \\ rT_I^n \end{bmatrix} \tag{3-6}$$

上式可改写成以下简洁的形式:

$$\vec{T}^{n+1}=\mathbf{A}\vec{T}^n+\vec{g}^n \tag{3-7a}$$

而初始条件则可表示为　$\vec{T}^0=\vec{F}$　　(3-7b)

这里加箭头的字母均为列矢量,**A** 为系数矩阵。

进一步,假设在边值的计算中不引入误差,而在给出初值时引进了误差矢量 $\vec{\varepsilon}^0$(它由各个节点上的分量所组成)。把与这一含误差的初值相对应的解记为$\vec{\vec{T}}$,则有:

$$\vec{\vec{T}}^{n+1}=\mathbf{A}\vec{\vec{T}}^n+\vec{g}^n \tag{3-8a}$$

$$\vec{\vec{T}}^0=\vec{F}+\vec{\varepsilon}^0 \tag{3-8b}$$

以式(3-7)减对应的式(3-8),得:

$$\vec{\vec{T}}^{n+1}-\vec{T}^{n+1}=\mathbf{A}(\vec{\vec{T}}^n-\vec{T}^n)$$

$$\vec{\vec{T}}_0-\vec{T}_0=\vec{\varepsilon}^0$$

亦即:

$$\vec{\varepsilon}^{n+1}=\mathbf{A}\vec{\varepsilon}^n \tag{3-9}$$

初值$\vec{\varepsilon}^0$ 给定,边值为 0。

在式(3－7a)中的矩阵 **A** 实际上代表了一种变换,即由 n 时层到 $n+1$时层的变换。因为矢量 $\vec{g}^n$ 是给定的,与差分格式无关,反映一个差分格式特点的是矩阵 **A**。式(3－9)说明:对于线性初值问题,如果在边值的计算中不引入误差,则误差矢量的传递规律与原差分方程完全一样。这样,就可以应用原差分方程来分析误差矢量随时间的推移而传递的情形。

3.2.2 离散 Fourier 展开(*discrete* Fourier *expansion*)

为了分析误差矢量在计算过程中传递的情形,可以取它的一个分量来研究。任何一个误差矢量都可以看成是由有限个具有不同频率的分量迭加而成。我们知道在[$-l,l$]区域上满足 Dirichlet(狄利克莱)条件的函数 $f(x)$可以展开成 Fourier(富里哀)级数,其复数形式的表示式为:

$$f(x)=\sum_{n=-\infty}^{\infty}C_n e^{I\pi nx/l},\ I=\sqrt{-1}$$

类似地,设有$(2N+1)$对$(x_i,\ y_i)$的数值$(i=0,1,2,\cdots 2N)$,则可以用一个三角多项式将 y_i 表示成x_i 的函数:

$$y_i=\sum_{k=-N}^{N}C_k e^{I\left(\frac{2\pi k}{2N+1}\right)x_i},\ i=0,1,2,\cdots,2N \qquad (3-10)$$

此式称为关于 y_i 的有限项离散 Fourier 展开,当 x 为节点之值时,该展开式取得该点上给定的 y 值。当 x 取得节点之间的数值时,式(3－10)给出了一种三角函数插值的方式。当已知的数对$(x_i,\ y_i)$为偶数时,也可以得出类似的三角插值公式,有关表达式及系数的计算公式可参见文献[13]。为引出 von Neumann 分析,我们只要知道式(3－10)这样形式的表示方式即可。

设节点在 x 轴上均匀配置,则有:

$$\frac{2\pi k}{2N+1}x_i=\frac{2\pi k}{2N+1}(i\Delta x)=i\frac{2\pi k}{2N+1}\Delta x=ik_x\Delta x=i\theta$$

其中 k_x 称为波数(*wave number*),$\theta=k_x\Delta x$ 称为相角(*phase angle*),波长 $\lambda(=2\pi/k_x)$与波数的乘积为 2π。这些术语在 von Neumann 稳定性分析中是经常采用的[12]。

式(3－10)表明,由有限个离散点上的误差所组成的误差矢量可以用有限项不同波长的分量迭加来表示,这种分量称为谐波分量。值得指出,当把误差矢量看成是各个离散点上的误差所组成的集合时,我们有图3－6a所示的表现方式;而当用有限项谐波分量的迭加来表示时,则得如

图 3－6b 所示的表达方式，这里有限项谐波分量迭加的结果得出了一条连续的曲线，它在各离散点上之值等于该点的误差。

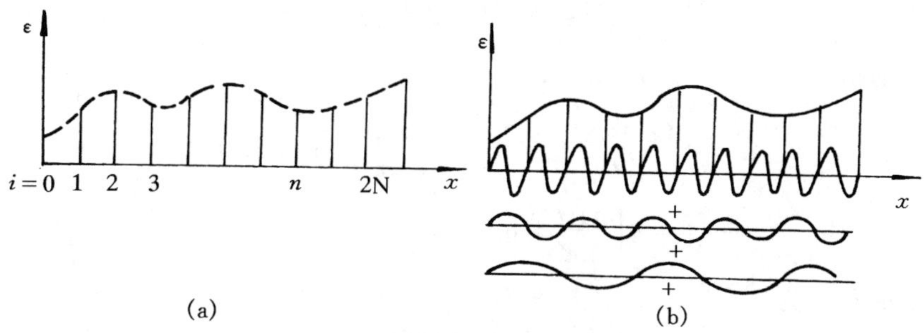

图 3－6　误差矢量的两种表示方法示意图
(a) 离散分量表示　(b) 谐波分量表示

在非稳态问题的分析中，误差矢量还是时间的函数。由于式(3－9)的齐次性(边值为零)，我们可以把时间与空间变量分离，从而把每个分量写成为 $\psi(t)e^{Ii\theta}$ 的形式，其中 $\psi(t)$ 具有 t 时刻的振幅的意义。

3.2.3　von Neumann 分析的基本思想及实例

von Neumann 分析的基本思想可以从小扰动传递的角度来理解[14]。假定所计算的初值问题的边界值是准确无误的，而在某时层(例如初始时刻)的计算中引入了一个误差矢量，误差就是一个小的扰动。如果这一扰动的强度(或振幅)是随时间的推移而不断增大的，则这一格式就是不稳定的；反之，若扰动的振幅随时间而衰减或保持不变，则格式就是稳定的。

为进行某一离散格式稳定性的分析，可以把误差矢量的一个谐波分量表达式代入到离散方程中，以得出相邻两个时层间该谐波分量振幅之比。格式稳定性的条件要求

$$\left|\frac{\psi(t+\Delta t}{\psi(t)}\right| = \mu \leqslant 1 \tag{3-11}$$

式(3－11)中比值 μ 称为增长因子(*amplified factor*)。

下面我们给出用 von Neumann 方法分析稳定性的两个实例。

例 3－4　试分析一维非稳态导热方程显式格式的稳定性。

解　将 $\varepsilon(t)=\psi(t)e^{Ii\theta}$ 代入到

$$\frac{T_i^{n+1}-T_i^n}{\Delta t} = a\,\frac{T_{i+1}^n - 2T_i^n + T_{i-1}^n}{\Delta x^2}$$

得

$$\frac{\psi(t+\Delta t)-\psi(t)}{\Delta t}\mathrm{e}^{Ii\theta}$$
$$=a\frac{\psi(t)}{\Delta x^2}[\mathrm{e}^{I(i+1)\theta}-2\mathrm{e}^{Ii\theta}+\mathrm{e}^{I(i-1)\theta}]$$

经整理得

$$\mu=\frac{\psi(t+\Delta t)}{\psi(t)}=1-2\left(\frac{a\Delta t}{\Delta x^2}\right)(1-\cos\theta)$$
$$=1-4\left(\frac{a\Delta t}{\Delta x^2}\right)\sin^2\frac{\theta}{2}$$

稳定的条件为：

$$-1\leqslant 1-4\left(\frac{a\Delta t}{\Delta x^2}\right)\sin^2\frac{\theta}{2}\leqslant 1$$

此不等式的右端自动成立。要使左端在任何可能的 θ 值下均成立，应使网格 Fourier 数 $a\Delta t/\Delta x^2$ 满足：

$$\frac{a\Delta t}{\Delta x^2}\leqslant\frac{1}{2}$$

讨论： von Neumann 分析法是针对第一类边界条件的问题而发展的，因而上述稳定性条件仅适用于内部节点。对于第三类边界条件的边界节点，采用区域离散方法 A 时，其显式格式的稳定性条件要比上述条件苛刻，具体的表达式可参见文献[15]。

例 3－5 试分析一维模型方程格式的稳定性条件。假设一维模型方程中的源项为常数，在分析格式的稳定性时可以不予考虑。空间导数采用中心差分。

解： 按题意，式(2－6b)可化为：

$$\phi_i^{n+1}=\phi_i^n-\left(\frac{u\Delta t}{2\Delta x}\right)(\phi_{i+1}^n-\phi_{i-1}^n)$$
$$+\frac{a\Delta t}{\Delta x^2}(\phi_{i+1}^n-2\phi_i^n+\phi_{i-1}^n)$$

其中 $a=\Gamma/\rho$。

将 $\varepsilon(t)=\psi(t)\mathrm{e}^{Ii\theta}$代入并归并之，得

$$\mu=\frac{\psi(t+\Delta t)}{\psi(t)}$$
$$=1-\left(\frac{u\Delta t}{2\Delta x}\right)(\mathrm{e}^{I\theta}-\mathrm{e}^{-I\theta})+\frac{a\Delta t}{\Delta x^2}(\mathrm{e}^{I\theta}-2+\mathrm{e}^{-I\theta})$$

令 $c=\dfrac{u\Delta t}{\Delta x}$，称为 Courant 数，$r=\dfrac{a\Delta t}{\Delta x^2}$，则得：

$$\mu = \frac{\psi(t+\Delta t)}{\psi(t)} = (1-2r) + 2r\cos\theta - Ic\sin\theta \qquad (3-12)$$

稳定性的要求为：

$$|1-2r+2r\cos\theta - Ic\sin\theta| \leqslant 1$$

式(3－12)的右端代表了在复平面上的一个椭圆，其中心在实轴上$(1-2r)$处，长轴为$2r$，短轴为c。为使$|\mu|\leqslant 1$，椭圆必须位于以原点为中心、半径为 1 的圆内。为此，必要条件为：

$$2r\leqslant 1,\ c\leqslant 1$$

历史上在相当长一段时间内曾普遍地认为(文献[12,16,17])，一维模型方程显式格式稳定性条件为：

$$r\leqslant 1/2,\ c\leqslant 2r \text{ 或 } Re_\Delta = \frac{u\Delta x}{a}\leqslant 2 \qquad (3-13a)$$

其中 Re_Δ 为网格 Reynolds 数。其实这一要求是过分的。1980 年由 Leonard[18]，以后由 Thompson[19]等进一步阐明，初值问题的显式格式的稳定性条件不应由网格 Reynolds 数来规定，因为在 Re_Δ 中不包含时间步长，而初值问题显式格式的不稳定性实质上是由于时间步长取得过大而引起的。正确的提法应把式(3－13a)中 $c\leqslant 2r$ 改为$c^2\leqslant 2r$。下面采用不同于文献[18,19]中的方法来证明这一点。

首先我们来分析图 3－7 中所示的几种情形。图(a)及图(b)由于$2r>1$，或 $c>1$ 使 μ 的轨迹有一部分越出了单位圆，显然不符合稳定性的要求。图(c)中 $2r<1$，$c<1$，但仍有一部分轨迹落在单位圆外。但该图告诉我们：椭圆短轴可以大到右端点椭圆的曲率正好等于 1(图 3－7(c))。当椭圆的短轴之值再进一步增加时，该处的曲率半径就会大于 1 而破坏了稳定性的要求。我们可以从这一条件出发来获得相应的稳定性条件。

对于本例椭圆的参数方程为：

$$x = 1-2r+2r\cos\theta,\ y = c\sin\theta$$

曲率半径的计算式为

$$R = \frac{(\dot{x}^2+\dot{y}^2)^{3/2}}{|\dot{x}\ddot{y}-\ddot{x}\dot{y}|}$$

于是有：

$$\begin{aligned} R &= \frac{(4r^2\sin^2\theta + c^2\cos^2\theta)^{3/2}}{2rc(\sin^2\theta+\cos^2\theta)} \\ &= \frac{(4r^2\sin^2\theta + c^2\cos^2\theta)^{3/2}}{2rc} \end{aligned}$$

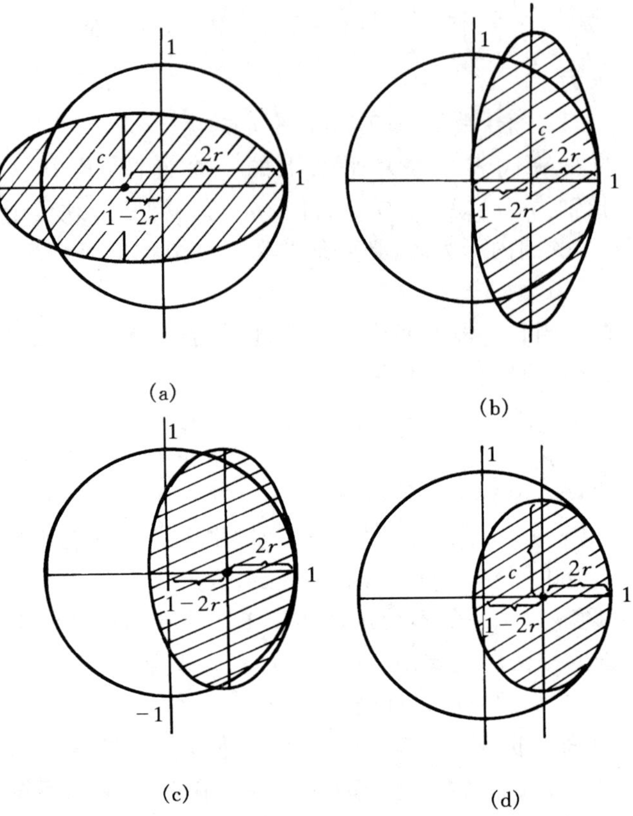

图 3－7　分析一维模型方程显式格式稳定性的图示

(a) $2r>1,\ c<1$　　(b) $2r<1,\ c>1$

(c) $2r<1, c\leqslant 1$(但曲率半径大于 1)　(d) $2r<1, c^2\leqslant 2r$(右端点曲率半径小于 1)

在右端处,$\theta=0$,故得

$$R=\frac{c^3}{2rc}\leqslant 1,\ 即\ c^2\leqslant 2r$$

于是一维模型方程的显式格式稳定的充分必要**条件为**:

$$0\leqslant 2r\leqslant 1,\ c^2\leqslant 2r(或\ c^2/2r\leqslant 1) \tag{3-13b}$$

讨论:在 $r-c$ 图上**可以直观地**看出两种**条件,即式**(3－13a)及式(3－**13b)的不同。在图 3－8** 中有阴影线的面积就是**由该两式**所表示的稳定区的**范围。显然,式(3－13a)**所表示**的条件比(3**－13b)少了一块由直线 $c=2r$ 及抛物线 $c=\sqrt{2r}$ 所围的面积。

对于二维对流-扩散方程的显式格式,文献[19]中的分析给出稳定性的条件为：

$$0 \leqslant 2(r_1 + r_2) \leqslant 1,$$
$$0 \leqslant c_1^2/2r_1 + c_2^2/2r_2 \leqslant 1 \tag{3-14}$$

其中 $r_1 = \frac{a\Delta t}{\Delta x^2}$，$r_2 = \frac{a\Delta t}{\Delta y^2}$，$c_1 = \frac{u\Delta t}{\Delta x}$，$c_2 = \frac{v\Delta t}{\Delta y}$。

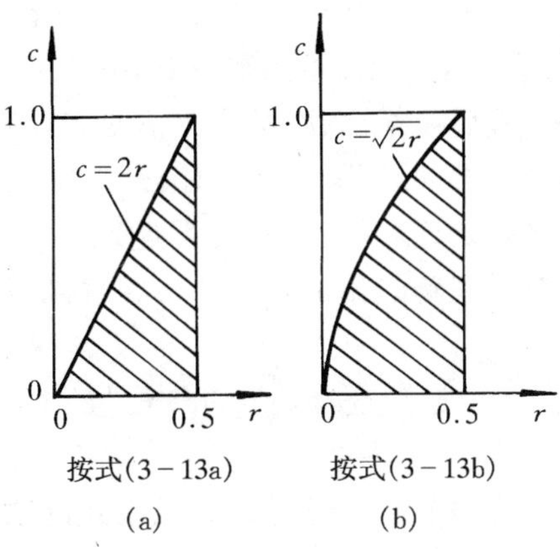

图 3-8　稳定性条件的图示

数值计算证实[19]，对于二维顶盖驱动流（即带移动顶盖的空腔内的流动），只要式(3-14)满足，数值解不会产生振荡，即使 Re_Δ 之值超过原先极限值的两个数量级亦是如此。

von Neumann 分析方法的优点是比较直观，易于实施。对于三维的初值问题、初值问题的三层格式（即在差分方程中同时出现相邻三个时层之值的格式），其稳定性均可以用 von Neuman 方法来分析。这一方法的不足是不能考虑边界条件的影响，否则应采用矩阵分析法[6,20]。顺便指出，对离散方程的解或其误差作离散 Fourier 展开来进行分析的方法，不仅在初值问题的稳定性分析中，而且在离散方程求解方法的分析中也是有效的工具，本书以后还要提及。

3.2.4　关于显式格式稳定性分析的进一步讨论

对于非稳态扩散方程的显式格式，可采用正系数法来获得稳定性条件。以一维问题为例，在形如

$$\phi_i^{n+1} = A\phi_{i+1}^n + B\phi_i^n + C\phi_{i-1}^n + D$$

的离散方程中，格式稳定的条件是系数 A，B 及 C 均大于等于零。这一论断的数学证明可见文献[21]，其物理意义也是十分明显的[22]。

现有的各种分析初值问题显式格式稳定性的方法都只适用于线性问题，不能直接应用于非线性的初值问题（如 Navier-Stokes 方程）的差分格式的分析。一种近似的处理方法是局部线性化[2,12]。差分格式稳定性分析的目的是要找出所能允许的最大时间步长。采用局部线性化处理时，对每一时层的计算，速度都取上一时层之值（相当于把非线性问题局部线性化了），然后按线性问题的分析法，找出该时层各节点上稳定性条件所

允许的最大时间步长,并以其中的最小值作为向下一时层推进的时间间隔,为安全起见,还常乘以0.8—0.9的系数。

最后要指出,在数学上满足稳定性条件的解,不能保证一定得出具有物理意义的结果。例如Crank-Nicolson格式,von Neumann分析法表明该格式是绝对稳定的(见习题3-6),但实际上当时间步长取得过大时,仍会出现解的振荡。第4章将详细讨论这一问题。

3.3 离散方程的守恒性

从本节起着重讨论离散格式的物理特性。数值计算的目的是要获得尽可能准确的解,这首先要求所得之解一定要具有物理意义,因而有必要对离散格式的物理特性进行分析。虽然从实质上说,离散方程的解所存在的各种误差都是由于离散化而引起的,当网格步长趋近于零时,各种误差都会逐渐消失(假定格式是相容的、解是收敛的)。但是,具有同一截断误差的不同离散格式,在物理特性上有所不同,仅仅从截断误差的阶数来判断离散格式是不全面的,还应进一步研究格式本身的特性与物理问题之间有什么区别。根据文献[12],离散格式的物理特性误差有8种,本书中仅讨论最主要的三种性能,即守恒性、迁移性与人工粘性(假扩散)。实际上,对于一般的工程流动与传热问题,采用能兼顾上述三个特性的离散格式已经能满足工程计算的需要。在计算流体动力学及计算传热学界,对这些物理特性的考虑与要求常常比对严格的数学特性(即相容性、收敛性及稳定性)更看重一些[23]。本节先讨论离散方程守恒特性问题。

3.3.1 离散方程具有守恒性(*conservativeness*)的定义

如果对一个离散方程在定义域的任一有限空间内作求和的运算(相当于连续问题中对微分方程作积分),所得的表达式满足该区域上物理量守恒的关系时,则称该离散格式具有守恒特性。

在对流-扩散方程的离散过程中,扩散项二阶导数的中心差分(即控制容积积分法中界面上分段线性的型线)离散格式具有优良的物理特性和计算精度,上述物理特性方面的不良表现都是由于对流项的离散方式不完善所致。因而为简便起见,以下的讨论将不涉及扩散项,即把一维对流-扩散方程简化成为纯对流方程:

$$\frac{\partial \phi}{\partial t} + \frac{\partial (u\phi)}{\partial x} = 0 \tag{3-15}$$

分析守恒性的一种直接方法是将式(3-15)离散成显式格式,其中对流项采用要研究的格式来离散,然后将此离散方程在一定大小的范围内求和。

3.3.2　用直接求和法分析对流项中心差分的守恒特性

$$\frac{\phi_i^{n+1}-\phi_i^n}{\Delta t}=-\left(\frac{\phi_{i+1}u_{i+1}-\phi_{i-1}u_{i-1}}{2\Delta x}\right) \tag{a}$$

这里,为书写方便起见,对流项中的时间标记已经删去。

在图 3-9 所示的均匀网格系统中,任意取出一段有限区间来分析。相应于对式(a)在$[l_1,l_2]$的积分

$$\int_{l_1}^{l_2}\frac{\partial\phi}{\partial t}\mathrm{d}x=-\int_{l_1}^{l_2}\frac{\partial(u\phi)}{\partial x}\mathrm{d}x$$

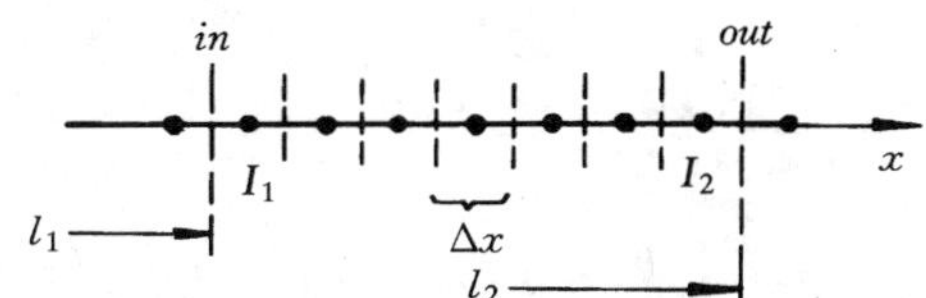

图 3-9　分析守恒性的坐标系

有

$$\sum_{i=I_1}^{I_2}\frac{\phi_i^{n+1}-\phi_i^n}{\Delta t}=-\sum_{i=I_1}^{I_2}\frac{(\phi u)_{i+1}-(\phi u)_{i-1}}{2\Delta x}$$

或

$$\sum_{i=I_1}^{I_2}(\phi_i^{n+1}-\phi_i^n)\Delta x=\left\{\sum_{i=I_1}^{I_2}[(\phi u)_{i-1}-(\phi u)_{i+1}]/2\right\}\Delta t \tag{b}$$

将此式右端的求和项展开,其展开过程及所得结果在后面给出。注意,按本格式的定义,界面上的值是采用线性插值的,式(c)右端方括号内之值分别是进口与出口截面上的流量。如果原来格式不采用线性插值来定义界面上的流量(相当于中心差分),则上式右端方括号内的项并不代表$(u\phi)_{in}$及$(u\phi)_{out}$。据此,我们得

$$\sum_{i=I_1}^{I_2}(\phi_i^{n+1}-\phi_i^n)\Delta x=[(u\phi)_{in}-(u\phi)_{out}]\Delta t$$

此式表明在 Δt 时间间隔内流入与流出某一区域中的通量之差等于该时间间隔中该区域内 ϕ 的增量,因而格式(a)具有守恒特性。

$$\sum_{i=I_1}^{I_2}[(u\phi)_{i-1}-(u\phi)_{i+1}]=$$

$$\begin{array}{llllllll}
(u\phi)_{I_1-1} & & -(u\phi)_{I_1+1} & & & & & \\
 & (u\phi)_{I_1} & & -(u\phi)_{I_1+2} & & & & \\
 & & (u\phi)_{I_1+1} & & -(u\phi)_{I_1+3} & & & \\
 & & & & \cdots\cdots & & & \\
 & & & (u\phi)_{I_2-3} & & -(u\phi)_{I_2-1} & & \\
 & & & & (u\phi)_{I_2-2} & & -(u\phi)_{I_2} & \\
 & & & & & (u\phi)_{I_2-1} & & -(u\phi)_{I_2+1}
\end{array}$$

互相抵消

$$= [(u\phi)_{I_1-1} + (u\phi)_{I_1}] - [(u\phi)_{I_2} + (u\phi)_{I_2+1}]$$

$$\therefore \frac{1}{2}\sum_{i=I_1}^{I_2}[(u\phi)_{i-1} - (u\phi)_{i+1}]$$

$$= \frac{1}{2}\{[(u\phi)_{I_1-1} + (u\phi)_{I_1}] - [(u\phi)_{I_2} + (u\phi)_{I_2+1}]\}$$

$$= (u\phi)_{in} - (u\phi)_{out} \tag{c}$$

3.3.3 保证离散方程具有守恒性的条件

为保证离散方程具有守恒性,应满足以下两个条件。

1. 导出离散方程的控制方程是守恒型的。仍以一维纯对流问题为例,其非守恒型的方程为:

$$\frac{\partial \phi}{\partial t} = -u\frac{\partial \phi}{\partial x} \tag{3-16}$$

从式(3-16)出发构造的中心差分格式为:

$$\frac{\phi_i^{n+1} - \phi_i^n}{\Delta t} = -u_i\frac{\phi_{i+1} - \phi_{i-1}}{2\Delta x} \tag{d}$$

对它作相应的求和计算得:

$$\sum_{i=I_1}^{I_2}(\phi_i^{n+1} - \phi_i^n)\Delta x = -\sum_{i=I_1}^{I_2}[u_i(\phi_{i+1} - \phi_{i-1})]\frac{\Delta t}{2} \tag{e}$$

对式(e)中方括号内部分作展开并求和,得到如下结果:

$$\begin{array}{llllllll}
u_{I_1}\phi_{I_1-1} & & -u_{I_1}\phi_{I_1+1} & & & & & \\
 & u_{I_1+1}\phi_{I_1} & & -u_{I_1+1}\phi_{I_1+2} & & & & \\
 & & u_{I_1+2}\phi_{I_1+1} & & -u_{I_1+2}\phi_{I_1+3} & & & \\
 & & & u_{I_1+3}\phi_{I_1+2} & & -u_{I_1+3}\phi_{I_1+4} & & \\
 & & & & \cdots\cdots & & & \\
 & & & & u_{I_2-2}\phi_{I_2-3} & & -u_{I_2-2}\phi_{I_2-1} & \\
 & & & & & u_{I_2-1}\phi_{I_2-2} & & -u_{I_2-1}\phi_{I_2} \\
 & & & & & & u_{I_2}\phi_{I_2-1} & \quad -u_{I_2}\phi_{I_2+1}
\end{array}$$

这里，同一截面上从其两侧的邻点来写出的 ϕ 通量不能一一抵消（这里为一般化起见，u_i 看成是随 i 而异的），上述求和的结果就不能化成为在求和区域的进出界面上 ϕ 通量的差，因而离散格式不具有守恒性。

2. 在同一界面上各物理量（ϕ 及有关物性）及 ϕ 的一阶导数是连续的。所谓连续，这里指的是从界面两侧的两个控制容积来写出的该界面上的值是相等的。这一连续性的要求是局部守恒性的一种数学描述。

如果用 F 表示界面上的流量，用$\dfrac{\delta\phi}{\delta x}$表示一阶导数的离散形式，则上述连续性条件可表示为（见图 3-10(a)）：

$$\left[\left(\frac{\delta\phi}{\delta x}\right)_e\right]_P=\left[\left(\frac{\delta\phi}{\delta x}\right)_w\right]_E \qquad (\phi_e)_P=(\phi_w)_E \tag{3-17}$$

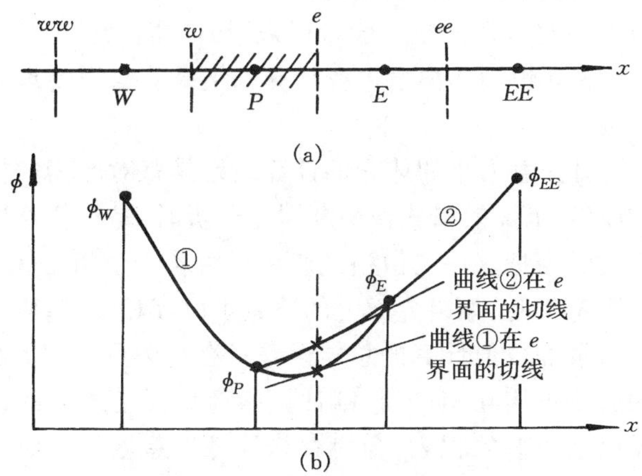

图 3-10　说明界面连续性的图示

其中 $(\phi_e)_P$ 表示从 P 点来写出的 e 界面上的 ϕ 值，余类推。在上述条件下，可使离开 P 控制容积穿过 e 界面的质量流量、对流通量及扩散通量分别与穿过 e 界面进入 E 控制容界的对应量的绝对值相等，这样对整个计算区域求和时，由于流进与流出具有相反的符号，这些量在计算区域内部就互相抵消，只剩下在计算区域边界上的流进流出的通量了，满足了上述守恒的要求。根据这一分析就很容易证明对流项与扩散项的中心差分格式（相当于界面分段线性的型线假设）具有守恒特性。为方便起见，假设界面位于两节点的中间，则根据中心差分（或分段线性的型线）有：

$$\left[\left(\frac{\delta\phi}{\delta x}\right)_e\right]_P = \frac{\phi_E - \phi_P}{(\delta x)_e} = \left[\left(\frac{\delta\phi}{\delta x}\right)_w\right]_E$$

$$(\phi_e)_P = \frac{\phi_P + \phi_E}{2} = (\phi_w)_E$$

如果界面上型线选择不当，就会达不到上述连续性，从而破坏了守恒性。图 3-10(b)中画出了界面上的一种插值型线，规定对于 P 控制容积取 W，P 及 E 三点的值进行拟合获得 e 界面上的值及一阶导数；对于 E 控制容积则取 P，E 及 EE 三点上之值拟合。由图可见，虽然从形式上看这样拟合曲线的阶数比分段线性要高，但却破坏了界面上的连续性，无论函数值本身或其一阶导数，从 E 及 P 控制容积来写出均不同，它使格式失去了守恒性。

3.3.4 对离散方程守恒性的评述

具有守恒性的离散格式是一般希望采用的。因为：

(1) 采用具有守恒性的离散方程计算的结果能与原物理问题在守恒特性上保持一致。

(2) 可以使对任意大小的体积的计算结果具有对原离散格式所估计的误差[14]。当对某个离散格式作截断误差分析时，是对任意取出的一个控制容积进行的。当把这一离散格式应用于由若干个相互邻接的控制体积所组成的有限容积时，如果界面上的通量可以互相抵消，则对该体积进行该物理过程通量的数值计算的总体误差只有在边界处理上存在。如果内部界面上的通量不能互相抵消，则计算内部界面上通量的误差亦不能抵消。于是界面上误差的积累，会使总体计算误差增加。而且缩小控制容积的尺寸并不能减少这种额外的误差，因为控制容积尺寸的减小导致控制体数目的增加。从物理意义上看，当从界面的两侧来计算的通量不能互相抵消时，就相当于在界面上存在一个由计算而造成的源或汇，使总体计算误差增加。

(3) 一般地说，具有守恒特性的离散方程能给出比较准确的计算结果[24]。

因此，具有守恒性的离散格式已被大多数从事工程传热与流动问题数值计算的研究者视为理想的离散格式而广为采用[7,14,23~27]。例如 Patankar 把保持界面的连续性作为构造一个理想的离散格式的第一个基本原则[26]。

但是，也值得指出，对非守恒型的离散方程进行误差分析比较方便；

同时,对边界层类型的流动,离散方程常常是非守恒型的,而求解双曲型方程的特征线法大都是非守恒型的[28]。

3.4　离散方程的迁移性

3.4.1　对流与扩散现象在物理本质上的区别

从物理过程来看,扩散作用与对流作用在传递信息或扰动方面的特性有很大的区别。扩散是由于分子的不规则热运动所致。分子不规则热运动对空间不同方向的几率都是一样的,因而扩散过程可以把发生在某一地点上的扰动的影响向各个方向传递。对流是流体微团宏观的定向运动,带有强烈的方向性。在对流的作用下,发生在某一地点上的扰动只能向其下游方向传递而不会逆向传播。扩散与对流在传递扰动方面的这种区别,示意性地表达于图 3－11 中。其中 ε 表示对某一物理量的扰动,t_0 是初始时刻,t_1, $t_2\cdots$表示相继时刻,虚线所示图形表示在扩散或对流作用下扰动的传递情形。

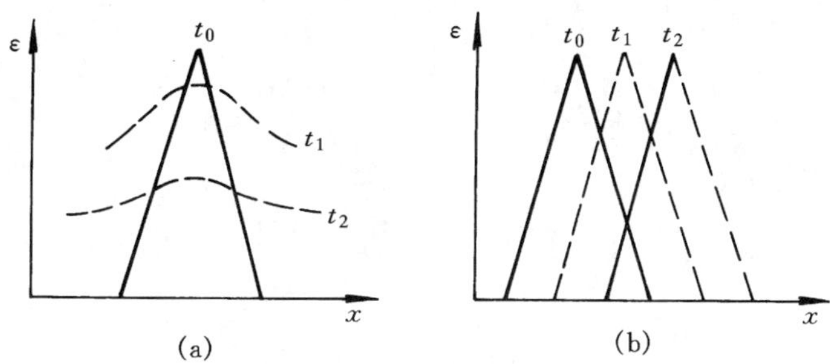

图 3－11　扩散与对流作用在传递扰动性能方面的差别

我们希望,对流与扩散作用在物理本质上的这种差别应在各自的离散格式的特性中有相应的反应。

3.4.2　扩散项的中心差分可以将扰动均匀地向四周传递

首先证明,扩散项的中心差分确实具有把扰动向四周均匀传递的特性。为此,研究一维非稳态扩散方程 $\rho\dfrac{\partial\phi}{\partial t}=\Gamma\dfrac{\partial^2\phi}{\partial x^2}$的显式格式:

$$\rho\frac{\phi_i^{n+1}-\phi_i^n}{\Delta t}=\Gamma\frac{\phi_{i+1}^n-2\phi_i^n+\phi_{i-1}^n}{\Delta x^2}\qquad\text{(a)}$$

传递扰动的特性。

我们采用离散扰动分析法(*discrete disturbance analysis*)[12]来确定式(a)传递扰动的特性。离散扰动分析法采用非稳态显式的某种格式来研究该格式传递扰动的特性。

我们知道,非稳态的控制方程对于稳态情形也是适用的,特别是对于稳态的均匀场情形也成立,因而相应的离散方程也该如此。为分析方便,假设开始时物理量的场已经均匀化,即 ϕ 处处相等,且假定其值为零。从某一时刻开始(如第 n 时层),在某一节点 i 上突然有了一个扰动,而其余各点上的扰动均为零,如图 3-12(a)所示。随着时间的推移,这一扰动传递的情形可按上述差分方程来确定。将上式分别应用于($n+1$)时层的 i, $i+1$ 诸节点可得:

对节点 i

$$\frac{\rho(\phi_i^{n+1}-\phi_i^n)}{\Delta t}=\Gamma\frac{\phi_{i+1}^n-2\phi_i^n+\phi_{i-1}^n}{\Delta x^2}$$

其中 $\phi_{i+1}^n=\phi_{i-1}^n=0$

$$\therefore\quad \phi_i^{n+1}=\phi_i^n\left(1-\frac{2\Delta t}{\Delta x^2}\frac{\Gamma}{\rho}\right)=\varepsilon\left(1-2\frac{\Gamma\Delta t}{\rho\Delta x^2}\right)$$

按稳定性要求,$\frac{\Gamma\Delta t}{\rho\Delta x^2}\leqslant 1/2$, $\therefore\quad 0\leqslant 1-2\frac{\Gamma\Delta t}{\rho\Delta x^2}\leqslant 1$

对节点 $i+1$

$$\rho\frac{\phi_{i+1}^{n+1}-\phi_{i+1}^n}{\Delta t}=\Gamma\frac{\phi_{i+2}^n-2\phi_{i+1}^n+\phi_i^n}{\Delta x^2}$$

其中 $\phi_{i+1}^n=\phi_{i+2}^n=0$

$$\therefore\quad \phi_{i+1}^{n+1}=\varepsilon\left(\frac{\Gamma\Delta t}{\rho\Delta x^2}\right)$$

类似地,对节点 $i-1$ 有

$$\phi_{i-1}^{n+1}=\varepsilon\left(\frac{\Gamma\Delta t}{\rho\Delta x^2}\right)$$

如果取 $\frac{\Gamma\Delta t}{\Delta x^2}=0.25$,则 n 时层的扰动(图 3-12(a))到($n+1$)时刻变成如图 3-12(b)所示,显然 n 时刻发生在节点的扰动已均匀地向两侧传递开去了。从这里看到,扩散项的中心差分(界面分段线性型线)既具有守恒特性(见上节),又能使扰动均匀地向四周传递,因而是一个理想的离散格式。

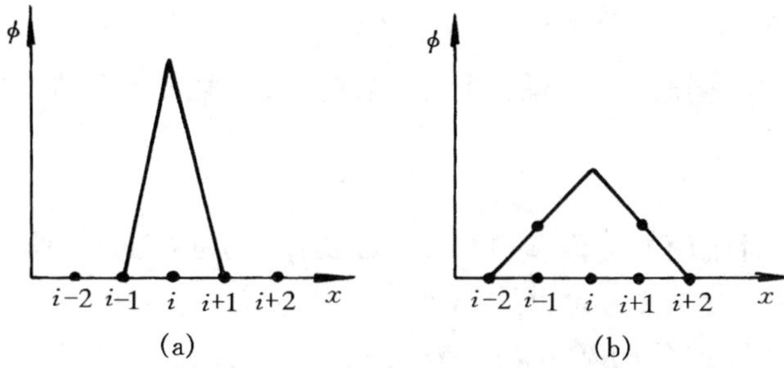

图 3－12　在扩散作用下扰动的传递

(a) n 时层　(b) $\frac{\Gamma}{\rho}\frac{\Delta t}{\Delta x^2}=0.25$　$(n+1)$时层

3.4.3　对流项离散格式的迁移性(*transportive property*)

3.4.3.1　定义

如果对流项的某种离散格式仅能使扰动沿着流动方向传递，则称此离散格式具有迁移特性。

分析对流项离散格式迁移性的方法也是离散扰动分析法，即把要研究的离散格式用于一维纯对流方程的显式格式，然后应用这一格式来预测扰动向两侧传递的情况。

3.4.3.2　对流项的中心差分不具有迁移特性

我们将中心差分应用于一维非稳态纯对流方程的非守恒形式：

$$\frac{\partial \phi}{\partial t} + u\frac{\partial \phi}{\partial x} = 0$$

有：

$$\frac{\phi_i^{n+1} - \phi_i^n}{\Delta t} = -u\frac{\phi_{i+1}^n - \phi_{i-1}^n}{2\Delta x}$$

其中流速 u 为常数。

采用类似的分析法，对于节点$(i+1)$在$(n+1)$时层有：

$$\frac{\phi_{i+1}^{n+1} - \phi_{i+1}^n}{\Delta t} = -u\frac{\phi_{i+2}^n - \phi_i^n}{2\Delta x}$$

其中　$\phi_{i+1}^n = \phi_{i+2}^n = 0$，

$$\therefore \quad \phi_{i+1}^{n+1} = \left(\frac{u\Delta t}{\Delta x}\right)\frac{\varepsilon}{2}$$

而在 $i-1$ 点处则有：

$$\frac{\phi_{i-1}^{n+1} - \phi_{i-1}^n}{\Delta t} = -u\frac{\phi_i^n - \phi_{i-2}^n}{2\Delta x}$$

因为 $\phi_{i-1}^{n}=\phi_{i-2}^{n}=0$，于是有 $\phi_{i-1}^{n+1}=-\left(\dfrac{u\Delta t}{\Delta x}\right)\dfrac{\varepsilon}{2}$

可见 i 点的扰动同时向相反的两个方向传递，所以对流项的中心差分不具有迁移特性。

3.4.4 对流项的迎风差分(*uqwind difference scheme*)具有迁移性

3.4.4.1 迎风差分的基本思想

对流项迎风差分的基本思想是迎着来流(即从上游)去获取信息以构造对流项的离散格式。采用 Taylor 展开法时，从上游获得节点以构造一阶导数的差分表达式；采用控制容积积分法时从上游获得节点来构造界面的插值。本节先介绍 Taylor 展开法中迎风差分的构造方法：

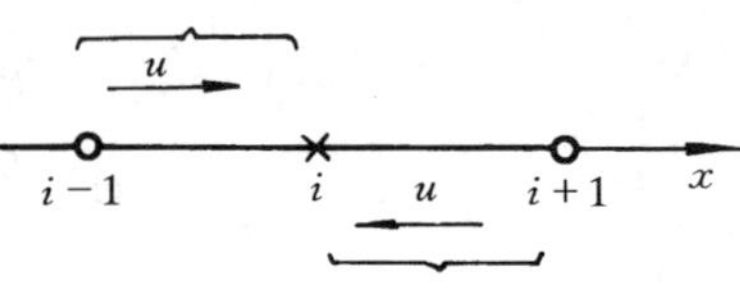

图 3-13 一阶迎风的格式图案

$$\left.\frac{\partial\phi}{\partial x}\right|_i=\begin{cases}\dfrac{\phi_i-\phi_{i-1}}{\Delta x}, & u>0\\[2ex] \dfrac{\phi_{i+1}-\phi_i}{\Delta x}, & u<0\end{cases}\tag{3-18}$$

与式(3-18)相应的格式图案示于图 3-13 中。显然式(3-18)就是 i 点一阶导数的向后或向前差分(表 2-1)，只有一阶截差，因而称一阶迎风格式(*first-order upwind difference scheme*, FUD)。

3.4.4.2 一阶迎风格式具有迁移特性

下面以 $u>0$ 的情形来分析。对节点 $i+1$，在 n 时层产生在节点 i 的扰动对 $i+1$ 点的影响由下式确定：

$$\frac{\phi_{i+1}^{n+1}-\phi_{i+1}^{n}}{\Delta t}=-u\frac{\phi_{i+1}^{n}-\phi_{i}^{n}}{\Delta x},\quad (\phi_{i+1}^{n}=0$$

由此得 $\phi_{i+1}^{n+1}=\varepsilon\left(\dfrac{u\Delta t}{\Delta x}\right)$

而在 $i-1$ 处则有

$$\frac{\phi_{i-1}^{n+1}-\phi_{i-1}^{n}}{\Delta t}=-u\frac{\phi_{i-1}^{n}-\phi_{i-2}^{n}}{\Delta x}\quad(\phi_{i-1}^{n}=\phi_{i-2}^{n}=0)$$

得

$$\phi_{i-1}^{n+1}=0$$

可见采用一阶迎风时，扰动仅向流动方向传递，故一阶迎风具有迁移性。

3.4.5　关于迁移性及迎风差分的进一步讨论

1. 迁移性是对流项离散格式的一个重要的物理定性,它对于对流-扩散方程离散形式的数值稳定性具有重要影响。我们将在第 5 章中证明:凡是由不具有迁移性的对流项离散格式所组成的离散方程,在数值计算中可能会形成振荡的解,因而只是条件地稳定。

2. 对流项中心差分的截差为二阶,而一阶迎风差分仅为一阶(相当于向前或向后差分)。但就它们对物理特性的模拟而言,迎风差分反比中心差分更合理。为了强调在求解实际物理问题时只注意差分格式的截差等级是不够的这一观点,可以举出迎风差分的对立面——背风差分。在该格式中任一点对流项的差分,由该点及下游的邻点所组成。从截差角度而言,它与迎风格式一样,但容易证明,这种格式只能使扰动逆流而上而不是顺流而下,这就完全违背了物理规律。

3. 在数值解不出现振荡的范围内,对流项采用中心差分的计算结果要比采用一阶迎风格式的解的精度更高;但当对流作用十分强烈,而计算的网格数又受到限制时,采用中心差分的计算结果会出现解的振荡,即物理量的空间分布随位置作上下波动。而采用一阶迎风计算的结果却始终可以获得物理上看起来是合理的解(尽管有较大的误差)。这就是为什么在 20 世纪的后半个时期中一阶迎风曾被广泛采用的原因。

4. 最近十余年的数值计算实践已表明一阶迎风格式会使计算结果产生比较严重的误差(称为数值扩散,或假扩散),因而采用一阶迎风格式来获得最终数值计算结果的做法已被某些国际学术刊物所限制[11,29,30]。但是,从一阶迎风格式构造发展而来的思想,“迎着来流获取信息”已被用来构造具有二阶或三阶截差的格式。另一方面,一阶迎风格式由于它优良的数值稳定性,往往可以用作数值计算计算中间过程的格式,我们将在以后的有关章节中予以介绍。

习　题

3-1　一维非稳态导热的 Dufort-Frankel 格式为:

$$\frac{T_i^{n+1} - T_i^{n-1}}{2\Delta t} = \frac{a}{\Delta x^2}(T_{i+1}^n - T_i^{n+1} - T_i^{n-1} + T_{i-1}^n)$$

它涉及到三个时层($n-1$, n, $n+1$)上的值,故属三层格式。试导出此格式的截断误差并说明满足相容性的条件。

3-2　一维非稳态对流-扩散方程的隐式中心差分格式为:

$$\frac{\phi_i^{n+1}-\phi_i^n}{\Delta t}+u\frac{\phi_{i+1}^{n+1}-\phi_{i-1}^{n+1}}{2\Delta x}=\left(\frac{\Gamma}{\rho}\right)\frac{\phi_{i+1}^{n+1}-2\phi_i^{n+1}+\phi_{i-1}^{n+1}}{\Delta x^2}$$

试证明(1)它是相容的,(2)它是无条件稳定的。

3－3 设在下列二维对流-扩散方程中

$$\rho\frac{\partial\phi}{\partial t}+\rho\left(u\frac{\partial\phi}{\partial x}+v\frac{\partial\phi}{\partial y}\right)=\Gamma\left(\frac{\partial^2\phi}{\partial x^2}+\frac{\partial^2\phi}{\partial y^2}\right)$$

u,v,ρ 及 Γ 均为常数且大于零。该式的一种差分格式为:

$$\frac{\phi_{i,j}^{n+1}-\phi_{i,j}^n}{\Delta t}+u\frac{\phi_{i,j}^n-\phi_{i-1,j}^n}{\Delta x}+v\frac{\phi_{i,j}^n-\phi_{i,j-1}^n}{\Delta y}$$
$$=\left(\frac{\Gamma}{\rho}\right)\left(\frac{\phi_{i+1,j}^n-2\phi_{i,j}^n+\phi_{i-1,j}^n}{\Delta x^2}\right)$$
$$+\left(\frac{\Gamma}{\rho}\right)\left(\frac{\phi_{i,j+1}^n-2\phi_{i,j}^n+\phi_{i,j-1}^n}{\Delta y^2}\right)$$

试用 von Neumann 分析方法证明此格式的稳定性条件为:

$$\Delta t\leqslant\frac{1}{\dfrac{2a}{\Delta x^2}+\dfrac{2a}{\Delta y^2}+\dfrac{u}{\Delta x}+\dfrac{v}{\Delta y}},\ a=\Gamma/\rho$$

3－4 设在一对流换热管道内流体的速度场已充分发展,温度场由下列方程描写:

$$u\frac{\partial T}{\partial x}=\frac{\nu}{Pr}\frac{\partial^2 T}{\partial y^2}$$

试用显式格式进行离散并指出格式稳定的条件。

3－5 试判断下列二维不可压缩流体的连续性方程的离散形式是否具有守恒性:

1. $\dfrac{u_{i+1,j}+u_{i+1,j-1}-u_{i,j}-u_{i,j-1}}{2\Delta x}+\dfrac{v_{i+1,j}-v_{i+1,j-1}}{\Delta y}=0$

2. $\dfrac{u_{i+1,j}-u_{i-1,j}}{2\Delta x}+\dfrac{v_{i,j+1}-v_{i,j-1}}{2\Delta y}=0$

3－6 以直角坐标中无内热源常物性非稳态导热问题为例,证明 $C-N$格式是绝对稳定的。

3－7 证明对流项的背风差分总使扰动逆流而传递。

3－8 试对抛物型方程 $\dfrac{\partial T}{\partial t}=a\left(\dfrac{\partial^2 T}{\partial x^2}+\dfrac{\partial^2 T}{\partial y^2}\right)$的 FTCS(*time forward and central space*,时间向前空间中心)的显式格式用 von Neumann 方法分析其稳定性条件。

(提示:对二维问题可假设 $\varepsilon=\psi(t)e^{I(i\theta_x+j\theta_y)}$)

3-9　试证明扩散项的中心差分格式具有守恒性。

3-10　一阶导数的二阶偏差分格式(参见表2-1)称为二阶迎风格式(在来流方向取节点构成差分格式)。试分析其迁移特性。

参考文献

1．冯康等编．数值计算方法．北京:国防工业出版社,1979.471

2．Anderson D A，Tannehill J C，Pletcher R H．Computational fluid dynamics and heat transfer．Wasgington D C：Hemisphere，1984．49，78

3．Richtmyer R D，Morton K W．Difference methods for initial value problems．2nd ed．New York：Interscience Publishers，1967．20，24，45－48

4．Ames W F．Numerical methods for partial differential equations．2nd ed．New York：Academic Press，1977．62

5．Smith G D．Numerical solution of partial differential equations（finite diffference methods）．3rd ed．Oxford：Clarendon Press，1985．44，45

6．南京大学数学系计算数学专业编．偏微分方程数值解法．北京:科学出版社,1979.78，81－93

7．Versteeg H K，Malalasekera W．An introduction to computational dynamics．The finite volume methods．Essex：Longman Scientific & Technical，1995.6

8．Li P W，Tao W Q．Numerical and experimental investigation on heat/mass transfer of slot-jet impingement in a rectangular cavity．Int J Heat and Fluid Flow，1993．14(3):246－253

9．Yuan Z X，Tao W Q，Wang Q W．Numerical prediction for laminar forced convection heat transfer in parallel-plate channels with streamwise-periodic rod disturbances．Int J Numer Methods Fluids，1998．28：1371－1387

10．Leonard B P．Bounded higher-order upwind multidimensional finite-volume convection-diffusion algorithms．In：W J Minkowycz，E M Sparrow，eds．Advances in numerical heat transfer，vol．1．Washington D C：Taylor & Francis，1997．1－58

11．Freitas C J．Editorial．ASME J fluid Engineering，1993．115：339－340

12．罗奇 P J 著．计算流体动力学．钟锡昌 刘学宗译:北京:科学出版社,1983．144，43，47

13. Scheid F. Numerical analysis. New York: McGraw-Hill Book Company, 1968. 310－313
14. 程心一著．计算流体动力学．北京:科学出版社,1984.63, §10-1
15. Incropera F P. DeWitt D P. Introduction to heat transfer. 3rded. New York: John Wiley & Sons, 1996. 252
16. Noye B J. An introduction to finite difference techniques. In: B J Noye, ed. Proceedings of an International Conference on Numerical Methods in Fluid Dynamics. New York: Spring-Verlag, 1974. 269－273
17. 赵学端 廖其奠主编．粘性流体力学．北京:机械工业出版社,1983.380
18. Leonard B P. Note on the von Neumann stability of the explicit FTCS convective-diffusion equation. Appl Math Modeling, 1980. 4:40－4－2
19. Thompson H D, Webb B W, Hoffman J D. The cell Reynolds number myth. Int J Numer Methods Fluids, 1985. 5:305－310
20. 胡健伟 汤怀民．微分方程数值方法．北京:科学出版社,1999.187－197
21. 福雪斯 G E, 华沙 W R. 偏微分方程的有限差分方法．上海:上海科学技术出版社,1964. 117－124
22. 杨世铭 陶文铨编著．传热学．第3版 北京:高等教育出版社,1998.114－115
23. Versteeg H K, Malalasekera W. An introduction to computational fluid dynamics. Essex: Longman Scientific & Technical, 1995.7
24. Jaluria Y, Torrance K E. Computational heat transfer. Washington: Hemisphere Publishing Corporation, 1986. 189
25. Samarsky A A. Introduction to finite difference. Moscow: Science Press, 1971. 111－113 (in Russian)
26. 帕坦卡 S V. 传热与流动的数值计算．张政译．北京:科学出版社,1984.40
27. MacCormak R W. Current status of numerical solution of the Navier-Stokes equations, AIAA－85－0032, 1985
28. 谭维炎著．计算浅水动力学．北京:清华大学出版社,1998.6
29. Editorial. AIAA J, 1994. 32:3
30. Editorial. Int J Numer Methods Fluids, 1995. 19(7):Ⅲ

第 4 章 扩散方程的数值解法及其应用

扩散过程是由于分子不规则热运动所造成的,相对于流体微团的定向流动过程,扩散过程宏观参数的数学描写比较容易处理。本章将以导热问题为代表,介绍扩散方程的数值求解方法。

从数值计算的学习过程来说,导热问题的数值解也是一个适宜的起点。这是由以下几方面的因素所决定的。首先,由于在导热问题的数值计算中遇到的困难较少,计算方法比较成熟;其次,工程流动与换热过程中的不少现象,其控制方程与导热方程属于同一类型,例如二维势位流动、常物性流体在平直管道内的充分发展对流换热、质扩散过程及某些通过多孔介质的流动和轴承的润滑流动等。导热问题的数值解法同样适用于上述问题的求解。另外,导热问题数值解过程中所采用的一些方法与技巧,如边界条件的处理、源项的线性化及代数方程的求解方法等,对于对流问题的数值解也是适用的。本章将从最简单的一维稳态导热问题开始,逐节引入一些数值处理方法,直到讨论多维非稳态导热问题。然后介绍求解离散方程的两种方法,使读者可以获得求解扩散问题数值解的完整知识。最后,作为扩散问题数值解法的应用实例,讨论了管道内充分发展对流换热的数值解问题。

4.1 一维导热问题

4.1.1 一维稳态导热的通用控制方程

在用计算机求解工程传热问题时,可以按两种方式来编写程序。一种是所编的程序只能计算所研究的具体问题,这种方式的优点是程序可以写得很简练、有效,但缺乏通用性;另一种方式是编写具有相当通用性的程序。通用性有两个方面的含义:一种是所编写的程序能计算不同种类的问题(例如流动问题、对流换热问题、质交换问题等),另一种是能适用于不同的坐标系。现在比较流行的程序(或软件),常常是两种通用性兼而有之。一维导热问题的数值处理方法为后一类通用性提供了最简单的例子。

在直角坐标、圆柱坐标、球坐标中及对一般变截面的一维稳态问题,导热微分方程的通用形式可以表示成为:

$$\frac{1}{A(x)}\frac{\mathrm{d}}{\mathrm{d}x}\left[\lambda A(x)\frac{\mathrm{d}T}{\mathrm{d}x}\right]+S=0 \tag{4-1}$$

式中 x 是与热量传递方向相平行的坐标,$A(x)$是与导热面积有关的因子,x 及$A(x)$的取值如表 4-1 所示。S 是源项,λ 为导热系数。值得指出,从数值求解的角度,凡符合式(4-1)这一类型的微分方程均可用本节所述方法求解,无论 S 是否具有真正源项的意义。从这一方面说,本节所述的方法对于不同类型问题的计算也具有一定的通用性。

表 4-1　一维导热问题的坐标及面积因子

坐标系	空间变量	面积因子 $A(x)$	示意图
直角	x	1(单位面积)	x
圆柱	半径 r	r(以 1 弧度所包含的区域为计算对象)	r
球	半径 r	r^2(以 1 球面度所包含的区域为计算对象)	r
变截面问题	垂直于导热面积的坐标 x	截面积 $A(x)$	x

4.1.2　用控制容积积分法导出式(4-1)的离散形式

以 $A(x)$乘式(4-1)的两侧并对图 2-2 所示的控制容积 P 作积分,

假设源项 S 在任一控制容积中之值可以表示为温度的线性函数：

$$S = S_C + S_P T_P \tag{4-2}$$

的形式，其中 S_C 为常数，S_P 为 $S=f(T)$ 的曲线在 P 点的斜率，且规定恒取负值，T_P 为 P 点的温度。最后可得：

$$\begin{aligned} &T_P\left[\frac{A_e\lambda_e}{(\delta x)_e} + \frac{A_w\lambda_w}{(\delta x)_w} - S_P A_P \Delta x\right] \\ &= T_E\left[\frac{A_e\lambda_e}{(\delta x)_e}\right] + T_W\left[\frac{A_w\lambda_w}{(\delta x)_w}\right] + S_C A_P \Delta x \end{aligned} \tag{4-3a}$$

此式可简化成为：

$$a_P T_P = a_E T_E + a_W T_W + b \tag{4-3b}$$

其中

$$a_E = \frac{A_e\lambda_e}{(\delta x)_e}, a_W = \frac{A_w\lambda_w}{(\delta x)_w} \tag{4-4a}$$

$$a_P = a_E + a_W - S_P A_P \Delta x \tag{4-4b}$$

$$b = S_C A_P \Delta x \tag{4-4c}$$

式(4-3b)就是一维稳态导热方程的离散形式。由式(4-4a)可见，系数 a_E，a_W 分别代表了节点 P，E 间及 W，P 间导热阻力的倒数(热导)，它们的大小反映了节点 E，W 处的温度对 P 点温度的影响程度，因此具有影响系数的物理意义。

式(4-3a)中的 λ_e，λ_w 是控制容积的 e，w 界面上的当量导热系数。在作计算时，物性参数值是存储于节点的位置上的。为了确定 λ_e，λ_w 还应规定由节点上的物性值来计算相应界面上的数值的方法。

4.1.3 界面上当量导热系数的确定方法

4.1.3.1 算术平均法(*arithmetic mean*)

设在图 4-1 所示的 P，E 之间，λ 与 x 成线性关系，则由 P，E 两点上的 λ_P，λ_E 确定 λ_e 的算术平均公式为：

$$\lambda_e = \lambda_P\left[\frac{(\delta x)_{e^+}}{(\delta x)_e}\right] + \lambda_E\left[\frac{(\delta x)_{e^-}}{(\delta x)_e}\right] \tag{4-5}$$

显然，算术平均值相当于线性插值。这种方法在早期的导热问题数值计算中曾广为采用，如文献[1]。近年来出版的计算传热学的著作推荐采用算术平均方法的只有文献[2]。

4.1.3.2 调和平均法(*harmonic mean*)

利用传热学的基本公式可以导出确定界面上当量导热系数的调和平

均公式。设在图 4-1 中,控制容积 P,E 的导热系数不相等,则据界面上热流密度连续的原则,由 Fourier 定律可得:

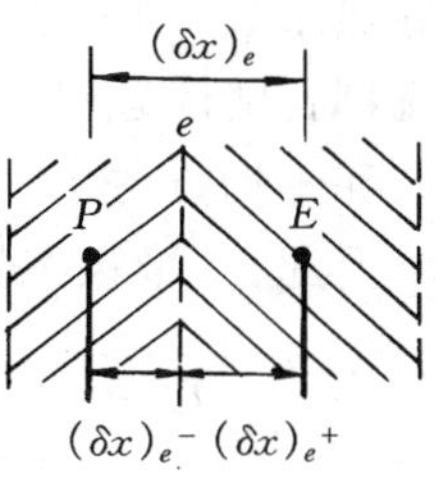

图 4-1　e 界面两侧的几何关系

$$q_e = \frac{T_e - T_P}{\dfrac{(\delta x)_{e^-}}{\lambda_P}} = \frac{T_E - T_e}{\dfrac{(\delta x)_{e^+}}{\lambda_E}} = \frac{T_E - T_P}{\dfrac{(\delta x)_{e^-}}{\lambda_P} + \dfrac{(\delta x)_{e^+}}{\lambda_E}}$$

另一方面,按界面上当量导热系数的含义,应有:

$$q_e = \frac{T_E - T_P}{\dfrac{(\delta x)_e}{\lambda_e}}$$

由以上两式得:

$$\frac{(\delta x)_e}{\lambda_e} = \frac{(\delta x)_{e^-}}{\lambda_P} + \frac{(\delta x)_{e^+}}{\lambda_E} \tag{4-6}$$

这就是确定界面上当量导热系数的调和平均公式,它可以看成是串联过程热阻迭加原则的反映。

4.1.3.3　*两种方法的比较*

通过对下述情形的分析可以看出上述两种方法的优劣。设在图4-1中,$\lambda_P \gg \lambda_E$,则按算术平均方法,当网格均分时有 $\lambda_e = \dfrac{\lambda_P + \lambda_E}{2} \cong \dfrac{\lambda_P}{2}$,即 P,E 两点间的导热阻力为 $(\delta x)_e/(\lambda_P/2) = 2(\delta x)_e/\lambda_P$,这表明此时 P,E 间的热阻主要由导热系数大的物体所决定,显然是不符合传热学基本原理的。实际上,此时控制体 E 构成了热阻的主要部分,P,E 间的热阻应为

$$\frac{(\delta x)_{e^-}}{\lambda_P} + \frac{(\delta x)_{e^+}}{\lambda_E} \cong \frac{(\delta x)_{e^+}}{\lambda_E}$$

调和平均方法式(4-6)与这一结果是完全一致的。

上述调和平均的公式虽然是对于稳态、无内热源、导热系数呈阶梯式变化的情形导出的,但从定性上说,串联热阻迭加原则的适用性不应受上述条件的限制。并且对于某些可以求得精确解的情形,采用上述两种平均方法进行数值计算的结果表明,即使对有热源或导热系数呈连续变化的场合,调和平均也要比算术平均更好一些[3,4]。因而计算界面上当量导热系数的调和平均方法自 1978 年由 Patankar 提出以来[3],已逐渐被广大研究者所采用[4,5,6]。还值得指出,对于表征输运特性的物性参数,

如导热系数、动力粘度,调和平均方法都优于算术平均方法。对于导热与对流耦合的问题(见本书第 11 章),调和平均法特别有效[6,7]。本书中采用调和平均方法。

至此,一维稳态导热离散方程中的系数 a_E 及 a_W 可以表示为:

$$a_E = \frac{A_e}{\dfrac{(\delta x)_{e^-}}{\lambda_P} + \dfrac{(\delta x)_{e^+}}{\lambda_E}};\ a_W = \frac{A_w}{\dfrac{(\delta x)_{w^-}}{\lambda_W} + \dfrac{(\delta x)_{w^+}}{\lambda_P}} \tag{4-7}$$

4.1.3.4　导热系数发生阶跃性变化时,阶跃面的两种处理方式

当计算区域中导热系数发生阶跃性变化时,对阶跃面有两种处理方法:

(1) 把物性阶跃面作为控制容积的分界面(图 4-2(a))。根据文献[4]的计算,这时采用调和平均计算的结果也比采用算术平均时更准确。

(2) 把物性的阶跃面设置成一个节点的位置(图 4-2(b))。文献[4]的数值计算实例表明此时阶跃面上的热流密度的计算结果要比采用第一种布置方式时更精确。这是因为在这种情况下阶跃面两侧的温度梯度是不同的。而第一种方式处理时,对于控制容积界面上分段线性的型线,相当于以某种假想的平均值来代替,而采用第二种处理方法时,物性阶跃面两侧的温度梯度单独计算,有利于提高计算精度。

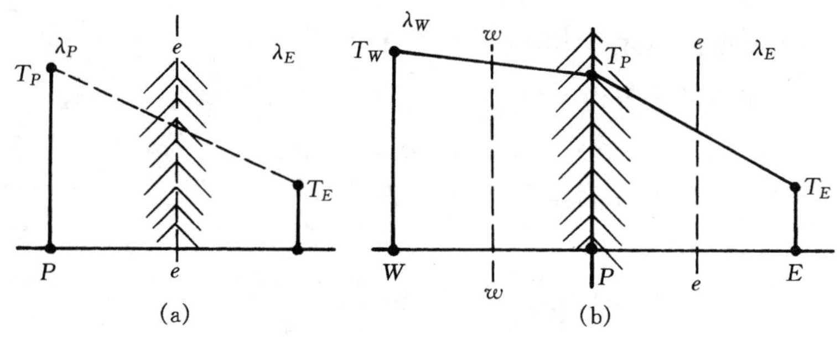

图 4-2　物性阶跃面的两种处理方式

(a) 阶跃面作为控制容积分界面　(b) 阶跃面作为节点

4.1.4　一维非稳态导热方程及其离散化

一维非稳态导热的通用控制方程为:

$$\rho c \frac{\partial T}{\partial t} = \frac{1}{A(x)} \frac{\partial}{\partial x}\left[\lambda A(x) \frac{\partial T}{\partial x}\right] + S \tag{4-8}$$

为了建立其离散形式，在$[t, t+\Delta t]$时间间隔内对控制体 P（图 2－2）作积分，为方便起见，ρc 取 t 时刻之值，记为$(\rho c)_P$，则可得：

$$
\begin{aligned}
&(\rho c)_P A_P \Delta x (T_P^{t+\Delta t} - T_P^t) \\
&= \int_t^{t+\Delta t}\left[\frac{\lambda_e A_e (T_E - T_P)}{(\delta x)_e} - \frac{\lambda_w A_w (T_P - T_W)}{(\delta x)_w}\right]\mathrm{d}t \\
&+ \int_t^{t+\Delta t} A_P (S_C + S_P T_P)\Delta x \mathrm{d}t
\end{aligned}
$$

为了把积分进行到底，需要对上式右端项中 T 如何随时间而变的型线作出决择。常用的型线有如图 2－8(b)所示的三种，它们都可以用以下的关系式来表示：

$$
\int_t^{t+\Delta t} T \mathrm{d}t = [fT^{t+\Delta t} + (1-f)T^t]\Delta t = [fT + (1-f)T^0]\Delta t \tag{4-9}
$$

这里为书写方便，上角标$(t+\Delta t)$业已删去，而上角标 t 则以 0 代替。f 是在 0 与 1 之间的加权因子。据此，上述积分式最后可化为：

$$
\begin{aligned}
&(\rho c)_P \frac{A_P \Delta x}{\Delta t}(T_P - T_P^0) = \\
&f\left[\frac{\lambda_e A_e (T_E - T_P)}{(\delta x)_e} - \frac{\lambda_w A_w (T_P - T_W)}{(\delta x)_w}\right] \\
&+ (1-f)\left[\frac{\lambda_e A_e (T_E^0 - T_P^0)}{(\delta x)_e} - \frac{\lambda_w A_w (T_P^0 - T_W^0)}{(\delta x)_w}\right] \\
&+ [f(S_C + S_P T_P) + (1-f)(S_C + S_P T_P^0)]A_P \Delta x
\end{aligned}
$$

进一步化简后可得：

$$
\begin{aligned}
a_P T_P &= a_E[fT_E + (1-f)T_E^0] + a_W[fT_W + (1-f)T_W^0] \\
&+ T_P^0[a_P^0 - (1-f)a_E - (1-f)a_W + (1-f)S_P A_P \Delta x] \\
&+ S_C A_P \Delta x
\end{aligned} \tag{4-10}
$$

其中　$a_E = \dfrac{\lambda_e A_e}{(\delta x)_e}, a_W = \dfrac{\lambda_w A_w}{(\delta x)_w},$

$$
a_P^0 = \frac{(\rho c)_P A_P \Delta x}{\Delta t} \tag{4-11}
$$

$$
a_P = f a_E + f a_W + a_P^0 - f S_P A_P \Delta x \tag{4-12}
$$

式(4－10)—(4－12)是一维非稳态导热两层格式（即离散方程中仅出现相邻两时层上的值）的一种通用形式，取 $f=0,1$ 及 1/2 可依次得显式，隐式及 Crank－Nicolson 格式。在直角坐标系中当网格均分时，无内热源、常物性导热问题的这三种格式分别为：

显式 $$\frac{T_P - T_P^0}{\Delta t} = a\frac{T_E^0 - 2T_P^0 + T_W^0}{\Delta x^2} \tag{4-13}$$

隐式 $$\frac{T_P - T_P^0}{\Delta t} = a\frac{T_E - 2T_P + T_W}{\Delta x^2} \tag{4-14}$$

C－N 格式 $$\frac{T_P - T_P^0}{\Delta t} = \frac{a}{2}\left(\frac{T_E - 2T_P + T_W}{\Delta x^2} + \frac{T_E^0 - 2T_P^0 + T_W^0}{\Delta x^2}\right) \tag{4-15}$$

采用 von Neumann 分析方法可以证明，对于源项不随时间而变的问题，格式(4－10)当$\frac{1}{2}\leqslant f\leqslant 1$时是绝对稳定的，而当$0\leqslant f<\frac{1}{2}$时，稳定的条件则为$\frac{a\Delta t}{\Delta x^2}\leqslant\frac{1}{2(1-2f)}$。

4.1.5 数学上稳定的格式未必能导致有物理意义的解

这里要特别指出，数学上认为是稳定的初值问题的格式，未必能保证在所有的时间步长下均获得具有物理意义的解。C－N 格式就是一个例子。按数学上稳定性的要求，它是绝对稳定的。但当时间步长 Δt 大于一定数值时，由 C－N 格式所得之解会出现不合理的情况[8]。为说明这一点，把式(4－10)应用到一个极简单的非稳态导热问题。设有一块无限大平板，初始温度 $T_0>0$，然后被置于温度为 0℃，对流换热系数视为无限大的流体中，因而两表面温度可认为立即下降到 0℃。试在平板内取三个节点，两个在边界上，用式(4－10)来确定板的中点温度随时间变化的情况。首先，我们从物理上来推断，板的中点温度 T_P 与前一时层温度 T_P^0 之比应永远为正值，并随时间的增长而趋近于零。如果一个差分格式所得出的比值 T_P/T_P^0 随 Δt 而变化的情况与上述推断相一致，该格式的解在物理上就是真实的。由式(4－10)，结合本例的条件，可得：

$$\frac{T_P}{T_P^0} = \frac{a_P^0 - (1-f)a_E - (1-f)a_W}{a_P}$$

$$= \frac{1-2(1-f)F_{O_\Delta}}{1+2fF_{O_\Delta}},\quad F_{O_\Delta} = \frac{a\Delta t}{\Delta x^2}$$

这里 F_{O_Δ} 为网格 Fourier 数。在不同的 f 下，比值 T_P/T_P^0 随 F_{O_Δ} 而变化的情形画于图 4－3 中。由图可见，只有全隐格式($f=1$)才能满足上述物

理上的要求。任何 $f<1$ 的格式，当 F_{O_Δ} 大于一定值后都会出现物理上不

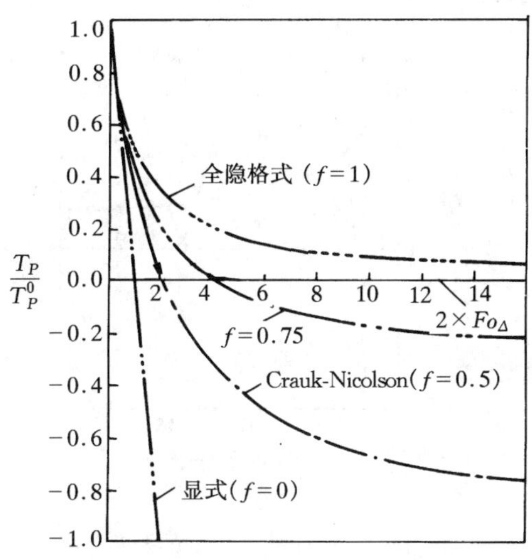

图 4-3　不同 f 下 T_P/T_P^0 的变化

真实的解。对 C-N 格式，当 $F_{O_\Delta}>1$ 时，就会出现这种情形。这种物理上的不真实性的另一种表现就是平板表面上的温度梯度会随时间而发生振荡，图 4-4 中画出了 $\left.\frac{\partial\theta}{\partial Y}\right|_{Y=0}$ 随 Fourier 数 $\frac{at}{L^2}$ 而变化的情形，其中 $\theta=\frac{T-T_1}{T_0-T_1}$，$T_1$ 为表面温度，T_0 为初始温度，$Y=y/L$；y 为板厚方向的坐标，L 为板的半厚。文献[9]中指出，把 C-N 格式应用于有限元方法时，比较大的时间步长也会使解出现振荡。由此可见，数学上的稳定性只能保证振荡是随时间的增长而衰减的，但不能保证在某一段时间内不出现振荡。所以对于 $0.5\leqslant f<1$ 的各种格式，为了获得具有物理意义的解，最大的时间步长仍要受到限制，这是采用非全隐格式时应注意之处。

此类振荡现象可以这样解释。对一维非稳态导热问题，空间导数采用二阶截差格式时，一般地可以把离散方程表示成以下形式：

$$a_P T_P = a_E T_E + a_W T_W + a_t T_P^0 + b$$

其中 a_t 表示在时间坐标上邻点的系数。这里 a_E，a_W 及 a_t 都具有影响系数的意义。按热力学第二定律，空间与时间坐标上的邻点温度对 T_P 都应有正的影响（这与热量自动地由高温物体向低温物体传递相一致），也就是说，这些系数都必须大于或等于零。当它们中有一个变为负值时，就

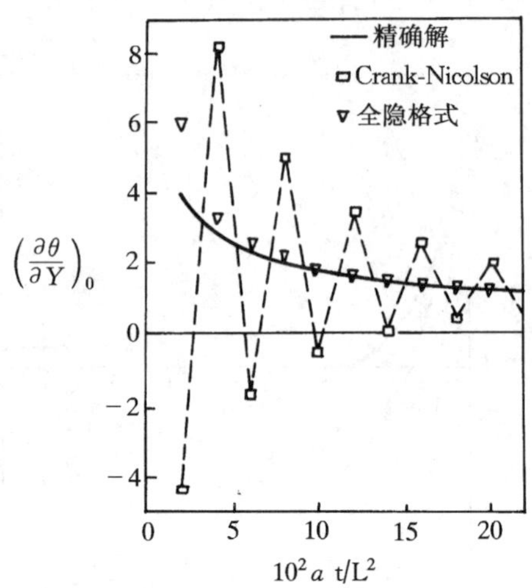

图 4-4　表面温度梯度的振荡

会出现违反热力学第二定律的解。从这一基本观点出现，对内热源为零的情形，由式(4-10)可导得采用 $C-N$ 格式时为获得具有物理意义的解应满足的条件为：

$$a_P^0-\frac{a_E+a_W}{2}\geqslant 0$$

对于常物性的无限大平板，当网格均分时，上式化为：

$$\frac{\rho c\Delta x}{\Delta t}\geqslant\frac{2\lambda}{2\Delta x}\text{，即 }F_{O_\Delta}=\frac{a\Delta t}{\Delta x^2}\leqslant 1$$

4.2　多维非稳态导热方程的全隐格式

多维导热问题的离散方程可以采用第1章中所介绍的一些方法来建立，其步骤与一维问题相似。这里采用控制容积积分法来推导三种正交坐标系中的二维问题的离散方程，并将对离散方程通用化问题进行讨论。从二维推广到三维是直截了当的，本书中不作细述。

4.2.1　三种正交坐标系中的全隐离散方程

4.2.1.1　直角坐标系

在直角坐标系(图 4-5)中二维非稳态导热方程为：

$$\rho c\frac{\partial T}{\partial t}=\frac{\partial}{\partial x}\left(\lambda\frac{\partial T}{\partial x}\right)+\frac{\partial}{\partial y}\left(\lambda\frac{\partial T}{\partial y}\right)+S \tag{4-16}$$

在时间间隔$[t, t+\Delta t]$内，对图 4-5 中的控制容积 P 作积分，除了采用一维问题中的假设外，还假定在控制容积的界面上热流密度是均匀的。采用全隐格式，于是有：

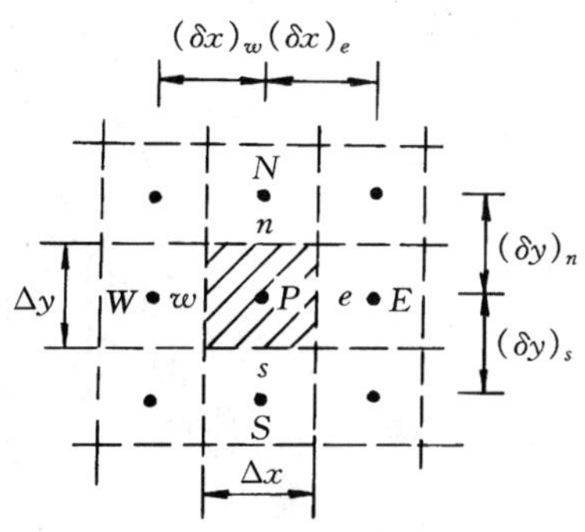

图 4-5　直角坐标的网格系统

非稳态项的积分：$\int_s^n\int_w^e\int_t^{t+\Delta t}\rho c\frac{\partial T}{\partial t}\mathrm{d}x\mathrm{d}y\mathrm{d}t=(\rho c)_P\times(T_P-T_P^0)\Delta x\Delta y$

扩散项：

$$\int_t^{t+\Delta t}\int_s^n\int_w^e\frac{\partial}{\partial x}\left(\lambda\frac{\partial T}{\partial x}\right)\mathrm{d}x\mathrm{d}y\mathrm{d}t+\int_t^{t+\Delta t}\int_w^e\int_s^n\frac{\partial}{\partial y}\left(\lambda\frac{\partial T}{\partial y}\right)\mathrm{d}y\mathrm{d}x\mathrm{d}t$$

$$=\left[\lambda_e\frac{T_E-T_P}{(\delta x)_e}-\lambda_w\frac{T_P-T_W}{(\delta x)_w}\right]\Delta y\Delta t+\left[\lambda_n\frac{T_N-T_P}{(\delta y)_n}-\lambda_s\frac{T_P-T_S}{(\delta y)_s}\right]\Delta x\Delta t$$

源项：$\int_t^{t+\Delta t}\int_s^n\int_w^e S\mathrm{d}x\mathrm{d}y\mathrm{d}t=(S_C+S_PT_P)\Delta x\Delta y\Delta t$

整理上述结果，可得：

$$a_PT_P=a_ET_E+a_WT_W+a_NT_N+a_ST_S+b \tag{4-17}$$

其中 $a_E=\dfrac{\Delta y}{(\delta x)_e/\lambda_e}, a_W=\dfrac{\Delta y}{(\delta x)_w/\lambda_w}, a_N=\dfrac{\Delta x}{(\delta y)_n/\lambda_n},$

$$a_S=\frac{\Delta x}{(\delta y)_s/\lambda_s} \tag{4-18}$$

$$a_P=a_E+a_W+a_N+a_S+a_P^0-S_P\Delta x\Delta y,$$

$$a_P^0=\frac{(\rho c)_P\Delta x\Delta y}{\Delta t}, b=S_C\Delta x\Delta y+a_P^0T_P^0 \tag{4-19}$$

这里界面上的当量导热系数按调和平均方法计算。对二维问题，取垂直于 $x-y$ 平面方向上的厚度为 1，故$(\Delta x\Delta y)$即为控制容积的体积。

4.2.1.2　圆柱轴对称坐标系

在轴对称的圆柱坐标中，非稳态导热问题的控制方程为：

$$\rho c\frac{\partial T}{\partial t}=\frac{\partial}{\partial x}\left(\lambda\frac{\partial T}{\partial x}\right)+\frac{1}{r}\quad\frac{\partial}{\partial r}\left(r\lambda\frac{\partial T}{\partial r}\right)+S \tag{4-20}$$

取一个弧度的中心角所包含的范围作为研究对象（见图 4-6），采用类似的推导方法可得形式与式(4-17)完全相同的离散方程式，其中系数与常数项的计算公式为：

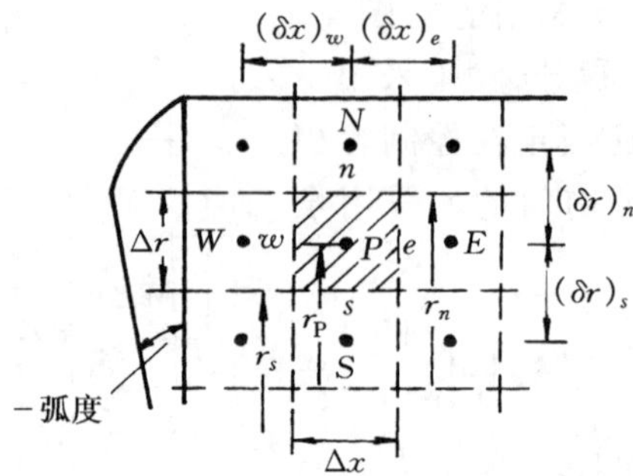

图 4-6　圆柱轴对称坐标的网格系统

$$a_E = \frac{r_P\Delta r}{(\delta x)_e/\lambda_e}, a_W = \frac{r_P\Delta r}{(\delta x)_w/\lambda_w}, a_N = \frac{r_n\Delta x}{(\delta x)_n/\lambda_n}$$

$$a_S = \frac{r_s\Delta x}{(\delta r)_s/\lambda_s} \tag{4-21}$$

$$a_P = a_E + a_W + a_N + a_S + a_P^0 - S_P\Delta V$$

$$a_P^0 = \frac{(\rho c)_P\Delta V}{\Delta t}, b = S_C\Delta V + a_P^0 T_P^0,$$

$$\Delta V = 0.5(r_n + r_s)\Delta r\Delta x \tag{4-22}$$

4.2.1.3　极坐标系

极坐标系中的控制方程为:

$$\rho c\frac{\partial T}{\partial t} = \frac{1}{r}\frac{1}{\partial r}\left(r\lambda\frac{\partial T}{\partial r}\right) + \frac{1}{r}\quad\frac{\partial}{\partial\theta}\left(\frac{\lambda}{r}\frac{\partial T}{\partial\theta}\right) + S \tag{4-23}$$

其离散方程的形式亦如式(4-17),但各系数的计算式为:

$$a_E = \frac{\Delta r}{r_e(\delta\theta)_e/\lambda_e}, a_W = \frac{\Delta r}{r_w(\delta\theta)_w/\lambda_w},$$

$$a_N = \frac{r_n\Delta\theta}{(\delta r)_n/\lambda_n}, a_S = \frac{r_s\Delta\theta}{(\delta r)_s/\lambda_s} \tag{4-24}$$

$$a_P = a_E + a_W + a_N + a_S + a_P^0 - S_P\Delta V, a_P^0 = \frac{(\rho c)\Delta V}{\Delta t},$$

$$b = S_C\Delta V + a_P^0 T_P^0, \Delta V = 0.5(r_n + r_s)\Delta r\Delta\theta \tag{4-25}$$

注意,在以上两种坐标系中,r_P 未必等于 $0.5(r_n + r_s)$,除非 P 点位于 n 与 s 间的中点上。

由式(4-18)、(4-21)及(4-24)可见,4 个系数都是相邻两节点间导热热阻的倒数,而 a_P^0 则具有热惯性的意义。显然,热惯性越大,上一时层的温度对下一时层的影响也越大。我们又一次看到了采用控制容积积分法导出的离散方程物理意义明确的这一优点。

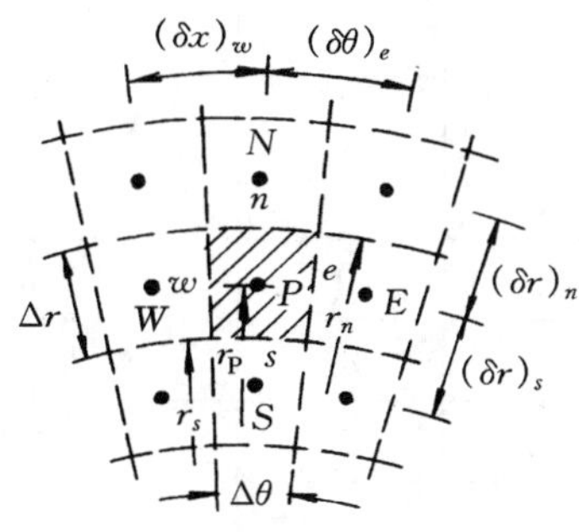

图 4 - 7　极坐标中的网格系统

4.2.2　三种二维坐标系中全隐格式的通用离散形式

一个通用的程序要能适用于不同的坐标系,并不是通过对不同的坐标系写出完全独立的程序段来实现,而是对不同的坐标系采用同一套语句来计算,只是其中个别参数取值有所不同。三种二维坐标系中的导热问题为这样的通用形式提供了例子。显然,我们只要把式(4 - 17)中的系数及 b 项写成通用形式就可以达到目的。

现在来考虑如何把三种坐标系中离散方程的系数写成通用的形式,以便于编制在坐标系方面通用性较好的程序。分析三种坐标系中系数的表达式,可以发现其主要区别在于 $\theta - r$ 坐标系中,θ 是无量纲量,而在 $x - y$, $x - r$ 坐标系中,x 坐标是有量纲的。可以在这一方向引入一个尺度系数(*scaling factar*),从而使三个坐标系中系数的表达式统一起来。

另外,在圆柱轴对称坐标系及极坐标系中都有半径,但直角坐标中则没有。因此对直角坐标系我们不妨引入一个名义半径,其值处处为 1。

在表 4 - 2 中列出了这样的一种方案,供读者参考。按此表中的通用表达式这一栏规定的表达方式来编写的二维非稳态导热程序,只要令名义半径 R 及标尺系数 SX 取得相应的值,即可分别适用于三种坐标系。

在 4 - 1 节及本节中所给出的离散方程都是对计算区域的内节点列出的。如果边界条件是第二类或第三类的,则边界温度也是未知值,而且该未知温度已进入到内节点的离散方程中,使内节点的离散方程组不能封闭。因此还必须解决第二、第三类边界条件的处理问题,才能进入求解代数方程的阶段。下一节就讨论这些问题。

表 4-2　三种坐标系中系数的通用表达式

坐标系	直　角	圆柱轴对称	极坐标	通用表达式
东西坐标	x	x	θ	X
南北坐标	y	r	r	Y
半　　径	1	r	r	R
东西尺度系数	1	1	r	SX
东西节点间距	δx	δx	$r\delta\theta$	$(\delta X)(SX)$
南北节点间距	δy	δr	δr	δY
东西导热面积	Δy	$r\Delta r$	Δr	$R(\Delta Y)/SX$
南北导热面积	Δx	$r\Delta x$	$r\Delta\theta$	$R(\Delta X)$
控制体体积	$\Delta x\Delta y$	$r\Delta x\Delta r$	$r\Delta\theta\Delta r$	$R(\Delta X)(\Delta Y)$ *
a_E (a_W 仿此)	$\dfrac{\Delta y}{(\delta x)_e/\lambda_e}$	$\dfrac{r\Delta r}{(\delta x)_e/\lambda_e}$	$\dfrac{\Delta r}{(\delta\theta)_e r/\lambda_e}$	$\dfrac{R(\Delta Y)}{(SX)^2(\delta X)_e/\lambda_e}$
a_N (a_N 仿此)	$\dfrac{\Delta x}{(\delta y)_n/\lambda_n}$	$\dfrac{r\Delta x}{(\delta r)_n/\lambda_n}$	$\dfrac{r\Delta\theta}{(\delta r)_n/\lambda_n}$	$\dfrac{R\Delta X}{(\delta Y)_n/\lambda_n}$
a_P^0	$(\rho c)R\Delta X\Delta Y/\Delta t$			
b	$S_C R\Delta X\Delta Y$			
a_P	$a_E+a_W+a_N+a_S+a_P^0-S_P R\Delta X\Delta Y$			

*若 P 不在 n 与 s 间中点上，则 R 应为 $0.5(R_n+R_s)$，以下 a_P^0，b 及 a_P 项与此同。

4.3　源项及边界条件的处理

4.3.1　非常数源项的线性化处理（*linearizatian of source term*）

首先要再一次指出，本书中所指的源项是一个广义量，它代表了那些不能包括到控制方程的非稳态项、对流项与扩散项中的所有其它各项之和。在控制方程中加入广义源项对于扩展所讨论的算法及相应程序的通用性具有重要意义。这种做法被计算流体力学与计算传热学界的广大研究者们所采用[7,10,11]。如果源项为常数，则在离散方程的建立过程中不带来任何困难。当源项是所求解未知量的函数时，源项的数值处理十分重要，有时甚至是数值求解成败的关键所在。

应用较广泛的一种处理方法是把源项局部线性化[7]，亦即假定在未知量微小的变动范围内，源项 S 可以表示成为该未知量的线性函数。于是在控制容积 P 内，它可以表示成式(4-2)的形式：

$$S = S_C + S_P T_P$$

其中 S_C 为常数部分，S_P 是 S 随 T 而变化的曲线在 P 点的斜率(图 4-8 中切线 1 的斜率)。

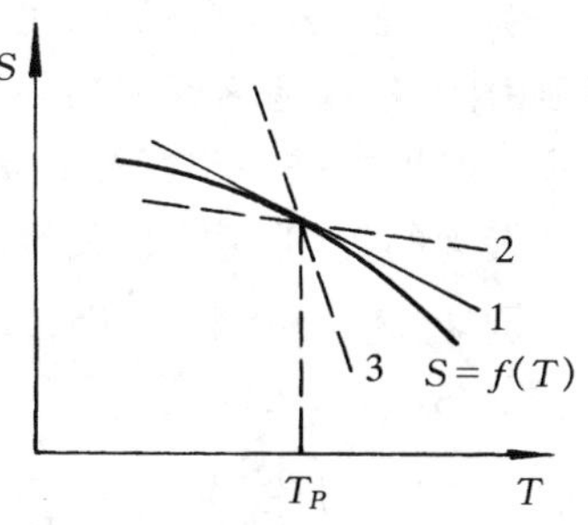

图 4-8　S_P 的含义的图示

关于源项的线性化处理要作以下说明：

1. 当源项为未知量的函数时，线性化的处理比假定源项为常数更为合理。因为如果 $S=f(T)$，则把各控制容积中的 S 作为常数处理就是以上一次迭代计算所得之 T^* 来计算 S，这样源项相对于 T 永远有一个滞后；而按式(4-2)线性化后，式中的 T_P 是迭代计算的当前值，这样使 S 能更快地跟上 T_P 的变化。

2. 线性化处理又是建立线性代数方程所必须的。如果采用二阶或高阶的多项式，则所形成的离散方程就不是线性代数方程。

3. 为了保证代数方程迭代求解的收敛，要求 $S_P \leqslant 0$。本书以后还要指出，类似于式(4-3(b))的离散方程式都可以写成 $a_P T_P = \sum a_{nb} T_{nb} + b$ 的形式，下标 nb 表示邻点，$a_P = \sum a_{nb} - S_P \Delta V$，$\Delta V$ 为控制容积的体积。线性代数方程迭代求解收敛的一个充分条件是对角占优，即 $a_P \geqslant \sum a_{nb}$，这就要求 $S_P \leqslant 0$。

4. 由代数方程迭代求解的公式

$$T_P = \frac{\sum a_{nb} T_{nb} + b}{\sum a_{nb} - S_P \Delta V} \qquad (4-26)$$

可见，S_P 绝对值的大小影响到迭代过程中温度的变化速度，S_P 的绝对值越大($S_P<0$)，好像系统的惯性越大，相邻两次迭代之间 T_P 的变化越小，因而收敛速度下降，但有利于克服迭代过程的发散。在图 4-8 中，如 S_P 取为曲线 3 的斜率就属此种情形。S_P 的绝对值小，可使变化率加快，但容易引起发散(图 4-8 中曲线 2 即代表这种情形)。

再看几个关于源项线性化的实例。

例 4-1 $S=3-5T$,取 $S_C=3,S_P=-5$。

例 4-2 $S=5+9T$,可取 $S_P=0,S_C=5+9T^*$。这样做使迭代时源项中的 T 总是落后于当前值,因而收敛速度下降,但这是可以接受的方法。如果要进一步减慢收敛速度(例如对强烈的非线性问题),可构造一个人为的负 S_P 项,如取 $S_P=-3$,则 $S_C=5+12T^*$。

例 4-3 $S=4-2T^2$,根据 S 在迭代过程中随 T 而变化的情形,可以确定 S_C 与 S_P,即

$$S=S^*+\left(\frac{\mathrm{d}S}{\mathrm{d}T}\right)*(T-T^*)=(4-2T^{*2})-(4T^*)(T-T^*)$$

$$=(4+2T^{*2})-(4T^*)T$$

所以 $S_C=4+2T^{*2},S_P=-4T^*$

4.3.2 边界条件的处理

当计算区域的边界为第二、第三类边界条件时,边界节点的温度是未知量。为使内部节点的温度代数方程组得以封闭,有两类方法可以采用,即补充以边界节点代数方程的方法及附加原项法。

4.3.2.1 补充边界节点代数方程的方法

边界节点离散方程的建立也可以采用多种方法,现以 Taylor 展开法及控制容积平衡法为例说明之。

先讨论区域离散方法 A 的情形。对于如图 4-9 所示无限大平板的第二类边界条件,采用 Taylor 展开法时,只要把边界条件的表达式

$$\lambda\left.\frac{\mathrm{d}T}{\mathrm{d}x}\right)_{x=\delta}=q_B \qquad (4-27)$$

中的导数用差分表达式来代替即可,即

$$T_{M1}=T_{M1-1}+\frac{\delta x\cdot q_B}{k} \qquad (4-28)$$

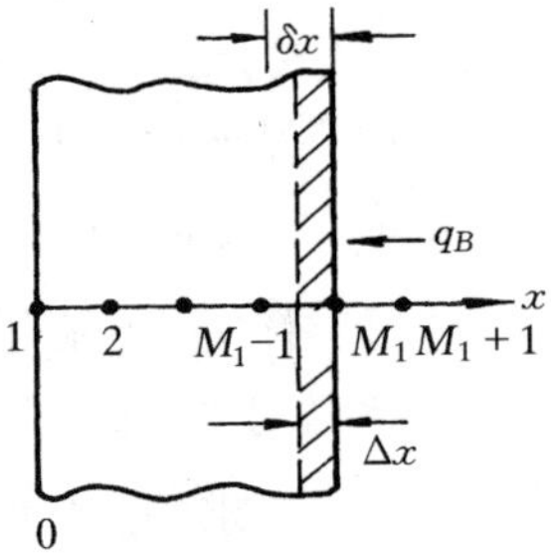

图 4-9 边界节点离散方程的建立

注意,在式(4-27)中规定以进入计算区域的热量为正值。以后处理边界条件时,都按照这一规定。式(4-28)的截差为一阶,而内点上如采用中心差分,则截差为二阶。在作物理问题的数值计算时,一般希望内节点与边界节点离散方程截差等级保持一致,如果不一致,会影响计算结果的准确度。为得出具有二阶截差的公式,可以采用虚拟点法。如图 4-9 所

示,在右边界外虚设一点 M_1+1,这样节点 M_1 就可视为内节点,其一阶导数即可采用中心差分:

$$\lambda \frac{T_{M1+1} - T_{M1-1}}{2\delta x} = q_B$$

为消去 T_{M1+1},由一维、稳态、含内热源的控制方程可得在 M_1 点的离散形式:

$$\lambda \frac{T_{M1+1} - 2T_{M1} + T_{M1-1}}{(\delta x)^2} + S = 0$$

从以上两式消去 T_{M1+1}得,

$$T_{M1} = T_{M1-1} + \frac{(\delta x)(\Delta x)S}{\lambda} + \frac{q_B \delta x}{\lambda} \tag{4-29}$$

其中 $\Delta x = \delta x/2$,是节点 M_1 所代表的控制容积的厚度。

对于第三类边界条件,以 $q_B = h(T_f - T_{M1})$ 代入式(4－28)、(4－29),并对 T_{M1}解出,得相应于一阶与二阶截差的节点离散方程:

$$T_{M1} = \left[T_{M1-1} + \left(\frac{h\delta x}{\lambda}\right)T_f\right] \Big/ \left(1 + \frac{h\delta x}{\lambda}\right) \tag{4-30}$$

$$T_{M1} = \left[T_{M1-1} + \frac{(\delta x)(\Delta x)S}{\lambda} + \left(\frac{h\delta x}{\lambda}\right)T_f\right] \Big/ \left(1 + \frac{h\delta x}{\lambda}\right) \tag{4-31}$$

再用控制容积平衡法来推导。对于图 4－9 所示边界节点的控制容积作能量平衡,得

$$q_B + \lambda \frac{T_{M1-1} - T_{M1}}{\delta x} + S\Delta x = 0$$

将此式对 T_{M1}解出即得式(4－29)。由此可见,对本例采用控制容积平衡法所得之离散方程具有二阶精度,而且其物理意义明确,因而这一方法在边界节点离散方程的建立中得到广泛的应用。

当区域离散化采用方法 B 时,边界节点可以看成是第一种区域离散法中当边界节点所代表的控制容积厚度 Δx 趋近于零时的极限。于是对图 4－9 中的右端点,由式(4－29),(4－31)得:

第二类边界条件:

$$T_{M1} = T_{M1-1} + \frac{q_B \delta x}{\lambda} \tag{4-32}$$

第三类边界条件:

$$T_{M1} = \left(T_{M1-1} + \frac{h\delta x}{\lambda}T_f\right) / \left(1 + \frac{h\delta x}{\lambda}\right) \tag{4-33}$$

其中 δx 是边界节点与第一个内节点之间的距离。值得指出:式(4－32)

虽然在形式上与区域离散方法 A 中具有一阶截差的公式(4-28)一样，但它却是区域离散方法 B 中具有二阶截差的公式,这可以从下列算例中看出。

例 4-4 设有一导热型方程，$\frac{d^2 T}{dx^2}-T=0$，边界条件为 $x=0, T=0; x=1, \frac{dT}{dx}=1$。试将该区域三等分，分别用区域离散方法 A 及方法 B 求解该问题。

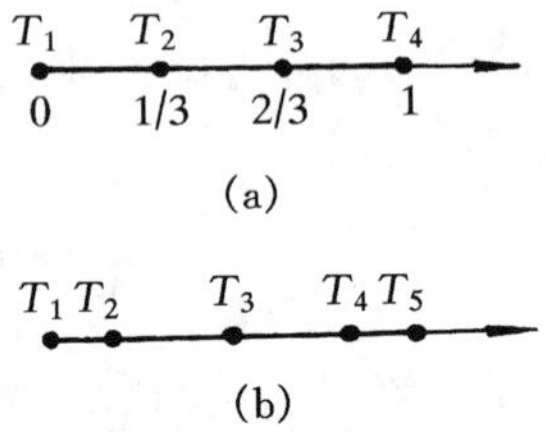

图 4-10 例题 4-4 的网格

解:采用区域离散方法 A 时，网格划分如图 4-10(a)所示。内点上采用中心差分。右端点采用一阶截差时，离散方程为:

$$-T_3+2\frac{1}{9}T_2=0$$

$$-T_4+2\frac{1}{9}T_3-T_2=0$$

$$T_4-T_3=1/3$$

右端点采用二阶截差时，上述第三式应为

$$2\frac{1}{9}T_4-2T_3=\frac{2}{3}$$

这一问题的精确解为

$$T=\frac{e}{e^2+1}(e^x-e^{-x})$$

在节点 2、3、4 上的精确解及右端点两种处理情形下的数值解，列于表 4-3 中。由表可见，右端点采用二阶截差时的结果远比采用一阶截差时的结果准确。

再采用区域离散方法 B 求解该问题。网格选取如图 4-10(b)所示，点节 2,3,4 及 5 的离散方程为:

$$T_2-\frac{9}{28}T_3=0$$

$$\frac{9}{19}T_2-T_3+\frac{9}{19}T_4=0$$

$$\frac{9}{28}T_3-T_4+\frac{18}{28}T_5=0$$

$$T_4-T_5=-1/6$$

数值解与精确解的比较列出于表 4-4 中。

表 4-3　边界条件离散表达式截差的影响(区域离散方法 A)

格　　式	T_2	T_3	T_4
精　确　解	0.220 0	0.464 8	0.761 6
一阶截差	0.247 7	0.522 9	0.856 3
二阶截差	0.216 4	0.457 0	0.740 8

表 4-4　采用区域离散方法 B 时数值解与精确解的比较

格　　式	T_2	T_3	T_4	T_5
精　确　解	0.108 5	0.337 7	0.604 8	0.761 6
区域离散方法 B 的数值解	0.108 4	0.337 2	0.603 5	0.770 2

讨论：由表可见，采用区域离散方法 B 且由控制体平衡法来建立的离散方程与区域离散方法 A 中具有二阶精度的格式相当。

对于不规则的计算区域，可以采用区域扩充法使之成为规则区域，或采用更复杂的方法来处理。这将在第 10 章中讨论。对位于一般曲线边界上的第二、三类边界条件的节点，也可以采用 Taylor 展开法或控制容积平衡法来获得边界节点的补充方程，下面举稳态二维导热问题说明之。

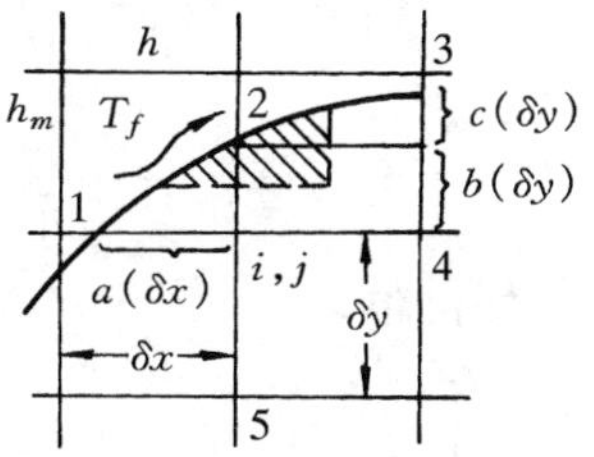

图 4-11　不规则边界的处理

例 4-5　设有如图 4-11 所示的不规则边界，试采用区域离散方法 A 进行区域离散并列出内节点(i,j)及边界节点的离散方程。

解：设边界与网格线交于节点 1,2 及 3。内节点记为(i,j)。对于常物性无内热源问题，可以用 Taylor 展开法导出具有一阶截差的内节点(i,j)的离散方程：

$$\frac{aT_4 + T_1 - (a+1)T_{i,j}}{a(a+1)\delta x^2} + \frac{T_2 + bT_5 - (b+1)T_{i,j}}{b(b+1)\delta y^2} = 0 \tag{4-34(a)}$$

令 $\delta y/\delta x = \mu$，则有：

$$\frac{T_2}{\mu^2 b(b+1)} + \frac{T_5}{\mu^2(b+1)} + \frac{T_4}{a+1} + \frac{T_1}{a(a+1)}$$

$$= \left(\frac{1}{a} + \frac{1}{\mu^2 b}\right) T_{i,j} \tag{4-34(b)}$$

边界节点 2 的离散方程可以从能量守恒观点导出：

$$\phi_{CV} + \phi_{1-2} + \phi_{3-2} + \phi_{i,j-2} = 0$$

这里 ϕ 为热流量。其中对流换热量为：

$$\phi_{CV} = \frac{1}{2}(\sqrt{a^2 + \mu^2 b^2} + \sqrt{1 + c^2 \mu^2})(\delta x) h (T_f - T_2)$$

从节点(i,j)到节点 2 的导热量为

$$\phi_{i,j-2} = \frac{1}{2}(\delta x + a\delta x)\lambda \frac{T_{i,j} - T_2}{\mu b \delta x} = \frac{1+a}{2\mu b}\lambda (T_{i,j} - T_2)$$

为计算节点 1 与 2 及 3 与 2 之间的导热量，近似地取导热面积为$\frac{1}{2}b\delta y = \frac{1}{2}\mu b \delta x$，于是得：

$$\phi_{1-2} = \frac{\mu b \delta x}{2}\lambda \frac{T_1 - T_2}{(\sqrt{a^2 + \mu^2 b^2})\delta x} = \frac{\mu b \lambda}{2} \frac{T_1 - T_2}{\sqrt{a^2 + \mu^2 b^2}}$$

$$\phi_{3-2} = \frac{\mu b \lambda}{2} \frac{T_3 - T_2}{\sqrt{1 + \mu^2 c^2}}$$

整理后可得：

$$\left[\frac{\mu b}{\sqrt{a^2 + \mu^2 b^2}} + \frac{\mu b}{\sqrt{1 + \mu^2 c^2}} + \frac{1+a}{\mu b} + \frac{h\delta x}{\lambda}(\sqrt{a^2 + \mu^2 b^2} + \sqrt{1 + \mu^2 c^2})\right] T_2 = \frac{\mu b}{\sqrt{a^2 + \mu^2 b^2}} T_1 + \frac{\mu b}{\sqrt{1 + \mu^2 c^2}} T_3 + \frac{1+a}{\mu b} T_{i,j} + \frac{h\delta x}{\lambda}(\sqrt{a^2 + \mu^2 b^2} + \sqrt{1 + \mu^2 c^2}) T_f \tag{4-35}$$

由式(4－34b)及式(4－35)可见，$T_{i,j}$及 T_2 的系数仍等于邻点系数之和(T_f 也是一个邻点温度)。

4.3.2.2　附加源项法(*additional source term method*)

在附加源项法中，把由第二类或第三类边界条件所规定的进入或导出计算区域的热量作为与边界相邻的控制容积的当量源项。从整体观点而言，无论这一份热量是从边界上导入的还是从与边界相邻的控制容积发出的，热平衡不会受到破坏。而作了这种处理后，如果与边界相邻的控制容积中的节点是内节点，则对此控制容积建立起来的离散方程可以不包含边界上的未知温度。故下面介绍的方法仅适用于区域离散方法 B。

现以直角坐标中的情形为例来进一步说明其原理及实施步骤。如图 4-12 所示，与边界相邻接的控制容积中的节点为 P。对此控制容积可写出

$$a_P T_P = a_E T_E + a_W T_W + a_N T_N + a_S T_S + b$$

对非稳态问题，有关 T_P^0 的项已包括于 b 中。据上节的推导，$a_W = \dfrac{\lambda_B \Delta y}{(\delta x)_w}$，其中 λ_B 为边界节点的导热系数。为了在 T_P 的代数方程中不出现未知的边界温度，就需要利用已知的边界条件把 T_W 消去。为此，对上式作如下变换：

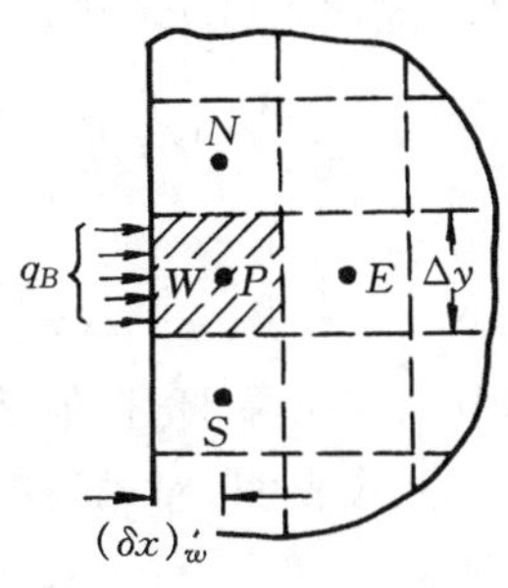

图 4-12　说明附加源项法的图示

$$(a_P - a_W) T_P = a_E T_E + a_N T_N + a_S T_S + a_W (T_W - T_P) + b \quad \text{(a)}$$

注意到

$$a_W (T_W - T_P) = \frac{\lambda_B \Delta y (T_W - T_P)}{(\delta x)_w} = q_B \Delta y$$

其中 q_B 为进入该控制容积的热流密度，以进入为正。于是关于 P 点的方程即化为：

$$a'_P T_P = a_E T_E + a_N T_N + a_S T_S + q_B \Delta y + b \quad \text{(b)}$$

对第二类边界条件，q_B 为已知，故可把它与 b 组成一个新项：

$$q_B \Delta y + b = \left(S_C + \frac{q_B \Delta y}{\Delta x \Delta y} \right) \Delta x \Delta y = (S_C + S_{C,ad}) \Delta x \Delta y \quad (4-36)$$

同时，$a'_P = a_P - a_W = a_E + 0 + a_N + a_S - S_P \Delta x \Delta y$。这就是说，对第二类边界条件，如果把 $q_B \Delta y / \Delta x \Delta y$ 作为与边界相邻的控制容积的附加常数源项，记为 $S_{C,ad}$，同时令 $a_W = 0$，则所得之离散方程既符合能量守恒关系，又可把未知的边界温度排除在外。

当边界条件为第三类时，q_B 可以表示为：

$$q_B = h(T_f - T_W)$$

另外由 Fourier 定律得

$$q_B = \frac{\lambda_B (T_W - T_P)}{(\delta x)_w}$$

于是有：

$$q_B = \frac{T_f - T_W}{1/h} = \frac{T_W - T_P}{(\delta x)_W / \lambda_B} = \frac{T_f - T_P}{1/h + (\delta x)_w / \lambda_B} \quad \text{(c)}$$

将(c)式代入(b)式并归并同类项,得:

$$\left[a'_P+\frac{A}{1/h+(\delta x)_w/\lambda_B}\right]T_P=a_ET_E+a_NT_N+a_ST_S$$
$$+\left\{S_C+\frac{AT_f}{\Delta V[1/h+(\delta x)_w/\lambda_B]}\right\}\Delta V \tag{d}$$

其中 A 是所研究控制容积在边界上的传热面积,ΔV 为控制容积的体积。上式表明,对第三类边界条件,如果在边界控制容积中加入以下附加源项:

$$S_{C,ad}=\frac{A}{\Delta V}\frac{T_f}{1/h+(\delta x)_w/\lambda_B} \tag{4-37a}$$

$$S_{P,ad}=-\frac{A}{\Delta V}\frac{1}{1/h+(\delta x)_w/\lambda_B} \tag{4-37b}$$

同时令 $a_W=0$ 就可实现使未知的边界温度不进入离散方程的目的。

附加源项法的实施步骤如下:

(1) 计算与边界相邻的内部节点控制容积的附加源项 $S_{C,ad}$ 及 $S_{P,ad}$,并将它们分别加入到该控制容积原有的 S_C,S_P 中去;

(2) 令该边界上节点的导热系数 $\lambda_B=0$,以使 $a'_W=0$;

(3) 按常规方法建立起内节点的离散方程,并在内节点的范围内求解代数方程组;

(4) 获得收敛的解以后按 Fourier 导热定律或 Newton 冷却公式解出未知的边界温度。

4.3.2.3 两种处理方法的比较

大量数值实践表明,附加源项法比补充节点方程的方法更为简洁、有效,主要表现在以下三方面:

1. 有利于用统一模式来处理三种边界条件。采用附加源项法可以认为所有问题的边界条件都是第一类的:对于真正的第一类边界条件,给定的边界值通过第一个内节点的离散方程而进入计算之中,对第二、第三类边界条件,则通过割断与边界联系的方法而不对边界节点上的值有任何要求。

2. 可以缩小计算区域。采用附加源项法时代数方程的求解区域限于内节点,对于一维问题,计算时间的节省不明显,但对二维问题则是相当可观的。例如对于 20×20 个节点的网格系统,如果求解仅限在内节点,则计算的代数方程数目可以减少 18%,计算时间的节省更为可观。

3. 采用补充节点方程方法时,如果把求解代数方程的区域也限在内节点,然后通过边界节点方程不断更新边界节点上的值并以此作为下一次迭代计算的边界条件,则附加源项法的计算时间可以比这种边界值更新法(*boundary - value updated method*)大约节省一个数量级。

鉴于上述分析,本书中推荐采用附加源项法。还特别值得指出,附加源项法除了可以有效地处理导热问题的第二、第三类边界条件外,对于流场求解中的类似边界条件的处理也十分有效;此外,附加源项法还可以用来处理不规则的计算区域,导热、对流及辐射换热的耦合问题,开缝翅片肋效率的计算等。有兴趣的读者可参阅文献[10～15]。

总之,附加源项法物理意义明确,实施方法简便,能有效地节省计算时间,值得具有工程背景的计算传热学研究者采用。

4.4　求解离散方程的三对角阵算法及交替方向隐式方法

至此,我们已经对要求解的导热问题建立了封闭的代数方程组。为了最终得出各个节点上的温度值就需要求解这一代数方程组。本节中,我们着重结合导热问题的数值解介绍两种方法:求解一维导热问题的三对角阵算法及求解多维隐式格式的交替方向隐式方法。至于求解非线性问题离散方程组的方法将在第 7 章中讨论。

4.4.1　三对角阵算法

由 4.1 节的讨论可见,显式格式的优点在于下一时层之值可以直接由上一时层的值计算而得,不必解联立代数方程。但是其稳定性条件限制了所能采用的最大时间步长。对于所有的隐式格式($f>0$ 的格式),由于每一个节点方程中都包含了同一时层上相邻三点的值,必须通过解联立方程组才能获得该时层上的值。因而,无论是对一维稳态导热问题,还是一维非稳态的隐式格式,我们都必须联立求解形如下式的代数方程:

$$a_P T_P = a_E T_E + a_W T_W + b \tag{4-38a}$$

这里,对于非稳态问题,与 T^0 有关的项已并入到 b 项中。我们将以上式为基准来讨论一维导热问题离散方程的求解方法。

式(4-38a)表明,每个节点的代数方程中最多只包含三个节点的未知值,可以认为其它节点上未知值的系数均为零。这样,如果把一维导热问题的离散方程组写成矩阵的形式,其系数阵是一个三对角阵——仅对角元素及其上下邻位上的元素不为零,而其它元素均为零。

对于系数矩阵为三对角阵的代数方程组,已经发展出了多种直接解法[16],其中基于 Gauss 消元法的 Thomas 算法应用最广,本书中只介绍 Thomas 算法。

4.4.1.1 一般情况下的 Thomas 算法

为讨论方便,把式(4-38a)改写成为:

$$A_i T_i = B_i T_{i+1} + C_i T_{i-1} + D_i \tag{4-38b}$$

假设共有 $M1$ 个节点,即 $i=1,M1$。显然当 $i=1$ 时,$C_i=0$,而 $i=M1$ 时,$B_i=0$,即首、尾两个节点的方程中仅有两个未知数。Thomas 的求解过程分为消元与回代两步。消元时,从系数矩阵的第二行起,逐一把每行中的非零元素消去一个,使原来的三元方程化为二元方程。消元进行到最后一行时,该二元方程就化为一元,可立即得出该未知量的值。然后逐一往前回代,由各二元方程解出其它未知值。下面来导出消元与回代过程中系数计算的通式。

消元的目的是要把式(4-38b)化成以下形式的方程:

$$T_{i-1} = P_{i-1} T_i + Q_{i-1} \tag{a}$$

为了找出系数 P_i, Q_i 与 B_i, C_i 及 D_i 之间的关系,

以 $C_i \times$(a)+(4-38b),得:

$$A_i T_i + C_i T_{i-1} = B_i T_{i+1} + C_i T_{i-1} + D_i + C_i P_{i-1} T_i + C_i Q_{i-1}$$

整理后得:

$$T_i = \frac{B_i}{A_i - C_i P_{i-1}} T_{i+1} + \frac{D_i + C_i Q_{i-1}}{A_i - C_i P_{i-1}} \tag{b}$$

与式(a)相比得:

$$P_i = \frac{B_i}{A_i - C_i P_{i-1}}, Q_i = \frac{D_i + C_i Q_{i-1}}{A_i - C_i P_{i-1}} \tag{4-39a}$$

这两个计算系数 P_i, Q_i 的通式是递归的,即要计算 P_i, Q_i,需要知道 P_{i-1}, Q_{i-1},最终要求知道 P_1, Q_1 之值。P_1, Q_1 可以由左端点的离散方程来确定:

$$A_1 T_1 = B_1 T_2 + C_1 T_0 + D_1, \text{其中 } C_1 T_0 = 0$$

所以

$$P_1 = B_1/A_1, Q_1 = D_1/A_1 \tag{4-39b}$$

当消元进入最后一行时,有:

$$T_{M1} = P_{M1} T_{M1+1} + Q_{M1}, \text{而 } P_{M1} T_{M1+1} = 0$$

所以
$$T_{M1} = Q_{M1} \tag{4-39c}$$
从式(4－39c)出发，利用式(a)及(4－39a)，(4－39b)便可逐个回代、得出 $T_i(i=M1-1,\cdots,1)$。

上述求解方法又称三对角阵算法(Tridiagonal matrix method，TDMA)，在计算流体力学及计算传热学中应用很广。

4.4.1.2　第一类边界条件下 TDMA 的实施

如果采用附加源项法来实施第二、第三类边界条件，则把所有的问题都看成是具有第一类边界条件那样处理。这时尽管 T_1 及 T_{M1} 均为未知值，但代数方程求解则在 $i=2$ 到 $i=M2=M1-1$ 两点之间进行。解得内节点之值后，再计算出 T_1 及 T_{M1}。因而这种情形下 TDMA 的实施应作以下调整。

对图 4－13 所示网格系统，将消元公式(a)用于 $i=1$ 时，有：

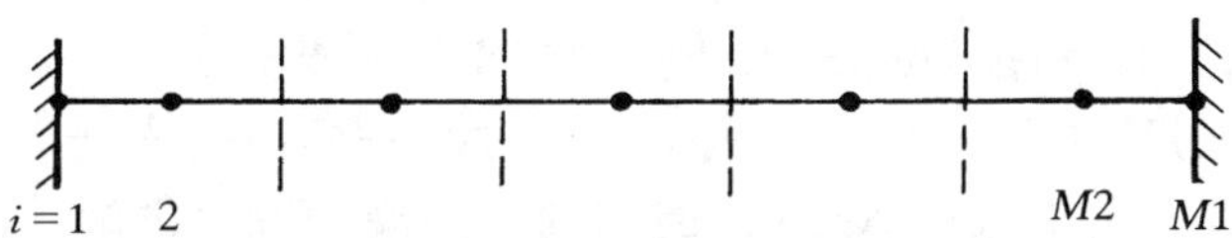

图 4－13　方法 B 的一维网格

$$T_1 = P_1 \cdot T_2 + Q_1$$

显然应取 $P_1=0, Q_1=T_1$

类似地将式(a)用于 $M2$ 点，有：

$$T_{M2} = P_{M2} T_{M1} + Q_{M2}$$

显然，因为 T_{M1} 已知，因而 T_{M2} 即可从上式得出，消元进行到 $i=M_2$ 即可。因而对第一类边界条件或作为第一类边界条件处理的情形，我们有：

消元过程从 $i=2$ 开始，取 $P_1=0, Q_1=T_1$；

回代过程从 $i=M2-1$ 开始，取 $T_{M2}=P_{M2}T_{M1}+Q_{M2}$。

其它的公式及步骤与一般情况下的 TDMA 相同。

4.4.2　交替方向隐式算法

导热问题从一维到多维而随着产生的重要变化，是所形成的代数方程的阶数增加了一、二个数量级，如何经济而有效地求解这些代数方程就成为重要的问题。采用显式格式虽不存在这一问题，但稳定性条件使时间步长的取值受到较大的限制。采用二阶截差的隐式格式时，二维问题的代数方程是五对角的，三维问题是七对角的。与求解一维导热问题离散方程的 TDMA 相对应,求解二维导热问题离散方程的直接解法为五对角阵算法(*pentadiagonal matrix algorithm*, PDMA),可参见文献[17]。我们在这里要讨论的是在计算传热学的发展过程中,为减轻代数方程直接解法的计算工作量而构造出来的求解非稳态导热的一些离散格式,这就是在每个坐标方向上分别采用 TDMA 进行直接求解,而其他方向则按显式处理的交替方向隐式方法(*alternating direction implicit*, ADI)。

我们知道,采用全隐格式时,每个时层上各节点之值必须同时求解,对于三维问题,这要耗费较大的计算机内存与计算时间。为了减轻这一困难,提出了 ADI 方法。当采用这类方法来求解非稳态导热问题时,先在某一方向(如 x 方向)用隐式求解而使 y,z 方向成为显式,然后再类似地在 y,z 方向各自用隐式求解一次。这样就把一个三维的问题转化成三个串联的一维隐式格式问题,在每个一维隐式格式的求解中均可采用 TDMA 算法。

4.4.2.1 Peaceman - Rachford ADI 格式[18]

这是最简单的一种 ADI 格式。在这一格式中,对于三维非稳态导热,在每一个方向都以 $\Delta t/3$ 的时间间隔用隐式方法求解一次,三次连续求解就完成了一个时层的推进。

为表达上的简洁,二阶导数$\left(如\dfrac{\partial^2 T}{\partial x^2}\right)$的中心差分简记成为 $\delta_x^2 T_{i,j,k}$,则这种 ADI 方法可以表示成为:

$$\frac{U_{i,j,k}-T_{i,j,k}^n}{\Delta t/3}=a(\delta_x^2 U_{i,j,k}+\delta_y^2 T_{i,j,k}^n+\delta_z^2 T_{i,j,k}^n) \quad (4-40a)$$

$$\frac{V_{i,j,k}-U_{i,j,k}}{\Delta t/3}=a(\delta_x^2 U_{i,j,k}+\delta_y^2 V_{i,j,k}+\delta_z^2 U_{i,j,k}) \quad (4-40b)$$

$$\frac{T_{i,j,k}^{n+1}-V_{i,j,k}}{\Delta t/3}=a(\delta_x^2 V_{i,j,k}+\delta_y^2 V_{i,j,k}+\delta_z^2 T_{i,j,k}^{n+1}) \quad (4-40c)$$

其中 $U_{i,j,k}$及 $V_{i,j,k}$分别是$(1/3)\Delta t$ 及$(2/3)\Delta t$ 时刻上的中间温度。在(4-40a)中在 y,z 方向取显式,以 x 方向的隐式获得了$(\Delta t/3)$时的中间值 $U_{i,j,k}$。接着在(4-40b)中以此值来构成 x,z 方向的差分,而 y 方向则用当前值,即$(2\Delta t/3)$时刻之值,直到在 z 方向也作了一次隐式计算后才算前进了一个时层,获得了 $T_{i,j,k}^{n+1}$,这一格式是条件稳定的。

可用 von Neumann 方法证明,这一格式的稳定条件为:

$$a\Delta t\left[\frac{1}{\Delta x^2}+\frac{1}{\Delta y^2}+\frac{1}{\Delta z^2}\right]\leqslant 1.5 \quad (4-41)$$

对二维问题,这种求解过程可形象地用 $x-y-t$ 图表示(图 4-14)。

可以证明，对于二维问题 P－R ADI 方法是绝对稳定的，没有时间步长的限制[19]。

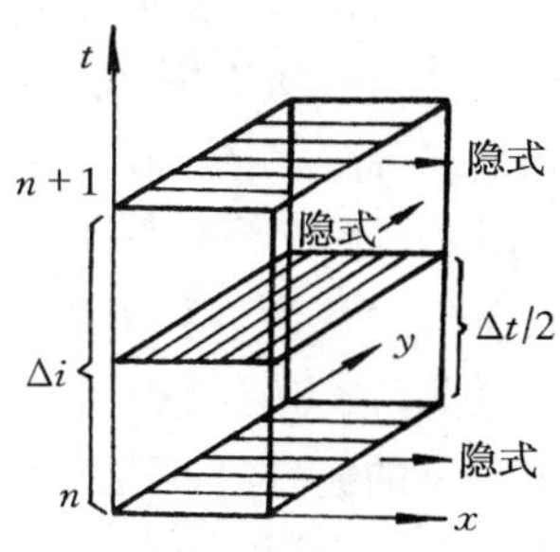

图 4－14　ADI 方法图示

4.4.2.2　Brian ADI 格式[20]

在 Brian 提出的 ADI 方法中，所用时间间隔为 $\Delta t/2$，计算导数的方式也与上法有所区别。这一格式经文献[21]简化后可以表示为：

$$\frac{U_{i,j,k}-T_{i,j,k}^{n}}{\Delta t/2}=a(\delta_x^2 U_{i,j,k}+\delta_y^2 T_{i,j,k}^{n}+\delta_z^2 T_{i,j,k}^{n}) \tag{4-42a}$$

$$\frac{V_{i,j,k}-T_{i,j,k}^{n}}{\Delta t/2}=a(\delta_x^2 U_{i,j,k}+\delta_y^2 V_{i,j,k}+\delta_z^2 T_{i,j,k}^{n}) \tag{4-42b}$$

$$\frac{T_{i,j,k}^{n+1}-V_{i,j,k}}{\Delta t/2}=a(\delta_x^2 U_{i,j,k}+\delta_y^2 V_{i,j,k}+\delta_z^2 T_{i,j,k}^{n+1}) \tag{4-42c}$$

这里 $U_{i,j,k}$ 用来计算三步中的 δ_x^2，而 $V_{i,j,k}$ 则用来计算后两步中的 δ_y^2，这是为格式的无条件稳定所必须的。Brian 的 ADI 格式是无条件稳定的。

4.4.2.3　Douglas ADI 格式[22]

Douglas 提供的另一种无条件稳定的格式为：

$$\frac{U_{i,j,k}-T_{i,j,k}^{n}}{\Delta t}=\frac{a}{2}[\delta_x^2(U_{i,j,k}+T_{i,j,k}^{n})]+a(\delta_y^2 T_{i,j,k}^{n}+\delta_z^2 T_{i,j,k}^{n}) \tag{4-43a}$$

$$\frac{V_{i,j,k}-T_{i,j,k}^{n}}{\Delta t}=\frac{a}{2}[\delta_x^2(U_{i,j,k}+T_{i,j,k}^{n})]+$$
$$\frac{1}{2}a[\delta_y^2(V_{i,j,k}+T_{i,j,k}^{n})]+a(\delta_x^2 T_{i,j,k}^{n}) \tag{4-43b}$$

$$\frac{T_{i,j,k}^{n+1}-T_{i,j,k}^{n}}{\Delta t}=\frac{a}{2}[\delta_x^2(U_{i,j,k}+T_{i,j,k}^{n})]+$$
$$\frac{a}{2}[\delta_y^2(V_{i,j,k}+T_{i,j,k}^{n})]+\frac{a}{2}[\delta_z^2(T_{i,j,k}^{n+1}+T_{i,j,k}^{n})] \tag{4-43c}$$

这一格式的主要特点是利用相邻两层的平均值来计算空间导数，用 Δt 计算时间导数。

顺便指出，在一般的书藉中，求解非稳态导热问题的 ADI 方法是从离散格式的角度来讨论的。笔者认为，实际上 ADI 构造了一种用直接法及迭代法相结合的求解多维问题代数方程的一类方法。而且我们在第 7

章中还要指出,求解非稳态问题的交替方向隐式方法(ADI 中的 I 为 *implicit* 的代表)与求解稳态非线性问题离散方程的交替方向迭代法(*alternating direction iteration*, ADI),在本质上是一致的,非稳态问题中前进一个时层,相当于稳态问题中完成了一个层次的迭代,因而我们把这类方法放在求解代数方程方法的层面上来介绍。

至此,读者已获得了关于扩散方程数值求解的完整知识。但是获得所求变量的场往往不是工程数值计算的最终目标,我们还要根据已经获得的温度场、速度场去进一步确定相应的边界热流密度、对流换热表面传热系数(常称对流换热系数)及阻力系数等。下面我们把扩散方程的数值解法用于管道内充分发展对流换热的求解,作为应用的实例;同时也介绍如何确定对流换热系数、阻力系数等问题。

4.5 管道内充分发展对流换热的定义及求解实例

许多换热设备中流体的流动与对流换热都可以用充分发展的物理模型来加以描述,它是传热学理论研究中的一类重要课题。从数值计算的角度来看,管道内充分发展对流换热的控制方程在很多情况下可以化为导热型的方程,讨论这类问题的数值解法可以看作是导热问题数值解法的应用与扩展。本章以下内容仅讨论常物性流体的层流充分发展对流换热问题,但其基本思想对湍流对流换热也是适用的(在第 11 章中还要进一步讨论)。

4.5.1 管道内充分发展对流换热的定义

一般所谓充分发展对流换热,是指截面上流体的无量纲温度分布与流动方向上的坐标无关的这样一种换热工况[23,24]。设 x 为流动方向的坐标(图 4-15),则上述条件可以表示为:

$$\frac{\partial}{\partial x}\left(\frac{T_{W,m}-T}{T_{W,m}-T_b}\right)=0 \tag{4-44}$$

其中 $T_{W,m}$ 是截面上的平均壁温,T_b 是流体的截面平均温度,T 是流体的局部温度。在上式中,无论 T,T_b 还是 $T_{W,m}$ 都可能是 x 的函数,但上述无量纲过余温度则与 x 无关。

在达到换热充分发展区之前的部分称为热进口段,在这里流体的速度场可能已充分发展,也可能正在发展中,但无量纲温度则不满足式(4-44)。除了低 Pr 数的流体以外,在热充分发展区,速度总是已发展了的[24]。以下所指的充分发展换热都是指温度与速度均已达到充分发展的工况。

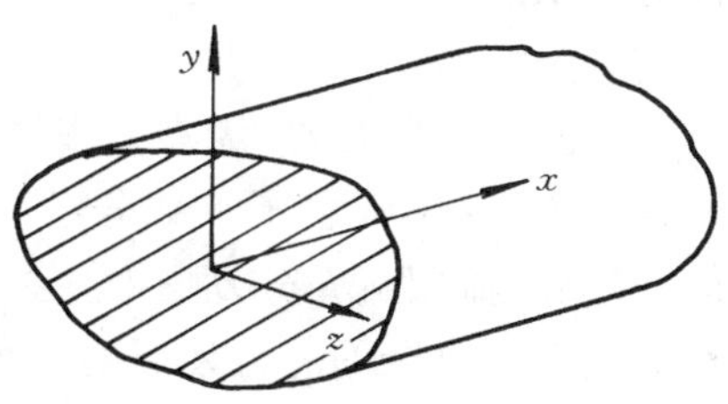

图 4-15　管内流动的坐标系

4.5.2　充分发展对流换热的分类及可能的边界条件

管道内的充分发展对流换热可以区分为简单的与复杂的两大类。所谓简单的充分发展对流换热是指在垂直于主流方向的截面上速度分量均为零的这一类情形。对于这类问题,速度场与温度场的控制方程都可以转换成导热型的方程,可以像求解导热问题那样来计算这类对流问题。在复杂的充分发展对流换热中,垂直于主流方向的截面上仍有速度分量存在,需要求解 Navier-Stokes 方程才可获得速度场,这时充分发展段中的无量纲温度未必满足式(4-44),但会呈现出在轴向位置上周期性地无量纲温度相等的情况。这类问题将在第 11 章中讨论,本章中仅介绍简单的充分发展对流换热的计算问题。

作为对流换热数学描写中不可缺少的组成部分——热边界条件是对大量复杂的实际工程传热问题进行一定简化处理后的近似模拟。对一个实际问题,边界条件的设置合适与否,对计算结果的可靠性有重要影响。同样,在进行充分发展段对流换热的数值模拟时,必须对沿流动方向及沿周界方向的热边界条件明确地作出规定。应当指出,并不是任意规定的热边界条件都是可以实现充分发展对流换热的。对于单根长通道内的层流对流换热,能实现充分发展对流换热的热边界条件有 8 种,可参见文献[23]或[24]。在文献中经常使用的是以下 4 种:

(1) 沿轴向及周向都是均匀壁温,即:$T_W = \text{const}$。可近似地实现的例子有:不计壁面热阻时一侧为沸腾(蒸发)或凝结的情形。

(2) 沿轴向均匀热流,沿周向均匀壁温,即:$q_x = \text{const}$, $T_W = f(x)$,与 y,z 无关。可近似实现的例子有,不计壁面热阻时电加热壁面,核反应堆中的释热元件表面,水当量之比为 1 时的逆流套管式换热器壁面。

(3) 轴向及周向都是均匀热流,即:$q_W = \text{const}$,可近似实现的例子同(2),但管壁很薄、厚度均匀且材料的导热系数很低。

(4) 轴向热流呈指数规律变化,周向均匀壁温,即:$q_x = q_o e^{cx}$, $T_W = f(x)$,与 y,z 无关。可近似实现的例子有:顺流或逆流换热器的壁面,外部对流换热的情形。

4.5.3 强制对流层流充分发展对流换热部分数值解汇总

在表 4-5 中汇总了一部分已经采用有限差分法或有限容积法求解过的、强制对流层流充分发展对流换热的例子，它们均属于简单的充分发展对流换热。复杂的充分发展对流换热需要求解 Navier-Stokes 方程才能获得速度场，这将在第 11 章中讨论。

表 4-5 强制对流层流充分发展对流换热数值计算例子

No	流道截面	热边界条件	文献
1	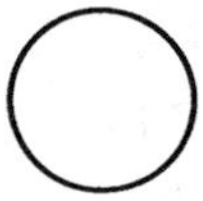	均匀壁温；给定周向热流分布；轴向热流呈指数变化；外部对流换热	[23,24,25,26,27]
2		均匀壁温；均匀热流及其组合	转引自[23]
3	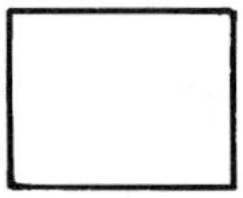	均匀壁温；周向任意分布热流；轴向均匀热流；一组对边均匀壁温，另一线绝热	[28,29,30]
4	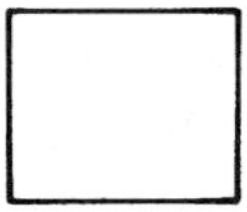	外部对流换热条件	[31]
5		周向均匀壁温、轴向均匀热流；一个边均匀加热而其余两边绝热	[30,31-34]
6		均匀壁温	[34]

续表 4-5

No	流　道　截　面	热边界条件	文　献
7	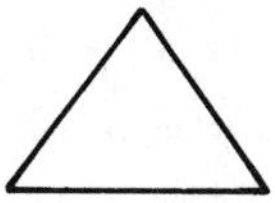	外部对流换热条件	[31]
8	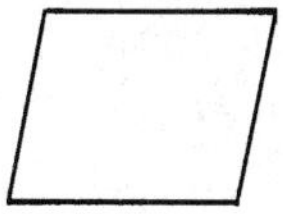	周向、轴向都是均匀热流	[35,36]
9	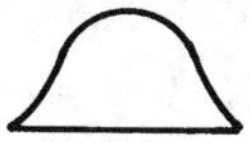 正弦曲线	均匀壁温;周向均匀壁温、轴向均匀热流	[37]
10	 环扇形	均匀壁温;轴向均匀热流,周向均匀壁温	[38]
11	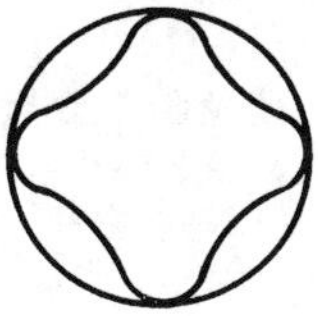	均匀壁温	[39]
12	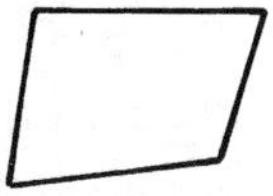	均匀壁温;周向均匀壁温、轴向均匀热流	[40]
13	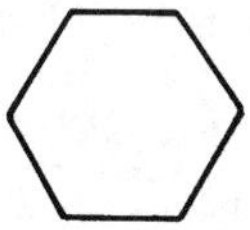	外部对流换热条件	[31]

续表 4-5

No	流 道 截 面	热边界条件	文 献
14	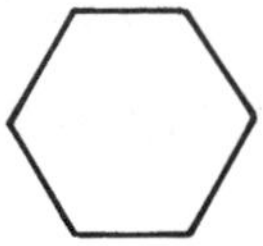	均匀热流：各组对边具有相同的均匀热流，不同组之间其值不同；均匀壁温；周向均匀壁温，轴向均匀热流	[41,42]
15	 纵掠管束	周向均匀壁温、轴向均匀热流；轴向、周向都是均匀热流	[43-47]
16	 等圆相切	均匀壁温 （流场及阻力分析）	[23,48,49]
17		（流场及阻力分析）	[49]
18	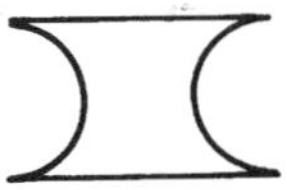	均匀壁温	[50]
19	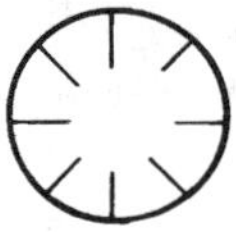	均匀壁温；均匀热流；轴向均匀热流、周向均匀壁温	[51,52]
20	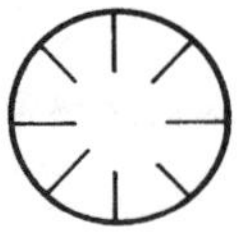 （垂直向上流动）	轴向均匀热流、周向均匀壁温，并考虑自然对流	[53]
21	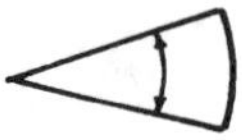	均匀壁温	[54]

续表 4-5

No	流　道　截　面	热边界条件	文　献
22	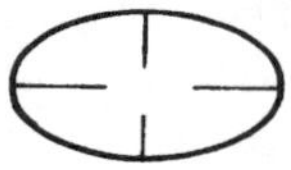	均匀壁温	[55]
23		均匀壁温；圆弧均匀壁温、底面绝热	[56]
24	换热元件 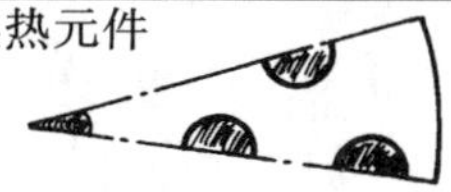	换热元件上周向、轴向均匀热流；流道壁面绝热	[57]
25	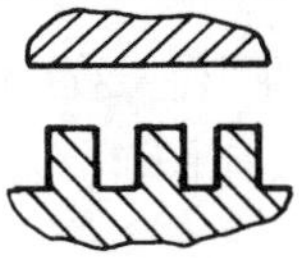 流动垂直低面	上、下表面各为均匀热流	[58]
26	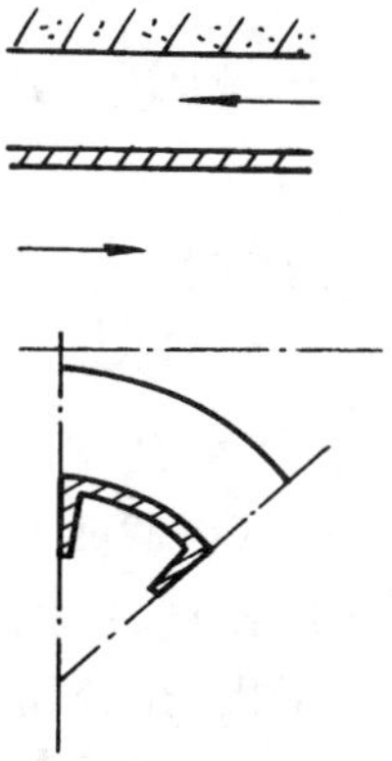	套管外表面绝热；内管表面为耦合条件	[59]

4.6 管道内充分发展对流换热的统一数学模型

管道内层流充分发展对流换热是传热学中的一个经典课题，其典型的两种边界条件是沿轴向及周向的均匀热流与均匀壁温。早在半个多世纪前就有人对此问题进行了求解，这里要介绍的是把上述两种边界条件作为其特例的统一模型[26,31]。我们先以圆管为例[26]，详细介绍求解方法及结果，再简单介绍对其他截面形状的管道的求解结果。

4.6.1　圆管内层流充分发展对流换热的统一模型及结果

4.6.1.1　物理模型及控制方程

试考虑这样一个传热问题;温度均匀的流体进入一根很长的管道,管道外表面受温度为 $T_\infty = \text{const}$ 的流体的冷却,对流换热系数视为常数(图 4－16)。要确定在充分发展换热区域管内换热的 Nu 数。

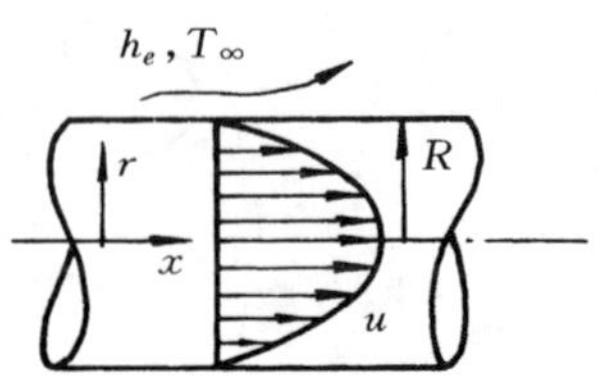

图 4－16　分析圆管内充分发展对流换热的坐标系

为便于分析,作以下简化假设:1. 流体物性为常数;2. 流体中的轴向导热略而不计;3. 管壁很薄,通过管壁的热阻略而不计;4. 不考流体中的粘性耗散。

在充分发展区,速度分布可由分析解得出。这里仅需求流体中的温度分布。利用充分发展的条件及上述假设,在图 4－16 所示的坐标系中,温度控制方程可简化为:

$$\rho c_p u \frac{\partial T}{\partial x} = \frac{1}{r}\frac{\partial}{\partial r}\left(\lambda r \frac{\partial T}{\partial r}\right) \tag{4－45a}$$

$$r = 0, \frac{\partial T}{\partial r} = 0; r = R, -\lambda \frac{\partial T}{\partial r} = h_e(T - T_\infty) \tag{4－45b}$$

其中轴向流速 u 由下式确定:

$$u/u_m = 2[1 - (r/R)^2] \tag{4－45c}$$

u_m 为截面平均流速。

4.6.1.2　无量纲温度控制方程

要确定充分发展区域的 Nu 数关键在于获得截面上的温度分布。为此定义一个与主流方向的位置无关的无量纲温度,以把式(4－45a)化成关于该无量纲温度的常微分方程式。值得指出,充分发展换热区的根本特点是无量纲温度与主流方向的位置无关,至于该无量纲温度的定义则并无一定的模式,需随问题而定。有时同一个问题可以采用数种不同的定义。式(4－44)是常用的一种形式。在本例中,我们定义无量纲过余温度如下:

$$\Theta = \frac{T - T_\infty}{T_b - T_\infty} \tag{4－46}$$

于是有:

$$T = \Theta(T_b - T_\infty) + T_\infty$$

$$\frac{\partial T}{\partial x} = \frac{\partial}{\partial x}[\Theta(T_b - T_\infty)]$$

$$= \Theta \frac{\partial}{\partial x}(T_b - T_\infty) = \Theta \frac{\mathrm{d}T_b}{\mathrm{d}x}$$

再定义 $\eta = r/R$，将式(4－46)代入(4－45a)，整理后可得：

$$\frac{\mathrm{d}T_b/\mathrm{d}X}{T_b - T_\infty} = \frac{1}{\eta}\frac{d}{d\eta}\left(\eta \frac{\mathrm{d}\Theta}{\mathrm{d}\eta}\right) / \frac{1}{2}\Theta \frac{u}{u_m} = -\Lambda \tag{4-47}$$

其中 $X = x/(R \cdot Pe)$，$Pe = \frac{2Ru_m}{a}$。注意到式(4－47)的左端仅与 x 或 X 有关，而右端则仅与 η 有关，因而必各自等于同一常数，设为 $-\Lambda(\Lambda > 0)$。由于 $\mathrm{d}T_b/\mathrm{d}X$ 与 $(T_b - T_\infty)$ 永远是异号的，故此常数值必小于零。Λ 称为特征值(*eigenvalue*)，这是因为在给定的条件下，只有某个特定的值才能使式(4－47)成立。Λ 之值需在求解过程中确定。

由式(4－47)可得关于无量纲温度 Θ 的控制方程：

$$\frac{1}{\eta}\frac{\mathrm{d}}{\mathrm{d}\eta}\left(\eta \frac{\mathrm{d}\Theta}{\mathrm{d}\eta}\right) + \frac{\Lambda}{2}\Theta \frac{u}{u_m} = 0 \tag{4-48a}$$

与式(4－2b)相应的边界条件为：

$$\eta = 0, \frac{\mathrm{d}\Theta}{\mathrm{d}\eta} = 0; \eta = 1, \frac{\mathrm{d}\Theta}{\mathrm{d}\eta} = -Bi\Theta_W \tag{4-48b}$$

其中

$$Bi = \frac{Rh_e}{\lambda}$$

值得指出，在定义了无量纲温度及无量纲坐标后，把温度变量的偏微分方程(4－45)化成了常微分方程(4－48)，这与外掠物体的边界层流动中通过定义相似变量而把边界层偏微分方程化为常微分方程的处理方法是一样的，实际上，式(4－45a)就是关于 x 坐标的抛物型方程。因而，充分发展换热区域可以说是无量纲温度的相似区，Θ 就是相似变量。在传热问题的理论求解中，利用物理现象的特殊属性，通过引入合适的无量纲量，从而把偏微分方程转化为易于求解的常微分方程，是一种常用的处理方法。凡用抛物型方程描写的物理现象在一定条件下就可作这种处理，相似解与管道内充分发展对流换热是其中的典型例子。

4.6.1.3　单值性条件分析

现在来分析式(4－48a)及式(4－48b)是否能唯一地确定 Θ。由于方程本身及边界条件都是齐次的，因而如果 $\Theta = \Theta_1$ 是该两式的解，则 $\Theta = C\Theta_1$(C 为任意常数)也都是其解。可见只有式(4－48a)、(4－48b)还不足以唯一地确定 Θ，必须寻找一个附加条件以对 Θ 的绝对值作出限制。

这一条件可以从物理角度来考虑。试从能量平衡的角度来审视温度分布所应满足的条件。按截面上流体平均温度的定义[24]：

$$T_b = \frac{\int_0^R 2\pi ruT\mathrm{d}r}{\int_0^R 2\pi ru\mathrm{d}r}$$

引入 Θ 的定义后，上式化为

$$2\int_0^1 \Theta \frac{u}{u_m}\eta \mathrm{d}\eta = 1 \tag{4-48c}$$

显然此式对 Θ 的绝对值作了限制，即为要寻找的附加条件。这样，式(4-48a)，(4-48b)及(4-48c)组成了关于 Θ 的完整的数学描写，其中速度由式(4-45c)所规定。

4.6.1.4 数值求解方法

式(4-48a)是圆柱坐标中的一维导热型方程，其中$\frac{\Lambda}{2}\frac{u}{u_m}\Theta$ 作为源项。由于 Λ 之值需在求解过程中确定，因而整个计算过程必然带有迭代的性质。为了建立关于 Λ 的迭代公式，引入一个新的变量 ϕ，使

$$\Theta = \Lambda\phi \tag{4-49}$$

于是式(4-48a)，(4-48b)，(4-48c)便化为：

$$\frac{1}{\eta}\frac{\mathrm{d}}{\mathrm{d}\eta}\left(\eta\frac{\mathrm{d}\phi}{\mathrm{d}\eta}\right) + \frac{\Lambda}{2}\frac{u}{u_m}\phi = 0, \frac{u}{u_m} = 2(1-\eta^2) \tag{4-50a}$$

$$\eta = 0, \frac{\mathrm{d}\phi}{\mathrm{d}\eta} = 0; \eta = 1, \frac{\mathrm{d}\phi}{\mathrm{d}\eta} = -Bi\phi_{\mathrm{W}} \tag{4-50b}$$

$$\Lambda = \frac{1}{4\int_0^1 \phi\eta(1-\eta^2)\mathrm{d}\eta} \tag{4-50c}$$

其中式(4-50c)规定了用迭代方法求解 Λ 的方式。

方程组(4-50)的数值计算步骤如下：

1. 假设一个 ϕ 场，记为 ϕ^*，代入式(4-50c)计算相应的 Λ^*；

2. 将 Λ^* 代入式(4-50a)，求解一个带源项的导热型方程，获得改进的 ϕ；

3. 重复上述计算，直到收敛的条件满足为止[27,59]。

计算表明，上述迭代过程收敛很快。这是因为在式(4-50a)的源项

$$S = \frac{(1-\eta^2)\phi}{4\int_0^1 \phi\eta(1-\eta^2)\mathrm{d}\eta} \tag{4-51}$$

中，ϕ 同时出现在分子、分母里，因而 ϕ 的绝对值对源项并无重大影响，主

要是 ϕ 的分布，源项对 ϕ 的绝对值的不敏感性有利于迭代过程收敛。

4.6.1.5　数值计算结果的处理

在求得了 ϕ 及 Λ 以后(注意，Λ 应作为解的一个部分)，即可按定义计算 Nu 数。由管壁内外的热平衡得：

$$h(T_b - T_W) = h_e(T_W - T_\infty)$$

所以

$$h = h_e \frac{T_W - T_\infty}{T_b - T_W} = \frac{h_e}{\dfrac{T_b - T_\infty - (T_W - T_\infty)}{T_W - T_\infty}} = \frac{h_e \Theta_W}{1 - \Theta_W}$$

所以

$$Nu = \frac{(2R)h}{\lambda} = \frac{2Bi\Theta_W}{1 - \Theta_W} = \frac{2Bi\Lambda\phi_W}{1 - \Lambda\phi_W} \tag{4-52}$$

数值计算的结果列于表 4-6 中。由表可见，均匀壁温与均匀热流是外部对流换热这种边界条件的极限工况。在数值计算中，$Bi=0$ 及 $Bi=\infty$ 是以很小的 Bi 数(如 10^{-4})及很大的数(如 10^4)来代表的。当 Bi 很大时，外部对流换热十分强烈，使 T_W 趋近于 T_∞，形成了均匀壁温的条件；当 Bi 很小时，外部对流换热相对地很弱，即温差($T_W - T_\infty$)很大，此时虽然沿轴向 T_W 会有所变化，但相对于温差($T_W - T_\infty$)而言，这一变化仍然很小，可以把 $h_e(T_W - T_\infty)$ 视为常数，这就导致均匀热流的工况。

表 4-6　外部对流条件的计算结果

Bi	Λ	Nu
0	0	4.364
0.1	0.381 8	4.330
0.25	0.894 3	4.284
0.5	1.615	4.221
1	2.690	4.122
2	3.995	3.997
5	5.547	3.840
10	6.326	3.758
100	7.195	3.663
∞	7.314	3.657

在文献[27]中进一步考虑了管外对流换热系数沿周界发生变化时，对管内充分发展对流换热的影响。计算表明，在管外平均对流换热系数保持不变的条件下，外部对流换热系数沿周界的变化，对管内充分发展区的平均 Nu 数无明显的影响(在 10% 左右)。读者可以利用本节中所介

绍的方法去完成这一数值计算(参见习题 4－17)。

4.6.2 其它截面形状管道内充分发展对流换热的数值计算

文献[31]中对于三角形截面、六角形截面及正方形与长方形截面直通道中的层流对流换热,在外部第三类边界条件下的充分发展的对流换热采用类似的方法进行了数值求解,其所得的结果列于表 4－7 中,计算时各种形状截面通道内的速度分布均取为层流充分发展时的速度分布。同样,其中 Bi 数定义为 $h_e l/\lambda$。计算时用 $Bi=10^{-3}$ 及 $Bi=10^{30}$ 分别来代表 $Bi=0$ 及 $Bi\to+\infty$ 这两种情形。

如果将表 4－7 中的结果与对这类截面形状的通道在均匀热流与均匀壁温下的数值计算结果(文献[60]或本章表 4－8)相比,可以发现:只有对圆管及平板通道,$Bi=0$ 及 $Bi=+\infty$ 代表了均匀热流及均匀壁温的情形,而对其它截面形状的通道则没有这样的明确的关系。这是因为均匀热流与均匀壁温条件下,不计截面上的自然对流时,对圆管与平板通道,管道内流体沿周界的局部温度梯度必是处处均匀的,而给定 T_∞ 及 h_e 的外部对流边界条件可以造成这样的工况。但对其它形状截面,沿周界为常数的 T_∞ 及 h_e 不能使管道内流体沿周界的局部梯度达到均匀热流或均匀壁温时的分布,因而就没有这种对应关系。为了获得这些截面形状管道内在均匀热流或均匀壁温下的充分发展对流换热的结果,还需采用这两个边界条件进行计算。下面我们就分别介绍在均匀热流及均匀壁温条件下充分发展对流换热的计算实例。

表 4－7 其它形状截面通道的外部对流条件下的 Nu 数

截面形状	Bi 数									
	0	0.1	0.2	0.5	1.0	2.0	5.0	10.0	100.0	∞
六角形($2l$)	3.86	3.81	3.77	3.67	3.58	3.49	3.41	3.37	3.34	3.34
三角形($2l$)	1.89	1.91	1.93	1.99	2.07	2.17	2.31	2.39	2.47	2.47
正方形($2l$, $2a$, $a/l=1$)	3.09	3.07	3.06	3.04	3.02	2.99	2.98	2.98	2.98	2.98

续表 4-7

截面形状	Bi 数									
	0	0.1	0.2	0.5	1.0	2.0	5.0	10.0	100.0	∞
2	3.02	3.03	3.05	3.08	3.14	3.21	3.31	3.35	3.39	3.39
4	2.93	3.06	3.15	3.44	3.73	4.00	4.25	4.34	4.43	4.44
$2l$	8.24	8.20	8.17	8.09	8.00	7.88	7.73	7.65	7.55	7.54

4.7　纵向内肋片管中的充分发展对流换热

纵向内肋片管是增强层流对流换热的一种有效换热元件，文献中已有不少关于这类管子的流动与换热特性的分析与计算的报道[51,52,55,59]。研究的目的是要查明肋片的几何参数(肋高、肋片数)及热边界条件对流动阻力及换热特性的影响。本节以文献[61]所分析的问题为对象，介绍数值计算的方法。

4.7.1　物理问题及其数学描写

流体流入一根周向为均匀热流的纵向内肋片管，要确定在换热的充分发展区域的 Nu 数。

为便于分析，假定：

1. 流体的物性为常数；
2. 流体中的轴向导热略而不计；
3. 不计流体中的粘性耗散；
4. 肋片管表面上具有均匀热流 q_{W1}，在肋片表面上有均匀热流 q_{W2}；
5. 不计肋片的厚度。关于舍弃 4，5 两条假定的讨论将在本节末进行。

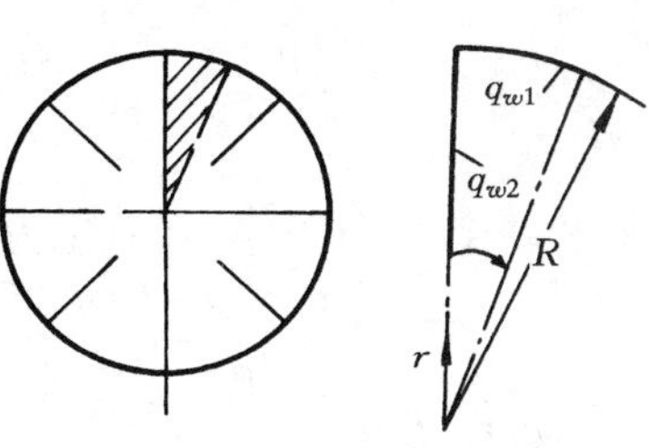

图 4-17　纵向内肋片管

如图 4-17 所示，由于对称性，只

要研究两肋片间扇形区域的一半即可。用 N 表示肋片数,则计算区域的中心角为$\frac{\pi}{N}$弧度。按换热充分发展的要求,圆柱坐标中 x 方向的动量方程为:

$$\frac{1}{r}\frac{\partial}{\partial r}\left(r\eta\frac{\partial w}{\partial r}\right)+\frac{1}{r}\frac{\partial}{\partial \theta}\left(\frac{\eta}{r}\frac{\partial w}{\partial \theta}\right)-\frac{\mathrm{d}p}{\mathrm{d}x}=0 \tag{4-53}$$

边界条件为:固体表面上,$w=0$;对称线上,$\frac{\partial w}{\partial \theta}=0$;$r=0$,$\frac{\partial w}{\partial r}=0$。$r$ 方向与θ 方向的动量方程均简化为$\frac{\partial p}{\partial r}=0$,$\frac{\partial p}{\partial \theta}=0$。

不考虑流动方向上流体中的导热,充分发展区的能量方程为:

$$\rho w c_p\frac{\partial T}{\partial x}=\frac{1}{r}\frac{\partial}{\partial r}\left(r\lambda\frac{\partial T}{\partial r}\right)+\frac{1}{r}\frac{\partial}{\partial \theta}\left(\frac{\lambda}{r}\frac{\partial T}{\partial \theta}\right) \tag{4-54a}$$

边界条件为:

$$r=0,\frac{\partial T}{\partial r}=0;r=R,\lambda\frac{\partial T}{\partial r}=q_{W1}(\text{以进入计算区域为正}) \tag{4-54b}$$

$$\theta=0,-\lambda\frac{\partial T}{r\partial \theta}=q_{W2}(\text{肋片上});\frac{\partial T}{\partial \theta}=0(\text{其它区域})$$

$$\theta=\frac{\pi}{N},\frac{\partial T}{\partial \theta}=0 \tag{4-54c}$$

在流动的充分发展区,$\frac{\mathrm{d}p}{\mathrm{d}x}$为常数,它在式(4-53)中相当于一个广义源项。式(4-53)也就可以看成是一个带源项的导热型方程。这一点通过下列无量纲化处理可以看得很清楚。

4.7.2 控制方程的无量纲化

定义无量纲流速为:

$$W=\frac{\eta w}{-R^2\frac{\mathrm{d}p}{\mathrm{d}x}} \tag{4-55}$$

定义 $\xi=r/R$,则式(4-53)化为:

$$\frac{1}{\xi}\frac{\partial}{\partial \xi}\left(\xi\frac{\partial W}{\partial \xi}\right)+\frac{1}{\xi}\frac{\partial}{\partial \theta}\left(\frac{1}{\xi}\frac{\partial W}{\partial \theta}\right)+1=0 \tag{4-56a}$$

相应的边界条件为

固体表面上,$W=0$;对称线上,$\frac{\partial W}{\partial \theta}=0$;

$$\xi=0,\frac{\partial W}{\partial \xi}=0 \tag{4-56b}$$

显然式(4－56a)是带源项的导热型方程。

为得出与流动方向上位置无关的温度分布，需要定义一个合适的无量纲温度。在本例中，没有给出任何参考温度，我们设法从已知的热流密度来构造一个当量的温差以作为定义无量纲过余温度的标尺。显然，qR/λ 具有温度的量纲，故定义：

$$\Theta = \frac{T - T_b}{q_0 R/\lambda} \tag{4-57}$$

其中 q_0 是折算到圆管表面上的平均热流密度，即：

$$q_0 = \frac{2\pi R q_{W1} + 2NH q_{W2}}{2\pi R} \tag{4-58}$$

其中 H 为肋高。采用这样定义的 q_0 是为了便于与光管的情形进行比较。

利用热平衡关系，式(4－54a)中的$\left(\rho c_p w \dfrac{\partial T}{\partial x}\right)$可以用已知量来表示：

$$\begin{aligned}\rho c_p w \frac{\partial T}{\partial x} &= \rho c_p w_m A \left(\frac{w}{w_m}\right) \frac{1}{A} \frac{\mathrm{d}T_b}{\mathrm{d}x} \\ &= \frac{2\pi R q_0}{2N} \frac{w}{w_m} \frac{1}{\dfrac{\pi R^2}{2N}} = \frac{2 q_0 w}{R w_m}\end{aligned} \tag{4-59}$$

其中 A 为计算区域的流动截面积。

把式(4－57)，(4－59)代入能量方程(4－54a)，得：

$$\frac{1}{\xi} \frac{\partial}{\partial \xi}\left(\xi \frac{\partial \Theta}{\partial \xi}\right) + \frac{1}{\xi} \frac{\partial}{\partial \theta}\left(\frac{1}{\xi} \frac{\partial \Theta}{\partial \theta}\right) = \frac{2W}{W_m} \tag{4-60a}$$

$$\xi = 0, \frac{\partial \Theta}{\partial \xi} = 0; \xi = 1, \frac{\partial \Theta}{\partial \xi} = \frac{q_{W1}}{q_0} = \frac{1}{1 + \dfrac{N\omega h}{\pi}} \tag{4-60b}$$

$$\theta = 0, -\frac{1}{\xi} \frac{\partial \Theta}{\partial \theta} = \frac{q_{W2}}{q_0}(\text{肋片上}), \frac{\partial \Theta}{\partial \xi} = 0(\text{其它区域})$$

$$\theta = \frac{\pi}{N}, \frac{\partial \Theta}{\partial \theta} = 0 \tag{4-60c}$$

其中 $\omega = q_{W2}/q_{W1}, h = H/R$。

4.7.3　单值性条件分析

注意到式(4－60a)是非齐次的(右端不含 Θ)，边界条件都是第二类的，于是若 $\Theta = \Theta_1$ 是它的解，则 $\Theta = \Theta_1 + C$(C 为任意常数)也是它的解。为消除这种不确定性，需要寻找一个附加条件。注意到 Θ 的定义，可得：

$$\Theta_b = \frac{\int_A \Theta W \mathrm{d}A}{\int_A W \mathrm{d}A} = \frac{T_b - T_b}{q_0 R/\lambda} = 0 \qquad (4-60\mathrm{d})$$

式(4－60b)～(4－60d)组成了确定方程(4－60a)的唯一解的单值性条件。

4.7.4 数值求解方法

方程组(4－56)、(4－60)的数值求解过程如下：

1. 在选定的几何参数(N,h)下求解动量方程(4－56)，这是广义导热系数为1、广义源项为1的导热型方程，可以采用本章中所介绍的数值计算方法。

2. 利用由动量方程得出的 W/W_m，在相同的 N,h 及选定的热流比 ω 下求解能量方程(4－60)，这是 $\Gamma=1, S=-\dfrac{2W}{W_m}$ 的导热型方程。注意，由于边界条件都是第二类的，离散所得之代数方程是不满秩的，即系数矩阵的行列式为零，不能用直接方法求解，但是可能用迭代法获得它的一组解，其绝对值大小取决于迭代初值。

3. 检查迭代所得之解是否满足式(4－60d)，如不满足，可令 $\tilde{\Theta}=\Theta-\Theta_b$，$\Theta_b$ 为据迭代所得之解计算而得的平均无量纲温度，$\tilde{\Theta}$ 即为所需之解。

4. 按 W/W_m 及 $\tilde{\Theta}$ 之值计算 fRe 及 Nu，这里 f 为阻力系数。

4.7.5 速度场、温度场数值计算结果的处理与分析

下面来推导阻力系数 f，Nu 数与 W/W_m 及 Θ 间的关系。我们知道，对于管槽内的层流运动，乘积 fRe 为常数，如对直圆管，此值为64。按 f 及 Re 数的定义有：

$$fRe = \left[-D_e \frac{\mathrm{d}p/\mathrm{d}x}{\frac{1}{2}\rho w_m^2}\right]\left(\frac{w_m D_e}{\nu}\right) = \frac{8}{W_m}\left(\frac{D_e}{D}\right)^2 \qquad (4-61)$$

其中 D_e 为当量直径。如果 Re 以直径 D 为特性尺寸，则有：

$$fRe\left(\frac{D}{D_e}\right)^2 = fRe_D\left(\frac{D}{D_e}\right) = \frac{8}{W_m} \qquad (4-62)$$

为便于与光管的换热特性相比较，定义 Nu 为：

$$Nu = \frac{q_0}{T_{W,m} - T_b}\frac{D}{\lambda} = \frac{2}{\left(\dfrac{T_{W,m} - T_b}{q_0 R/\lambda}\right)} = \frac{2}{\tilde{\Theta}_{W,m}} \qquad (4-63)$$

这里 $T_{W,m}$ 是圆管基础表面的平均温度。

著者所计算的部分结果示于图 4-18 中。由图可见，在一定的肋片高度下，流动阻力随肋片数的增加而增加。图 4-18(a)中纵坐标为 16 的这一点代表了光滑圆管，纵坐标实际上即为 $\left(\frac{8}{W_m}\right)/4$。图 4-18(b)表明，在一定的肋高下，有一最佳肋片数，其时 Nu 数最大。该两图都表明，随着肋片数的减少，无论阻力或换热的结果都趋近于光滑直圆管时之值。计算结果的这种表述方式具有一定普遍意义。一般在做比较复杂问题的数值计算时，考验所采用的算法及所发展的程序是否正确的一个方法，就是用它来计算简单的或极限的工况，以便把结果同文献中已有的结论作比较。

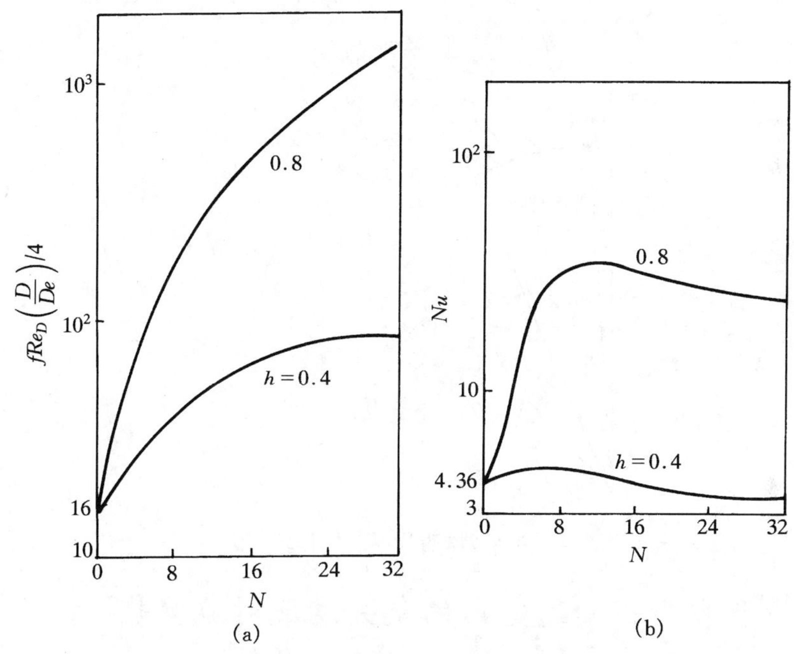

图 4-18　纵向内肋片管的部分计算结果

(a) 阻力特性　(b) 传热特性($\omega=0.5$)

4.7.6　物理模型及数值方法的改进

要考虑肋片厚度的影响时，其计算区域应是两肋片间通道截面的一半，但如果把肋片看成是粘性为无穷大的流体，则计算区域可扩展到相邻两肋片中心线间整个区域的一半。这时，控制方程仍与不考虑肋片厚度时一样。但对动量方程，应使管壁与肋片所在地区的粘性系数为无限大

(如取为 $10^{20} \sim 10^{30}$),而流动区域的粘性则等于流体的值。只要管壁外表面的速度取为零,无穷大的粘性系数可以把边界上的零速度传递到整个固体材料区域(注意界面上的扩散系数应按调和平均方法确定)。对于管壁与肋片的温度是均匀的热边界条件,可令外壁面温度等于已知值,固体区域的导热系数为无穷大(图 4-19),则该已知温度亦可均匀地传递到肋片表面及管子内表面上。如果要考虑肋效率的影响,则固体区的导热系数应取为实际管材之值,数值计算仍对包括固体壁面在内的整个区域进行,这种把流体区与固体区中的温度场作为整体来求解的问题称为耦合问题,将在本书最后一章中作进一步介绍。在文献[51,52]中求解了考虑肋片厚度的内肋管导热问题,可供读者参考。

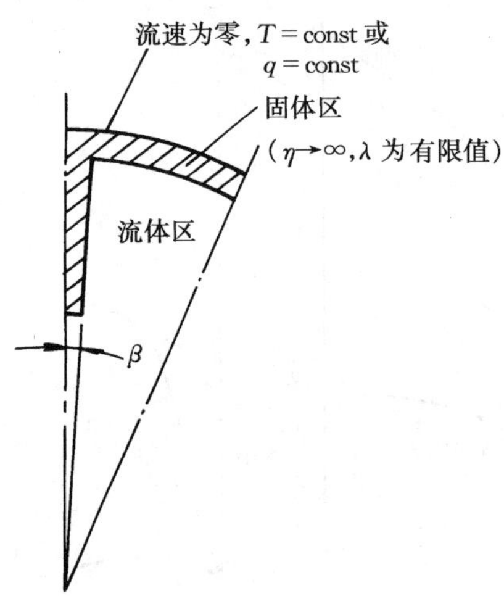

图 4-19　考虑肋片厚度的处理方法

4.8　长方形截面通道内的充分发展对流换热

本节中以长方形截面的通道为例,介绍均匀壁温条件下数值计算的一些处理方法。

4.8.1　物理问题及其数学描写

流体进入壁温均匀的长方形截面通道内进行对流换热,试确定在流动与换热的充分发展区域的阻力系数及 Nu 数(图 4-20)。

虽然对某些截面形状较规则的通道,如长方形、三角形通道等,已得出了层流充分发展流动情形下截面上的速度分布的精确解[62],但它们多是以无穷级数的形式表达的，其数值结果的获得还需要用计算机。因而本节中仍从速度场的数值求解说起。

选取坐标如图4-20所示，在流动已充分发展的区域，z方向的动量方程

$$\rho\left(u\frac{\partial w}{\partial x}+v\frac{\partial w}{\partial y}+w\frac{\partial w}{\partial z}\right)=-\frac{\partial p}{\partial z}+\eta\left(\frac{\partial^2 w}{\partial x^2}+\frac{\partial^2 w}{\partial y^2}+\frac{\partial^2 w}{\partial z^2}\right)\tag{4-64}$$

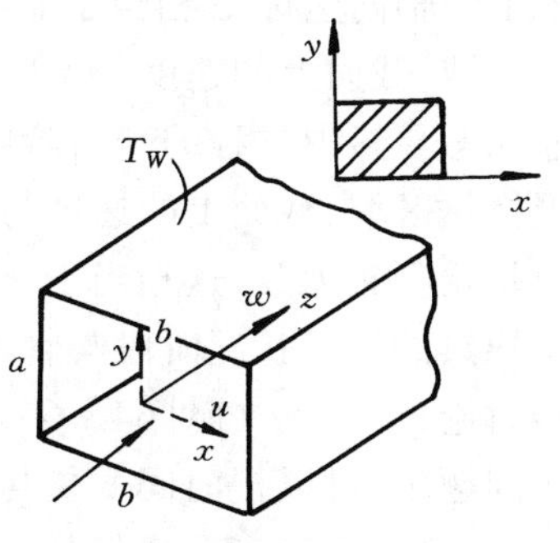

图4-20　长方形截面的通道

就简化成为：

$$\eta\left(\frac{\partial^2 w}{\partial x^2}+\frac{\partial^2 w}{\partial y^2}\right)-\frac{\mathrm{d}p}{\mathrm{d}z}=0\tag{4-65}$$

如以四分之一的流动截面积作为计算区域，则边界条件为：在固体表面上，$w=0$；在对称线上，$\frac{\partial w}{\partial n}=0$，这里$n$为对称线的法线方向。

不考虑流体中的轴向导热，充分发展区的能量方程为：

$$\rho c_p w\frac{\partial T}{\partial z}=\frac{\partial}{\partial x}\left(\lambda\frac{\partial T}{\partial x}\right)+\frac{\partial}{\partial y}\left(\lambda\frac{\partial T}{\partial y}\right)\tag{4-66}$$

边界条件为：在固体表面上，$T=T_W$，在对称线上，$\frac{\partial T}{\partial n}=0$。

4.8.2　控制方程的无量纲化

定义：

$$W=\frac{\eta w}{-D^2\frac{\mathrm{d}p}{\mathrm{d}z}},X=x/D,Y=y/D\tag{4-67}$$

其中D为通道截面的某一特性尺寸(如高度a或宽度b)，则式(4-65)就化为：

$$\frac{\partial^2 W}{\partial X^2}+\frac{\partial^2 W}{\partial Y^2}+1=0\tag{4-68}$$

相应的边界条件为：固体表面上$W=0$，对称线上法向导数为零。

对于均匀壁温的情形，式(4-66)的左端不能像均匀热流情形那样化成用已知的热流密度来表示，我们寻找另一种方式，以便从式(4-66)导出无量纲温度(它与z无关)的数学描写式。从物理现象发展过程来看，可以把流过管道的对流换热与非稳态导热联系起来。管道内对流换热系

统中的轴向坐标 z 相当于非稳态导热中的时间,都是单向坐标。在入口段区域,截面上的速度与温度分布受入口截面上初始分布的影响,正像在非稳态导热中过程的开始阶段温度分布受初始条件影响一样。在充分发展换热区域,截面上的速度与无量纲温度分布仅取决于边界条件而与入口初始分布无关,这相当于非稳态导热中的正规状况阶段[63]。关于非稳态导热的正规状况阶段与管道内充分发展对流换热区域之间联系的进一步讨论,可参见文献[64～66]。这里只想利用这样一个事实,在非稳态导热问题中,可以把时间变量与空间变量分离,则在充分发展对流换热问题中,亦可把温度表示成仅与 z 坐标有关的函数及仅与 x,y 有关的函数的乘积。为此,试定义与 z 坐标无关的无量纲过余温度为:

$$\Theta = \frac{T_W - T}{T_W - T_b} \tag{4-69}$$

由此得

$$T = -\Theta(T_W - T_b) + T_W$$

$$\frac{\partial T}{\partial z} = -\Theta\frac{\partial(T_W - T_b)}{\partial z}$$

将此式代入式(4-64),并定义 $X = x/D$,$Y = y/D$,$Z = z/(DPe)$,$Pe = \dfrac{\rho c_p w_m D}{\lambda}$,得:

$$\frac{\partial(T_W - T_b)}{\partial Z}\frac{1}{T_W - T_b} = \frac{\dfrac{\partial^2\Theta}{\partial X^2} + \dfrac{\partial^2\Theta}{\partial Y^2}}{\dfrac{W}{W_m}\Theta} = -\Lambda(\Lambda > 0) \tag{4-70}$$

此式左端仅与 Z 有关而右端仅与 X,Y 有关,故必等于一常数。

由此得无量纲温度应满足的方程为:

$$\frac{\partial^2\Theta}{\partial X^2} + \frac{\partial^2\Theta}{\partial Y^2} + \Lambda\frac{W}{W_m}\Theta = 0 \tag{4-71}$$

边界条件是:在固体边界上,$\Theta = 0$;在对称线上,法向导数为零。

4.8.3 单值性条件及数值方法

为消除由于式(4-71)及其边界条件的齐次性所造成的不确定性,需要补充下列条件:

$$T_W - T_b = \frac{\int(T_W - T)w\mathrm{d}A}{\int w\mathrm{d}A},$$

即
$$\int_A \frac{W}{W_m}\Theta \mathrm{d}A \Big/ \int_A \frac{W}{W_m}\mathrm{d}A = \frac{1}{A}\int_A \frac{W}{W_m}\Theta \mathrm{d}A = 1 \tag{4-72}$$

式(4-72)连同固体表面及对称线上的两个条件构成了完整的单值性条件。

为找出特征值 Λ 的迭代计算式，令 $\Theta = \Lambda\phi$，则由式(4-72)得：

$$\Lambda = \frac{A}{\int_A \frac{W}{W_m}\phi \mathrm{d}A} \tag{4-73}$$

式(4-71)，(4-73)的数值求解过程与4-7节中所述的类似，不再赘述。

4.8.4　速度场、温度场计算结果的处理

与4-7节中的推导相类似，fRe 的计算式为：

$$fRe = \frac{2}{W_m}\left(\frac{D_e}{D}\right)^2$$

其中 *Reynolds* 数以 D_e 为特征长度。

为获得 Nu 数与计算结果的关系，试考虑主流方向上 $\mathrm{d}z$ 长度内的热平衡：

$$\rho c_p w_m A \frac{\mathrm{d}T_b}{\mathrm{d}z}\mathrm{d}z = qP\mathrm{d}z$$

其中 P 为截面周界，q 是平均热流密度。由式(4-70)得：

$$\frac{\partial(T_W - T_b)}{\partial z}\cdot\frac{1}{T_W - T_b} = -\Lambda$$

亦即：$$\frac{\partial T_b}{\partial z} = \frac{1}{DPe}(T_W - T_b)\Lambda$$

所以 $$q = \frac{A}{P}\rho c_p w_m \frac{1}{DPe}\Lambda(T_W - T_b) = \frac{A}{P}\frac{\lambda}{D^2}\Lambda(T_W - T_b)$$

于是按定义有：

$$Nu = \frac{hDe}{\lambda} = \frac{q}{T_W - T_b}\cdot\frac{De}{\lambda} = \frac{1}{4}\left(\frac{De}{D}\right)^2\Lambda \tag{4-74}$$

在表4-8中列出了几种不同高宽比下，均匀壁温与均匀热流密度条件下 Nu 数的基准解。

表 4-8 不同高宽比的通道充分发展对流换热基准解

截面形状	$\frac{a}{l}$	均匀热流	均匀壁温	fRe_{D_e}
	1.0	3.61	2.98	57
	1.43	3.73	3.08	59
$2l$ $2a$	2.0	4.12	3.39	62
	3.0	4.79	3.96	69
	4.0	5.33	4.44	73
	8.0	6.49	5.60	82
	∞	8.23	7.54	96

习 题

4-1 对例题 4-4 所示有内热源的导热问题的计算区域，分别采用方法 A 及 B 来离散，其左端点的情形示于图 4-21 中。试利用例题 4-4 中所给出的精确解及数值结果采用下列 4 种方式计算左端点的热流密度：

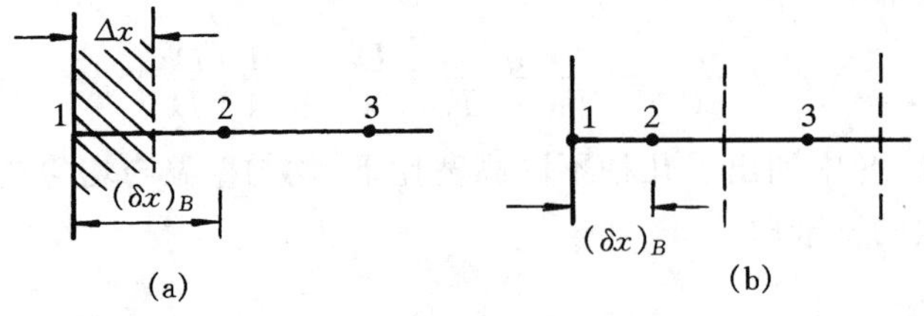

图 4-21 习题 4-1 插图

(1) 精确解；(2)区域离散方法 A 中一阶截差公式；(3)区域离散方

法 A 中二阶截差公式；(4)区域离散方法 B 中一阶截差公式：$\left(\frac{\mathrm{d}T}{\mathrm{d}x}\right)_B=\frac{T_2-T_1}{(\delta x)_B}$，并对上述计算结果作出讨论。

4-2　考虑如图4-22所示的一维稳态导热问题，已知：$T_1=100$，$\lambda=5$，$S=150$，$T_f=20$，$h=15$，各量的单位都是协调的。试用数值计算确定 T_2，T_3 之值，并据计算结果证明，即使只取三个节点，整个计算区域的总体守恒的要求仍然满足。

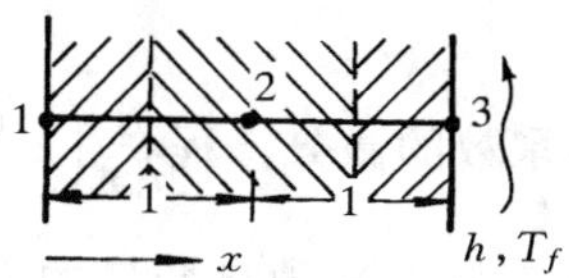

图4-22　习题4-2插图

4-3　有一块厚为 $\delta=0.1$ m的无限大平板，具有均匀内热源 $S=50\times10^3$ W/m³，导热系数 $\lambda=10$ W/m·℃。其一侧维持在75℃，另一侧受温度为 $T_f=25$℃的流体的冷却，对流换热系数 $h=50$ W/m²·℃。试用区域离散方法 A 将平板三等分，内节点采用二阶截差格式，而端点分别采用一阶及二阶截差。求该两种情形下的数值解并与精确解比较之。

4-4　对习题4-3所述问题，采用区域离散方法 B 进行离散(取三个相等的控制容积)，用附加源项法建立右端点的离散方程(内节点采用二阶截差公式)，求解这一代数方程组并与精确解比较之。

4-5　在习题4-2中，设右端为自然对流散热，且 $h=10(T_3-T_f)^{1/4}$，试重新列出节点3的方程，并用局部线性化方法使该方程成为线性代数方程，再用迭代方法求解之。

4-6　在习题4-2中，如果右端为辐射换热条件，且边界上的热流为 $q_B=\varepsilon\sigma_0(T_f^4-T_3^4)$，这是非线性的边界条件。试写出节点3源项的合适的线性化表达式。

4-7　未知量 T 的源项给定为 $S=A-B|T|T$，其中 A，B 为正的常数。试对下列线性化方案作出评价：

1．$S_C=A-B(T_P^*)^2$，$S_P=0$

2．$S_C=A$，$S_P=-B|T_P^*|$

3．$S_C=A+B|T_P^*|T_P^*$，$S_P=-2B|T_P^*|$

4．$S_C=A+9B|T_P^*|T_P^*$，$S_P=-10B|T_P^*|$

4－8 试导出式(4－34a)

4－9 设有一维稳态导热问题

$$\lambda \frac{d^2 T}{dx^2} + S = 0,\ X = 0,\ T = T_0,\ X = L,\ T = T_L$$

λ 及 S 为常数。将此方程无量纲化并用控制容积积分法导出其离散方程。取三个节点 W,P 及 E,W 与 E 为边界节点,控制容积 P 的界面 e 及 w 位于两邻点的中间。试计算当 P 位于下列无量纲位置上时无量纲变量之值:$x/L = 0.1,\ 0.3,\ 0.5,\ 0.7,\ 0.95$。把计算结果与精确解作比较并解释比较的结果。

4－10 对于变导热系数的微分方程 $\frac{d}{dx}\left(\lambda \frac{dT}{dx}\right) = 0$ 定义一个新的变量 η,使 $d\eta = \frac{dx}{\lambda}$,将上式化为以 η 为自变量的方程。用控制容积积分法导出其离散形式,取 T 对 η 的型线为分段线性。设节点的导热系数值代表包围该点的整个控制容积的值,试证明这样导出的离散方程是与调和平均方法相一致的。

4－11 试以二维问题为例,证明 Douglas 的 ADI 方法是无条件稳定的。

4－12 编写一个 TDMA 算法的程序,并用下列方法来检查其正确性:给定一组任意系数 A_i,B_i 及 C_i($i = 1,\ 10$)。除 B_1 及 C_{10}外均不应为零。然后假设一组合理的温度 $T_1, \cdots,\ T_{10}$,计算出相应的常数 D_i。再据 A_i, B_i, C_i 及 D_i 之值,应用你编写的程序求解 T_i,并与给定值比较之。

4－13 检查数值解正确性的方法大致有这样三种:1. 把数值计算结果与理论解(即精确解)相比较;2. 与实验结果相比较;3. 在不同的网格疏密度下作计算,正确的算法与程序应得出随网格的加密数值解逐渐趋近于定值的结果。有人对第三种方式提出了疑义,举出正方形区域内具有均匀内热源的导热问题为例,设网格是均分的,则随网格的加密系数 a_E,a_W,a_N,a_S 及 a_P 均保持不变,而 $b = S_c \Delta V$ 则因 ΔV 的逐渐减小而趋近于零。因而认为随网格的加密,离散方程 $a_P T_P = \sum a_{nb} T_{nb} + b$ 逐渐趋近于 $a_P T_P = \sum a_{nb} T_{nb}$ 的形式,亦即它所逼近的是 Laplace 方程而不是 Poisson 方程。你是否同意这种观点,为什么?

4－14 对于 4.6 节中所讨论的问题,试分析下列三种无量纲温度的定义中 $\Theta = \frac{T - T_w}{T_b - T_w}$, $\Theta = \frac{T - T_\infty}{T_w - T_\infty}$ 及 $\Theta = \frac{T - T_w}{T_\infty - T_w}$,哪一些定义可以使

分离变量法获得成功,因而是可以采纳的。

4-15 试证明在4.6节中所讨论的外部对流换热这一边界条件实际上属于热流密度沿轴向呈指数规律变化的这种情形。

4-16 按4.8节中所述,非稳态导热过程中的正规状况阶段与管道内充分发展对流换热相对应。今有一块厚为 $2L$ 的常物性无限大平板,初始温度均匀,然后其两侧面突然与温度为 T_∞ 的流体相接触,换热系数为 h_e,当导热进入"充分发展阶段"(即"正规状况")时,$\Theta=\dfrac{T-T_\infty}{T_b-T_\infty}$ 应与时间无关而仅是 x 的函数。其中 T_b 为任何特性温度,如取为平均温度,$T_b=\dfrac{1}{L}\int_0^L T\mathrm{d}x$。试针对这一问题,导出关于 Θ 的常微分方程,说明其数值求解的方法,并证明在充分发展阶段平板表面上的热流密度随时间呈指数规律衰减。

4-17 在水平圆管外表面的对流换热系数可以表示成为 $h_e=\overline{h}_e(1+A\cos\theta)$,其中 $\overline{h}_e$ 是沿圆周的平均值,A 为振幅,θ 为与垂直线的夹角(图4-23)。试按此条件重新考虑4.6节中所述的问题:1. 列出温度场控制方程;2. 引入合适的无量纲温度,导出其微分方程,给出定解条件;3. 说明数值求解方法。

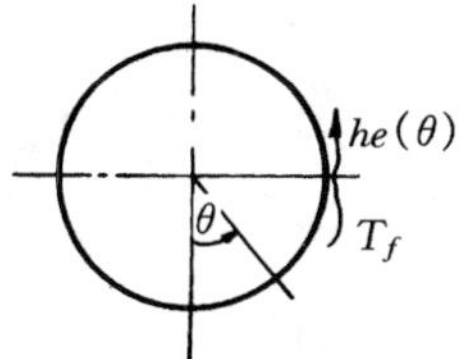

图4-23 习题4-17插图

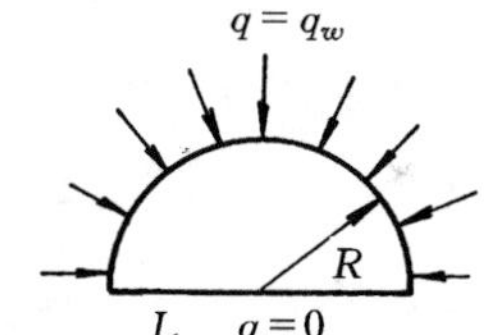

图4-24 习题4-18插图

4-18 对如图4-24所示半圆管内的层流充分发展对流换热,试:1. 给出其数学描写;2. 引入适当的无量纲量,使数学描写式无量纲化;3. 导出用数值解的结果表示 fRe,Nu 的公式。Re 及 Nu 均以当量直径 D_e 为特性尺度。

4-19 设有如图4-25所示的电子器件冷却通道,流体在垂直于纸面方向作层流充分发展对流换热,上下表面各为均匀的热流密度 q_1 及 q_2。试:1. 确定数值计算的区域并给出数学描写式;2. 设计一种数值计算方法,它可以有效地在各种不同的 q_1/q_2 组合下确定通道中流体的无量纲温度分布。

（提示：利用可加性，参阅文献[58]。）

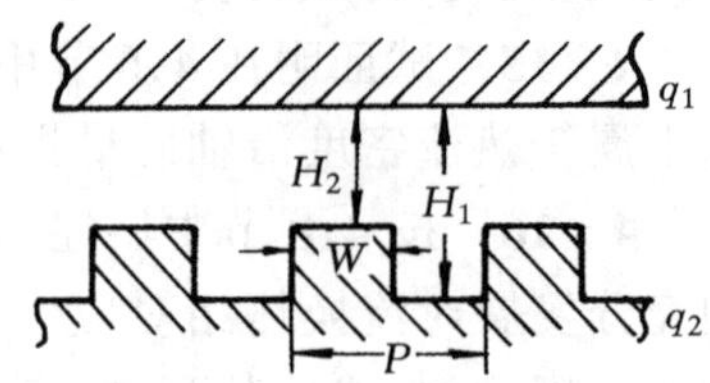

图 4－25　习题 4－19 插图

4－20　对于图 4－20 所示长方形截面通道内的层流充分发展对流换热，假设沿轴线方向均匀加热，单位长度上加热量为 ϕ_l，管壁由导热性能好的金属做成，可以认为同一截面上沿周界方向温度均匀，记为 T_w。试：1．列出充分发展区域对流换热的数学描写；2．将控制方程无量纲化，导出数值计算所依据的无量纲方程；3．导出利用数值计算结果来表示的 Nu 数的公式。

4－21　对于图 4－20 所示的充分发展对流换热情形，在均匀壁温条件进行数值求解，获得在 $a/b=1$，0.5，0.25 三种情形下的 fRe 及 Nu 之值。采用逐渐加密网格的方法检查所得之结果是否已基本上与节点数无关，并与文献中给出的值进行比较（在比较时要注意阻力系数的两种定义式之间的区别）。

参考文献

1. 克罗夫特 D R，利利 D G 著．传热的有限差分方程计算．北京：冶金工业出版社，1982．100
2. Versteeg H K，Malalasekera W．An introduction to computational fluid dynamics. The finite volume method．Essex：Longman Scientific & Technical，1995．87
3. Patankar S V．A numerical method for conduction in composite materials，flow in irregular geometries and conjugate heat transfer．In：proceedings of Sixth International Heat Transfer Conference．Toronto，Canada，1978．3:297－302
4. Chang K C，Payne U J．Numerical treatment of diffusion coefficients at interfaces．Numer Heat Transfer，Part A，1992．21(3):363－376
5. Rohsenow W M，Hartnett J P，Ganic E N．eds．Handbook of heat transfer．Fundamentals．2nd ed．New York：McGraw－Hill，1985．5－11～5－12
6. Sun Y S，Emery A F．Multigrid computation of natural convection in enclosures with a conductive baffle．Numer Heat Transfer，Part A．1994.25:575－592
7. 帕坦卡 S V．传热与流动的数值计算．张政译．北京：科学出版社，1989．49－53
8. Patankar S V，Baliga B R．A new finite-difference scheme for parabolic differential equations．Numer Heat Transfer，1978．1:27－37
9. 孔祥谦编著．有限单元法在传热学中的应用．第 3 版．北京:科学出版社,1998.137－141。
10. 陶文铨,李娬．处理区域内部导热与辐射联合作用的数值计算方法．西安交通大学学报，1985.19(3):65－76
11. 杨沫,王育清,傅燕弘,陶文铨．具有表面辐射的导热和对流耦合问题的数值计算方法．西安交通大学学报，1992.26(6):25－32
12. Lei Y P，Shi Y W．Numerical treatment of the boundary conditions and source terms of a spot welding process with combining buoyancy－Marangoni－driven flow．Numer Heat Transfer，Part B，1994．26:

455－471

13. Tao W Q, Lu S S. Numerical methods for calculation of slotted fin efficiency in dry condition. Numer Heat Transfer, Part A, 1994. 26: 351－362
14. Zhao C Y, Tao W Q. Natural convection in conjugated single and double enclosures. Heat and Mass Transfer, 1995. 30:175－182
15. 陶文铨,林汉涛,李长发,易希朗编. 传热学的研究与进展——杨世铭教授从教 50 周年暨 70 寿辰纪念文集. 北京: 高等教育出版社, 1995.294－302
16. Aziz K, Settari A. Petroleum reservoir simulation. London: Applied Science Publishers Limited. 1979. Chapter 4
17. 陶文铨著. 计算传热学似的近代进展. 北京: 科学出版社,2000. 266－267
18. Peacemen D W, Rachford H H. The numerical solution of parabolic and elliptic differential equations. J SIAM, 1955. 3:28－41
19. Gao C, Wang Y S. A general formulation of Peaceman and Rachford ADI method for the N－dimensional heat diffusion equation. Int Comm Heat Mass Transfer, 1996. 23(6):845－854
20. Brian P L T. A finite－difference method of high－order accuracy for the solution of three－dimensional transient heat conduction problems. AIChE J, 1961. 7:367－370
21. Carnahan B, Luther H A, Wilkes J O. Applied numerical methods. New York: John Wiley & Sons. 1969. 453
22. Douglas J, Jr. Alternating direct method for three space variables. Numerische Mathematik, 1962. 4:41－63
23. Shah R K, London A L. Laminar flow forced convection in ducts. Adavnces in heat transfer. Supplement 1. New York: Academic Press. 1978. 17－36
24. 凯斯 W M,克拉福特 M E. 对流传热与传质. 陈熙　翟殿春译. 北京: 科学出版社,1986. 86.114－117,86
25. Hall W B, Jackson J D, Price P H. Note on convection in a pipe having heat flux which varies exponentially along its length. J Mech Eng Sci. 1963. 5:48－52
26. Sparrow E M, Patankar S V. Relationship among boundary conditions

and Nusselt number for thermally developed duct flow. ASME J Heat Transfer, 1977. 99:483－485

27. Sparrow E M, Patankar S V, Shahrestani H. Laminar heat transfer in a pipe subjected to circumferentially varying external heat transfer. Numer Heat Transfer, 1978. 1:117－127
28. Ikryannikov N P. Temperature distribution in laminar flow of an incompressible fluid flowing in a rectangular channel with boundary conditions of second kind. J Eng Phys (USSR),1969.16:30－37
29. Clark S H, Kays W M. Laminar flow forced convection in rectangular tubes. Trans ASME, 1953. 75:859－866
30. Schmidt F W, Newell M E. Heat transfer in fully developed laminar flow through rectangular, isosceles triangular ducts. Int J Heat Mass Transfer, 1967. 10:1121－1123
31. Xin R C, Dong Z F, Ebadian M A, Tao W Q. Forced convection in ducts with a boundary condition of the third kind. J Thermophysics Heat Transfer, 1995. 9(4):800－802
32. Sparrow E M, Haji－Shekh A. Laminar heat transfer and pressure drop in isosceles triangular, right triangular and circular sector ducts. ASME J Heat Transfer, 1965. 87:426－427
33. Lungren T S, Sparrow E M, Star J B. Pressure drop due to the entrance region in ducts of arbitary cross section. ASME J Basic Eng. 1964. 86:620－626
34. Nakamura, H, Hiraoka S, Yamada I. Laminar forced convection flow and heat transfer in arbitrary triangular duct. Heat Transfer－Japanese Res, 1972. 1(1):120－122
35. Iqbal M, Aggarawara D B, Fowler A G. Laminar combined free and forced convection in vertical non－circular ducts under uniform heat flux. Int J Heat Mass Transfer, 1969. 12:1123－1139
36. Iqbal M, Khaatry K, Aggarawara D B. On the second fundamental problem of combined free and forced convection through vertical non－circular ducts. Appl Sci Res, 1972. 26:183－208
37. Sherong D F, Solbrig C W. Analytical investigation of heat or mass transfer and friction factors in a corrugated duct heat or mass exchanger. Int J Heat Mass Transfer, 1970. 13:145－159

38. Lin M J, Wang Q W, Tao W Q. Developing laminar flow and heat transfer in annular - sector ducts. Heat Transfer Eng, 2000.21(2):53 -61

39. 宇波,林明杰,徐佳莹,陶文铨. 纵向波纹内翅片管中层流充分发展对流换热的数值模拟. 西安交通大学学报, 1998. 32(9):51-55

40. Nakamura H, Hiraoka S, Yamada I. Flow and heat transfer of laminar forced convection in arbitrary polygonal ducts. Heat Transfer - Japaneses Res, 1973. 2:56-63

41. Hsu C J. Laminar heat transfer in a hexagonal channel with internal heat generation and unequally heated sides. Nucl Sci Eng, 1966. 26: 305-318

42. 浅吉丰,中村博, Faghri M. 多角形ダクト层流热传达. 第23回日本传热讨论会讲演论文集. 1985.4-6

43. Sholokhov A A, Buleev N I, Gribanov Yu I, Minashin V E. The longitudinal laminar flow of a liquid in a bondle of rods. J Eng Phys (USSR), 1968. 14:195-199

44. Rehme K. Laminar Stromung in Stabbundeln. Chem - Ing - Tech, 1971. 43:389-394

45. Hsu C J. The effect of lateral and rod displacement on laminar flow heat transfer. ASME J Heat Transfer, 1972. 94:169-173

46. Meyder R. Solving the conservation equations in fuel bundles exposed to parallel flow by means of curvilinear - orthogonal coordinates. J Comput Phys, 1975. 17:53-67

47. Dwyer O E, Berry H C. Laminar flow heat transfer for in - line flow through unbaffled rod bundles. Nucl Sci Eng, 1970. 42:81-88

48. Leonard B P, Lemlich R. Laminar longitudinal flow between close - packed cylinders. Chem Eng Sci, 1965.20:790-791

49. Gunn D, Darling C W. Fluid flow and energy loses in non - circular conduits. Trans Inst Chem Eng, 1963. 41:163-171

50. Dong Z F, Ebadian M A. Convective heat transfer in the entrance region of a rectangular ducts with two indented sides. Comput Mech, 1991. 8:269-278

51. Soliman H M, Feingold A. Analysis of heat transfer in internally finned tubes under laminar transfer condition. In: Proceedings of 6th

International Heat Transfer Conference. Toronto, 1978.2:571－576

52. Soliman H M, Chau T S, Trupp A C. Analysis of laminar heat transfer in internally finned tubes with uniform outside wall temperature. ASME J Heat Transfer, 1980. 102:598－604
53. Prakash C, Patankar S V. Combined free and forced convection in vertical tubes with radial internal fins. ASME J Heat Transfer, 1981. 103:566－572
54. Trupp A C, Lau A C Y. Fully developed laminar flow heat transfer in circular, sector ducts with isothermal walls. ASME J Heat Transfer, 1984.106:467－469
55. Dong Z F, Ebadian M A. A numerical analysis of thermally developing flow in elliptic ducts with internal fins. Int J Heat Fluid Flow, 1991.12(2):166－172
56. Manglik R M, Bergles A E. Fully developed laminar heat transfer in circular segment ducts with uniform wall temperature. Numer Heat Transfer, Part A, 1994.26:499－519
57. Benodekar R W, Date A W. Numerical prediction of heat transfer characteristics of fully developed laminar flow through a circular channel containing rod clusters. Int J Heat Mass Transfer, 1978.21:935－945
58. Sparrow E M, Chukaev A. Forced convection heat transfer in a duct having spanwise－periodic rectangular protuberances. Numer Heat Transfer, 1980.3:149－167
59. Tao W Q. Conjugated laminar forced convective heat transfer from internally finned tubes. ASME J Heat Transfer, 1987.109,791－795
60. Incropera F P, DeWitt D P. Introduction to heat transfer. 3rd ed. New York: John Wiley & Sons, 1996. 417
61. Hu M, Chang Y P. Optimization of finned tubs for heat transfer in laminar flow. ASME J Heat Transfer, 1973. 92:332－338
62. White F M. Viscous fluid flow. New York: McGraw－Hill, 1974. 123－127
63. 杨世铭,陶文铨编著．传热学．第 3 版．北京：高等教育出版社，1998.64
64. Patankar S V. The concept of a fully developed regime in unsteady heat

conduction. In: J P Hartnett et al, eds. Studies in heat transfer, A festschrift for E R G Eckert. Washington D C: Hemisphere, 1979.419 -431

65. 陶文铨. 关于充分发展的概念及其在传热学教学、科研中的应用. 教材通讯,1989.(1):31-33

66. 辛荣昌,陶文铨. 非稳态导热充分发展阶段的分析解. 工程热物理学报,1993.14(1):80-83

第5章　对流-扩散方程的离散格式

在第1章中我们已指出,描写对流换热的控制方程包括质量守恒、动量守恒及能量守恒三类方程。这些微分方程中的最高阶导数为二阶(扩散项)。关于扩散项的离散方法及求解中的一些相关问题我们已在第4章中作了详细的介绍。为进行对流换热控制方程的数值求解,还必须对该数学描写中的两个一阶导数项的数值处理方法进行研究,这就是非线性的对流项及动量方程中的压力梯度项。这两项导数虽都只有一阶,但其数值处理方法却远远比二阶的扩散项要复杂得多。可以说,不可压缩流场的数值求解中的主要关键问题都是由这两个一阶导数项的离散所引起的。非线性对流项的处理涉及到对流项的离散格式问题,而动量方程中的压力梯度项的处理则关系到压力与速度间耦合关系问题。本章先讨论对流项离散格式有关的问题,下一章再研究压力与速度耦合关系的处理。

正如在第2章中所指出的,对流-扩散方程是守恒定律控制方程一种模型方程:它既是能量方程的表示形式,同时也可以认为是把压力梯度项隐含到了源项中去的动量方程的代表。本章我们将从最简单的模型方程,即一维、稳态、无源项的对流-扩散方程出发,给出其两点边值问题的精确解;再依次介绍三种对流项的常见离散格式,并将它们与精确解相应的格式作比较,找出这几种格式在表达方式上的共同规律,并建立起一维对流-扩散方程的通用离散方程。这一部分内容大致反映了到20世纪80年代为止的研究成果,尽管其中某些格式的应用目前已在国际计算流体力学及计算传热学界有所争议,但对初学者来说仍不失为基本内容。在此基础上进一步研究有源项及多维的情形下应用上述离散格式所出现的问题,介绍能使计算准确性得以改进的一些其它格式,并对离散格式的稳定性、数值粘性问题进行分析与综述。最后以二维对流-扩散方程为例,导出离散方程并论述边界条件的合理表达方法。在具体研究各个离散格式之前，我们先要就对流项离散格式的重要性及有限差分法与有限容积法中的离散方式作出一般性说明。

5.1 对流项离散格式的重要性及两种离散方式

5.1.1 对流项离散格式的重要性

从纯数学的观点来看，对流项是一阶导数项，其离散处理似乎不存在什么困难。但从物理过程的特点来看，这是最难进行离散处理的导数项。这主要与对流作用带有强烈的方向性有关。从数值计算及其结果而言，对流项离散方式构造得是否合适影响到下列三方面的特性：

(1) 数值解的准确性　前已指出，扩散项的二阶截差的离散格式能很好地反映扩散过程的特点，对大多数有实际意义的问题，这一离散格式已完全能满足需要[1]，数值计算结果误差的主要来源，在于对流项的离散格式，例如当对流项采用一阶截差格式时会使数值计算的结果中包含扩散过程被夸大了的误差(称为假扩散误差)，对此，我们将在 5.5 节中深入讨论。

(2) 数值解的稳定性　某些离散格式，例如界面上分段线性的插值(相当于中心差分)，在一定条件下(如流速较高或网格划分较粗等)会导致数值解发生振荡，这称为数值解的不稳定性，对此，我们将在 5.7 节中详细分析。

(3) 数值解的经济性　所谓经济性是指求解过程所需的计算机内存及时间的多寡。有不少格式，大多是 20 世纪 90 年代以后发展起来的高阶格式，既有较好的准确性又不会发生解的振荡，但由于格式构造过程比较复杂，使所形成的代数方程的求解无论在内存与时间上都比较多，因而如何加速由这些格式形成的离散方程的求解过程，也是最近 10 余年来对流项离散格式研究中的一个重要内容，对此，我们将在 5.6 节中简要提及。

5.1.2 构造对流项离散格式的两种方式

5.1.2.1 Taylor 展开方式

所谓 Taylor 展开方式就是对于节点上的一阶导数给出其相应的离散方式。对图 5-1 所示一维均分网络，$(\delta x)_e=(\delta x)_w=\Delta x$，节点 P 上一阶导数的中心差分为：

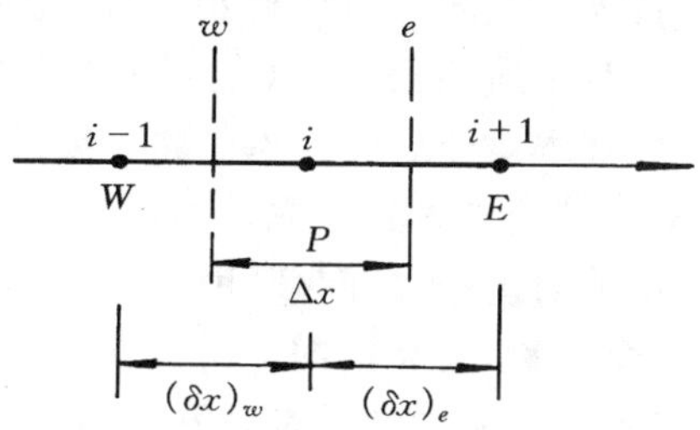

图5-1 一维网格系统

$$\left.\frac{\partial \phi}{\partial x}\right|_P \cong \frac{\phi_E - \phi_W}{2\Delta x} = \frac{\phi_{i+1} - \phi_{i-1}}{2\Delta x} \tag{a}$$

5.1.2.2 控制容积积分方式

将对流项的一阶导数$\frac{\partial \phi}{\partial x}$对控制容积$P$作积分，有：

$$\int_w^e \left(\frac{\partial \phi}{\partial x}\right) \mathrm{d}x = \phi_e - \phi_w \tag{b}$$

所谓对流项的离散格式就是指如何用相邻节点上之值来获得ϕ_e及ϕ_w的插值方式。显然，由式(b)可有：

$$\frac{\phi_e - \phi_w}{\Delta x} = \frac{1}{\Delta x}\int_w^e \left(\frac{\partial \phi}{\partial x}\right) \mathrm{d}x \tag{c}$$

如果将界面上分段线性的型线代入上式，得：

$$\left.\frac{\phi_e - \phi_w}{\Delta x}\right|_{\text{linear}} = \frac{(\phi_E + \phi_P)/2 - (\phi_P + \phi_W)/2}{\Delta x} = \frac{\phi_E - \phi_W}{2\Delta x} \tag{d}$$

5.1.2.3 两种定义方式之间的关系

上面我们以中心差分(分段线性型线)为例介绍了定义对流项离散格式的两种方式。类似的讨论一般也可以对其他的格式作出。我们这里要特别指出以下几点：

(1) 一般地说，对某种对流项的离散格式，我们都可以从两种方法来给出其相应的定义。在本章以下各节讨论时，两种定义方式都将采用。

(2) 两种定义方式给出的格式的截断误差的阶数一般地说是一致的，例如对中心差分(分段线性型线)式(a)与(d)都具有二阶截差。

(3) 但是两种定义方式所逼近的量实际上有一定区别。Taylor展开法所逼近的是在P点的导数值，而控制容积积分法所逼近的是在该控制容积内导数的积分平均值(式(c))。Leonard曾经指出中心差分的上述两种定义其截差的阶数虽然相同，但截差首项的系数却有所不同，有限容积法定义的格式其截差首项系数的绝对值略小于 Taylor 展开法之值，详见文献[2,3]。正如文献[3]中所指出的，这是由于两种定义方式所逼近的量实际上有差别所致。在本章今后的讨论中将主要关心离散格式的截差阶数，因而一般可以把两种定义方式看成是等价的。

下面我们以最简单的对流-扩散问题，即一维稳态无源项的模型方程的两点边值问题，作为参照物，来介绍四种常用格式及其数值解偏离精确解的程度，从中可以得出一些有益的启示，为学习更高阶的对流项离散格式的构造打下基础。

5.2 对流项的中心差分与迎风格式

5.2.1 一维对流-扩散问题模型方程的精确解

一维稳态无内热源的对流-扩散方程的守恒形式为：

$$\frac{\mathrm{d}}{\mathrm{d}x}(\rho u\phi)=\frac{\mathrm{d}}{\mathrm{d}x}\left(\Gamma\frac{\mathrm{d}\phi}{\mathrm{d}x}\right) \tag{5-1a}$$

本章中假定 u 及 ρ,Γ 均为已知的常数。式(5-1a)在下列边界条件下

$$x=0,\phi=\phi_0;x=L,\phi=\phi_L \tag{5-1b}$$

具有下列形式的分析解：

$$\frac{\phi-\phi_0}{\phi_L-\phi_0}=\frac{\exp(\rho ux/\Gamma)-1}{\exp(\rho uL/\Gamma)-1}=\frac{\exp(Pex/L)-1}{\exp(Pe)-1} \tag{5-2}$$

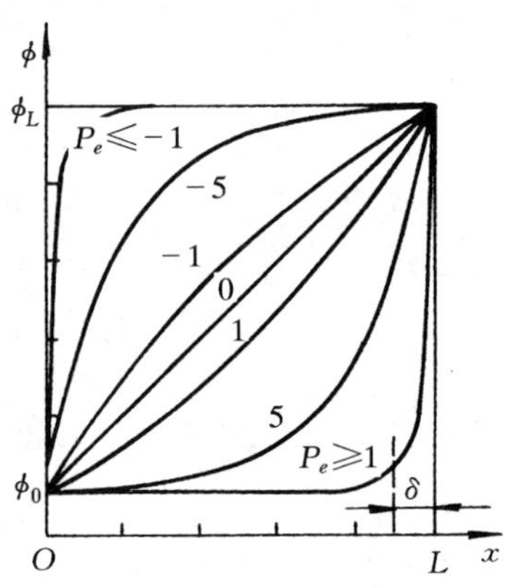

图 5-2 式(5-1)的精确解图示

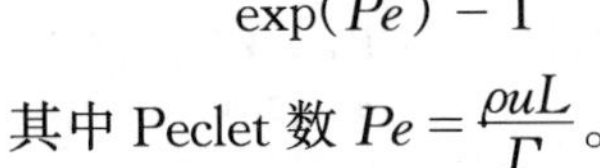
其中 Peclet 数 $Pe=\frac{\rho uL}{\Gamma}$。

在不同的 Pe 数下，ϕ 随 x 而变化的曲线示于图 5-2 中。由图可见，当 $Pe=0$ 时，ϕ 随 x 成直线分布，成为常物性的纯扩散问题。从 $Pe=0$ 增加到中等数值(如小于 5)，在整个求解区域内曲线的变化仍是相当平稳的。但 Pe 数越来越大时，例如大于 10，这一精确解越来越呈现出边界层类型问题的特性：在 $x=0$ 到 $x=L$ 的大部分范围内，上游的值 ϕ_0 占了优势，仅在靠近外边界 $x=L$ 的薄层内，ϕ 才由来流的值 ϕ_0 而迅速上升到边值 ϕ_L，而且这一“边界层”的厚度 δ 随 Pe 数的增加而减小。这是与 Pe 数的物理意义相符的。Pe 数表示了对流与扩散作用的相对大小，

当 Pe 数的绝对值很大时,导热或扩散的作用就可以忽略。这时,对流的作用就把上游的信息一直带到下游,而通过扩散向上游传递的下游的信息则几乎等于零。当 $Pe<0$ 时,流动的方向与 x 轴正向相反。上述用上、下游来叙述的结论仍然成立。关于对式(5-1)的精确解变化特性的这一讨论,为下面分析某些差分格式的性能提供了比较的依据。

5.2.2　对流项的中心差分

5.2.2.1　定义及系数的构成

采用控制容积积分法时,中心差分(以 CD 表示)相当于界面上取分段线性的型线。将式(5-1a)对图 5-1 所示的 P 控制容积作积分,取分段线性型线,对均分网格可得下列离散方程:

$$\phi_P\left[+\frac{1}{2}(\rho u)_e+\frac{\Gamma_e}{(\delta x)_e}-\frac{1}{2}(\rho u)_w+\frac{\Gamma_w}{(\delta x)_w}\right]$$

$$=\phi_E\left[\frac{\Gamma_e}{(\delta x)_e}-\frac{1}{2}(\rho u)_e\right]+\phi_W\left[\frac{\Gamma_w}{(\delta x)_w}+\frac{1}{2}(\rho u)_w\right] \quad (5-3)$$

把通过界面的流量 ρu 记为 F,界面上单位面积扩散阻力的倒数(扩导)$\frac{\Gamma}{\delta x}$ 记为 D,则上式化为:

$$a_P\phi_P=a_E\phi_E+a_W\phi_W \quad (5-4)$$

$$a_E=D_e-\frac{1}{2}F_e,a_W=D_w+\frac{1}{2}F_w,a_P=a_E+a_W+(F_e-F_w) \quad (5-5)$$

式(5-5)表明,如果在数值计算过程中,连续性方程始终得到满足,则 a_P 仍等于各邻点系数之和。在本章中,因假定 ρ,u 为常数,这一假定自然满足;在流场的实际求解过程中的每一个迭代层次上,即使速度场尚未收敛,也要保证连续性方程是满足的。

值得指出,系数 a_E,a_W 包括了扩散与对流作用的影响,式(5-5)中的 D_e,D_w 部分是由扩散项的中心差分所形成,代表了扩散过程的影响;与流量有关的部分则是界面上的分段线性型线在均匀网格下的表现,体现了对流的作用。所谓不同的格式就具体表现在这两部分表达形式的不同上。对以后要介绍的格式,如无特别的说明,扩散项均取中心差分,因而其表达式即为式(5-5)中的 D_e 与 D_w。

5.1.2.2　特性分析

注意到 $F/D=\rho u\delta x/\Gamma$,这是以 δx 为特性尺度的 Pe 数,称为网格 Pe 数,记为 P_Δ。则在常物性条件下式(5-4)可写成为

$$\phi_P = \frac{(1 - 1/2\ P_\Delta)\phi_E + (1 + 1/2\ P_\Delta)\phi_W}{2} \tag{5-6}$$

此式规定了如何由两端点之值来决定中点值的中心差分方式。下面通过一个例题来分析中心差分的特性。

例 5-1 在一维模型方程离散求解的均匀网格中，已知 $\phi_W = 100$，$\phi_E = 200$。试对 $P_\Delta = 0,1,2$ 及四种情形，按中心差分格式计算 ϕ_P 之值，并解释所得到的结果。

解：按式(5-6)计算所得结果示于图 5-3 中。图中实线所示为精确解(按 $Pe = 2P_\Delta$ 计算而得)。

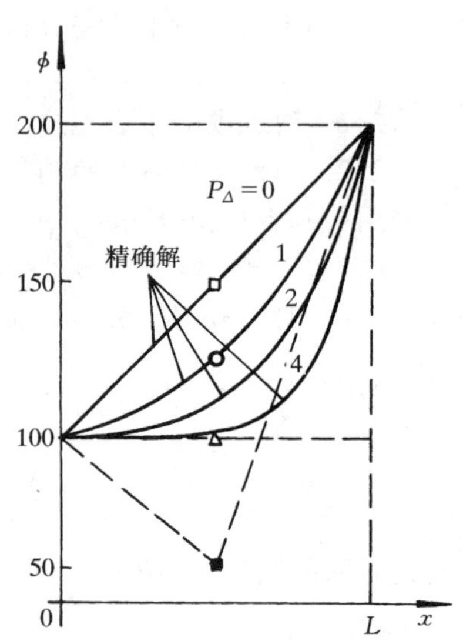

图 5-3 中心差分特性分析

讨论：图 5-3 表明，当 $P_\Delta < 2$ 时，中心差分格式的计算结果与精确解相比是较一致的。但当 $P_\Delta > 2$ 后，中心差分所得的解就完全失去了物理意义。从离散方程的系数来说，这是由于当 $P_\Delta > 2$ 时，系数 $a_E < 0$ 之故。系数 a_E，a_W 代表了邻点 E，W 的物理量通过对流及扩散作用对 P 点所产生影响的大小，当离散方程写成式(5-4)的形式时，a_E，a_W 及 a_P 都必须大于零。负的系数会导致物理上不真实的解。

5.2.3 对流项的迎风格式

5.2.3.1 两种离散方式下迎风格式的定义

为了克服由于对流项采用中心差分而引起的上述困难，早在 20 世纪 50 年代，就提出了迎风差分[4]，以后又不断地有人加以阐明[5,6,7]。迎风差分又称为“上风差分”、“施主格子差分”，它充分地考虑了流动方向对导数的差分计算式及界面上函数的取值方法的影响。

(1) Taylor 展开法定义　如图 5-4(a)所示，以流动方向而言，P 点的一阶导数永远是该方向上的向后差分，即永远从上游去获得为构成一阶导数所必须的信息，用公式来表示为：

$$\left.\frac{d\phi}{dx}\right|_i = \frac{\phi_i - \phi_{i-1}}{\delta x}, u_i > 0$$

$$= \frac{\phi_{i+1} - \phi_i}{\delta x}, u_i < 0 \tag{5-7}$$

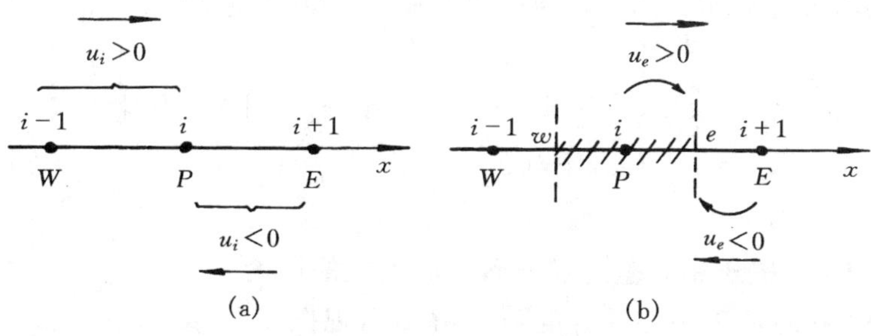

图 5-4　一阶迎风的构造方式

可以证明，在多维问题中，如果每一个坐标方向均按上述 Taylor 展开方式构造对流项离散格式，则所形成的离散方程只有在求解区域内流速不发生逆向时，才具有守恒特性。

(2) 控制容积积分法定义　它对控制容积界面上变量 ϕ 的取值作如下规定(参见图 5-4(b))：

$$\text{在 } e \text{ 界面上} \quad u_e > 0, \phi = \phi_P; u_e < 0, \phi = \phi_E$$

$$\text{在 } w \text{ 界面上} \quad u_w > 0, \phi = \phi_W; u_w < 0, \phi = \phi_P \tag{5-8}$$

即界面上的未知量恒取上游节点的值，而中心差分则取上、下游节点的算术平均值，这是两种格式间的基本区别。

为了表达上的简洁及便于编制程序，我们把按控制容积积分写出的界面上的对流通量表示成以下紧凑形式：

$$(\rho u \phi)_e = F_e \phi_e = \phi_P \max(F_e, 0) - \phi_E \max(-F_e, 0)$$

$$= \phi_P [\![F_e, 0]\!] - \phi_E [\![-F_e, 0]\!] \tag{5-9a}$$

这里符号 $[\![\quad]\!]$ 表示取各量中之最大值。类似地有：

$$(\rho u \phi)_w = \phi_W [\![F_w, 0]\!] - \phi_P [\![-F_w, 0]\!] \tag{5-9b}$$

根据 3.3 节的讨论，显然按式(5-8)定义的迎风格式具有守恒特性。历史上，按 Taylor 展开法定义的迎风格式曾被称为第一类迎风，而按控制容积积分法定义的格式被称为第二类迎风[8]。无论哪一类迎风，都只有一阶截差，而且截断误差的首项完全相同[2,3]。因而这两种迎风格式都称为一阶迎风。

5.2.3.2　采用迎风格式的模型方程离散形式

如前所述，采用迎风方式来离散对流项时，二阶导数项仍然采用分段线性的型线来离散。将一维模型方程式(5-1a)对图5-1所示控制容积 P 作积分,并对界面值及界面导数分别采用一阶迎风及分段线性的型线,最后仍然可得形如式(5-4)的离散方程,但其中的系数 a_E,a_W 应按下式计算:

$$a_E = D_e + [\![-F_e, 0]\!], a_W = D_w + [\![F_w, 0]\!],$$
$$a_P = a_E + a_W + (F_e - F_w) \tag{5-10}$$

5.2.4 关于中心差分及一阶迎风格式的讨论

(1) 在对流项中心差分的数值解不出现振荡的参数范围内,在相同的网格节点数下,采用中心差分的计算结果要比采用迎风差分的结果误差更小。

(2) 一阶迎风格式离散方程系数 a_E 及 a_W(式(5-10))永远大于零,因而无论在任何计算条件下都不会引起解的振荡,永远可以得出在物理上看起来是合理的解。正是由于这一点,使一阶迎风格式在过去半个世纪中得到广泛的采用。

(3) 由于一阶迎风格式的截差阶数低,除非采用相当细密的网格,其计算结果的误差较大。近10年来,对于一阶迎风等低阶格式的应用,某些国际学术刊物已提出了限制条件,本章下面还要提及。

(4) 一阶迎风格式的使用实践也为构造性能更优良的离散格式提供了有益的启示:应当在迎风方向上获取比背风方向上更多的信息以较好地反映对流过程的物理本质。在最近20余年中发展起来的对流项离散格式,如二阶迎风、三阶迎风及QUICK格式都吸取了这一基本思想。

(5) 在软件的调试过程或计算的中间过程(如多重网格的粗网格上、非线性问题的迭代过程)中,一阶迎风由于其绝对稳定的特性仍有其应用的价值,本书在以后的相应部分将予以说明。

5.3 对流-扩散方程的混合格式及乘方格式

在5.1节中已指出,用控制容积积分法来导出离散方程时,不同的格式主要表现在控制容积界面上函数的取值及其导数的构造方法上。在本章的前4节中,我们仅讨论界面上的值与界面两侧的两个节点有关的这类格式。在一维问题中,这就是三点格式,对二维问题,这导致五点格式。对此类离散格式,一维问题的离散方程一定可以表示成为 $a_P\phi_P = a_E\phi_E +$

$a_W\phi_W+b$ 的形式。由于系数 a_P 与 a_E，a_W 之间的内在联系，可以通过定义 a_E，a_W 的表示式来表示对流-扩项方程的离散格式，本节中将按照这一思路来讨论问题。值得指出，这样定义得出的是关于对流项与扩散项联合在一起的离散格式，而不仅仅是对流项的离散格式。

5.3.1　系数 a_E 与 a_W 之间的内在联系

我们知道，a_E 与 a_W 是反映邻点对 P 点作用的影响系数，而邻点的位置又是相对的，a_E 与 a_W 的表达方式之间必会有一定联系。试看图5-5，有节点 i 与 $(i+1)$，互为邻点。$(i+1)$ 点对 i 点是 E，i 点对 $(i+1)$ 点是 W。邻点的影响系数取决于界面上的流量与扩导，而 $a_E(i)$ 与 $a_W(i+1)$ 共享一个界面，有相同的流量与扩导，因而可以预期 $a_E(i)$ 与 $a_W(i+1)$ 之间必然有一定联系。试以对流项与扩散项均为中心差分（用 CD 表示）及对流项为一阶迎风、扩散项为中心差分（以 FUD 表示）两种情况来分析：

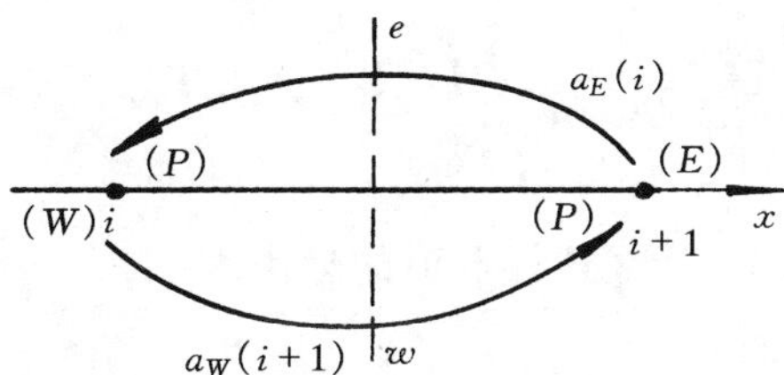

图5-5　a_E 与 a_W 之间的联系

CD：$$a_E=D_e-\frac{1}{2}F_e=D_e(1-\frac{1}{2}P_{\Delta}e)$$

$$a_W=D_w+\frac{1}{2}F_w=D_w(1+\frac{1}{2}P_{\Delta}w)$$

对同一界面 $P_{\Delta}e=P_{\Delta}w=P_{\Delta}$，$D_e=D_w=D$，于是有：

$$\frac{a_W(i+1)}{D}-\frac{a_E(i)}{D}=(1+\frac{1}{2}P_{\Delta})-(1-\frac{1}{2}P_{\Delta})=P_{\Delta}$$

FUD：$$a_E=D_e+[\![-Fe,0]\!]=D_e\{1+[\![-P_{\Delta}e,0]\!]\}$$

$$a_W=D_w+[\![F_w,0]\!]=D_w\{1+[\![P_{\Delta}w,0]\!]\}$$

对同一界面，有：

$$\frac{a_W(i+1)}{D}-\frac{a_E(i)}{D}=1+[\![P_{\Delta},0]\!]-\{1-[\![-P_{\Delta},0]\!]\}=P_{\Delta}$$

由此可见，只要知道了$\frac{a_E}{D_e}$或$\frac{a_W}{D_w}$，即可知道另一个。还值得指出，$\frac{a_E}{D_e}$或$\frac{a_W}{D_w}$表示式中的数字“1”表示了扩散作用，而网格 Pe 数P_Δ 则代表了对流的影响。

5.3.2 混合格式

对一维模型方程而言，对流项与扩散项均为中心差分的格式在 $P_\Delta >2$ 时会引起解的振荡；另一方面，我们如果把一维模型方程的精确解应用于两个相邻的节点之间，则可以发现界面上的扩散作用是与 P_Δ 有关的，P_Δ 绝对值越大，扩散作用越小，即扩散作用相对于对流作用越小（图 5-2），而这一迎风作用的特点在上一节的两种离散格式中都得不到反映。1971 年 Spalding 提出了一种混合格式（*hybrid scheme*，HS）来离散一维模型方程。这种格式综合了中心差分和考虑迎风作用的两方面因素，其定义式通过 a_E/D_e 的表示式给出为：

$$\frac{a_E}{D_e}=\begin{cases}0, P_{\Delta e}>2\\ 1-\frac{1}{2}P_{\Delta e},\ -2\leqslant P_{\Delta e}\leqslant 2\\ -P_{\Delta e}, P_{\Delta e}<-2\end{cases} \tag{5-11}$$

在图 5-6 中示出了为什么这样取值的理由。

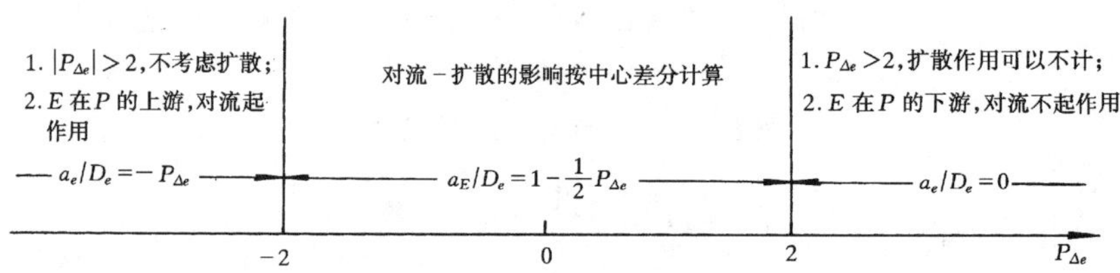

图 5-6　混合格式的定义

混合格式的定义式(5-11)可以写成以下紧凑形式：

$$a_E/D_e=[\![-P_{\Delta e},1-\frac{1}{2}P_{\Delta e},0]\!] \tag{5-12}$$

5.3.3 指数格式

对于一维模型方程式(5-1)，既然我们已有了其精确解，就可以利用它来找出相邻三个节点间符合精确解的关系式，进而获得与式(5-1)相应的 a_E，a_W 的精确表达式，以便使不同的格式与精确解之间的比较可以在系数之间进行。下面的讨论就是介绍如何利用精确解式(5-2)以获得相应的系数表达式的方法。

5.3.3.1　对流-扩散总通量密度

所谓总通量密度 J 是指单位时间内、单位面积上由扩散及对流作用而引起的某一物理量的总转移量。对通用变量 ϕ,总通量密度为:

$$J = \rho u\phi - \Gamma \frac{d\phi}{dx} \tag{5-13}$$

于是式(5-1a)就可以简单地表示为:

$$\frac{dJ}{dx} = 0;\text{或 } J = \text{const} \tag{5-14}$$

这就是一维、稳态、无源项问题的总通量守恒关系式。

5.3.3.2　用节点值表示的界面总通量密度计算式

将分析解式(5-2)代入式(5-13),得:

$$J = F\left[\phi_0 + \frac{\phi_0 - \phi_L}{\exp(Pe) - 1}\right] \tag{5-15}$$

把式(5-15)用于计算界面总通量密度 J_e, J_w:

对 J_e: $\phi_0 = \phi_P, \phi_L = \phi_E, L = (\delta x)_e$,

$$\therefore J_e = F_e\left[\phi_P + \frac{\phi_P - \phi_E}{\exp(P_{\Delta e}) - 1}\right] \tag{5-16a}$$

对 J_w: $\phi_0 = \phi_W, \phi_L = \phi_P, L = (\delta x)_w$,

$$J_w = F_w\left[\phi_W + \frac{\phi_W - \phi_P}{\exp(P_{\Delta w}) - 1}\right] \tag{5-16b}$$

5.3.3.3　与精确解相应格式的导出

对于控制容积 P,总通量密度守恒关系式为 $J_e = J_w$,将以上两式代入并整理之,得:

$$\phi_P\left[F_e \frac{\exp(P_{\Delta e})}{\exp(P_{\Delta e}) - 1} + F_w \frac{1}{\exp(P_{\Delta w}) - 1}\right] = \phi_E \frac{F_e}{\exp(P_{\Delta e}) - 1} + \phi_W \frac{F_w \exp(P_{\Delta w})}{\exp(P_{\Delta w}) - 1} \tag{5-17}$$

如果令:

$$a_E = \frac{F_e}{\exp(P_{\Delta e}) - 1}; a_W = \frac{F_w \exp(P_{\Delta w})}{\exp(P_{\Delta w}) - 1}$$

则

$$a_P = a_E + a_W + (F_e - F_w) \tag{5-18}$$

这样又得到形如式(5-4)的离散方程式。

式(5-18)所表示的就是所谓的指数格式(*exponential scheme*,

ES)。在图 5-7 中画出了指数格式的 a_E/D_e 随 $P_{\Delta e}$ 而变化的曲线。a_E 作为 E 点对 P 点的扩散与对流的总作用系数,其值随 $P_{\Delta e}$ 而变化的这一曲线是与对 a_E 的物理概念上的理解完全相符的。

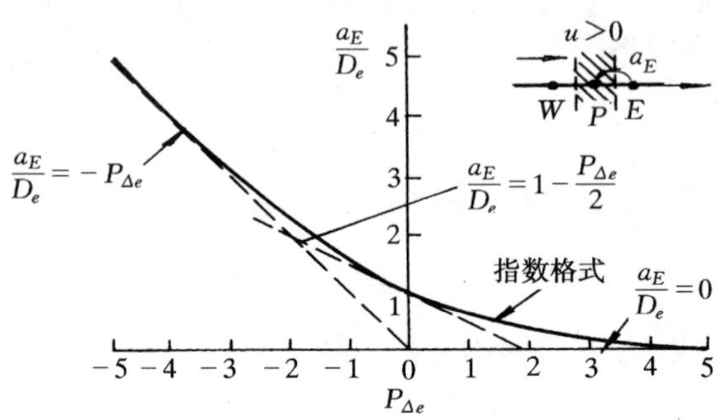

图 5-7 a_E/D_e 随 $P_{\Delta e}$ 的变化

5.3.4 乘方格式

由于指数的计算比较费时间,而且式(5-18)仅是式(5-1)的精确解,对其它情形,也仅能看成是一种离散化的方式,因而没有必要拘泥于指数计算。Patankar 在 1979 年提出了与指数格式十分接近而计算工作量又较小的乘方格式[9]:

$$\frac{a_E}{D_e}=\begin{cases}0, P_{\Delta e}>10\\(1-0.1\,P_{\Delta e})^5, 0\leqslant P_{\Delta e}\leqslant 10\\(1+0.1\,P_{\Delta e})^5-P_{\Delta e}, -10\leqslant P_{\Delta e}\leqslant 0\\-P_{\Delta e}, P_{\Delta e}<-10\end{cases} \tag{5-19}$$

式(5-19)的紧凑表达式为:

$$\frac{a_E}{D_e}=[\![0,(1-0.1\,|P_{\Delta e}|)^5]\!]+[\![0,-P_{\Delta e}]\!] \tag{5-20}$$

在式(5-19),(5-20)中用乘方运算代替了指数格式的指数运算,因而称为乘方格式(*power-law scheme*, PLS)。在图 5-8 中画出了乘方格式中不同 Pe 数区间内上述定义的理由。

5.3.5 5 种三点格式系数计算式的汇总

至此,我们已介绍了 5 种关于对流-扩散方程的离散格式,其中混合格式、指数格式、乘方格式在给出定义时,对流与扩散作用是放在一起来

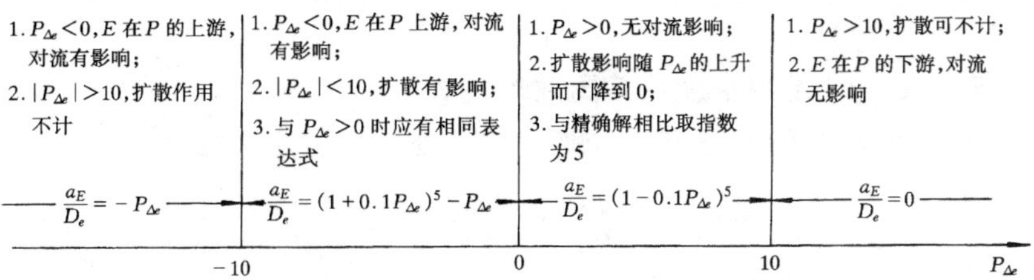

图 5－8　乘方格式的定义

考虑的，而中心与迎风差分则是分别由相应的对流项离散格式加上扩散项的中心差分而构成的。对一维模型方程(5－1)，这5种格式所形成的离散方程形式均相同，即式(5－4)，所不同的仅是 a_E，a_W 的表达式。根据本节的讨论，只要规定$\frac{a_E}{D_e}$的表达式就确定了格式，它们被汇总在表5－1中。

表 5－1　一维问题的 5 种三点格式

格　　式	中心差分	迎风差分
定　　义	$1-\frac{1}{2}P_{\Delta e}$	$1+[\![-P_{\Delta e},0]\!]$
混合格式	乘方格式	指数格式
$[\![-P_{\Delta e},1-\frac{P_{\Delta e}}{2},0]\!]$	$[\![0,(1-0.1\mid P_{\Delta e}\mid)^5]\!]+[\![0,-P_{\Delta e}]\!]$	$\frac{P_{\Delta e}}{\exp(P_{\Delta e})-1}$

5.4　对流-扩散方程5种3点格式系数特性的分析

我们知道，离散方程实际上是守恒定律的一种离散形式，而守恒定律则是一种通量(密度)的平衡式。在一维对流-扩散问题中就是上述的对流与扩散总通量(密度)处处相同。上节中也从 J 的平衡式导出了以 a_E，a_W 表示的离散形式。在讨论系数 a_E，a_W 间的关系时，我们是以 a_E/D_e 及 a_W/D_w 的形式来进行的，而且已经揭示这两者之间有非常明确而简单的关系。这就启发我们，如果引入与 a_E/D_e 或 a_W/D_w 相对应的通量密度，则该通量密度的离散表达式的系数之间必会有简单而明确的关系。本节中我们将沿着这一思路来展开讨论，旨在找出对5种三点格式都适用的系数表达式。

5.4.1 J^*通量密度及其离散表达式

根据 a_E/D_e 的构造方式,相应的 J^* 通量密度定义为在

$$J = \rho u\phi - \Gamma \frac{\mathrm{d}\phi}{\mathrm{d}x} = \frac{\Gamma}{\delta x}\left[P_\Delta\phi - \frac{\mathrm{d}\phi}{\mathrm{d}(x/\delta x)}\right]$$

的定义式中除以 $D=(\Gamma/\delta)$,即:

$$J^* = \frac{J}{(\Gamma/\delta x)} = P_\Delta\phi - \frac{\mathrm{d}\phi}{\mathrm{d}(x/\delta x)} \tag{5-21}$$

现在来考虑界面上的 J^* 的离散表达式问题。在三点格式中,任一界面上的总通量密度由界面两侧两个节点上的值来表示。如图 5-9 所示,在界面$(i+\frac{1}{2})$处的 J^* 可以表示成为:

$$J^* = \underbrace{B\phi_i}_{\text{界面后的项}} - \underbrace{A\phi_{i+1}}_{\text{界面前的项}} \tag{5-22}$$

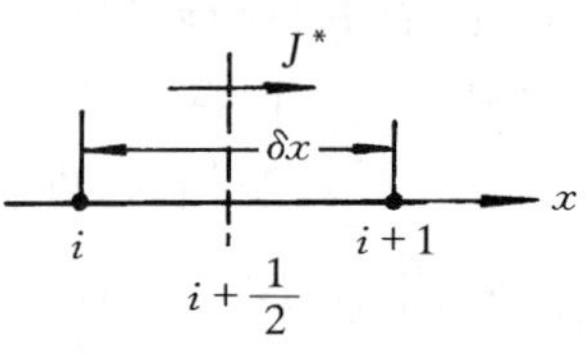

图 5-9 界面上 J^* 通量密度的图示

这里的所谓“前”(Ahead)、“后”(Behind)是以坐标轴的正方向为依据的。系数 A,B 与格式有关,它们是 P_Δ 的函数。

5.4.2 系数 A,B 间关系的分析

从物理意义方面来分析,A,B 间应具有下列特性:

1. 和差特性　当 $\phi_i=\phi_{i+1}$时,界面上的扩散通量为零,J^*完全由对流作用所造成。将式(5-21)分别应用于节点 i 及$i+1$,得:

$$J^* = P_\Delta\phi_i = P_\Delta\phi_{i+1}$$

再对照式(5-22),得:

$$B\phi_i - A\phi_{i+1} = P_\Delta\phi_i = P_\Delta\phi_{i+1}$$

所以

$$B - A = P_\Delta \tag{5-23}$$

2. 对称特性　如果把坐标轴反一个方向,则按坐标轴的方向而言,原来两个点的“前”、“后”位置就要发生变化。为表达上的清楚起见,在图 5-10 中特别在两个节点下标记了与方向无关的字母 C 及D。对坐标系Ⅰ,C 位于界面之后,而 D 位于界面之前,于是有:

$$J^* = B(P_\Delta)\phi_C - A(P_\Delta)\phi_D$$

对坐标系Ⅱ,D 点位于界面之后而C 点位于界面之前,因而有:

$$J^{*'}=B(-P_\Delta)\phi_D-A(-P_\Delta)\phi_C$$

因为 J^* 与 $J^{*'}$ 是同一物理量在两种坐标系中的描述,应有:

$$J^*=-J^{*'}$$

于是得:

$$B(P_\Delta)\phi_C-A(P_\Delta)\phi_D=-[B(-P_\Delta)\phi_D-A(-P_\Delta)\phi_C]$$

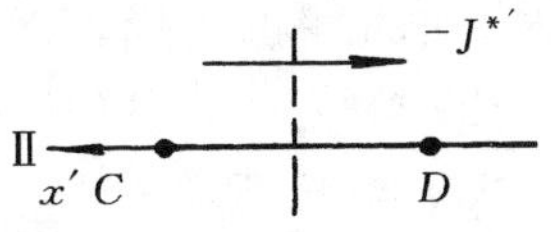

图5-10　证明对称特性的坐标系

即

$$\phi_C[B(P_\Delta)-A(-P_\Delta)]=\phi_D[A(P_\Delta)-B(-P_\Delta)]$$

要使此式对任何 ϕ_C,ϕ_D 的组合都成立,只有:

$$B(P_\Delta)-A(-P_\Delta)=0,\text{即 }B(P_\Delta)=A(-P_\Delta)$$

$$A(P_\Delta)-B(-P_\Delta)=0,\text{即 }A(P_\Delta)=B(-P_\Delta)\tag{5-24}$$

式(5-24)表明,$A(P_\Delta)$ 与 $B(P_\Delta)$ 之值是以 $P_\Delta=0$ 的轴而对称的。

以指数格式为例来验证上述结论。对于图5-10所示的节点 i 与 $(i+1)$ 之间的区域应用式(5-16),得:

$$J/D=J^*=P_\Delta\left[\phi_i\frac{\exp(P_\Delta)}{\exp(P_\Delta)-1}-\phi_{i+1}\frac{1}{\exp(P_\Delta)-1}\right]\tag{5-25}$$

因而对指数格式有:

$$B(P_\Delta)=\frac{P_\Delta\exp(P_\Delta)}{\exp(P_\Delta)-1},A(P_\Delta)=\frac{P_\Delta}{\exp(P_\Delta)-1}\tag{5-26}$$

在图5-11中直观地表示了此两式的和差性与对称性。

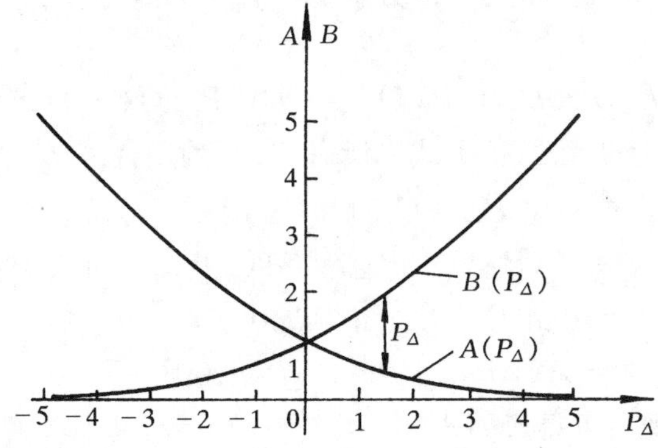

图5-11　两个特性的图示

5.4.3 系数特性的重要推论

应用系数 A,B 的上述两个特性,可以证明,对 5 种三点格式中的任何一种,若在 $P_\Delta>0$ 时,$A(P_\Delta)$的计算式为已知,则在 $-|P_\Delta|\leqslant P_\Delta\leqslant|P_\Delta|$的范围内,$A(P_\Delta)$,$B(P_\Delta)$的计算式均可得出。

为证明此事的正确,首先证明它对于 $A(P_\Delta)$是成立的。这是因为:当 $P_\Delta>0$ 时,按条件,$A(P_\Delta)$已知;当 $P_\Delta<0$ 时,按和差性与对称性有:

$$A(P_\Delta)=B(P_\Delta)-P_\Delta=A(-P_\Delta)-P_\Delta=A(|P_\Delta|)+|P_\Delta|$$

因为 $A(|P_\Delta|)$为已知,故此时 $A(P_\Delta)$亦可算出。这样无论 $P_\Delta>0$ 或 $P_\Delta<0$,可有:

$$A(P_\Delta)=A(|P_\Delta|)+[\![-P_\Delta,0]\!] \tag{5-27a}$$

其次,上述命题对 $B(P_\Delta)$也成立,因为:

$$B(P_\Delta)\xlongequal{\text{和差特性}}A(P_\Delta)+P_\Delta\xlongequal{\text{式(5-27)}}A(|P_\Delta|)+[\![-P_\Delta,0]\!]+P_\Delta$$
$$=A(|P_\Delta|)+[\![P_\Delta,0]\!] \tag{5-27b}$$

这一推论表明,对于这 5 种三点格式,可以进一步把注意力集中到 $A(|P_\Delta|)$上。

5.4.4 利用系数 A,B 的特性导出 a_E,a_W 的通用表达式

现在利用上述两个特性及推论来导出适用于 5 种三点格式的一维模型方程的通用离散形式。对图 5-5 所示的控制体 P 可以写出

$$J_e^*=B(P_{\Delta e})\phi_P-A(P_{\Delta e})\phi_E$$
$$J_w^*=B(P_{\Delta w})\phi_W-A(P_{\Delta w})\phi_P$$

将此两式代入 J 通量密度守恒方程 $J_e-J_w=D_eJ_e^*-D_wJ_w^*=0$,整理之,得

$$\phi_P\{D_eB(P_{\Delta e})+D_wA(P_{\Delta w})\}=D_eA(P_{\Delta e})\phi_E+D_wB(P_{\Delta w})\phi_W$$

利用系数 A,B 的特性,把上式中所有 B,A 均用$A(|P_\Delta|)$来表示:

$$A(P_{\Delta e})=A(|P_{\Delta e}|)+[\![-P_{\Delta e},0]\!]$$
$$B(P_{\Delta w})=A(P_{\Delta w})+P_{\Delta w}=A(|P_{\Delta w}|)+[\![P_{\Delta w},0]\!]$$
$$B(P_{\Delta e})=A(|P_{\Delta e}|)+[\![P_{\Delta e},0]\!]$$
$$A(P_{\Delta w})=A(|P_{\Delta w}|)+[\![-P_{\Delta w},0]\!]$$

代入上式,整理后可得形如式(5-4)的离散方程,其中各系数为:

$$a_E=D_eA(P_{\Delta e})=D_e\{A(|P_{\Delta e}|)+[\![-P_{\Delta e},0]\!]\} \tag{5-28a}$$
$$a_W=D_wB(P_{\Delta w})=D_w\{A(|P_{\Delta w}|)+[\![P_{\Delta w},0]\!]\} \tag{5-28b}$$

$$a_P = a_E + a_W + (F_e - F_w) \tag{5-28c}$$

这是采用 5 种三点格式时一维模型方程离散形式系数的通用计算式。不同格式的区别仅在于 $A(|P_\Delta|)$ 的计算式不同。5 种三点格式的 $A(|P_\Delta|)$ 汇总在表 5－2 中，并表示在图 5－12 中。

表 5－2　5 种三点格式的 $A(|P_\Delta|)$

格　　式	$A(\lvert P_\Delta\rvert)$
中心差分	$1-0.5\lvert P_\Delta\rvert$
迎风差分	1
混合格式	$[\![0, 1-0.5\lvert P_\Delta\rvert]\!]$
指数格式	$\lvert P_\Delta\rvert/(\exp(\lvert P_\Delta\rvert)-1)$
乘方格式	$[\![0, (1-0.1\lvert P_\Delta\rvert)^5]\!]$

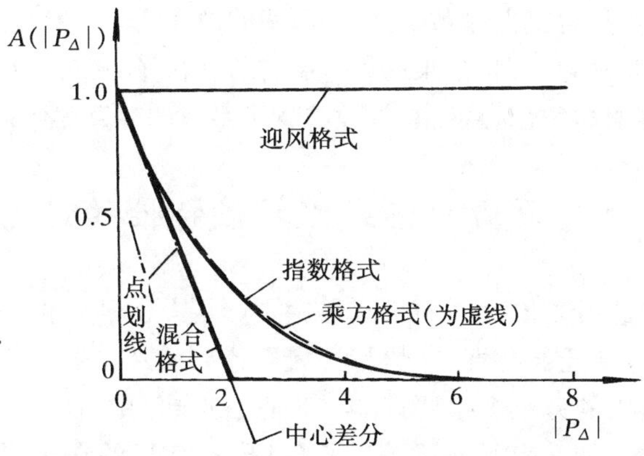

图 5－12　不同格式的 $A(|P_\Delta|)$ 变化曲线(点划线与其邻近的实线应重合，为表示的方便，分别划出)

5.4.5　关于格式定义与系数特性的进一步说明

(1) 从一维到多维的推广　以上的讨论虽然都是对一维对流-扩散方程作出的，但其结果可以容易地推广到多维问题去：在每一个坐标方向上都按上述一维问题的方式处理即可。在本章最后一节通过二维对流-扩散问题的离散还要进一步说明这种处理方式。

(2) 系数表达式(5－28)的意义　采用式(5－28)的表达方式易于编

制对格式有一定通用性的程序。只要专门设置一个模块(或子程序)用来确定 $A(|P_\Delta|)$,其余部分的程序对不同的格式完全一样。该模块的输入参数是界面上的流量与扩导,输出就是 $A(|P_\Delta|)$,系数 a_W, a_E 即可据式(5-28)得出。而且这两个系数也只要按定义计算其中一个,另一个则可利用下面介绍的关系得出。

(3) 系数 $a_W(i+1)$ 与 $a_E(i)$ 间的关系　根据式(5-28a)及(5-28b)并参看图5-5,可有:

$$a_W(i+1) = \{D_w[A(|P_{\Delta w}|)] + [\![P_{\Delta w}, 0]\!]\}_{i+1}$$

$$a_E(i) = \{D_e[A(|P_{\Delta e}|)] + [\![-P_{\Delta e}, 0]\!]\}_i$$

由于 $(i+1)$ 点与 i 点共享一个界面,所以 $P_{\Delta e} = P_{\Delta w}, D_e = D_w$,于是有:

$$\begin{aligned} &a_W(i+1) - a_E(i) \\ &\quad = D_w A(|P_{\Delta w}|) + [\![F_w, 0]\!] - D_e A(|P_{\Delta e}|) - [\![-F_e, 0]\!] \\ &\quad = F \end{aligned} \tag{5-29}$$

这就是5.3节中所提到的系数 a_E 与 a_W 间的内在联系。利用这一关系,当采用上述5种格式之一时,如果已由定义计算得出了 $a_W(i+1)$,则 $a_E(i)$ 就可由式(5-29)直接得出,从而有效地节省了系数的计算工作量。

5.5 关于对流项离散格式假扩散特性的讨论

我们知道任何数值计算的格式总会引起误差。从数值解的物理特性方面来说,这包括迁移特性、守恒特性是否遭到破坏。假扩散是对流项离散过程中所引入的另一个重要误差。最近20余年中,在计算流体力学与计算传热学界对这一问题开展了广泛的研究,其目的在于要查明应当如何来构造对流项的差分格式,才能在不过分细密的网络下能得到没有振荡且具有足够准确度的解。本节下面首先引出假扩散的含义及造成的原因,然后分别举例说明之。

5.5.1 假扩散的含义

5.5.1.1 本来的含义及分析方法

由于对流-扩散方程中一阶导数项的离散格式的截断误差小于二阶而引起较大数值计算误差的现象称为假扩散(*false diffusion*)[8]。因为这种离散格式截差的首项包含有二阶导数,使数值计算结果中扩散的作用被人为地放大了,相当于引入了人工粘性(*artificial viscosity*)或数值粘性(*numerical viscosity*)。因此在文献中,上述三个名词(假扩散,人工粘性,数值粘性)常常是作为同义词使用的。由于假扩散是由一阶导数的离散而引起的,因而下面的讨论中为简便起见有时只对纯对流方程进行。

为分析一阶导数的低阶截差引起假扩散的原因,我们以一维非稳态纯对流方程的显式、迎风格式来分析。将纯对流方程的离散表达式中的各量对节点(i,n)作 Taylor 展开,如果在所得到的与对流离散方程相应的微分方程中含有二阶导数项,则该项就称为假扩散项,其系数即称为假扩散系数(数值粘性系数或人工粘性系数)。现在将纯对流方程$\frac{\partial \phi}{\partial t}=-u\frac{\partial \phi}{\partial x}$的显式、一阶迎风格式

$$\frac{\phi_i^{n+1}-\phi_i^n}{\Delta t}=-u\frac{\phi_i^n-\phi_{i-1}^n}{\Delta x}(设\ u>0) \tag{a}$$

中的 ϕ_i^{n+1},ϕ_{n-1}^n对点(i,n)作 Taylor 展开,代入上式得

$$\left.\frac{\partial \phi}{\partial t}\right|_{i,n}=-u\left.\frac{\partial \phi}{\partial x}\right|_{i,n}-\frac{\Delta t}{2}\left.\frac{\partial^2 \phi}{\partial t^2}\right|_{i,n}+\left(\frac{u}{\Delta x}\right)\frac{\Delta x^2}{2}\left.\frac{\partial^2 \phi}{\partial x^2}\right|_{i,n}+O(\Delta x^2,\Delta t^2)$$

其中$\frac{\partial^2 \phi}{\partial t^2}$可作如下变化:

$$\begin{aligned}\frac{\partial^2 \phi}{\partial t^2}&=\frac{\partial}{\partial t}\left(\frac{\partial \phi}{\partial t}\right)\cong\frac{\partial}{\partial t}\left(-u\frac{\partial \phi}{\partial x}\right)\\&\cong-u\frac{\partial}{\partial x}\left(-u\frac{\partial \phi}{\partial x}\right)=u^2\frac{\partial^2 \phi}{\partial x^2}\end{aligned}$$

代入上式得:

$$\frac{\partial \phi}{\partial t}=-u\frac{\partial \phi}{\partial x}+\left[\frac{u\Delta x}{2}\left(1-\frac{u\Delta t}{\Delta x}\right)\right]\frac{\partial^2 \phi}{\partial x^2}+O(\Delta x^2,\Delta t^2) \tag{5-30}$$

其中$\frac{u\Delta x}{2}\left(1-\frac{u\Delta t}{\Delta x}\right)=\frac{u\Delta x}{2}(1-C)$就是假扩散系数。只有当 $C=1$ 时,该系数才为零。可见对一维非稳态对流方程,采用显式、迎风格式时,从二阶截差的角度来看离散方程实际上所模拟的是一个对流-扩散问题。

由上例可见,一阶导数项的偏差分是引起假扩散的原因。因为一阶导数的向前或向后差分的截断误差中第一项就是二阶导数。对于稳态问题,由于时间导数的偏差分而引起的假扩散项消失,但由于迎风差分而导致的假扩散项则依然存在。

从物理过程本身的特性而言,扩散作用总是使物理量的变化率减小,使整个场处于均匀化。在一个离散格式中,假扩散项的存在会使数值解的结果偏离真解的程度加剧。假扩散系数越大,偏离得越严重。

值得指出，我们这里讨论的实际上是二阶假扩散[10]，还有所谓四阶假扩散的，也就是离散格式截断误差的首项为四阶导数项的情形。对于一般的工程数值计算，讨论二阶假扩散已经足够，目前一般文献中也是在这个意义上来使用“假扩散”这一名词的。还要顺便指出，凡离散方程截断误差的首项为偶数阶空间导数的，数值计算结果的误差具有扩散(耗散，dissipative)的性质；而凡截差首项为奇数阶空间导数的，则误差具有弥散(dispersive)的性质[11,12]。在双曲型方程的数值模拟中，耗散作用使波的振幅衰减，而弥散作用则使波的相速度发生改变。在椭圆型与抛物型方程的数值计算中耗散作用产生假扩散的误差，而弥散作用则会使误差传播开去而不被阻尼掉。

5.5.1.2 假扩散的拓宽含义

以上所指的假扩散是由于截断误差而引起的，也是假扩散这一概念的最初含义[8]。随后，在计算传热学领域中，这一概念的含义有所扩大。讨论假扩散的目的在于获得合适的离散格式以减少数值计算的误差。研究发现，引起较大的数值计算误差的原因有三个：

1. 非稳态项或对流项采用一阶截差的格式；

2. 流动方向与网格线呈倾斜交叉(多维问题)；

3. 建立差分格式时没有考虑到非常数的源项的影响。现在一般把由这三种原因而引起的数值计算误差都归在假扩散的名称下。本书中以后也是在这一意义上来使用假扩散这一名词的。这样，假扩散就不应认为仅仅是一个多维现象。

下面给出上述三种原因引起假扩散的数字例子。

5.5.2 由于一阶导数截差阶数低而引起的假扩散

5.5.2.1 一维稳态对流-扩散问题

对于最简单的一维无源项的稳态模型方程式(5-1)，在 $\phi(0)=0$，$\phi(1)=1$ 条件下，当 $P_\Delta=4$ 时采用一阶迎风格式计算结果与精确解的对比示于图 5-13 中，由图可见在 $x/L>0.5$ 的地区，一阶迎风格式明显地偏离了精确解，而且采用 Taylor 展开法可以证明，此时的假扩散系数为 $\frac{\rho u\Delta x}{2}$。在文献[13]中证明了，对于一维，稳态、无源项的模型方程，如果采用迎风差分来计算，则在网格 *Peclet* 数为 P_Δ 时计算所得之解，相当于 $P_\Delta^*=\ln(1+P_\Delta)$时的精确解。亦即，在网格 Peclet 数为 P_Δ 时，如果想要用迎风差分得出此时的精确解，则计算所用的网格 Peclet 数应为$(e^{P_\Delta}-1)$。

例如，$P_\Delta=2$ 时迎风差分的解等于 $P_\Delta^*=\ln(3)=1.0986$ 时的精确解。反之，$P_\Delta=2$ 时的精确解就相当于 $P_\Delta=e^2-1=6.389$ 时迎风差分的解。

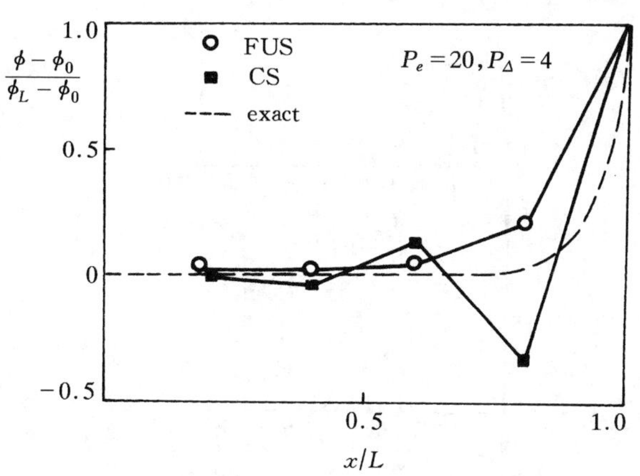

图 5-13　一阶迎风产生假扩散的例子

5.5.2.2　一维非稳态的纯对流方程

下面再对一维非稳态纯对流方程举一个计算例子，以说明一阶迎风差分的假扩散误差所造成的影响[14]。

例 5-2　设有下列一维非稳态对流问题：

$$\frac{\partial\phi}{\partial t}=-u\frac{\partial\phi}{\partial x},0<x<1,u=0.1 \tag{b}$$

边界条件 $\phi(0,t)=\phi(1,t)=0$

初始条件

$$\varphi(x)=\phi(x,0)=\begin{cases}20x, & 0\leqslant x\leqslant 0.05\\ 20(0.1-x), & 0.05\leqslant x\leqslant 0.1\\ 0, & 0.1\leqslant x\leqslant 1.0\end{cases}$$

试用迎风差分计算这一问题$\left(\text{取 } C=\dfrac{u\Delta t}{\Delta x}=0.8\right)$，并在两个时刻上把数值计算结果与精确解作比较。

解：在 $\phi-x$ 坐标上，将横坐标在 0－1 范围内的区间均匀划分(如分成 100 等分)，则由初始分布函数可作出 $t=0$ 时 ϕ 的分布图形，如图 5-14(a)所示。再由式(a)可得式(c)：

$$\phi_i^{n+1}=\phi_i^n\left(1-\frac{u\Delta t}{\Delta x}\right)+\left(\frac{u\Delta t}{\Delta x}\right)\phi_{i-1}^n \tag{c}$$

据此式及选定的 Δx，u 和$\dfrac{u\Delta t}{\Delta x}$之值就可由初始分布出发逐步算出以

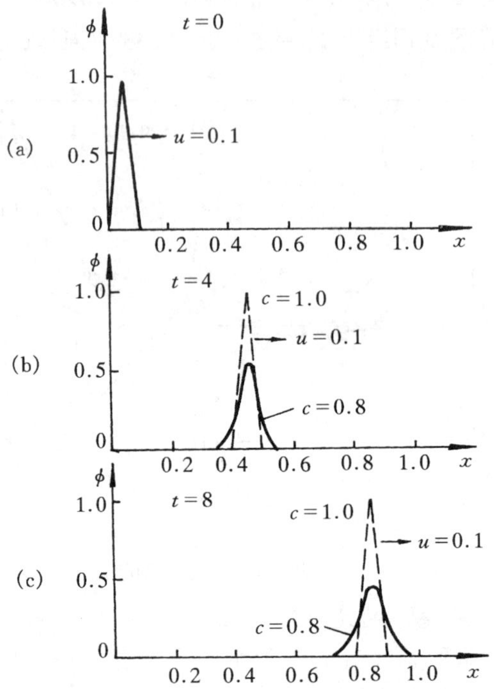

图 5-14 假扩散影响示例

后各个时间层次上的ϕ分布。

式(b)是一个波动方程，其精确解具有$\phi(x,t)=\phi(x-ut)$的形式[15]，它反映了波形的平行移动，但波幅无任何衰减的运动过程，展开写成为：

$$\phi(x,t)=\begin{cases}0, & 0\leqslant x\leqslant ut\\ 20(x-ut)), & ut\leqslant x\leqslant ut+0.05\\ 20(0.1-x+ut), & ut+0.05\leqslant ut+0.1\\ 0, & ut+0.1\leqslant x\leqslant 1.0\end{cases}\tag{d}$$

在$t=4$及$t=8$时，按式(c)所得之数值解及按上式获得之精确解(亦即是$C=1$时的数值解)示于图 5-14(b)，(c)中。图中虚线表示精确解。它反映了这样一个事实：对流项的作用应使初始分布以速度u向x正方向平移。但作数值计算时，由于存在假扩散，ϕ对x的分布曲线则逐渐变得平坦，如图中实线所示。

讨论：这种沿着流动方向产生的假扩散称为流向扩散(*streamwise*

diffusion)，是一维问题中假扩散的表现形式。图 5－13 所示的一阶迎风格式的解就包含了流向扩散所造成的结果。

5.5.3　流速与网格线倾斜交叉引起的假扩散

在多维问题中，当流速与网格线倾斜交叉时，会发生垂直于主流方向的假扩散。设有两股气流相遇，其速度相同而温度不同。如果气流的扩散系数 $\Gamma \neq 0$，则随流动的向前进行，温度分布将由初相遇时的阶梯形而不断被抹平，形成逐渐变化的分布，如图 5－15 所示。这是由垂直于气流方向的物理扩散作用所导致的。如果气流的 $\Gamma = 0$，则两股气流的温度应一直保持下去。但如以迎风差分格式来计算气流的温度场，则即使 $\Gamma = 0$，当流速与网格线倾斜交叉时，会产生垂直于主流方向的扩散。这一事实已为许多研究者所确认[13,16～19]。下面举一个计算例子[19]。

例 5－3　设两股速度相同而温度不同的气流相遇，气体的 $\Gamma = 0$，其它物性亦相同且为常数。高温气流温度为 100℃，低温气流为 0℃。试分别对来流方向与 x 轴平行及成 45°交叉情形，采用迎风差分计算气流相遇后流场中的温度分布。

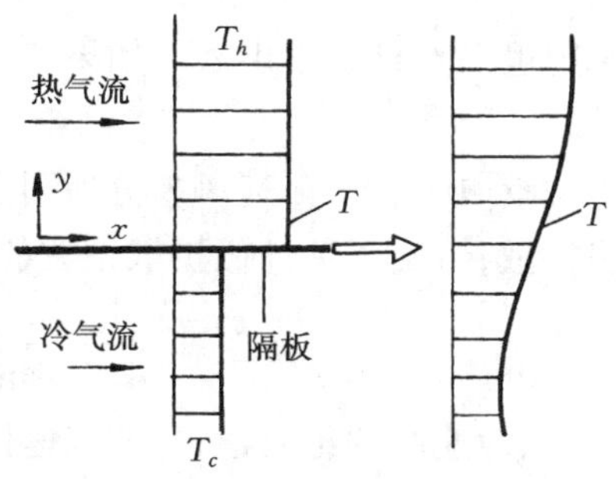

图 5－15　扩散作用使温度的突变抹平

解：先计算来流与 x 轴平行的情形。此时因 $v = 0, \Gamma = 0$，按迎风差分定义 $a_N = a_S = a_E = 0, a_P = a_W$，即 $a_P \phi_P = a_W \phi_W$，故上游温度可以一直保持到下游，如图 5－16(a)所示。

当来流与 x 轴呈 45°角时由 $u = v, \Gamma = 0$ 及对称性得 $a_W = a_S$，由于 N, E 位在 P 的下游，故 $a_E = a_N = 0$。于是 $a_P = a_W + a_S = 2a_W$，即 $\phi_P = 0.5(\phi_W + \phi_S)$。设图 5－16(b)中最左边与底边的两网格线上分别为来流温度 100℃与 0℃，则网格上其它节点的温度就可利用这一关系式而逐一算得，所得之值列于该图中。由图可见，此时两股气流中的温度分布被逐渐抹平，出现了垂直于主流方向的假扩散现象。

讨论：这种垂直于流动方向的扩散作用称为交叉扩散(*cross-diffusion*)，与上例中的流向扩散一样，都是由于一阶截差格式所引起的。在本例中，图 5－16(a)所示情形下不能认为没有流向扩散，而是由于本例中假定 $\Gamma = 0$，相当于 $P_\Delta \to \infty$，对流价用是如此之强烈以至于加入假扩散

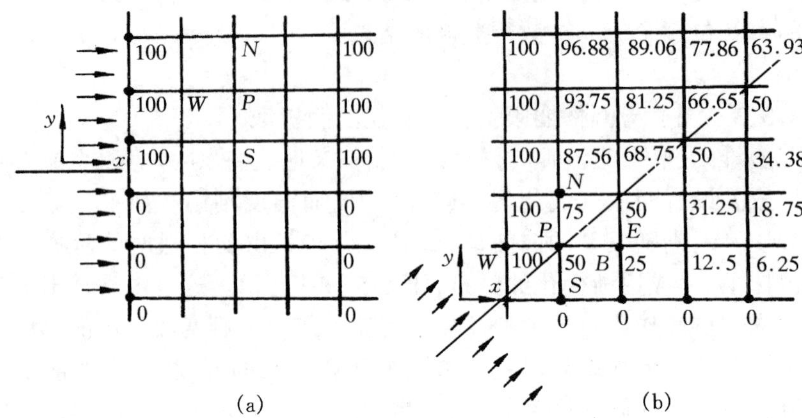

图 5-16　来流与网格线平行与交叉时迎风差分的计算结果

的作用也仍然显示不出来。如果 Γ 采用有限值计算，流向扩散就会起作用。

文献[16]对于由迎风差分所引起的二维流动中在垂直于流速方向上的假扩散，给出了估计假扩散系数的表达式：

$$\Gamma_f = \frac{\rho U \Delta x \Delta y \sin 2\theta}{4(\Delta y \sin^3\theta + \Delta x \cos^3\theta)} \tag{5-31}$$

其中 U 为速度的绝对值，θ 为该速度与 x 轴的夹角。文献[13]指出，此式对 $\theta=\pi/4, \Delta x=\Delta y$ 的情形是正确的；对其它情形，一般地由此式算得之值偏低。在文献[13]中给出了 x 方向及 y 方向的假扩散系数的计算式，并在此基础上提出了克服或减轻由于流速与网格倾斜交叉所引起的假扩散误差的方法，下面还要述及。

5.5.4　由非常数源项引起的假扩散

非常数源项的存在会使许多格式产生假扩散现象。上面我们曾针对一维稳态无内热源的模型方程比较了 5 种三点格式所得解的准确度。所谓的精确解指数格式是对这一简单的模型方程的两点边值问题而言的。实际上的对流换热问题都远较这一模型复杂。除了源项为常数的情形外，即使是一维问题，指数格式也不是精确解。对这类问题，即使采用指数格式（或其近似即乘方格式）同样会引起一定的数值误差。

Leonard[20]曾经对带源项的模型方程两点边值问题作了数值计算。采用混合格式时的结果与精确解的比较示于图 5-17 中。由图可见，在

$P_\Delta=2$ 时，混合格式的求解结果与精确解相符甚好，但对所有 $P_\Delta>2$ 的情形，在一定的 u 及 δx 值下，通过改变 Γ 来改变 P_Δ，则按混合格式的定义，计算之值均与 $P_\Delta=2$ 时相同，而与精确解相差甚远。

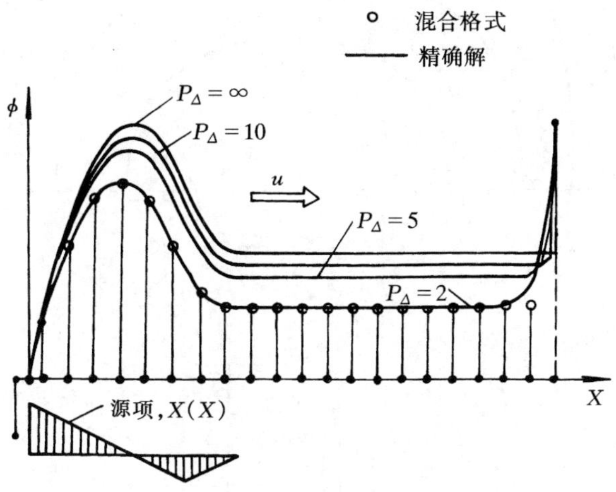

图 5-17　存在非常数源项时混合格式的误差示例

5.5.5　低阶格式引起显著数值计算误差的两个实例

Leonard 在文献[21]中证明，当 P_Δ 较大时，指数格式也具有一阶迎风格式的基本特性，因而在一部分国际学术刊物中，把一阶迎风、混合格式、指数格式及乘方格式均视为是低阶格式。下面我们援引文献[21]中的两个计算实例。

(1) Smith-Hutton 问题　Smith 与 Hutton 在 1982 年提出如下对流-扩散问题：已知平面上一个二维流场

$$u=2y(1-x^2),\ v=-2x(1-y^2) \tag{5-32a}$$

及 $-1\leqslant x\leqslant 0$，$y=0$ 处的进口温度分布

$$T_{in}(x)=1+\tanh[\alpha(1+2x)] \tag{5-32b}$$

其中 α 称为陡度系数，其值越大，进口阶梯形温度分布越陡。上述流场及进口温度分布示于图 5-18 中。

用二维、稳态无源项的对流-扩散方程来求解这一问题，引入 Pe 数作为参数，无量纲化后该方程可表示为：

$$U\frac{\partial T}{\partial X}+V\frac{\partial T}{\partial Y}=\frac{1}{Pe}\left(\frac{\partial^2 T}{\partial x^2}+\frac{\partial^2 T}{\partial y^2}\right) \tag{5-32c}$$

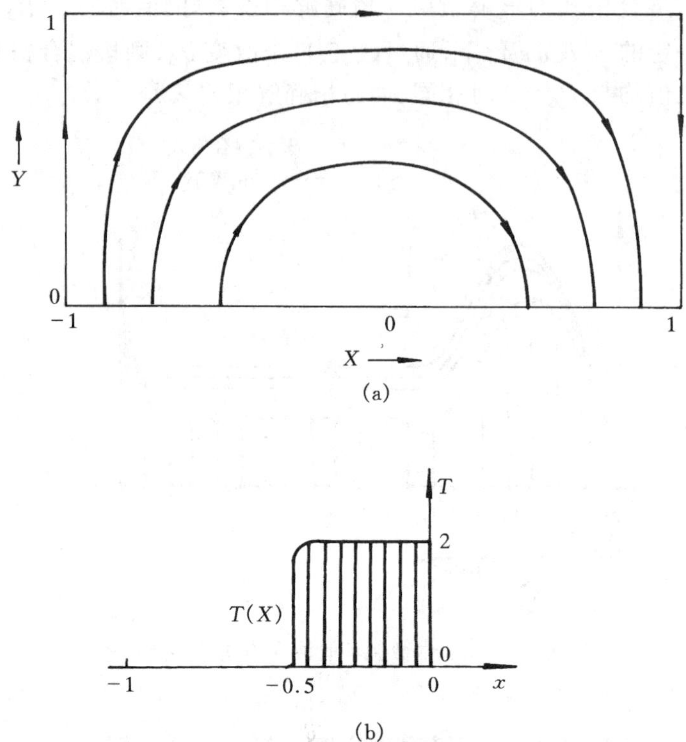

图 5-18 Smith-Hutton 问题的已知条件
(a)已知流场；(b) 进口温度分布

本题的计算区域是 2×1 的长方形，结果的比较是对 $0 \leqslant x \leqslant 1, y=0$ 的出口截面来进行的。在三种网格下分别采用乘方格式及我们下节要介绍的高阶格式 QUICK 计算的结果示于图 5-19 中，其中实线是采用 160×80 及更高阶的格式计算的结果(我们以后称为基准解)，这里用作比较依据。由图可见，采用高阶格式 QUICK 时，即使 20×10 的网格，计算结果已与基准解相当接近，而采用指数格式时，则要把网格加密到 80×40时才能获得这样的结果。

(2) 狭长竖直长方形空腔中的自然对流换热　设有如图 5-20 所示高宽比为 10 的竖直二维空间，其上下表面均为绝热，而左右表面分别维持在均匀的温度 T_h 与 T_c($T_h > T_c$)，空腔内充满了 $Pr=0.71$ 的流体(如空气)。在 Grashof 数 $Gr = gL^3\alpha\Delta T/\nu^2 = 9\,500$ 情况下，用 4 种不同的离散格式求解流场与温度场(具体求解方法将在下一章中详加讨论)的部分结果示于图 5-21 中。由图可见，用 QUICK 格式计算的结果在整个空

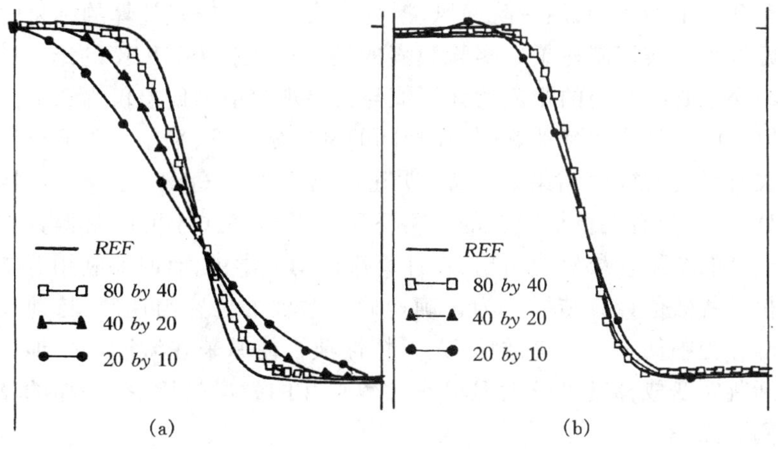

图 5-19　采用乘方格式及 QUICK 格式计算结果的对比
(a) 乘方格式；(b) QUICK 格式

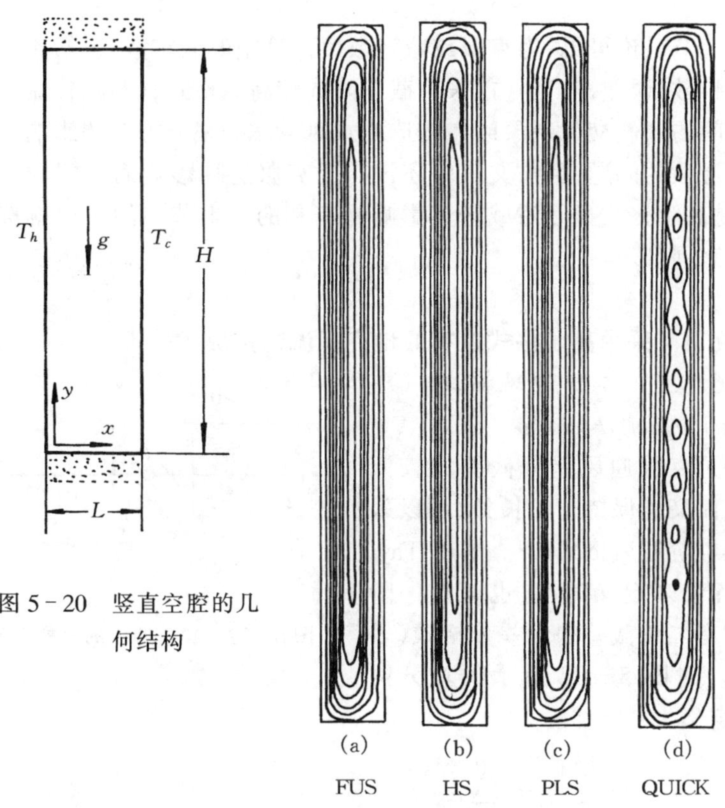

图 5-20　竖直空腔的几何结构

图 5-21　不同格式计算所得流型图

腔中有 9 个小旋涡，而用一阶迎风、混合格式及乘方格式计算的结果中这些小旋涡完全被抑制住了。实验观察的结果则支持 QUICK 的结论[22]，而且小涡中心线之间的距离的计算值与实验观察值的偏差仅为 3%。

以上两个例子清楚地表明，在相同的网格划分下，采用一阶迎风等低阶格式所得出的数值结果的误差，明显地高于采用 QUICK 等高阶格式的计算误差，只有在更加细密的网格下采用低阶格式才可以获得具有足够准确度的结果。最后要指出，在计算流体动力学中，有时要利用假扩散来获得某些数值计算结果。为正确地确定激波的位置与速度，特地在无粘流动方程中加上一个扩散项(人工粘性项)，使原来在激波产生地点上的间断跳跃变成梯度虽较大但仍有导数存在的光滑过渡，有兴趣的读者可参阅文献[8,23]。

5.6 可以克服或减轻假扩散的格式或方法

由上节讨论可见，为克服或减轻数值计算中的假扩散(包括流向扩散及交叉扩散)误差，应当：(1)采用截差阶数较高的格式；(2)减轻流线与网格线之间的倾斜交叉现象或在构造格式时考虑到来流方向的影响。至于非常数源项的问题，目前文献中还没有为克服这种影响而专门构造的格式；但是高阶格式显然对减轻其影响是有利的。本节中的讨论就按上述两方面来展开。

5.6.1 采用高阶格式以有效地克服流向扩散

5.6.1.1 二阶迎风格式(*second-order upwind scheme*, SUS)

为了克服迎风差分截差比较低的缺点而又能保持它的长处，可以采用所谓二阶迎风格式[20]。采用 Taylor 展开法来定义时，它也就是一阶导数具有二阶截差的偏差分格式(表 2-1)。对图 5-22 所示的均分网格，其定义为：

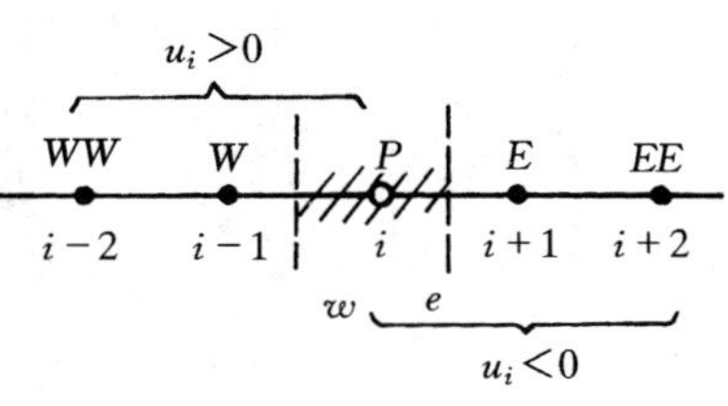

图 5-22 二阶迎风的格式图案

$$u\frac{\partial \phi}{\partial x}\bigg|_i \cong \frac{u_i}{2\Delta x}(3\phi_i - 4\phi_{i-1} + \phi_{i-2}),\ u_i > 0 \qquad (5-33a)$$

$$\frac{u_i}{2\Delta x}(-3\phi_i + 4\phi_{i+1} - \phi_{i+2}),\ u_i < 0 \qquad (5-33b)$$

为进一步理解这一格式的构造，对 $u_i>0$ 情形，把它改写为：

$$u\left.\frac{\partial\phi}{\partial x}\right|_P \cong u_P\left(\frac{\phi_P - \phi_W}{\Delta x} + \frac{\phi_P - 2\phi_W + \phi_{WW}}{2\Delta x}\right) \qquad (5-34a)$$

括号中的第一项就是一般的迎风差分，而第二项则可以看成是曲率修正。如图 5－23 所示。当实际的变化曲线向上凹时，以 P 控制容积的 w 界面的导数$\left(近似地以\dfrac{\phi_P-\phi_W}{\Delta x}示之\right)$来代替 P 点的导数将得到偏低的结果，但此时上式中的第二项$(\phi_P-2\phi_W+\phi_{WW})$大于零，因而相当于作了一定的修正。而当 ϕ 的变化曲线向下凹时，情况正好相反，此时第二个括号中的项相当于修正了用 w 界面上的斜率代替 P 点的斜率所带来的偏离误差。类似地，当 $u<0$ 时，式(5－33b)可写成为

$$u\left.\frac{\partial\phi}{\partial x}\right|_P \cong u_P\left[\frac{\phi_E - \phi_P}{\Delta x} - \frac{1}{2\Delta x}(\phi_P - 2\phi_E + \phi_{EE})\right] \qquad (5-34b)$$

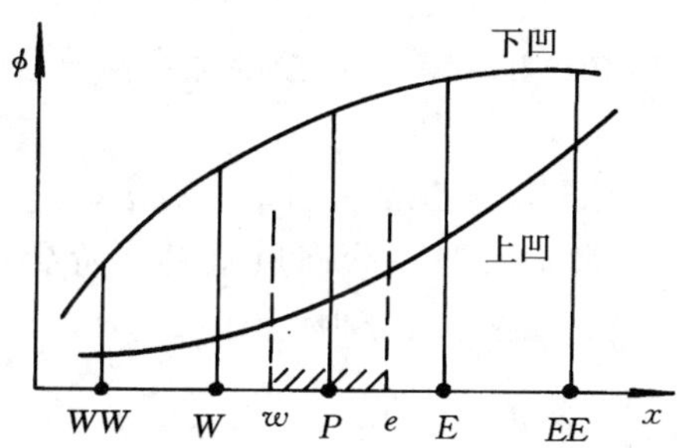

图 5－23　说明二阶迎风格式曲率修正的图示

这里括号中的第二项可以看作是对用 e 界面上的梯度来代替 P 点的梯度所引入误差的修正。

二阶迎风的界面插值定义如下(以 ϕ_w 为例)：

$$\phi_w = \begin{cases} 1.5\phi_W - 0.5\phi_{WW},\ u_w > 0 & (5-35a) \\ 1.5\phi_P - 0.5\phi_E,\ u_w < 0 & (5-35b) \end{cases}$$

这一插值的方式示于图 5－24 中。按这一定义，在控制容积 P 内，一阶导数积分平均值的离散形式为：

$$\frac{1}{\Delta x}\int_w^e\left(\frac{\partial\phi}{\partial x}\right)\mathrm{d}x = \frac{\phi_e - \phi_w}{\Delta x} \xlongequal{u>0} \frac{(1.5\phi_P - 0.5\phi_W) - (1.5\phi_W - 0.5\phi_{WW})}{\Delta x}$$

$$= \frac{3\phi_P - 4\phi_W + \phi_{WW}}{2\Delta x} = \frac{3\phi_i - 4\phi_{i-1} + \phi_{i-2}}{2\Delta x} \tag{5-36}$$

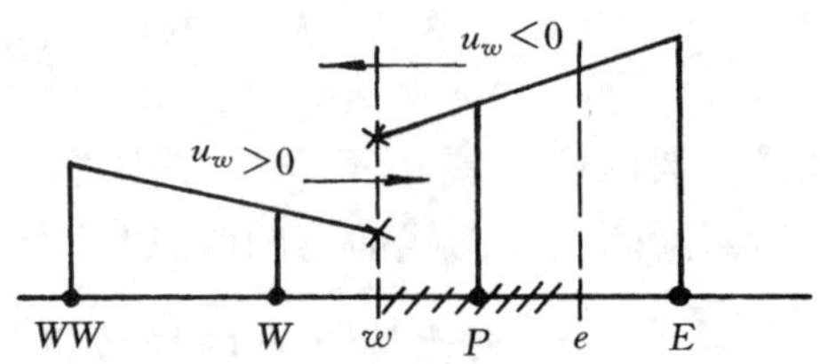

图 5－24　二阶迎风的界面插值定义

显然与式(5－33a)中定义的一阶导数离散表达式有相同的形式，但正如5.1节中所指出的，由于式(5－33a)代表节点上导数的离散形式，而式(5－36)代表的是控制容积 P 中的平均值，因而两式的截差阶数一样，但首项的系数则有所差别。

当对流项采用二阶迎风格式、扩散项采用中心差分格式时，容易证明此时离散方程具有二阶精度的截差。从控制容积积分法导出的二阶迎风格式具有守恒特性。

5.6.1.2　三阶迎风格式(*third-ordcr upwind scheme*, TUS)

采用 Taylor 展开法来定义时三阶迎风就是一阶导数具有三阶截差的偏差分格式(表 2－1)。如图 5－25 所示有：

$$u\left.\frac{\partial \phi}{\partial x}\right|_i \cong \frac{u_i}{6\Delta x}(2\phi_{i+1} + 3\phi_i - 6\phi_{i-1} + \phi_{i-2}), u_i > 0$$

$$\frac{u_i}{6\Delta x}(-\phi_{i+2} + 6\phi_{i+1} - 3\phi_i - 2\phi_{i-1}), u_i < 0$$

构造这一格式时向下游方向取了一点，这样做带来的好处是提高了截差

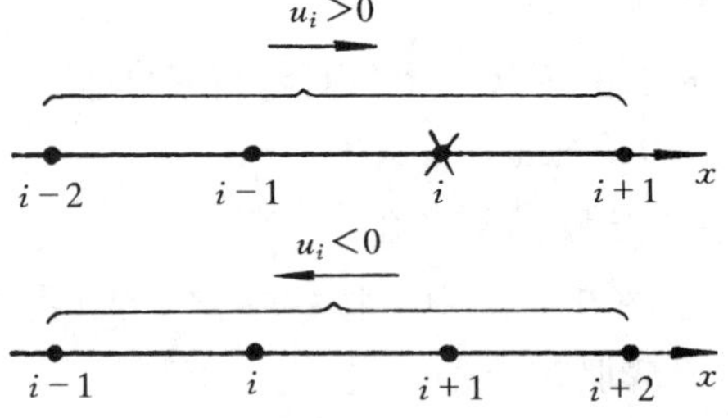

图 5－25　三阶迎风的格式图案

的阶数,带来的不足是使格式变成条件稳定,这将在下一节中讨论。

关于三阶迎风格式的界面插值定义留作为练习。对流项取三阶迎风格式时,扩散项一般仍取二阶截差的中心差分。从控制容积积分法导出的三阶迎风格式也具有守恒特性。

5.6.1.3 QUICK 格式

QUICK 格式是通过提高界面上插值函数的阶数来提高格式截断误差的。

对图 5-23 所示的情形,在控制容积右界面上的值 ϕ_e 如采用分段线性方式插值(即中心差分),有 $\phi_e=(\phi_P+\phi_E)/2$。但由该图可见,当曲线上凹时,实际的 ϕ 要小于此值,而当曲线下凹时则又要大于这一插值。一种更合理的方法是在分段线性插值基础上引入一个曲率修正。Leonard[24]提出的方法为:

$$\phi_e=\frac{\phi_P+\phi_E}{2}-\frac{1}{8}Curv \tag{5-35}$$

其中符号 $Curv$ 代表曲率修正。其计算方式为:

$$Curv=\phi_E-2\phi_P+\phi_W,u>0 \tag{5-36a}$$

$$\phi_P-2\phi_E+\phi_{EE},u<0 \tag{5-36b}$$

ϕ_w 的计算式可仿此写出。

对流项的这一离散格式称为 QUICK 格式,是“对流项的二次迎风插值”(*quadratic upwind interpolation of convective kinematics*)的英语缩写。所谓“二次”是相对于线性插值(“一次”)而言的。所谓“迎风”指的是曲率修正 $Curv$ 总是曲界面两侧的两个点及迎风方向的另一个点所组成。对流项的 QUICK 格式具有三阶精度的截差,但扩散项一般仍采用二阶截差的中心差分格式。

QUICK 格式具有守恒特性,现在来证明这一点。从控制容积积分方法来说,这只要证明从任一界面两侧的节点来写出的该界面上的函数值及其一阶导数的表达式都是一样的即可(界面上的物性值从两侧节点来写出时也应相同)。这样当对各相邻控制容积求和时界面上的总通量可以互相抵消,而只剩下边界上的有关的量。也就是说,守恒的格式应满足(图 5-26):

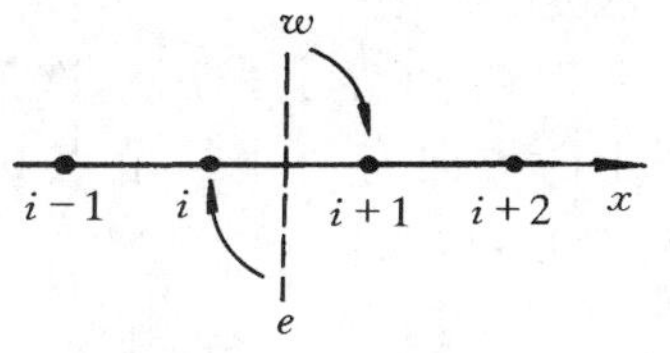

图 5-26 证明 QUICK 具有守恒性的图示

$$(\phi_i)_e=(\phi_{i+1})_w \tag{a}$$

$$\left(\frac{\partial \phi_i}{\partial x}\right)_e = \left(\frac{\partial \phi_{i+1}}{\partial x}\right)_w \tag{b}$$

因为扩散项仍取中心差分，所以条件(b)是满足的，即从 i 点写出的 e 界面导数等于从 $(i+1)$ 点写出的 w 界面上的导数。至于条件(a)，可按 QUICK 的定义来证明。设 $u>0$，则有：

$$(\phi_i)_e = \frac{\phi_{i+1}+\phi_i}{2} - \frac{1}{8}(\phi_{i+1} - 2\phi_i + \phi_{i-1}) = (\phi_{i+1})_w$$

对 $u<0$ 的情形同样可证明条件(a)是成立的。

5.6.1.4　采用高阶格式时近边界点的处理

值得指出，无论二阶迎风还是 QUICK 格式，对一维问题，都是 5 点格式，对二维问题是 9 点格式，亦即任一节点 P 的离散方程中可能会出现近邻的 N,E,W,S 四个节点及远邻的 WW，SS，EE 及 NN 四个节点(图 5－27)。这就带来两个问题：(1) 第一个内节点的离散方程如何建立？(2) 所形成的离散方程怎样求解？先讨论第一个问题。以一维情形的左端点为例，如图 5－28 所示，设节点 2 的左界面流速大于零，则无法按二阶迎风或 QUICK 的规定从上游取得另一个节点以构成曲率修正。常见的处理方法是：

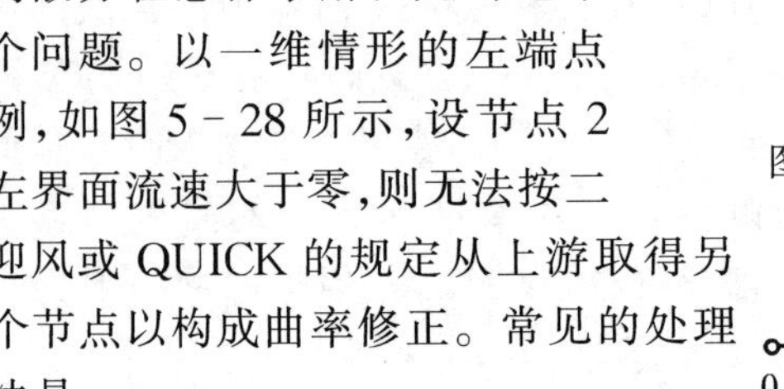

图 5－27　9 点格式的节点

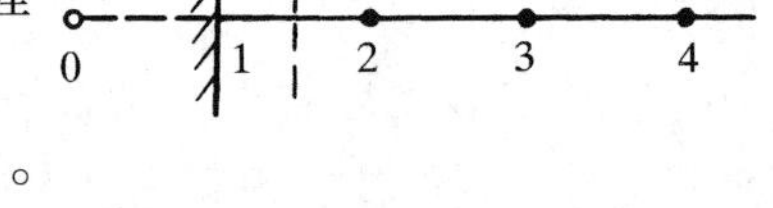

图 5－28　边界上二次插值图示

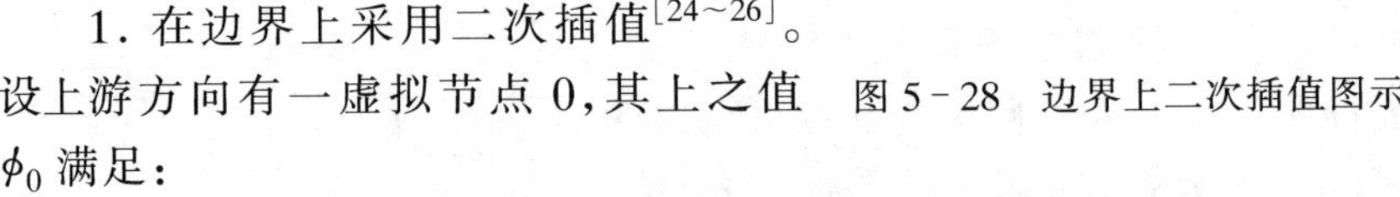

1. 在边界上采用二次插值[24～26]。设上游方向有一虚拟节点 0，其上之值 ϕ_0 满足：

$$\phi_0 + \phi_2 = 2\phi_1，或\ \phi_0 = 2\phi_1 - \phi_2 \tag{5-37}$$

2. 采用一阶迎风或混合格式来处理边界条件[27～29]，这样就不再需要上游方向的第二个节点。

5.6.1.5　高阶格式所形成的离散方程的求解方法

在计算传热学发展的初期，由于受计算机资源的限制，对二维问题一般采用 5 点格式，这样在每一个坐标方向都只有相邻的三个节点出现在同一个代数方程中,可以方便地在每一个方向上使用 TDMA(称为交替方向 TDMA,将在第 7 章中详细讨论)。引入 QUICK 等高阶格式后,二维问题成了 9 点格式,每一个坐标方向上有 5 个相邻的点需要同时求解,这样 TDMA 不能直接用来求解这些离散方程。因而自 QUICK 格式提出后的 10 余年内,不少作者研究如何用 TDMA 来求解由 QUICK 等格式离散的方程,曾经提出不少经验性的方案。直到文献[30]对此作了严格的理论分析,才得到了满意的结果。目前文献中用来求解由 QUICK 等高阶格式所形成的代数方程的方法有以下两大类:

(1) 采用交替方向五对角阵算法(Pentadiagonal matrix algorithm, PDMA) PDMA 是用直接解法求解五对角阵的算法,在不同坐标方向交替地使用这一方法就可迭代式地获得代数方程的解,有兴趣的读者可参见文献[3,31,32]。

(2) 采用文献[30,33]中提出并论证了的延迟修正方法(deferred correction method) 所谓延迟修正是指把界面上函数的插值表述成以下方式的实施方法:

$$\phi_e^H = \phi_e^L + (\phi_e^H - \phi_e^L)^* \tag{5-38}$$

式中上角标 H 及 L 分别表示高阶与低阶格式,如一阶迎风;"$*$"表示上一层次的迭代值,在进行当前层次的计算时是已知的,因而在形成离散方程时,ϕ_e^L 部分进入影响系数,而带"$*$"部分则进入代数方程的源项。这样做可以保证所求解的代数方程满足对角占优的条件(这是为迭代法收敛所需要的,将在第 7 章中讨论),增加了代数方程组求解过程的稳定性;同时又可以采用交替方向 TDMA 来求解代数方程。对于那些原来采用低阶格式的程序,只要在源项中加入修正项即可纳入高阶格式,具有重要的实用意义。式(5-38)这种形式最早由文献[33]提出,后来文献[30]严格证明了对 QUICK 格式这是最符合数值计算要求的表达方式。关于在一阶迎风的基础上 QUICK 格式源项的表达式可参见文献[34]。

5.6.2 减轻或克服交叉扩散的方法

上面所介绍的高阶格式显然对减轻交叉扩散也是有利的[18]。这里要介绍的主要是为克服交叉扩散而提出的一些方法。

5.6.2.1 对一阶迎风格式可采用有效扩散系数的方法

在文献[13]中提出按以下公式计算 x, y, z 三个方向的有效扩散系数:

$$(\Gamma_{\phi,x})_{eff} = [\![0, (\Gamma_\phi - \Gamma_{cd,x})]\!]$$

$$(\Gamma_{\phi,y})_{eff} = [\!| 0,(\Gamma_\phi - \Gamma_{cd,y}) |\!]$$

$$(\Gamma_{\phi,z})_{eff} = [\!| 0,(\Gamma_\phi - \Gamma_{cd,z}) |\!] \tag{5-39}$$

其中 Γ_ϕ 为物理问题本身所给出的扩散系数，$\Gamma_{cd,x}$ 等为三个坐标方向上由一阶迎风格式所造成的交叉扩散系数，其值按以下公式确定：

$$\Gamma_{cd,x} = u\Delta x\left(1-\frac{u}{\Delta x}\delta t\right),\Gamma_{cd,y} = v\Delta y\left(1-\frac{v}{\Delta y}\delta t\right),\Gamma_{cd,z} = w\Delta z\left(1-\frac{w}{\Delta z}\delta t\right) \tag{5-40}$$

式中 δt 为当量时间步长，按以下公式计算：

$$\delta t = \frac{1}{\left(\frac{u}{\Delta x}+\frac{v}{\Delta y}+\frac{w}{\Delta z}\right)} \tag{5-41}$$

5.6.2.2 采用自适应网格技术以生成与流场相适应的网格

所谓自适应网格技术（*adaptive grid technique*）是指根据数值计算结果，反过来修改网格疏密布置或网格线的走向，使之与所计算的具体问题相适应的网格生成技术。例如对图 5-29(a)所示的外掠后台阶的流动，在回流区网格线与流速之间有比较严重的倾斜交叉，采用自适应技术把网格改成图 5-29(b)的情形时，这种倾斜交叉显然大为减轻。关于网格自适应技术的内容已超出本书的范围，可参阅文献[3]。

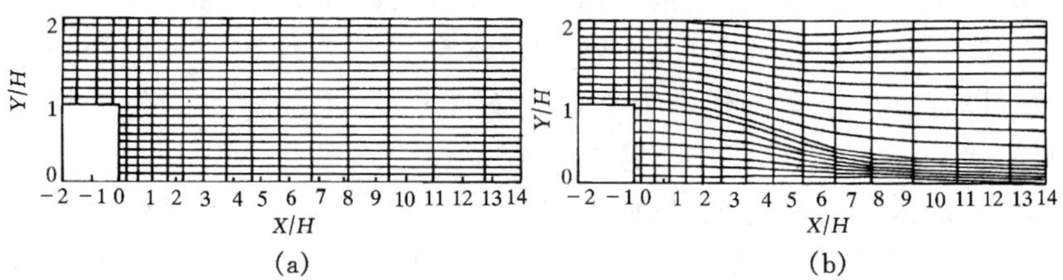

图 5-29 外掠后台阶的自适应网格

(a) 直角坐标网格；(b) 自适应网格

5.6.2.3 采用斜中心差分（*skew central difference scheme*, SCS）

迄今为止我们讨论过的界面插值都是以与界面垂直的坐标方向上的邻点来表示的。例如对图 5-30(a)中的 w 界面，采用中心差分（分段线性型线）时有：

$$\phi_w = \frac{d_7}{d_7+d_8}\phi_P + \frac{d_8}{d_7+d_8}\phi_W \tag{5-42}$$

这里 d_7, d_8 表示在 x 坐标方向上界面到节点 W 及 P 间的距离。但是实际上 w 界面上的流速可能与该界面倾斜相交，如图 5-30(b)中所示。文献[35]中提出了斜中心差分的思想，ϕ_w 之值按以下公式计算（图 5-30

(b))：

$$\phi_w = m_1\phi_W + m_2\phi_{SW} + m_3\phi_P + m_4\phi_N \tag{5-43a}$$

其中 $m_1 - m_4$ 之值为：

$$m_1 = \frac{d_6}{d_5+d_6}\frac{d_2}{d_1+d_2}, m_2 = \frac{d_6}{d_5+d_6}\frac{d_1}{d_1+d_2} \tag{5-43b}$$

$$m_3 = \frac{d_5}{d_5+d_6}\frac{d_3}{d_3+d_4}, m_4 = \frac{d_5}{d_5+d_6}\frac{d_4}{d_3+d_4}$$

除了上述插值方式外，文献[35]中还归纳了一些可以保证格式绝对稳定的措施，所构造的离散格式可以有效地减轻流向扩散及交叉扩散。

最后需要指出的是，在近 10 余年中国际计算流体力学界及计算传热学界发展出了一批称之为高分辨率的组合格式(*high resolution composite schemes*)，它们具有绝对稳定、计算精度较高的优点，但计算工作量较大。这些格式的介绍已超出了本书的范围，有兴趣的读者可参阅文献[3]。

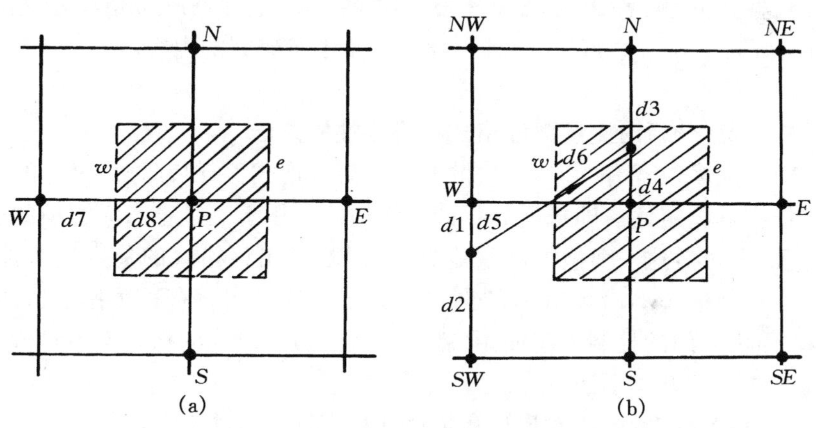

图 5－30　中心差分与斜中心差分界面插值方式的比较
(a) 中心差分；(b) 斜中心差分

5.7　对流-扩散方程离散形式的稳定性分析

稳定性是对流-扩散方程离散形式的重要特性之一。本节中将首先说明稳定性的含义，并以一维模型方程为例，介绍离散格式稳定性的分析方法，最后对对流项离散格式的特性作一小结。

5.7.1 数值计算常见的不稳定性问题

在传热与流动问题的数值计算中，会遇到以下三种不稳定性问题：

(1) 代数方程迭代求解过程的不稳定性　在用迭代法求解代数方程组时，如果迭代收敛的条件不满足，导致迭代过程发散，这称为代数方程求解过程的不稳定性(*instability of solution procedure*)。关于代数方程组迭代求解的收敛条件将在第7章中讨论。文献[36]中对这种求解过程的不稳定性进行了讨论，可参阅。

(2) 初值问题显式格式的不稳定性　在用显式格式求解抛物型方程时，由于时间步长取得过大而引起振荡的解，这称为初值问题的不稳定性(*instability of initial problem*)。在这里振荡的解确实是代数方程的解，但是失去了物理意义。文献[37,38]是这方面的专著。

(3) 对流项离散格式的不稳定性　在采用某些格式如(CS)来求解对流-扩散方程时，由于空间步长过大或流速过高，即使在稳态的情况下也会导致振荡的解，称为对流项离散格式的不稳定性(*instability of discretized convective term*)。这种不稳定性是本节研究的内容。

5.7.2 分析对流项离散格式不稳定性的方法

对于大多数现有的对流-扩散方程的离散格式，一般都采用这样的方式来研究其稳定性。即把所分析的离散格式应用于一维稳态无源项的模型方程，通过对这一离散方程稳定性的分析，找出该格式的稳定性条件，即找出使数值解不出现振荡的网格 Peclet 数的极限值(称为临界 Peclet 数)。因为采用的控制方程简单，就可能找出使所研究的格式产生对流不稳定性的一些基本原因。

文献中现有的分析对流项离散格式稳定性的方法有：

(1) 正型系数法，见文献[19]；

(2) 离散方程精确解分析法，见文献[39]；

(3) 反馈灵敏度分析法，见文献[20]；

(4) “符号不变”原则(*sign preservation rule*)。

这里着重介绍作者与 Sparrow 在文献[40]中所提出的按“符号不变”原则来分析稳定性的方法。这种方法把对流项离散格式的迁移特性与对流稳定性联系了起来，物理概念清晰，实施过程简便，易于得出所研究格式的临界 Peclet 数。

5.7.3 "符号不变"原则的基本思想及实施步骤

5.7.3.1 "符号不变"原则分析对流项离散格式稳定性的基本思想可以概括为以下几点：

(1) 对流-扩散方程离散形式振荡的解是在代数方程迭代求解过程中形成的，利用稳态非线性问题迭代一个层次相当于线性非稳态问题前进一个时层的概念，可以采用线性非稳态的对流-扩散方程来模拟迭代过程。

(2) 稳定性是格式固有的属性，一个不稳定的格式无论什么样的扰动都会不断被放大以致使数值解振荡，因而可以采用加入一个人工扰动的方法来分析。

(3) 用所研究的格式来离散对流项，扩散项采用中心差分，在时间坐标上采用显式格式，以便于从已知的时层推向下一个时层。

(4) 采用离散扰动分析法来研究扰动的传递过程。从物理过程上要求：任何时刻在任一点上引入的扰动对下一时刻其他点上的影响应该是正的。

5.7.3.2 "符号不变"原则的实施步骤

(1) 把所研究的对流项格式用于一维非稳态对流-扩散方程

$$\rho \frac{\partial \phi}{\partial t} + \rho u \frac{\partial \phi}{\partial x} = \Gamma \frac{\partial^2 \phi}{\partial x^2} \tag{5-44a}$$

的显式格式中，例如对流项取三阶迎风(设 $u>0$)则有：

$$\frac{\phi_i^{n+1} - \phi_i^n}{\Delta t} + u \frac{2\phi_{i+1}^n + 3\phi_i^n - 6\phi_{i-1}^n + \phi_{i-2}^n}{6\Delta x} = \Gamma \frac{\phi_{i+1}^n - 2\phi_i^n + \phi_{i-1}^n}{\Delta x^2} \tag{5-44b}$$

(2) 设初场均匀且均为零，在 n 时刻于 i 点引入一个扰动 ε_i^n，在其它地点及其它时刻不再引入扰动，利用上述格式分析在 $(n+1)$ 时刻在 $(i\pm 1)$ 点处扰动传递的情形。

(3) 从物理条件考虑，要求：

$$\frac{\phi_{i\pm1}^{n+1}}{\varepsilon_i^n} \geqslant 0 (\text{即 } \phi_{i\pm1}^{n+1} \text{ 与 } \varepsilon_i^n \text{ 的正负符号应相同}) \tag{5-45}$$

(4) 由于方程(a)是线性方程(ρ, u, Γ 均为改知常数)，扩散项传递的扰动与对流项传递的扰动可以线性迭加。而扩散项中心差分所传递的扰动已在 3.4 节中证明为 $\varepsilon_i^n \left(\frac{\Gamma \Delta t}{\rho \Delta x^2}\right)$，因而这里实际上只要分析对流项所传递的扰动，然后迭加即可。

5.7.4 “符号不变”原则的实施例子

例 5－4 试分析式(5－44b)所代表的三阶迎风的稳定性。

解：将该式对节点($i+1$)写出，不计入扩散项，有：

$$\frac{\phi_{i+1}^{n+1}-\phi_i^n}{\Delta t}=-u\frac{2\phi_{i+2}^n+3\phi_{i+1}^n-6\phi_i^n+\phi_{i-1}^n}{6\Delta x}$$

所以
$$\phi_{i+1}^{n+1}=(\frac{u\Delta t}{\Delta x})\varepsilon_i^n$$

对于节点($i-1$)有：

$$\frac{\phi_{i-1}^{n+1}-\phi_{i-1}^n}{\Delta t}=-u\frac{2\phi_i^n+3\phi_{i-1}^n-6\phi_{i-2}^n+\phi_{i-3}^n}{6\Delta x}$$

所以
$$\phi_{i-1}^{n+1}=-\frac{1}{3}(\frac{u\Delta t}{\Delta x})\varepsilon_i^n$$

“符号不变”原则要求：

$$\frac{-\frac{1}{3}(\frac{u\Delta t}{\Delta x})\varepsilon_i^n+(\frac{\Gamma\Delta t}{\rho\Delta x^2})\varepsilon_i^n}{\varepsilon_i^n}\geqslant 0$$

由此得：

$$\frac{\rho u\Delta x}{\Gamma}=P_\Delta\leqslant 3$$

讨论：在文献[20]中用反馈灵敏度分析法研究了三阶迎风格式的稳定性，得出了三阶迎风具有“固有的稳定性”(*inherent stability*)的结论。数值计算的实践证明了三阶迎风的临界 Peclet 数为 3[11]。

类似的分析可以对现有各种对流项的离散格式作出。对于像乘方格式(指数格式)这一类对流项与扩散项的离散合并在一起的格式，可以从对流-扩散传递的总影响来分析。这些分析结果汇总在表 5－3 中。

5.7.5 稳定性分析结果的讨论

仔细分析表 5－3，可以得出以下几点重要看法：

(1) 如果一个对流项的离散格式具有迁移特性，则“符号不变”原则永远满足，因而该格式绝对稳定。如一阶迎风、二阶迎风格式。

(2) 如果一个离散格式所定义的在节点 i 的一阶导数表达式或在($i+1/2$)，($i-1/2$)界面上函数插值的表达式中含有下游的节点值(按流速方向而言)，且其系数为常数，则该格式不具有迁移性(表中中心差分、三阶迎风、Fromm 格式及 QUICK 格式即属此类)，该格式也必是条件稳定的。

表 5-3　一维对流-扩散方程 7 种离散格式稳定性的分析

No	格式名称	格式定义	对流项传热的扰动		稳定条件
			向上游	向下游	
1	一阶迎风	$\left.\frac{\partial\phi}{\partial x}\right\|_i \cong \frac{\phi_i-\phi_{i-1}}{\Delta x}, u>0$ $\frac{\phi_{i+1}-\phi_i}{\Delta x}, u<0$	0	$\left(\frac{u\Delta t}{\Delta x}\right)\varepsilon$	绝对稳定
2	中心差分	$\left.\frac{\partial\phi}{\partial x}\right\|_i \cong \frac{\phi_{i+1}-\phi_{i-1}}{2\Delta x}$	$-\frac{1}{2}\left(\frac{u\Delta t}{\Delta x}\right)\varepsilon$	$\frac{1}{2}\left(\frac{u\Delta t}{\Delta x}\right)\varepsilon$	$P_\Delta \leqslant 2$
3	二阶迎风	$\left.\frac{\partial\phi}{\partial x}\right\|_i \cong \frac{\phi_i-\phi_{i-1}}{\Delta x}+\frac{\phi_i-2\phi_{i-1}+\phi_{i-2}}{2\Delta x}, u>0$ $\frac{\phi_{i+1}-\phi_i}{\Delta x}+\frac{\phi_i-2\phi_{i+1}+\phi_{i+2}}{2\Delta x}, u<0$	0	$2\left(\frac{u\Delta t}{\Delta x}\right)\varepsilon$	绝对稳定
4	三阶迎风	$\left.\frac{\partial\phi}{\partial x}\right\|_i \cong \frac{2\phi_{i+1}+3\phi_i-6\phi_{i-1}+\phi_{i-2}}{6\Delta x}, u>0$ $\frac{-\phi_{i+2}+6\phi_{i+1}-3\phi_i-2\phi_{i-1}}{6\Delta x}, u<0$	$-\frac{1}{3}\left(\frac{u\Delta t}{\Delta x}\right)\varepsilon$	$\left(\frac{u\Delta t}{\Delta x}\right)\varepsilon$	$P_\Delta \leqslant 3$
5	Fromm 格式[41]	$\phi_{i+1/2}=\frac{1}{4}(\phi_{i+1}+4\phi_i-\phi_{i-1})$	$-\frac{1}{4}\left(\frac{u\Delta t}{\Delta x}\right)\varepsilon$	$\frac{1}{4}\left(\frac{u\Delta t}{\Delta x}\right)\varepsilon$	$P_\Delta \leqslant 4$
6	QUICK	$\phi_{i+1/2}=\frac{\phi_i+\phi_{i+1}}{2}-\frac{\phi_{i+1}-2\phi_i+\phi_{i-1}}{8}, u>0$ $\frac{\phi_i+\phi_{i+1}}{2}-\frac{\phi_{i+2}-2\phi_{i+1}+\phi_i}{8}, u<0$	$\frac{-3}{8}\left(\frac{u\Delta t}{\Delta x}\right)\varepsilon$	$\frac{7}{8}\left(\frac{u\Delta t}{\Delta x}\right)\varepsilon$	$P_\Delta \leqslant \frac{8}{3}$
7	指数格式	式(5-44a)的离散形式为 $G_P\phi_P=a_E\phi_E+a_W\phi_W+b$ $a_E=\frac{\rho u}{\exp(P_\Delta)-1}$，$a_W=\frac{\rho u\exp(P_\Delta)}{\exp(P_\Delta)-1}$ $a_P=a_E+a_W+a_P^0$，$b=a_P^0\phi_P^0$，$a_P^0=\frac{\rho\Delta x}{\Delta t}$	扩散与对流的总影响 $\frac{a_E}{a_P^0}\varepsilon(\geqslant 0)$	扩散与对流的总影响 $\frac{a_W}{a_P^0}\varepsilon(\geqslant 0)$	绝对稳定

(3) 对流项离散格式定义式中下游节点值的系数越小，该格式的临

界 Pelect 数越大。

中心差分中下游节点项为$\frac{\phi_{i+1}}{2}$,系数为$\frac{1}{2}$,$P_{\Delta c,cr}=2$;

QUICK 格式中下游节点项为$\frac{3\phi_{i+1}}{8}$,系数为$\frac{3}{8}$,$P_{\Delta c,cr}=8/3$;

三阶迎风中下游节点项为$\frac{2\phi_{i+1}}{6}$,系数为$\frac{2}{6}$,$P_{\Delta c,cr}=3$;

Fromm 格式中下游节点项为$\frac{\phi_{i+1}}{4}$,系数为$\frac{1}{4}$,$P_{\Delta c,cr}=4$。

这里要特别指出,所有上述分析都是在下列条件下作出的:(1) 一维;(2) 线性问题(ρ,u,Γ 为已知常数);(3) 无源项;(4) 两点边值问题;(5) 均匀网格。进一步的研究表明,实际工程流动、传热问题都比这一分析模型要复杂,则在采用上述条件稳定的格式时,使数值解发生振荡的网格 Peclet 数之值要比上述分析结果大得多,可以说上述分析模型是最苛刻的情形。例如文献[42]中计算三维顶盖驱动流时,采用中心差分 P_Δ 大到 45 未见解的振荡,而在文献[43]中采用中心差分计算顶盖驱动流时,P_Δ 可以高到 100;在文献[44]中用中心差分计算气流对平板束的冲击流动与换热,P_Δ 可以高达 180 都不发生解的振荡。文献[45,46]的研究表明,上述 5 个简化条件中的每一个的解除,都可以使条件稳定格式的临界 Peclet 数增加。如何预测在多维复杂条件下,条件稳定格式的数值解发生振荡的条件是计算传热学中需要进一步研究的课题。

5.7.6 对流项离散格式性能讨论小结

在近 30 年内,关于对流-扩散方程离散格式的稳定性与准确性问题的讨论一直是计算流体力学与计算传热学中一个活跃的课题。为了找出既稳定又有足够准确性的离散方式,各国研究者已提出了数以十计的离散格式,并对其中一些主要格式结合某些具体问题进行过相互比较[16,20,34,39,41,42,47～76]。但迄今为止,还不能提出一种在稳定性、准确性与经济性各方面对各类流动与换热问题都较理想的格式。在最近 10 余年中,已经发展出一批称为高分辨率组合格式的离散方式,并建立起了相应的分析方法。所谓组合格式是指界面插值的定义要根据界面与节点间的距离不同分段进行,而不是像我们迄今所介绍过的所有格式那样只用一个公式表示。从这个意义上来说,我们所讨论过的格式都是非组合格式。组合格式在准确性、稳定性方面已经可达到比较满意的结果,但代数方程求解的工作量要比非组合格式大,有兴趣的读者可进一步参阅文献

[3]。在表 5～4 中给出了常用的几种非组合格式性能的粗略比较，供读者参考。

从现有的研究结果，可以归纳出以下几点比较一致的意见：

(1) 在满足稳定性条件的范围内，一般地说，截差较高的格式解的准确度要高一些。例如在文献[64]中针对有回流的流动问题，采用 6 种格式计算后建议，如果希望节点的平均误差小于 10%，应当采用二阶截差的格式，而文献[21]则认为现在应该是采用三阶截差(例如 QUICK)格式的时候了。如果采用低阶截差格式来获得最终的计算结果，则应注意计算网格应足够地细密，以尽可能减少假扩散的影响，有的国际学术刊物已经对稿件提出了这样的要求[93～95]。

(2) 采用非组合格式时，对流-扩散方程差分格式的稳定性与准确性常常互相矛盾，准确性比较高的格式(如 QUICK)，都不是无条件稳定的，而假扩散现象相对地较严重的一阶迎风则是无条件稳定的。其中一个原因是，为了提高格式的截差等级，需从所研究节点的两侧取用一些节点以构造该节点上的导数计算式。而一旦下游的节点值出现在导数离散式中且其系数为正时，迁移特性必遭破坏，格式就只能是条件稳定的。

(3) 现有分析格式稳定性的各种方法都基于 5 个假设，所得出的稳定性条件是最苛刻的要求。条件稳定格式发生数值解振荡的参数范围要比简化模型分析的结果更宽广。

表 5-4　常见的 6 种对流-扩散方程差分格式的比较

No	格式	守恒性	稳定性	准确性与经济性	参考文献
1	中心差分	有	条件稳定	在不发生振荡的参数范围内，可以获得较准确的结果	[20],[42] [43],[44] [52],[60] [64]
2	一阶迎风	有	绝对稳定	当 P_Δ 较大时假扩散较严重，虽然所得之解在物理上是可以接受的。在过去几十年中得到广泛的应用，如用作为最终计算的格式应采用较细密的网格	[20],[48] [60],[61] [64],[72] [77]

续表 5-4

No	格式	守恒性	稳定性	准确性与经济性	参考文献
3	二阶迎风	有	绝对稳定	一般说准确度较一阶迎风高，但仍有一定假扩散作用	[50],[51] [67],[68] [75],[76] [78～84]
4	混合格式	有	绝对稳定	当 $P_\Delta \leqslant 2$ 时情况同中心差分，当 $P_\Delta > 2$ 时，情况与一阶迎风差分相仿，假扩散较显著	[20],[56] [58],[60] [64],[85]
5	乘方格式（指数格式）	有	绝对稳定	对有非常数源项的场合，当 P_Δ 较高时有较大的误差。过去20余年中得到广泛的采用	[52],[66] [64],[86] [87～90]
6	QUICK	有	条件稳定	可以减少假扩散误差，在近年来已得到较普遍的应用，有可能发展成为这一段时期内的主导格式	[20],[25] [27],[57] [59],[66] [67],[69] [91～98]

5.8 多维对流-扩散方程的离散及边界条件的处理

作为本章的结束，这里详细导出二维对流-扩散方程的离散的形式，然后引入三维问题的离散形式，并说明其边界条件的表达方式。

5.8.1 二维对流-扩散方程的离散

我们先以直角坐标系中的对流-扩散方程为例，详细给出其控制容积积分的离散化过程，然后再引入其它两个坐标系中的系数计算表达式。

5.8.1.1 直角坐标系中的对流-扩散方程

在二维直角坐标系中，对流-扩散方程的通用形式为：

$$\frac{\partial(\rho\phi)}{\partial t}+\frac{\partial}{\partial x}(\rho u\phi)+\frac{\partial}{\partial y}(\rho v\phi)=\frac{\partial}{\partial x}\left(\Gamma_\phi\frac{\partial\phi}{\partial x}\right)+\frac{\partial}{\partial y}\left(\Gamma_\phi\frac{\partial\phi}{\partial y}\right)+S_\phi \tag{5-46}$$

这里 ϕ 是通用变量，Γ_ϕ 与 S_ϕ 是与 ϕ 相对应的广义扩散系数及广义源项。为书写的简便，以下将略去它们的下标 ϕ。对于 Navier-Stokes 方程，我们把压力梯度项暂且放到源项 S 中去。

引入在 x 及 y 方向的对流-扩散总通量密度，上式可改写成为：

$$\frac{\partial(\rho\phi)}{\partial t}+\frac{\partial}{\partial x}\underbrace{\left(\rho u\phi-\Gamma\frac{\partial\phi}{\partial x}\right)}_{J_x}+\frac{\partial}{\partial y}\underbrace{\left(\rho v\phi-\Gamma\frac{\partial\phi}{\partial y}\right)}_{J_y}=S$$

即

$$\frac{\partial(\rho\phi)}{\partial t}+\frac{\partial J_x}{\partial x}+\frac{\partial J_y}{\partial y}=S \tag{5-47}$$

5.8.1.2　用控制容积积分法进行离散

将上式对如图 4-5 所示的 P 控制容积作时间与空间的积分，并假设：

(1) 以 $\frac{(\rho\phi)_P-(\rho\phi)_P^0}{\Delta t}$ 近似地代替 $\frac{\partial(\rho\phi)}{\partial t}$；

(2) 在 x 与 y 方向上的总通量密度 J_x，J_y 在各自的界面 e，w 及 n，s 上是均匀的，于是有：

$$\int_s^n\int_w^e\frac{\partial J_x}{\partial x}\mathrm{d}x\mathrm{d}y=\int_s^n(J_x^e-J_x^w)\mathrm{d}y\cong(J_x^e-J_x^w)\Delta y=J_e-J_w$$

其中 J_x^e，J_x^w 分别代表 x 方向上在 e 界面及 w 界面处单位面积上的转移量（总通量密度），而 J_e，J_w 则是总面积 Δy 上的转移量（总通量）。

(3) $S=S_C+S_P\phi_P(S_P\leqslant 0)$。

则可得：

$$\frac{(\rho\phi)_P-(\rho\phi)_P^0}{\Delta t}\Delta V+(J_e-J_w)+(J_n-J_s)=(S_C+S_P\phi_P)\Delta V \tag{5-48}$$

式中 ΔV 为控制容积的体积，$\Delta V=\Delta x\Delta y$。

至此，除时间项外尚未引入离散格式。为使上式最终化为相邻节点上未知值间的代数方程，需要对界面上的总通量 J 建立起其节点值的表达式，这就要涉及到离散格式。界面上的总通量可以表示成对流与扩散部分之和。依界面上导数离散方式及函数插值方式的不同就形成了多种格式。除了指数及乘方格式外，界面上扩散项的导数大都采用分段线性的型线来构造，因而主要的区别在于界面函数的插值方法。在这里我们采用延迟修正的方式来处理 QUICK 等高阶格式，即将界面插值表示成式(5-38)的形式，其中低阶格式取为一阶迎风。这样我们可以先导出采用5种三点格式来离散时的通用控制方程，然后再加上高阶格式的修正部分。

5.8.1.3 5种三点格式的界面总通量表达式

在5.4节中，我们利用了三点格式系数 A，B 的两个特点，导出了 J^* 通量的表达式，然后将 J^* 通量乘扩导获得了 J 通量密度的计算式。显然一维问题中的这一导出过程对二维问题的每一个坐标仍是成立的。所区别的仅是一维问题中是对总通量密度(单位面积上的转移量)来推导的，在二维场合则对总通量(一定大小面积上的转移量)来分析的。

于是有：

$$\begin{aligned}J_e = J_e^* D_e &= [B(P_{\Delta e})\phi_P - A(P_{\Delta e})\phi_E]D_e \\ &= \{[A(P_{\Delta e}) + P_{\Delta e}]\phi_P - A(P_{\Delta e})\phi_E\}D_e \\ &= \underbrace{[D_e A(P_{\Delta e})]}_{a_E}\phi_P + \underbrace{(D_e P_{\Delta e})}_{F_e}\phi_P - \underbrace{[D_e A(P_{\Delta e})]}_{a_E}\phi_E\end{aligned}$$

即

$$J_e = (a_E + F_e)\phi_P - a_E\phi_E \tag{5-49a}$$

类似地可得：

$$J_n = (a_N + F_n)\phi_P - a_N\phi_N \tag{5-49b}$$

对 J_w，有：

$$\begin{aligned}J_w = J_w^* D_w &= [B(P_{\Delta w})\phi_W - A(P_{\Delta w})\phi_P]D_w \\ &= \{B(P_{\Delta w})\phi_W - [B(P_{\Delta w}) - P_{\Delta w}]\phi_P\}D_w \\ &= \underbrace{D_w B(P_{\Delta w})}_{a_W}\phi_W - \underbrace{D_w B(P_{\Delta e})}_{a_W}\phi_P + \underbrace{(D_w P_{\Delta w})}_{F_w}\phi_P\end{aligned}$$

即

$$J_w = a_W\phi_W - (a_W - F_w)\phi_P \tag{5-49c}$$

类似地可得：

$$J_s = a_S\phi_S - (a_S - F_s)\phi_P \tag{5-49d}$$

5.8.1.4 五点格式的通用离散方程

把以上 J_e，J_w，J_n，J_s 的表达式代入式(5-48)，归并同类项，得

$$a_P\phi_P = a_E\phi_E + a_W\phi_W + a_N\phi_N + a_S\phi_S + b \tag{5-50}$$

其中

$$a_E = D_e A(P_{\Delta e}) = D_e A(|P_{\Delta e}|) + [\![-F_e, 0]\!] \tag{5-51a}$$

$$a_W = D_w B(P_{\Delta w}) = D_w A(|P_{\Delta w}|) + [\![F_w, 0]\!] \tag{5-51b}$$

$$a_N = D_n A(P_{\Delta n}) = D_n A(|P_{\Delta n}|) + [\![-F_n, 0]\!] \tag{5-51c}$$

$$a_S = D_s B(P_{\Delta s}) = D_s A(|P_{\Delta s}|) + [|F_s, 0|] \tag{5-51d}$$

$$b = S_C \Delta V + a_P^0 \phi_P^0 \tag{5-51e}$$

$$a_P = a_E + a_W + a_N + a_S + a_P^0 - S_P \Delta V \tag{5-51f}$$

$$a_P^0 = \frac{\rho_P \Delta V}{\Delta t} \tag{5-51g}$$

5.8.1.5　3 种二维坐标系中界面流量、扩导及体积的计算式

容易证明，形如式(5－50)，(5－51)的各个表达式对圆柱轴对称坐标系及极坐标系中的对流-扩散方程也是适用的，所不同的仅是界面流量 F，扩导 D，控制容积的体积 ΔV 及源项 S_C，S_P 表达形式有所不同。关于 S_C，S_P 表达式的差别我们将在第 6 章中讨论到速度场求解问题时再作说明，这里列出 3 种二维坐标系中界面流量、扩导及控制容积体积的表达式(参见表 4－2 及图 4－5～4－7)。很容易看出，如果引入名义半径及尺度系数，则可以写出适用于三个坐标系的离散方程的通用形式，其情形与表 4－2 所示类似，此处不再细述。

表 5－5　3 种二维坐标系中界面流量、扩导的计算式

坐标系 \ 计算量	F_e	F_w	F_n	F_s	D_e	D_w	D_n	D_s	ΔV
y, x	$(\rho u)_e \Delta y$	$(\rho u)_w \Delta y$	$(\rho v)_n \Delta x$	$(\rho v)_s \Delta x$	$\frac{\Gamma_e \Delta y}{(\delta x)_e}$	$\frac{\Gamma_w \Delta y}{(\delta x)_w}$	$\frac{\Gamma_n \Delta x}{(\delta y)_n}$	$\frac{\Gamma_s \Delta x}{(\delta y)_s}$	$\Delta x \Delta y$
r, v, u, x (－弧度)	$(\rho u)_e r \Delta r$	$(\rho u)_w r \Delta r$	$(\rho v)_n r \Delta x$	$(\rho v)_s r \Delta x$	$\frac{\Gamma_e r \Delta r}{(\delta x)_e}$	$\frac{\Gamma_w r \Delta r}{(\delta x)_w}$	$\frac{\Gamma_n r \Delta x}{(\delta r)_n}$	$\frac{\Gamma_s r \Delta x}{(\delta r)_s}$	$r \Delta x \Delta r$
r, θ	$(\rho u)_e \Delta r$	$(\rho u)_w \Delta r$	$(\rho v)_n r \Delta \theta$	$(\rho v)_s r \Delta \theta$	$\frac{\Gamma_e \Delta r}{(\delta \theta)_e r}$	$\frac{\Gamma_w \Delta r}{(\delta \theta)_w r}$	$\frac{\Gamma_n r_n \Delta \theta}{(\delta r)_n}$	$\frac{\Gamma_s r_s \Delta \theta}{(\delta r)_s}$	$r \Delta \theta \Delta r$

5.8.1.6　纳入其它高阶格式的方法

采用延迟修正的方式来纳入高阶格式(扩散项仍为分段线性的型线)，则容易证明，最后所得的离散方程为：

$$a_P \phi_P = a_E \phi_E + a_W \phi_W + a_N \phi_N + a_S \phi_S + b + b_{ad}^* \tag{5-52}$$

其中系数 a_P, a_E, a_W, a_N, a_S 及源项 b 均按一阶迎风格式计算，由于采用延迟修正而引入的源项则为：

$$b_{ad}^{*} = (b_{ad}^{*})_w + (b_{ad}^{*})_e + (b_{ad}^{*})_s + (b_{ad}^{*})_n \tag{5-53a}$$

式中

$$(b_{ad}^{*})_w = F_w[(\phi_w^{*})^H - (\phi_w^{*})^{FUS}]$$

$$(b_{ad}^{*})_e = F_e[-(\phi_e^{*})^H + (\phi_e^{*})^{FUS}]$$

$$(b_{ad}^{*})_s = F_s[(\phi_s^{*})^H - (\phi_s^{*})^{FUS}]$$

$$(b_{ad}^{*})_n = F_n[-(\phi_n^{*})^H + (\phi_n^{*})^{FUS}] \tag{5-53b}$$

以上由于采用延迟修正而引入的附加源项 b_{ad}^{*} 之所以带上“*”是为了强调这样一个事实：包含在其中的所有界面上之值均按上一层次迭代所得之值计算。

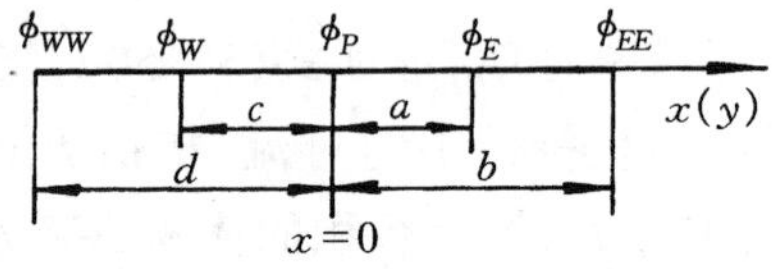

图 5-31 节点间距离的定义

例如对 QUICK 格式，采用如图 5-31所示的局部坐标来定义节点 P 与其 4 个邻点之间的距离，设控制容积 P 的宽度为 f，则附加源项的计算式如下[34]：

$$F_e > 0, (b_{ad}^{*})_e = -\frac{F_e}{4}\left\{\frac{f(f-2a)}{c(c-a)}\phi_W^{*} - \left[4 - \frac{(f-2c)(f-2a)}{ca}\right]\cdot \phi_P^{*} + \frac{f(f-2c)}{a(a-c)}\phi_E^{*}\right\}$$

$$F_e < 0, (b_{ad}^{*})_e = -\frac{F_e}{4}\left\{\frac{f(f-2a)(f-2b)}{ab}\phi_P^{*} - \left[4 - \frac{f(f-2b)}{a(a-b)}\right]\cdot \phi_E^{*} + \frac{f(f-2a)}{b(b-a)}\phi_{EE}^{*}\right\}$$

$$F_w > 0, (b_{ad}^{*})_w = \frac{F_w}{4}\left\{\frac{f(f+2c)}{d(d-c)}\phi_{WW}^{*} - \left[4 - \frac{f(f+2d)}{c-(c-d)}\right]\cdot \phi_W^{*} + \frac{(f+2d)(f+2c)}{dc}\phi_P^{*}\right\}$$

$$F_w < 0, (b_{ad}^{*})_w = \frac{F_e}{4}\left\{\frac{f(f+2a)}{c(c-a)}\phi_W^{*} - \left[4 - \frac{(f+2c)(f+2a)}{ca}\right]\cdot \phi_P^{*} + \frac{f(f+2c)}{a(a-c)}\phi_E^{*}\right\}$$

$$F_n > 0, (b_{ad}^{*})_n = -\frac{F_w}{4}\left\{\frac{f(f-2a)}{c(c-a)}\phi_S^{*} - \left[4 - \frac{(f-2c)(f-2a)}{ca}\right]\cdot \phi_P^{*} + \frac{f(f-2c)}{a(a-c)}\phi_N^{*}\right\}$$

$$F_n < 0, (b_{ad}^{*})_n = -\frac{F_n}{4}\left\{\frac{(f-2a)(f-2b)}{ab}\phi_P^{*} - \left[4 - \frac{f(f-2b)}{a(a-b)}\right]\cdot\right.$$

$$\phi_N^* + \frac{f(f-2a)}{b(b-a)}\phi_{NN}^*\Big\}$$

$$F_s > 0, (b_{ad}^*)_s = \frac{F_s}{4}\Big\{\frac{f(f+2c)}{d(d-c)}\phi_{SS}^* - \Big[4 - \frac{f(f+2d)}{c(c-d)}\Big]\cdot$$

$$\phi_S^* + \frac{(f+2d)(f+2c)}{dc}\phi_P^*\Big\}$$

$$F_s < 0, (b_{ad}^*)_s = \frac{F_s}{4}\Big\{\frac{f(f+2a)}{c(c-a)}\phi_S^* - \Big[4 - \frac{(f+2c)(f+2a)}{ca}\Big]\cdot$$

$$\phi_P^* + \frac{f(f+2c)}{a(a-c)}\phi_N^*\Big\} \qquad (5-54)$$

值得指出,a,b,c,d 代表以 P 点为原点的局部坐标,因而本身带有正、负号。

5.8.2　三维对流-扩散方程的离散形式

从二维向三维的推广是直接了当的。以直角坐标系为例,设增加第三个坐标 Z,它在控制容积两个界面上分别用 t(*top*)及 b(*bottom*)表示,相应的两个邻点则记为 T 及 B,则离散方程为:

$$a_P\phi_P = a_E\phi_E + a_W\phi_W + a_N\phi_N + a_S\phi_S + a_T\phi_T + a_B\phi_B + b \qquad (5-55)$$

式中

$$a_E = D_eA(|P_{\Delta e}|) + [\![-F_e, 0]\!] \qquad (5-56a)$$

$$a_W = D_wA(|P_{\Delta w}|) + [\![F_w, 0]\!] \qquad (5-56b)$$

$$a_N = D_nA(|P_{\Delta n}|) + [\![-F_n, 0]\!] \qquad (5-56c)$$

$$a_S = D_sA(|P_{\Delta s}|) + [\![F_s, 0]\!] \qquad (5-56d)$$

$$a_T = D_tA(|P_{\Delta t}|) + [\![-F_t, 0]\!] \qquad (5-56e)$$

$$a_B = D_bA(|P_{\Delta b}|) + [\![F_b, 0]\!] \qquad (5-56f)$$

$$b = S_c\Delta x\Delta y\Delta z + a_P^0\phi_P^0 \qquad (5-56g)$$

$$a_P^0 = \frac{\rho\Delta x\Delta y\Delta z}{\Delta t} \qquad (5-56h)$$

$$a_P = a_E + a_W + a_N + a_S + a_T + a_B - S_P\Delta x\Delta y\Delta z \qquad (5-56i)$$

界面上的流量与扩导的计算式为:

$$F_e = (\rho u)_e\Delta y\Delta z, \qquad D_e = \frac{\Gamma_e\Delta y\Delta z}{(\delta x)_e} \qquad (5-57a)$$

$$F_w = (\rho u)_w \Delta y \Delta z, \quad D_w = \frac{\Gamma_w \Delta y \Delta z}{(\delta x)_w} \tag{5-57b}$$

$$F_n = (\rho v)_n \Delta z \Delta x, \quad D_n = \frac{\Gamma_n \Delta z \Delta x}{(\delta y)_n} \tag{5-57c}$$

$$F_s = (\rho v)_s \Delta z \Delta x, \quad D_s = \frac{\Gamma_s \Delta z \Delta x}{(\delta y)_s} \tag{5-57d}$$

$$F_t = (\rho w)_t \Delta x \Delta y, \quad D_t = \frac{\Gamma_t \Delta x \Delta y}{(\delta z)_t} \tag{5-57e}$$

$$F_b = (\rho w)_b \Delta x \Delta y, \quad D_b = \frac{\Gamma_b \Delta x \Delta y}{(\delta z)_b} \tag{5-57f}$$

5.8.3 边界条件的处理

下面以图 5-32 所示的突扩通道中有回流的流动为例，来讨论边界条件的合适提法。一般地说，可以把计算区域的边界分成 4 种类型：

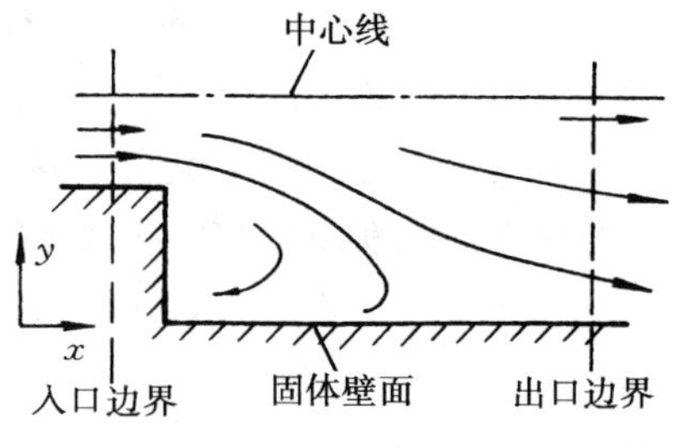

图 5-32 突扩通道

(1) 入口边界　入口边界上的条件必须给定，一般是规定了入口边界上 ϕ 的分布。

(2) 中心线(对称轴)在这里有：

$$v = 0, \frac{\partial u}{\partial y} = 0, \frac{\partial \phi}{\partial y} = 0$$

(3) 固体壁面　固体边界上又可分一、二、三这三类边界条件。当固体壁面为非渗透性时，壁面上 $u = v = 0$。第三类边界条件规定了边界上的 ϕ 值与$\frac{\partial \phi}{\partial n}$($n$ 为法线)之间的关系。当计算区域中的流体与分隔壁外的流体有热交换，且壁面很薄时就属于这一类型，上一章中所介绍的外部对流换热的管道内充分发展对流换热即是一例。

(4) 出口边界　这是最难处理的边界条件。按微分方程理论，应当给定出口截面上的条件，但除非能用实验方法测定，否则我们对出口截面上的信息一无所知，有时，这正是计算所想要知道的内容。目前广泛采用的一种处理方法是假定出口截面上的节点对第一个内节点已无影响，因而可以令边界节点对内节点的影响系数为零。这样出口截面上的信息对内部节点的计算就不起作用，也就无需要知道出口边界上之值了。这种处理的物理实质相当于假定出口截面上流动方向的坐标是局部单向的。

如图5-33所示，与出口边界上E点相邻接的第一个内节点P与E之间的关系是通过P点的系数a_E来规定的。如果对流作用比较强烈，则扩散作用可以不计；又因为E在P的下游，E对P的影响亦可忽略。所以，局部单向化的假定导致$a_E=0$。为了在数值计算中应用这一简化处理方法而又不致引起过大误差，应做到：(1) 在出口截面上无回流；(2) 出口截面应离开感兴趣的计算区域比较远。在实际计算中，可以通过改变出口截面的位置并检查主要计算结果有否受到影响，而判断所取的位置是否合适。

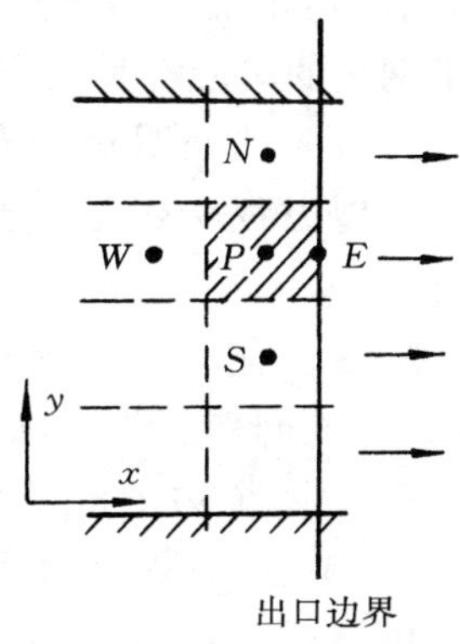

图5-33　出口截面与内节点的关系

上述局部单向化假设的处理方法只适用于出口边界位于没有回流的地方。当计算区域的出口边界必须位在有回流的地区时，以及当被求解的变量本身为速度时，如何处理出口边界条件将在第6章中讨论。

习　题

5-1　一维非稳态对流方程的一种离散公式为：

$$\frac{\phi_i^{n+1}-\phi_i^n}{\Delta t}=\frac{(u\phi)_{i-\frac{1}{2}}-(u\phi)_{i+\frac{1}{2}}}{\Delta t}$$

试证采用第二类迎风差分来确定界面上的$u\phi$值时，(1)离散方程具有迁移特性；(2)以$u>0$为例，证明这一格式是守恒的。

5-2　对一维稳态无源项的对流-扩散方程，取其边界条件为$x=0$，$\phi=\phi_0$，$x=L$，$\phi=\phi_L$。试在$x/L=0\sim1$的范围内取10～20个结点，采用以下四种格式：中心差分、一阶迎风、混合格式及QUICK格式，对$P_\Delta=1,5,10$三种情形，画出$(\phi-\phi_0)/(\phi_L-\phi_0)$与$x/L$的变化图线，并与精确解相比较(注意网格Peclet数，P_Δ，与整体Peclet数，$Pe=\frac{\rho uL}{\Gamma}$，之间的区别)。

5-3　对一维非稳态对-扩散方程$\frac{\partial(\rho\phi)}{\partial t}=-\frac{\partial(\rho u\phi)}{\partial x}+\frac{\partial}{\partial x}\left(\Gamma\frac{\partial\phi}{\partial x}\right)$，采用隐式、乘方格式来离散，试确定下列情形下离散方程的系数a_E，a_W，a_P^0

及 a_P:$\Delta t=0.05$，$\rho u=3$，$\delta x=\Delta x=0.1$，$\rho=1$，$P_\Delta=0.1$，10。以上各有量纲量的单位都是一致的。

5-4 试证明对于有常数源项的一维模型方程指数格式亦可获得其精确解。

5-5 有一个二维稳态无源项的对流-扩散问题，已知 $\rho u=5$，$\rho v=3$，$\Gamma=0.5$，四个边上的 ϕ 值如图 5-34 所示，其中 $\Delta x=\Delta y=2$。试利用(1)一阶迎风格式；(2)混合格式；(3)乘方格式；(4)二阶迎风格式计算图中节点 1，2,3,4 的 ϕ 值。

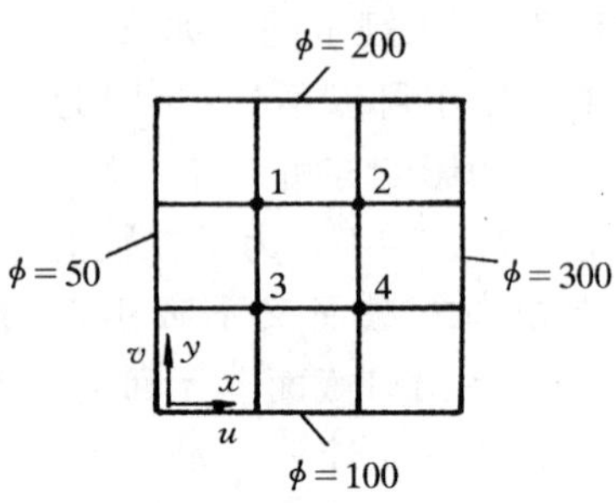

图 5-34　习题 5-5 图示

5-6 在图 5-35 中，P 控制容积的 w 界面上的对流转移量应为 $\rho_w u_w \phi_w \Delta y$，其中 ϕ_w 是 w 界面上的 ϕ 值。如果采用迎风差分格式，则这一量成为 $\rho_w u_w \phi_W \Delta y(u_w>0)$。试分析这样的替代所引起的假扩散影响(确定假扩散项及其系数)。

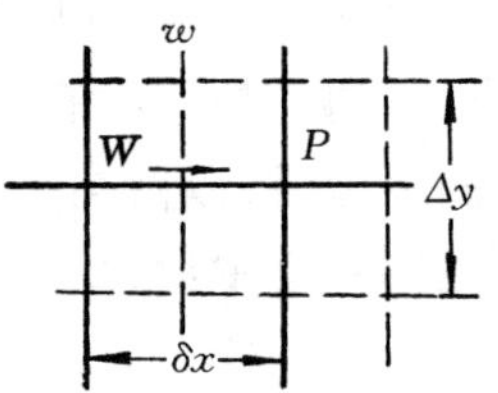

图 5-35　习题 5-6 图示

5-7 试对均匀网格及 $u>0$ 情形，采用 QUICK 格式对式(5-1)进行离散，导出其离散方程。并应用 5.7 节所介绍的符号不变原则，分析该格式的稳定性条件。

5-8 对于有源项的一维稳态模型方程，已知 $x=0$，$\phi=0$，$x=1$，$\phi=1$。源项 S 可以表示成为 $S=0.5-x$。试分别采用(1)混合格式；(2) QUICK 格式；(3) 一阶迎风格式，对 $Pe=1$，10，及 100 三种情形进行数值计算(取 10～20 个节点)，并将结果与该问题的精确解进行比较。

5-9 用界面上函数插值方式给出三阶迎风的定义，并验证它与给出节点上导数表达式的定义在形式上的一致性。

5-10 出口截面上流动方向的坐标局部单向化的假设与出口截面上已充分发展的假设是否相同，离散表达形式是否一样？哪一种假设要求计算区域(在主流方向)更长？

5-11 从 Fromm 格式的界面插值定义出发，对一维对流-扩散方程进行离散，扩散项取中心差分。用符号不变原则分析其稳定性条件，得出 $P_{\Delta cr}$ 之值。

5-12 根据 QUICK 格式的界面插值定义，导出相应的一阶导数的

离散表达式。如果把这一表达式看成是节点上的一阶导数$\left.\frac{\partial \phi}{\partial x}\right|_i$的一种离散形式,试分析其截断误差的阶数。进一步讨论:上述分析所得的截差阶数是否就代表了 QUICK 格式的截差阶数,为什么?

5－13　文献[102]中指出,对于多维的对流问题,采用迎风差分时不仅会产生假扩散,而且还会引起所谓假尺度(*false scaling*)的问题。例如对于高、宽比为 1 的移动顶盖的正方形空腔内的流动,采用迎风差分计算时可能会得出更接近于高、宽比不等于 1 的情形的解。试阅读该文献,说明该文献中式(2－1)系数 a,b 的意义,并对 a 及 b 均小于零的情形分析这一假尺度的问题是否仍然存在。

参考文献

1. Leonard B P. Bounded higher-order upwind multidimensional finite-volume convection-diffusion algorithm. In: W J Minkowycz, E M Sparrow, eds. Advances in numerical heat transfer. New York: Taylor & Francis, 1997. 1:20

2. Leonard B P. Comparison of truncation error of finite-difference and finite-volume formulation of convection terms. Appl Math Modelling, 1994. 18:46-50

3. 陶文铨著. 计算传热学的近代发展. 北京：科学出版社，2000. 352-356,264-266,84-96,131-153

4. Courant R, Issacson E, Rees M. On the solution of non-linear hyperbolic differential equations by finite differences. Pur Appl Math, 1952. 5: 243-269

5. Gentry R A, Martin R E, Daly B D. An Eulerian differencing method for unsteady compressible flow problems. J Comput Phys, 1966. 1:87-91

6. Barakat H Z, Clark J A. Analytical and experimental study of transient laminar natural convection flows in partially filled containers. In: Proceedings of Third International Heat Transfer Conference, 1966. 2:152-162

7. Runchal A K, Wolfstein M. Numerical integration procedure for the steady state Navier-Stokes equations. J Mech Eng Sci, 1969. 11:445-453

8. 罗奇 P J 著. 计算流体动力学. 钟锡昌，刘学宗译. 北京：科学出版社,1983. 47-56,82-87,473-490

9. Patankar S V. A calculation procedure for two-dimensional elliptic situation. Numer Heat Transfer, 1981. 4:405-425

10. 朱家昆. 计算流体力学. 北京：科学出版社,1984. 48-59,93-94

11. 陈材康编著. 计算流体力学. 重庆:重庆出版社,1992. 110-115

12. Kuwahara K. A novel finite difference method for flow simulation and visualization. In: P Chen, ed. Proceedings of the Symposium of Energy Engineering in the 21th Century, 2000. 1:149-160

13. Huh K Y, Golay M W, Manno V P. A method for reducing of numerical diffusion in the donor cell treatment of convection. J Comput Phys, 1986. 63:201－221
14. Noye B P. An introduction to finite difference techniques. In: Proceedings of an International Conference on the Numerical Simulation of Fluid Dynamics. New York: North-Holland-Elsevier, 1976. 56－85
15. 胡健伟，汤怀民．微分方程数值方法．北京：科学出版社，1999．249
16. de Vahl Davis G, Mallinson G D. An evaluation of upwind and central difference approximation by a study of recirculating flow. Comput Fluids, 1976. 4:29－43
17. Fletcher C A J. Computational techniques for fluid dynamics. Berlin: Springer-Verlag, 1991. 1:326－327
18. Ferziger J H, Peric M. Computational methods for fluid dynamics. Berlin: Springer, 1996. 72－73
19. 帕坦卡 S V 著．传热与流体流动的数值计算．张政译．北京：科学出版社，1984．122－126，40
20. Leonard B P. A survey of finite differences with upwinding for numerical modelling of the incompressible convective diffusion equation. In: C Taylor, K Morgan, eds. Computational techniques in transient and turbulent flows. Swansea: Pineridge Press, Limited, 1981. 1～35
21. Leonard B P, Drummond J E. Why you should not use 'hybrid', 'power-law' or related exponential schemes for convective modelling-there are much better alternatives. Int J Numer Methods Fluids, 1995. 20(6):421－442
22. Vest C M, Apraci V. Stability of natural convection in a vertical slot. J Fluid Mech. 1969. 36:1－15
23. Anderson J D Jr. Computational fluid dynamics. New York: McGraw-Hill, 1995. 356－371
24. Leonard B P. A stable and accurate convective modeling procedure based on quadratic upstream interpolation. Comut Meth Appl Mech Eng, 1979. 29:59－98
25. Freitas C J., Street R L, Fidikakis A N, Koseff J R. Numerical simulation of three-dimensional flow in a cavity, Int J Numer Methods Fluids, 1985. 5: 561－575

26. Leonard B P. The ULTIMATE conservative difference scheme applied to unsteady one-dimensional advection. Comput Methods Appl Mech Eng. 1991. 88:17－74

27. Phillips R E, Schmidt F W. Multigrid technique for the solution of the passive scalar advection-diffusion equation. Numer Heat Transfer, 1985. 8:25－43

28. Darwish M S. A new-high resolution scheme based on the normalized variable formulation. Numer Heat Transfer, Part B, 1993. 24:353－371

29. Thakur S, Shyy W. Some implementational issues of convection schemes for finite volume formulation. Numer Heat Transfer, Part B, 1993. 24:31－55

30. Hayase T, Humphery J A C, Grief A R. A consistently formulated QUICK scheme for fast and stable convergence using finite volume iterative calculation procedure. J Comput Phys, 1992. 93:108－118

31. Gaskell P H, Lau A K C. Curvature-compensated convective transport: SMART, a new boundedness-preserving transport algorithm. Int J Numer Methods Fluids, 1988. 8:617－641

32. Darwish M S, Moukalled F. The normalized weighting factor method: a novel technique accelerating the convergence of high resolution convective scheme. Numer Heat Transfer, Part B, 1996. 30:217－237

33. Khosla P K, Rubin S G. A diagonally dominant second order accurate implicit scheme. Comput Fluids. 1974. 2:207－209

34. 杨沫，李学恒，陶文铨 Ozoe H. QUICK与多种差分方案的比较．工程热物理学报．1999.20(5):593－597

35. Moukalled F, Darwish M. New bounded skew central difference scheme, Part I: formulation and testing. Numer Heat Transfer, Part B, 1997. 31:91－110

36. Ni M J, Tao W Q, Wang S J. Stability analysis for discretized steady convective-diffusion equation. Numer Heat Transfer, Part B, 1999. 35(3):369－388

37. Richtmyer R D, Mortan K W. Difference methods for initial value problems. 2nd ed. New York: Interscience Publishers, 1967. 45－48

38. 李德元，陈光南．抛物型方程差分方法引论．北京：科学出版社，

1998. 21－32

39. Gresho P M，Lee R L. Don't suppress the wiggles — they are telling you something! Comput Fluids，1981. 9:223－251
40. Tao W Q，Sparrow E M. The transportive property and convective numerical stability of the steady-state convection-diffusion finite difference equation. Numer Heat Transfer，1987. 11:491－497
41. Fromm E A. A method for reducing dispersion in convective difference schemes. J Comput Phys，1968. 3:176－189
42. Kong，H，Choi H，Lee J S. Effects of difference schemes and boundary treatment on accuracy of solutions of the Navier-Stokes equations. In：Proceedings of ISTP-10，3:845－850
43. Lilek，Z，Muzaferija S，Peric M. Efficiency and accuracy aspects of a full-multigrid SIMPLE algorithm for three-dimensional flows. Numer Heat Transfer，Part B，1997. 31:23－42
44. Li Z Y，Hung T C，Tao W Q. Numericl simulation of heat transfer at an array of co-planar slat-like surfaces oriented normal to a forced convection flow. Int J comput Appl Tech，2000. 13(6)：285－294
45. 陶文铨，宇波，刘士来，成昌锐，王秋旺．关于对流项离散格式稳定性的讨论．哈尔滨工业大学学报，1999. 31(增刊)：15－18
46. 刘星，王秋旺，陶文铨．边界条件对对流稳定性的影响．工程热物理学报，2001
47. Runchal A K. Convergence and accuracy of three finite difference schemes for a two-dimensional conduction and convection problem. Int J Numer Methods Eng. 1972. 4:541－550
48. Raithby G D. Skew upstream differencing scheme for problem involving fluid flow. Comput Meth Appl Mech Eng. 1976. 9:153－164
49. Raithby G D. A critical evaluation of upstream differencing applied to problems involving fluid flow. Comput Meth Appl Mech Eng. 1976. 9:75－103
50. Atias M，Wolfstein M，Israel M. Efficiency of Navier-Stokes solvers. AIAA J，1977. 15:263－266
51. Gupta M M，Manohar R P. A critique of a second-order upwind scheme. AIAA，J，1978. 16:759－761
52. Chow C L，Tien C L. An examination of four differencing schemes for

some elliptic type equations. Numer Heat Transfer, 1978. 1:87－100
53. Lillington J N. A comparison of finite difference methods for the prediction of temperature in recirculating flows in cluster geometry. In: C Taylor, K Morgan, eds. Numerical methods in laminar and turbulent flow. London: Pentech Press, 1978. 515－525
54. Won H H, Raithby G D. Improved finite difference methods based on a critical evaluation of the approximation errors. Numer Heat Transfer, 1978. 2:139－163
55. Atkins D J, Maskell S J, Patrick H A, Numerical prediction of separated flow. Int J Numer Methods Eng. 1980. 15:129－144
56. Leschziner M A. Practical evaluation of three finite difference schemes for the computation of steady-state recirculating flows. Comput Meth Appl Mech Eng, 1980. 293－312
57. Han T, Humphery J A C, Launder B E. A comparison of hybrid and quadratic upstream difference in high Reynolds number elliptic flows. Comput Meth Appl Mech Eng, 1981. 29:81－95
58. Leschziner M A, Rodi W. Calculation of annular and twin parallel jets using various discretization schemes and turbulence model variations. ASME J Fluids Eng, 1981. 103:352－380
59. Pollard A, Siu A L W. The calculation of some laminar flows using various discretization schemes. Comput Meth Appl Mech Eng, 1982. 35:293－313
60. Smith R M, Hutton A G. The numerical treatment of advection, a performance comparison of current methods. , Numer Heat Transfer, 1982. 5:439－461
61. Spalding D B. An overview of diffusion-convection problems. In: J Caldwell, Moscarding A O, eds. Numerical modeling in diffusion convection, London: Pentech Press, 1982. 1－16
62. Hassan Y A, Kim J H, Rice J G. Reduction of numerical diffusion errors in thermal mixing predictions. Trans Am Nucl Soc, 1983. 44:261－262
63. Hassan Y A, Rice J G, Kim J H. A stable mass-flow-weighted two dimensional skew upwind scheme. Numer Heat Transfer, 1983. 6:395－408

64. Beier R A, Ris J. Accuracy of finite difference methods in recirculating flows. Numer Heat Transfer, 1983. 6:283－302

65. Leonard B P. A convectively stable, third-order accuracy finite difference method for steady two dimensional flow and heat transfer. In: T M Shih, ed. Numerical properties and methodologies in heat transfer. Washington D C: Hemisphere, 1983. 211－226

66. Patel M K, Markatos N C, Cross M. A critical evaluation of seven discretization schemes for covnvection-diffusion equation. Int J Numer Meth Fluids, 1985. 5:225－244

67. Shyy W. A study of finite difference approximation to steady state convection-dominated flow problems. J Comput Phys, 1985. 57:415－438

68. Shyy W, Tong S S, Correa S M. Numerical recirculating flow calculation using a body-fitted coordinate system. Numer Heat Transfer, 1985.8:99－113

69. Patel M K, Markatos N C, Cross M. Method of reducing false-diffusion errors in convection-diffusion problems. Appl Math Modelling, 1985.9:302－306

70. Huang P G, Launder B E, Leschziner M A. Discretization of non-linear processes: a broad-range comparison of four schemes. Comput Meth Appl Mech Eng, 1985. 48:1－14

71. Runchal A K. CONDIF: a modified central-difference scheme with unconditional stability and very low numerical diffusion. In: Proceedings of 8th International Heat Transfer Conference, 1986. 2:403－408

72. Patel M K, Markatos N C. An evaluation of eight discretization schemes for two-dimensional convection-diffusion equations. Int J Numer Methods Eng, 1986. 16:129－154

73. Sharh M A R, Busni A A. Assessment of finite difference approximations for the advection terms in the simulation of practical flow problems. J Comput Phys, 1988. 74:143－176

74. Zurigat Y H, Ghajar A J. Comparative study of weighted upwind and second order upwind difference schemes. Numer Heat Transfer, Part B, 1990.18:61－80

75. Shyy W, Thakur S, Wright J. Second order upwind and central differ-

ence schemes for recirculating flow computation. AIAA J, 1992. 30: 923 - 932

76. Ni M J, Tao W Q, Wang S J. Stability-controllable second order difference scheme for convection term. J Thermal Science, 1998. 7(2): 119 - 130

77. Demuren A O. False diffusion in three dimensional problems. Comput Fluids, 1985. 13:411 - 419

78. Mei R W, Plotkin A. Navier-Stokes solutions for laminar incompressible flows in forward-facing step geometries. AIAA J,1986. 24:1106 - 1113

79. 何雅玲,邵洗明,吴沛宜等．牛津型制冷机热力动态过程的数值模拟．工程热物理学报,1996. 17(2):5 - 8

80. 何雅玲,赵佳威,张良等．G - M 制冷机穿梭传热损失的数值计算与分析．工程热物理学报,1989. 19(2):150 - 153

81. 何雅玲,赵佳威,许名尧等．液氦温区双线 G - M 制冷机循环的数值模拟分析．西安交通大学学报,1998.32(3):64 - 67

82. 何雅玲,高成名,李景高等．分置式微型斯特林制冷机的理论分析．工程热物理学报,2000.21(5):541 - 544

83. 何雅玲,高成名,陈钟颀,陶文铨．两种锥形脉管制冷机的数值模拟及其实验验证．工程物理学报,2001.22:5 - 8

84. Gao C M, He Y L, Chen Z Q. Study on a pulse tube cryocooler using gas mixture as its working fluid. Cryogenics, 2000. 40:475～490

85. Barakos G, Mitsoulis E. Natural convection flow in a square cavity revisited: laminar and turbulent models with wall function. Int J Numer methods Fluids, 1994. 18(7):695 - 719

86. Prakash C. Application of locally analytic differencing scheme to some test problems for the convection diffusion equation. Numer Heat Transfer, 1984. 7:165 - 182

87. Kim S H, Anand N K. Outflow boundary condition for the temperature field in channels with periodically positioned heat sources in the presence of wall conduction. Numer Heat Transfer, Part A, 1994. 25: 163 - 176

88. Anand N K, Chin C D, McMath J G. Heat transfer in rectangular channels with a series of normally in-line positioned plates. Numer

Heat Transfer, Part A, 1995. 27:19 - 34

89. Lopez J R, Anand N K, Fletcher L S. Heat transfer in a three-dimensional channel with baffles. Numer Heat Transfer, Part A, 1996. 30:1898 - 205

90. Yuan Z X, Tao W Q, Wang Q W. Numerical prediction for laminar forced convection heat transfer in parallel channels with streamwise-periodic rod disturbances. Int J Numer Methods Fluids, 1998. 28:1371 - 1387

91. Darwish M S, Whiteman J R, Bevis M J. Numerical modeling of viscoelastic liquids. J Non-Newtonian Fluid Mech. 1992. 45:311 - 337

92. Pereira J C F, Rocha J M P. Numerical computation of convective dispersion in turbulent buoyant jets. Numer Heat Transfer, Part a, 1993. 23:399 - 414

93. 杨官平，孙昭星. QUICK 格式在大型电站锅炉数值计算中的应用. 华北电力学院学报，1994.(1)：55 - 61

94. Zhang E Q, Assanis D N. Segregated prediction of 3 - D compressible subsonic fluid flows using collocated grids, Numer Heat Transfer, Part A, 1996. 29:757 - 775

95. Rahman M M, Miettinen A, Siikonen T. Modified SIMPLE formulation on a collocated grid with an assessment of the simplified QUICK scheme. Numer Heat Transfer, Part B, 1996. 30:291 - 314

96. Hsieh E D, Chang K C. Turbulent flow calculation with orthodox QUICK scheme. Numer Heat Transfer, Part A, 1996. 30: 589 - 604

97. Mo Y, Miyatake O. Numerical analysis of the transient turbulent flow field in a thermally stratified thermal storage water tank. Numer Heat transfer, Part, A, 1996. 30:649 - 667

98. Kim S Y, Kang B H. Forced convection heat transfer from two heated blocks in pulsating channel flow. Int J Heat Mass Transfer, 1997. 41:625 - 634

99. Freitas C J. Editorial. ADME J Fluids Eng, 115:339 - 340

100. Editorial. AIAA J, 1994. 32:3

101. Editorial. Int J Numer methods Fluids, 1995. 19(7): Ⅲ

102. Strikwerda J C. Upwind differencing, false scaling, and nonphysical solutions to driven cavity problem. J Comput Phys, 1982. 47:303 - 307

第6章 求解椭圆型流动与换热问题的原始变量法

对流换热问题一般可以分为边界层与非边界层(即有回流)两大类型。从数学描写上说,前者的控制方程至少对一个空间坐标而言是抛物型的,而后一情形下各空间坐标都是椭圆型的。本章及第8章中讨论有回流的流场与温度场的数值解法。由于工程中所遇到的流动与传热问题一般多为有回流的情形,为突出重点,本书第二版中不再开展对边界层型方程求解方法的讨论,有兴趣的读者可参阅文献[1]或本书第1版[2]

求解对流换热问题的关键是确定流场,本章的讨论重点也放在Navier-Stokes方程的求解上。对于自然对流问题,流场的求解与温度场的计算必须同时进行,将在有关部分述及。

在求解有回流问题的流场时,可以用速度、压力(或密度)作为基本变量,也可取涡量、流函数作为变量。前一类方法称为原始变量法,后一种方法叫涡量流函数法。本章中介绍前一类方法。

在原始变量法中又可区分为以密度为基本变量(即以 u,v,ρ 为变量)及以压力为基本变量(u,v,p)两大类。以密度为基本变量时,连续性方程是求解密度的控制方程,解出密度后再用状态方程去确定压力。这种方法的缺点是不能推广到 Ma 数很低的情形,它主要用在 Ma 数较高的亚音速或超音速的可压缩流动计算中,本书将不作展开(可参阅文献[3~5])本章只介绍以压力为基本求解变量的方法。这类方法最初是对不可压缩流体的流场求解建立起来的,但近年来已成功地推广到了可压缩流场的计算中去。

就控制方程离散后代数方程的求解方式而言,又可以分为联立求解各变量(u,v,p 等)代数方程组的方法及分离式(或顺序地)求解各变量代数方程组的方法。前一类方法还可分为所有变量的代数方程组全场联立求解,部分变量全场联立求解及局部地区所有变量联立求解等情形。总的说,这一类方法对计算机的资源要求较高,其发展程度也不很成熟,本章不作介绍,有关资料可参阅文献[6]。

不可压缩流体流场数值求解方法的分类大致如图6-1所示。本书中介绍其中的压力修正方法及涡量-流函数法。从各种方法被使用的广泛性而言,压力修正方法是目前求解不可压缩流场的主导方法。

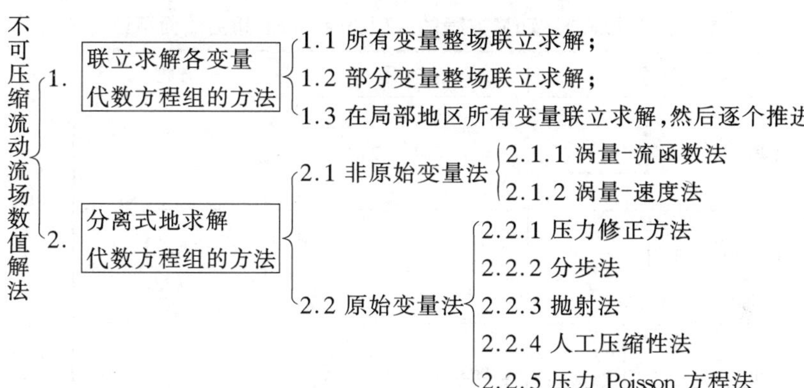

图6-1　不可压缩流场数值解法分类树

本章以下首先从不可压缩流场数值求解的两个关键问题说起,进而引出交叉网格及SIMPLE系列算法,这是本章的核心内容。最后对近十几年来应用较广的同位网格上的SIMPLE算法进行分析、讨论。

6.1　动量方程的源项及流场求解中的关键问题

6.1.1　动量方程中的源项

我们在1.1中,已经详细讨论了描写对流换热过程的控制方程组,并把各个守恒定律的数学表达式都写成了式(1-15)的形式,为方便起见,重新引列如下:

$$\frac{\partial(\rho\phi)}{\partial t} + \mathrm{div}(\rho\mathbf{U}\phi) = \mathrm{div}(\Gamma_\phi \mathrm{grad}\phi) + S_\phi \tag{6-1}$$

这里 S_ϕ 是广义源项。对动量方程(即 Navier-Stokes 方程)而言,它除了包含压力梯度以外,还包括了所有其它无法纳入到扩散项 $\mathrm{div}(\Gamma_\phi \mathrm{grad}\phi)$ 中的所有与粘性有关的项。在进行流动过程的数值计算时,正确写出不同坐标系下各个速度分量的源项并对它进行合适的数值处理,常常是计算成败的关键问题之一,读者应予以重视。在获得这样的广义源项的表达式对,首先把原始的 Navicr-Stokes 方程[7]粘性项中的有关部分组成式(1-15)右端的散度部分,剩下的与粘性有关的项即进入 S_ϕ;同时,还需将原始的 Navier-Stokes 方程左端对流项部分写成散度的形式,未能进入散度的部分也归并到源项中去。对于动力粘度为常数且不考虑重力的情形,在三种二维坐标系中不同速度分量的源项表达式,列于表 6-1 中。

表 6-1 不可压缩流体动量方程的源项(η = const,重力略而不计)

坐标系	u 方程	v 方程
直角 (y, v; u)	0	0
圆柱轴对称 (r; x)	0	$-\dfrac{\eta v}{r^2}$
极坐标 (r, v, u; θ)	$-\dfrac{\rho uv}{r}+\dfrac{2\eta}{r^2}\dfrac{\partial v}{\partial\theta}-\dfrac{\eta u}{r^2}$	$\dfrac{\rho u^2}{r}-\dfrac{2\eta}{r^2}\dfrac{\partial u}{\partial\theta}-\dfrac{\eta v}{r^2}$

6.1.2 不可压缩流动求解中的关键问题

Navier-Stokes 方程是非线性的,它们的离散方程系数中包含有被求量 u,v,因而整个问题的数值求解必然带有迭代的性质。但从原则上说,这并不构成特殊的困难。动量方程数值求解中所遇到的主要问题之一是与一阶导数项$\dfrac{\partial p}{\partial x_i}$的离散有关的。

6.1.2.1 采用常规的网格及中心差分来离散压力梯度项时,动量方程的离散形式可能无法检测出不合理的压力场。

我们如果采用常规的方法来建立网格——把 $\boldsymbol{u}$,v 及 p 均存于同一套网格的节点上,则在数值计算中会遇到以下问题。以一维流动为例,稳态时有

$$\rho u\frac{\mathrm{d}u}{\mathrm{d}x}=-\frac{\mathrm{d}p}{\mathrm{d}x}+\eta\frac{\mathrm{d}^2u}{\mathrm{d}x^2} \tag{6-2}$$

对于图 6-1a 所示的均分网格,将此式中的各项均取中心差分,得差分方程为:

$$\rho u_i \frac{u_{i+1}-u_{i-1}}{2\delta x} = -\frac{p_{i+1}-p_{i-1}}{2\delta x} + \eta_i \frac{u_{i+1}-2u_i+u_{i-1}}{(\delta x)^2} \tag{6-3}$$

式(6-3)表明，对 i 点的离散方程不包括 p_i，而是把被 i 点隔开的两邻点的压力联系了起来，为叙述的方便，我们称之为 $2-\delta$ 压差。当采用式(6-3)这样带有 $2-\delta$ 压差项的动量离散方程来求解流场时，就会引起这样的问题：如果在流场迭代求解过程的某一层次上，在压力场的当前值中加上了一个锯齿状的压力波，(图6-2(b))则动量方程的离散形式无法把这一不合理的分量检测出来，它一直会保留到迭代过程收敛而且被作为正确的压力场输出(图6-2(b)中的虚线)。

δx
δx
i-2 i-1 i i+1 i+2
x
(a)
p
真解
迭加的压力波
x
(b)

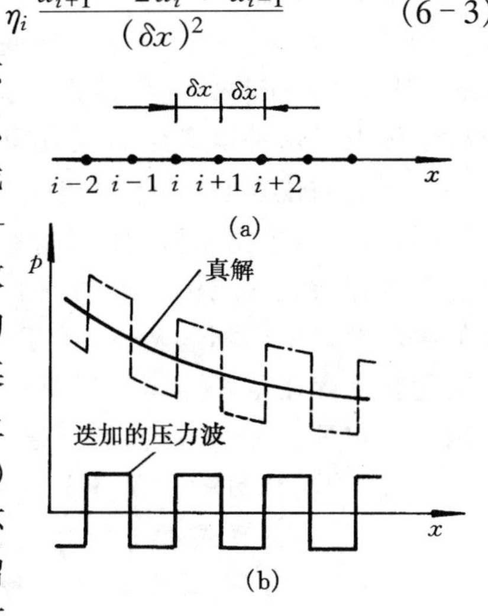

图6-2　一般网格系统无法检测出不合理的

这种情形在二维下可能导致动量离散方程无法检测出所谓的棋盘形压力场(*checkerboard pressure field*)。在二维的均分网格中，i 点在 x 方向的动量方程中包含($p_{i+1,j}-p_{i-1,j}$)，在 y 方向的动量方程中包含($P_{i,j+1}$

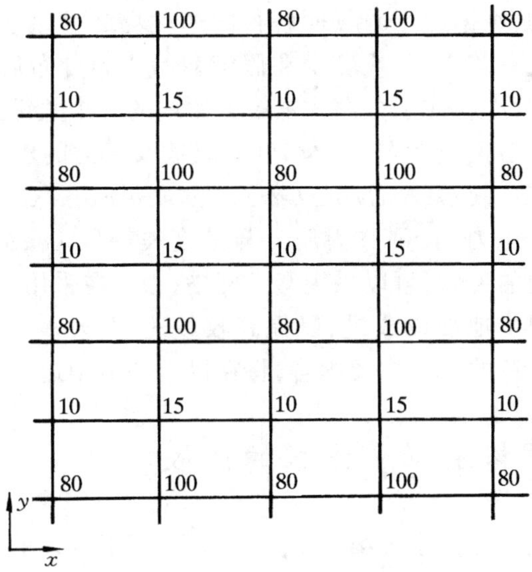

80 100 80 100 80
10 15 10 15 10
80 100 80 100 80
10 15 10 15 10
80 100 80 100 80
10 15 10 15 10
80 100 80 100 80
y
x

图6-3　棋盘形压力场举例

$-P_{i,j-1}$)，这样如果在迭代计算过程的某一步中迭加进入一个棋盘形的压力场——即无论 x 还是 y 方向每两倍节点间距的位置上压力相同的分布，则这一分布将始终保留在压力场内，而无法被衰减掉。图6－3中示意性地画出了这种棋盘形的压力场，这里具体的数字并不重要，它只是任何一个数字的代表而已，但每隔一个节点压力必须相等是其特点。

那么，应当建立怎样的网格系统，能使动量方程的离散形式能检测出上述不合理的波形或棋盘形的压力场呢？显然，如果动量方程中压力梯度的离散形式是以相邻两点间的压力差(称为 $1-\delta$ 压差)来表示的，则上述问题就不存在了。因而为了获得合理的压力场，对于动量方程我们要采用能使它具有 $1-\delta$ 压差的网格系统。

6.1.2.2　压力的一阶导数以源项的形式出现在动量方程中。采用分离式求解各变量的离散方程时，由于压力没有独立的方程，需要设计一种专门的方法，以使在迭代求解过程中压力的值能不断地得到改进。

如前所述，所谓分离式求解法，就是 u, v, p 各类变量独立地，有序地进行求解的方法。即在一组给定的代数方程的系数下，先用迭代法求解一类变量而保持其它变量为常数，如此逐一依次求解各类变量。这样求解时，我们遇到的一个问题是：压力本身没有控制方程，它是以源项的形式出现在动量方程中的。压力与速度的关系隐含在连续方程中，如果压力场是正确的，则据此压力场而解得的速度场必满足连续性方程。如何构造求解压力场的方程，或者说在假定初始压力分布后如何构造计算压力改进值的方程，就成了分离式求解方法中的一个关键问题。

上述两个关键问题都与压力梯度的离散及压力的求解有关，统称为压力与速度的耦合问题(*coupling between pressure and velocity*)。如果数值解得出了波形压力场，则称为压力与速度失耦(*decoupling*)。为了克服压力与速度间的失耦，可以采用交叉网格；为了在采用分离式求解方法时各类变量能同步地加以改进，以提高收敛速度，发展出了 SIMPLE 系列算法。这是本章的两个主要内容，将在以后各节中逐一介绍。

6.2　交叉网格及动量方程的离散

为了解决流场计算中的第一个关键问题，即不合理的压力场的检测，应当使相邻两点间的压差，即 $1-\delta$ 压差，出现在动量离散方程中；同时为了保证计算的准确度及对压力的物理特性模拟，这样的 $1-\delta$ 压差应当是压力梯度中心差分的表达式的组成部分。为此可以采用交叉网格(staggered grid)。本节将就交叉网格中速度分量位置的安排、交叉网格上动量方程的离散及有关问题开展深入的讨论。

6.2.1　交叉网格上速度分量位置的安排

所谓交叉网格就是指把速度 u,v 及压力 p(包括其它所有标量场及物性参数)分别存储于三套不同网格上的网格系统。其中速度 u 存于压力控制容积的东、西界面上,速度 v 存在压力控制容积的南、北界面上,u,v 各自的控制容积则是以速度所在位置为中心的,如图 6－4 所示。由图可见,u 控制容积与主控制容积(即压力的控制容积)之间在 x 方向有半个网格步长的错位,而 v 控制容积与主控制容积之间则在 y 方向上有半个步长的错位。交错网格这一名称即由此而来。

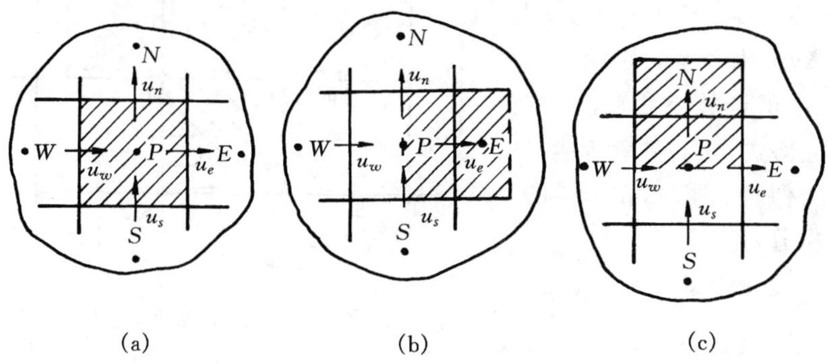

图 6－4　交叉网格
(a) 主控制容积;(b) u 控制容积;(c) v 控制容积

在交错网格系统中,关于 u,v 的离散方程可通过对 u,v 各自的控制容积作积分而得出。这时压力梯度的离散形式对 u_e 为$(p_E-p_P)/(\delta x)_e$,对 v_n 为$(p_N-p_P)/(\delta_y)_n$,亦即相邻两点间的压力差构成了$\dfrac{\partial p}{\partial x}$,$\dfrac{\partial p}{\partial y}$,这就从根本上解决了采用一般网格系统时所遇到的困难,也是交叉网格成功的经验。

6.2.2　交叉网格上动量方程的离散

在交错网格中,一般 ϕ 变量的离散过程及结果与第 5 章中所述的一样。但对动量方程而言,则带来一些新的特点,主要表现在以下二方面。

(1) 积分用的控制容积不是主控制容积而是 u, v 各自的控制容积。

(2) 压力梯度项从源项中分离出来。例如对 u_e 的控制容积,该项积分为

$$\int_s^n \int_P^E \left(-\frac{\partial p}{\partial x}\right) \mathrm{d}x \mathrm{d}y = -\int_s^n (p|_P^E) \mathrm{d}y \cong (p_P - p_E)\Delta y \tag{6-4}$$

这里假设在 u_e 的控制容积的东、西界面上压力是各自均匀的,分别为 p_E 及 p_P。于是关于 u_e 的离散方程便具有以下形式:

$$a_e u_e = \sum a_{nb} u_{nb} + b + (p_P - p_E) A_e \tag{6-5}$$

其中:u_{nb} 是 u_e 的邻点速度(图 6-5 中的 u_{ee}, u_n, u_w 及 u_s);b 为不包括压力在内的源项中的常数部分,对非稳态问题为 $b = S_c \Delta v + a_e^0 u_e^0$;$A_e = \Delta y$ 是压力差的作用面积;系数 a_{nb} 的计算公式取决于所采用的格式,见上一章所述。

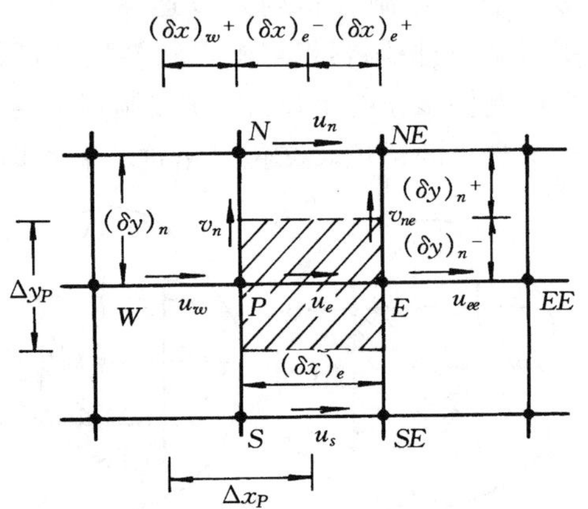

图 6-5　u_e 的四个邻点

类似地,对 v_n 的控制容积作积分可得:

$$a_n v_n = \sum a_{nb} v_{nb} + b + (p_P - p_N) A_n \tag{6-6}$$

6.2.3　交叉网格上的插值

在交叉网格上采用控制容积积分法来导出离散方程时,各控制容积界面上的流量、物性参数等常需要通过插值的方式来确定。需要插值的量有以下三类:

(1) 界面上的流量　例如 u_e 控制容积的西界面上的流量 F_P 可以按 u_e, u_w 位置上的流量 F_e, F_w 插值而得(参见图 6-5)

$$F_P = F_e \frac{(\delta x)_{w^+}}{\Delta x_P} + F_w \frac{(\delta x)_{e^-}}{\Delta x_P} = (\rho u)_e \Delta y \frac{(\delta x)_{w^+}}{\Delta x_P} + (\rho u)_w \Delta y \frac{(\delta x)_{e^-}}{\Delta x_P} \tag{6-7}$$

而 u_e 的北界面上的流量 F_{n-e} 则可看成分别由 v_n 及 v_{ne} 在各自的流动截面内的流量迭加而成:

$$F_{n-e}=(\rho v)_n(\delta x)_{e^-}+(\rho v)_{ne}(\delta x)_{e^+} \tag{6-8}$$

以上两式中界面上的密度都要经过插值才能确定。

(2) 界面上的密度可以采用线性插值法确定。如 ρ_e 可表示为：

$$\rho_e=\rho_E\frac{(\delta x)_{e^-}}{(\delta x)_e}+\rho_P\frac{(\delta x)_{e^+}}{(\delta x)_e} \tag{6-9}$$

(3) 界面上的扩散系数(或扩导) 利用传热学中热阻串、并联的概念可方便地得出界面上扩导的计算式。例加 u_e 北界面上的扩导 D_{n-e} 可以表示为：

$$D_{n-e}=\underbrace{\frac{(\delta x)_{e^-}}{\frac{(\delta y)_n}{\Gamma_n}}+\frac{(\delta x)_{e^+}}{\frac{(\delta y)_n}{\Gamma_{ne}}}}_{\text{并联的扩导}}=\frac{(\delta x)_{e^-}}{\underbrace{\frac{(\delta y)_{n^-}}{\Gamma_P}+\frac{(\delta y)_{n^+}}{\Gamma_N}}_{\text{串联的阻力}}}+\frac{(\delta x)_{e^+}}{\underbrace{\frac{(\delta y)_{n^-}}{\Gamma_E}+\frac{(\delta y)_{n^+}}{\Gamma_{NE}}}_{\text{串联的阻力}}} \tag{6-10}$$

其中 $\Gamma_E,\Gamma_N,\Gamma_P$ 及 Γ_{NE} 都是节点上的扩散系数。

6.2.4 采用交叉网格时的注意事项

采用交错网格建立离散方程及编制程序时，还应注意以下几个问题：

1. 三类变量的节点编号方法　如图6-6所示，一般以速度矢量箭头所指向的主节点的编号为该速度的编号。也就是说，对主节点 (i,j)，其控制容积西界面上的流速为 $u_{i,j}$，南界面上的流速为 $v_{i,j}$。设 x 方向主节点下标由1变到 L_1，y 方向由1到 M_1，则对区域离散方法 B，相应的 u,v 变量位置如图6-7及6-8所示。

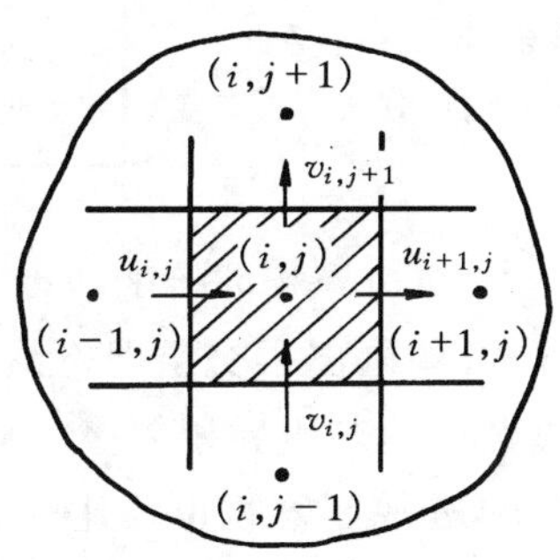

图6-6　u,v 节点的编号方法

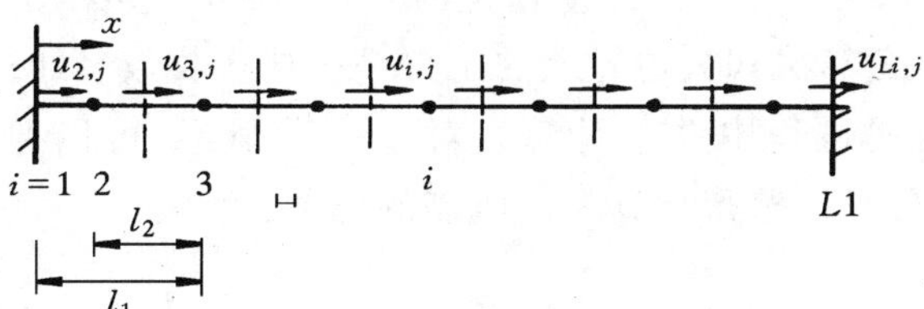

图6-7　u 速度的编号方法

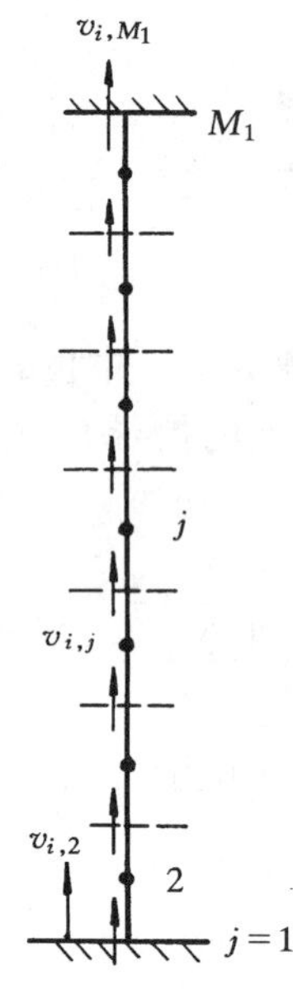

图 6-8　v 速度的编号方法

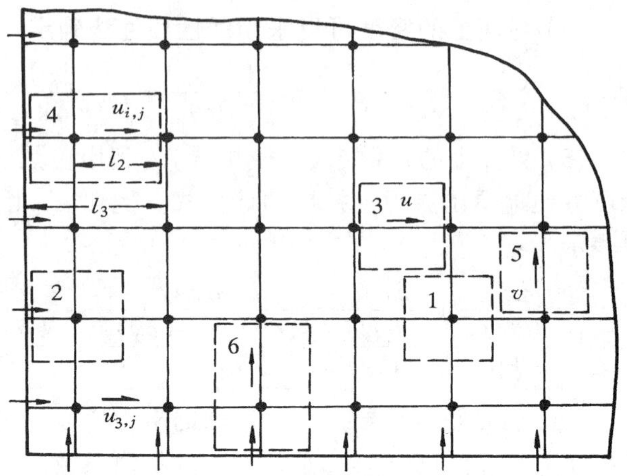

图 6-9　六种类型的控制容积

编号	1	2	3	4	5	6
控制容积类型	一般 ϕ 变量及连续性方程(内部)	同 1(边界)	u(内部)	u(边界)	v(内部)	v(边界)

2．与边界相邻接的速度控制容积与内部速度控制容积的不同　在图 6-9 中画出了交错网格系统中 6 种类型的控制容积[8]。由图可见，与计算区域的东边界相邻接的 u 控制容积要比内部的长一些，与南边界相邻接的 v 控制容积也要比内部的长一些。这是因为对离散方法 B，与边界节点相对应的控制容积为零，必须把 u，v 的第一个内点控制容积略加延伸，才能覆盖整个计算区域。

3．与边界相邻接的速度控制容积中的压差计算　对图 6-9 中的速度 $u_{3,j}$，其离散方程中的压差应该是$(p_{1,j}-p_{3,j})$。但采用分离式求解法(例如 SIMPLE 算法)时，边界上的压力是在迭代收敛后通过外推方法而获得的，在迭代过程中并不计算。对于这种情形，可以通过对$(p_{2,j}-p_{3,j})$作线性外推而获得计算 $u_{3,j}$所需的压差：

$$p_{1,j}-p_{3,j}\cong(p_{2,j}-p_{3,j})\left(\frac{l_1}{l_2}\right) \tag{6-11}$$

由本节的讨论可见，采用交错网格时无论是程序的编制还是数值计算都比较费时，尤其是对三维复杂区域中的问题，这一矛盾更加突出。近

10 年来,在交叉网格成功应用经验的基础上已发展出一种非交叉网格,其中各种变量均置于同一套网格上而又可防止压力与速度间的失耦,这种网格称为同位网格,将在本章后面介绍。

在获得动量方程的离散形式后,如果采用 u,v,p 同时求解的方法,则需将连续性方程在主控制体上离散(采用交错网格时速度均在主控制的界面上,不必插值),然后用直接解法计算在给定的一组系数下各节点上的 u,v,p 之值。根据计算所得的新值,改进代数方程的系数,再用直接法解出与新的系数相应的 u,v,p 值。如此反复,直到收敛(参阅图 1-7)。这种 u,v,p 在全域范围内同时求解的方法由于要耗费巨大的计算机资源尚未在工程数值计算中获得应用。以下我们着重介绍分离式求解方法。

6.3　求解 Navier-Stokes 方程的压力修正方法

u,v,p 的代数方程的分离式求解法的关键,是如何求解压力场,或者在假定了一个压力场后如何改进它。目前广泛采用的压力修正法就是用来改进压力场的一类计算方法。本节首先说明压力修正方法的基本思想,然后着重讨论如何建立改进压力值的代数方程。本节所介绍的内容是压力修正方法的核心,读者应较好掌握。

6.3.1　压力修正方法的基本思想

压力修正方法求解 Navier-Stokes 方程的基本思想如下。

在对 Navier-Stokes 方程的离散形式进行迭代求解的任一层次上,可以给定一个压力场,它可以是假定的或是上一层次计算所得出的。一个正确的压力场应该使计算得到的速度场满足连续性方程。但据这样给定的压力场计算而得的速度场,未必能满足连续性方程,因此要对给定的压力场作改进,即进行修正,原则是:与改进后的压力场相对应的速度场能满足这一迭代层次上的连续性方程。据此来导出压力的修正值与速度的修正值,并以修正后的压力与速度开始下一层次的迭代计算。

据此,可以把压力修正算法归纳为以下 4 个基本步骤:

1. 假设一个压力场,记为 p^*。

2. 利用 p^*,求解动量离散方程,得出相应的速度 u^*,v^*。

3. 利用质量守恒方程来改进压力场,要求与改进后的压力场相对应的速度场能满足连续性方程。为叙述的简洁与方便,用上角标“′”表示修正量,即用 p',u' 和 v' 分别表示压力与速度的修正量,称之为压力修正值(*pressure correction*)与速度修正值(*velocity correction*)。

4. 以$(p^* + p')$及$(u^* + u')$,$(v^* + v')$作为本层次的解并据此开始下一层次的迭代计算。

由以上讨论可见,这一方法中的两个关键问题是:

(1) 如何获得压力修正值 p',使与$(p' + p^*)$相对应的$(u' + u^*)$,$(v' + v^*)$能满足连续性方程?

(2) 获得了 p' 后,如何确定 u',v'?

6.3.2 速度修正值的计算公式

为讨论的方便,我们先研究如何由 p' 来确定相应的 u' 与 v'。

首先我们认为改进后的压力场与速度场也满足这一迭代层次上的动量离散方程,即线性化了的动量方程,于是有

$$a_e(u_e^* + u'_e) = \sum a_{nb}(u_{nb}^* + u'_{nb}) + b + [(p_P^* + p'_P) - (p_E^* + p'_E)]A_e$$

注意到 u^*,v^* 是据 p^* 之值从这一离散方程解出的,因而它们满足

$$a_e u_e^* = \sum a_{nb} u_{nb}^* + b + (p_P^* - p_E^*)A_e$$

这里,我们假定由源项构成的 b 的值保持不变,于是将此两式相减就得:

$$a_e u'_e = \sum a_{nb} u'_{nb} + (p'_P - p'_E)A_e \tag{6-12}$$

式(6-12)表明,任一点上速度的改进值由两部分组成:一部分是与该速度在同一方向上的相邻两节点间压力修正值之差,这是产生速度修正值的直接的动力;另一部分是由邻点速度的修正值所引起的,这又可以视为四周压力的修正值对所讨论位置上速度改进的间接影响。

如果直接按式(6-12)来确定速度修正值将导致十分复杂的计算,这里我们认为在上述两个影响因素中压力修正的直接影响是主要的,四周邻点速度修正值的影响可近似地不予考虑,这就相当于假设在 $\sum a_{nb} u'_{nb}$ 中系数 $a_{nb} = 0$。于是得速度修正方程:

$$a_e u'_e = (p'_P - p'_E)A_e$$

或

$$u'_e = \left(\frac{A_e}{a_e}\right)(p'_P - p'_E) = d_e(p'_P - p'_E) \tag{6-13a}$$

类似地可得

$$v'_n = d_n(p'_P - p'_N),\ d_n = \frac{A_n}{a_n} \tag{6-13b}$$

于是改进后的速度为:

$$u_e = u_e^* + d_e(p'_P - p'_E),\ v_n = v_n^* + d_n(p'_P - p'_N) \tag{6-14}$$

为什么在获得压力的改进值 $p = p^* + p'$ 后,不直接利用这一改进值及 u^*,v^* 去开始下一层次的迭代,而是要先计算这一层次上的修正值 u',v' 呢? 这是因为,u^*,v^* 不满足连续性方程,如果用它们去确定新的系数、开始下一层次的迭代,则会影响迭代收敛速度,并且也使 $a_P = \sum a_{nb}$ 的关系得不到保证(注意在式(5-28c)这一类表达式中包括($F_e - F_w$)项),会使代数方程组系数矩阵对角占优的条件遭到破坏。

6.3.3　求解压力修正值的代数方程

现在来导出确定压力修正值 p' 的代数方程。压力修正值 p' 应当满足的条件是:根据 p' 而改进的速度场能满足连续性方程。为此,把式(6-14)代入连续性方程的离散形式,即可获得能满足上述条件的 p' 的代数方程。

现在把连续性方程

$$\frac{\partial \rho}{\partial t} + \frac{\partial(\rho u)}{\partial x} + \frac{\partial(\rho v)}{\partial y} = 0 \tag{6-15a}$$

在时间间隔 Δt 内对主控制体(见图 6-4(a))作积分,且以 $\frac{\rho_P - \rho_P^0}{\Delta t}$ 代 $\frac{\partial \rho}{\partial t}$,采用全隐格式,可得:

$$\frac{\rho_P - \rho_P^0}{\Delta t}\Delta x \Delta y + [(\rho u)_e - (\rho u)_w]\Delta y + [(\rho v)_n - (\rho v)_s]\Delta x = 0 \tag{6-15b}$$

将式(6-14)代入并整理成关于 p' 的代数方程,可得:

$$a_p p'_P = a_E p'_E + a_W p'_W + a_N p'_N + a_S p'_S + b \tag{6-16}$$

其中:

$$a_E = \rho_e d_e \Delta y,\ a_W = \rho_w d_w \Delta y,\ a_N = \rho_n d_n \Delta x,\ a_S = \rho_s d_s \Delta x \tag{6-17a}$$

$$a_P = a_E + a_W + a_N + a_S \tag{6-17b}$$

$$b = \frac{(\rho_P^0 - \rho_P)\Delta x \Delta y}{\Delta t} + [(\rho u^*)_w - (\rho u^*)_e]\Delta y + [(\rho v^*)_s - (\rho v^*)_n]\Delta x \tag{6-17c}$$

式(6-16)就是确定压力修正值的代数方程。关于这一方程及其求解要作以下几点说明:

1. 如果速度场的当前值 u^*，v^* 能使式(6－17c)的右端等于零，则说明该速度场已满足连续性条件，迭代业已收敛。因而 b 的数值代表了一个控制容积不满足连续性的剩余质量的大小。可以用各控制容积的剩余质量的绝对值最大值，作为速度场迭代是否收敛的一个判据或指标。一种常用的方法是以各控制容积 b 的绝对值最大值及各控制容积的 b 的代数和作为判据，当速度场迭代收敛时，这两个数值都应为小量。

2. 根据 p' 计算而得的 u'，v' 能使 $u = u^* + u'$，$v = v^* + v'$ 满足连续性方程，于是这样的 u，v 就作为本层次上速度场的解，并用它去改进离散方程系数，从而开始下一层次的迭代计算。关于如何判断流场迭代求解过程的收敛性问题，将在下一节中讨论。

6.3.4 压力修正值方程的边界条件

为了求解式(6－16)，还必须对压力修正值的边界条件作出说明。在一般工程流场计算中，所见的边界条件是边界上的法向速度已知或边界上压力分布已知。当边界压力已知时，显然边界上的 $p' \equiv 0$；下面研究边界上法向速度为已知的情形。设在图 6－10 中，控制容积 P 的 u_e 为已知，则对此控制容积列出连续性方程时可以直接把已知的 u_e 代入，不必再用 $(u_e^* + u'_e)$，或者相当于以已知的 u_e 代替 u_e^*，而令 $u'_e \equiv 0$。我们知道正是由于未知的 u'_e 才需要引入 p'_P 及 p'_E，既然 u_e(或者说 u'_e)为已知，就不必再引入 p'_E。这相当于在所形成的 p'_P 的代数方程中 $a_E p'_E \equiv 0$，也就是 $a_E \equiv 0$。由此可见，无论是边界压力为已知还是法向速度为已知，都没有必要引入关于边界上压力修正值的信息。在计算中，可令与边界相邻的主控制容积的 p' 方程相应的影响系数为零。上述推理关系可用箭头指向的方式表示如下：

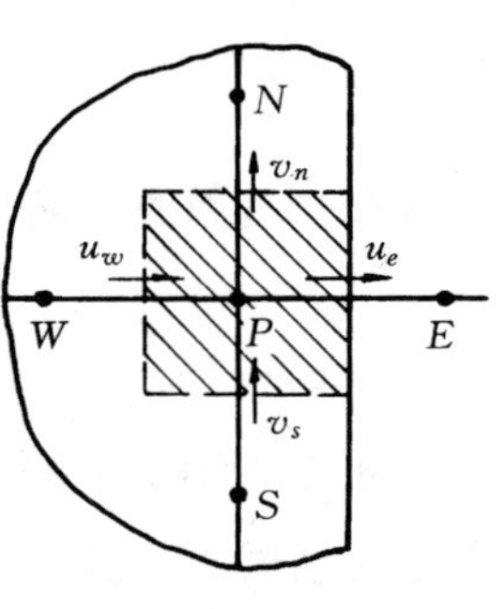

图 6－10　边界主控制容积

边界法向速度 u_e 已知，$\xrightarrow[u_e^* \text{ 用已知值}]{u_e = u_e^* + u'_e} u'_e = 0 \xrightarrow{u'_e = de\Delta p'_e} de\Delta p'_e = 0$

$\xrightarrow{\text{相当于}} d_e = 0 \xrightarrow{a_E = \rho_e d_e A_e} a_E = 0$

边界压力已知，$\xrightarrow[p_E^* \text{ 取已知值}]{p_E = p_E^* + p'_E} p'_E = 0 \xrightarrow[\text{以 } a_E p'_E \text{ 形式出现}]{\text{在压力修正值方程中}} a_E p'_E = 0$

$\xrightarrow{\text{相当于}} a_E = 0$

本节所介绍的方法是压力修正法中最基本的一种，也是学习、掌握压力修正法的很好的起点。这种分离式求解方法在文献中称为 SIMPLE 算法。下一节我们将对这一算法作进一步的归纳，并给出应用例题。

6.4 SIMPLE 算法的计算步骤及算例

6.4.1 SIMPLE 算法的计算步骤

上述数值求解不可压缩流场的方法是 Patankar 与 Spalding 在 1972 年提出的[1,9]，称为 SIMPLE(*Semi-Implicit Method for Pressure Linked Equations*)，意即求解压力耦合方程的半隐方法。所谓半隐是指在式(7-18)中略去了 $\sum a_{nb}u'_{nb}$、$\sum a_{nb}v'_{nb}$ 这些项的处理方法。前已指出，在式(7-17)中，$(p'_P - p'_E)A_e$ 代表了压力修正对 u'_e 的直接影响，而 $\sum a_{nb}u'_{nb}$ 则反映了压力修正对 u'_e 的间接的或隐含的影响。去掉了这一项就称为“半隐”，而保留这一部分时，u'_e 方程就是一个“全隐”的代数方程，即网格各点上的 u'_e 必须同时计算出，不像 SIMPLE 中那样可以进行逐点计算。

SIMPLE 算法计算步骤如下：

(1) 假定一个速度分布，记为 u^0, v^0，以此计算动量离散方程中的系数及常数项；

(2) 假定一个压力场 p^*；

(3) 依次求解两个动量方程，得 u^*, v^*；

(4) 求解压力修正值方程，得 p'；

(5) 据 p' 改进速度值；

(6) 利用改进后的速度场求解那些通过源项物性等与速度场耦合的 ϕ 变量，如果 ϕ 并不影响流场，则应在速度场收敛后再求解；

(7) 利用改进后的速度场重新计算动量离散方程的系数，并用改进后的压力场作为下一层次迭代计算的初值，重复上述步骤，直到获得收敛的解。

6.4.2 SIMPLE 算法的应用举例

SIMPLE 算法(*algorithm*)自 1972 年问世以来在世界各国计算流体力学及计算传热学界得到广泛的应用，这一算法及其后的各种改进方案已成为计算不可压缩流场的主要方法，已成功地推广到可压缩流场的计算中，已成为一种可以计算具有任何流速的流动(*flows at all speeds*)的数值方法。它的基本思想也被其它数值方法所采纳,如文献[10]将其应用于有限元法,在有限分析法的专著[11]中也采用 SIMPLE 算法来求解离散方程。我国的计算流体及计算传热学者也广泛应用这一系列算法来求解流动与传热问题,近年来的部分应用实例可见文献[12~33]。鉴于这一算法的重要性,本书下一节中还将就一些问题深入开展讨论,关于向可压缩流场计算的推广可参见文献[34~37],下面不再展开。这里先举两个算例,以加深读者的理解。

例 6-1 在图 6-11 所示的情形中,已知:$p_W=60$,$p_S=50$,$u_e=20$,$v_n=7$。又:给定 $u_w=0.7(p_W-p_P)$,$v_s=0.6(p_S-p_P)$,以上各量的单位都是协调的。试采用 SIMPLE 算法确定 p_P,u_w 及 v_s 之值。

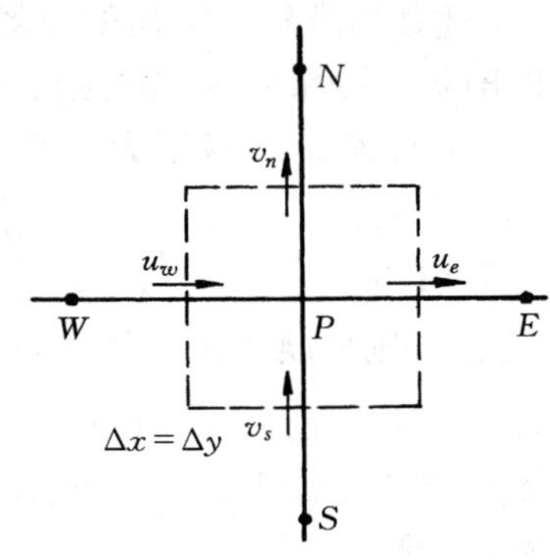

图 6-11

解:假设 $p_P=20$,则可以利用给定的 u_w,v_s 的计算式(即 u,v 动量方程离散形式在该控制容积上的具体表达式)获得 u_w^*,v_s^* 之值:

$$u_w^*=0.7(60-20)=28$$

$$v_s^*=0.6(40-20)=12$$

设在 w,s 两界面上满足连续性条件的速度为 u_w 及 v_s,则连续性方程为:

$$u_w+v_s=u_e+v_n$$

按 SIMPLE 算法,u_w,v_s 可表示为:

$$u_w=u_w^*+d_w(p'_W-p'_P)$$

$$v_s=v_s^*+d_s(p'_S-p'_P)$$

按已知条件,$d_w=0.7$,$d_s=0.6$,$p'_W=0$,$p'_S=0$(因为 p_W,p_S 为已知),得

$$u_w=28-0.7p'_P$$

$$v_s=12-0.6p'_P$$

将此两式代入连续性方程得 p'_P 的方程:

$$40-1.3p'_P=27$$

由此得:
$$p'_P=10$$

$$p_P=p_P^*+p'_P=20+10=30$$

$$u_w = u_w^* - 0.7p'_P = 28 - 7 = 21$$
$$v_s = v_s^* - 0.6p'_P = 12 - 6 = 6$$

讨论:此时连续性方程业已满足,而且给定的动量离散方程都是线性的,即本例给出的 $u_w = 0.7(p_W - p_P)$ 及 $v_s = 0.61(p_S - p_P)$ 的表达式中不包含有与所求解的变量有关的量,因而上述之值即为所求之解。在实际求解 Navier-Stokes 方程时,由于动量方程离散形式中的各个系数均取决于流速本身,是非线性的,因而在获得了本层次质量守恒的速度场后还必须用新得到的速度去更新动量方程的系数并重新求解动量方程,只有同时满足质量守恒方程又满足更新后的动量方程的速度场才是所求的速度场。

例 6-2　设流经某多孔介质的一维流动的控制方程为 $c|u|u + \mathrm{d}p/\mathrm{d}x = 0$ 及 $\mathrm{d}(uF)/\mathrm{d}x = 0$,其中系数 c 与空间位置有关,F 为流道的有效流动截面积。对于图 6-12 所示的均匀网格系统,已知:

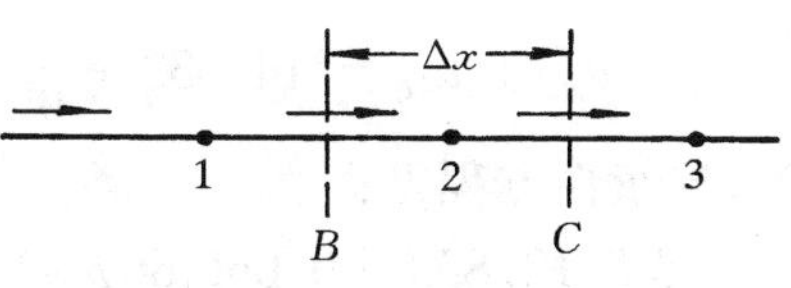

图 6-12

$$C_B = 0.25,\ C_C = 0.2,\ F_B = 5$$
$$F_c = 4,\ p_1 = 200, p_3 = 38,\ \Delta x = 2$$

以上各量的单位都是协调的。试应用 SIMPLE 算法的计算方法求解 p_2, u_B, u_c。

解:由于一维无源的流动中要使连续性方程得到满足,不同几何位置上的流速必是同向的,故 $|u|u$ 实际上是 u^2 项。在作数值计算时变量的平方项需作线性化处理。为加速迭代过程收敛,采用如下线性化方法:设 u^0 为假定值或上一次迭代值,u 为本次计算值,则

$$u^2 \cong 2u^0u - (u^0)^2$$

此式的导出过程与导出 Newton 迭代法求根公式相类似。于是对于 B,C 界面有:

$$u_B^* = \frac{u_B^0}{2} - \frac{p_2 - p_1}{2u_B^0 C_B \Delta x} \tag{a}$$

$$u_c^* = \frac{u_c^0}{2} - \frac{p_3 - p_2}{2u_c^0 C_c \Delta x} \tag{b}$$

而与压力修正值 p'_2 相应的速度修正值则为:

$$u'_B = \frac{-p'_2}{2u_B^0 C_B \Delta x} \tag{c}$$

$$u'_c = \frac{p'_2}{2u_c^0 C_c \Delta x} \tag{d}$$

利用这些公式即可进行关于 u_B, u_c 及 p_2 的迭代计算。设 $u_B^0 = u_c^0 = 15$, $p_2^0 = 120$,则由式(a),(b)得:

$$u_B^* = \frac{15}{2} - \frac{-80}{0.5 \times 15 \times 2} = 7.5 + 5.333 = 12.833$$

$$u_c^* = \frac{15}{2} - \frac{82}{0.2 \times 4 \times 15} = 7.5 + 6.833 = 14.333$$

此两速度值不满足连续性方程。计算修正后的速度

$$u_B = u_B^* + u'_B = 12.833 - \frac{p'_2}{0.25 \times 4 \times 15} = 12.833 - 0.06666 p'_2$$

$$u_c = u_c^* + u'_c = 14.333 + \frac{p'_2}{0.2 \times 4 \times 15} = 14.333 + 0.08333 p'_2$$

代入连续性方程得:

$$5(12.833 - 0.066\,66 p'_2) = 4(14.3333 + 0.083\,33 p'_2)$$

$$0.666\,6 p'_2 = 6.833$$

$$\therefore\ p'_2 = 10.251$$

$$u_B = 12.833 - 10.251 \times 0.066\,66 = 12.150$$

$$u_c = 14.333 + 10.251 \times 0.083\,33 = 15.187$$

虽然这两个速度值已可使连续性方程得以满足,但由于动量方程的非线性(离散时作了局部线性化的处理),还需以 $p_2^0 = 130.251$, $u_B^0 = 12.150$, $u_c^0 = 15.187$ 开始进行第二个层次的迭代,直到连续性方程与动量方程的离散形式均满足为止。迭代过程所得结果列于表 6-2 中。这一问题的收敛解为 $p_2 = 128$, $u_B = 12$, $u_e = 15$。

表 6-2　例题 6-2 的求解结果

迭代层次	1	2	3
u_B^0	15	12.150	128.003
u_c^0	15	15.187	12.001
p_2^0	120	130.251	15.002
u_B^*	12.833	11.816	11.999 8
u_c^*	14.833	15.186	15.000 3
p'_2	10.251	−2.248 5	−0.002 93

续表 6-2

迭代层次	1	2	3
u'_B	−0.683 3	0.185 1	0.000 244
u'_c	0.854 2	−0.185 1	−0.000 244
u_B	12.150	12.001	12.000 0
u_c	15.187	15.002	15.000 0
p_2	130.251	128.003	128.000 0

讨论:本例表明SIMPLE算法的基本思想对于求解其它非线性的耦合题也是一种有效的迭代求解算法,除了本例以外管路系统中各段流量及压降的迭代计算也可应用这一思想,本章习题中有这种练习。由于在导出式(c),(d)时没有作任何简化,因而计算 p' 时也不必作亚松弛处理。

6.5　SIMPLE算法的讨论及流场迭代求解的收敛判据

6.5.1　SIMPLE算法的讨论

6.5.1.1　SIMPLE算法中采取的简化假定

在SIMPLE算法中引入了以下三方面的假定:

(1) 速度场 $u^{(0)}$,$v^{(0)}$ 的假定与 p^* 的假定是各自独立进行的,两者间无任何联系。而实际上如果给定了一个速度场其相应的压力场就可随之而定,独立地设定一个压力场将会与给定的速度场不匹配。

(2) 在导出速度修正值计算式时没有计及邻点速度修正值的影响。尽管要严格地保留邻点速度修正值的影响最终会导致每一点的压力修正值与流场中其它各点的压力修正值相关的这一复杂情况,从而使得压力修正值方程很难处理[38],但是如果在略去邻点修正值时设法对在等号前面的项作些相应的变化,可以使略去邻点修正值的影响减少。

(3) 采用线性化了的动量离散方程,即在一个层次的计算中,动量离散方程中的各个系数(a_E,a_W…)及源项 b 假定均为定值。实际上无论系数或源项一般均与被求解的流速有关,流速变化后,它们的值均应作相应的变化,不过作为非线性问题迭代式的求解方法,在每一迭代层次上,它们的值均被固定了下来,所谓一个"层次"也就是指在一套固定的系数与源项下的计算过程。但是如果在速度进行修正时,能对其中源项 b 考虑作些相应的变化,可能会使源项与速度场之间的同步性得到改善。

自 SIMPLE 算法提出后的 30 余年来，相继提出了一系列的改进方案，这些改进方案大致是沿着上述三个方面作出的，将在下一节中介绍。

6.5.1.2　上述简化处理不会影响收敛的解，但要影响收敛的快慢

任何以迭代方式进行的求解过程都必须满足一个基本的要求，即迭代模式的组织不能影响最终得到的收敛的解，SIMPLE 算法中所采用的一些简化处理方法都能满足这一基本要求。首先，$u^{(0)}$，$v^{(0)}$ 与 p^* 之间独立的假设，可能造成速度场与压力场之间的不协调，但随着迭代过程的进行，只要迭代过程是收敛的，这种不协调性会随着迭代的进行而逐渐减轻以至消失；其次，略去 $\sum a_{nb}u'_{nb}$ 对最终的收敛解也是没有影响的，因为如果迭代趋近于收敛，则 u' 趋近于零，因而 $\sum a_{nb}u'_{nb}$ 自然也应趋近于零。最后，当迭代趋近于收敛时，两个迭代层次之间的 u，v 也趋于各自对应相等，因而离散方程的系数及源项自然也就保持不变。但是 SIMPLE 算法中所采用的这些简化处理方式会影响到速度场与压力场之间的协调和同步发展，因而会影响收敛速度。

6.5.1.3　p' 方程边界条件的处理方式要求计算区域满足总体质量守恒条件。

上节业已指出，对 p' 方程不论是已知边界上的法向流速或已知压力，均令压力修正值方程与边界相应的系数为零。从传热学的观点来看，这相当于切断了计算区域内部与外界的任何联系，是一种“绝热”型的边界条件。在文献[39]中通过实例详细地证明了，当压力修正值方程采用“绝热型”边界条件时，压力修正值方程组是线性相关的，其系数矩阵是奇异的(singular)。要使系数矩阵为奇异的代数方程组有解，必须满足相容的条件，反映在压力修正值方程上就要求计算区域必须满足总体质量守恒的条件。压力修正值方程组的这一特点，可以从导热问题的求解来加深理解：可以证明压力场满足 Poisson 方程(见本章习题 6-1)，而 p' 方程组相当于一个扩散方程的离散形式，其边界条件的处理相当于绝热。显然，一个绝热的体系只有其源项的总和为零时才能维持稳定的温度场，这就相当于要求计算区域满足总体质量守恒。如果总体质量不守恒，就相当于有内部的源或汇，对导热问题就无法维持稳定的温度场。

在国际计算流体力学及计算传热学界对于 p' 方程边界条件的这种处理方式在理论上曾经有过争议[40]。目前对这一问题已有了比较一致的看法：这就是 SIMPLE 算法所采取的做法相当于采用了齐次 Neumann 条件，即 $\frac{\partial p}{\partial n}=0$($n$ 为外法线)[41,42]。例如对计算区域边界上流速均为给

定的情形，不可压缩流场的控制方程及其边界条件可以写成为：

$$\boldsymbol{U}\cdot\nabla\boldsymbol{U}=-\frac{1}{\rho}\nabla p+\nu\nabla^2\boldsymbol{U}$$

$$\nabla\cdot\boldsymbol{U}=0$$

在所有计算边界上流速给定

在这种情形下要获得 Navier-Stokes 方程的解只要知道∇p 即可，而不要求知道 p 的绝对值，而齐次 Neumann 条件就能满足这一要求。

在文献[39]中通过计算实例证明了，在流场的迭代求解过程中如果每一迭代层次上能保证总体质量守恒满足，可以大大加快收敛的速度。至于如何保证在每一迭代层次上总体质量守恒得以满足，将在下面讨论。

6.5.1.4　压力参考点的选取

对于不可压缩流体的流场计算，我们所关心的是流场中各点之间的压力差而不是其绝对值。流体的绝对压力常比流经计算区域的压差要高几个数量级，如果维持在压力绝对值的水平上进行数值计算，则压差的计算就会导致较大的相对误差。为了减少 p'计算中的舍入误差，可以适当地选择流场中某点的绝对压力为零，而所有其它点的压力都是对该参考点而言的。采用这种做法时，数值计算所得的压力场会出现局部地区压力小于零的情形，这说明参考点并不位于压力最低的地方，对于压差的计算毫无影响。

现在从压力修正方程的结构来分析其解的特点。在边界上的法向速度或压力为已知的条件下，前已指出，不需要给出边界上关于 p'的任何信息，这样 p'值的确定可以相差任意一个常数。这好像是边界上均为给定热流的导热问题，只能确定其中的温度分布而不能确定温度的水平。在这种情形下，p'迭代收敛值的水平取决于所假设的初值。如果选定了流场中某参考点的压力为零，则该处的修正值亦必为零，在数值计算中可通过对参考点的压力修正方程系数作特殊处理来实现($a_P=1, a_E=a_W=a_N=a_S=b=0$)。但应当指出，在所有边界条件均为第二类的情形下，不对区域中任一点的值作出规定而由求解过程本身去搜索解的数值水平的方法，比规定某点之值的方法要收敛得

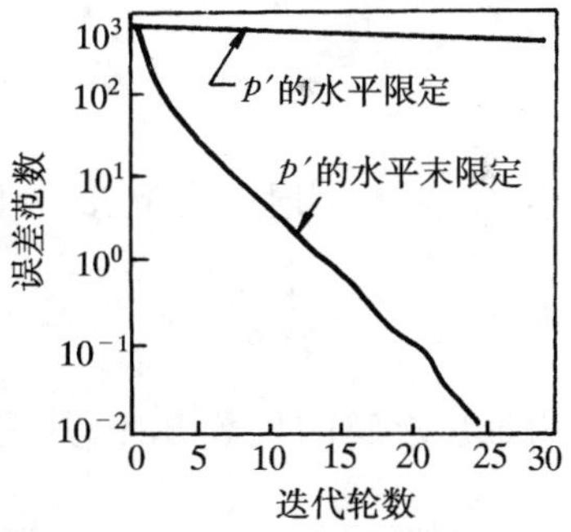

图 6-13　参考点送取与否对迭代收敛速度的影响

更快一些[38]。Van Doormaal 及 Raithby 等[43]曾对方形区域内带移动顶盖的空穴流作过上述两种情形下收敛快慢的比较。图 6-13 示出了两种情形下误差的范数与迭代次数间的关系,这里误差的范数是指各点 p'方程的余量平方和的平方根。曲线 1 对计算区域右上角第一个内节点的 p'值作了规定($p'=0$),而曲线 2 则未作规定。由图可见,两种情形下收敛速度相差很大。

6.5.1.5 速度与压力修正值的亚松弛

在实施 SIMPLE 算法的过程中,速度与压力的修正值都应作亚松弛(underrelaxation)处理,但实施的方式有所不同。对压力由于在速度修正值公式中略去了邻点的影响,所解得的 p'修正速度是合适的,但对压力修正值本身,则是被夸大了,因而要亚松弛,直接对 p'进行亚松弛处理,亦即作为这一迭代层次的解是:

$$p = p^* + \alpha_p p' \tag{6-18}$$

这里 α_p 是压力亚松弛因子。

对速度,为限制相邻两层次之间的变化,以利于非线性问题迭代收敛,也要求亚松弛。一般都将亚松弛过程组织到代数方程的求解过程中,兹说明如下。所谓亚松驰就是将本层次计算结果与上一层次结果的差值作适当减缩,以避免由于差值过大而引起非线性迭代过程的发散。用通用变量 ϕ 来写出时,有

$$\phi_P = \phi_P^0 + \alpha\left(\frac{\sum\limits_{nb} a_{nb}\phi_{nb} + b}{a_P} - \phi_P^0\right) \tag{6-19a}$$

式中 ϕ_P^0 为上一层次之解,α 为松驰因子。将此式改写后可得:

$$\left(\frac{a_P}{\alpha}\right)\phi_P = \sum_{nb} a_{nb}\phi_{nb} + b + (1-\alpha)\frac{a_P}{\alpha}\phi_P^0 \tag{6-19b}$$

作为最后求解的代数方程,其主对角元的系数是$\left(\frac{a_P}{\alpha}\right)$而不是 a_P,作为代数方程源项的是$\left[b+(1-\alpha)\frac{a_P}{\alpha}\phi_P^0\right]$而不仅仅是 b。这样代数方程求解所得的已经是亚松弛的解。这是目前许多研究者及商业软件中采用的做法。

6.5.2 流场迭代求解收敛的判据

6.5.2.1 两种迭代收敛问题

在流场的数值求解过程中我们会碰到两种迭代收敛问题,这就是在

同一层次上代数方程迭代求解的收敛及非线性问题从一个层次向另一个层次推进的收敛问题。代数方程组的求解有直接解法与迭代法两种。在非线性问题的求解过程中,一直到获得收敛解之前。离散方程的系数及源项都是有待于改进的,因而没有必要把相应于一组临时的系数与源项的代数方程的准确解求出来。采用迭代法可以适时地停止迭代,及时地用所得到的解去更新系数与源项,以进入下一层次的计算,因此代数方程组的求解多采用迭代法。关于代数方程组迭代法的实施方式及其收敛的条件将在下一章中讨论。上述两种不同意义上的迭代示于图6-14中。其中在一组确定的系数及源项下的迭代常称为内迭代(*inner iteration*),而从一个层次改进系数及源项后向下一层次的推进又称外迭代(*outer iteration*)。一般文献中所谓"经过多次迭代后收敛"指的都是外迭代的次数。下面我们介绍文献中采用的中止内迭代与外迭代收敛的常用判据。

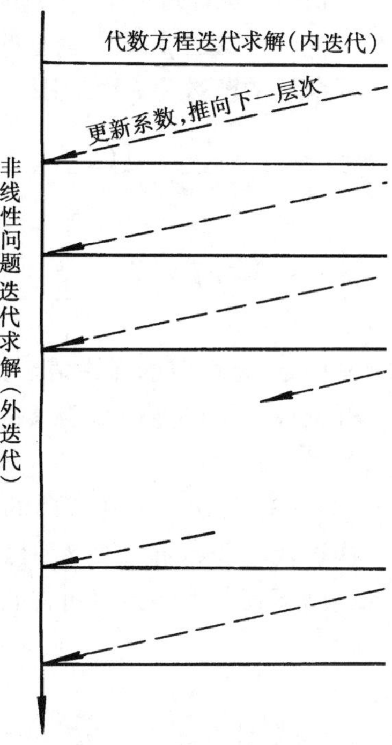

图6-14　内迭代与外迭代

6.5.2.2　终止内迭代的判据

在内迭代中,p'方程求解是关键,常常占了内迭代的大部分时间,因而终止内迭代常常以p'方程为依据来讨论。

在每一层次的迭代上,如果p'方程迭代求解停止得太早,则所获得的速度修正值不能使连续性方程得到较好的满足。由于这一改进值是要用于确定下一层次迭代的代数方程系数的,于是误差就会传播开去,以致使迭代发散;反之,若p'方程迭代终止得太晚,也常是不经济的。p'方程的求解时间有时会高达整个计算时间的80%。所以选择合适的终止迭代的判据是很重要的。

一般有三种方法来终止每一层次上p'方程的迭代求解:

(1) 简单地规定实施交替方向线迭代与块修正运算的轮数。如果把实施一次交替方向线迭代及一次交替方向块修正作为一轮迭代,则一般经过2～4轮迭代后即可终止计算[44]。这一方法易于实施,但在刚开始计算时,终止迭代也许过早了,而当接近于收敛时,又可能终止得晚了一些。

(2) 规定 p' 方程余量的范数小于某一数值。设经 k 次迭代后 p' 方程余量的范数为 $R_p^{(k)}$,则按 Euclid 范数的定义,有

$$R_p^{(k)} = \left\{ \sum_{\text{对控制容积求和}} \left[(a_E p'_E + a_W p'_W + a_N p'_N + a_S p'_S + b - a_P p'_P)^{(k)} \right]^2 \right\}^{\frac{1}{2}} \tag{6-20}$$

这一判据可表示为

$$R_p^{(k)} \leqslant \varepsilon_p \tag{6-21}$$

其中 ε_p 是取定的允许值。如果在整个迭代过程中 ε_p 保持不变,则在刚开始计算中可能也会要求过多的迭代次数,而接近于收敛时则会终止迭代过早。

(3) 规定终止迭代时的范数与初始范数之比小于允许值。设某一层次迭代中开始解 p' 方程时之范数为 $R_p^{(0)}$,经 k 次迭代后的范数为 $R_p^{(k)}$,则当下列条件满足时可停止这一层次的迭代:

$$\frac{R_p^{(k)}}{R_p^{(0)}} \leqslant r_p \tag{6-22}$$

r_p 为余量下降率,其值一般取为 0.25～0.05[43]。采用式(6-22)的判据有两个优点:①余量下降率之值对大多数问题都大致相同;②对于各个层次上的迭代(刚开始与接近收敛时),所需迭代次数近似地相同,此法之不足是增加了计算余量范数的工作量。

6.5.2.3　终止非线性问题迭代的判据

终止非线性问题迭代的判据大致有以下一些形式:

(1) 特征量在连续若干个层次迭代中的相对偏差小于允许值　这里特征量可以是被求解的速度、温度或者是经过处理的某种平均值,如平均 Nusselt 数,阻力系数等。例如

$$\left| \frac{Nu_m^{(k+n)} - Nu_m^{(k)}}{Nu_m^{(k+n)}} \right| \leqslant \varepsilon \tag{6-23}$$

这里把相隔 n 层次的两个平均 Nusselt 数作比较,n 之值可在 1～100 范围内选取。

(2) 要求在内节点上连续性方程余量的代数和(R_{sum})及节点余量的最大绝对值(R_{max})小于一定的数值;由于不同的流动情况流量的绝对值差别会很大,因而更合理的判据是它们的相对值应小于一定值。设参考质量流量为 q_m,则可要求:

$$\frac{R_{\text{sum}}}{q_m} \leqslant \varepsilon, \quad \frac{R_{\max}}{q_m} \leqslant \varepsilon \tag{6-24}$$

对于开口系统 q_m 可取为入口的质量流量；对于闭口系统，例如顶盖驱动空穴流（图 6-15a）及方形空腔中的自然对流（图 6-15b），均可取流场中

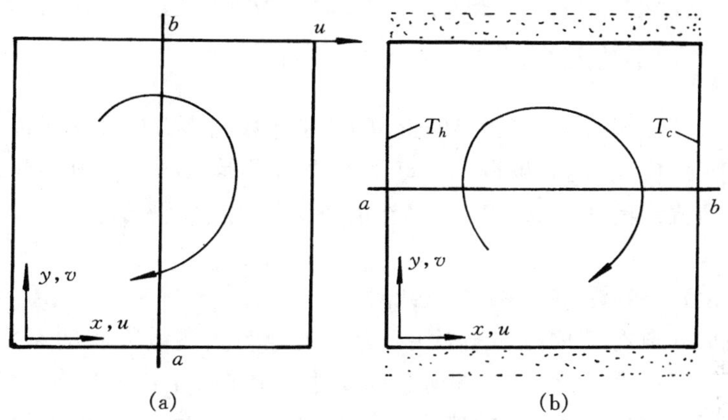

图 6-15　参考质量流量的获取方法

任一截面 ab 作以下数值积分：

$$q_m = \int_a^b \rho \mid u \mid dy; \quad q_m = \int_a^b \rho \mid v \mid dx \tag{6-25}$$

值得指出，在开口流场计算中，总体质量守恒的条件在迭代计算过程中往往是通过人为的手段来达到的（6-7 节中介绍），在这种情况下迭代的任何阶段 R_{sum} 可能就很小，此时并不能表明流场迭代计算已收敛；但如 R_{sum}/q_m 大于允许值，则迭代肯定不收敛。

(3) 要求连续性方程余量范数的相对值小于允许值　连续性方程的余量即 p' 方程中的源项，为避免混淆，这里记为 b^p，则上述要求可表示为

$$\frac{\sqrt{\sum\limits_{\text{内点求和}} (b^p)^2}}{q_m} \leqslant \varepsilon \tag{6-26}$$

(4) 要求在整个求解区域内动量方程余量之和或其范数与参考动量之比小于一定值，例如对开口系统，可有：

$$\left(\sum_{\text{内点求和}} \left\{ a_e u_e - \left[\sum_{nb} a_{nb} u_{nb} + b + A_e (p_P - p_E) \right] \right\}^2 \right)^{\frac{1}{2}} \Big/ \rho u_{in}^2 \leqslant \varepsilon \tag{6-27}$$

应当指出，还可以几个判据同时采用，以确保收敛判断的可靠性。允

许的误差数值与具体的问题有关,也受网格节点数及计算机字长的影响。对网格较密、计算机字长位数较多的情形,允许的误差应取较小值。作为允许的相对偏差 ε,一般应在 $10^{-3}\sim10^{-5}$的范围内[45]

6.6 SIMPLE 算法的发展(SIMPLER, SIMPLEC, SIMPLEX)

SIMPLE 算法自 1972 年问世以来,在计算流体力学及计算传热学中得到广泛的应用,同时也得到不断的改进与发展。本节将扼要介绍各国研究者所提出的改进 SIMPLE 算法的收敛特性的主要方案。

6.6.1 SIMPLER 算法 (1980)

我们知道在 SIMPLE 算法中,为了确定动量离散方程的系数,一开始就假定了一个速度分布,同时又独立地假定了一个压力分布,两者之间未必协调,影响迭代收敛的速度。其实,假定了速度分布后,与这一速度分布相协调的压力场即可由动量方程计算而得,不必再单独假定一个压力场。另外,由 SIMPLE 算法得出的 p'值对修正速度可以认为是相当好的,对修正压力则是过份了。虽然对 p'采用了亚松弛处理,也未必能恰到好处。这样就使速度场的改进与压力场的改进不能较好地同步进行,最终影响了整个流场的迭代收敛速度。于是就产生了这样的想法:p'只用来修正速度,压力场的改进则另谋更合适的方法。

把上述两个思想结合起来,就构成了 Patankar 提出的 SIMPLER 算法(SIMPLE Revised)[38,46]。

先来导出如何由已知的速度分布计算压力场的公式。动量离散方程可以写成为:

$$u_e = \underbrace{\frac{\sum a_{nb}u_{nb} + b}{a_e}}_{\hat{u}_e} + d_e(p_P - p_E)$$

在已知(或假定)了速度分布后此式右端的第一项即可算出,显然该项也具有速度的量纲,称为假拟速度(*pseudo-velocity*),记为$\hat{u}_e$,于上上式可简记为

$$u_e = \hat{u}_e + d_e(p_P - p_E) \tag{6-28a}$$

类似地有

$$v_n = \hat{v}_n + d_n(p_P - p_N) \tag{6-28b}$$

把以上两式代入连续性方程的离散形式(6-15b)，注意到式(6-28a)，(6-28b)与式(6-14)在形式上的相似性，可得与式(6-16)形式完全相同的压力方程：

$$a_P p_P = a_E p_E + a_W p_W + a_N p_N + a_S p_S + b \tag{6-29}$$

$$b = \frac{\rho_P^0 - \rho_P}{\Delta t}\Delta x \Delta y + [(\rho \hat{u})_w - (\rho \hat{u})_e]\Delta y + [(\rho \hat{v})_s - (\rho \hat{v})_n]\Delta x \tag{6-30}$$

其中系数 a_E, a_W, a_N, a_S 及 a_P 的计算式同(6-17a)，(6-17b)，式(6-29)与式(6-16)的唯一区别仅在于 b 的计算不同。

在 SIMPLER 算法中，压力修正值 p' 的代数方程及边界条件与 SIMPLE 算法相同。关于压力方程的边界条件有下列两种情形：

(1) 边界上法向速度已知　此时，当对与出口边界相接的主控制容积 P 列出连续性方程的离散形式时(见图 6-10)，v_n, v_s 及 u_w 可用式(6-28)代入，而 u_e 就用已知的边界法向速度值。于是在最终的关于 p_P 的代数方程中就不出现 p_E，相当于 $a_E \equiv 0$。在计算该控制容积的 b 时，用已知的 u_e 代替 $\hat{u}_e$。

(2) 边界上压力为已知　这时可直接把已知压力代入(6-29)。而在对 p 方程进行求解时，已知的压力项应归并到 b 中，于是对于图 6-10 所示的情形，仍然导致 p_P 方程中的 $a_E = 0$。

值得指出，对于图 6-10 所示的控制容积 P，为了计算 p'_P 方程中的 b，仍然需要知道出口界面上的法向流量密度 $(\rho u)_e$，其值的确定需要满足总体质量守恒的要求，将在下节中讨论。

SIMPLER 算法的计算步骤如下：

(1) 假设一个速度场 u^0, v^0，计算动量方程的系数；

(2) 据已知的速度计算假拟速度 $\hat{u}, \hat{v}$；

(3) 求解压力方程；

(4) 把解出的压力作为 p^*，求解动量方程，得 u^*, v^*；

(5) 据 u^*, v^* 求解压力修正值 p'；

(6) 利用 p' 修正速度，但不修正压力；

(7) 利用改进后的速度，计算动量方程的系数，重复第(2)步到第(7)步的计算，直到收敛。

在 6.5 节中关于在实施 SIMPLE 算法时 p' 参考点的选取等内容，对于 SIMPLER 算法也是适用的。上面所介绍的算法在每一层次的迭代计算中都直接求解 p 方程。实际上压力的求解也可以对初始计算值的修正值进行,即将 p 方程改为 p 的改进方程(参阅习题 7－7)。这样做不仅有利于减少舍入误差的影响,而且 p' 方程与压力改进方程的类似性给程序编制带来方便[43]。

在 SIMPLER 算法中,初始的压力场是与速度场相协调的,不像 SIMPLE 中那样是任意假设的;且由 SIMPLER 方法算出的压力场不必亚松弛。这些因素,使 SIMPLER 方法的迭代层次数可以减少。但另一方面,每一层次计算中所花的时间则较 SIMPLE 的要多,这是因为 SIMPLER 算法中要多解一个 Poisson 方程。但就总的计算时间而言,SIMPLER 算法常较 SIMPLE 少。

6.6.2 SIMPLEC 算法(1984)

在 SIMPLE 算法中,为求解的方便,略去了速度修正值方程中的 $\sum a_{nb}u'_{nb}$ 及 $\sum a_{nb}v'_{nb}$ 项,从而把速度的修正完全归结为由压差项的直接作用所致。当我们在略去 $\sum a_{nb}u'_{nb}$ 等项不计时,实际上犯了一个“不协调一致”的错误。因为略去 $\sum a_{nb}u'_{nb}$ 相当于使 $a_{nb}\to 0$,而据系数计算公式,$a_e=\sum a_{nb}-S_P\Delta V$,我们在令等号后面的 $a_{nb}=0$ 时没有同时令等号前的 a_{nb} 也等于零。为了能略去 $a_{nb}u'_{nb}$ 等项而同时又能使方程基本协调,试在 u'_e 方程的等号两端同时减去 $\sum a_{nb}u'_e$,即:

$$(a_e-\sum a_{nb})u'_e=\sum a_{nb}(u'_{nb}-u'_e)+A_e(p'_P-p'_E)$$

可以予期,u'_e 与其邻点的修正值 u'_{nb} 具有相同的量级,因而略去 $\sum a_{nb}(u'_{nb}-u'_e)$ 所产生的影响远较在原 u'_e 方程中不计 $\sum a_{nb}u'_{nb}$ 所带来的影响要小得多。于是得:

$$u'_e=\frac{A_e}{a_e-\sum a_{nb}}(p'_P-p'_E) \tag{6-31a}$$

类似地

$$v'_n=\frac{A_n}{a_n-\sum a_{nb}}(p'_P-p'_N) \tag{6-31b}$$

这就是协调一致的 SIMPLE 算法,简称 SIMPLEC[43](C 取自英语单词 consistent 的词首)。在文献[43]中对两种二维层流流动的计算结果表明,SIMPLEC 算法的收敛特性远优于 SIMPLE,有时甚至优于前面介绍的

SIMPLER。

SIMPLEC与SIMPLE的计算步骤基本相同,只有两点微小的区别:

(1) 以$A_e/(a_e - \sum a_{nb})$代替SIMPLE中的A_e/a_e;

(2) 在SIMPLEC算法中,p'不再亚松弛,即取$\alpha_p = 1$。

在直角坐标系中,当流体为常物性且不计重力项时,速度并无源项,即$a_e = \sum a_{nb}$,读者可能会担心采用SIMPLEC算法时会不会出现$(a_e - \sum a_{nb})$等于零的问题。实际上,在目前通行的求解方法中都是把速度的亚松弛因子直接组合到其迭代公式中去的,即如式(6-19b)所示。把该式中的ϕ换成u后,有

$$\left(\frac{a_e}{\alpha}\right)u_e = \sum a_{nb}u_{nb} + b + \frac{1-\alpha}{\alpha}a_e u_e^* \tag{6-32}$$

因而作为u_e的系数而写入程序中的是$\left(\frac{a_e}{\alpha}\right)$,实施SIMPLEC算法时$u_e$的系数就为$\left(\frac{a_e}{\alpha} - \sum a_{nb}\right)$,显然此项不会等于零($\alpha < 1$)。在式(6-32)中,源项$b$已包括了压力梯度项在内。

6.6.3 SIMPLEX算法(1986)

在SIMPLEC算法中,考虑了略去邻点速度修正项后应该对主对角元素数进行相应的修正,得出了速度修正值计算公式中系数d_e,d_n的修正计算式。由此推广开去,可以认为如果能找出确定整个流场速度修正值公式中系数d的合适的方程,其中能考虑邻点速度修正值的影响,通过求解全场的代数方程组来确定d,应该可以促进迭代过程的收敛。

为此,Raithby等[47]把SIMPLE算法中$u'_e = d_e(p'_P - p'_E) = d_e\Delta p'_e$的表达方式推广到邻点的速度修正值计算式中,即认为:

$$u'_{nb} = d_{nb}\Delta p'_{nb}$$

再将这一表达式代入式(6-12)中,有

$$a_e d_e \Delta p'_e = \sum a_{nb} d_{nb} \Delta p'_{nb} + A_e \Delta p'_e$$

这里假设$\Delta p'_e = \Delta p'_{nb}$,则上式化为确定$d$的方程:

$$a_e d_e = \sum a_{nb} d_{nb} + A_e \tag{6-33}$$

类似地,对于确定速度修正值v'_n的系数d_n也可得出用v动量方程的系数来表示的代数方程。由于在任一迭代层次上u与v的离散方程系数都是已知的,因而相应的d_e,d_n值即可通过求解代数方程而得。这样,得到的d_e,d_n可以认为考虑了邻点速度修正值的影响在内,Raithby等

把这种算法称为 SIMPLEX,该名称中后缀"X"表示系数 d 是相当于通过外推方法(extrapolation)而获得的。Raithby 认为[47],SIMPLEC 算法对于网格节点数不是很多的情形很有效,但随着节点数的加密(网格的细化),SIMPLEC 的收敛特性变差,此时推荐使用 SIMPLEX。

关于式(6-33)的边界条件,可以作类似于节 6.3 中的分析,即对于如图 6-10 所示的控制容积 P,有

边界流速 u_e 已知 $\xrightarrow[u_e^* \text{ 取已知值}]{u_e = u_e^* + u'_e} u'_e = 0 \xrightarrow{u'_e = d_e \Delta p'_e} d_e \Delta p'_e = 0 \xrightarrow{\text{相当于}} d_e = 0$

边界压力已知 $\xrightarrow[p_E^* \text{ 取已知值}]{p_E = p_E^* + p'_E} p'_E = 0 \xrightarrow[\text{以 } a_E p'_E \text{ 的形式出现}]{\text{在 } p' \text{ 方程中}, p'_E} a_E p'_E = 0 \xrightarrow{\text{相当于}} a_E = 0 \xrightarrow[\rho_e A_e \text{ 不为零}]{a_E = \rho_e d_e A_e} d_e = 0$

SIMPLEX 算法的计算步骤如下:

(1) 假定一个速度场,记为 u^0, v^0,以此计算动量方程的系数及常数项;

(2) 假定一个压力场 p^*;

(3) 求解 u 方程及 d_e 方程,v 方程及 d_n 方程,得 u_e^*, d_e, v_n^* 及 d_n;

(4) 求解压力修正值方程,得 p';

(5) 据 p' 及求解所得之 d_e, d_n 改进速度场;

(6) 利用改进后的速度场、压力场开始下一层次的迭代(假设速度场不与其它变量耦合),速度需予以亚松弛。

6.6.4 SIMPLE 的 Date 修正方案(1986)

在 6.5 节中我们已指出,在 SIMPLE 的第三个简化处理中包括了不考虑由于速度的修正而引起的源项 b 的变化。从离散方程的结构来看,$\sum a_{nb} u'_{nb}$ 也就是对流-扩散项的影响。SIMPLEC 算法在一定程度上缩小了由于忽略对流-扩散项的影响所带来的误差,但是仍未考虑源项的影响。Date 提出了两种可以同时考虑对流-扩散项及源项影响的改进方案[48]。下面以第一种改进方案为例介绍其基本思想。

在每一层次上动量离散方程的求解分成两个阶段来进行,即预测阶段与校正阶段。在预测阶段采用 SIMPLE 算法得出压力修正值 p' 及速度 u'_e, v'_n,从而获得压力及速度的预测值:

$$p^{(p)} = p^* + p' \tag{6-34a}$$

$$u_e^{(p)} = u_e^* + u'_e \tag{6-34b}$$

$$v_n^{(p)} = v_n^* + v'_n \tag{6-34c}$$

然后在预测值的基础上作一次校正计算,以获得校正阶段的压力修正值p'',及速度修正值u''_e, v''_n,而本层次迭代计算所最终取用的压力与速度值则为:

$$p = p^{(p)} + p'' \tag{6-35a}$$

$$u_e = u_e^{(p)} + u''_e \tag{6-35b}$$

$$v_n = v_n^{(p)} + u''_n \tag{6-35c}$$

在确定校正阶段的u''_e, v''_n值时,利用预测阶段已获得的u'_e, v'_n值,把对流-扩散项及源项的影响都考虑进去,即:

$$u''_e = d_e(p''_P - p''_E) + \frac{\sum a_{nb}u'_{nb} + s(u', v')}{a_e} \tag{6-36a}$$

$$v''_n = d_n(p''_P - p''_N) + \frac{\sum a_{nb}v'_{nb} + s(u', v')}{a_n} \tag{6-36b}$$

这里s是动量离散方程的源项b中与速度有关的部分,而$s(u', v')$则表示由于速度的变化而引起的变动。于是在本层次最终取用的速度u_e, v_n为:

$$u_e = u_e^{(p)} + d_e(p''_P - p''_E) + \frac{\sum a_{nb}u'_{nb} + s(u', v')}{a_e} \tag{6-37a}$$

$$v_n = v_n^{(p)} + d_n(p''_P - p''_N) + \frac{\sum a_{nb}v'_{nb} + s(u', v')}{a_n} \tag{6-37b}$$

将式(6-37a)(6-37b)代入连续性方程的离散形式,经整理后可得关于p''的代数方程,其形式与式(6-16)所示的完全一样,系数公式(6-17a),(6-17b)也适用,只是剩余质量b应按下式计算:

$$b = \left\{\left[\frac{\sum a_{nb}u'_{nb} + s(u', v')}{a_w}\right]_w - \left[\frac{\sum a_{nb}u'_{nb} + s(u', v')}{a_e}\right]_e\right\}\rho\Delta y + \left\{\left[\frac{\sum a_{nb}v'_{nb} + s(u', v')}{a_s}\right]_s - \left[\frac{\sum a_{nb}v'_{nb} + s(u', v')}{a_n}\right]_n\right\}\rho\Delta x \tag{6-38}$$

注意在获得预测值$\boldsymbol{u}_e^{(p)}, v_n^{(p)}$时,它们已经能满足连续性方程,即能使式(6-17c)的右端为零,故$\boldsymbol{u}_e^{(p)}, v_n^{(p)}$等项就不再包括到式(6-38)中去。

获得p''后,按式(6-35a)计算压力,按式(6-35b)及(6-35c)计算速度改进值,从而结束了这一层次的迭代计算。

由上可见Date的改进方案是一种预测-校正算法,每一层次上的计算量几乎是SIMPLE算法的两倍,但是由于考虑了对流-扩散项与源项的影响使每一层次迭代的余量下降速率大大加快。对于水平环形空间内自然对流换热的一个算例表明,采用这一修正算法时,获得收敛解的迭代层次数由 SIMPLE 时的 1 000 而下降到 170,CPU 的时间缩减到 SIMPLE 的四分之一(在该计算中速度亚松弛因子均取为 0.5,对 SIMPLE 算法取 $\alpha_p=0.8$,而修正方案中无论 p'或 p''均不亚松弛)。

6.6.5 SIMPLEST 算法 (1981)

文献中还可以见到一种称之为 SIMPLEST 的算法,这是 Spalding 在开发大型商业软件 PHOENICS 时采用的方法[49,50]。其实就压力与速度的耦合关系处理而论,SIMPLEST 的计算步骤与 SIMPLE 相同,只是在 SIMPLEST 中对于对流-扩散项的离散格式作了明确的规定,而其它算法中在这方面没有任何限制。在 SIMPLEST 中所作的规定如下:

1. 对流项采用迎风格式　因为这是一个绝对稳定的格式,且扩散项与对流项的影响系数可以分离开来,不像指数(或乘方)格式那样综合在一起。至于由迎风差分所引起的假扩散问题,则采取逐步加密网格,以获得与网格稀密程度无关的解这种做法加以克服。

2. 把邻点的影响系数表示成对流分量 c_{nb}及扩散分量 d_{nb}之和,并把对流部分全部归入源项,于是对 u_e 的动量方程为:

$$\begin{aligned} a_e u_e &= \sum (d_{nb} + c_{nb}) u_{nb} + b + A_e(p_P - p_E) \\ &= \sum d_{nb} u_{nb} + (b + \sum c_{nb} u_{nb}^*) + A_e(p_P - p_E) \end{aligned} \quad (6-39)$$

由此可见,当扩散项略而不计时,动量方程实际上采用了 Jacobi 的点迭代求解。因此在这种算法中扩散项采用线迭代而对流项采用点迭代。点迭代的收敛速度是比较慢的,但是由于对流项与压力之间的耦合关系等原因,正希望利用这一特性以防止迭代过程发散。这种混合式的计算方法有利于促进强烈非线性问题的迭代过程收敛。

由于在压力与速度耦合关系的处理方式上 SIMPLEST 没有特别之处,在下面的不同算法比较讨论中不把它作为一种独立的算法。

6.6.6 不同算法的比较

从 SIMPLE 算法问世后,已经提出了不少改进方案。除上面已介绍的外,还有如 CTS SIMPLE[43,44],SIMPLE 的 Date 改进方案 Ⅱ[48],Connel 及 Stow 导出了压力修正方程的一般形式,并提供了两种新算法[44],Issa 等提出了两步算法 PISO[51,52]等。在 SIMPLE 系列中现在大约已有

10 种左右的不同实施方案[53]。此外,近年来还提出了一些基本思想与 SIMPLE 系列算法有所不同的其它方法,如 MAPLE[54]等。对这些不同的算法,文献中已作过一系列的比较[45,55~59],但迄今尚不能就哪种算法综合性能最优这一问题作出明确结论。算法的性能指标主要是其经济性(包括收敛快慢,内存占用多寡)及健壮性(*robustness*),后者是指是否可以在很宽的参数变化范围内得到收敛的解。不同算法的收敛特性与健壮性的表现与具体问题有关,目前还没有一种算法对各类问题都表现出占优势的特性。一般地说在 SIMPLE,SIMPLER 与 SIMPLEC 中,SIMPLE 的健壮性较差(能获得收敛解的松弛因子变化范围较小),在收敛速度方面,SIMPLER,SIMPLEC 有时表现出较 SIMPLE 为优的特性。SIMPLEX 在文献中采用的情形还不及其它三种算法广泛。

为帮助读者掌握基本的处理压力与速度耦合关系的算法,在表 6－3 中归纳了 SIMPLE 等 5 种算法的基本特点。

表 6－3　SIMPLE 等 5 种算法的特点

NO.	算法名称	主要特点	参考文献
1	SIMPLE	将用速度的改进值写出的动量方程减去用速度的现时值写出的动量方程,略去源项及对流-扩散项,得 $u_e=d_e(p'_P-p'_E)$, $v_n=d_n(p'_P-p'_N)$ 代入质量守恒方程的离散形式,获得 p' 方程。解出 p' 后用于改进压力及速度。对 p' 采用亚松弛,不对离散格式及代数方程求解方法作出规定。	[12~33] [38,46]
2	SIMPLER	压力的初值及更新采用单独求解压力 Poisson 方程的方法来完成,压力不作亚松弛。由压力修正方程求出的修正值仅用于改进速度,其余同 SIMPLE。	[38,46] [60~63]
3	SIMPLEC	与 SIMPLE 相同,但: 1. $u_e=\dfrac{A_e}{a_e-\sum a_{nb}}(p'_P-p'_E)$, $v_n=\dfrac{A_n}{a_n-\sum a_{nb}}(p'_P-p'_N)$, 2. 压力修正值不作亚松弛	[43] [64~66]

续表 6-3

NO.	算法名称	主要特点	参考文献
4	SIMPLEX	与 SIMPLE 相同,但计算速度修正值公式中的 d_e, d_n 是通过求解代数方程得出的: $a_e d_e = \sum a_{nb} d_{nb} + A_e$ $a_n d_n = \sum a_{nb} d_{nb} + A_n$ 其中系数 a_e, a_n, a_{nb} 取自相应的动量离散方程	[47,53]
5	SIMPLE Date 的改进方案 I	每一层次的计算分预测-校正两部分,在预测阶段采用 SIMPLE 算法,获得速度、压力改进值的预测值;在校正阶段,再对预测值作校正,此时利用速度修正值的预测值考虑了源项及对流-扩散项的影响。	[48]

6.7 加速 SIMPLE 系列算法收敛速度的一些方法

在采用 SIMPLE 算系列算法来求解不可压缩流场时,为加速非线性问题迭代收敛的速度,可采用以下一些方法。

6.7.1 选择合适的松弛因子之值

Patankar 在其名著(文献[38])中推荐,对于 SIMPLE 算法,速度亚松弛因子 α_u, α_v 可以取为 0.5,而压力亚松弛因子 α_p 可取 0.8($p = p^* + \alpha_p p'$)。但文献[67,68]认为,这两个推荐值一般不是最佳值。对于正交的网格以及虽非正交但网格倾斜不是严重的情况,建议 α_u 与 α_p 的取值应满足以下关系:

$$\alpha_u + \alpha_p = c \tag{6-40}$$

常数 c 取为 1[67] 或 1.1[68],同时 α_u 之值应尽可能地取大,一般可取 0.7~0.8。上述取值原则对交错网格、同位网格、正交网格与非正交网格原则上都适用,但对网格严重倾斜的情况,α_p 之值应小于按式(6-40)得出之值。

式(6-40)可以通过以下的方式来导出[69]。在 SIMPLE 算法中,速

度修正值的计算式为

$$u'_e = \frac{A_e}{a_e}(p'_P - p'_E) = d_e \Delta p'_e \tag{a}$$

由于在这一表达式中略去了邻点速度修正值($\sum a_{nb}u'_{nb}/a_e$)的影响,因而认为对 p' 的修正过重了,应予以亚松弛。如果把$\sum a_{nb}u'_{nb}/a_e$ 记为$\bar{u}_e$,则应有

$$u'_e = \underbrace{d_e \Delta p'_e}_{\text{未加亚松弛}} = \bar{u}'_e + \underbrace{\alpha_p d_e \Delta p'_e}_{\text{加亚松弛}} \tag{b}$$

于是有:

$$\begin{aligned} d_e \Delta p'_e &= \bar{u}'_e + \alpha_p d_e \Delta p'_e \\ \alpha_p &= 1 - \frac{\bar{u}'_e}{u'_e} \end{aligned} \tag{c}$$

另一方面,e 界面上的速度修正值u'_e 可预期为相当于其邻点速度修正值的加权平均值,即

$$u'_e = \frac{\sum a_{nb}u'_{nb}}{\sum a_{nb}} \tag{d}$$

于是有

$$\alpha_p = 1 - \frac{\dfrac{\sum a_{nb}u'_{nb}}{a_e}}{\dfrac{\sum a_{nb}u'_{nb}}{\sum a_{nb}}} = 1 - \frac{\sum a_{nb}}{a_e} \tag{e}$$

对于稳态流动没有源项时,$a_e = \sum a_{nb}/\alpha_u$(速度的亚松弛组织到代数方程的求解过程中),代入上式得:

$$\alpha_p = 1 - \alpha_u \tag{6-41}$$

文献[68]指出,当采用 SIMPLE 算法且 α_p 与 α_u 取值符合上述关系式时,其外迭代的收敛速度常常与 SIMPLEC 相当。

6.7.2　显式修正步法

无论是在 SIMPLE 还是在 SIMPLEC 算法中,所获得的某个层次上的速度场($u^* + u'$)及($v^* + v'$)是满足质量守恒的,但未必满足动量守恒,数值计算的结果正是在不断更好地同时满足动量守恒及质量守恒的过程中而趋于收敛的。基于这一认识,文献[70]中提出了以下促进 SIMPLEC 算法收敛的方法。在获得了一个层次上的($u^* + u'$),($v^* + v'$)

及(p^*+p')以后,把它们代入到动量离散方程的右端。考虑到实际计算中把亚松弛组织到代数方程的求解过程中,因而此时动量离散方程为(以u_e方程为例):

$$\left(\frac{a_e}{\alpha}\right)u_e=\sum a_{nb}u_{nb}+b+A_e(p_P-p_E)+\left(\frac{1-\alpha}{\alpha}\right)a_e u_e^0 \tag{6-42}$$

为表达上的方便,我们引入参数E,使

$$\frac{1}{\alpha}=1+\frac{1}{E},\ 即\ E=\frac{\alpha}{1-\alpha} \tag{6-43}$$

显然,相应于α由0变到1,E由0变到∞,E的变化范围比α大得多。我们知道非线性问题的迭代求解过程与非稳态问题的步进过程相当,迭代计算中松弛因子α取得大,E之值也大,相当于取大的时间步长,而小的松弛因子,即小的E值相应于小的时间步长。因而E称为时步倍率(time step multiple)。

现在把(u^*+u'),(p^*+p')代入式(6-42)的右端,并用E代替α,则有:

$$a_e(1+\frac{1}{E})u_e^{(n+1)}=\sum a_{nb}(u_{nb}^*+u'_{nb})+b+A_e[(p_P^*+p'_p)-(p_E^*+p'_E)]+\frac{a_e(u_e^*+u'_e)}{E} \tag{6-44}$$

上式中上标($n+1$)表示n层次计算的结果作为($n+1$)层次计算系数的依据。类似的式子可以对v速度写出。式(6-44)是获得$u^{(n+1)}$的一个显式计算式,因而称为显式修步法(*explicit correction step*)。

在文献[70]中对于外掠后台阶、顶盖驱动流及坦克水流三个层流流动,分别对SIMPLEC及PISO算法进行了是否增加显式修正步的对比计算,其部分结果示于图6-16中。

图中纵坐标为达到相同的收敛条件所需的计算时间,MSIMPLEC表示实施了显式修正步法的SIMPLEC。由图可见,就所示的三个例子而言,显式修正步法可以显著加快收敛速度。对顶盖驱动流(图6-16b),SIMPLE算法的收敛范围很窄(健壮性差),而SIMPLEC则要宽得多。

6.7.3 加速SIMPLER算法收敛速度的方法

在文献[71]中提出了一种加速SIMPLER算法收敛速度的有效方法,兹简介如下。

首先,我们回顾一下将亚松弛组织到求解过程中的计算式(6-19b)及(6-42)。当迭代过程收敛时,该两式中的ϕ°及u°分别等于ϕ及u,亦

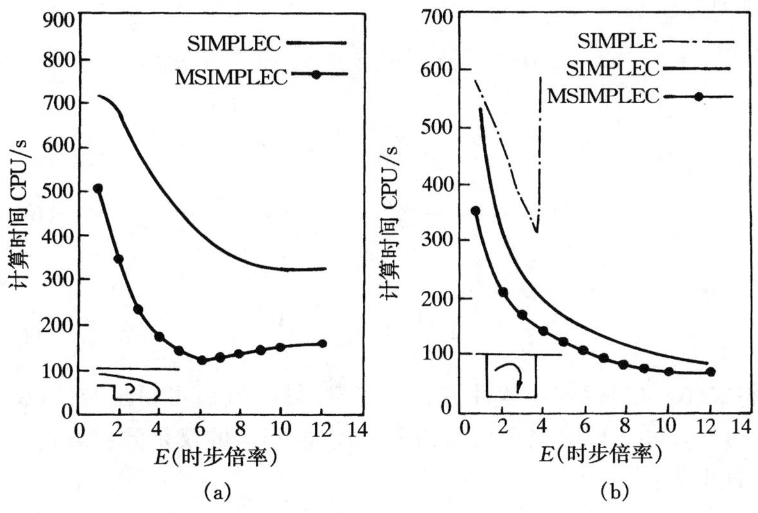

图 6－16　显式修正步法加快收敛速度的例子

即最后收敛的解。这就给我们一个启示，如果在迭代求解计算修正值的过程中人为地使 ϕ° 或 u° 项等于该层次的 ϕ 或 u，也许能促进迭代过程的收敛。现在就从这一考虑出发来改进 SIMPLE 算法中的压力修正方程。令式(6－42)右端中的 u^0 取得 $u_e(u_e^* + u'_e)$ 之值，并认为修正后的速度与压力仍满足该动量方程，则有：

$$a_e\left(1 + \frac{1}{E_u}\right)(u_e^* + u'_e)$$

$$= \sum a_{nb}(u_{nb}^* + u'_{nb}) + b + A_e[(p_P^* + p'_P) - (p_E^* + p'_E)] + \frac{a_e}{E_u}u_e \tag{f}$$

式中 E_u 表示 u 方程的时步倍率。另一方面由 p^* 解出 u^* 的方程为：

$$a_e\left(1 + \frac{1}{E_u}\right)u_e^* = \sum a_{nb}u_{nb}^* + b + (p_P^* - p_E^*) + \frac{a_e}{E_u}u_e^0 \tag{g}$$

以式(f)减式(g)，有：

$$a_e\left(1 + \frac{1}{E_u}\right)u'_e = \sum a_{nb}u'_{nb} + A_e(p'_P - p'_E) + \frac{a_e}{E_u}u'_e + \frac{a_e}{E_u}(u_e^* - u_e^0) \tag{k}$$

略去邻点速度修正值项，得速度修正值计算公式为：

$$u'_e = d_e(p'_P - p'_E) + \frac{1}{E_u}(u_e^* - u_e^0) \tag{6－45a}$$

类似地有：

$$u'_w = d_w(p'_W - p'_P) + \frac{1}{E_u}(u_w^* - u_w^0) \tag{6-45b}$$

$$v'_n = d_n(p'_P - p'_N) + \frac{1}{E_v}(u_n^* - u_n^0) \tag{6-45c}$$

$$v'_s = d_s(p'_P - p'_S) + \frac{1}{E_v}(u_s^* - u_s^0) \tag{6-45d}$$

式中

$$d_e = \frac{A_e}{a_e};\ d_w = \frac{A_w}{a_w};\ d_n = \frac{A_n}{a_n};\ d_s = \frac{A_s}{a_s}; \tag{6-46}$$

将式(6－45)代入连续性方程的离散形式,最后可得出与式(6－16)及(6－17a),(6－17b)完全相同的表达式,所不同的仅是源项 b 的表达式不同,这里为:

$$\begin{aligned} b = &(\rho u^* A)_w - (\rho u^* A)_e + (\rho v^* A)_s - (\rho v^* A)_n + \\ &\frac{1}{E_u}[\rho(u^* - u^0)A]_w - \frac{1}{E_u}[\rho(u^* - u^0)A]_e + \\ &\frac{1}{E_v}[\rho(v^* - v^0)A]_s - \frac{1}{E_v}[\rho(v^* - v^0)A]_n \end{aligned} \tag{6-47}$$

式(6－46)是对不可压缩流体写出的,因而没有写入密度的变化项。

值得指出,上述改进的方法中除了压力修正值方程的源项表达式与 SIMPLE 算法不同外,式(6－46)所定义的 d_e 等值也与 SIMPLE 算法中有所不同。我们在 6.6 节已经指出,对于将亚松弛组织到迭代过程中的求解方法,速度修正值计算式中的 d_e 等实际上为 $d_e = A_e/(a_e/\alpha_u)$,即:

$$\begin{aligned} d_e &= \frac{A_e}{a_e}\frac{E_u}{1+E_u}; \quad d_w = \frac{A_w}{a_w}\frac{E_u}{1+E_u}; \\ d_n &= \frac{A_n}{a_n}\frac{E_v}{1+E_v}; \quad d_s = \frac{A_n}{a_s}\frac{E_v}{1+E_v} \end{aligned} \tag{6-48}$$

可以认为由式(6－46),(6－47)所规定的修正是从松弛因子的观点来加**速收敛**的方法。

文献[71]**中把**纳入了上述两项修正的 SIMPLER 算法称为 MSIMPLER,**并分别应用** SIMPLER 及 MSIMPLER 计算了顶盖驱动流、圆管突扩流**动**、**坦克水流**、水平环形空间中的自然对流及 Czochralski 自然对流(单晶硅拉制过程的简化模型),证实了 MSIMPLER 确实可以促进迭代过程的收敛,尤其是当松弛因子比较小时。计算中采用的迭代收敛准则为:

$$R_{\phi}=\frac{\sqrt{\sum\left[a_P\left(1+\frac{1}{E}\right)\phi_P-\sum a_{nb}\phi_{nb}-b-\frac{a_P}{E}\phi_P^0\right]^2}}{\sqrt{\sum\left[a_P\left(1+\frac{1}{E}\right)\phi_P\right]^2}}\leqslant 1.0\times10^{-6} \tag{6-48}$$

其中 $\phi=(u,v$ 及 $T)$。部分对比计算结果列于表 6－4～6－6 中，表中列出的迭代次数是达到上述收敛条件所需的外迭代次数。

表 6－4　圆管突扩流动的迭代次数的比较

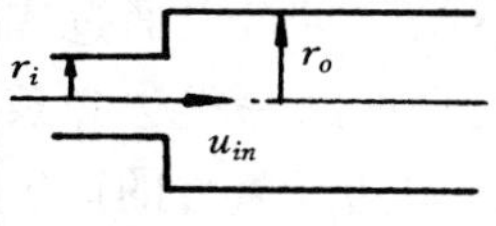

$r_o/r_i=2, Re=u_{in}r_o/\nu$ $Re=1\ 000$ 网格：30×20 节点	α	0.333	0.500	0.750	0.833	0.875	0.917	0.938	0.955
	E	0.5	1	3	5	7	11	15	21
	SIMPLER	549	299	116	76	59	42	34	28
	MSIMPLER	191	151	86	63	51	38	32	26

表 6－5　坦克水流迭代次数的比较

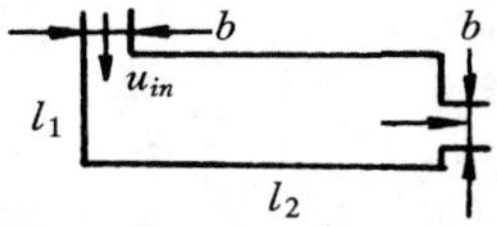

$l_2/l_1=4, Re=u_{in}b/\nu$ $Re=3\ 200$ 网格：20×20 节点	α	0.333	0.500	0.750	0.833	0.875	0.917	0.938	0.955
	E	0.5	1	3	5	7	11	15	21
	SIMPLER	540	285	128	111	104	109	120	136
	MSIMPLER	186	139	102	100	100	100	112	131

表 6－6　Czochrarski 流动迭代次数的比较

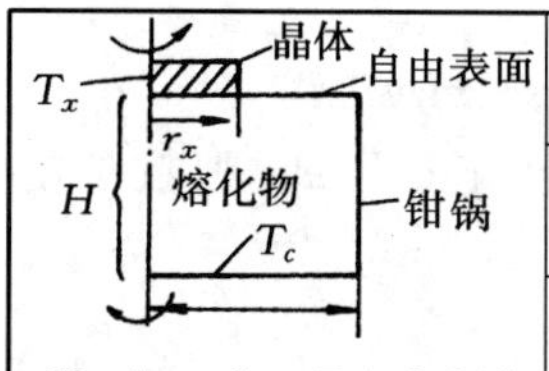

晶体、自由表面、熔化物、钳锅 $H=4r_x=2r_c, Pr=0.015$ $Ra=g\alpha(T_c-T_n)r_c^3/\nu^2=7.5\times10^4$，网格：20×20 节点	α	0.333	0.500	0.750	0.833	0.875	0.917	0.938	0.955
	E	0.5	1	3	5	7	11	15	21
	SIMPLER	306	219	144	118	115	121	122	124
	MSIMPLER	163	154	116	119	121	122	122	123

6.8　开口系统流场计算中出口法向流速的确定

开口系统是指有流体进口与出口的计算系统，这是工程经常遇见的流动问题。本节将从出口截面位置的选择、确定出口截面上边界条件的方法、出口截面上法向流速的计算三方面来开展叙述,最后给出开口系统流场的算例。

6.8.1 出口截面位置的选择

关于出口截面位置的选择,曾经认为出口边界不能设置在有回流的截面上,否则得到的解是没有意义的[38]。数值实验证明,对出口边界位置的这种苛刻要求是不必要的[72],而且在不少情况下实际上也无法把出口边界一定设置到没有回流的地方。对于椭圆型的流动,数学上要求在每一坐标方向上都有两个边界条件。对于出口截面处,如果可以通过实验测定给出该处的被求量的分布,那就给出了被求变量的第一类边界条件。但对大多数情形都无法做到这一点。本节讨论出口边界条件的设定方法正是在这样的前提下进行的,而且希望设定边界条件的方法也适用于出口截面有回流的情形。

我们下面的讨论将区别出口边界设置在有回流处及设置在没有回流处两类情形。

6.8.2 出口边界条件的常用处理方法

目前,文献中已提出了多种设置出口边界条件的方法[6,73],其中应用较广泛的有以下三种。

6.8.2.1 局部单向化假定

这一方法的物理意义及其实施细节已在 5.8 节中介绍过,这里不再重复。

6.8.2.2 充分发展的假定(*fully-developed assumption*)

假设在出口截面的法线方向 n 上,被求变量已充分发展,则数学的表达式为:

$$\frac{\partial \phi}{\partial n} = 0 \tag{6-49}$$

这一边界条件有两种实施方式:

(1) 边界值更新法(*boundary value updated method*) 设出口截面与 x 轴平行,y 方向最后一个节点为$(i, M1)$,倒数第二点为$(i, M2)$,则式(6-49)可近似表示为(图 6-17)。

$$\frac{\phi_{i,M1} - \phi_{i,M2}}{(\delta y)_B} = 0$$

由此得:

$$\phi_{i,M1} = \phi^*_{i,M2} \tag{6-50}$$

即把本层次计算得到的 $\phi_{i,M2}$ 作为下一层次迭代计算的第一类边界条件。

(2) 附加源项法　在附加源项法中把法向一阶导数为零视为热流密度给定的特例(参见 4.3 节)。大量计算实践表明,采用附加源项法的迭代收敛速度要比边界值更新法快得多。

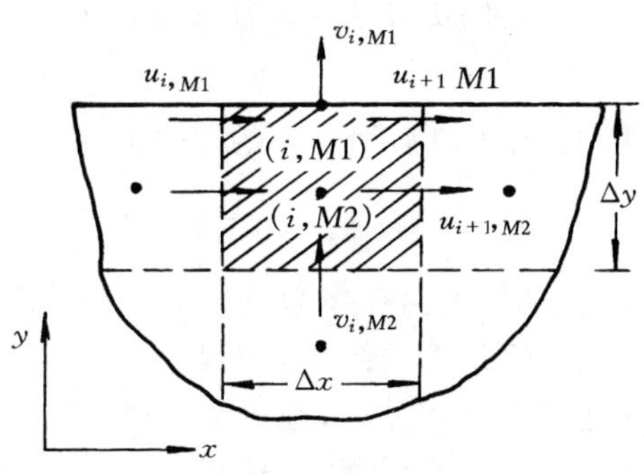

图 6-17　出口边界条件的处理图示

以上两种方法仅适用于出口边界处无回流的情形。采用充分发展假设时,理论上还要求出口截面前有一段足够距离,以使该假设能近似成立。

6.8.2.3　法向速度局部质量守恒、切向速度齐次 Neumann 条件

对于出口截面选择在有回流地区的情形建议采用这一方法。以图 6-18所示二维冲击射流计算为例,计算区的出口截面选择在被冷却工件的边界处。取计算区域中一个与出口边界相邻的控制容积,如图 6-17 所示,则对于出口边界上的速度及其它 ϕ 变量,如温度 T,可以采用以下条件:

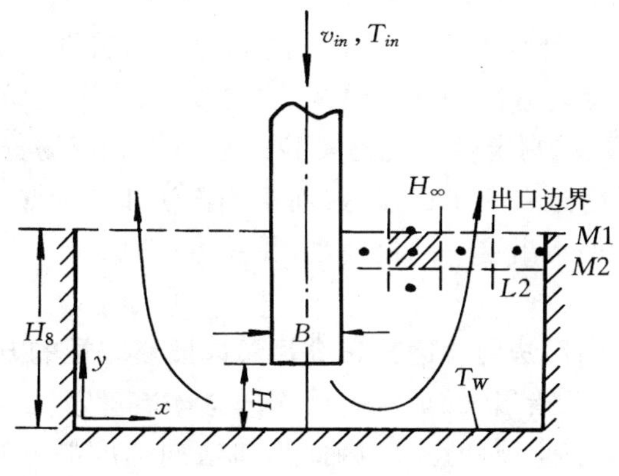

图 6-18　二维冲击射流

(1) 与出口截面平行的速度分量 u 取齐次 Neumann 条件,即一阶导

数为零。采用边界值更新法表示时有：

$$u_{i,M1} = u^*_{i,M2} \tag{6-51}$$

（2）与出口截面垂直的速度分量 v 按局部质量守恒条件确定 $v_{i,M1}$：

$$v_{i,M1} = v^*_{i,M2} - \frac{\Delta y}{\Delta x}(u^*_{i+1,M2} - u^*_{i,M2}) \tag{6-52}$$

这样确定的 $v_{i,M1}$在作为下一层次迭代计算的边界条件之前先要经过总体质量守恒条件的修正。类似地当式(6-50)中的 ϕ 为法向流速时，出口截面之值也要经过总体质量守恒的修正，将在下面介绍。

采用这一方法的算例可参见文献[74,75]。在文献[75]中对于图6-18所示的射流冲击冷却问题进行了数值模拟，对比了上述三种处理出口边界条件的方法对计算结果的影响。发现就空腔底面的局部 Nusselt 的分布而言，三种处理方法的计算结果基本一致，也与实验测定结果大体吻合；但竖壁上的局部换热特性则大相径庭。图6-19中示出了其中一个工况的计算结果与实验值的对比。由图可见，采用法向速度局部质量守恒、切向速度齐次 Neumann 条件处理方法（图中方法 3）计算所得的竖壁上的局部换热特性与实测结果基本一致，而其它两种处理方法的计算结果（图中方法 1 代表局部单向化，方法 2 为充分发展假设）则定性上就与实验结果相悖。流场分析表明，采用方法 3 时，在竖壁附近有一个回流区，而采用方法 1,2 对竖壁附近为边界层型的流动，无法揭示出这一回流流动（见图 6-20）。

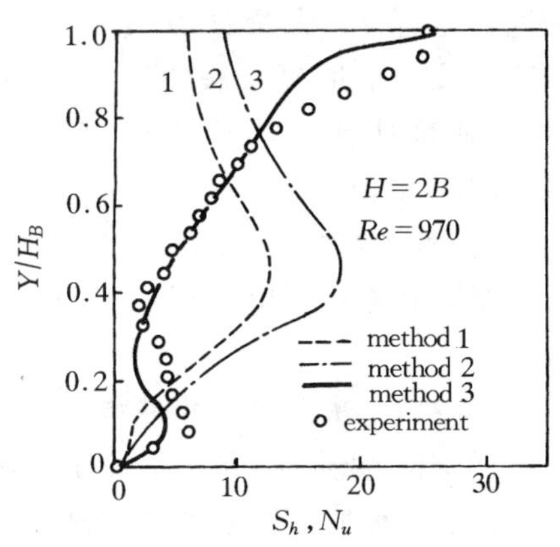

图 6-19　实验结果与三种处理出口边界条件方法的对比

6.8.3　使出口法向流速分布满足总体质量守恒的方法

在 6.5 节中已指出，保证流场计算的总体质量守恒，在实施 SIMPLE 系列的算法中具有重要的意义，因此出口法向速度的分布必须满足这一基本要求。

6.8.3.1　确定出口法向流速的作用

当出口截面设在无回流处且采用局部单向化假设时，在离散方程中

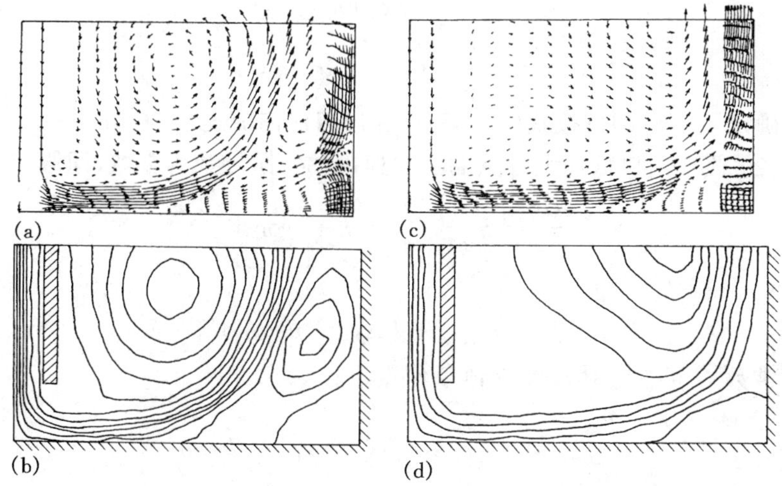

图 6-20 不同出口边界条件处理方法对流场计算结果的影响
(a)速度场(方法 3);(b)流函数(方法 3);(c)速度场(方法 1);(d)流函数(方法 1)

与边界相关的系数为零,因而当速度本身为求解变量时,出口法向速度之值并不是求解该变量内点之值所必须的。但在压力修正值方程的源项中,需要知道每一个控制容积四个界面上的流量,因而如图 6-17 中的流速 $v_{i,M1}$仍是控制容积$(i,M2)$的压力修正方程所必须的。

6.8.3.2 确定出口法向速度的两种方法

下面先介绍按出口截面前一站的流速来确定出口截面的流速并要求其满足总体质量守恒的方法。这适用于出口截面采用局部单向化假设的情形。

(1) 假定出口截面上各点的法向速度的相对变化率为一常数,对如图 6-18 所示的流动,设出口截面上不同 i 处都有以下关系成立:

$$\frac{v_{i,M1}-v_{i,M2}}{v_{i,M2}}=k=\text{const} \tag{a}$$

由此得:

$$v_{i,M1}=(k+1)v_{i,M2}=fv_{i,M2} \tag{6-53}$$

确定系数 f 的条件是 $v_{i,M1}$,满足总体质量守恒:

$$\sum_{i=2}^{L_2}\rho_{i,M1}\cdot v_{i,M1}\Delta x_i=\sum_{i=2}^{L_2}\rho_{i,M1}\cdot(fv_{i,M2})\cdot\Delta x_i=flowin \tag{b}$$

其中 $flowin$ 为入口质量流量,Δx_i 为流动截面面积。于是有:

$$f = \frac{flowin}{\sum_{i=1}^{L_2} \rho_{i,M1} \cdot v_{i,M2} \cdot \Delta x_i} \tag{6-54}$$

由此确定了 f 后即可按式(6-53)计算出口法向流速。

(2) 假定出口截面上各点的法向速度的一阶导数为常数,即假设

$$\frac{v_{i,M1} - v_{i,M2}}{\Delta y} = k = \text{const} \tag{c}$$

则有:

$$v_{i,M1} = v_{i,M2} + k\Delta y = v_{i,M2} + C \tag{6-55}$$

其中常数 C 可按总体质量守恒条件得出:

$$\sum_{i=2}^{L_2} \rho_{i,M1} \cdot (v_{i,M2} + C)\Delta x_i = flowin \tag{d}$$

所以

$$C = \frac{flowin - \sum_{i=2}^{L_2} \rho_{i,M1} \cdot v_{i,M2} \cdot \Delta x_i}{\sum_{i=2}^{L_2} \rho_{i,M1} \cdot \Delta x_i} \tag{6-56}$$

当出口流场已充分发展时,由第一种方法得 $f=1$,由第二种方法得 $C=0$,两种方法得出相同结果。当流场未充分发展时,两种方法得出的结果并不相同,但这种不一致对求解结果的影响一般是比较小的。

对于出口截面采取充分发展假定或按局部质量守恒处理的情形,按式(6-50)或(6-52)确定的出口法向流速也要经过满足总体质量守恒的修正,如:

$$v_{i,M1} = \tilde{v}_{i,M1} \left(\frac{flowin}{\sum_{i=2}^{L_2} \rho_{i,M1} \cdot \tilde{v}_{i,M1} \cdot \Delta x_i} \right) \tag{6-57}$$

其中 $\tilde{v}_{i,M1}$ 为按式(6-50)或(6-52)确定的出口法向流速。

6.8.3.3 处理迭代过程中出现的假回流的方法

在采用局部单向化或充分发展假设来处理出口边界时,在迭代计算过程中计算区出口边界上可能出现暂时性的回流流动(假回流),随着迭代的深入,回流区缩小,出口截面仍处在无回流区。对于这种情形,为不使迭代过程中的假回流影响到采用局部单向化或充分发展假设的正确性,可以采用速度提升的方法来确定出口法向流速。设在迭代过程中,出口截面前一站处($j = M2$)出现了如图 6-21(a)所示的法向流速分布。在确定出口流速前,先找出与其相邻的第一个内节点上流速的最小值,记

为 $v_{\min}$(见图 6-21(a))。然后把第一个内节点上所有内部流速均提升 $|v_{\min}|$,形成如图 6-21(b)所示的出口流场,再按此流场确定系数 f 或常数 C。容易证明,此时有:

$$f=\frac{flowin}{\sum_{i=2}^{L_2}\rho_{i,M1}(v_{i,M2}+|v_{\min}|)\cdot\Delta x_i} \tag{6-58a}$$

$$C=\frac{flowin-\sum_{i=2}^{L_2}\rho_{i,M1}(v_{i,M2}+|v_{\min}|)\cdot\Delta x_i}{\sum_{i=2}^{L_2}\rho_{i,M1}\cdot\Delta x_i} \tag{6-58b}$$

当迭代收敛时,若出口截面上仍有负的流速,意味着出口截面离开回流区过近,应适当延长计算区域,以保证采用局部单向化或充分发展假定的条件基本成立,或者采用局部质量平衡的方法。

(a)

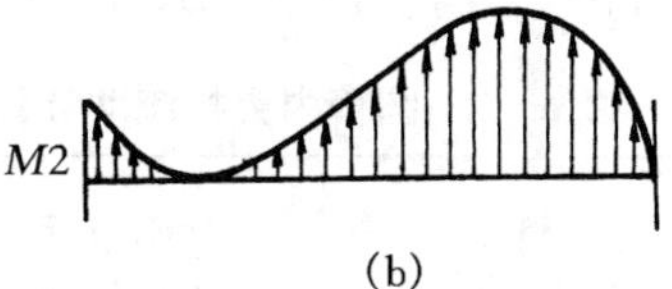

(b)

图 6-21　流速提升法

6.8.4　开口流场计算示例

突扩区域内的流动与后台阶流动是计算传热学中典型的课题,也经常作为考核算法和程序的试例(图 6-22(a),(b),(c))。还有一种开口系统流场计算问题是在外部流动情形下碰到的,如图 6-22(c)所示。以下分别举例说明之。

6.8.4.1　圆管突扩区内的层流流动

对于突扩区域中的流动,数值计算的一个重要结果是从重接触点到台阶面间的距离(图 6-22 中用符号 L_r 表示),一般以其相对长度 L_r/H 或 L_r/d 来表征。文献[8]的计算结果及相关的实测值列于表 6-7 中。计算中采用 SIMPLE 算法,比较了三种不同离散格式对计算结果及所需时间的影响,表中 $\frac{t}{t_{FUS}}$ 是以一阶迎风计算时间为准的 CPU 时间比例,k 为外迭代次数。表中的 QUICKE 及 QUICKER 是该文采用的实施 QUICK 格式的两种不同方式。计算区域的总长度取为回流区长度的 4 倍,出口截面取充分发展的条件。表中的 Re 数是以进口圆管为依据计

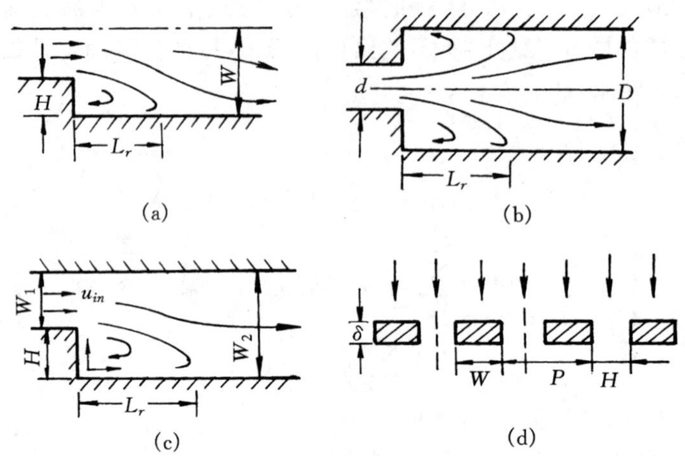

图 6-22 开口系统的例子

(a) 平行极突扩通道；(b) 圆管突扩通道；(c) 后台阶 (d) 气流外掠板束

算所得之值。由表可见，L_r/d 的计算值与实测结果符合良好。

表 6-7 圆管内突扩流动计算结果($D/d=2$, r, x 方向节点数为 16×25)

格式	对比指标	进口 Re			
		50	100	150	200
FUS	t/t_{FUS}	1	1	1	1
	K	113	111	108	111
	Lr/d	2.15	4.20	6.26	8.34
HS	t/t_{UDS}	0.96	0.96	0.96	084
	K	107	107	106	100
	Lr/d	2.26	4.43	6.61	8.82
QUICKE	t/t_{UDS}	1.22	1.18	1.16	1.19
	K	93	91	89	91
	Lr/d	2.20	4.32	6.45	8.60
QUICKER	t/t_{UDS}	1.98	2.02	2.06	2.06
	K	151	156	159	157
	Lr/d	2.20	4.32	6.45	8.60
实验所得的 Lr/d[76]		2.2	4.3	6.5	8.8

6.8.4.2 流过后台阶的层流流动与换热

文献[77]对如图 6-22(c)所示后台阶层流流动与换热在很宽的参

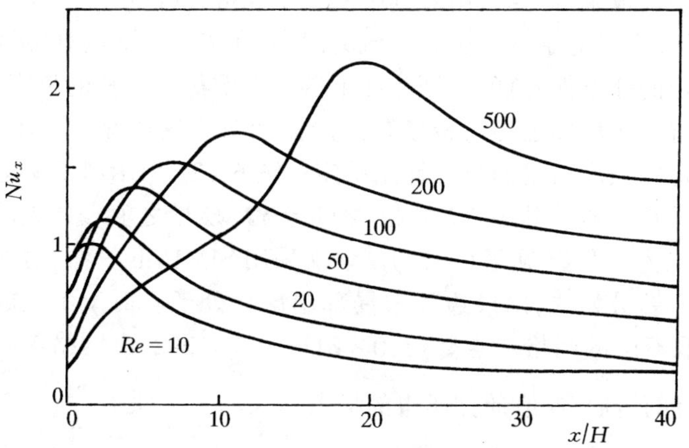

图 6-23　流经后台阶的对流换热特性($W_2/W_1=1.5, Pr=0.7$)

数范围内进行了数值计算:$Re=10\sim500$,$W_2/W_1=1.25\sim2.0$,$Pr=0.0001\sim1000$,壁面温度为常数。计算采用原始变量法,对流项用三阶迎风格式,扩散项为中心差分,压力与速度的耦合通过求解一个压力 Poisson 方程来实现,在推导该 Poisson 方程时不引入不可压缩流体的连续性方程,而把诸如$\left(\dfrac{\partial u}{\partial x}+\dfrac{\partial v}{\partial y}\right)$的项予以保留,以便在计算过程中可以使质量守恒定律逐渐得到满足。计算得出后台阶底面上局部 Nusselt 数的变化特性(以台阶高度 H 为特征长度)如图 6-23 所示。由图可见,局部 Nusselt 数先随离开台阶距离的增加而增加,达到一最大值后则随距离增加而降低。局部 Nusselt 数的最大值就发生在流体回流区的终端,即重接触点处。该点以后底面上的流动与换热呈现边界层流动的特性。

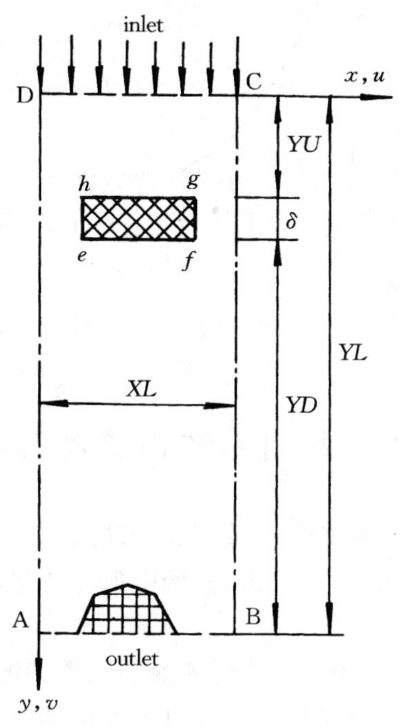

图 6-24　外掠板束换热的计算区域

6.8.4.3　气流外掠板束的换热

在文献[78]中对图 6-22(d)中的情形进行数值模拟。考虑到垂直于气流方向有多块板条，计算只用对其中一个单元进行(图中虚线及点划线间所示区域)即可。对于这一类开口流场问题，在流动方向的计算区域取多长具有一定的任意性，总的原则是在上游及下游都有足够的长度，使得这些长度的进一步增加已经对板条附近的流动与换热情况没有明显影响，而这一合适的长度需要通过计算来确定。图 6－25 中示出了文献[78]中所采用的计算区域。其中 YU/XL 之值及 YD/XL 之值经预先的数值验证而分别取为 1 及 6(见图 6－25)。该文采用 SIMPLE 算法，对流与扩散项均取中心差分格式，出口边界按局部单向化处理。对于不同的几何参数 P/W 取不同的网格节点数($110\times311\sim132\times392$，由网格考核而定)。对 $Pr=2.5$的情形，数值计算所得的扳条 Nusselt 数$\left(Nu=\dfrac{hP}{\lambda}\right)$与 Reynolds 数$\left(Re=\dfrac{2v_mH}{v}\right)$的变化关系与实测结果十分一致，如图 6－26 所示。

在本算例中，对位于流场内的固体区(板条)的处理需要一些特殊的技术，将在下节中介绍。

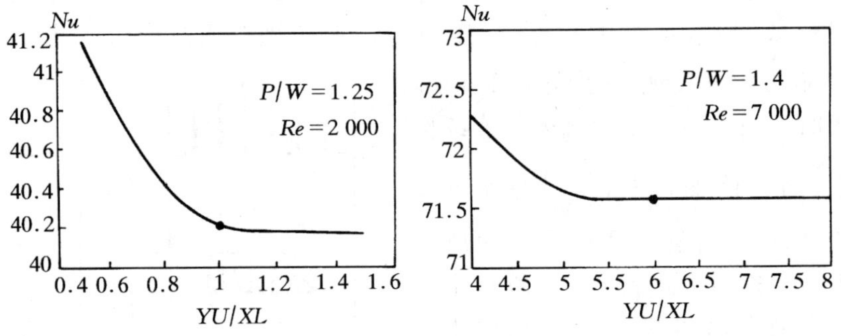

图 6－25 YU/XL 及 YD/XL 对板条 Nusselt 数的影响

6.9 封闭系统内流动与换热的数值计算

本节将着重以封闭腔内的自然对流为例，介绍处理自然对流的 Boussinesq 假设、流场中孤立物体的处理方法。

6.9.1 常见的封闭系统中的流动与换热问题

引起封闭空腔中流体运动的原因大致有以下三种：(1) 由于切应力的作用，如顶盖驱动流(图 6－27(a))，这是计算流体力学及计算传热学

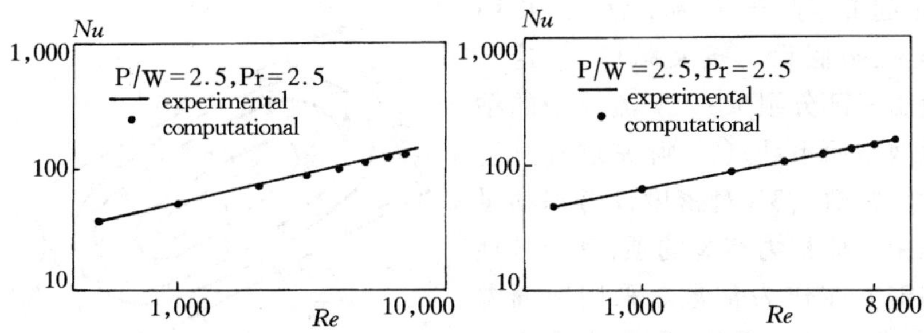

图 6－26　气流冲击板条换热的计算结果与实验值的对比

中的经典题目;(2) 由于流体与壁面之间存在温差,例如各种封闭腔内的自然对流(图 6－27(b)),发电厂中的大电流母线的冷却就是环形空间中的自然对流换热问题;(3) 由于离心力等的体积力的作用(图 6－27(c)),燃气轮机中旋转盘腔的冷却就可以用这种模型来近似地描写。其中由于温差而引起的自然对流是一类非常典型的课题,本节就讨论这种情形。

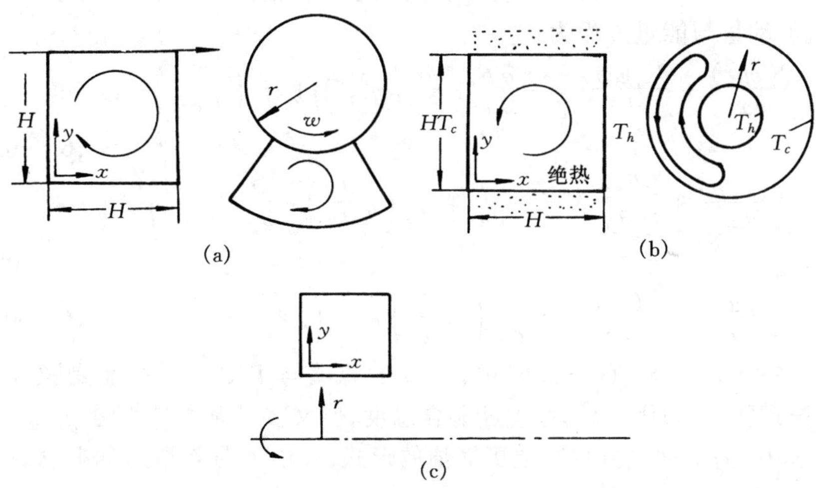

图 6－27　封闭腔中的流动与换热举例

(a) 顶盖驱动流; (b) 封闭腔内自然对流; (c) 旋转盘腔内的流动

6.9.2　封闭腔内的自然对流换热的控制方程和算例

6.9.2.1　Boussinesq 假设

在进行封闭腔内自然对流换热的数值计算时,为便于处理由于温差而引起的浮升力项，常常采用 Boussinesq 假设。按文献[79]，这一假设由三部分组成：(1) 流体中的粘性耗散略而不计；(2) 除密度外其它物性为常数；(3) 对密度仅考虑动量方程中与体积力有关的项，其余各项中的密度亦作为常数。采用冷面温度 T_c 作为参考温度，则重力项中的密度可表示为：

$$\rho = \rho_c[1-\alpha(T-T_c)] \tag{6-59}$$

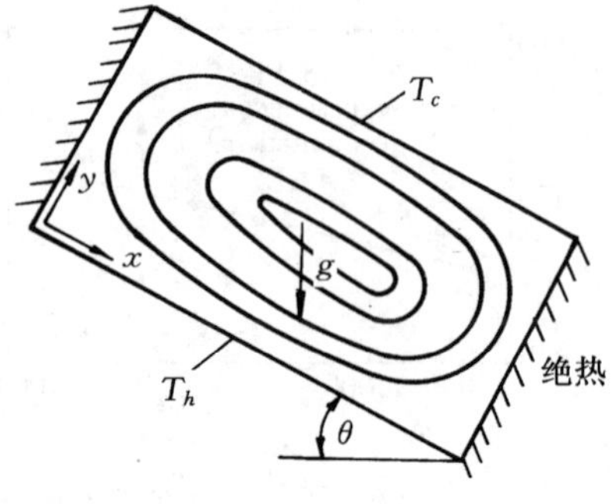

图 6-28　封闭腔内的自然对流

其 ρ_c 为与 T_c 相对应的流体密度，α 为体胀系数。

6.9.2.2　封闭腔内自然对流换热的控制方程

我们以矩形截面空腔中的自然对流问题为例来开展讨论。

如图 6-28 所示，在一倾斜放置、矩形截面的二维空腔内，层流自然对流的动量与能量方程为：

$$\frac{\partial(\rho u^2)}{\partial x}+\frac{\partial(\rho uv)}{\partial y}=-\frac{\partial p}{\partial x}+\frac{\partial}{\partial x}\left(\eta\frac{\partial u}{\partial x}\right)+\frac{\partial}{\partial y}\left(\eta\frac{\partial u}{\partial y}\right)+g\rho\sin\theta \tag{6-60a}$$

$$\frac{\partial(\rho uv)}{\partial x}+\frac{\partial(\rho v^2)}{\partial y}=-\frac{\partial p}{\partial y}+\frac{\partial}{\partial x}\left(\eta\frac{\partial v}{\partial x}\right)+\frac{\partial}{\partial y}\left(\eta\frac{\partial v}{\partial y}\right)-g\rho\cos\theta \tag{6-60b}$$

$$\frac{\partial(\rho uh)}{\partial x}+\frac{\partial(\rho vh)}{\partial y}=\frac{\partial}{\partial x}\left(\lambda\frac{\partial T}{\partial x}\right)+\frac{\partial}{\partial y}\left(\lambda\frac{\partial T}{\partial y}\right)+S \tag{6-60c}$$

在式(6-60a)，(6-60b)中，u，v 的源项与 T 之间的关系是隐含着的，把式(6-59)代入后，源项就显含温度，但又多了常数项部分 $g\rho_c\sin\theta$，$g\rho_c\cos\theta$。为把动量方程写成更简洁的形式，要引入有效压力的概念。定义有效压力(又称折算压力)为：

$$p_{\text{eff}} = p+\rho_c g y\cos\theta-\rho_c g x\sin\theta \tag{6-61}$$

于是有

$$\frac{\partial p_{\text{eff}}}{\partial x}=\frac{\partial p}{\partial x}-\rho_c g\sin\theta$$

$$\frac{\partial p_{\text{eff}}}{\partial y}=\frac{\partial p}{\partial y}+\rho_c g\cos\theta$$

采用 Boussinesq 假设并将上述关系代入式(6-60)，将比焓 h 表示成 c_pT

并设 c_p 为常数,经整理后有:

$$\frac{\partial(\rho u^2)}{\partial x}+\frac{\partial(\rho uv)}{\partial y}=-\frac{\partial p_{\text{eff}}}{\partial x}+\eta\left(\frac{\partial^2 u}{\partial x^2}+\frac{\partial^2 u}{\partial y^2}\right)-\rho g\alpha(T-T_c)\sin\theta \tag{6-62a}$$

$$\frac{\partial(\rho uv)}{\partial x}+\frac{\partial(\rho v^2)}{\partial y}=-\frac{\partial p_{\text{eff}}}{\partial y}+\eta\left(\frac{\partial^2 v}{\partial x^2}+\frac{\partial^2 v}{\partial y^2}\right)+\rho g\alpha(T-T_c)\cos\theta \tag{6-62b}$$

$$\frac{\partial(\rho uT)}{\partial x}+\frac{\partial(\rho vT)}{\partial y}=\left(\frac{\lambda}{c_p}\right)\left(\frac{\partial^2 T}{\partial x^2}+\frac{\partial^2 T}{\partial y^2}\right) \tag{6-62c)}$$

为简洁起见,上式中密度 ρ_c 的下标“c”已略去。这样我们就得到与通用的对流-扩散方程形式一致的控制方程式。这一组方程的离散形式可以采用本章上面所述的方法求解。

6.9.2.3　封闭方腔内自然对流换热的数值计算结果

封闭方腔内的自然对流换热是计算传热学中的经典课题,对于宽与高均为 H 的二维空腔,在 $Ra=\dfrac{g\alpha(T_h-T_c)H^3}{a\nu}=10^3\sim10^6$ 范围内,文献中已有了比较一致的数值计算结果[80~83]。表6-8中引列了文献[83]给出的部分计算结果。该文中采用SIMPLEC算法,离散格式采用混合格式(HS),在80×80的非均分网格上完成了这些计算($Pr=0.71$)。表中 U,V 为无量纲速度分量,Nu_{max}是竖壁上局部Nusselt数的最大值,其余

表6-8　方腔内空气自然对流换热的计算结果

计算的量	$Ra=g\alpha(T_h-T_c)H^3/a\nu$			
	10^3	10^4	10^5	10^6
Nu	1.114	2.245	4.510	8.806
Nu_{max}	1.581	3.539	7.637	17.442
$(Y/H)_{max}$	0.099	0.143	0.085	0.036 8
Nu_{min}	0.670	0.583	0.773	1.001
$(Y/H)_{min}$	0.994	0.994	0.999	0.999
U_{max}	0.153	0.193	0.132	0.077
$(Y/H)u_{max}$	0.806	0.818	0.859	0.859
V_{max}	0.155	0.234	0.258	0.262
$(X/H)v_{max}$	0.181	0.119	0.066	0.039

符号的意义可类推。计算对流换热系数时以($T_h - T_c$)为温差,Nusselt 数以 H 为特征尺寸。

6.9.3 孤岛的数值处理方法

在进行工程传热问题的数值计算时常常会碰到固体区位于流场内情况。这时比较方便的一种处理方法是将固体区与流体区视为一个整体进行耦合求解。为了保证迭代计算过程中固体区的速度恒为零,需要采取专门的数值处理方法。

现以图 6-29 所示的情形来分析。它可以作为冰箱功能室的一个简化二维模型,空腔中充满空气,腔壁温度均匀,为 T_h,位于腔内的竖平板温度为 T_c($T_h > T_c$)。应用本书前述数值方法求解空气与壁面之间的自然对流换热时要作以下处理。

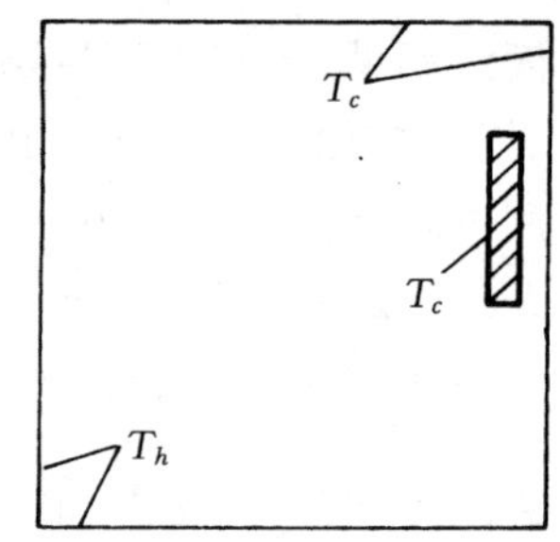

图 6-29 位于流场中的孤立物体示例

6.9.3.1 使孤立物体区速度场为零的方法

为保证迭代计算过程中孤立物体(孤岛,*isolated island*)处的速度恒为零(或与主流区相比要小若干个数量级的小数),应采用以下方法:(1) 在每一层次的迭代计算前令孤岛区中的速度为零,以保证孤岛区中的节点对流体区中节点速度起滞止的影响;(2) 在求解速度的代数方程前令孤岛区各速度离散方程主对角元的系数为一很大值(如 10^{30}),以保证预估值 $u^* = v^* = 0$;(3) 采用 SIMPLE 系列算法计算压力修正值时,应使孤岛区各速度修正值计算公式的系数(即 d_e, d_n 等)取一个很小值,如 10^{-25},以使孤岛区中各速度修正值也为零。

上述方法已成功地处理了一批有孤岛的对流换热问题,可见文献[12,17,19,21,23,25]。

6.9.3.2 使孤立物体区的温度取得给定值的方法

为了使孤立物体区中的温度取得给定值,可以采用大系数法(*large coefficient mothod*),即在求解离散方程之前,令欲取得给定值的节点 P 的代数方程:

$$a_P\phi_P = \sum a_{nb}\phi_{nb} + b \tag{a}$$

中 $a_P = A$, $b = A\phi_{\text{given}}$,其中 ϕ_{given}为给定值,A 为一个大数,如 $10^{20} \sim 10^{30}$。

这样 ϕ_P 就可取得给定值 ϕ_{given}

$$\phi_P = \left(\sum a_{nb}\phi_{nb}/A\right) + (A\phi_{given})/A = \phi_{given} \tag{b}$$

文献中曾推荐采用大源项法(*large soure-term method*)来对某点赋给定值,即令该点的 S_c 及 S_P 为[38]:

$$S_c = 10^{30}\phi_{given} \tag{6-63a}$$

$$S_P = -10^{30} \tag{6-63b}$$

值得指出,当松弛因子为 1.0 时,大源项法是非常有效的;但当采用亚松弛方法求解时,大源项法不如大系数法有效,因为容易证明,这时(设 $\alpha = 0.5$)实际得到的是:

$$\phi_P = \frac{1}{2}(\phi_{given} + \phi_P^0) \tag{c}$$

另外,当 ϕ_{given} 本身很小时(例如位于流场中孤岛上的零速度),数值实践表明大源项法也不能奏效而且容易导致计算的发散[12]。

6.10　同位网格上的 SIMPLE 算法

交叉网格虽然成功地解决了速度与压力的耦合关系问题,但随着数值计算的问题由二维发展到三维,由规则区域发展到不规则区域,由单重网格发展到多重网格,交叉网格的缺点,即程序编制的复杂与不便,便日益突出。在 20 世纪 80 年代初期,美国两所大学的博士学位论文中已相继提出了不采用交叉网格而防止失耦的方法,但未得到重视。1988 年 Peric 等撰文进一步论述了这一问题[84],引起了学述界的重视,此后这种各个变量均置于同一套网格上而且能保证压力与速度不失耦的方法,便迅速地发展起来,并被赋予了同位网格(*collocated grid*)的名称。目前对三维问题,尤其是非正交曲线坐标系中的计算,同位网格已得到比较广泛的应用。本节将从交叉网格成功的经验谈起,介绍在非交叉网格上保证压力与速度不失耦的一种方法,并引入在同位网格上实施 SIMPLE 算法的有关内容,最后对同位网格实施中的一些问题进行讨论。

6.10.1　交叉网格成功的经验——引入 $1-\delta$ 压差

我们知道在交叉网格上动量方程离散时,相邻两点间的压差进入了动量离散方程,简称为引入了 $1-\delta$ 压差。这种 $1-\delta$ 压差对波形压力场很敏感,当迭代计算中出现了波形压力场时,动量方程的满足会被明显地破坏,于是在迭代过程中波形压力场会被逐渐抹平。因此在非交叉网格上要保证压力与速度间的不失耦,必须在动量离散方程的求解过程中引入 $1-\delta$ 压差。

特别值得指出,这个 $1-\delta$ 压差不能通过将压力梯度中的一阶导数用一阶截差的偏差分格式来引入。因为物理学告诉我们(Pascal 原理),在密闭容器中流体上的压强等值地传到流体各处去[85],也就是压力的传递具有与扩散过程相同的特性,没有方向的偏好,这就意味着压力本身满足一个扩散型的方程。实际上,对不可压缩流的两个速度分量的控制方程作求偏导的运算并相加后,可以获得以下压力方程(不计重力):

$$\frac{\partial^2 p}{\partial x^2}+\frac{\partial^2 p}{\partial y^2}=2\rho\left[\left(\frac{\partial u}{\partial x}\right)\left(\frac{\partial v}{\partial y}\right)-\left(\frac{\partial v}{\partial x}\right)\left(\frac{\partial u}{\partial y}\right)\right] \qquad (6-64)$$

这是一个椭圆型方程,称为压力 Poisson 方程,类似于一个带源项的稳态导热方程。显然上式的离散应当采用性能优良的中心差分,也就是一阶导数$\frac{\partial p}{\partial x}$,$\frac{\partial p}{\partial y}$的离散应当采用中心差分。

因此根据交叉网格成功的经验及压力本身的物理特性,在非交叉网格上要保证压力与速度不失耦,应当在动量离散形式中或求解过程中引入 $1-\delta$ 压差,而且该 $1-\delta$ 压差必须是中心差分表达式的一个部分。

6.10.2 在非交叉网格上动量方程及质量守恒方程的离散

我们通过对非交叉网格上动量方程及质量守恒方程离散过程的讨论来寻找在什么环节可以引入满足上述条件的 $1-\delta$ 压差。

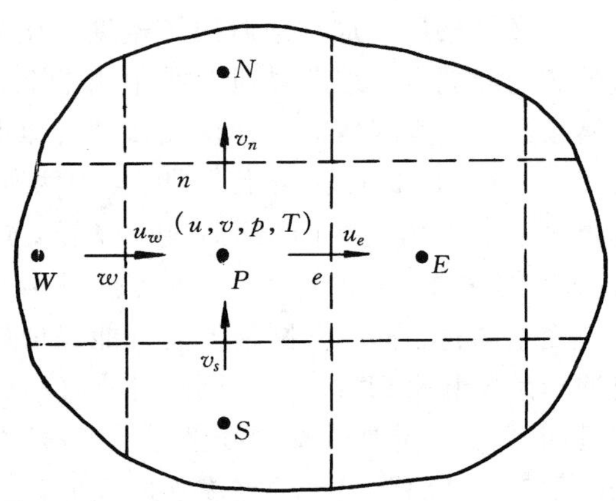

图 6-30 非交叉网格

在图 6-30 所示的非交叉网格上将 u 动量方程对控制容积 P 作积分,可得:

$$a_P u_P=\sum_{nb} a_{nb} u_{nb}+b+A_P(p_w-p_e) \qquad (6-65a)$$

其中的 p_e,p_w 为界面压力。

此式可改写为:

$$u_P = \left(\frac{\sum_{nb} a_{nb} u_{nb} + b}{a_P} \right) - \frac{A_P}{a_P}(p_e - p_w) = \tilde{u}_P - \frac{A_P}{a_P}(p_e - p_w) \tag{6-65b}$$

式中 A_P 为 P 点处压力作用的面积，两界面上的压力 p_e，p_w 需通过插值得出。

类似地可以写出 E 点上 u 的动量离散方程为：

$$u_E = \tilde{u}_E - \left(\frac{A_P}{a_P}\right)_E (p_e - p_w)_E \tag{6-65c}$$

其中$\left(\dfrac{A_P}{a_P}\right)_E$ 表示对 E 点写出的该动量方程的压力作用面积与主对角元之商。

在利用 SIMPLE 系列算法进行求解时，需要利用质量守恒方程来导出压力修正值方程。不计非稳态项时，质量守恒方程在 P 控制容积上离散后得：

$$(\rho u A)_e - (\rho u A)_w + (\rho u A)_n - (\rho v A)_s = 0 \tag{6-66}$$

上式中出现的界面流速，在交叉网格上是可以自然地获得的，但在非交叉网格上则需要从节点的速度值来予以插值，而正是这一环节给我们提供了引入 $1-\delta$ 压差的机会。

现在把界面上的流速形式上写成如式(6－65b)，(6－65c)的形式，则对 u_e 有：

$$u_e = \tilde{u}_e - \left(\frac{A_P}{a_P}\right)_e (p_E - p_P) \tag{6-67}$$

在这一表达式中引入了 $1-\delta$ 压差，而且它是出现在界面动量方程的压力梯度的中心差分项中的，满足了我们在上面提出的要求。这种方法的基本思想是由 Rhie 与 Chow 提出的[86]，称为动量插值法(*momentum interpolation method*，MIM)，也就是利用动量方程的形式来插值。利用式(6－67)这类界面流速的计算式我们就可以由质量守恒方程(6－66)来导出能保证压力与速度耦合关系的压力修正值方程。这种采取特殊的措施可以保证压力与速度耦合关系的非交叉网格我们称之为同位网格。

6.10.3　同位网格上压力修正值方程的导出

采用动量插值时，式(6－67)中界面上的 $\tilde{u}_e$，$\left(\dfrac{A_P}{a_P}\right)_e$ 之值通过线性插值由节点上的值来表示。参见图 4－1，可有：

$$\tilde{u}_e = \tilde{u}_P \frac{(\delta x)_{e^+}}{(\delta x)_e} + \tilde{u}_E \frac{(\delta x)_{e^-}}{(\delta x)_e} \tag{6-68a}$$

$$\left(\frac{A_P}{a_P}\right)_e = \left(\frac{A_P}{a_P}\right)_P \frac{(\delta x)_{e^+}}{(\delta x)_e} + \left(\frac{A_P}{a_P}\right)_E \frac{(\delta x)_{e^-}}{(\delta x)_e} \tag{6-68b}$$

类似地对其它几个界面可以写出：

$$u_w = \tilde{u}_w - (\frac{A_P}{a_P})_w(p_P - p_W) \tag{6-69a}$$

$$v_n = \tilde{v}_n - (\frac{A_P}{a_P})_n(p_N - p_P) \tag{6-69b}$$

$$v_s = \tilde{v}_s - (\frac{A_P}{a_P})_s(p_P - p_S) \tag{6-69c}$$

引入 SIMPLE 算法中略去邻点速度修正值的思想，有：

$$u'_e = (\frac{A_P}{a_P})_e(p'_P - p'_E) = d_e(p'_P - p'_E) \tag{6-70a}$$

$$u'_w = (\frac{A_P}{a_P})_w(p'_W - p'_P) = d_w(p'_W - p'_P) \tag{6-70b}$$

$$v'_n = (\frac{A_P}{a_P})_n(p'_P - p'_W) = d_n(p'_P - p'_N) \tag{6-70c}$$

$$v'_s = (\frac{A_P}{a_P})_s(p'_S - p'_P) = d_s(p'_S - p'_P) \tag{6-70d}$$

于是，以 $u_e = u_e^* + u'_e$ 等速度表示式代入式(6-66)，可以得出与交叉网格中形式上完全一样的压力修正值计算式：

$$a_P p'_P = a_E p'_E + a_W p'_W + a_N p'_N + a_S p'_S + b \tag{6-71a}$$

$$b = (\rho u^* A)_w - (\rho u^* A)_e + (\rho v^* A)_s - (\rho v^* A)_n \tag{6-71b}$$

其中系数 a_E 等及 a_P 的计算式同式(6-17a)及(6-17b)，所应注意的是：(1) 这里 d_e 等的值需要从相邻节点上的值线性插值而得；(2) 式(6-71b)中的界面流速 u_e^* 等应采用动量插值公式计算。

式(6-71a)的边界条件也与交叉网格中一样，取为齐次 Neumann 条件，即与边界相应的系数取为零。

6.10.4 同位网格上 SIMPLE 算法的计算步骤

同位网格上实施 SIMPLE 算法的计算步骤如下：

(1) 按上一层次计算得出的界面流速，确定动量离散方程系数；

(2) 据上一层次计算的压力 p^*，求解动量方程，得 u^*，v^*；

(3) 按动量插值公式计算界面流速 u_e^*，v_n^* 等，从而计算压力修正值方程的源项；

(4) 按式(6－68b)等计算 d 值，因而确定压力修正值方程的系数；

(5) 求解 p'方程；

(6) 按式(6－70)计算界面速度修正值 u'_e，v'_n 等，按以下公式计算节点上速度修正值，其中界面上的压力需采用线性插值公式来确定：

$$u'_P = \left(\frac{A_P}{a_P}\right)_P^u (p'_w - p'_e) \tag{6-72a}$$

$$v'_P = \left(\frac{A_P}{a_P}\right)_P^v (p'_s - p'_n) \tag{6-72b}$$

其中上角标 u 或 v 分别表示 $\left(\frac{A_P}{a_P}\right)$ 是 u 方程及 v 方程的值。在均分网格中，$(p'_w - p'_e) = (p'_W - p'_E)/2$，$(p'_s - p'_n) = (p'_S - p'_N)/2$。

(7) 以 $(u^* + u')$，$(v^* + v')$ 及 $(p^* + \alpha_p p')$ 开始下一层次的迭代计算，直到收敛条件满足。

6.10.5 关于同位网格的讨论

6.10.5.1 关于松弛因子对数值解的影响及克服方法

文献[87]的分析表明，当速度场求解的亚松弛是组织到代数方程求解过程中的时候，动量插值实际上得到的是一种由 α 部分的动量插值及 $(1-\alpha)$ 部分的线性插值所组成的一种混合插值。这样当松弛因子变化时界面流速也会随之发生一定的变化，因而使数值解的结果呈现出与松弛因子有关的情况。文献[88]中又指出对非稳定问题，也同样存在数值解与松弛因子有关的问题。文献中提出了一些克服这一不理想情况的方法，如文献[87]提出在稳态情况下可对界面流速采用

$$u_e = \alpha (u_e)_{MI} + (1-\alpha)(u_e)^* \tag{6-73}$$

其中下角码 MI 表示动量插值，上角码 * 表示上一层次计算之值。

消除松弛因子影响的最简单的方法是在执行动量插值的所有计算之前将动量方程主对角元系数中隐含着的松弛因子取为 1[89,90]，例如式(6－70)中的 d_e 就应写为：

$$d_e = \left[\left(\frac{A_P}{a_P}\right)_P \frac{(\delta x)_{e^+}}{(\delta x)_e} + \left(\frac{A_P}{a_P}\right)_E \frac{(\delta x)_{e^-}}{(\delta x)_e}\right]\alpha^{-1} \tag{6-74}$$

注意此式中的 $(a_P)_P$ 及 $(a_P)_E$ 都是隐含了亚松子因子的主对角元系数，经上式的处理，相当于令这些亚松弛因子均为 1。文献[90]中对于方腔

内自然对流换热的计算表明,采用上述方法时松弛因子的影响实际上已消去(局部 Nusselt 数在 5 位有效数字内不受松弛因子的影响)。这一方法的缺点是算法的健壮性可能受到影响。关于对非稳态计算消除松弛因子影响的方法可见文献[88]。

6.10.5.2 动量插值对消除波形压力场的有效性

在文献[90,91]中曾经进行过数值实验,以揭示动量插值对消除不合理的波形压力场的有效性。方法是在收敛解的基础上,人为地在压力场中加上一个波形压力场,然后观察迭代过程中压力场的变化情况。计算结果表明,动量插值可以有效地衰减波形压力场。对方腔中自然对流的一个算例示于图 6-31 中。由图可见,大约只要经过五次外迭代,不合理的初场已经基本被抹平。

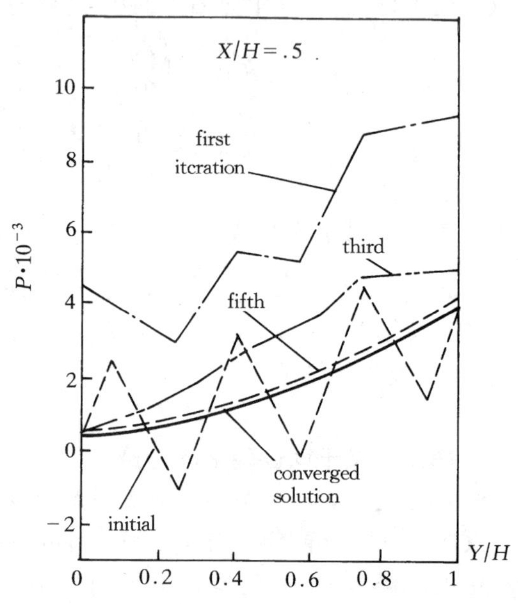

图 6-31 动量插值消除不合理压力场功能的数值考核

但是值得指出,文献[90,91]中的数值实验都是在速度的亚松驰因子比较大的情况下作出的($\alpha \geqslant 0.4$)。最近文献[92]的研究表明,如果速度的亚松驰因子比较小(如 0.1 左右)或非稳态问题的时间步长比较小,由于前面所分析的原因,式(6-67)所示的动量插值仍然会导致波形压力场。因此为了能在很宽的松驰因子变化范围内获得有意义的解,应当采用式(6-73)这样的插值方式(对稳态问题)或文献[88]所提出的插值方式(对非稳态问题),后面这两种插值都称为修正的动量插值方法(*modified* MIM,即 MMIM)。

6.10.5.3 交叉网格及同位网格的比较

文献[85,92]中曾对一些二维的算例分别采用交叉网格与同位网格进行对比计算,得到的基本结论是对于在二维规则区域中的算例,同位网格上计算所得的解在时间及解的准确度方面大致与交叉网格上求解相当,有时可能还要稍为逊色。同位网格的作用只有在复杂区域和三维的计算中才能表现出来。有兴趣的读者可进一步参阅文献[6]。

习　题

6-1　在 6.1 节中曾指出,流场的分离式求解方法所遇到的问题是压力没有独立的方程,为了解决压力与速度之间的耦合问题,引入了 SIMPLE 等一系列算法。但另一方面可以从动量方程与连续性方程来导出关于压力的 Poisson 方程,例如在二维直角坐标中对不可压缩流体可有:

$$\frac{\partial^2 p}{\partial x^2}+\frac{\partial^2 p}{\partial y^2}=2\left[\left(\frac{\partial u}{\partial x}\right)\left(\frac{\partial v}{\partial y}\right)-\left(\frac{\partial v}{\partial x}\right)\left(\frac{\partial u}{\partial y}\right)\right]$$

试导出这一方程。有人认为,可以把这个压力方程与动量方程联立来求解流动,即依次求解 u 方程,v 方程及压力方程(此时 u,v 已知道,可作为压力方程的源项)就完成了分离式求解方法中的一轮迭代,从而不必采用 SIMPLE 之类的算法。试对这种观点作出评价。

6-2　如果 η 为变量,要把直角坐标中 x 方向的动量方程表示成式(6-1)的形式,试写出此时源项 S 的表达式。

6-3　试在直角坐标系的交错网格上,写出动量离散方程式(6-5),(6-6)中的系数 a_{nb}(即 a_E,a_W,a_N,a_S),a_e,A_e,a_n,A_n 的表达式。为简便起见,设:(1) 流体物性为常数;(2) 在 x,y 方向上网格各自均匀划分。速度 u_e 的邻点可参阅图 6-5,速度 v_n 的邻点参见图 6-32。对流、扩散项的离散可采用五种三点格式之一。

6-4　对图 6-11 所示二维流动情形,已知:$u_w=50$,$v_s=20$,$p_N=0$,$p_E=10$,流动是稳态的,且密度为常数。u_e,v_n 的离散方程为:

$$u_e = p_P - p_E;\ v_n = 0.7(p_P - p_N)$$

试利用 SIMPLE 算法求解 u_e,v_n 及 p_P 之值。

6-5　一管路系统如图 6-33 所示,从节点 1 向节点 2,3,4,5,6,7 泵送流体。节点 1,2,4,5 的压力表示在括号内。两节点间的流量可用公式 $Q=C(\Delta p)$示之,其 Δp 为两节点间的压差,C 可称为水力传导性。为简便起见,相邻两节点间的传导性用示于两节点连线中点上的字母作为下标,例如节点 3,6 间的水力传导性表示为 C_D。已知:$C_A=0.4$,$C_B=0.2$,$C_C=0.1$,$C_D=0.2$,$C_E=0.1$,$C_F=0.2$。已知节点 6,7 间的流量 $Q_F=20$。以上各量的单位都是协调一致的。试采用类似 SIMPLE 的算

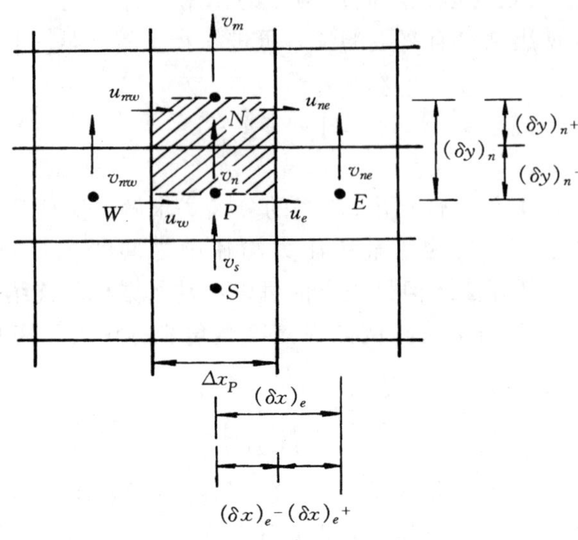

图 6-32　习题 6-3 插图

法，确定 $p_3, p_6, Q_A, Q_B, Q_C, Q_D, Q_E$ 及 p_7(提示：先假定 p_3^*, p_6^*，计算各段流量；再利用节点 3,6 的质量守恒关系来计算压力修正值)。

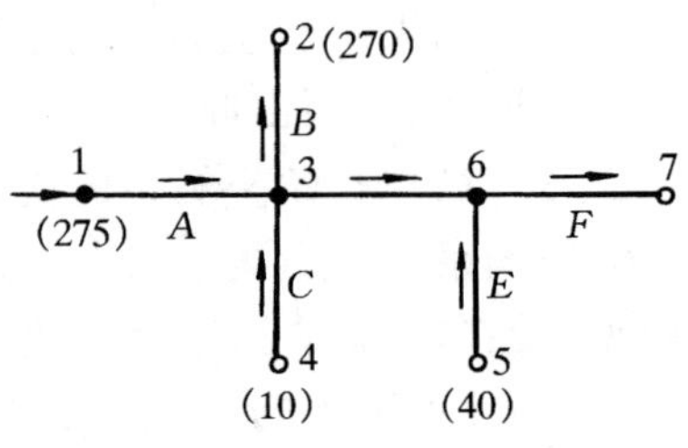

图 6-33　习题 6-5 插图

6-6　设有个一维多孔介质内的流动，控制方程为 $c|u|u+\frac{\mathrm{d}p}{\mathrm{d}x}=0$ 及 $\frac{\mathrm{d}(uA)}{\mathrm{d}x}=0$，其中 c 为常数，A 为有效面积。对于图 6-12 所示离散系统，已知：$\Delta x=1$(网格均分)，$C_B=0.4$，$C_C=0.2$，$A_B=2$，$A_C=3$，$p_1=140$，$p_3=30$。以上各量单位均已协调一致。试采用 SIMPLE 算法求解 p_2, u_B, u_C。

6-7　试导出表 6-1 中所示的圆柱轴对称坐标及极坐标系中速度源项的表达式。

6-8　带移动顶盖的方形空腔内的流动(即顶盖驱动流)是数值传热学中的一个经典问题。试对图 6-34 所示的稳态情形：

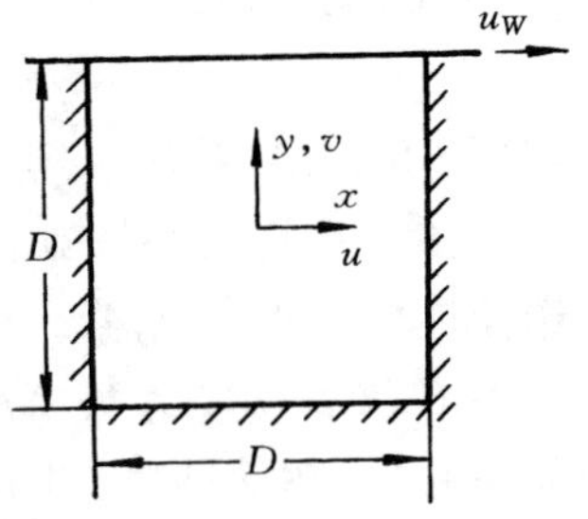

图 6-34　习题 6-8 插图

1. 写出速度场的控制方程及边界条件；

2. 将数学描写无量纲化，指出所得到的无量纲参数。

6-9 对于如图 6-35 所示的正方形截面管道内的层流充分发展对流换热，试利用 Boussinesq 假设及有效压力的概念，写出考虑浮升力作用的流体温度与速度的控制方程，设 x,y,z 三个坐标方向上的速量分量分别为 u,v,w。

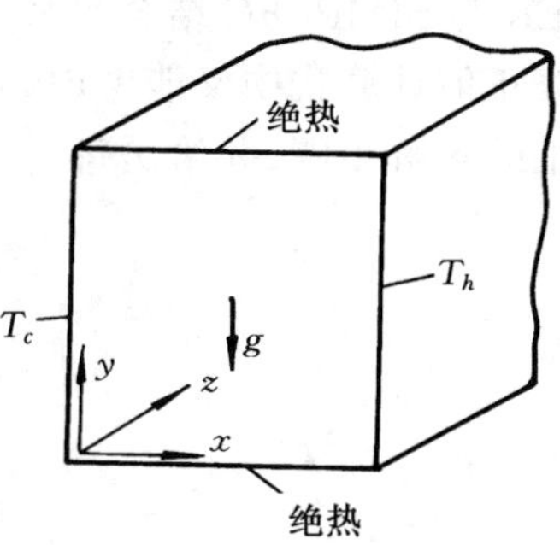

图 6-35 习题 6-9 插图

6-10 采用极坐标系来计算气体外掠等温圆管的层流换热，取计算区域为图 6-36 所示的 *ABCDEFA*，试写出各边界上速度与温度的条件。设外边界离圆柱已足够远。

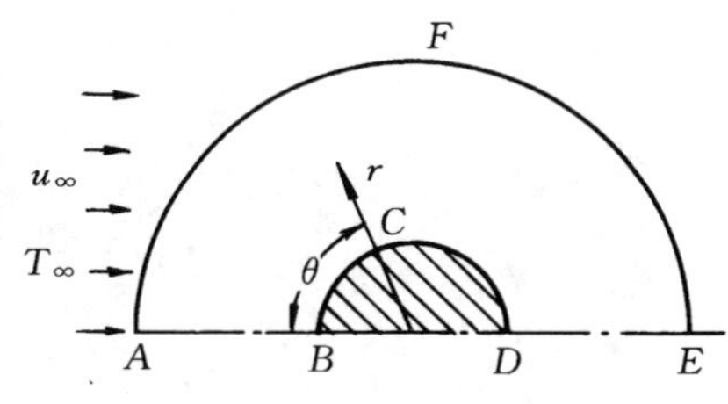

图 6-36 习题 6-10 插图

6-11 如图 6-37a 所示，一长方形截面的螺旋管各圈迭层布置，流体在其内的流动已充分发展。作为初步的分析，可以不考虑上升运动的影响，认为每一圈都在同一平面上，如图 6-37(b)所示。试：

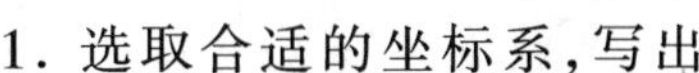

1. 选取合适的坐标系，写出充分发展区流动的控制方程；

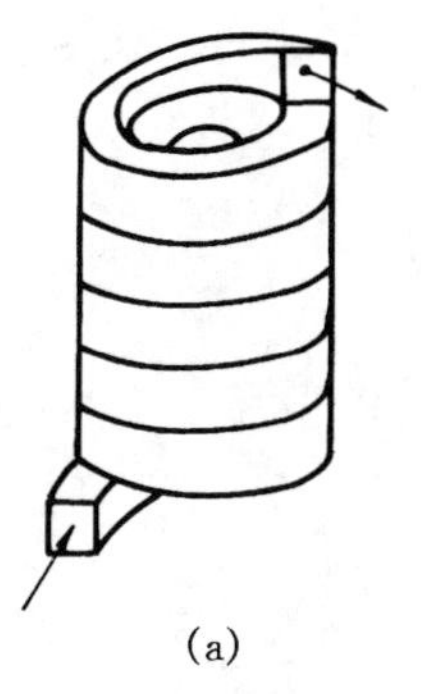

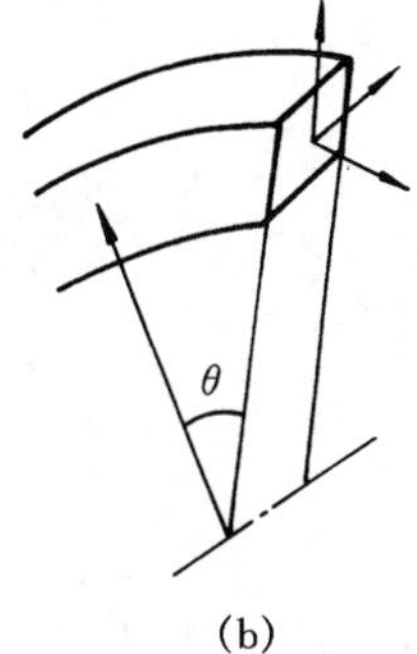

(a) (b)

图 6-37 习题 6-11 插图

2. 这一个具有三个速度分量的问题可否当作一个二维问题来求解？

应怎样处理才能作为二维问题来求解?

6-12 一种加速SIMPLE系列算法迭代收敛过程的思想是把SIMPLER与SIMPLEC结合起来,即压力通过求解压力Poisson方程而得,速度修正值计算式中又能考虑邻点速度修正值的影响。试对这一算法写出详细的求解步骤,并给出每一个步骤中的主要计算公式。

参考文献

1. Patankar S V, Spalding D B. A calculation procedure for heat, mass and momentum transfer in three-dimensional parabolic flows. Int J Heat Mass Transfer, 1972. 15:1787－1806
2. 陶文铨编著.数值传热学.西安:西安交通大学出版社,1988
3. MacComackR W. Current status of numerical solutions of the Navier-Stokes equations. 1985. AIAA－85－0032
4. 苏铭德,黄素逸 . 计算流体动力学.北京:清华大学出版社,1997
5. Anderson J D Jr. Computational fluid dynamics. The basics with applications. New York: McGraw-Hill Inc, 1995
6. 陶文铨著.计算传热学的近代发展.北京:科学出版社.2000. 218－221,243－248
7. Ganic E N, Hartnett J P, Rohsenow W M. Basic concept of heat transfer. In: W M Rohsenow, J P Hartnett, E N Ganic, eds. Handbook of heat transfer, 2nd ed. New York: McGraw-Hill, 1985
8. Pollard A, Siu A L W. The calculation of some laminar flows using various descritization schemes. Comput Meth Appl Mech Eng. 1982. 35: 293－313
9. Patankar S V. Numerical heat transfer and fluid flow. New York:McGraw-Hill, 1980. 131－134
10. Comini G, Del Giudices S A. A k-ε model of turbulent flow. Numer Heat Transfer, 1985. 8:133－147
11. Chen C J, Bernatz R, Carlson K D, Lin W L. Finite analytic method in flows and heat transfer. New York: Taylor & Francis, 2000. 216－230
12. Yang M, Tao Wen-Quan. Numerical study of natural convection heat transfer in a cylindrical envelope with internal concentric slotted hollow cylinder. Numer Heat Transfer, Part A, 1992. 22:289－305
13. Zhang H L, Tao W Q, Wu Q J. Numerical simulation of natural convection in circular enclosures with inner polygonal cylinders, with confirmation by experimental results. J Thermal Science, 1992. 1 (4):

249－258
14. 赵坚行,李立国.直生机红外抑制器尾焰辐射热流模拟计算,航空动力学报,1992.7(4):371－374
15. 熊赤系,高宏智,徐建中,用正交曲线坐标系下的粘性层方程求解湍流分离流动,工程热物理学报,1993.14(1):24－29
16. Li P W, Tao W Q. Numerical and experimental investigations on heat/mass transfer jet impingement in a rectangular cavity. Int J Heat Fluid Flow, 1993. 14:246－253
17. Wang Q W, Yang M, Tao W Q. Natural convection in a square enclosure with an internal iolated vertical plate. Wärme-und-stoffübertragung, 1994. 29:161－169
18. Li P W, Tao W Q. Effects of outflow boundary condition on convective heat transfer. Wärme-und-stoffübertragung, 1994. 29:463－470
19. 王秋旺,王育清,陶文铨,杨沫.几何位置对封闭方腔内水平孤立平板自然对流换热的影响,工程热物理学报,1994.15(2):195－199
20. 李成之,吴少安,金珠梅.液排渣粉煤旋风燃烧器内流场的数值模拟,工程热物理学报,1995.16 (2):235－239
21. 杨沫,陶文铨,杨金顺,金洪,杨善让,徐志明.圆内开缝圆环自然对流换热数值解的唯一性,工程热物理学报,1995.16(1):91－94
22. Wang L B, Tao W Q. Heat transfer and fluid flow characteristics of plate-array aligned at angles to the flow direction. Int J Heat Mass Transfer, 1995. 38(16): 3053－3063
23. Yang M, Tao W Q. Three-dimensional natural convection in an enclosure with an internal isolated vertical plate. ASME J Heat Transfer, 1995.117:619－625
24. Zhao C Y, Tao W Q. Natural convections in conjugated single and double enclosures. Warme-und-stoffubertragung, 1995. 30:175－182
25. Liu J P, Tao W Q. Numerical analysis of natural convection around a vertical channel in a rectangular enclosure. Warme-und-stoffubertragung, 1996. 31:313－321
26. Wang L B, Tao W Q. Numerical analysis on heat transfer and fluid flow for arrays of non-uniform plate length aligned at angles to the flow direction. Int J Numer Methods Heat Fluid Flow, 1997. 7(5):479－496

27. 李概奇,赖寿昌,严传俊.某小型发动机环形四流燃烧室流场的数值计算.航空动力学报,1997.12(1071-1074)
28. 李思琦,张荻,杜占波,孙弼.透平进气阀箱的数值模拟.航空动力学报.1998. 13 (2): 157-160
29. 杨汇涛,曹玉璋.旋转涡轮叶片端部气膜冷却的数值模拟.航空动力学报.1998.13(2):157-160
30. Wang Q W, Wei J G, Tao W Q. An improved numerical algoritj/hm for solution of convective heat transfer problems on staggered and non-staggered grid system. Heat Mass transfer, 1998. 33:273-280
31. Yuan Z X, Tao W Q, Wang Q W. Numerical prediction for laminar forced convection heat transfer in parallel-plate channels with stream-wise-periodic rod disturbances. Int J Numer methods Fluids, 1998. 28:1371-1387
32. Wang L B, Jiang G D, Tao W Q, Ozoe H. Numerical simulation on heat transfer and fluid flow characteristics of arrays with nonuniform plate length positioned obliquely to the flow direction. ASME J Heat Transfer, 1998. 120(4):991-998
33. Lin M J, Wang Q W, Tao W Q. Developing laminar flow and heat transfer in annular-sector ducts. Heat Transfer Eng, 2000. 21(2):53-61
34. Karki K C, Patankar S V. Pressure based calculation procedure for viscous flows at all speeds in arbitrary configurations. AIAA J, 1989. 27 (9); 1167-1174
35. Shyy W, Chen M H, Sun C S. Pressure-based multigrid algorithm for flows at all speeds. AIAA J, 1992. 30:2660-2669
36. Demirdzic I, Lilek I, Peric M. A collocated finite volume method for predicting flows at all Speeds. Int J Numer methods Fluids, 1993. 16: 1029-1050
37. Date A W. Solution of Navier-Stokes equations on nonstaggered grid of all speeds. Numer Heat Transfer, Part B, 1998. 33:451-467
38. 帕坦卡 S V.传热与流的数值计算.张政译.北京:科学出版社,1989. 120,147,152-157,168
39. Blosch E, Shyy W, Smith R. The role of mass conservation in pressure-based algorithm. Numer Heat Transfer, Part B, 1883. 24: 415-429

40. Gresho P M. A simple question to SIMPLE users. Numer Heat Transfer, Part A, 1991. 20:123
41. Sani R L, Gresho P M. Resume and remarks on the open boundary condition minisymposium. Int J Numer Methods Fluids., 1994. 18: 983 - 1008
42. Shyy W, Mittel R. Solution methods for the incompressible Navier-Stokes equations. In: Johnson R W, ed. The handbook of fluid dynamics. Boca Raton: CRC Press, 1998. 31.1 - 31.33
43. van Doormaal J P, Raithby G D. Enhancement of the SIMPLE method for predicting incompressible fluid flow. Numer Heat Transfer, 1984. 7:147 - 163
44. Connell S D, Stow P. The pressure correction methods. Comput Fluids, 1986. 14:1 - 10
45. Latimer B R, Pollard A. Comparison of pressure-velocity coupling solution algorithms. Numer Heat Transfer, 1985. 8:635 - 652
46. Patankar S V. A calculation procedure for two-dimensional elliptic situations. Numer Heat Transfer, 1981. 4:409 - 425
47. Raithby G D, Schneider G E. Elliptic systems: finite difference methods II . In: W J Minkowycz, E M Sparrow, R H Pletcher, G E Schneider, eds. Handbook of numerical heat transfer. New York: John Wiley & Sons, 1988. 241 - 289
48. Date A W. Numerical prediction of natural convection heat transfer in horizontal annulus. Int J Heat Mass Transfer, 1986. 29:1457 - 1464
49. Spalding D B. A general purpose computer program for multi-dimensional one-and-two phase flow. Math Comput Simulation, 1981. 23: 267 - 276
50. Markatos N C, Pericleous K A. Laminar and turbulent natural convection in an enclosed cavity. Int J Heat Mass Transfer, 1985. 27:755 - 772
51. Issa R I. Solution of the implicit discretized fluid flow equations by operator splitting. J Comput Phys, 1986. 62:40 - 65
52. Issa R I, Gosmann A D, Watkind A D. The computation of compressible and incompressible recirculating flows by a non-iterative scheme. J Comput Phys, 1986. 62:66 - 82

53. Moukalled F, Darwish M. A unified formulation of the segregated class of algorithm for fluid flow at all speeds. Numer Heat Transfer, Part B, 2000. 103 - 139

54. Marek R, Straub J. Hybrid relaxation-a technique to enhance the rate of convergence of iterative algorithms. Numer Heat Transfer, Part B, 1993. 23:483 - 497

55. Jang D S, Jelti R, Acharya S. Comparison of the PISO, SIMPLER and SIMPLEC algorithms for the treatment of pressure-velocity coupling in steady flow problems. Numer Heat Transfer, 1986. 110:209 - 228

56. Wanik A, Schnell U. Some remarks on the PISO and SIMPLE algorithms for steady turbulent problems, Comput Fluids, 1989. 17;535 - 570

57. Kim S W, Benson J J. Comparison of the SMAC, PISO and iterative time advancing schemes for unsteady flows. Comput Fluids, 1992. 21: 435 - 454

58. McCuirk J J, Palina J M L M. The efficiency of alternative pressure-correction formulations for incompressible turbulent flow problems. Compm Fluids, 1993. 22: 77 - 87

59. Barton I E. Comparison of SIMPLE and PISO-type schemes for transient flows. Int J Numer Methods Fluids, 1998. 26:459 - 483.

60. 陶智,丁水汀,徐国强,韩树军.气膜叶片前缘内冲击冷却的共轭传热计算.航空动力学报,1996.11(1):59 - 62

61. 岳连捷,杨茂,吴勇,徐行.尾缘吹气式为焰稳定器流场计算,航空动力学报.1998.13(2);180 - 184

62. 胡延东,何雅玲,王秋旺,陶文铨,陈钟颀.脉管制冷机内自然对流影响的数值分析.西安交通大学学报,2001.35(1):19 - 23

63. 邹宽,杨茉,张宏艳,王建刚,林宗虎.方形空间内混合对流换热的数值研究.工程热物理学报,2001.22(2):207 - 210

64. 廖昌明,林文漪,周力行,突扩燃烧室中气固两相湍流相互作用与颗粒弥散的数值模拟工程热物理学报,1993.14(4):443 - 448

65. 张朝民,过增元.竖直同心套筒内的混合对流,工程热物理学报,1993.14(1):74 - 79

66. 侯凌云,严传俊.二维离子分离器的流场及分离效率的数值计算,航

空动力学报,1996.11 (1): 59－62

67. Demirdzic I, Gosman A D, Issa R I, Peric M. A calculation procedure for turbulent flow in complex geometries. Comput Fluids, 1987. 15: 251－273
68. Peric M. Analysis of pressure velocity coupling on nonorthorgonal grids. Numer Heat Transfer, Part B, 1990. 17:63－82
69. Ferziger, J H, Peric M. Computational methods for fluid dynamics. Berlin: Springer-Verlag, 1996. 166－167
70. Yen R H, Liu C H. Enhancement of the SIMPLE algorithm by an additional explicit correction step. Numer Heat Transfer, Part B, 1993. 24;127－141
71. Yu B, Ozoe H, Tao W Q. A modified pressure-correction scheme for the SIMPLER method, MSIMPLER Numer Heat Transfer, part B, 2001.39:435－449
72. Shyy W. Computational modeling for fluid flow and intcrfacial transport. Amsterdam: Elsevier, 1994. 143－145
73. Sani R L, Grcsho P M. Resume and remarks on the open boundary condition minisymposium. Int J Numcr Methods Fluids, 1994. 18: 983－1008
74. Chan Y L, Tien C L. A numerical study of two-dimensional natural convection in shallow open cavity. Int J Heat Mass Transfer, 1985. 28:603－612
75. Li P W, Tao W Q. Effects of outflow boundary condition on convective heat transfer. Wärme-und-stoffübertragung, 1994. 29:463－470
76. Macagno E O, Hung T K. Computational and experimental study of a captive annular eddy. J Fluid Mch, 1967. 28:43－61
77. Kondoh T, Nagano Y, Tsuji T. Computational study of laminar heat transfer downstream of a backward-facing step. Int J Heat Mass Transfer, 1994. 36(3):577－591
78. Li Z Y, Hung T C, Tao W Q. Numerical simulation of heat transfer at an array of co-planar slat-like surfaces oriented normal to a forced convection flow. Int J Comput Appl Technology, 2000. 13(6):285－294
79. Gray D D, Giorgin A. The validity of the Boussinesq approximation for liquids and gases. Int J Heat Mass Transfer, 1976. 19:545－551

80. De Vahl Davis G, Natural convection of air in a square cavity. Int J Numer Methods Fluids, 1983. 3:249－264

81. Saitoh T, Hirose K. High accuracy benchmark solutions to natural convection in a square cavity. Comput Mech, 1989. 4:417－427

82. Hortman M, Peric M. Finite volume multigrid prediction of laminar natural convection: benchmark solutions. Int J Numer Methods Fluids, 1990. 11:189－207

83. Barakos G, Mitsoulis E. Natural convection flow in a square cavity revisited: laminar and turbulent models with wall function, Int J Numer Methods Fluids, 1994. 18(7):695－719

84. Peric M, Kessler R, Scheuerer G. Comparison of finite volume numerical methods with staggered and collocated grids. Comput Fluids, 1988. 16:389－403

85. 赵凯华,罗蔚茵.力学,北京:高等教育出版社,1995.226

86. Rhie C M, Chow W L. A numerical study of the turbulent flow past an isolated airfoil with trailing edge separation. AIAA J, 1983. 21:1525－1552

87. Majumdar S. Role of underrelaxation in momentum interpolation for calculation of flow with nonstaggered grids. Numer Heat Transfer, 1988. 15:125－132

88. Choi S K. Note on the use of momentum interpolation method for unsteady flows. Numer Heat Transfer, Part B, 1999. 36:545-550

89. Melaaen M C. Calculation of fluid flows with staggered and nonstaggered curvilinear nonorthogonal gridas—the theory. Numer Heat Transfer, Part B, 1992. 21:1-19

90. Nie J H, Li Z Y, Wang Q W, Tao W Q. A method for viscous incompressible flows with a simplified collocated grid system. In: P Chen, K F Cheng, eds. Proceedings of the Energy Engineering in 21th centry, New York: Begell House, 2000. 1:177-183

91. Yang M, Tao W Q, Chen Z Q. Solution comparison of three coupled fluid flow and heat transfer problems with staggereed and collocated grids. In: L C Wrobel, C A Brebbia, A J Nowak, eds. Advanced computational methods in heat transfer, Southampton: Computational Mechanics Publications. 1990. 2:205-218

92. Yu B, Kawaguchi Y, Tao W Q, Ozoe H. Be care of the checkerboard pressure predictions due to the underelaxation factor and time step size on a non-staggered grid, Numerical Heat Transfer, Part B, 2002, 41 (1):85～94

第7章 代数方程组的求解方法

本章介绍在应用有限容积法对流动与传热问题的控制方程进行离散后所形成的代数方程组的求解方法，这是对物理过程进行数值模拟的最后一个重要的环节。为讨论的方便，主要以导热问题所形成的代数方程组为例来分析，但所述的大部分方法对求解由对流问题所形成的离散方程组也是合适的。同时也要简明地介绍由对流问题所形成的代数方程组的特点及其近代的一些求解方法。本章在介绍了直接解法TDMA的一种扩展——循环三对角阵算法后，把重点放在代数方程组的迭代解法上，包括迭代方式的构造、迭代法的收敛性及加速迭代法收敛的方法。对非线性的物理问题，其数值解的获得包括了内迭代（求解线性化了的代数方程组）及外迭代（代数方程组系数的更新），本章所说的加速代数方程组迭代收敛的方法一般是指内迭代中加速代数方程组收敛的方法，但多重网格方法则两者兼而有之。

7.1 代数方程组求解方法概述

7.1.1 多维导热与流动问题离散方程组系数矩阵的特点

在一维导热问题中，代数方程的系数矩阵是一个三对角阵，在二维、三维导热问题中，离散方程的系数矩阵分别成为五对角阵及七对角阵（对二阶截差的格式）。以二维矩形区域中的导热问题为例（图7-1），无论是边界节点还是内部节点，离散方程总可以表示成以下的形式：

$$a_P T_P + \sum(-a_{nb}) T_{nb} = b \tag{7-1}$$

设x方向共有$L1$个节点，在y方向共有$M1$个节点，边界条件是第三类的，则总共有$L1 \times M1$个未知温度值。把这$L1 \times M1$个代数方程写成矩阵形式时，有

$$\mathbf{AT}=\mathbf{b} \quad (7-2)$$

其展开形式示于图 7-2 中。根据第 4 章所述，系数矩阵 **A** 中各主对角元素都是大于零的。对于常物性的问题在正方形区域的均分网格上，系数矩阵正是对称正定的[1]（*symmetric and definite positive*），对非线性的导热问题及对流-扩散问题，系数矩阵不具有对称性[2]。但无论对哪一种情形，除了主对角线及其上下相邻几个位置上的元素不为零外，只有离开主元素为 $L1$ 个元素的位置上才为非零元素，其余都是零元素。这种矩阵称为带状稀疏矩阵，如图 **7**-2 所示。在考虑代数方程的求解方法时，应当考虑到系数矩阵的这些特点及所求解问题的类型。

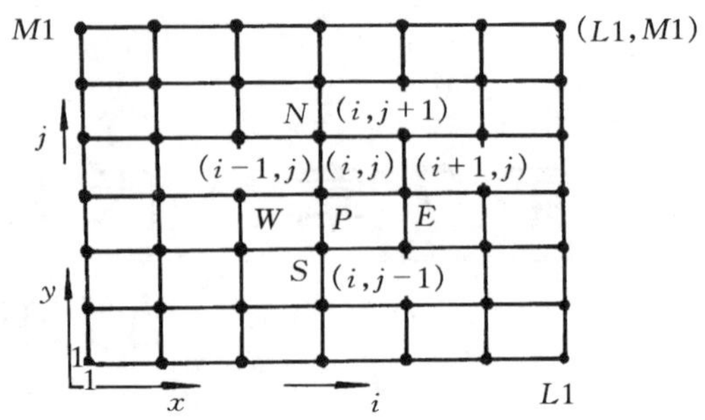

图 7-1　长方形区域的计算网格

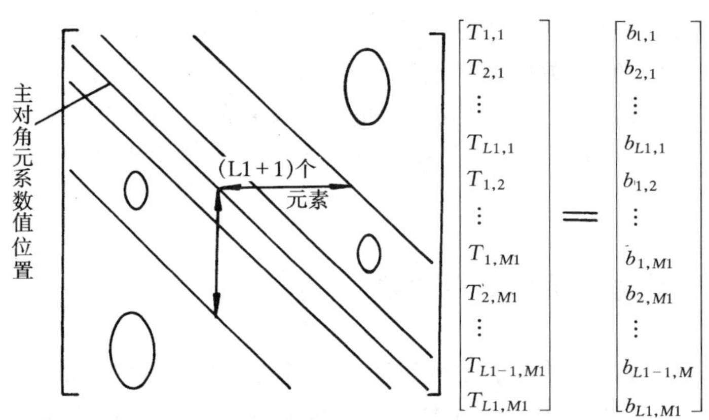

图 7-2　二维问题二阶格式所形成代数方程组的系数矩阵

7.1.2　求解代数方程组的直接解法与迭代法

如前所述，代数方程的求解可以分成直接解法（*direct method*）及迭代法（*iterative method*）两大类。所谓直接解法是指通过有限步的数值计算可以获得代数方程真解的方法（设不考虑舍入误差）。最基本的直接解法是所谓的 Cramer 法则，它只适宜于求解未知数个数极少时的情形。这是因为，如果未知数的个数为 N，则这种方法的计算次数近似地正比于 $(N+1)!$ Cramer 法则根本无法应用于数值计算。

用 Gauss 消元法求解多维问题的代数方程时，先要把系数矩阵通过消元而化为上三角阵然后逐一回代。由于 Gauss 消元法所用乘法的次数近似地正比于 N^3，当方程式个数 N 比较大时，计算所需的时间和内存都比较可观，因而限制了这一方法的应用。分析表明，对于二维正方形域内的 Laplace 方程，当采用 3 200 个节点时，采用 Gauss 消元法所需的计算次数是完成一轮 Jacob 迭代所需计算次数的 168 倍[3]。所以当求解的节点数多时，即使收敛很慢的迭代方法也可能比消元法更有效。

另一方面，描写传热问题的控制方程大多是非线性的，如导热系数与温度有关的导热问题，源项是温度函数的情形及所有的对流换热问题。对非线性问题，离散方程中的系数可能都是未知量的函数。这样，整个问题的求解必然是迭代性质的：即先假定一个温度场，据此而计算离散方程的系数，然后求解方程而获得改进值。如此反复，直到获得收敛的解。在这一计算过程中，每一次求解代数方程时，其系数都是临时的，如果采用直接方法求解，则所得到的是关于这一组临时系数的解（姑且称其为真解）。但既然代数方程本身的系数是有待改进的，就没有必要把相应的真解求出来。如果采用迭代法，则可控制在适当时候中止迭代，以在改进代数方程系数后再求解。因而对非线性问题来说，直接解法也是不经济的。

7.1.3　代数方程组迭代解法的基本研究内容

式(7-2)的解可以简单地记作为 $\mathbf{T}=\mathbf{A}^{-1}\mathbf{b}$。从数学上说，所谓代数方程的迭代解法就是要构造多维空间中的一个无限序列 $\mathbf{T}^{(n)}$，当 $n\to\infty$ 时，它收敛于 $\mathbf{A}^{-1}\mathbf{b}$。一般地，第 n 次迭代所得之值取决于 $\mathbf{A},\mathbf{b}$ 及上一次迭代值 $\mathbf{T}^{(n-1)}$，即：

$$\mathbf{T}^{(n)}=\mathbf{f}(\mathbf{A},\mathbf{b},\mathbf{T}^{(n-1)}) \tag{7-3}$$

对于代数方程组的迭代求解，首先要研究如何构造迭代方式；其次是所构造的迭代序列是否收敛，如果收敛的话，如何提高收敛速度，这就是本章介绍迭代法部分的主要讨论内容。

7.1.4　代数方程组迭代求解的终止判据

关于压力修正值 p' 的代数方程组迭代求解的终止判据问题已在 6.5 节中作了介绍。对于其它标量场，常常采用规定迭代轮次数的方法（将全场的求解变量都作一次更新的计算过程称为一个轮次)。对于线性导热问题,采用迭代法求解温度时可用相对偏差小于允许值的方式来终止迭代:

$$\left|\frac{T^{(n+1)}-T^{(n)}}{T^{(n)}}\right|_{\max}\leqslant\varepsilon \tag{7-4a}$$

$$\left|\frac{T^{(n+1)}-T^{(n)}}{T_{\max}^{(n)}}\right|_{\max}\leqslant\varepsilon \tag{7-4b}$$

$$\left|\frac{T^{(n+1)}-T^{(n)}}{T^{(n)}+\varepsilon_0}\right|_{\max}\leqslant\varepsilon \tag{7-4c}$$

其中 ε_0 是为了防止溢出而加入的小数。上角标表示迭代次数。注意,所允许的误差之值同所计算的问题、需要的精度及所采用的迭代方法有关。如果所采用的迭代法收敛很慢(即相邻两次迭代间的差别很小),则 ε 宜取较小的值,否则很容易被判别为迭代已收敛而实际上尚未收敛。相对偏差的允许值一般取为 $10^{-3}\sim10^{-6}$。

7.2 TDMA 算法的扩展

求解一维问题代数方程组的直接方法 TDMA 是一种非常有效的算法,在计算传热学中得到广泛的应用。这表现在以下两个方面:第一,TDMA被直接应用于二维及三维问题离散方程组的求解,构成迭代法中的直接求解部分,将在以后讨论。第二,TDMA 的求解思想被推广应用到以下三种特殊情况,分别形成了三种派生算法,即:(1) 当所求解的问题具有周期性的边界条件、从而使求解区域的始端与末端重合时,求解离散方程组的循环三对角阵算法(*cyclic* TDMA,CTDMA);(2)当两个标量耦合时(如自然对流中速度与温度耦合)求解离散方程组的耦合三对角阵算法(*coupled* TDMA,COTDMA),又称双三对角阵算法(*double* TDMA,DTDMA);(3) 在求解区域首末相接而且两个变量又耦合时采用的耦合循环三对角阵算法(COCTDMA)。作为举例,本节将详细介绍 CTDMA,其它算法可参见文献[4,5,6]。

7.2.1 需要采用 CTDMA 求解的情形

图 7-3 中给出了几种需要采用 CTDMA 求解离散方程组的情形。图 7-3(a)所示为一环状导热区域,如果在 x 与 y 方向分别采用 TDMA 求解(即交替方向隐式求解方法,以下将详细讨论),由于求解区域中心的

不连续会很不方便，但如果采用图中虚线所示的一条封闭环线作为使用三对角阵算法的对象，对其上各点的温度进行求解，按箭头所示方向逐条推进（即扫描），就要方便得多。图7-3(b)所示为一个二维周期性的复杂通道，当流动进入充分发展阶段后，可只对其中一个周期进行计算，这时速度及无量纲温度在进出口截面的对应位置上是相等的，相当于首末相接。图7-3(c)是极坐标中需要对360°范围内的流场作计算的情形，这时计算区域显然首末相连。上述情形温度场与速度场的求解都要用到循环三对角阵算法。有关几何结构呈现周期性重复的流动与传热问题的其它例子可参阅文献[7]。

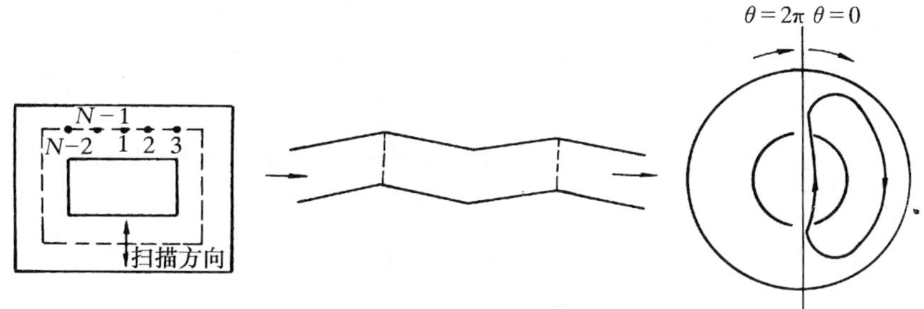

图7-3　需要使用CTDMA的例子

下面以图7-3(a)所示情形为例介绍CTDMA。

7.2.2　CTDMA的消元步

假设图7-3(a)所示封闭周线上各节点的离散方程可以写成以下形式：

$$A_iT_i = B_iT_{i+1} + C_iT_{i-1} + D_i,\quad i = 1,2,\cdots,N-1 \tag{7-5}$$

这里 D_i 中包括了其它邻点上的温度，并取迭代过程的当前值。另外，对 $i=1$ 及 $i=N-1$，作出规定：

$$i = 1,\ T_{i-1} = T_{N-1}$$
$$i = N-1,\ T_{i+1} = T_1$$

用直接法解这一方程的过程也分成消元与回代两个步骤。在消元步中要把同一条周线上相邻三个节点的温度方程减少为相邻两个节点温度之间的关系式，即要寻找形如：

$$T_i = E_iT_{i+1} + F_iT_{N-1} + G_i \tag{7-6}$$

的关系式，即把任一 T_i 与 T_{N-1}联系起来的关系式。注意，与 TDMA 中不同的是式(7－6)中包含了该周线中的最后一个节点的温度，这是由求解区域首尾相接这特点所造成的。下面我们可以看到，求出 T_{N-1}之值是完成 CTDMA 的一轮计算中的一个重要环节。

下面首先找出式(7－6)中的系数 E_i，F_i 及常数项 G_i 与式(7－5)中的 A_i，B_i，C_i 及 D_i 间的关系。显然，对 $i=1$，有

$$A_1 T_1 = B_1 T_2 + C_1 T_{N-1} + D_1$$

或

$$T_1 = (B_1/A_1) T_2 + (C_1/A_1) T_{N-1} + D_1/A_1$$

故有：

$$E_1 = \frac{B_1}{A_1},\ F_1 = \frac{C_1}{A_1},\ G_1 = \frac{D_1}{A_1} \tag{7-7}$$

为了得出计算 E_i，F_i 及 G_i 的通式，把式(7－5)对点 $i+1$ 写出，然后将式(7－6)代入，得

$$A_{i+1} T_{i+1} = B_{i+1} T_{i+2} + C_{i+1}(E_i T_{i+1} + F_i T_{N-1} + G_i) + D_{i+1}$$

整理之，得：

$$T_{i+1} = \frac{B_{i+1}}{A_{i+1} - C_{i+1}E_i} T_{i+2} + \frac{C_{i+1}F_i}{A_{i+1} - C_{i+1}E_i} T_{N-1} + \frac{D_{i+1}C_{i+1}G_i}{A_{i+1} - C_{i+1}E_i}$$

与式(7－6)相比，得：

$$E_i = \frac{B_i}{A_i - C_i E_{i-1}},\quad F_i = \frac{C_i F_{i-1}}{A_i - C_i E_{i-1}},$$

$$G_i = \frac{D_i + C_i G_{i-1}}{A_i - C_i E_{i-1}} \tag{7-8}$$

式(7－8)与简单的 TDMA 算法中的回代公式相当，但在这里必须先确定 T_{N-1}才能用此式进行回代。

下面我们来推导利用已知条件计算 T_{N-1}的公式。将式(7－5)对 $i=N-1$写出，得：

$$A_{N-1} T_{N-1} = B_{N-1} T_1 + C_{N-1} T_{N-2} + D_{N-1} \tag{a}$$

再将式(7－6)对 $i=1$ 写出，得：

$$T_1 = E_1 T_2 + F_1 T_{N-1} + G_1 \tag{b}$$

将(b)代入(a)并整理之，得

$$T_{N-1} \underbrace{(A_{N-1} - B_{N-1}F_1)}_{p_2} = \underbrace{(B_{N-1}E_1)}_{q_2} T_2 + C_{N-1} T_{N-2} +$$

$$\underbrace{(D_{N-1} + G_1 B_{N-1})}_{r_2} \tag{c}$$

或简记成为：

$$p_2 T_{N-1} = q_2 T_2 + C_{N-1} T_{N-2} + r_2 \tag{d}$$

再将

$$T_2 = E_2 T_3 + F_2 T_{N-1} + G_2$$

代入(d)，整理后得：

$$T_{N-1} \underbrace{(p_2 - q_2 F_2)}_{p_3} = \underbrace{(q_2 E_2)}_{q_3} T_3 + C_{N-1} T_{N-2} + \underbrace{(r_2 + q_2 G_2)}_{r_3}$$

由此可归纳出关于 p_i, q_i 及 r_i 的一般计算式：

$$p_i = p_{i-1} - q_{i-1} F_{i-1}, p_1 = A_{N-1} \tag{7-9a}$$

$$q_i = q_{i-1} E_{i-1}, q_1 = B_{N-1} \tag{7-9b}$$

$$r_i = r_{i-1} + q_{i-1} G_{i-1}, r_1 = D_{N-1} \tag{7-9c}$$

这样，把式(7-6)逐一代入封闭周线其它各点上的离散方程，可得出一组把 T_{N-1} 与周线上其它节点之值联系起来的公式：

$$p_1 T_{N-1} = q_1 T_1 + C_{N-1} T_{N-2} + r_1$$

$$p_2 T_{N-1} = q_2 T_2 + C_{N-1} T_{N-2} + r_2$$

……

$$p_{N-2} T_{N-1} = q_{N-2} T_{N-2} + C_{N-1} T_{N-2} + r_{N-2}$$

上述最后一式可改写成：

$$p_{N-2} T_{N-1} = T_{N-2}(q_{N-2} + C_{N-1}) + r_{N-2}$$

而由式(7-6)得：

$$T_{N-2} = E_{N-2} T_{N-1} + F_{N-2} T_{N-1} + G_{N-2}$$

将两式联立并对 T_{N-1} 解出，得：

$$T_{N-1} = \frac{r_{N-2} + (q_{N-2} + C_{N-1}) G_{N-2}}{p_{N-2} - (q_{N-2} + C_{N-1})(E_{N-2} + F_{N-2})} \tag{7-10}$$

7.2.3 CTDMA 的回代过程

获得了 T_{N-1} 之值后，便可利用式(7-6)进行回代。先看 $i = N-2$，此时 $T_{i+1} = T_{N-1}$，而 T_{N-1} 是已知的，因而即可由式(7-6)得 T_{N-2} 之值。同样，对 $i = N-3$，$T_{i+1} = T_{N-2}$，于是 T_{N-3} 即可算出。如此逐一回代，即可获得所需之解。

现在将 CTDMA 算法归纳如下：

1. 由式(7-7),(7-8)计算回代公式的系数;

2. 由式(7-9)计算 p_i, q_i, r_i;

3. 按式(7-10)计算 T_{N-1}

4. 利用式(7-6)从 $i=N-2$ 到 $i=1$ 逐一进行回代。

应用CTDMA求解流动与传热问题离散方程组的例子可参见文献[7,8]。

7.3 求解代数方程组的迭代法

在上节中已指出,无论是线性物理问题的代数方程组,还是非线性问题每一迭代层次上所形成的线性代数方程组,一般都用迭代法求解。这里代数方程组前冠以“线性”二字是指该方程组中被求解的未知数都是以一次方的形式出现的这样一个事实。

线性代数方程的迭代解法很多,在计算传热学中较常用的大致可分为点迭代法、块迭代法、交替方向迭代法及强隐迭代法等。为叙述的方便,仍以图7-1所示的矩形区域内的导热问题为例来进行讨论。我们知道,无论是稳态问题还是非稳态问题的隐式格式,离散方程都可以写成同一种形式。例如采用 N,E,W,S 下标制度时,二维问题可以表示成为:

$$a_P T_P = a_E T_E + a_W T_W + a_N T_N + a_S T_S + b \tag{7-11}$$

有时,离散方程也写成与微分方程相对应的形式,如对全隐格式,有:

$$\frac{T_{i,j}^{n+1} - T_{i,j}^{n}}{\Delta t} = a\left(\frac{T_{i+1,j}^{n+1} - 2T_{i,j}^{n+1} + T_{i-1,j}^{n+1}}{\Delta x^2} + \frac{T_{i,j+1}^{n+1} - 2T_{i,j}^{n+1} + T_{i,j-1}^{n+1}}{\Delta y^2}\right) \tag{a}$$

或者写成为:

$$a_{i,j}T_{i,j} = b_{i,j}T_{i+1,j} + c_{i,j}T_{i-1,j} + p_{i,j}T_{i,j+1} + q_{i,j}T_{i,j-1} + d_{i,j} \tag{b}$$

也可以表示成以下紧凑形式:

$$a_{kk}T_k = \sum_{\substack{l=1 \\ l\neq k}}^{L_1\times M_1} a_{kl}T_l + b_k,\ k = 1,2,\cdots,L_1\times M_1 \tag{7-12}$$

在以后的讨论中,这几种表述方式都会用到。

本节中先介绍点迭代、块迭代及交替方向迭代法。

7.3.1　点迭代法(*point iteration method*)

在点迭代法中,每一步计算只能改进求解区域中一个节点之值,且该值是用一个显函数形式由其余各点的已知值来确定的。因而点迭代法又叫显式迭代法[9]。点迭代法有三种实施方式。

7.3.1.1　Jacobi 迭代

在 Jacobi 迭代法中任一点上未知值的更新是用上一轮迭代中所获得的各邻点之值来计算的,即:

$$T_k^{(n)} = (\sum_{\substack{l=1\\l\neq k}} a_{kl}T_l^{(n-1)} + b_k)/a_{kk},\ k = 1,2,\cdots,L_1 \times M_1 \qquad (7-12)$$

这里带括号的上角标表示迭代轮数。所谓“一轮”是指把求解区域中每一节点之值都更新一次的运算环节。显然,采用 Jacohi 迭代时,迭代前进的方向(又称扫描方向)并不影响迭代收敛速度。这种迭代法收敛速度很慢,一般较少采用。但对强烈的非线性问题,如果两个层次的迭代之间未知量的变化过大,容易引起非线性问题迭代的发散。在规定每一层次计算的迭代轮次数的情况下,采用 Jacobi 迭代有利于非线性问题迭代的收敛。

7.3.1.2　Gauss-Seidel 迭代

在这种迭代法中,每一步计算总是取邻点的最新值来进行。如果每一轮迭代按 T 的下角标由小到大的方式进行,则可表示为:

$$T_k^{(n)} = \left(\sum_{l=1}^{k-1} a_{kl}T_l^{(n)} + \sum_{l=k+1}^{L_1\times M_1} a_{kl}T_l^{(n-1)} + b_k\right)\Big/a_{kk} \qquad (7-13)$$

此时迭代计算进行的方向(即扫描方向)会影响到收敛速度,这是与边界条件的影响传入到区域内部的快慢有关的,下面还要讨论。

7.3.1.3　SOR/SUR(逐次超松弛/逐次亚松弛)迭代

第 n 轮迭代中节点 k 的值可以表示成为:

$$T_k^{(n)} = T_k^{(n-1)} + [T_k^{(n)} - T_k^{(n-1)}] \qquad (c)$$

此式可写成更一般的形式:

$$T_k^{(n)} = T_k^{(n-1)} + \alpha(\widetilde{T}_k^{(n)} - T_k^{(n-1)}),\ 0 \leqslant \alpha \leqslant 2 \qquad (7-14)$$

这里 $\widetilde{T}_k^{(n)}$ 表示第 n 轮迭代中用 Jacobi 迭代或 Gauss-Seidel 迭代所得之值。当 $\alpha=1$ 时 $T_k^{(n)}$ 就是 Jacobi 迭代或 G-S 迭代的解。α 称为松弛因子。当 $\alpha>1$ 时为逐次超松弛迭代(SOR),而 $\alpha<1$ 时为逐次亚松弛迭代(SUR)。显然,当相邻两轮的迭代值之差永远具有相同的正负号时,采用超松弛迭代可以加速收敛过程。常物性导热问题所形成的离散方程一般属于这种情形。对于由非线性问题所形成的代数方程,多采用亚松弛迭

代法,以降低未知量的变化率,避免迭代发散。

如果应用 G-S 迭代法来计算 $T_k^{(n)}$,则式(7-14)可写成为:

$$T_k^{(n)} = (1-a)T_k^{(n-1)} + \alpha\left\{\left[\sum_{l=1}^{k-1} a_{kl}T_l^{(n)} + \sum_{l=k+1}^{L_1\times M_1} a_{kl}T_l^{(n-1)} + b_k\right]\Big/a_{kk}\right\} \tag{7-15}$$

SOR/SUR 的迭代收敛速度与扫描方向有关。

对不同的问题,使迭代过程收敛最快的松弛因子(最佳松弛因子, *optimum over-relaxation factor*)一般需要通过计算实践来确定。对规则区域中的线性问题,最佳松弛因子的估算可参阅文献[10]。一般地说,网格节点数越多,最佳松弛因子也越大。当所用松弛因子小于最佳值时,收敛过程是单调的而且随松弛因子的增加而收敛加快;而当所用松弛因子大于最佳值时,收敛过程是震荡式地进行的。利用上述收敛过程的特性有助于搜索松弛因子的最佳值。当迭代在最佳松弛因子下进行时,迭代的次数与一个方向的网格节点数成正比[2]。

7.3.2 块迭代法(*block iteration method*)

采用块迭代法时,把求解区域分成若干块,每块可由一条网格线或数条网格线组成。在同一块中各节点上的值是用代数方程的直接解法来获得的,亦即同一块内各节点的值是以隐含的方式互相联系着的,但从一块到另一块的推进是用迭代的方式进行的,故又叫隐式迭代法[9]。采用块迭代法后,为获得收敛的解所需的迭代次数大大减少,但每一轮迭代中的代数运算次数则有所增加,而总计算时间的变化则取决于两者的相对影响。对某种迭代法有效性的评价应当把为达到收敛解所需的迭代轮数与每轮迭代所需的计算工作量结合起来考虑。一般情形下采用块迭代法后计算时间可以缩短。

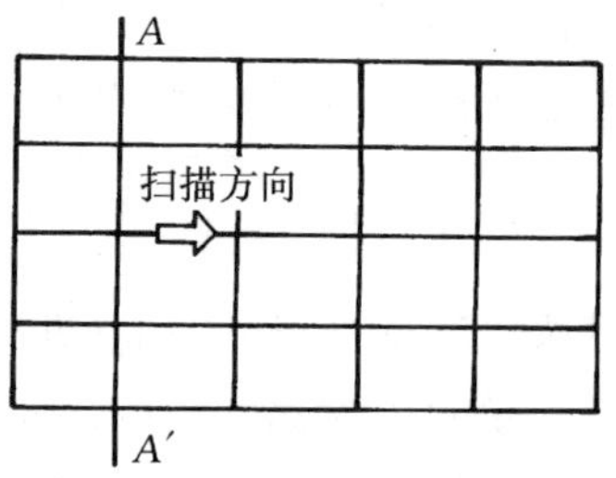

图 7-4 线迭代法示意图

块迭代法中应用较普遍的是线迭代法(*line iteration*),即进行直接求解的块由一条网格线组成。与上述三种点迭代法相应,块迭代也有几种不同的实施方式,结合线迭代法分述如下。

7.3.2.1 Jacobi 迭代

对于图 7-4 所示位在 $A-A'$直线上的各节点,采用 Jacobi 线迭代法

时第 n 轮迭代计算的公式为：

$$a_P T_P^{(n)} = a_N T_N^{(n)} + a_S T_S^{(n)} + a_E T_E^{(n-1)} + a_W T_W^{(n-1)} + b \tag{7-16}$$

由于第$(n-1)$轮的迭代值为已知，上式中 $a_E T_E^{(n-1)}$ 及 $a_W T_W^{(n-1)}$ 可并入常数项 b 中，于是位在 $A-A'$ 线上各节点的未知值就可以用 TDMA 算法进行求解。如此逐列向前推进，在做完了全区内各列的求解后就完成了一轮迭代。

7.3.2.2　Gauss-Seidel 迭代

设扫描方向自左到右，此时有

$$a_P T_P^{(n)} = a_N T_N^{(n)} + a_S T_S^{(n)} + a_W T_W^{(n)} + a_E T_E^{(n-1)} + b \tag{7-17}$$

7.3.2.3　SOR/SUR 迭代

采用 G-S 方式的超/亚松弛线迭代计算公式为：

$$\begin{aligned} T_P^{(n)} &= T_P^{(n-1)} + \\ &\quad \alpha\left[\frac{a_N T_N^{(n)} + a_S T_S^{(n)} + a_E T_E^{(n-1)} + a_W T_W^{(n)} + b}{a_P} - T_P^{(n-1)}\right] \\ &= \frac{\alpha}{a_P}(a_N T_N^{(n)} + a_S T_S^{(n)}) + (1-a)T_P^{(n-1)} + \\ &\quad \frac{\alpha(a_W T_W^{(n)} + a_E T_E^{(n-1)} + b)}{a_P} \end{aligned} \tag{7-18}$$

7.3.3　交替方向块迭代法

在上述迭代法中，各轮迭代中的扫描方向是保持不变的，或逐行或逐列，扫完全场，即完成一轮迭代。一下轮仿此重复进行。如果采用交替方向扫描，则收敛速度常常可以加快，即先是逐行(或逐列)进行一次扫描，再逐列(或逐行)进行一次扫描，两次全场扫描组成一轮迭代。这就是所谓的交替方向隐式迭代法[9,10](ADI 方法)。ADI 方法的具体实施方式很多，最简单的就是采用 Jacobi 方式的按行与列的交替迭代，用公式表示为：

$$a_P T_P^{(n+1/2)} = a_E T_E^{(n+1/2)} + a_W T_W^{(n+1/2)} + (a_N T_N^{(n)} + a_S T_S^{(n)} + b) \tag{7-19a}$$

$$a_P T_P^{(n+1)} = a_N T_N^{(n+1)} + a_S T_S^{(n+1)} + (a_E T_E^{(n+1/2)} + a_W T_W^{(n+1/2)} + b) \tag{7-19b}$$

其中 $T^{(n+1/2)}$表示第$(n+1)$轮迭代的中间值。

可以看出，这种 ADI 求解方法与 4—4 节中所述的非稳态导热问题的简单 ADI 求解方法相类似。实际上非稳态问题中前进一个时层与稳态问题迭代解法的一轮迭代相对应。例如对图 7－1 所示矩形域内的非稳态导热问题,采用 4—4 节中所述的简单 ADI 求解方法(*Peaceman-Rachford* 方法)时,两步计算式经整理后可表示为:

$$\left(1+\frac{a\Delta t}{\Delta x^2}\right)T_{i,j}^{(n+1/2)}=\left(\frac{a\Delta t}{2\Delta x^2}\right)\left(T_{i+1,j}^{(n+1/2)}+T_{i-1,j}^{(n+1/2)}\right)+\left(\frac{a\Delta t}{2\Delta y^2}\right)\left(T_{i,j+1}^{(n)}+T_{i,j-1}^{(n)}\right)+\left(1-\frac{a\Delta t}{\Delta y^2}\right)T_{i,j}^{n} \tag{7-20a}$$

$$\left(1+\frac{a\Delta t}{\Delta y^2}\right)T_{i,j}^{(n+1)}=\left(\frac{a\Delta t}{2\Delta y^2}\right)\left(T_{i,j+1}^{(n+1)}+T_{i,j-1}^{(n+1)}\right)+\left(\frac{a\Delta t}{2\Delta x^2}\right)\left(T_{i+1,j}^{(n+1/2)}+T_{i-1,j}^{(n+1/2)}\right)+\left(1-\frac{a\Delta t}{\Delta x^2}\right)T_{i,j}^{(n+1/2)} \tag{7-20b}$$

显然在形式上式(7－20a),(7－20b)与式(7－19a),(7－19b)完全类似。在传热问题的数值计算中,常常利用稳态问题迭代求解方法与非稳态问题的步进法之间的这种类似性来构造一些计算方法,或进行一些分析。例如在分析对流-扩散方程离散形式稳定性的符号不变原则中就应用了这一思想。

值得指出,逐次亚松弛的交替方向线迭代法(*successive line underrelaxation method*, SLUR)在传热与流动的数值计算中应用很广。凡是计算区域可以采用两组曲线簇来离散(二维问题)、且每组曲线簇具有相同角标变化范围的(这种网格称为结构化网格,*structured grid*),都可以采用这一方法。图 7－5 中列举了一些这样的例子。

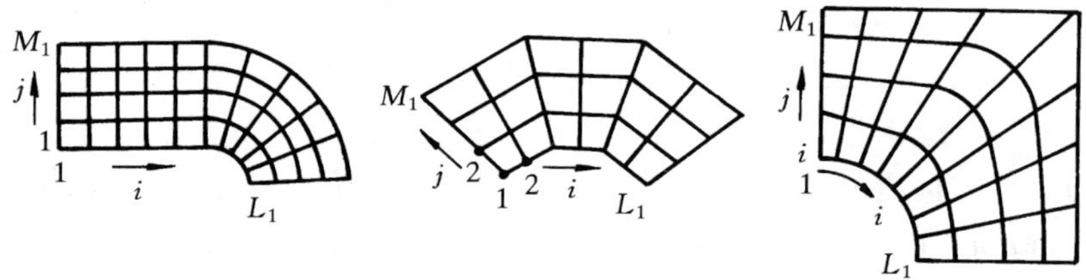

图 7－5　可以采用 SLUR 方法的例子

7.3.4　强隐迭代过程法(*strong implicit procedure*, SIP)

在 SIP 中采用了比 ADI 方法更高的直接解法的比例,因而可以获得比 ADI 方法更快的收敛速度。这是一种基于矩阵不完全分解技术的求解方法,适用于结构化网格中所形成的代数方程组的求解,近年来在流动与传热问题中的应用日趋广泛,有兴趣的读者可参阅文献[5,11]。

所有上述迭代解法都是对被求量本身进行的。实际上在假定了一个初始分布后，迭代计算也可以对该假定分布的修正值进行，参见习题 7－7。在 7－5 节中要讨论的块修正技术也是计算修正值的一个例子。

7.4　迭代法的收敛性及加速收敛的方法

7.4.1　Jacobi 与 G－S 点迭代法收敛的充分条件的分析

Jacobi 与 G－S 点迭代法收敛的一个充分条件是：系数矩阵不可约且按行或按列弱对角占优，后者即要求式(7－1)中的系数满足

$$\frac{\sum |a_{nb}|}{|a_P|} \leqslant 1 \tag{7-21}$$

对各行成立，且其中至少对一行不等号成立。关于这一条件的严格数学证明可参考文献[12]，这里仅结合导热问题所形成的离散方程讨论这些条件是否满足。

所谓矩阵可约，是指由矩阵元素的下标所构成的集合 W，例如对图 7－1所示问题，$W = \{1, 2, \cdots, L1 \times M1\}$，总可以分成这样两个非空的子集 R 及 S，该两个子集没有共同的元素且 $W = R + S$，使得 R 与 S 中各任取一个数 k 及 l，都有系数 $a_{kl} = 0$。如果找不出这样两个子集，则矩阵为不可约。据前所述，离散方程系数具有影响系数的意义，无论稳态或非稳态问题，空间坐标都是椭圆型的，亦即区域中任何一点必对其邻点有影响，同时也受其邻点的影响。从物理意义上说，所谓系数矩阵可约就意味着可以把所研究的导热区域分成两个互不影响的子区域，这显然是不可能的。所以系数矩阵不可约，是导热区域中各节点温度之间不可分割地互相联系着的这一物理事实的反映。

采用本书所推荐的方法建立的离散方程，弱对角占优的条件是一定满足的。首先，对非稳态全隐格式，据式(4－19)有：

$$a_P = \sum a_{nb} + a_P^0 - S_P \Delta V$$

由于 a_P，a_{nb}及a_P^0 均大于零，且 $S_P \leqslant 0$，因而必有$|a_P| > \sum |a_{nb}|$成立。对稳态有内热源问题所得的离散方程，只要源项线性化时保证 $S_P \leqslant 0$，尽管 $a_P^0 = 0$，$|a_P| \geqslant \sum |a_{nb}|$仍成立。对无内热源的稳态问题，在内点上只有 $|a_P| = \sum |a_{nb}|$，然而可以从边界节点的离散方程中找出使不等式成立的条件。假设边界上有一点温度为已知，如图 4－12 中的节点 W，则对 P 点写出的方程：

$$a_P T_P = a_E T_E + a_N T_N + a_S T_S + a_W T_W + b$$

之中，$a_W T_W$ 就转入到常数项中去，设 $b' = b + a_W T_W$，上式实际上是形如：

$$a_P T_P = a_E T_E + 0 + a_N T_N + a_S T_S + a_W T_W + b'$$

的方程，由于 $a_P = a_E + a_W + a_N + a_S$，故有 $|a_P| > |a_E| + |a_N| + |a_S|$ 成立。如果 W 点为第三类边界条件，则采用附加源项法时，在 a_P 中又加入了一个正的项 $(-S_{P,ad}\Delta V)$，仍有 $|a_P| > \sum |a_{nb}|$。采用区域离散方法 A 时，亦可作类似的证明[13]。读者不妨自行练习之。

由此可见，采用本书所推荐的方法建立离散方程时，系数矩阵满足 Jacobi，G-S 点迭代收敛的充分条件。至于 SOR/SUR 点迭代，只要上述充分条件满足，且 $0<\alpha<2$，则迭代必收敛[10]。

7.4.2 迭代法收敛速度的概念及影响因素

下面讨论迭代法的收敛速度及其影响因素。对于给定的代数方程组，采用不同的迭代方法求解时，使一定的初始误差缩小成为 ρ 倍（$\rho<1$）所需的迭代轮数是不同的。所谓某种迭代法的收敛速度 R 与所需迭代轮数 n 之间的关系可近似地表示为[9,10]

$$R = \frac{-\log\rho}{n}$$

即迭代轮数 n 与收敛速度 R 成反比。收敛速度愈快，迭代轮数愈少。但要注意，不同的迭代方法每进行一轮迭代所需的运算次数是不同的，最终所需计算时间的多少取决于迭代轮数及每一轮迭代所需的时间。为什么不同迭代方法的收敛速度，亦即为达到满足一定精度要求的迭代轮数会有所不同呢？

我们来分析以下几种情况：

(1) 对于无内热源的一个稳态导热问题，控制方程为 Laplace 方程。如果用均匀场作为初场而开始迭代求解，则初场将在边界条件的影响下逐步被改造成为适应所研究问题的解。这里初场是满足控制方程的，但不满足边界条件。因而，尽快让边界条件的影响传入计算区域显然会促进迭代过程的收敛。

(2) 对于第一类边界条件的问题，假定的初场可以把边界条件都组织进去，但它仍不是所研究问题的解，因为它不能满足控制方程，也就是不能满足守恒定律。因此，凡能促使守恒定律得到满足的方法也有利于加速收敛。

(3) 取上述两个例子中的任何一个在两套不同疏密的网格上来求解,我们会发现,密网格上的收敛速度要慢得多,比按线性规律估计的因节点数增加而造成的收敛速度的减慢要严重得多。这是因为迭代过程实际也是初场中所引入的误差矢量的衰减过程。在密网格上的迭代使误差矢量中的长波分量得不到有效的衰减,因而使收敛速度降低。

以上我们从三个不同的角度分析了加速迭代过程收敛的因素,即(1)加速边界条件影响的传入或增加迭代方式中的直接求解成分;(2) 加速守恒条件的满足;(3) 促使不同频率的误差分量能均匀地予以衰减。本节中先分析、讨论第一种方法,在以后几节中再介绍另外两种方法。

7.4.3　加速边界条件的影响传入计算区域的方法

以图7-1所示导热问题的第一类边界条件情形为例来分析,采用Jacobi点迭代时,由于任一点的计算式中均采用上一轮迭代计算所得之值,做完一轮迭代后,边界条件的影响只能传入到与边界相邻的这一批节点上;也就是说,每做完一轮迭代,边界条件的影响仅可传入一个网格,且迭代扫描方向与收敛快慢无关。如采用G-S点迭代,设从左向右进行扫描,则每做完一轮迭代,左边界的影响就传递到整个区域,但右边界及上、下边界的影响也只能传入一个网格。所以G-S点迭代的收敛速度要比Jacobi点迭代快,且受迭代扫描方向的影响。线迭代方法中边界条件影响的传入就更快,在自左至右的扫描过程中,不仅左边界的影响逐步传入(假设采用G-S方式的线迭代),而且在每一列的直接求解中,上、下端点的影响全部传入到该列的各个节点上。因而每做完一轮迭代,左边界及上下边界的影响全部传入,但右边界的影响则仅前进一个网格。如果采用ADI方法,每一轮的迭代包括了逐行与逐列的扫描,因在每一轮迭代内所有边界的影响均已传入区域内部,从而加快了收敛速度。不同迭代方法的平均收敛速度的近似值列于表7-1中[9],其中h是均分

表7-1　不同迭代方法的收敛速度

迭代方式	点迭代	线迭代
Jacobi	$h^2/2$	h^2
Gauss-Seidel	h^2	$2h^2$
SOR	$2h$	$2\sqrt{2}h$

网格的步长。表中的结果是对正方形区域内第一类边界条件的 Laplace 方程的五点格式分析得出的,亦可供其它情形参考。

还应指出,G－S 迭代及 SOR 迭代的收敛速度受扫描方向的影响是与不同边界条件对区域内部的影响程度不同有关的。第一类边界条件规定了边界点的值,具有最强烈的影响,最有利于迭代计算过程的收敛;第三类边界条件规定了参考点的温度及与壁面上斜率成正比的系数,对边界温度规定的明确程度较第一类条件弱,对计算区域内部的影响也较弱;第二类边界条件仅规定了边界上的斜率,因为在相同斜率下壁面温度可以在任意范围内变动,对确定内部节点温度提供的信息最少,因而不利于迭代过程的收敛。

下面举例说明不同迭代方法收敛速度的快慢。

例 7－1 设有一正方形区域,其边界温度如图 7－6 所示。物体内无热源、物性为常数。试分别用 Jacobi 点迭代、G－S 点迭代及线迭代法求解稳态导热时节点 1,2,3 及 4 的温度。

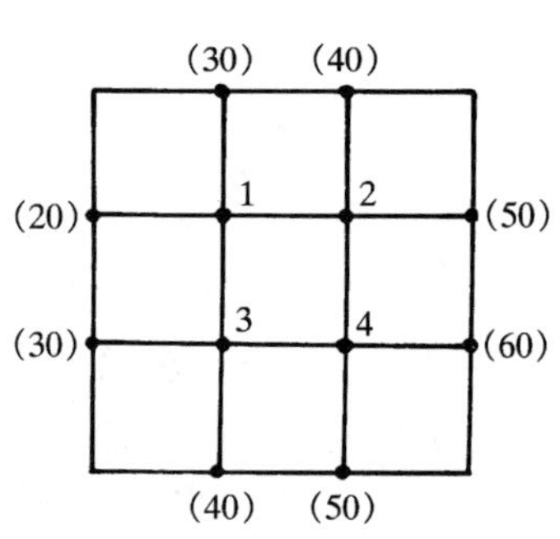

图 7－6 例 7－1 的图示

解:采用 Jacobi 点迭代法及 G－S 点迭代法(按节点 1,2,3,4 的顺序)所得各次迭代值分别列于表 7－2,7－3 中,采用自上到下的线迭代求解的结果列于表 7－4。三种迭代方法收敛速度的快慢可以从表中清楚地看出(三种方法的迭代收敛判据相同,均为绝对偏差小于 5×10^{-5})。

表 7－2 Jacobi 迭代法的各次结果

迭代次数	温度			
K	T_1	T_2	T_3	T_4
0	35	35	35	35
1	30	40	35	45
2	31.25	41.25	36.25	46.25
3	31.875	41.875	36.875	46.875
4	32.187 5	42.187 5	37.187 5	47.187 5
5	32.343 8	42.343 8	37.343 8	47.343 8

续表 7-2

迭代次数 K	温度			
	T_1	T_2	T_3	T_4
6	32.421 9	42.421 9	37.421 9	47.421 9
7	32.460 9	42.460 9	37.460 9	47.460 9
8	32.480 5	42.480 5	37.480 5	47.480 5
9	32.490 2	42.490 2	37.490 2	47.490 2
10	32.495 1	42.495 1	37.495 1	47.495 1
11	32.497 6	42.497 6	37.497 6	47.497 6
12	32.498 8	42.498 8	37.498 8	47.498 8
13	32.499 4	42.499 4	37.499 4	47.499 4
14	32.499 7	42.499 7	37.499 7	47.499 7
15	32.499 9	42.499 8	37.499 8	47.499 8
16	32.499 9	42.499 9	37.499 9	47.499 9
17	32.5	42.5	37.5	47.5

表 7-3　G-S 迭代法的各次结果

迭代次数 K	温度			
	T_1	T_2	T_3	T_4
0	35	35	35	35
1	30	38.75	33.75	45.625
2	30.625	41.562 5	36.562 5	47.031 3
3	32.031 3	42.265 6	37.265 6	47.382 8
4	32.382 8	42.441 4	37.441 4	47.470 7
5	32.470 7	42.485 4	37.485 4	47.492 7
6	32.492 7	42.496 3	37.496 3	47.498 2
7	32.498 2	42.499 1	37.499 1	47.499 5
8	32.499 5	42.499 8	37.499 8	47.499 9
9	32.499 9	42.499 9	37.499 9	47.5
10	32.5	42.5	37.5	47.5
11	32.5	42.5	37.5	47.5

表 7-4 线迭代法的各次结果

迭代次数 K	温度			
	T_1	T_2	T_3	T_4
0	35	35	35	35
1	31	39	36.866 7	46.466 7
2	32.262 2	42.182 2	37.415 4	47.399 4
3	32.470 7	42.467 5	37.49	47.489 4
4	32.496 6	42.496 5	37.498 9	47.498 8
5	32.496 6	42.496 6	37.499 9	47.499 9
6	32.5	42.5	37.5	47.5
7	32.5	42.5	37.5	47.5

最后值得指出，增加在迭代求解过程中隐式直接求解的份量是加速迭代过程收敛的有效方法，在最近十余年中传热与流动问题的数值计算中得到了重视与应用。对于常物性均分网格上的扩散方程，系数矩阵是对称的，可以采用共轭梯度法(*conjugate gradient*, CG)。对于非均分网格上的扩散方程及对流-扩散方程，离散方程的系数矩阵都是不对称的，近年来发展出一批共轭梯度型的求解方法，如通用最小余量法(*generalized minimal residual algorithm*, GMRES)，对这些方法的介绍已超出了本书的范围，可参见文献[1,5,14]。

7.5 加速迭代解法收敛速度的块修正技术

7.5.1 块修正技术的基本思想

数值计算所得到的收敛的解是能满足各个控制容积守恒要求的解。代数方程的迭代求解过程也就是使计算结果满足守恒方程的过程。以图 7-7 所示二维矩形域的导热过程为例，在迭代求解过程中的一个中间值 $T^*_{i,j}$ 无法使每个控制容积的能量守恒关系得到满足。现在设想对其中 $i=I$ 的任一个区域，引入一平均修正正值 $\overline{T}'_i$ 对 $\overline{T}'_i$ 的要求是($T^*_{i,j}+\overline{T}'_i$)能从整体上使该块的能量守恒关系得到满足。该计算区域共有($L1-2$)个块，共有($L1-2$)个修正值 T_i($i=2,3,\cdots,L1-2$)。这样就建立起了一组一维问题的变量，从而可以用 TDMA 方法求解。解出 $\overline{T}'_i$

后,就可得一组新值($T^*_{i,j}+\overline{T}'_i$),它们可以使每一块在整体上的守恒关系得到满足,因而比 $T^*_{i,j}$ 进了一步。然后再用这一组解作为初值,采用 ADI 线迭代法求解代数方程,以改进每一个控制容积能量守恒关系的满足情况。如此反复进行,可以促进迭代收敛速度。用加入列平均值 $\overline{T}'_i$ 或行平均值 $\overline{T}'_j$ 来促进代数方程迭代收敛速度的方法称为块修正技术(*block-correction technique*)[15,16]。其数学上的依据是求解代数方程组的附加修正法[17],这里着重从物理概念方面来说明其基本思想。

7.5.2　块修正值的代数方程及边界条件

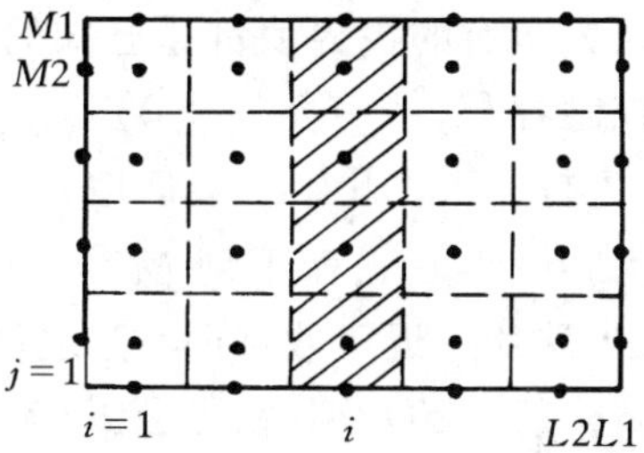

设经过一定轮次的迭代后,温度场的当前值为 $T^*_{i,j}$,显然,把它代入离散方程后不能使等式成立,令:

$$R_{i,j}=a_{i,j}T^*_{i,j}-(b_{i,j}T^*_{i+1,j}+c_{i,j}T^*_{i-1,j}+p_{i,j}T^*_{i,j+1}+q_{i,j}T^*_{i,j-1}+d_{i,j}) \tag{a}$$

M1
M2
j = 1
i = 1　　i　　L2L1

图 7-7　说明块修正方法的图示

$R_{i,j}$称为在节点 i,j 处的余量,其绝对值的大小反映了温度场收敛的程度。对块修正值的要求是同一块中各节点余量之和应等于零。于是把($T^*_{i,j}+\overline{T}'_i$)代入同一块内各节点的余量方程并对 j 求和,可得:

$$\sum_j a_{i,j}(T^*_{i,j}+\overline{T}'_i)=\sum_j b_{i,j}(T^*_{i+1,j}+\overline{T}'_{i+1})+\sum_j c_{i,j}(T^*_{i-1,j}+\overline{T}'_{i-1})+\sum_j p_{i,j}(T^*_{i,j+1}+\overline{T}'_i)+\sum_j q_{i,j}(T^*_{i,j-1}+\overline{T}'_i)+\sum_j d_{i,j} \tag{7-22}$$

这也就是在 $i=I$ 这一竖块上整体能量守恒关系式,它规定了修正值 $\overline{T}'_i(i=2,\cdots,L1-1)$应满足的条件,是确定 $\overline{T}'_i$的一个代数方程组。该式可进一步改写成为:

$$B_i\overline{T}'_i=P_i\overline{T}'_{i+1}+N_i\overline{T}'_{i-1}+C \tag{7-23}$$

其中

$$B_i=\sum_{j=2}^{M2}a_{i,j}-\sum_{j=2}^{M2-1}p_{i,j}-\sum_{j=3}^{M2}q_{i,j} \tag{7-24a}$$

$$P_i=\sum_{j=2}^{M2}b_{i,j},\ N_i=\sum_{j=2}^{M2-1}c_{i,j} \tag{7-24b}$$

$$C_i = \sum_{j=2}^{M2} d_{i,j} + \sum_{j=2}^{M2} p_{i,j} T^*_{i,j+1} + \sum_{j=2}^{M2} q_{i,j} T^*_{i,j-1} + \sum_{j=2}^{M2} b_{i,j} T^*_{i+1,j} + \sum_{j=2}^{M2} c_{i,j} T^*_{i-1,j} - \sum_{j=2}^{M_2} a_{i,j} T^*_{i,j} \quad (7-24c)$$

上述表达式是对图 7-7 所示的区域离散化方法 B 的情形写出的，而且假定对第二、第三类边界条件均采用附加源项法来处理。在这种情形下，与 j 方向的第一个控制容积相对应的节点是 $j=2$，而最后一个控制容积的节点 $j=M2$。由于对第二、第三类边界条件采用附加源项法，就相当于认为所有的边界值都是已知的，于是边界上的修正值均为零。对 $j=2$ 的控制容积，$q_{i,2}(T^*_{i,1}+0)=q_{i,2}T^*_{i,1}$，所以在(7-24a)的求和式中，对 $q_{i,j}$ 下标 j 从 3 开始。类似地，可以说明在式(7-24a)中 $p_{i,j}$ 项的求和上限为 $j=M2-1$，而不是 $M2$。由式(7-24c)可见，C_i 具有计算源项的意义，当迭代趋近于收敛时，C_i 之值趋近于零。

式(7-23)及其系数公式(7-24)是内部各块的修正值方程。对于左边的第一块方程，出现了 $\overline{T}'_1$，而对右边最后一块则出现了 $\overline{T}'_{L1}$。因为假定边界值为已知，其修正值应为零，即 $\overline{T}'_1=\overline{T}'_{L1}=0$。在程序中来实施时，可令 $P_{L2}=0$ 及 $N_2=0$。

由此可见，关于块修正值的方程是第一类边界条件下的三对角方程，可以用 TDMA 算法直接求解。每解一组块修正值的方程并将此修正值与当前值组合形成改进的解后，就相当于把求解区域上各边界的影响在某种平均意义上传到了区域内部，使总体的守恒特性能得到满足，从而加快了收敛速度。

7.5.3 关于块修正技术的讨论

1. 块修正技术并不是一种独立的代数方程解法，它应与其它迭代法(如 ADI 线迭代法)结合使用，这样可望促进迭代收敛速度。在进行块修正值计算时，块的方位也应横、竖交替使用，且在每一个方向作一次块修正值的计算后就对迭代的当前值作一次修正，然后以改进了的值去开始另一方向的块修正值计算。

2. 当离散方程所求解的变量有十分明确的取值范围时，不一定适宜使用块修正技术。这是因为当把块修正值加到某一块中各节点的当前值上时，会使该块上未知值的分布发生平行移动，但并不改变相对分布，如图 7-8 所示。当被求量的取值范围十分确定时(如混合物组分值必在 0 到 1 之间)，这种平移可能使当前值超出合理的取值范围而使解变得没有意义，此时就不宜采用块修正技术。

3. 由块修正方法得到的各块上的修正值可以使每块的守恒关系得到满足，但块中个别控制容积的守恒关系可能局部地受到破坏，这种局部守恒关系的不满足又须经过线迭代来加以改进。当块修正引起的局部守恒性破坏比较严重时，也会降低迭代收敛的速度。显然，如果把块分得小一些，则每块的平均修正值会更接近于块中各节点所需的局部修正值，因而收敛速度可望加快，这就是双块修正、乃至多块修正方法的基本思想。

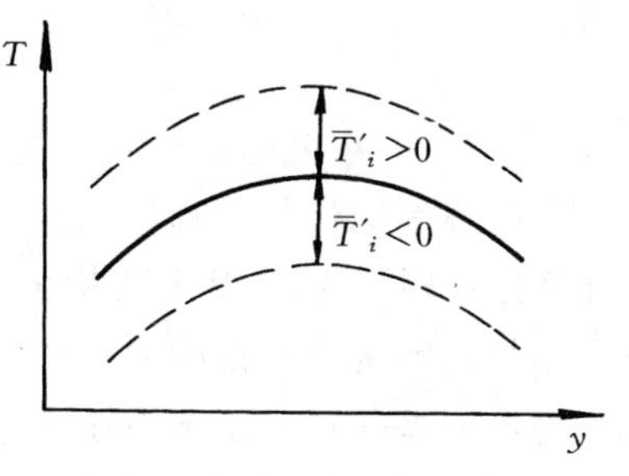

图 7－8　块修正值使未知值分布发生平移

图 7－9 示出了单块修正与双块修正的对比。对于双块修正方法，可以采用类似于本节上面的推导来获得两个块中修正值 $\bar{T}'_{1i}$ 及 $\bar{T}'_{2i}$ 的代数方程组，文献[18]给出了详细推导过程，可参阅。计算实践表明[18,19]，对于复合材料中的导热问题或对流－导热耦合问题，采用双块修正特别有效，其时把计算区域中物性发生阶跃变化的界线就取为两个块的分界线。块修正方法发展到多块时产生了块修正多重网格，将在下节中提及。

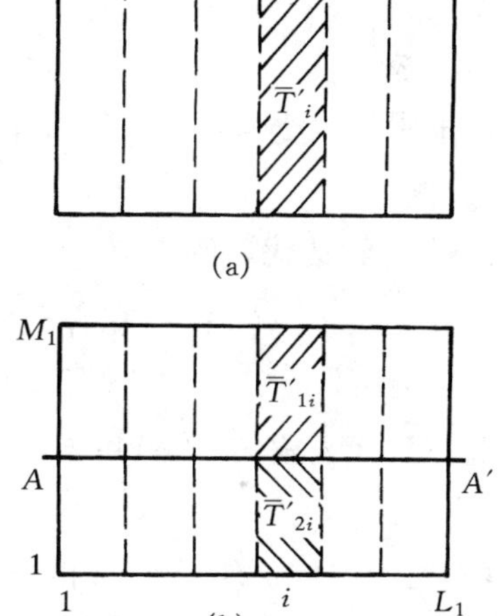

图 7－9　双块修正的块划分

7.6　多重网格方法

多重网格方法是促进代数方程迭代求解收敛速度的有效方法，在最近二十余年中，在流动与传热问题的数值计算中得到广泛的应用。本节中先以一维扩散方程的数值求解过程为例，说明迭代计算过程中不同频率的误差分量的衰减速度与网格步长的关系，然后进一步阐述采用多重网格方法求解代数方程组的基本步骤，及在不同疏密程度的几套网格间循环的几种基本方式。至于结合 SIMPLER 算法实施多重网格的一些具体问题,将在一下节中介绍。

7.6.1 一个收敛的迭代过程是误差矢量逐渐衰减的过程

仍以温度场代数方程组的迭代求解过程为例来分析。设在某一轮迭代计算结束时各节点温度值构成一个矢量 $\boldsymbol{T}^{(n)}$,其中 n 为迭代的轮次数。其与真解 $\mathbf{A}^{-1}\mathbf{b}$ 的偏差形成一个误差矢量。可以应用离散 Fourier 展开将该误差矢量表示成有限个谐波分量的迭加。一个收敛的迭代过程是这些谐波分量的振幅不断衰减的过程。

以一维的 Poisson 方程为例来开展讨论。设有:

$$\lambda \frac{\mathrm{d}^2 T}{\mathrm{d}x^2} + S(x) = 0 \tag{7-25}$$

为方便计见,把 $S(x)/\lambda$ 记为 $f(x)$。则把上式在均分网格上离散后可得:

$$T_{i+1} - 2T_i + T_{i-1} = -\Delta x^2 f_i \tag{7-26}$$

假设采用迭代法来求解。则自左至右地应用 G-S 迭代法时有:

$$T_{i-1}^{(n)} - 2T_i^{(n)} + T_{i+1}^{(n-1)} = -\Delta x^2 f_i \tag{7-27}$$

设经过 n 轮迭代后的当前值 $T_i^{(n)}$ 与真解 T_i 的差为 ε_i,则有:

$$T_{i-1} = T_{i-1}^{(n)} + \varepsilon_{i-1}^{(n)},\ T_i = T_i^{(n)} + \varepsilon_i^{(n)},$$
$$T_{i+1} = T_{i+1}^{(n-1)} + \varepsilon_{i+1}^{(n-1)}$$

将此三式代入式(7-26)并与式(7-27)相减,得误差传递方程:

$$\varepsilon_{i-1}^{(n)} - 2\varepsilon_i^{(n)} + \varepsilon_{i+1}^{(n-1)} = 0 \tag{7-28}$$

式(7-27)中的迭代轮次 n 相当于非稳态问题中的时层,因而可以用 von Neumann 方法来分析前后两次迭代之间误差矢量的变化情况。令:

$$\varepsilon_i^{(n)} = \psi^{(n)} e^{ik_x \Delta x} = \psi^{(n)} e^{I i\theta} \tag{7-29}$$

在 3.2 节中已提到过,上式中的 k_x 称为波数,波数与波长之积为 2π。因而高频的(即波数大的)分量相应于短波误差,低频的分量相应于长波误差。把(7-29)代入(7-28),得:

$$\psi^{(n)}(\mathrm{e}^{-I\theta} - 2) = -\psi^{(n-1)}\mathrm{e}^{I\theta}$$

即

$$\frac{\psi^{(n)}}{\psi^{(n-1)}} = r = \frac{\mathrm{e}^{I\theta}}{2 - \mathrm{e}^{-I\theta}} \tag{7-30}$$

这里 r 表示某一分量的振幅随迭代进行的衰减速度,相当于 3.2 节中的增长因子 μ。下面对几个典型的相角 $\theta = k_x \Delta x$ 之值来计算衰减速度 r

之模：

$$\theta=\pi,|r|=\frac{|\cos\pi+I\sin\pi|}{|2-(\cos\pi-I\sin\pi)|}=\frac{1}{3}$$

$$\theta=\frac{\pi}{2},|r|=\frac{|\cos\frac{\pi}{2}+I\sin\frac{\pi}{2}|}{|2-(\cos\frac{\pi}{2}-I\sin\frac{\pi}{2})|}=\frac{1}{\sqrt{4+1}}=\frac{1}{\sqrt{5}}$$

$$\theta=\frac{\pi}{10},|r|=\frac{|\cos\frac{\pi}{10}+I\sin\frac{\pi}{10}|}{|2-(\cos\frac{\pi}{10}-I\sin\frac{\pi}{10})|}$$

$$=\frac{|0.9510+0.3090I|}{|2-(0.9510-0.3090I)|}=\frac{1}{1.0936}=0.914$$

可见对 $\theta=k_x\Delta x$ 较大的分量，连续三次迭代以后误差便缩小到原来的$\frac{1}{5\sqrt{5}}\sim\frac{1}{3^3}(0.09\sim0.037)$，而 $k_x\Delta x$ 小的分量，则衰减得很慢（$\theta=\frac{\pi}{10}$时，连续三次迭代后仅降为原来的 $0.914^3=0.764$）。在一定的 Δx 下，$k_x\Delta x$ 之值大就代表高频的即短波的分量，而 $k_x\Delta x$ 小就是低频的即长波的分量。所以在一套固定的网格下来迭代时，一开始误差中的短波分量迅速衰减，随后主要是长波的误差分量得不到迅速的衰减而使收敛速度变慢。

所谓短波是相对于网格步长 Δx 而言的。由上例可见，当$\frac{\pi}{2}\leqslant k_x\Delta x\leqslant\pi$时，误差分量衰减很快，因而把 $k_x\Delta x$ 在 π 与$\frac{\pi}{2}$之间的误差分量称为短波分量。短波范围内的最大衰减率称为收敛因子，记为 ν：

$$\nu=\underset{\frac{1}{2}\pi\leqslant k_x\Delta x\leqslant\pi}{\mathrm{Max}}|r| \tag{7-31}$$

对上述一维问题的 G－S 迭代，$\nu\simeq0.45$。

7.6.2　多重网格方法的基本思想

所谓多重网格方法就是为了克服上述固定网格的缺点而发展起来的迭代解法[20,21]。采用此法时可先在较细的网格上进行迭代（图 7－10a），以把短波误差分量衰减掉，然后再在较粗一点的网格上进行迭代，以把次短波误差分量衰减掉（随着 Δx 的增加，满足$\frac{\pi}{2}\leqslant k_x\Delta x\leqslant\pi$ 的 k_x 变小，即波长增加）。如此逐步使网格变得越来越粗（图 7－10(a)，(b)，(c)），以把各种波长的误差分量基本上都消去。到最后一层粗网格时，节点数已不多，可以采用直接解法。然后再由粗网格依次返回到各级细网格上进行计算，如此反复数次，最后在最细的网格上获得所需的解。由此可见，采

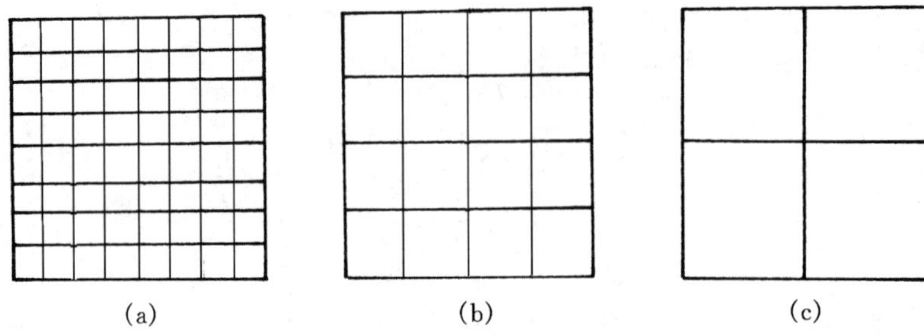

图 7-10　多种网格示意图

用多重网格方法时,由于各种频率分量的误差可以得到比较均匀的衰减,因而加快了迭代收敛的速度。至于在每一重网格上的迭代计算,则仍可采用 7.3 节中所述的一些方法,一般采用交替方向线迭代法。

7.6.3　不同疏密程度的网格之间解的传递

如上所述,在采用多重网格方法求解代数方程组时,要在几套不同疏密程度的网格上循环地对代数方程进行求解,相邻两重网格间网格的倍数一般为 2。在传热与流动问题的数值计算中,在不同疏密程度的网格上所传递的一般是未知量 ϕ 本身而不是其修正值,这种求解方式称为完全逼近方式(*full approximation scheme*, FAS)。现在以两重网格为例来说明实施过程,然后再拓宽到两重以上的网格。

假设在最密的一层网格上开始迭代计算,开始时迭代过程收敛很快,经过几次迭代后,收敛速度逐渐减慢,这时就把密网格(记为 k)上的解传递到较粗的一重网格上,记为 $k-1$,并在$(k-1)$重网格上继续求解。要特别指出的是此时在$(k-1)$重网格上所求解的仍然是 k 重网格上的正确解的一个近似值,记为 $\tilde{\phi}^{k-1}$。于是在$(k-1)$重网格上的代数方程用矩阵形式写出为:

$$\mathbf{A}^{k-1}\tilde{\boldsymbol{\phi}}^{k-1} = \mathbf{b}^{k-1} + \mathbf{I}_k^{k-1}(\mathbf{b}^k - \mathbf{A}^k\tilde{\boldsymbol{\phi}}^k) \tag{7-32}$$

其中,$\mathbf{A}^k$,$\mathbf{A}^{k-1}$分别为在 k 重及$(k-1)$重网格上按选定的离散格式得出的系数矩阵,但 $\mathbf{A}^{k-1}$是根据 k 重网格上已得出的解 $\tilde{\boldsymbol{\phi}}^k$ 之值确定的;$\mathbf{b}^k$,$\mathbf{b}^{k-1}$分别是 k 重与$(k-1)$重网格上代数方程组的源项列矢量,同样 $\mathbf{b}^{k-1}$是按 k 重网格上的解计算的;$(\mathbf{b}^k-\mathbf{A}^k\tilde{\boldsymbol{\phi}}^k)$是 k 重网格上的余量,由于在$(k-1)$重上所求解的是 k 重网格上的解,因而要把这一余量从 k 重网格传递到$(k-1)$重网格上,该项常称为数值源项。这种从密网格向疏网格的传递称为限定(*restriction*),用符号 $\mathbf{I}_k^{k-1}$ 来表示,称为限定算子(*restriction operator*)。在$(k-1)$重网格上迭代计算进行到一定程度后,就把所得的解按下列方式转递到 k 重网格上,以改进密网格上的解:

$$\widetilde{\boldsymbol{\Phi}}_{rev}^{k}=\widetilde{\boldsymbol{\Phi}}_{old}^{k}+\mathbf{I}_{k-1}^{k}(\widetilde{\boldsymbol{\Phi}}^{k-1}-\mathbf{I}_{k}^{k-1}\widetilde{\boldsymbol{\Phi}}_{old}^{k}) \tag{7-33}$$

其中,$\widetilde{\boldsymbol{\Phi}}_{rev}^{k}$为 k 重网格上的改进值,$\widetilde{\boldsymbol{\Phi}}_{old}^{k}$就是式(7-32)右端项中的 $\widetilde{\boldsymbol{\Phi}}^{k}$,即在限定过程前 k 重网格上的计算结果,$\mathbf{I}_{k}^{k-1}\widetilde{\boldsymbol{\Phi}}_{old}^{k}$表示通过限定算子把 $\widetilde{\boldsymbol{\Phi}}_{old}^{k}$ 限定到$(k-1)$重网格上的结果,$(\widetilde{\boldsymbol{\Phi}}^{k-1}-\mathbf{I}_{k}^{k-1}\widetilde{\boldsymbol{\Phi}}_{old}^{k})$表示了在$(k-1)$重网格上的修正值,而式(7-33)右端的第二项就是把这一修正值传递到 k 重网格上的量。从疏网格向密网格的信息传递称为延拓(*prolongation*),符号 $\mathbf{I}_{k-1}^{k}$表示将信息从$(k-1)$重延拓(即插值)到 k 重网格上的运算,称为延拓算子(*prolongation operator*)。

当网格多于两重时,数值计算结果的限定与延拓过程与上类似。但是这时$(k-1)$重网格上的迭代计算不必进行得过深,即可将解向$(k-2)$重网格传递,在$(k-2)$重网格上形成 k 重网格解的一组代数方程,其形式与式(7-32)类似,只要将网格标志 k,$(k-1)$分别改为$(k-1)$,$(k-2)$即可,此时 $\widetilde{\boldsymbol{\Phi}}^{k-2}$是在$(k-2)$重网格上关于 k 重网格上的正确解的一个近似值。到最疏的一层网格上时,可以将代数方程迭代求解到满足一定的收敛要求,然后再逐步延拓到最密一层网格上,以获得最密一层网格上的改进的解。

常用限定算子有直接引入(*direct inject*)及就近平均(*averaging nearby values*)两种,前者把密网格上的值直接引入到网格的对应位置上,后者则按疏密格上的被插值点的位置,取该点附近密网格的值作平均。对二维问题常用的延拓算子有双线性插值(*bilinear interpolation*)及双二次插值(*biquadratic interpolation*)两种,即分别按两个坐标方向的几何位置作线性或二次插值。

7.6.4　不同疏密网格间循环的方式

在不同疏密程度的网格间迭代循环的方式一般有三种,以四种网格的多重网格系统为例来说明(图 7-11)。图中 h 表示最密一层网格的步长,$8h$ 为最疏一套网格的步长。

7.6.4.1　V 循环

V 循环的一种典型形式示于图 7-11(a)中,记为 V(3,2)其中数字 3 表示从密网格传递到一级疏网格前进行三次迭代(称为前光顺,*presmoothing*),数字 2 表示从疏网格通过延拓算子传递到相邻的密网格后再进行2次迭代(称为后光顺,*post-smoothing*),以消除延拓过程中引入的高频分量的误差。图中圆圈内的数字就表示上述意义。

7.6.4.2 W循环

W循环与V循环相类似,如图7-11(b)所示,其特点是第一次延拓后又将近似解限定到最疏的网格上,再进行延续的延拓过程。当需要对长波的误差分量作比较彻底的衰减时应当采用W循环。

7.6.4.3 FMG循环

FMG循环是完全多重循环(*full multigrid cycle*)的简称,如图7-11(c)所示。在这种循环中,从最粗一级网格开始迭代计算,获得满足一定收敛准则的解(图中用黑方框表示满足一定收敛准则的解)以后,把解延拓到较密一级的网格上,形成了由两重网格组成的一个V循环。在这一层次上的V循环可以一直进行到获得具有一定精度的解为止(图中第二个黑方框),再延拓到更密一层的网格上。如此继续,一直到获得最密一层网格上的解为止。FMG循环的特点是由疏网格上的解向密网格的延拓都是在疏网格上的解达到一定的收敛条件后进行。值得指出,除了FMG循环中由疏网格向密网格的延拓需在满足一定的收敛指标后再进行外,在其它的计算中,前、后光顺一般有三次左右的迭代扫描已能达到多重网格框架内的光顺要求[22]。

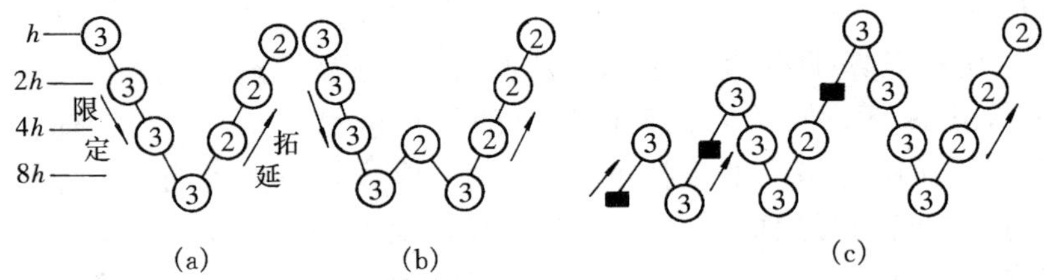

图7-11 多重网格的三种循环方式

(a) V(3,2)循环;(b) W(3,2)循环;(c) FMG $V(3,2)$循环

在流动与换热问题的数值计算中,FMG循环得到广泛的采用。这是因为这种循环方式有以下两个优点:(1) 在最疏一层网格上开始迭代计算,可以很经济地得到满足一定收敛条件的解,使迭代计算有了一个较好的初场。(2) 在获得了各重网格上满足一定收敛条件的解以后,可以方便地利用Richardson外推法来估计离散误差(本书第11章中要介绍这一方法)。采用FMG循环和SIMPLE系列算法求解流动与传热问题的例子可以参见文献[23~28]。关于在实施SIMPLE系列算法过程中应用

多重网格时的一些特殊的问题，将在下一节中作专门介绍。在文献[21]中给出了求解二维 Laplarce 方程的多重网格方法的源程序，可供读者参考。

7.7 多重网格技术应用于流场的求解中的一些特殊问题

对于单变量的问题(例如扩散方程)的求解，实施多重网格方法的主要内容已在上节中作了介绍。在对流换热问题的求解中，速度、压力(或其修正值)及温度的求解常常是耦合在一起的，对于这一类问题实施多重网格方法时还有一些特殊的问题需要讨论或说明。本节主要介绍实施 SIMPLE 系列算法过程中采用多重网格的一些特殊问题。

7.7.1 在每一级别网格上的求解顺序

以二维的问题为例，u，v，$p(p')$及 T 的求解顺序与单重网格上一样，即先顺序求解动量方程(u，v)，然后求解压力修正值方程及温度方程。求解方法可以采用 G－S 点迭代，ADI 线迭代或 SIP 等，但扫描次数可以比单重网格上的求解过程减少，然后修正速度与压力，这样就完成了该级网格上的一次外迭代。再更新离散方程系数，进行下一次外迭代，直到设定的收敛指标满足为止(关于收敛指标问题下面还要讨论)。

7.7.2 网格间切换时代数方程系数的更新

在某一级网格 k 上完成了上述计算后就切换到下一级较稀疏的网格($k-1$)上，到($k-1$)重网格后，(u，v，p'，T)离散方程系数及源项要按限定算子所规定的插值方式用($k-1$)重网格的值作更新，然后开始($k-1$)重网格上的迭代计算。所以在多重网格中实施 SIMPLE 系列算法时，在网格切换时实现了离散方程系数的更新，使非线性的耦合关系更及时地得到协调，有助于非线性问题迭代的收敛。因而多重网格方法对促进 SIMPLE 系列算法的收敛具有明显的作用。由于这种求解过程把线性代数方程组的求解(在一组固定的系数与源项下的求解)及非线性问题的迭代求解组合在一起了，因而亚松弛的处理是必须的，实施的方式与单重网格上的一样，把它组织到代数方程的求解过程中。

7.7.3 网格切换的判据

在求解单变量代数方程组时,一般采用余量的范数作为判断指标。但采用 SIMPLE 系列算法时,由于几个变量的方程顺序地求解,不可能每个变量的余量的范数同时下降相同的量级,因而采用这一指标已不甚合适。文献中采用的方法主要有以下两种:(1) 简单地规定每一级网格上外迭代的次数[23],这时作为 FAS-FMG 方法中的基本组成的 V 循环可以表示为 $V(v_1, v_2)$,它表示前光顺 v_1 次迭代,后光顺 v_2 次迭代,v_1 与 v_2 一般在 1~5 之间。(2) 余量范数与迭代次数组合的方法[26],其中只要一种指标达到,即切换网格。特别要指出,在多重网格上用余量范数指标时也同单重网格上的设定方法有所不同。在每一级网格上进行外迭代时,要判断两次外迭代间规正化余量范数之比 R_{p+1}/R_p(p 为外迭代次数),如果此比值大于预先的设定值(一般为 0.5),则继续进行同一级网格上的外迭代,直到余量范数小于预先设定的条件为止。在限定计算(由 k 重向($k-1$)重传递)中,($k-1$)重网格上余量范数的收敛指标常取为 k 重网格上余量范数的一个百分数[29],例如 20% ~40% 。

7.7.4 开口流场出口法向流速的处理

在单重网格上计算开口系统时,要求出口法向流速满足总体质量守恒的条件,这一要求在延拓过程中在确定密网格上出口法向流速时同样应予以满足。但在限定计算过程中,由式(7-32)可见在右端有一个计算源项,因而不能再要求出口法向流速满足总体质量守恒。此时疏网格上出口法向流速可取为第一类边界条件,其值即为较密一层网格上的解的限定插值。

7.7.5 对流项离散格式的选择与处理

在多重网格上求解对流-扩散方程时,对流项离散格式的稳定性问题比单重网格上更为突出。虽然中心差分等条件稳定的格式在多维问题中的临界 Peclet 数一般要比对一维模型方程分析得出的值大,但毕竟存在一个稳定性的问题。有的作者为求格式的稳定采用一阶迎风及混合格式,如文献[30,31],有的采用一种称为亏损修正(*defect correction*)的方法[32]。所谓亏损修正是指这样一种处理方法:在各级粗网格计算中采用绝对稳定的一阶迎风格式,而在最密一级网格中,则通过延迟修正的方式把所要采用的格式(如 CD, QUICK 等),与一阶迎风格式间的差别组织到代数方程的源项中去。根据文献[33]中的计算结果,采用绝对稳定的二阶迎风格式迭代收敛特性要优于亏损修正方法。

7.7.6　交叉网格上速度与压力的限定与延拓

在交叉网格上速度与压力的限定与延拓算子是不同的，下面以线性插值为例来说明。

7.7.6.1　限定算子

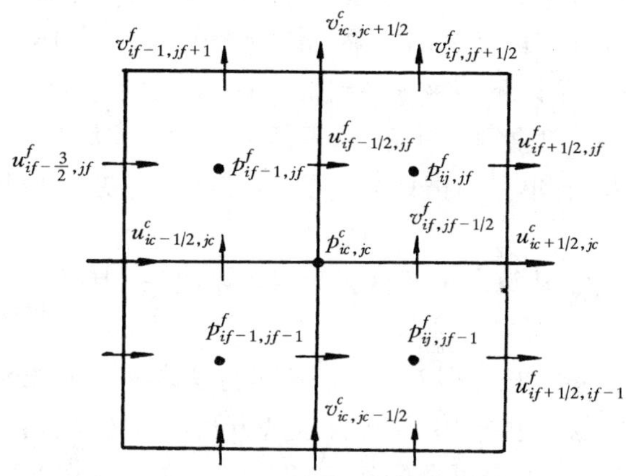

图 7-12　交叉网格上限定插值图示

如图 7-12 所示为两重网格上的速度与压力变量的位置。图中用上角码 c 及 f 分别表示粗(*coarse*)及密(*fine*)网格上之量，为了适应多重网格的情况，这里 u，v 的编号已不再采用第 6 章中所规定的方法(即：箭头所指节点的编号为该速度的编号)。如果用(ic，jc)表示粗网格主节点编号，(if，jf)为密网格主节点编号，则按图 7-12 有：

$$if = 2 \times ic - 1 \tag{7-34a}$$

$$jf = 2 \times jc - 1 \tag{7-34b}$$

而压力及速度限定的线性插值方式为：

$$p^c_{ic,jc} = \frac{1}{4}(p^f_{if,jf} + p^f_{if-1,jf} + p^f_{if,jf-1} + p^f_{if-1,jf-1}) \tag{7-35a}$$

$$u^c_{ic+1/2,jc} = \frac{1}{2}(u^f_{if+1/2,jf} + u^f_{if+1/2,jf-1}) \tag{7-35b}$$

$$v^c_{ic,jc+1/2} = \frac{1}{2}(v^f_{if,jf+1/2} + v^f_{if-1,jf+1/2}) \tag{7-35c}$$

至于余量的限定则采用由相应密网格的余量求和的方式来进行。例如 $v^c_{ic,jc+1/2}$的余量可由下式计算：

$$(R^v)^c_{ic,jc+1/2} = (R^v)^f_{if,jf+1/2} + (R^v)^f_{if-1,jf+1/2} + \frac{1}{2}\Big[(R^v)^f_{if,jf-1/2} + (R^v)^f_{if-1,jf-1/2} + (R^v)^f_{if,jf+3/2} + (R^v)^f_{if-1,jf+3/2}\Big] \tag{7-36}$$

延拓过程中的线性插值可以仿照上述方法写出，此处从略。

为使读者对多重网格的有效性有更深刻的认识，下面援引文献[27]中计算三维移动顶盖驱动流的结果。该计算中采用 8^3，16^3，32^3 及 64^3 四种均分网格，采用了以下四种求解代数方程的方式：

(1) SG 方法：单重网格计算，每重网格上均以零场为初场；

(2) FSG 方法：单重网格计算，但从第二重起，初场采用由粗网格的插值而得；

(3) MG 方法：从第二重网格起为多重网格法，但每一重网格的初场为零场；

(4) FMG 方法，采用图 7－11(c)所示方法求解。非线性迭代收敛的条件是 $L1$ 余量范数小于 10^{-5}，各种求解方法所需外迭代次数及 CPU 时间列于表 7－5 中。由表可见采用 FMG 方法求解 SIMPLE 方法中的代数方程组时可以大大加快收敛速度。

表 7－5 代数方程的不同的求解方法对迭代收敛性能的影响

		外迭代次数				CPU 时间			
Re	网格	SG	FSG	MG	FMG	SG	FSG	MG	FMG
100	8^3	34	34	34	34	0.44	0.44	0.44	0.44
	16^3	68	40	33	29	7.93	4.66	4.39	4.78
	32^3	227	151	31	25	256.71	170.76	42.18	38.50
	64^3	842	426	26	23	8 633.95	4 368.25	308.9	287.10
1 000	8^3	67	67	67	67	0.88	0.88	0.88	0.88
	16^3	92	75	60	58	10.73	8.75	8.02	9.72
	32^3	176	75	50	51	199.04	141.36	64.15	77.94
	64^3	509	348	42	32	5 219.33	3 568.43	500.59	415.45
	128^3	—	—	—	22	—	—	—	2 215.00

7.7.7 块修正多重网格

我们在 7.5 节中的介绍的单块修正方法实际上相当于一个两重网格

的系统。如果把块的大小加以缩减,使块的修正值只适用于数个相邻的控制容积,这就形成了块修正多重网格(*block-correction multigrid*)。图 7-13 中示意性地画出了由三重网格组成的块修正多重网格。关于应用块修正多重网格求解流场的实例可参见文献[34～36]。

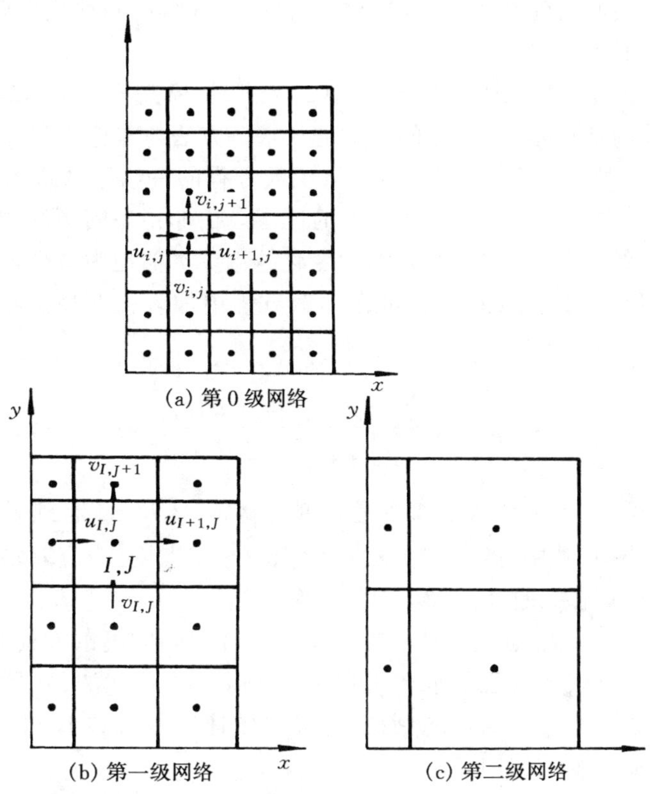

图 7-13　块修正多重网格示意图

7.7.8　非线性迭代过程的收敛性问题

本章以上各节讨论的是线性代数方程组的迭代解法的收敛性问题。对于非线性问题代数方程的迭代式求解方法,在每一组临时性的系数下,代数方程的求解仍有直接解法及迭代法两种。上述讨论,对这类情形下代数方程的迭代解法仍然成立。但就整个非线性问题的求解而言,目前尚无完整的理论可以用来判断迭代式求解方法是否可以获得收敛的解。我们把非线性问题在每一组确定的系数下所进行的计算称为一个层次的迭代。实践表明,只要每一层次上的代数方程的系数都满足Jacobi,G-S

迭代收敛的充分条件,且两个相邻层次间代数方程的系数变化不太大(亦即未知量的变化不太大),则多数情形下非线性问题的迭代求解方法是可以收敛的[37]。为了使相邻两层次间未知量的变化不太大,常用的方法是:

1. 采用亚松弛迭代　一般都把亚松弛过程组织到迭代求解过程中,参见式(6-19)。

2. 在隐态问题的离散方程中加入拟非稳态项(*pseudo-transient term*)　前面业已指出,稳态问题的迭代求解方法与非稳态问题的步进法十分相似。对于非线性稳态问题,从代数方程的一组系数进入到另一组系数也好象非稳态问题前进了一个时间层。由非稳态问题的物理特性知道,如果系统的热惯性越大,则温度变化越慢。类似地为减少稳态非线性问题两个层次间变量的变化,可在离散方程中加入拟非稳态项,即把 ϕ_P 的迭代公式写成为:

$$\phi_P^{(n)} = \frac{\sum a_{nb}\phi_{nb} + b + a_P^0\phi_P^{(n-1)}}{\sum a_{nb} - S_P\Delta V + a_P^0} \tag{7-37}$$

这里在分子、分母中加入的拟非稳态项 $a_P^0\phi_P^{(n-1)}$ 及 a_P^0 起到了增加系统热惯性的作用,其中 $a_P^0 = \rho\Delta V/\Delta t$,假拟的时间步长 Δt 应取多大为宜并无一般规则可循,只能在计算实践中确定。

3. 采用 Jacobi 点迭代法　在求解非线性问题的离散方程时,在某组临时性系数下代数方程的求解可以采用 Jacobi 点迭代法,并且采用规定迭代的轮数作为终止迭代的判据,这样收敛速度最低的 Jacobi 迭代实际上起到了亚松弛的作用。

习　题

7-1　试用计算证实,对下列方程组

$$x_1 + 2x_2 - 2x_3 = 1$$
$$x_1 + x_2 + x_3 = 3$$
$$2x_1 + 2x_2 + x_3 = 5$$

采用 Jacobi 点迭代法时是收敛的,而采用 G-S 点迭代法时则是发散的。

7-2　试用计算证实,对下列方程组

$$5x_1 + 3x_2 + 4x_3 = 12$$
$$3x_1 + 6x_2 + 4x_3 = 13$$
$$4x_1 + 4x_2 + 5x_3 = 13$$

采用G-S点迭代法是收敛的，但采用Jacobi点迭代法则发散。

7-3　试对下列方程组

$$4x_1 + x_2 = -1$$
$$x_1 + 6x_2 + 2x_3 = 0$$
$$2x_2 + 4x_3 = 0$$

分别采用Jacobi点迭代，G-S点迭代及SOR点迭代($\alpha = 1.8$)求解，并比较其收敛速度。

7-4　一正方形导热物体的底边是绝热的，其余三边上的温度如图7-14所示。试确定该正方形内节点1、2、3、4的温度，导热物体无内热源，物性为常数。

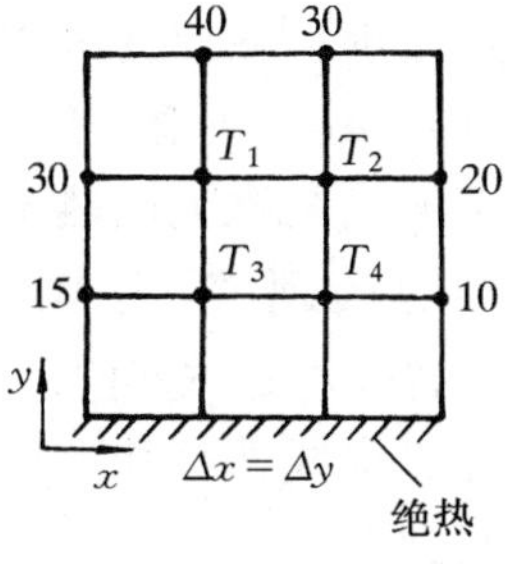

图7-14　习题7-4插图

7-5　在上题中，设物体有内热源，$S = 0.05T^2$，$\Delta x = \Delta y = 0.1$，$\lambda = 2.5$，其它条件不变，试重新计算$T_1 \sim T_4$之值。

7-6　对如图7-15所示的正方形内稳态无内热源的常物性导热问题，试分别用G-S点迭代法及线迭代法求解节点1、2、3、4的温度，比较其收敛速度。将求解结果与例1进行对比，并解释所观察到的事实。

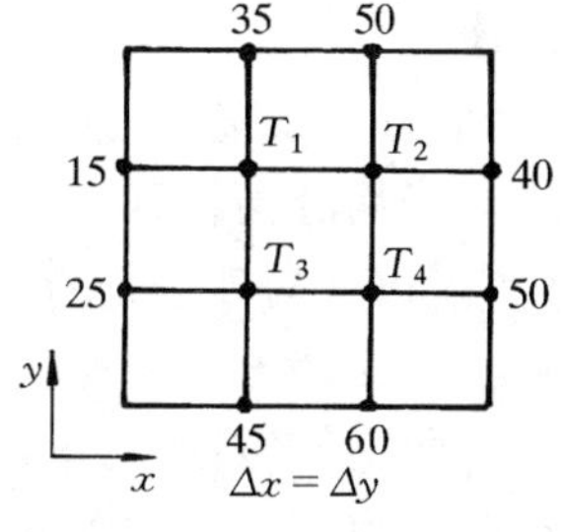

图7-15　习题7-6插图

7-7　5.2节中所讨论的迭代法都是对未知量本身的求解方法。实际上迭代也可以对所采用的初始分布的修正值来进行。设$\phi_P^{(h)}$为第k次迭代值，它不满足离散方程，当ϕ'_P为其修正值，它使$(\phi_P^{(h)} + \phi'_P)$满足离散方程。试导出与式(6-19)相应的对修正值ϕ'_P进行迭代的计算式。写出用修正值迭代法进行未知量求解的计算步骤。

7-8　G-S及Jacobi点迭代收敛的一个充分条件是代数方程系数矩阵严格对角占优，即式(7-21)中的不等号对每行及每列均成立。试以下列代数方程为例

$4x_1 - x_2 + x_3 = 4$（由此构造 x_1 的迭代式）

$x_1 + 4x_2 + 2x_3 = 9$（由此构造 x_2 的迭代式）

$-x_1 + 2x_2 + 5x_3 = 2$（由此构造 x_3 的迭代式）

证明当严格对角占优成立时，在某一轮迭代过程中存在的误差会随迭代的进行而逐渐衰减。

7-9 对于习题4-21，试对正方形截面的两种计算区域，即整个流动截面作计算区域及1/4截面作为计算区域，进行速度场的数值解。并：

1. 在相同节点数（如10×10）下进行数值计算，比较两种区域迭代次数的多少；

2. 在相同的节点密度下（如10×10对1/4区域，19×19对全区域）重复上述计算。比较迭代次数及计算时间。

试解释在计算过程中所碰到的现象。

7-10 对图7-16所示的矩形域内二维无内热源常物性稳态导热问题，采用10×10的网格，分别用交替方向线迭代法及交替方向线迭代加单块修正的方法解此问题。对后一方法，每执行一次交替方向线迭代及一次单块修正作为一轮迭代。试比较两种求解方法的迭代轮数及计算时间。迭代收敛判别方式可按式(7-4)选取。

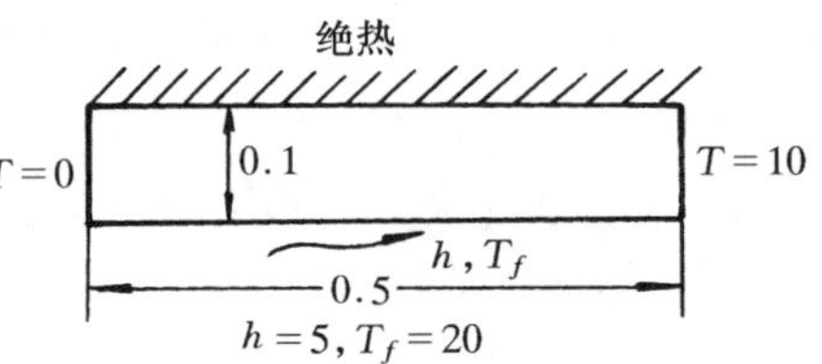

图7-16 习题7-10插图

7-11 试证，在正方形域上求解Poisson方程时（源项为坐标的函数），对于均分网格，G-S点迭代法的收敛因子0.45。

7-12 对于习题7-10，为了加速代数方程迭代收敛的过程，在每进行一次交替方向线迭代后再做一次交替方向的块修正，即每一轮迭代包括一次交替方向线迭代及交替方向块修正。试编制这一程序，并将为获得收敛解所需的迭代轮次数及计算时间与习题7-10的结果作比较。

7-13 在图7-17所示的二维正方形导热区域中，四个边均为已知热流的边界条件。ab 上有恒定热流密度 $q_{ab}=2$ 进入，bc 上有 $q_{bc}=6$ 进入，而在 cb 及 ad 边上分别有恒定的热流 $q_{cd}=4$，$q_{ad}=5$ 离开计算区域。该区域有均匀的内热源，$S=1$。导热系数 $\lambda=10$。上述各量的单位都是协调一致的。

1. 试分析这一区域上各节点的温度可否用线迭代方法求解？Gauss-

Seidel 点迭代法呢？如果可以、温度水平取决于什么？

2. 试在下列两种情形下采用 Gauss-Seidel 点迭代法进行求解：(1) 不对任何节点的温度值作出限制；(2) 取节点 a 的温度为 80。比较两种情形下为获得收敛的解所需迭代的次数。

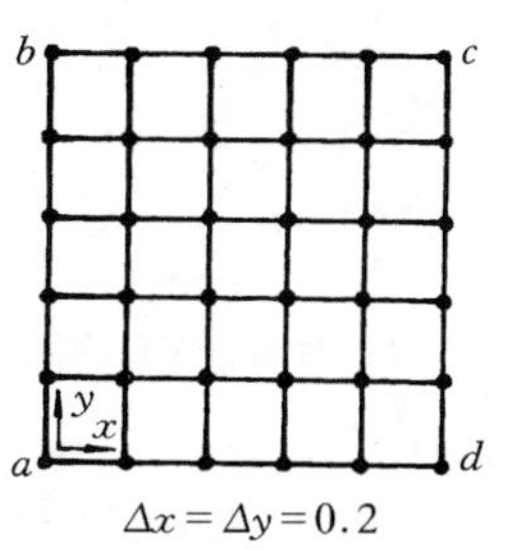

图 7－17　习题 7－13 图示

7－14　试分析式(7－37)所示的拟非稳态项与式(6－44)中时步倍率项之间的关系，找出式(7－37)中的 Δt 与式(6－44)中的 E 之间的关系。

7－15　如图 7－18 所示，一股冷空气流用来冷却组成直角的两发热表面，$AB = BC = 0.1$ m。在 AB 与 BC 表面上共有四个发热元件，每个元件的表面宽度均为 0.02 m，两发热元件之间的固体认为是绝热的。四个元件在两表面上等间距配置。设在求解区域 $ABCD$ 中速度场按下列规律确定：

$$u = Ax,\ v = -Ay,\ A = 50$$

u，v 的单位为 m/s。已知 $T_{in} = 20$ ℃，发热元件的表面热流密度为 3 000 W/m^2，试采用迎风差分编制一程序，以确定计算区域中的流体温度分布及四个发热元件的表面温度。出口边界 CD 上采用局部单向化条件。设最密一层网格为每边 24 等分，试分别用单重网格交替方向线迭代法及多重网格方法求解代数方程(取 24×24，12×12，6×6)，并比较收敛速度与所需时间。

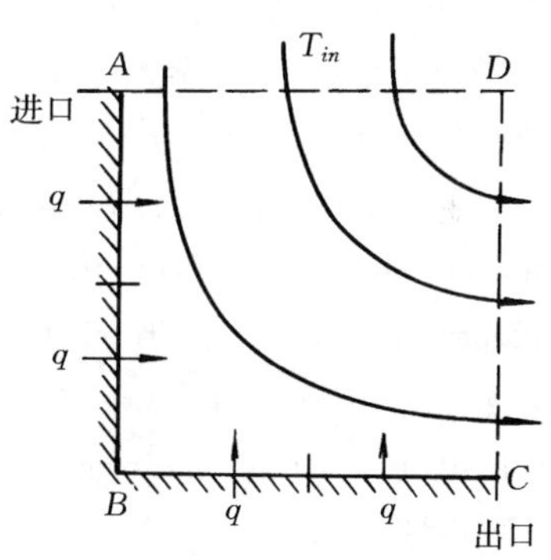

图 7－18　习题 7－15 图示

参考文献

1. 胡健伟,汤怀民.微分方程数值解法.北京:科学出版社,1999.91,142-149
2. Ferziger J H, Peric M. Computational methods for fluid dynamics. Berlin: Springer, 1996. 94,95
3. Jennings A, McKeown J J. Matrix computation. Chichester: John Wiley & Sons, 1992. 294
4. 陶文铨.数值传热学.西安:西安交通大学出版社,1988. 160-162
5. 陶文铨.计算传热学的近代进展.北京:科学出版社,2000. 280-286, 290-306
6. Sebben S, Baliga B R. Some extensions of tridiagonal and pentadiagonal matrix algorithm. Numer Heat Transfer, Part B, 1995. 28:323-357
7. Kelkar K M, Choudhury D, Minkowycz W J. Numerical method for the computation of flow in irregular domains that exhibit geometric periodicity using nonstaggered grids. Numer Heat Transfer, Part B, 1997. 31:1-21
8. 聂建虎,李增耀,陶文铨,王秋旺.在圆柱坐标同位网格中 CTDMA 方法与反复迭代法的比较.西安交通大学学报,2000. 34(7):21-25
9. Ames W F. Numerical methods for partial differential equations. 2nd ed. New York: Academic Press, 1977. 145-151,116,117,114
10. 南京大学数学系计算数学专业编.偏微分方程的数值解法.北京:科学出版社,1977. 199-204,185,216
11. Stone H L. Iterative solution of implicit approximations of multidimensional partial differential equations. SIAM J Numer Anal, 1968. 5(3): 530-558
12. 武汉大学、山东大学计算数学教研室编.计算数学.北京:人民教育出版社,1979. 63-69
13. 张洪济.导热问题差分解法的两点讨论.工程热物理学报.1985. 6(3):263-267
14. 胡家赣.线性代数方程组的迭代解法.北京:科学出版社,1999. 173-201

15. Prakash C, Patankar S V. Combined free and forced convection in vertical tubes with radial internal fins. ASME J Heat Transfer, 1981. 103:566-572
16. Patankar S V. A calculation procedure for two-dimensional elliptic situations. Numer Heat Transfer, 1981. 4:409-425
17. Settari A, Aziz K. A generalization of the additive correction method for the iterative solutions of matrix equation. SIAM J Numer Anal, 1973. 10:506-521
18. 张政.双块修正技术——一种加快传热与流动数值计算收敛速度的方法.工程热物理学报,1984. 5:364-370
19. 尚欢民,吴清金,陶文铨.竖环形夹层内自然对流换热的实验研究和数值计算.西安交通大学学报,1989. 23(1):9-20
20. Brandt A. Multi-level adaptive solutions to boundary-value problems. Math Comput, 1977. 31:330-390
21. 刘超群.多重网格及其在计算流体力学中的应用.北京:清华大学出版社,1995. 1-64
22. Vanka S P, Wang G. Multigrid methods for internal flows and heat transfer. In: Minkowycz W J, Sparrow E M, eds. Advances in numerical heat transfer. Washington D C: Taylor & Francis, 1997. 241-286
23. Hortmann M, Peric M. Finite volume multigrid prediction of laminar convection benchmark solutions. Int J Number Methods Fluids, 1990, 11:189-207
24. Vanka S. P. Fast numerical computation of viscous flows in a cube. Numer Heat Transfer, Part B, 1991. 20:255-161
25. Shyy W, Sun C H, Chen M H, Chang K C. Multigrid computation for turbulent recirculating flows in complex geometries. Numer Heat Transfer, Part A, 1993. 23:329-354
26. Sun Y S, Emery A F. Mutigrid computation of natural computation in enclosures with a conductive baffle. Numer Heat Transfer, Part A, 1994. 25:575-592
27. Lilek Z, Muzaferija, S, Peric M. Efficiency and accuracy aspects of a full-multigrid SIMPLE algorithm for three-dimensional flow. Numer Heat Transfer, Part B, 1997. 31:23-42

28. Cornelius C, Volgmann W, Stoff H. Calculation of three-dimensional turbulent flow with a finite volume multigrid method. Int J Numer Methods Fluids. 1999. 31:703-720
29. Gjesdal T, Lossius M E H. Comparison of pressure correction smoothers for multigrid solution of incompressible flows. Int J Numer Methods Fluids. 1997. 25:393-405
30. Sivaloganathan S, Shaw G J. A multigrid method for recirculatng flow. Int J Numer Methods Fluids, 1988. 8:417-440
31. Vanka S P. Fast numerical computation of viscous flows in a cube. Numer Heat Transfer, Part B, 1991. 20:255-262
32. Atlas I, Burrage K. A high-accuracy defect correction multigrid method for the steady incompressible Navier Stokes equation. J Comput Phys, 1994. 114(20):227-233
33. Shyy W, Thakur S S, Ouyang H, Liu J, Blosch E. Computational techniques for complex transportive phenomena. Cambridge: Cambridge University Press, 1977. 6-83
34. Sathyamurthy P S, Patankar S V. Block-correction-based multigrid method for fluid flow problems. Numer Heat Transfer, Part B, 1994. 25:375-394
35. Karki K, Sathyamurthy P S, Patankar S V. Performance of a multigrid method with an improved discretization scheme for three dimensional flow calculation. Numer Heat Transfer, Part B, 1996. 29:275-288
36. Noble E. Simulation of time-dependent flow in cavities with he additive-correction multigrid method. Numer Heat Transfer, Part B, 1996. 29:275-288
37. 帕坦卡 S V 著.传热与流动的数值计算.张政译.北京:科学出版社,1984. 162

第 8 章 求解椭圆型问题的涡量–流函数法

由上一章的讨论可见,在用速度及压力作为基本变量来求解流动问题时,压力项的存在给计算带来了不少困难:为了解决其离散所引起的问题引入了交错网格,为了处理速度与压力间的耦合关系而要设计一些特殊的算法。在流动与换热问题的数值解法发展过程中,先后提出了一些不直接以压力作为原始变量的流场求解方法。这些方法有:涡量-流函数法(*vorticity-streamfunction method*),涡量-速度法(*vorticity-velocity method*)等。本章仅介绍应用较广的涡量-流函数法。有关涡量-速度法的内容可参见文献[1～7]。

本章的内容按以下顺序展开:在 8.1 节中首先介绍适用于强制对流换热计算的涡量-流函数法的控制方程、离散方法及求解步骤,接着对实施涡量-流函数法中的主要难点,边界条件的处理进行详细的讨论(8.2,8.3 节),最后对三种二维坐标系下适用于自然对流的涡量-流函数法的控制方程及求解方法展开讨论(8.4 节),同时也要简单介绍如何将涡量-流函数法推广到三维问题等有关内容(8.5 节)。

8.1 强制对流换热的涡量-流函数方程及其离散化

8.1.1 直角坐标系中涡量、流函数的定义

本书中定义流函数 ψ 为:

$$\frac{\partial \psi}{\partial y} = u, \quad \frac{\partial \psi}{\partial x} = -v \tag{8-1}$$

流函数的这一定义使不可压缩流体二维的连续性方程自动地得到满足:

$$\frac{\partial u}{\partial x} + \frac{\partial v}{\partial y} = \frac{\partial}{\partial x}\left(\frac{\partial \psi}{\partial y}\right) + \frac{\partial}{\partial y}\left(-\frac{\partial \psi}{\partial x}\right) = 0$$

涡量 ω 的定义为：

$$\omega = \frac{\partial u}{\partial y} - \frac{\partial v}{\partial x} \tag{8-2}$$

本书中关于涡量的这一定义与流体力学中三维涡矢量 $\boldsymbol{\omega}$ 在 z 轴上的分量相差一个符号：

$$\boldsymbol{\omega} = \nabla \times V = \begin{vmatrix} \boldsymbol{i} & \boldsymbol{j} & \boldsymbol{k} \\ \dfrac{\partial}{\partial x} & \dfrac{\partial}{\partial y} & \dfrac{\partial}{\partial z} \\ u & v & w \end{vmatrix}, \quad \omega_z = \frac{\partial v}{\partial x} - \frac{\partial u}{\partial y} \tag{8-3}$$

文献中也有采用 ω_z 作为定义的，读者在阅读文献时要注意这一差别。

8.1.2 强制对流换热涡量-流函数法控制方程

在涡量-流函数法中，二维速度场的求解变量由原始变量法中的 u，v 及 p 而变为 ψ 与 ω。为方便起见，假定温度场与速度场不耦合。下面首先来导出二维不可压缩流体稳态流动时的涡量及流函数方程。

在不考虑体积力时，Navier-Stokes 方程为：

$$\rho\left(u\frac{\partial u}{\partial x} + v\frac{\partial u}{\partial y}\right) = -\frac{\partial p}{\partial x} + \eta\left(\frac{\partial^2 u}{\partial x^2} + \frac{\partial^2 u}{\partial y^2}\right) \tag{a}$$

$$\rho\left(u\frac{\partial v}{\partial x} + v\frac{\partial v}{\partial y}\right) = -\frac{\partial p}{\partial y} + \eta\left(\frac{\partial^2 v}{\partial x^2} + \frac{\partial^2 v}{\partial y^2}\right) \tag{b}$$

为消去压力梯度项，将式(a)对 y 求导，式(b)对 x 求导，然后将两式相减，并利用上述涡量的定义，可得：

$$\rho\left(u\frac{\partial \omega}{\partial x} + v\frac{\partial \omega}{\partial y}\right) = \eta\left(\frac{\partial^2 \omega}{\partial x^2} + \frac{\partial^2 \omega}{\partial y^2}\right) \tag{8-4a}$$

其守恒型式为：

$$\frac{\partial(\rho u\omega)}{\partial x} + \frac{\partial(\rho v\omega)}{\partial y} = \frac{\partial}{\partial x}\left(\eta\frac{\partial \omega}{\partial x}\right) + \frac{\partial}{\partial y}\left(\eta\frac{\partial \omega}{\partial y}\right) \tag{8-4b}$$

式(8-4)是关于涡量 ω 的对流-扩散方程。

流函数的控制方程可通过将流函数的定义式(8-1)代入涡量的定义式(8-2)而得：

$$\omega = \frac{\partial u}{\partial y} - \frac{\partial v}{\partial x} = \frac{\partial}{\partial y}\left(\frac{\partial \psi}{\partial y}\right) - \frac{\partial}{\partial x}\left(-\frac{\partial \psi}{\partial x}\right) = \frac{\partial^2 \psi}{\partial x^2} + \frac{\partial^2 \psi}{\partial y^2} \tag{8-5a}$$

或

$$\frac{\partial^2 \psi}{\partial x^2} + \frac{\partial^2 \psi}{2y^2} - \omega = 0 \tag{8-5b}$$

能量方程以温度为变量时有以下形式：

$$\frac{\partial(\rho uT)}{\partial x}+\frac{\partial(\rho vT)}{\partial y}=\frac{\partial}{\partial x}\left(\frac{\lambda}{c_p}\frac{\partial T}{\partial x}\right)+\frac{\partial}{\partial y}\left(\frac{\lambda}{c_p}\frac{\partial T}{\partial y}\right)+R/c_p \qquad (8-6)$$

其中 R 为物理问题本身的源项。

上述 ω,ψ 及 T 的控制方程可以统一地写成为：

$$\frac{\partial}{\partial x}(a_\phi u\phi)+\frac{\partial}{\partial y}(a_\phi v\phi)=\frac{\partial}{\partial x}\left(\Gamma_\phi\frac{\partial\phi}{\partial x}\right)+\frac{\partial}{\partial y}\left(\Gamma_\phi\frac{\partial\phi}{\partial y}\right)+S_\phi \qquad (8-7)$$

其中 Γ_ϕ 及 S_ϕ 分别为广义扩散系数及广义源项，a_ϕ 是为使式(8-7)可适用于流函数方程而引入的一个系数。对上述问题 a_ϕ,Γ_ϕ 及 S_ϕ 的表示式列于表 8-1 中

表 8-1　式(8-7)中的 a_ϕ,Γ_ϕ 及 S_ϕ

变量名	ϕ	a_ϕ	Γ_ϕ	S_ϕ
涡　量	ω	ρ	η	0
流函数	ψ	0	1	$-\omega$
温　度	T	ρ	$\frac{\lambda}{c_p}=\frac{\eta}{Pr}$	R/c_p

本书在涡量-流函数的控制方程中保留了速度 u,v，而没有引入$\frac{\partial\psi}{\partial y}$及$-\frac{\partial\psi}{\partial x}$是基于以下两个考虑：(1)可以将通用控制方程式(8-7)纳入到对流换热的一般控制方程中。显然式(8-7)就是第 5 章中二维对流-扩散方程的一种表现形式，ω,ψ 及 T 是通用变量 ϕ 的三个成员。这样，本书以前讨论过的关于对流-扩散方程离散求解过程中的一些数值方法原则上都适用，本章只要对涡量-流函数法中的一些特殊问题予以讨论即可。(2)在利用涡量-流函数法求解时，为了确定离散方程的系数，也必须从已知的流函数值计算出流速 u 与 v，以式(8-7)的形式写出时，可明确地表示出计算对流项的系数时所用的界面流速为 u 与 v。

8.1.3　控制方程的离散化

采用控制容积积分法来离散控制方程式(8-7)，其过程与 5.8 节中所述的相同。关于对流、扩散项的离散格式及源项的线性化方法等均可按照以前介绍过的方法来处理，这里不再重复。由于在涡量-流函数法中不存在压力与速度间的失耦问题，因而不必采用交叉网格，而可以把 ψ，ω 及 T 均置于同一套网格节点上，如图 8-1 所示。

对式(8-7)离散的结果，根据所采用的对流项离散格式的不同，可得

形如式(5－50)所示的离散方程(当对流项采用5种3点格式时)或形如式(5－52)所示的离散方程(当对流项采用高阶格式并引入延迟修正的处理方式时),为节省篇幅,这里不再列出。

这里要予以指出的是,为计算离散方程的系数仍然需要用到控制容积4个界面上的流速,它们可以利用上一层次迭代计算所得的流函数值来计算。对于区域离散方法 A 或区域离散方法 B 的均分网格情形,界面流速的计算式如下(参见图8－1):

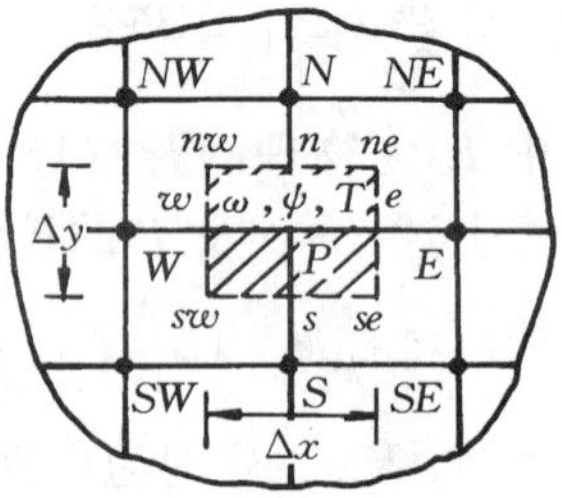

图8－1　用于涡量-流函数法的非交叉网格

$$u_e=\frac{\psi_{ne}-\psi_{se}}{\Delta y}=\frac{\psi_N+\psi_{NE}-\psi_S-\psi_{SE}}{4\Delta y} \tag{8-8a}$$

$$u_w=\frac{\psi_{nw}-\psi_{sw}}{\Delta y}=\frac{\psi_{NW}+\psi_N-\psi_S-\psi_{SW}}{4\Delta y} \tag{8-8b}$$

$$v_n=\frac{\psi_{nw}-\psi_{ne}}{\Delta x}=\frac{\psi_{NW}+\psi_W-\psi_E-\psi_{NE}}{4\Delta x} \tag{8-8c}$$

$$v_s=\frac{\psi_{sw}-\psi_{se}}{\Delta x}=\frac{\psi_W+\psi_{SW}-\psi_{SE}-\psi_E}{4\Delta x} \tag{8-8d}$$

关于边界条件的离散处理问题将在以后两节中讨论。这里只指出,在涡量-流函数法中,关于涡量与流函数的边界条件都可以表示成第一类边界条件的形式。

8.1.4　离散方程的求解步骤

涡量方程式(8－4)与流函数方程(8－5)是互相耦合的,涡量以源项形式出现在流函数方程中,而涡量方程中对流项的系数则由流函数所决定。其离散方程可采用下列联合迭代方法求解之:

1. 假设流函数的一个分布,记为 $\psi_{i,j}^{(0)}$,这种假设的分布应尽量使守恒性得到满足。由 $\psi_{i,j}^{(0)}$ 可以计算 ω 离散方程的系数;

2. 求解涡量代数方程,得 $\omega_{i,j}^{(1)}$;

3. 由 $\omega_{i,j}^{(1)}$ 求解流函数方程,得 $\psi_{i,j}^{(1)}$;

4. 由 $\psi_{i,j}^{(1)}$,利用涡量的边界表达式(见8.3节)确定边界上涡量的新值 $\omega_B^{(1)}$;

5. 利用 $\psi_{i,j}^{(1)}$ 及 $\omega_B^{(1)}$,重复上述计算,直到获得收敛的解;

6. 按收敛的 ψ 值计算 u, v;

7. 利用压力的 Poisson 方程(参见式(6－64))计算压力。采用流函数表示时,压力 Poisson 方程为:

$$\frac{\partial^2 p}{\partial x^2} + \frac{\partial^2 p}{\partial y^2} = 2\rho\left[\left(\frac{\partial^2 \psi}{\partial x^2}\right)\left(\frac{\partial^2 \psi}{\partial y^2}\right) - \left(\frac{\partial^2 \psi}{\partial x \partial y}\right)^2\right] \tag{8-9}$$

在获得了流函数的收敛解后,上式右端(即压力方程的源项)即可用各节点上的 ψ 值进行离散处理。当 x, y 方向网格各自均匀划分时,这一源项可表示成为:

$$S = 2\rho_P\left[\left(\frac{\psi_E - 2\psi_P + \psi_W}{\Delta x^2}\right)\left(\frac{\psi_N - 2\psi_P + \psi_S}{\Delta y^2}\right) - \left(\frac{\psi_{NE} - \psi_{SE} - \psi_{NW} + \psi_{SW}}{4\Delta x \Delta y}\right)^2\right] \tag{8-10}$$

式(8－9)所规定的是内节点上的压力应满足的关系,为了使代数方程组封闭还必须规定边界上的压力应满足的关系式。对不可压缩流体,可任取流场中某点的压力为已知,并按动量方程来推出边界上的压力应满足的梯度条件。例如在 x 方向上,有:

$$\frac{\partial p}{\partial x} = \eta\left(\frac{\partial^2 u}{\partial x^2} + \frac{\partial^2 u}{\partial y^2}\right) - \rho\left(u\frac{\partial u}{\partial x} + v\frac{\partial u}{\partial y}\right) \tag{8-11}$$

在获得收敛的 ψ, ω 值后,上式右端各项均可用已知的 ψ 值表示成差分形式,边界节点上的一阶、二阶导数可利用表 2－1 中的偏差分公式。这样就可以获得关于边界及内部节点压力的封闭方程组。

对于常物性的对流换热问题,采用涡量-流函数法解出速度场后,再求解能量方程。后者的求解方法已在第 5 章中作了详细讨论,此处不再重述。

文献[8,9]是关于应用涡量-流函数法求解强制对流换热问题的早期代表性著作,文献[8]中还提供了一个二维通用程序。二维强制对流及换热问题应用涡量-流函数法求解的实例可参见文献[10～18]。

8.2　涡量-流函数方法中边界条件的处理

在涡量-流函数法中,涡量边界条件的确定是比较困难的,不像在原始变量法中确定 u, v 及 p 的边界条件那样可以由物理概念上的考虑而得出明确的结果。壁面上的涡量既不等于零,也不是常数。壁面上的涡量是被产生的,正是这种涡量的产生及以后的扩散与对流构成了粘性流体运动的动力[19]。下面以突扩通道中的流动为例,说明计算区域的进口、出口、中心线及角顶处 ψ,ω 的取值方法。至于固体边界上 ω 的取值方法,是涡量-流函数方法中最困难的问题,目前处理的方式也较多,将在下一节中专门介绍。

8.2.1 入口边界

对图 8-2 所示二维突扩区域内的流动,入口截面上的流函数可按规定的入口流速分布求得。用积分形式表达时有:

$$\psi(y) = \int u(y)\mathrm{d}y \tag{8-12}$$

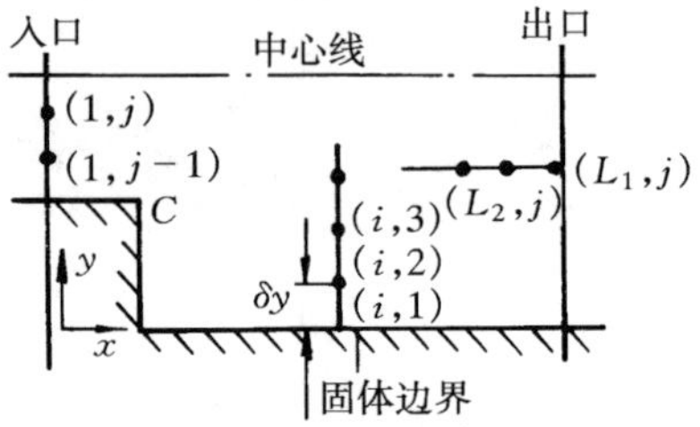

图 8-2 确定 ψ,ω 边界条件的图示

进口截面上的涡量一般应予以规定。常见的做法是规定入口处 $\omega=0$,就是入口无旋的条件。也可以对进口截面应用流函数方程,并用差分表示两个二阶导数,这就把入口边界上的 ω 与内部节点上的流函数联系起来了:

$$\omega_{1,j} = \frac{\psi_{1,j+1} - 2\psi_{1,j} + \psi_{i,j-1}}{\delta y^2} + \frac{\psi_{1,j} - 2\psi_{2,j} + \psi_{3,j}}{\delta x^2} \tag{8-13}$$

但此式中两个差分表达式的截差是不协调的,第二项仅一阶截差。另外一种处理方法见例 8-1。

8.2.2 中心线

中心线为对称线,对称线上无横向流速,因而对称线是流函数的等值线,其值则可由入口截面的速度分布经积分而得。同时,对称线上 $v=0$, $\frac{\partial v}{\partial x}=0$,$\frac{\partial u}{\partial y}=0$,故有 $\omega=0$

8.2.3 出口边界

与原始变量法一样,出口边界条件的确定也比较困难。目前文献中采用的方法有以下几种。

1. 认为出口截面上流动已充分发展[20],于是有:

$$v=0,\frac{\partial u}{\partial x}=0,$$

$$\therefore \qquad \frac{\partial \omega}{\partial x}=\frac{\partial}{\partial x}\left(\frac{\partial u}{\partial y}-\frac{\partial v}{\partial x}\right)=\frac{\partial}{\partial y}\left(\frac{\partial u}{\partial x}\right)=0$$

即出口截面上的涡量也已充分发展。另外，$v=0$ 导致$\frac{\partial \psi}{\partial x}=0$。因而这一条件可以用下列离散形式表示之(参阅图 8-2)

$$\omega_{L1,j}=\omega_{L2,j}^{*} \tag{8-14a}$$

$$\psi_{L1,j}=\psi_{L2,j}^{*} \tag{8-14b}$$

2. 比上述条件限制得少一点的处理方法是取出口截面上$\frac{\partial \omega}{\partial x}=0$，$\frac{\partial^2 \psi}{\partial x^2}=0$[19]，这导致

$$\omega_{L1,j}=\omega_{L2,j}^{*} \tag{8-15a}$$

$$\psi_{L1,j}=2\psi_{L2,j}^{*}-\psi_{L2-1,j}^{*} \tag{8-15b}$$

3. 比式(8-15a)，(8-15b)限制得更少的提法是在出口边界上$\frac{\partial^2 \omega}{\partial x^2}=0$，$\frac{\partial^2 \psi}{\partial x^2}=0$[21]，其离散形式为：

$$\psi_{L1,j}=2\psi_{L2,j}^{*}-\psi_{L2-1,j}^{*} \tag{8-16a}$$

$$\omega_{L1,j}=2\omega_{L2,j}^{*}-\omega_{L2-1,j}^{*} \tag{8-16b}$$

在出口边界上规定函数值本身的条件是最强的边界条件，规定导数的条件限制比较少，导数阶数越高，限制越少。只要出口截面离开感兴趣的地区较远，不同的下游边界条件对内部流场的影响是不大的。

8.2.4　尖角点

图 8-3 所示尖角 C 点处的 ψ 及 ω 值在计算 N 点及 E 点的流函数与涡量的二阶导数时是要用到的，因而需对该点的 ψ 及 ω 值如何确定作出选择。确定 C 点的 ψ 值没有任何困难，可根据在无渗透的固体表面上流函数为常数的原则进行，即图中 $A-C$ 及 $C-D$ 固体边界上流函数处处相等。根据涡量的定义式(8-2)，由于 C 点处速度的左、右导数发生突变(例如从 A 到 C 方向 $\frac{\partial v}{\partial x}=0$，但从 E 到 C 方向则$\frac{\partial v}{\partial x}\neq 0$)，因而 C 处对

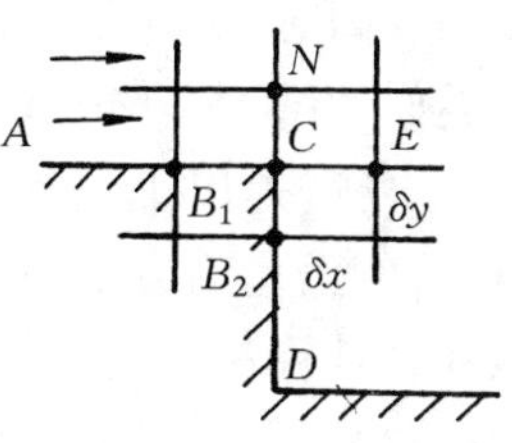

图 8-3　尖角点上 ω 的确定

涡量是数学上的一个奇点，需对该点的 ω 如何取值作出特殊的规定。处理尖角点处的涡量的方法常用的有以下几种。

1. 间断取值法

$$\omega_{c,y} = \frac{2(\psi_{i,j+1} - \psi_{i,j})}{\delta y^2} \tag{8-17a}$$

$$\omega_{c,x} = \frac{2(\psi_{i+1,j} - \psi_{i,j})}{\delta x^2} \tag{8-17b}$$

其中 $\omega_{c,y}$，$\omega_{c,x}$分别表示沿 y 方向及沿 x 方向趋近于 c 点时的 ω 值，其导出过程参见下节。

2. 平均取值法

$$\omega_c = \frac{1}{2}(\omega_{c,y} + \omega_{c,x}) \tag{8-18}$$

3. 零涡量方法

$$\omega_c = 0 \tag{8-19}$$

我们知道在流体流经固体表面时在流动发生分离处平行于壁面的速度分量在壁面法线方向的梯度为零，由涡量的定义可知，这导致分离点处的涡量为零。因而式(8-19)相当于要强制流体的流动在 C 点发生分离。

4. 流函数 ψ 关于尖角点对称的方法

假定流函数关于角点对称，即：$\psi_{ic-1,jc} = \psi_{ic+1,jc}$，$\psi_{ic,jc+1} = \psi_{ic,jc-1}$，则可得：

$$\omega_c = \frac{2\psi_{ic,jc+1}}{\Delta y^2} + \frac{2\psi_{ic+1,jc}}{\Delta x^2} \quad (取\ \psi_{ic,jc=0} = 0) \tag{8-20}$$

Roache 等曾经对包括上述 4 种方法在内的处理尖角点处涡量的 7 种方式以突扩区域内的流动为例研究了不同处理方式的影响，发现当 Re 数比较高时，不同处理方式的影响并不大[19]，文献[22]中的分析也得出了类似的结论。Ma 和 Ruth 利用涡量与流动的环量(*cirulation*)密切相关的事实，提出了一种比较严密的用于确定尖角的邻点(图 8-3 中的 E 与 N)的涡量的方法，这样就不必采用上述经验方法来计算 C 点的涡量。但环量计算法是迭代性的，计算工作量较大，可参阅文献[23]。根据文献[23]对流经一个圆柱形突然收缩的流场的计算以及与实测结果及采用 SIMPLE 算法计算结果的对比发现，当 $Re_D<200$ 时，间断取值法与平均取值法的计算结果与采用 SIMPLE 算法的结果比较一致，而当 $Re_D>200$ 时则可采用零涡量法。这里 Re_D 是以大管径的直径与流速为计算依据的 Re 数。采用环量法时，则无论 Re 数计算结果大小均与实验及采用

SIMPLE 算法的结果相符合。

8.3 固体壁面上的涡量、流函数条件的确定

8.3.1 固体边界上的流函数

对无渗透的固体表面，流函数之值为常数。如计算区域中仅有一个固体边界(图 8-2 所示)，可取其上之值为零。如有数个不相联接的固体边界，则可取其中一个固体边界上之值为零，另外的固体边界上之值则按给定的总流量之值确定(图 8-4(a))，如果计算区域为一封闭区域(如图8-4(b))所示，则所有固体边界上的流函数值均为零。

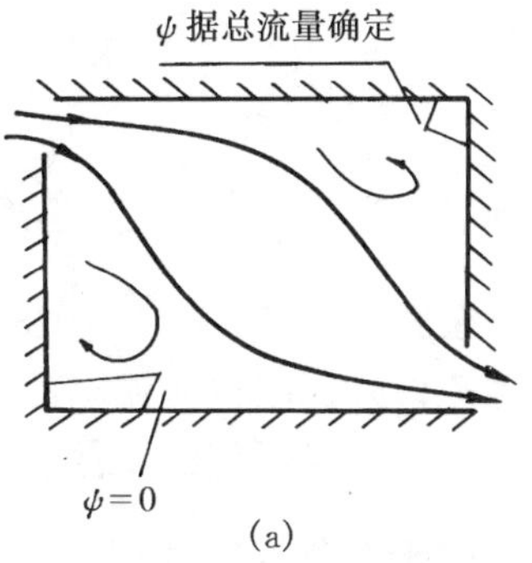

(a)

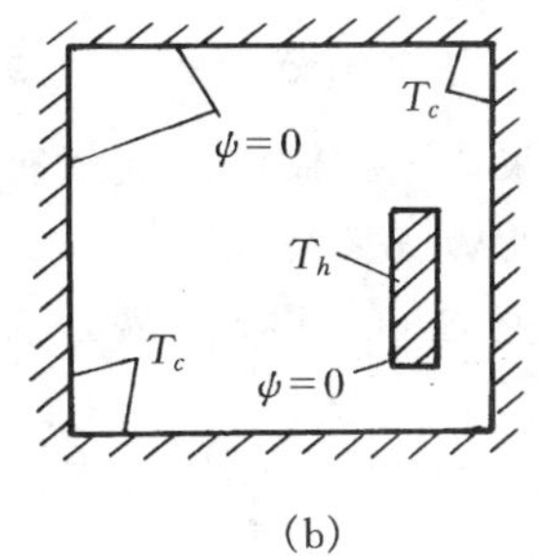

(b)

图 8-4　固体壁面上的流函数值

8.3.2 固体边界上的涡量

固体边界上涡量的确定是涡量-流函数方法中最具争议性的一个问题，并被文献[24]列为不可压缩流体的流场计算中的一个基本议题。目前文献中采用的确定固体边界上涡量的方法可依据流函数与涡量是否耦合求解而分成两大类，这里着重介绍耦合求解时的一些处理方法。

流函数与涡量耦合求解时确定边界涡量的方法主要有以下几种。

在这一类方中获得边界上涡量的一般原则是将边界涡量表示成边界上及内部节点处流函数的函数，这样随着迭代计算的进行，边界上的涡量值也逐次被更新，对于涡量方程，相当于给定了非线性的第一类边界条件。这里“非线性”三个字就是反映涡量的值随内节点的流函数值而变化的这一事实。导出边界涡量表达式的基本方法是将第 1 个内节点的流函数对边界节点作 Taylor 展开，并利用涡量与流函数的定义，在一定截断误差下获得用内点的流函数(及涡量)表示的计算式。

1. Thom 公式[25]

在图 8-2 中，把节点$(i,2)$的流函数对点$(i,1)$作 Taylor 展开，有：

$$\psi_{i,2}=\psi_{i,1}+\left.\frac{\partial\psi}{\partial y}\right|_{i,1}\delta y+\left.\frac{\partial^2\psi}{\partial y^2}\right|_{i,1}\frac{\delta y^2}{2}+O(\delta y^3)$$

注意到$\frac{\partial\psi}{\partial y}=u$,在边界上 $u=0$,$\therefore\left.\frac{\partial\psi}{\partial y}\right|_{i,1}=0$。按定义,$\omega=\frac{\partial u}{\partial y}-\frac{\partial v}{\partial x}$,在边界上$\frac{\partial v}{\partial x}=0$,$\therefore\omega=\frac{\partial u}{\partial y}=\frac{\partial^2\psi}{\partial y^2}$。于是有:

$$\psi_{i,2}=\psi_{i,1}+\frac{\delta y^2}{2}\omega_{i,1}+O(\delta y^3)$$

即

$$\omega_{i,1}=\frac{2(\psi_{i,2}-\psi_{i,1})}{\delta y^2}+O(\delta y)\tag{8-21}$$

这一公式是由 Thom 在 1928 年导出的(他是第一个用有限差分法求解了粘性流体外掠圆柱体流动的人)。这一公式截差虽然较低,但比较安全,不易引起迭代过程的发散。在文献[26,27]中采用了这一公式。

关于在节点$(i,1)$上 $\omega=\frac{\partial^2\psi}{\partial y^2}$这一结论也可以从下述考虑得出:在固体边界上流函数方程(8-5b)也成立,于是由$\frac{\partial^2\psi}{\partial x^2}=0$,立即可得这一结果。采取这种做法的文献有[10,28,29]等。

2. Woods 公式[30]

把 $\psi_{i,2}$的 Taylor 展开式表示到三阶导数,有:

$$\psi_{i,2}=\psi_{i,1}+\left.\frac{\partial\psi}{\partial y}\right|_{i,1}\delta y+\left.\frac{\partial^2\psi}{\partial y^2}\right|_{i,1}\frac{\delta y^2}{2}+\left.\frac{\partial^3\psi}{\partial y^3}\right|_{i,1}\frac{\Delta y^3}{6}+O(\delta y^4)$$

其中$\left.\frac{\partial^3\psi}{\partial y^3}\right|_{i,1}$可以通过以下变换使之与边界上的涡量联系起来:

$$\left.\frac{\partial\omega}{\partial y}\right|_{i,1}=\frac{\partial}{\partial y}\left(\frac{\partial u}{\partial y}-\frac{\partial v}{\partial x}\right)=\frac{\partial^2 u}{\partial y^2}-\frac{\partial^2 v}{\partial x\partial y}=\frac{\partial^2}{\partial y^2}\left(\frac{\partial\psi}{\partial y}\right)-\frac{\partial}{\partial y}\left(\frac{\partial v}{\partial x}\right)$$

因为

$$\frac{\partial}{\partial y}\left(\frac{\partial v}{\partial x}\right)=0$$

$$\therefore\left.\frac{\partial^3\psi}{\partial y^3}\right|_{i,1}=\left.\frac{\partial\omega}{\partial y}\right|_{i,1}=\frac{\omega_{i,2}-\omega_{i,1}}{\delta y}+O(\delta y)$$

于是 $\psi(1,2)$可表示为:

$$\psi_{i,2}=\psi_{i,1}+\frac{\delta y^2}{2}\omega_{i,1}+\frac{\delta y^3}{6}\times\frac{\omega_{i,2}-\omega_{i,1}}{\delta y}+O(\delta y^4)$$

由此得：

$$\omega_{i,1} = \frac{3(\psi_{i,2} - \psi_{i,1})}{\delta y^2} - \frac{1}{2}\omega_{i,2} + O(\delta y^2) \tag{8-22}$$

这一公式的应用实例可见[8,10,13]。

3.Jenson 公式[31,32]

将边界上及其附近的流函数用三阶多项式来拟合,并利用已获得的结果,可得以下二阶精度的 Jenson 公式：

$$\omega_{i,1} = \frac{-7\psi_{i,1} + 8\psi_{i,2} - \psi_{i,3}}{2\delta y^2} + O(\delta y^2) \tag{8-23}$$

在文献[33]中应用了这一公式。

4. 高阶的 Jenson 公式[34]

如果在边界涡量的表达式中引入两个内部节点上的涡量值,则可以得出下列具有三阶精度的 Jenson 公式：

$$\omega_{i,1} = \frac{-7}{28}(15\psi_{i,1} - 16\psi_{i,2} + \psi_{i,3}) + \frac{2}{3}\omega_{i,2} - \frac{1}{6}\omega_{i,3} + O(\delta y^3) \tag{8-24}$$

5. 计算边界方法

在文献[35]中,认为物理问题本身在固体边界上没有给出涡量的条件,因而数值计算中也不应当在边界上规定涡量的数值。该文通过对第一个内节点给出涡量计算式的方法,避免了计算边界涡量的问题。该文献提出的确定第一个内节点的涡量的方式为：

$$\omega_{i,2} = \frac{\psi_{i,2} - 2\psi_{i+1,2} + 2\psi_{i+2,2}}{\delta x^2} + \frac{\psi_{i,1} - 2\psi_{i,2} + \psi_{i,3}}{\delta y^2} + O(\delta y^2) \tag{8-25a}$$

其中 $\psi_{i,2}$则按下式确定：

$$\psi_{i,2} = \frac{11}{18}\psi_{i,1} + \frac{\psi_{i,3}}{2} - \frac{\psi_{i,4}}{9} \tag{8-25b}$$

在这种方法中,第一个内节点是涡量计算的实际边界,因而称之为计算边界方法(*computational boundany method*).

流函数与涡量不作耦合计算的方法在工程数值计算中应用较少,有兴趣的读者可参见文献[35]。

8.3.3　固体边界上涡量确定问题的进一步讨论

1. 关于固体边界涡量计算公式的截差阶数

本节上面给出的 Thom 公式,Woods 公式及 Jensen 公式等的截差阶数是目前多数作者所确认的[28,31,33,36,37]。但文献[34]对此提出了不同的分析方法。以 Jensen 公式为例来分析，式(8－23)可以改写成为：

$$\omega_{i,1}\delta y = 3\frac{2(\psi_{i,2}-\psi_{i,1})}{2\delta y} - \delta y\frac{\psi_{i,1}-\psi_{i,2}+\psi_{i,3}}{2\delta y^2} + O(\delta y^3) \tag{8-26}$$

令上式中的 $\delta y \to 0$，则 $\omega_{i,1}\delta y \to 0$，$\frac{\psi_{i,2}-\psi_{i,1}}{\delta y} \to \frac{\partial\psi}{\partial y}$，$\delta y\frac{\psi_{i,1}-2\psi_{i,2}+\psi_{i,3}}{2\delta y^2} \to \delta y \cdot \frac{\partial^2\psi}{\partial y^2} \to 0$，因而有$\frac{\partial\psi}{\partial y}=0$。这是在固体边界上的流函数与速度的条件，因为在固体边界上有$\frac{\partial\psi}{\partial y}=u=0$。这样式(8－23)应当看成是这一流函数/速度边界条件的具有三阶截差的逼近公式，而不应看成是涡量的第一类边界条件的表示式。只不过边界的涡量正好进入到这一流函数/速度的边界条件表达式中。这一认识是与在固体边界上的涡量没有物理的边界条件的认识相一致的。

按照这种观点，公式(8－21)，(8－22)，(8－23)及(8－24)的截差阶数都要相应地增加一阶。文献[34]中用不同边界涡量计算公式数值求解了一个有分析解的问题，并检查了涡量的均方根误差与网格步长的关系，确认了对于 Jensen 公式这一误差是与$(\delta y)^{3.02}$成比例的。

2. 边界涡量计算中的亚松驰处理

上述边界涡量计算式中的流函数在计算时均用上一层次计算得的值。涡量计算式中引入的内部节点数越多，边界条件的非线性就越强烈。为了避免非线性迭代过程的发散，边界的涡量值需要亚松驰

$$\omega^{(K+1)} = \omega^{(K)} + \alpha(\tilde{\omega}^{(K+1)} - \omega^{(K)}) \tag{8-27}$$

其中$\tilde{\omega}^{(K+1)}$是直接按式(8－21)～(8－24)中的任一式计算而得之值，K表示迭代的层次，α 为松驰因子。文献[34]对于一个有分析解的问题采用不同的固体边界涡量计算方法，研究了内迭代的轮次数及接近于最佳的松驰因子之间关系，得出如表 8－1 所示的结果，可供参考。值得指出，内迭代的次数实际代表了在一套线性化的系数下代数方程组迭代求解的深度。如果次数太少，则较大的误差会从一个层次的计算向下一层次传递；如果太大，则显然是浪费，因而它与松驰因子之间有一个匹配问题。

为了避免由于边界条件的非线性而引起的迭代发散，文献[36]中把强隐过程迭代法 SIP 由求解一个椭圆型方程而扩展到可求解两个耦合的方程(ψ，ω 方程)，从而避免了 ω 边界条件的迭代方式的处理。代数方程组的这种解法称为 CSIP(coupled SIP)，可供读者参阅。

表 8-1　文献[34]中得出的松驰因子与内迭代次数

边界涡量计算公式	接近于最佳的 α	内迭代次数
Thom 公式	0.65	8
Jensen 公式	0.55	8
Woods 公式	0.60	10
CBM 方法	0.93	8
高阶 Jensen 公式	0.55	10

3. 不同的计算公式间的比较

文献[34,35]进行过不同的固体边界上涡量的计算公式对数值计算结果影响的比较研究。文献[35]的结果表明，Thom 公式及 Woods 公式对于二阶截差的离散格式是完全适合的。文献[34]对顶盖驱动流的对比计算结果表明：Thom 公式的收敛性好，数值解的精度中等；Woods 公式的收敛性与数值解的精度均佳；Jensen 公式及高阶 Jensen 公式精度较高，但收敛性中等；CBM 的收敛性差，但数值解的精度则最好。由这些研究结果看来，对于一般工程计算，Woods 公式，Thom 公式或 Jensen 公式应该成为首选的方法。

4. 当固体边界可渗透时，上述边界涡量的表达式是不适用的，相应的表达式可参阅文献[38]。

下面，我们给出应用涡量流函数法计算流场的一个例子。

例 8-1　后台阶突扩通道中的层流流场计算

在文献[13]中采用涡量-流函数法计算了流经后台阶突扩通道的层流与紊流流动(图 8-5)。入口截面离开台阶面的距离为 $1.3h$，该处的速度分布系通过实验测定而得出。入口第一、第二个截面的流函数按实测

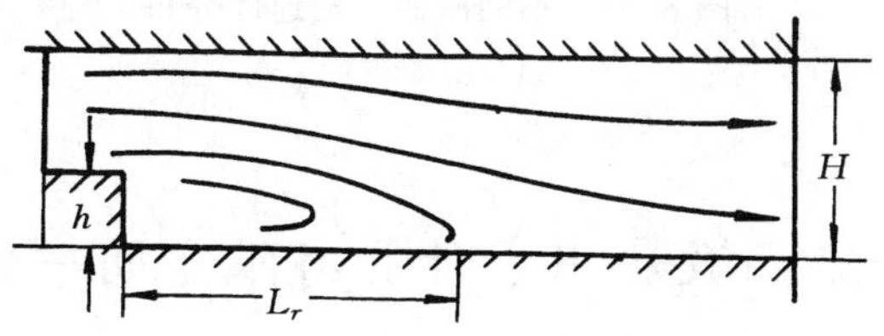

图 8-5　后台阶通道内的突扩流动

的速度分布予以规定，按流函数方程(8-5b)计算第二截面上的涡量并以此截面作为涡量方程的入口截面；壁面上的涡量采用 Woods 公式确定；出口截面采用 ω 及 ψ 的二阶导数为零的条件；在角点 C 上观察发现，流体流经 C 点后几乎仍平行地向前走一段。按 ω 的定义并考虑到壁面附近速度 u 几乎与 y 成线性关系，可有 $\left.\frac{\partial \omega}{\partial y}\right|_c \cong 0$。故计算中取 $\psi_E=\psi_C$，$\omega_C=\omega_N$（见图8-3）；对流项采用迎风差分。计算所得的回流区长度与台阶高度之比（L_r/h）同 Re_h 间的关系示于图8-6中，其中 $Re_h=\frac{U_0 h}{\nu}$，U_0 为入口平均流速。计算值与实测结果是相当一致。图8-7中所示的不同截面上的速度分布也说明了这一点。关于紊流流动的计算要涉及到紊流模型，在第9章中再介绍。

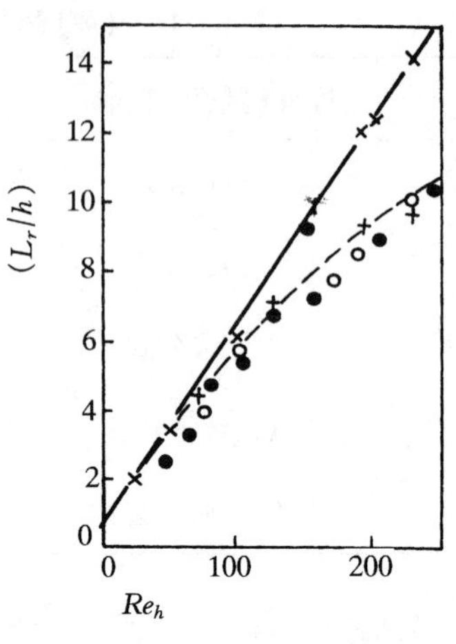

图8-6　回流区相对长度与 Re_h 的关系

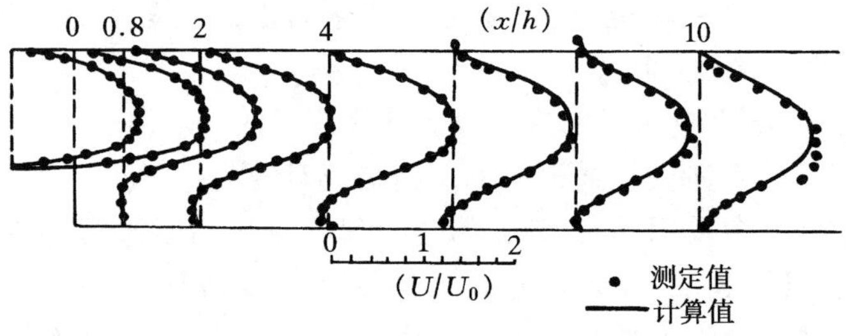

图8-7　不同截面上的速度分布

($Re_h=229$)

8.4　涡量-流函数法用于计算有限空间中的自然对流

在自然对流换热中压力常常不是主要的求解变量，采用涡量-流函数法特别合适。实际上，涡量-流函数法最能发挥其优势的场合是二维自然对流问题。本节首先给出在三种二维的坐标系中有限空间自然对流的控制方程组,然后以水平环形空间中自然对流换热为例介绍离散方程求解方法及代表性的结果。

8.4.1　三种二维坐标系中有限空间自然对流的控制方程

8.4.1.1　直角坐标系

对于直角坐标系(图 8－8)中的有限空间自然对流,引入 Boussinesq 假设和有效压力的概念,可得以下动量方程:

$$\rho\left(u\frac{\partial u}{\partial x}+v\frac{\partial u}{\partial y}\right)=-\frac{\partial p}{\partial x}+\frac{\partial}{\partial x}\left(\eta\frac{\partial u}{\partial x}\right)+\frac{\partial}{\partial y}\left(\eta\frac{\partial u}{\partial y}\right)+\rho g\alpha(T-T_r)\cos\theta \tag{a}$$

$$\rho\left(u\frac{\partial v}{\partial x}+v\frac{\partial v}{\partial y}\right)=-\frac{\partial p}{\partial y}+\frac{\partial}{\partial x}\left(\eta\frac{\partial v}{\partial x}\right)+\frac{\partial}{\partial y}\left(\eta\frac{\partial v}{\partial y}\right)+\rho g\alpha(T-T_r)\sin\theta \tag{b}$$

其中 T_r 为参考温度。对(a),(b)两式交叉求导并相减,再引入式(8－1),(8－2)的定义,可得:

$$\frac{\partial^2\psi}{\partial x^2}+\frac{\partial^2\psi}{\partial y^2}-\omega=0 \tag{8-28a}$$

$$\rho\frac{\partial}{\partial x}\left(\omega\frac{\partial\psi}{\partial y}\right)-\rho\frac{\partial}{\partial y}\left(\omega\frac{\partial\psi}{\partial x}\right)=\eta\left(\frac{\partial^2\omega}{\partial x^2}+\frac{\partial^2\omega}{\partial y^2}\right)+\rho g\alpha\left(\frac{\partial T}{\partial y}\cos\theta-\frac{\partial T}{\partial x}\sin\theta\right) \tag{8-28b}$$

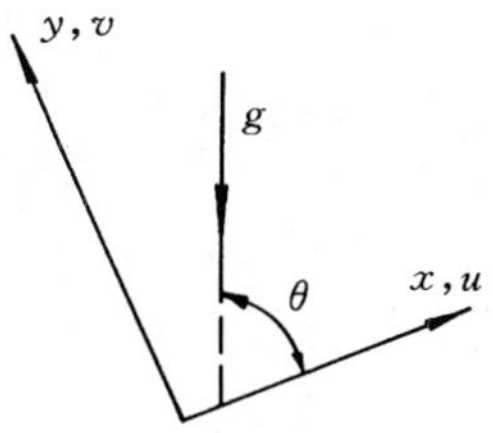

图 8－8　有重力作用的直角坐标系

能量方程为

$$\rho\frac{\partial}{\partial x}\left(T\frac{\partial\psi}{\partial y}\right)-\rho\frac{\partial}{\partial y}\left(T\frac{\partial\psi}{\partial x}\right)=\frac{\partial}{\partial x}\left(\frac{\lambda}{c_p}\frac{\partial T}{\partial x}\right)+\frac{\partial}{\partial y}\left(\frac{\lambda}{c_p}\frac{\partial T}{\partial y}\right) \tag{8-28c}$$

值得指出,由于目前多数文献中对流项的流速都用流函数来表示,为使读者熟悉这表示方式,在式(8－28)的对流项中也引入了$\dfrac{\partial\psi}{\partial y}$及$\left(-\dfrac{\partial\psi}{\partial x}\right)$。

8.4.1.2　圆柱轴对称坐标系

圆柱轴对称坐标系(图 8－9)中不可压缩流体在重力作用下的动量方程为:

$$\rho\left(u\frac{\partial u}{\partial x}+v\frac{\partial u}{\partial r}\right)=-\frac{\partial p}{\partial x}+\eta\left(\frac{\partial^2 u}{\partial x^2}+\frac{\partial^2 u}{\partial r^2}+\frac{1}{r}\frac{\partial u}{\partial r}\right)-\rho g \tag{c}$$

$$\rho\left(u\frac{\partial v}{\partial x}+v\frac{\partial v}{\partial r}\right)=-\frac{\partial p}{\partial r}+\eta\left(\frac{\partial^2 v}{\partial x^2}+\frac{\partial^2 v}{\partial r^2}+\frac{1}{r}\frac{\partial v}{\partial r}-\frac{v}{r^2}\right) \tag{d}$$

连续性方程为：

$$\frac{\partial u}{\partial x}+\frac{\partial v}{\partial r}+\frac{v}{r}=0 \tag{e}$$

定义涡量、流函数如下：

$$u=\frac{1}{r}\frac{\partial \psi}{\partial r},v=-\frac{1}{r}\frac{\partial \psi}{\partial x} \tag{8-29}$$

$$\omega=\frac{\partial u}{\partial r}-\frac{\partial v}{\partial x} \tag{8-30}$$

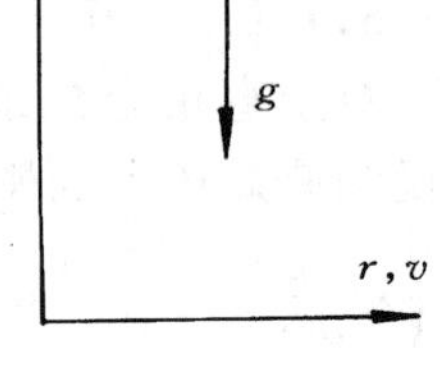

图 8-9 有重力作用的圆柱轴对称坐标系

则连续性方程自动满足。采用与直角坐标中类似的方法，可得以下涡量、流函数方程：

$$\frac{\partial}{\partial x}\left(\frac{1}{r}\frac{\partial \psi}{\partial x}\right)+\frac{\partial}{\partial r}\left(\frac{1}{r}\frac{\partial \psi}{\partial r}\right)=\omega \tag{8-31a}$$

$$\rho\frac{\partial}{\partial x}\left(\frac{\omega}{r}\frac{\partial \psi}{\partial r}\right)-\rho\frac{\partial}{\partial y}\left(\frac{\omega}{r}\frac{\partial \psi}{\partial x}\right)=\eta\left[\frac{\partial^2 \omega}{\partial x^2}+\frac{\partial^2 \omega}{\partial r^2}+\frac{\partial(\omega/r)}{\partial r}\right]+\rho g\alpha\frac{\partial T}{\partial r} \tag{8-31b}$$

而能量方程则为

$$\rho\left[\frac{\partial}{\partial x}\left(\frac{T}{r}\frac{\partial \psi}{\partial r}\right)-\frac{\partial}{\partial r}\left(\frac{T}{r}\frac{\partial \psi}{\partial x}\right)\right]=\frac{\partial}{\partial x}\left(\frac{\eta}{Pr}\frac{\partial T}{\partial x}\right)+\frac{1}{r}\frac{\partial}{\partial r}\left(\frac{\eta}{Pr}r\frac{\partial T}{\partial r}\right) \tag{8-31c}$$

其中引入了$\frac{\lambda}{c_p}=\frac{\eta}{Pr}$的关系。

8.4.1.3 极坐标系

对图 8-10 所示极坐标中的有限空间自然对流，引入 Boussinesq 假设及有效压力以后，可得动量方程为：

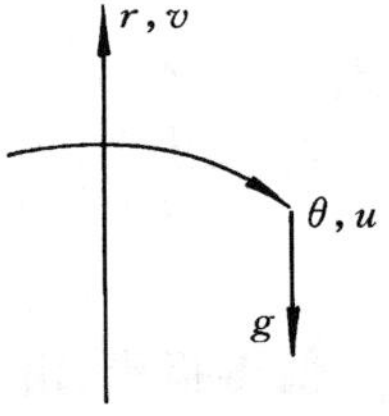

图 8-10 有重力作用的极坐标系

$$\rho\left(\frac{u}{r}\frac{\partial u}{\partial \theta}+v\frac{\partial u}{\partial r}+\frac{uv}{r}\right)$$
$$=-\frac{1}{r}\frac{\partial p}{\partial \theta}+\eta\left(\frac{1}{r^2}\frac{\partial^2 u}{\partial \theta^2}+\frac{1}{r}\frac{\partial u}{\partial r}+\frac{\partial^2 u}{\partial r^2}-\frac{u}{r^2}+\frac{2}{r^2}\frac{\partial v}{\partial \theta}\right)-$$
$$g\rho\alpha(T-T_r)\sin\theta \tag{f}$$

$$\rho\left(\frac{u}{r}\frac{\partial v}{\partial \theta}+v\frac{\partial v}{\partial r}-\frac{u^2}{r}\right)$$

$$= -\frac{\partial p}{\partial r} + \eta\left(\frac{1}{r^2}\frac{\partial^2 v}{\partial \theta^2} + \frac{\partial^2 v}{\partial r^2} + \frac{1}{r}\frac{\partial v}{\partial r} - \frac{v}{r^2} - \frac{2}{r^2}\frac{\partial u}{\partial \theta}\right) + g\rho\alpha(T - T_r)\cos\theta \tag{g}$$

连续性方程为：

$$\frac{1}{r}\frac{\partial u}{\partial \theta} + \frac{\partial v}{\partial r} + \frac{v}{r} = 0 \tag{h}$$

定义流函数为：

$$u = -\frac{\partial \psi}{\partial r},\quad v = \frac{1}{r}\frac{\partial \psi}{\partial \theta} \tag{8-32}$$

则连续性方程(k)自动满足。再定义涡量为[39]：

$$\omega = \frac{1}{r}\left[\frac{\partial v}{\partial \theta} - \frac{\partial}{\partial r}(ru)\right] \tag{8-33}$$

以 r 乘式(f)并对 r 求导，然后减去式(g)对 θ 求导的结果，再利用涡量的定义式(8－32)，可得极坐标中的涡量、流函数方程为：

$$\frac{\partial^2 \psi}{\partial r^2} + \frac{1}{r}\frac{\partial \psi}{\partial r} + \frac{1}{r^2}\frac{\partial^2 \psi}{\partial \theta^2} = \omega \tag{8-34a}$$

$$\rho\frac{\partial}{\partial r}\left(\frac{\omega}{r}\frac{\partial \psi}{\partial \theta}\right) - \rho\frac{1}{r}\frac{\partial}{\partial \theta}\left(\omega\frac{\partial \psi}{\partial r}\right) = \frac{1}{r}\frac{\partial}{\partial r}\left(r\frac{\partial \omega}{\partial r}\right) + \frac{1}{r}\frac{\partial}{\partial \theta}\left(\frac{1}{r}\frac{\partial \omega}{\partial \theta}\right) + g\rho\alpha\left(\frac{1}{r}\frac{\partial T}{\partial \theta}\cos\theta + \frac{\partial T}{\partial r}\sin\theta\right) \tag{8-34b}$$

能量方程为：

$$\rho\frac{\partial}{\partial r}\left(\frac{T}{r}\frac{\partial \psi}{\partial \theta}\right) - \rho\frac{1}{r}\frac{\partial}{\partial \theta}\left(T\frac{\partial \psi}{\partial r}\right) = \frac{1}{r}\frac{\partial}{\partial r}\left(\frac{r\lambda}{c_p}\frac{\partial T}{\partial r}\right) + \frac{1}{r}\frac{\partial}{\partial \theta}\left(\frac{\lambda}{c_p}\cdot\frac{1}{r}\frac{\partial T}{\partial \theta}\right) \tag{8-34c}$$

8.4.2　水平环形空间内的自然对流

水平环形空间中的空气自然对流换热是计算传热学中的一个经典课题。由于这一问题有高精度的实验测定结果，因而也是计算传热学中具有基准解的问题，对于层流自然对流换热，数值计算的结果与实验测定结果符合得很好。

8.4.2.1　无量纲控制方程

在图 8－11 所示的极坐标系中，对稳态的水平夹层中的自然对流换热，采用 Boussinesq 假设后，可得层流时原始变量的控制方程，如式(f)，(g)及(h)所示。

定义下列无量纲量：

$$\bar{\psi}=\frac{\psi}{a},\xi=\frac{r}{\delta},\Theta=\frac{T-T_0}{T_i-T_0},$$

$$U=\frac{u\delta}{a},V=\frac{v\delta}{a},\widetilde{\omega}=\frac{\omega}{(a/\delta^2)} \tag{8-32}$$

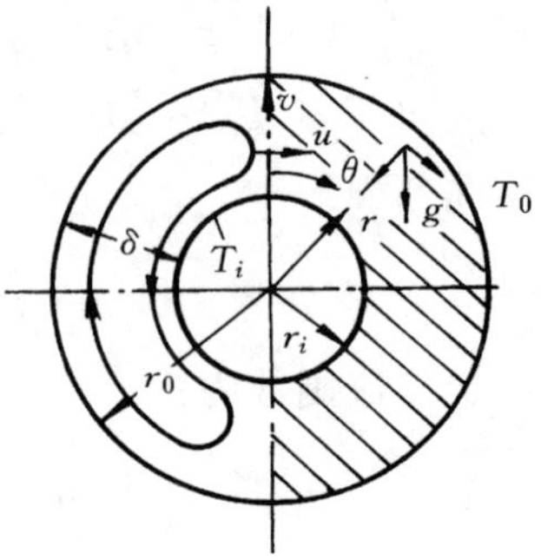

可得下列无量纲控制方程式：

$$\nabla^2\bar{\psi}=\frac{\partial^2\bar{\psi}}{\partial\xi^2}+\frac{1}{\xi}\frac{\partial\bar{\psi}}{\partial\eta}+\frac{1}{\xi^2}\frac{\partial^2\bar{\psi}}{\partial\theta^2}=\widetilde{\omega} \tag{8-33a}$$

$$\nabla^2\widetilde{\omega}=\frac{1}{Pr}\left(V\frac{\partial\widetilde{\omega}}{\partial\xi}+\frac{U}{\xi}\frac{\partial\widetilde{\omega}}{\partial\theta}\right)-Ra_\delta\left(\sin\theta\frac{\partial\Theta}{\partial\xi}+\frac{1}{\xi}\cos\theta\frac{\partial\Theta}{\partial\theta}\right) \tag{8-33b}$$

$(T_i>T_0)$

图 8-11　水平环形空间中的自然对流换热

$$\nabla^2\Theta=V\frac{\partial\Theta}{\partial\xi}+\frac{U}{\xi}\frac{\partial\Theta}{\partial\theta} \tag{8-33c}$$

其中 Ra 数的定义为$Ra_\delta=\rho g\alpha\delta^3(T_i-T_0)/\eta a$。上述无量纲方程的优点在于它能把两个无量纲参数对问题的影响显含在方程中。显然对这一问题进行数值计算时应以 Pr 数及 Ra_δ 数为参数。

由于对称性，只要计算半个环形区即可。于是式(8-33a)～(8-33c)的边界条件可表示为：

对称线上　$\bar{\psi}=\frac{\partial V}{\partial\theta}=U=\widetilde{\omega}=\frac{\partial\Theta}{\partial\theta}=0$　(8-34a)

在内圆柱面上　$\bar{\psi}=U=V=0,\widetilde{\omega}=\frac{\partial^2\bar{\psi}}{\partial\xi^2},\Theta=1$　(8-34b)

在外圆柱面上　$\bar{\psi}=U=V=0,\widetilde{\omega}=\frac{\partial^2\bar{\psi}}{\partial\xi^2},\Theta=0$　(8-34c)

其中壁面上的涡量采用流函数方程来计算，在壁面上$\frac{\partial\bar{\psi}}{\partial\theta}=0$，故仅留下法向导数部分。壁面上的$\widetilde{\omega}$也可采用上节中所介绍的各种公式来确定。例如在文献[32]中计算层流对流换热时采用了式(8-23)，而在文献[26]中计算紊流对流换热时应用了式(8-21)。

8.4.2.2　*控制方程的离散与求解*

上述控制方程可以采用控制容积积分法或 Taylor 展开法来离散。扩散项一般采用具有二阶截差的中心差分。在早期的文献中，对流项一般采用中心差分[29]或一阶迎风格式[32]来离散。

在自然对流换热中，流函数、涡量及温度这三类变量是互相耦合的。据文献[40]，可以采用以下迭代求解步骤：

1. 假设 $\bar{\psi}^{(0)}$，例如均取为 0，于是式(8－33c)化为一个纯导热方程。求解该方程得 $\Theta^{(0)}$，这相当于以纯导热工况的解作为迭代初值。

2. 利用 $\bar{\psi}^{(0)}$，$\Theta^{(0)}$，求解涡量方程(8－33b)，得 $\tilde{\omega}^{(0)}$。

3. 将 $\tilde{\omega}^{(0)}$ 代入流函数方程得改进值 $\bar{\psi}^{(1)}$。

4. 利用 $\bar{\psi}^{(1)}$，再次求解式(8－33c)，获得改进的 $\Theta^{(1)}$；同时按 $\tilde{\omega}$ 边界值的计算式，获得边界涡量的改进值。

5. 重复第二步及以下各步，直到获得收敛的解。

在上述顺序迭代求解过程中，$\bar{\psi}$，$\tilde{\omega}$ 及 Θ 的代数方程本身可以采用直接解法或迭代法。由于问题本身的非线性，一般采用迭代法。在文献[41]中曾对正方形空腔内的自然对流换热问题的离散方程采用点迭代、线迭代、Gauss 消元法及稀疏矩阵算法进行了比较。发现，点迭代法所需的时间可以与稀疏矩阵算法相比较。采用迭代法时，为加速收敛，在低 Ra 数范围内流函数及温度可以采用超松驰，而涡量则应采用亚松驰迭代(注意到涡量方程的非线性最强烈)。在文献[29,32]中，在 $Ra_\delta = 10^3 \sim 10^4$ 范围内，采用 Gauss-Seidel 点迭代法，对 $\bar{\psi}$，Θ 及 $\tilde{\omega}$ 的松弛因子分别取 1.35，1.2 及 0.5，而当 $Ra_\delta = 10^5$ 时，则取为 0.5，0.5 及 0.05[29]。至于迭代收敛的判断准则可以采用 6－5 节、7－1 节所列举的那些方式。例如在文献[32]中要求涡量方程余量的范围数小于等于 10^{-2}，而流函数、温度方程余量的范围小于等于 10^{-3}。在文献[29]中对流函数及温度采用类似于式(7－4b)所示的判别方式，并取 $\varepsilon = 5 \times 10^{-3} \sim 10^{-3}$。

8.4.2.3　典型的求解结果及与实验的比较和分析

水平环形空间内自然对流换热的数值研究始于 1962 年，见文献[42]，以后的主要文献有[29,32,43～45]，其中 Kuehn 与 Goldstein[29] 的工作最具代表性。他们同时用 Mach-Zehnder 干涉仪及涡量-流函数法研究了水平环形空间中的自然对流，实验测定与数值计算的结果相当一致。有限空间内自然对流换热常常采用当量导热系数的方法来整理数据[46]。在文献[29]中采用相对局部当量导热系数 λ_{eq} 来表示局部换热特性。λ_{eq} 就是存在自然对流时内表面(或外表面)上局部地区的热流密度与按两圆柱面间纯导热公式计算的 q 的比值。显然当迭代收敛时，内外表面上的平均当量导热系数之值应当相等。所以文献[29]认为这也是判别迭代是否收敛的一个准则(一般偏差在 1% 以内)。在图 8－12 中画出了内、外表面上的相对当量导热系数 λ_{eq} 与圆周角的关系，图 8－13 中示出了用干涉仪测定的等温线与数值计算结果间的比较(图 12 与图 13 的条件相同)。由此两图可见,计算结果与实测值间的符合程度是非常好的。以后,Date[45]采用原始变量法计算了这一问题,同样也获得了与实测值非常一致的结果。图 12,13 中所示的实验测定结果已被计算传热学界看作为是这一问题的实验基准解(*benchmark solution*)。笔者对于 $D_o/D_i = 2.6$ 的情形在 $Ra_\delta = 10^3 \sim 10^5$ 范围内计算所得的等温线与速度矢量示于图 8-14 中。

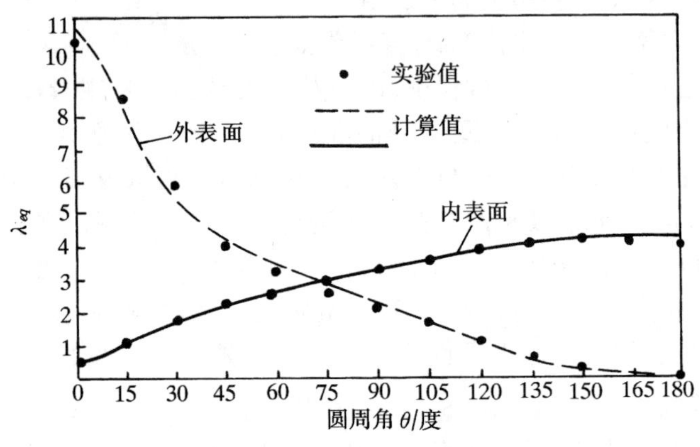

图 8-12　相对当量导热系数与 θ 角的关系

图 8-14 每幅图的左半为速图矢量,右半为等温线。由图可见,当 Ra_δ 数很低时(约 10^3),流动很微弱,表现为速度矢量图中圆环顶部与底部在几何位置上几乎呈某种上、下对称的分布,随着 Ra_δ 数的增加,圆环中漩涡的中心逐渐向上移动,到 $Ra_\delta = 10^5$ 时,环形空间底部流动很微弱,而顶部的流动则变得相当剧烈。这种随 Ra_δ 数的增加而对流作用逐渐上升的特点还可以从等温线图看出。在 $Ra_\delta = 10^3$ 时,流体中的等温线几乎是一簇同心圆,反映了传热过程以导热作用为主的特点。逐着 Ra_δ 的提高,对流作用的重要性增加。表现为等温线逐渐变成弯曲的型线,当 $Ra_\delta = 5\times10^4$时,大部分等温线已呈“S”型,称为等温线的反转(reverse of isothermal),这是对流作用占主导作用的一种标志。当等温线出现反转之前,在环型空间中的半径方向上,离开内壁面(热表面)越远,流体温度越低,温度沿半径方向呈单调地下降;而等温线出现反转时,则在环形空间半径方向的一定范围内,会出现离开热表面越远流体温度反而升高的现象。这是由环形空间中强烈的回流流动所造成的。顺便指出,对于传

实验与计算条件

	实验	计算
Ra_δ	4.7×10^4	5×10^4
Pr	0.706	0.7
δ/Di	0.8	0.8

图 8－13　等温线的实测结果与计算结果的比较

热问题的数值计算结果都应当进行类似于上面所述的分析，运用我们对物理过程本身的认识来判断计算结果的合理性，并从计算结果中发现新的现象，这就是图 1－7 的“解的分析”这一块所指的内容。限于篇幅本书中就以上述问题为例稍作展开，在其它的例题中，这种分析将予以简化。

8.4.2.4　几点讨论

1. 无量纲控制方程的优点

在作系列数值计算时常常采用无量纲的控制方程，对于一个比较熟练的应用 CFD/NHT 技术的研究者，无量纲方程的突出优点是可以从控制方程明确看出影响过程的无量纲数，即特征数（*characteristic number*），从而可以根据与过程有关的特征数更方便地组织所需计算的工况。例如对于本例，如果要计算 $Ra=10^3, 10^4, 10^5, 10^6$ 下的温度场与传热量，只要以这些 Ra 数作为输入变量即可，从而避免了按照 Ra 数的定义去试凑 Δt，δ 等可变参数之值以达到 Ra 所需值的过程。同时无量纲量场的输出代表了给定 Ra 及 Pr 数下整个相似组的结果，使对个别工况计算的结果上升到代表整个相似组的地位[47]。

2. 系列计算迭代初场的设置

在求解实际问题时，往往要在一系列 Ra 数下进行计算。此时，一个很有效的获得迭代初值的方法是：计算由低 Ra 数向高 Ra 数顺序进行，并以低 Ra 数下收敛的值作为下一个 Ra 数的迭代初值。这比每一个工

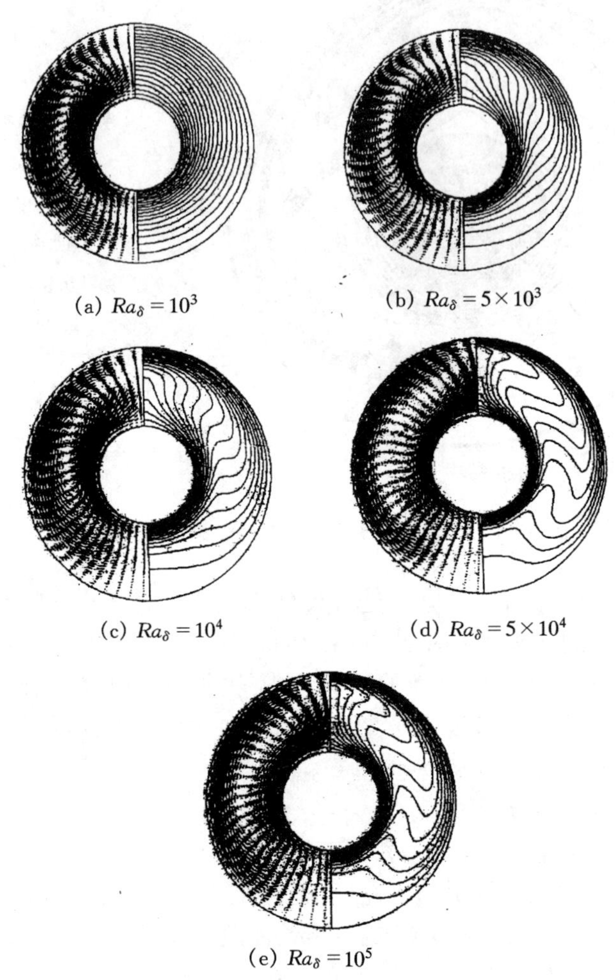

(a) $Ra_\delta=10^3$ (b) $Ra_\delta=5\times10^3$

(c) $Ra_\delta=10^4$ (d) $Ra_\delta=5\times10^4$

(e) $Ra_\delta=10^5$

图 8-14 水平环形空间中自然对流的速度矢量及等温线

况均以纯导热状态作为初值要节省不少计算时间。

3. $\bar{\psi}$,$\tilde{\omega}$及Θ之间迭代顺序的有效组织

计算表明,在$\bar{\psi}$,$\tilde{\omega}$及Θ中,温度的收敛要比涡量及流函数都快。基于这一原因,在每一层次的迭代中,更新流函数及涡量的次数可以比更新温度的次数多。文献[29,32]就并不采用均衡地求解$\bar{\psi}$,$\tilde{\omega}$及Θ的方法,而是走$\bar{\psi}-\tilde{\omega}-\bar{\psi}-\tilde{\omega}-\Theta$的迭代路线。

8.5　关于涡量-流函数法的进一步讨论

本节中着重讨论涡量-流函数法应用范围的两种推广：向三维问题的推广及向二维非稳态问题的推广，最后给出有关四阶截差离散格式的文献。

8.5.1　涡量-流函数法向三维问题的推广

在三维的流动中并不存在流函数，因而涡量-流函数法不能直接推广到三维问题。但对不可压缩流体，$\nabla \cdot \boldsymbol{V} = 0$（这种矢量场称为管形场 *solenoidal field*），此时存在一个称为矢量势的函数，记为 $\boldsymbol{\phi}$，$\boldsymbol{\phi} = \phi_x \boldsymbol{i} + \phi_y \boldsymbol{j} + \phi_z \boldsymbol{k}$，速度 $\boldsymbol{V}$ 的各分量是该矢量旋度的分量：

$$\boldsymbol{V} = \nabla \times \boldsymbol{\phi} \tag{8-35}$$

或

$$u = \frac{\partial \phi_z}{\partial y} - \frac{\partial \phi_y}{\partial z}, v = -\frac{\partial \phi_z}{\partial x} + \frac{\partial \phi_x}{\partial z},$$

$$w = \frac{\partial \phi_y}{\partial x} - \frac{\partial \phi_x}{\partial y} \tag{8-36}$$

二维问题的流函数是 $\boldsymbol{\phi}$ 的分量 ϕ_z。

据涡矢量（即旋度）的定义：

$$\boldsymbol{\omega} = \nabla \times \boldsymbol{V} = \nabla \times (\nabla \times \boldsymbol{\phi}) \tag{8-37}$$

同时我们要求 $\boldsymbol{\phi}$ 也是一个管形场，即：

$$\nabla \cdot \boldsymbol{\phi} = 0 \tag{8-38}$$

利用场论的基本关系式：

$$\nabla \times (\nabla \times \boldsymbol{\phi}) = \nabla (\nabla \cdot \boldsymbol{\phi}) - \nabla^2 \boldsymbol{\phi}$$

就得二维问题的流函数方程相类似的关系式：

$$\nabla^2 \boldsymbol{\phi} = -\boldsymbol{\omega} \tag{8-39}$$

据涡矢量的定义，我们可以由 Navier-Stokes 方程导出涡矢量分量的对流-扩散方程

$$u\frac{\partial \omega_x}{\partial x} + v\frac{\partial \omega_x}{\partial y} + w\frac{\partial \omega_x}{\partial z} - \left(\omega_x \frac{\partial u}{\partial x} + \omega_y \frac{\partial u}{\partial y} + \omega_z \frac{\partial u}{\partial z}\right) = \nu \nabla^2 \omega_x \tag{8-40a}$$

$$u\frac{\partial \omega_y}{\partial x} + v\frac{\partial \omega_y}{\partial y} + w\frac{\partial \omega_y}{\partial z} - \left(\omega_x \frac{\partial v}{\partial x} + \omega_y \frac{\partial v}{\partial y} + \omega_z \frac{\partial v}{\partial z}\right) = \nu \nabla^2 \omega_y \tag{8-40b}$$

$$u\frac{\partial \omega_z}{\partial x}+v\frac{\partial \omega_z}{\partial y}+w\frac{\partial \omega_z}{\partial z}-\left(\omega_x\frac{\partial w}{\partial x}+\omega_y\frac{\partial w}{\partial y}+\omega_z\frac{\partial w}{\partial z}\right)=\nu\nabla^2\omega_z \tag{8-40c}$$

由此可见,采用上述方法来求解三维问题时,需要求解 6 个方程,而采用原始变量法时仅需求解 4 个方程。于是二维问题中涡量-流函数的优点就大为削弱。自 1967 年 Aziz 与 Hellums 实现了从二维到三维的上述推广以来[48],在文献[49]中曾作了改进,文献[50]中介绍了我国学者在这方面所做的工作,可供参考。

8.5.2 二维非稳态问题的涡量-流函数法

到目前为止,本书所讨论的都是稳态问题的涡量-流函数法。对于稳态问题,用原始变量法对流动问题的数学描写与用涡量-流函数法对流动问题数学描写之间的等价性早已得到确认。但对于非稳态问题,这两种表述方法之间的等价性直到 1994 年才由文献[51]给出了严格的证明。以下简述该文给出的主要内容。

设有一个二维开口区域 Ω,其边界$\partial\Omega$ 足够光滑,流体不可压缩。则采用原始变量法及涡量-流函数法来描写流经 Ω 区域的流动时可分别有以下的表述:

1. 原始变量法的描述

控制方程:

$$\nabla\cdot\boldsymbol{u}=0 \tag{8-41}$$

$$\frac{\partial \boldsymbol{u}}{\partial t}+(\boldsymbol{u}\cdot\nabla)\boldsymbol{u}=-\nabla p/\rho+\nu\nabla^2\boldsymbol{u}+\boldsymbol{f} \tag{8-42}$$

其中 $\boldsymbol{f}$ 为体积力,t 为时间。

边界条件

$$\boldsymbol{u}|_{\partial\Omega}=\boldsymbol{b} \tag{8-43}$$

其中 $\boldsymbol{b}$ 可以是边界坐标及时间的函数。

初始条件

$$\boldsymbol{u}|_{t=0}=\boldsymbol{u}_0(\boldsymbol{x}) \tag{8-44}$$

上述给出条件中的 $\boldsymbol{b}$,$\boldsymbol{u}_0(\boldsymbol{x})$还应满足以下条件:

连续性条件

$$\oint_{\partial\Omega}\boldsymbol{n}\cdot\boldsymbol{b}\mathrm{d}\Gamma=0 \tag{8-45}$$

初场为管形场的条件

$$\nabla\cdot\boldsymbol{u}_0=0 \tag{8-46}$$

边界条件与初始条件的相容性条件(*compatibility condition*):

$$\boldsymbol{n}\cdot\boldsymbol{b}|_{t=0}=\boldsymbol{n}\cdot\boldsymbol{u}_0|_{\partial\Omega} \tag{8-47}$$

其中 $\boldsymbol{n}$ 为固体边界的外法线。

2. 涡量-流函数法的描述

控制方程：
$$\frac{\partial \omega}{\partial t}+J(\omega,\psi)=\nu\nabla^2\omega+g \tag{8-48}$$
$$\nabla^2\psi=\omega \tag{8-49}$$
其中 $J(\omega,\psi)$ 为表示对流项的 Jacobi 行列式，在直角坐标中即为：
$$\begin{vmatrix} \frac{\partial \omega}{\partial x} & \frac{\partial \omega}{\partial y} \\ \frac{\partial \psi}{\partial x} & \frac{\partial \psi}{\partial y} \end{vmatrix}=\frac{\partial \omega}{\partial x}\frac{\partial \psi}{\partial y}-\frac{\partial \omega}{\partial y}\frac{\partial \psi}{\partial x}$$
边界条件：
$$\psi\big|_{\partial\Omega}=a,\ \frac{\partial \psi}{\partial n}\Big|_{\partial\Omega}=b \tag{8-50}$$
初始条件：
$$\omega\big|_{t=0}=-\nabla\times\boldsymbol{u}_0\cdot\boldsymbol{k} \tag{8-51}$$
其中 g 为体积力在 z 方向的投影 $g=\nabla\times\boldsymbol{f}\cdot\boldsymbol{k}$，$a=\int_{s_1}^{s}\boldsymbol{n}\cdot\boldsymbol{b}\mathrm{d}s'$，$b=-\boldsymbol{\tau}\cdot\boldsymbol{b}$，$\boldsymbol{\tau}$ 为固体表面切向单位矢量。显然这里 a 是在固体表面上从起点到 s 处穿过边界的流量，b 为固体表面上切向速度的分量。

文献[51]中证明了如果下列条件成立，则上述两种表述方式是等价的：
$$\nabla\cdot\boldsymbol{u}_0=0,\quad \frac{\partial a(s,0)}{\partial s}=\boldsymbol{n}\cdot\boldsymbol{u}_0\big|_{\partial\Omega} \tag{8-52}$$
这一等价性的数学表述，为我们将涡量-流函数法应用到非稳态流动时在设置 ω 及 ψ 的初始与边界条件时规定了应满足的条件。

8.5.3　涡量-流函数法控制方程的四阶离散格式

近年来用四阶格式来离散涡量方程与流函数方程的实践逐渐得到重视，可参阅文献[52,53]。

习　题

8-1　设二维轴对称坐标的 x，r 方向的速度分量为 u 及 v，定义：
$$vr=\frac{\partial \psi}{\partial x},\quad ur=-\frac{\partial \psi}{\partial r},\quad \omega=\frac{\partial v}{\partial x}-\frac{\partial u}{\partial r}$$
体积力略而不计，试导出涡量、流函数方程。

8-2　试分析为什么在原始变量法中采用式(8-9)作为求解压力的独立方程并不合适(参阅习题 6-1)，但在涡量-流函数法中则可以用它来计算压力？

8－3 试导出确定壁面涡量的计算式(8－23)。

8－4 关于涡量边界条件的计算式，本章中都是针对离散方法 A 而导出的。试对于离散方法 B，导出与式(8－21)、(8－22)相应的边界涡量计算式。

8－5 试对图 8－16 所示三种二维坐标系，分别写出封闭空腔内自然对流换热有效压力的定义式。

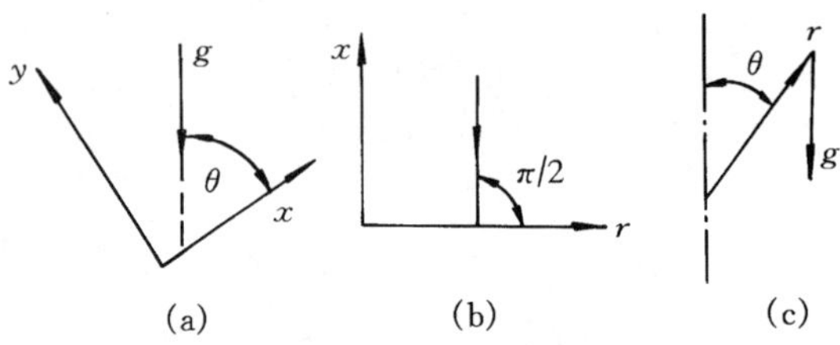

图 8－16 习题 8－5 的图示

8－6 对于图 8－17 所示的二维折角通道内的流动可以采用组合坐标系来进行计算：即在 AB 段采用直角坐标 x_1-0-y_1，在折角处采用极坐标 $r-\theta$，在 CD 区采用另一直角坐标 x_2-0-y_2。采用下列无量纲量：$U=u/u_m$，$V=v/u_m$，$X=x/H$，$Y=y/H$，$P=p/\rho u_m^2$，其中 u_m 为入口处已充分发展的层速度分布中之最大值。出口截面选得足够远，该处速度已充分发展。试写出三个区域中无量纲涡量-流函数方程及其边界条件。并提出你对各个区中的离散方程求解的设想。

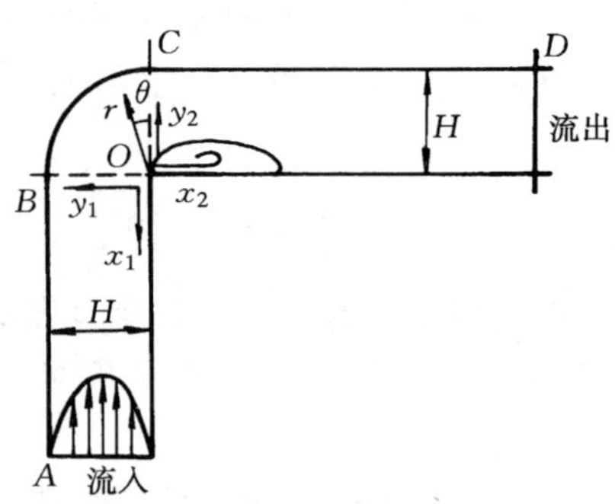

图 8－17 习题 8－6 的图示

8－7 对习题 6－8 所示的顶盖驱动流，写出四个固体边界上的流函数与涡量条件(可采用 Woods 公式)。

8－8 对习题 6－8 所示的顶盖驱动流，编制用涡量-流函数法求解的程序，对 $Re=\dfrac{u_w D}{\nu}=100$ 的情形进行求解，并将计算结果与文献[54]进行比较。

参 考 文 献

1. Speciale C H. On the advantages of the vorticity-velocity of the equations of fluid dynamics. J Comput Phys, 1987. 73:476－480
2. Drlandi P O. Vorticity-velocity formulation for high Reynolds number flows. Comput Fluids, 1987. 15(2):137－149
3. Chou F C, Huang G J. Vorticity-velocity method for the Graetz problem and the effect of natural convection in a horizontal rectangular channel with uniform wall flux. ASME J Heat Transfer, 1987. 109:704－7t0
4. Gui G, Stalla E Numerical solutions of high Re recirculating flows in vorticity-velocity form. Int J Numer Methods Fluids, 1988. 8:405－416
5. Stella F, Guj G. Vortictly-velocity formulation in the computation of flows in multi-connected domains. Int J Numer Methods Fluids, 1989. 9:1285－1298
6. Jen J C, Lavine A S. Laminar heat transfer and fluid flow in the entrance region of a rotating duct with rectangular cross section: the effect of aspect ratio. ASME J Heat Transfer, 1992. 114:574－581
7. Bermgnolio F, Daube O. Three-dimensional incompressible Navier-Stokes equations on non-orthogonal staggered grids using the velocity-vorticity formulation. Int J Numer Methods Fluids, 1998. 28:917－943
8. Gosman A D, Pun W N, Runchal A K, Spalding D B, Wolfstein M, Heat and mass transfer in recirculating flows. New York: Academis, 1969. 116. 266－323
9. Nogotov E F, Applications of numerical heat transfer. Washington D C: Hemisphere, 1978
10. De Vahl Davis G, Mallinson G D. An evaluation of upwind and central difference approximations by study of recirculating flow. Comput Fluids, 1976. 4:29－43
11. Nigro F E B, Strong A B, Aplay S A. A Numerical study of the laminar viscous incompressible flow through a pipe orifice. ASME J

Fluids Engineering，1978.100:467－472

12. Launder B E，Massey T H. The numerical prediction of viscous flow and heat transfer in tube banks. ASME J Heat Transfer，1978.100：565－571

13. Atkins D J，Maskall S J，Patrick M A. Numerical prediction of separated flows. Int J Numer Methods Eng，1980.15:129－144

14. Adlam J H. Computation of two-dimensional time dependent natural convection in a cavity where there are internal bodies. Comput Fluids. 1986.14:141－149

15. Chaviarropoulos P，Giannakpglou K. A vorticity streamfuncfion formulation for steady incompressible two-dimensional flows. Int J Numer Methods Fluids，1996. 23:431－444

16. Guermond J L，Quartapelle L. Uncoupled $\tilde{\omega}-\varphi$ formulation for plane flows in multiply connected domains. Math Modelling Methods Appl Sci. 1997.7:731－767.

17. Mancera P F De A，Hunt R. Fourth-order Method for solving the Navler-Stokes equations in a constricting channel. Int J Numer Methods Fluids，1997. 25：1119－1135

18. Chou M H. Numerical study of vortex shedding from a rotating cylinder immersed in a uniform flow field，lnt J Numer Methods Fluids. 2000. 32:545－567

19. 罗奇 P J 著.计算流体动力学.钟锡昌 刘学宗 译.北京:科学出版社. 1983.185－188,224－230

20. Paris J，Whitaker S. Confined wakes：a numerical solution of the Navier-Stokes equations. AIChE J，1965.1033－1041

21. Muller T J. Application of numerical methods to physiological flows. In：Numerical methods in fluid dynamics. J H Wirz，J J Smoldern，eds. Washington d C：Hemisphere，1978. 89－159

22. 张慧生.粘性不可压缩流体的壁涡数值边界条件.上海力学，1983. 4:78－86

23. Ma H，Ruth D W. A new scheme for vorticity computations near a sharp corner. Comput Fluids，1994. 23(1):23－38

24. Gresho P M. Incompressible fluid dynamics：some fundamental formulation issues. Arm Rev Fluid Mech. 1991.24:413－453

25. Thom A. The flow past cylinders at low speeds. Proc Roy Soc London A, 1933. 141:651－659

26. Farouk B, Guceri S I. Laminar and turbulent natural convection in the annulus between horizontal concentric cylinders. ASME J Heat Transfer, 104,102:631－636

27. Mei R W, Plotkin A. Navier-Stokes solutions for laminar incompressible flows in forward-facing step geometries. AIAA J, 1986. 24:1106－1111

28. Roache P J. The LAD ,NOS, and split NOS method for the steady state Navier-Stokes equations. Comput Fluids, 1975. 3:179－195

29. Kuehn T H, Goldstein R J. An experimental and theoretical study of natural convection in the annulus between horizontal concentric cylinders. J Fluid Mech, 1976. 74:605－719

30. Woods L C. A note on tbe numerical solution of fourth order differential equations. Aeronaut Q. 1954. 5:176－182

31. Jenson V G. Viscous flow around a sphere at low Reynolds number ($Re \leqslant 40$). Proc Roy Soc, London, 1959. A 294:346－366

32. Briley W R. A numerical study of laminar separation bubbles using Navier-Stokes equations.J Fluid Mech. 1971. 47:713－736

33. Cho C N, Chang K S, Park K H. Numerical simulation of natural convection in concentric and eccentric horizontal cylindrical annuli. ASME J Heat Transfer, 1982. 104:624－630

34. Spotz W E. Accuracy and performance of numerical wall boundary conditions for steady,2D,incompressible streamfuncfion vorticity, lnt J Numer Methods Fluid. 1998. 28:737－757

35. Napolitano M, Pascazio G, Quartapelle L. A review of vorticity conditions in the numerical solution of the $\zeta-\psi$ equation. Comput Fluids, 1999.28:139－185

36. Pearson C E. A computational method for viscous flow problem. J Fluid Mech. 1965.21: 611－622

37. Gupta M M. High accuracy solution of incompressible Navier-Stokes equations. J Comput Phys. 1991. 93:343－359

38. Chow L C, Cheung Y K, Tien C L. A new finite difference representation for the vorticity at a wall with suction. Numer Heat

Transfer, 1978.1:417－423

39. Moon P, Spencer D E. Field theory handbook. Berlin: Springer-Verlag, 1971.12

40. Shih T M. Numerical heat transfer. Washington D C: Hemisphere, 1984. 426

41. Wong H H, Raithby G D. Improved finite difference methods based on a critical evaluation of the approximation errors. Numer Heat Transfer, 1979.2: 139－163

42. Crawford L, Lemlich R. Natural convection in horizontal concentric cylindrical annuli. Ind Eng Chem, Fundamentals. 1962.1:260－264

43. Charrie-Mojtabi M C, Mojtabi A. Caltagirone J P. Numerical solution of a flow due to natural convection in horizontal cylindrical annulus. ASME J Heat Transfer, 1979. 101:171－173

44. Kuehn T H, Goldstein R J. A parametric study of Prandtl number and diameter ratio effects on natural convection heat transfer in horizontal cylindrical annuli. ASME J Heat Transfer 1980.102:768－770

45. Date A W. Numerical prediction of natural convection heat transfer in horizontal annulus. Int J Heat Mass Transfer, 1986. 29:1457－1464

46. 杨世铭主编.传热学.北京:高等教育出版社,1984. 160－161

47. 杨世铭 陶文铨 编著.传热学(第3版).北京:高等教育出版社,1998. 157

48. Aziz K, Hellums J D. Numerical solution of three-dimensional equations of motion for laminar natural convection. Phys Fluids, 1967. 10:314－324

49. Wong A K, Reizes J A. An effective vortlclty-vector potential formulation for the numerical solution of three dimensional duct flow problems. J Comput Phys,1984.55:98－114

50. 郭鸿志 张欣欣 刘向军 李杰编著. 传输过程数据模拟. 北京:冶金工业出版社, 1998

51. Guermond J L, Quartapelle L. Equivalence of u-p and $\zeta-\psi$ formulations of the time-dependent Navier-Stokes equations. Int J Numer Methods Fluids. 1994.15:449－470

52. Li M, Tang T. A compact fourth-order finite difference scheme for the steady incompressible Navier-Stokes equations. Int J Numer Methods

Fluids. 1995. 20: 137－1151

53. Tokunaga H, Yamaguch A. Application of fourth-order difference method to prediction of turbulence control in two-dimensional channel with surface roughness. Int J Numer Methods Fluids. 1997. 25:1107－1117

54. Ghia U, Ghia K N, Shin C T. High-Re solutions for incompressible flow using the Navier-Stokes equations and a multigrid method. J Comput Phys. 1982. 48:387-411

第 9 章　湍流流动与换热的数值模拟

湍流流动是工程技术领域与自然界中常见的流动现象，流体作湍流流动时的对流换热也是工程传热过程中最常见的一种热交换方式。自从 1883 年 Reynolds 发现湍流流动现象以来，关于湍流发生的机理、湍流的结构及湍流流动与换热基本规律的研究一直是百余年来流体力学与传热学研究家们所关注的课题。由于湍流本身的复杂性，直到现在仍有一些基本问题尚未解决。

本章将从工程应用的观点介绍不可压缩流体湍流流动与换热的常用数值模拟方法，不深入涉及湍流的结构及发生的机理等基本问题。本章的内容组织如下。在 9.1 节中先从总体上对湍流数值计算方法作一概要介绍，同时给出对湍流中的物理量作时间平均运算的定义及其性质；在 9.2 节中应用时间平均方法对不可压缩流体导出流动与换热的时均方程；对于在导出时均方程过程中引入的脉动值乘积项，则分别引入零方程与一方程模型(9.3 节)、$k-\varepsilon$ 两方程模型(9.4,9.5 节)及低 Re $k-\varepsilon$ 两方程模型(9.6 节)来解决。在 9.7 节中讨论了 $k-\varepsilon$ 两方程模型的近代发展。应用 $k-\varepsilon$ 两方程模型是目前工程流动与传热问题的主要方法，也是本章教学的重点。近年来关于 Re 应力模型的研究与应用也日渐广泛，本章 9.8 节中对此作了比较详细的介绍。具有浮升力作用的湍流换热具有其特殊性，本章在 9.9 节中集中作了介绍。最后在 9.10 节对不同湍流模型作了部分对比并讨论了不同模型的应用范围及湍流模型研究的进展。

9.1　湍流及其数值模拟方法概述

9.1.1　湍流现象概述

湍流是一种高度复杂的三维非稳态、带旋转的不规则流动[1]。在湍流中流体的各种物理参数，如速度、压力、温度等都随时间与空间发生随机的变化。从物理结构上说，可以把湍流看成是由各种不同尺度的涡旋① 叠合而成的流动，这些涡旋的大小及旋转轴的方向分布是随机的。大尺度的涡旋主要由流动的边界条件所决定，其尺寸可以与流场的大小相比拟，是引起低频脉动的原因；小尺度的涡旋主要是由粘性力所决定，其尺寸可能只有流场尺度的千分之一的量级，是引起高频脉动的原因。大尺度的涡旋破裂后形成小尺度的涡旋。较小尺度的涡旋破裂后形成更小尺度的涡旋。因而在充分发展的紊流区域内，流体涡旋的尺寸可在相当宽的范围内连续地变化。大尺度的涡旋不断地从主流获得能量，通过涡旋间的相互作用，能量逐渐向小尺寸的涡旋传递。最后由于流体粘性的作用，小尺度的涡旋不断消失，机械能就转化（或称耗散）为流体的热能。同时，由于边界的作用、扰动及速度梯度的作用，新的涡旋又不断产生，这就构成了湍流运动。由于流体内不同尺度涡旋的随机运动造成了湍流的一个重要特点——物理量的脉动。一般认为，无论湍流运动多么复杂，非稳态的 Navier-Stokes 方程对于湍流的瞬时运动仍然是适用的[1~4]。

9.1.2　湍流的数值模拟方法

关于湍流运动与换热的数值计算，是目前计算流体力学与计算传热学中困难最多因而研究最活跃的领域之一。已经采用的数值计算方法可以大致分为以下三类[5~6]。

9.1.2.1　直接模拟(*direct numencal simulation*, DNS)

这是用三维非稳的 Navier-Stokes 方程对湍流进行直接数值计算的方法。要对高度复杂的湍流运动进行直接的数值计算，必须采用很小的时间与空间步长，才能分辨出湍流中详细的空间结构及变化剧烈的时间

① 英语中“eddy”及“vortex”两词的含义在文献中似尚无严格的定义，我国亦无统一的译名。一般说，在湍流中出现的带随机性的旋转流体团，英语文献中多用“eddy”，本书中称为“涡旋”，而在理想流体的有旋流动中及粘性流体的层流流动中出现的旋转流体团，一般称为“vortex”，这里称为“旋涡”。

特性。例如按文献[3]的估算,要对紊流中的一个涡旋进行数值计算,至少要设置 10 个节点,这样对于在一个小尺度范围内进行的湍流运动,在 1 cm^3 的流场中可能要布置 10^5 节点。在文献[7]中,对于平面通道内不同 *Re* 数下进行直接模拟时所需的网格节点数及浮点计算运算次数(*flops*)分别为 150 *Mflops* 及 1 *Tflops* 的计算机所需的计算时刻作过估计,其结果列于表 9-1 中。由表可见,湍流的直接模拟对内存空间及计算速度的要求非常高,目前还无法用于工程数值计算。只有少数能使用超级计算机的研究者才能从事这一类研究和计算*。有关湍流直接模拟研究工作的近期发展可见文献[8]。

表 9-1　平面通道内湍流直接模拟计算所需的时刻

$Re=\frac{uD}{\nu}$	6 600	20 000	100 000	1 000 000
节点数 N	2×10^6	40×10^6	3×10^9	1.5×10^{12}
150*Mflps* 的计算机*	37h	740h	55 000h	3 000y
1*T flops* 的计算机**	20s	400s	8.3h	4 000h

* M(mega) = 10^6;

** T(tera) = 10^{12}

9.1.2.2　大涡模拟(*large eddy simalation*, LES)

按照湍流的涡旋学说,湍流的脉动与混合主要是由大尺度的涡造成的[4,9,10,11]。大尺度的涡从主流中获得能量,它们是高度的非各向同性,而且随流动的情形而异。大尺度的涡通过相互作用把能量传递给小尺度的涡。小尺度涡的主要作用是耗散能量,它们几乎是各向同性的,而且不同流动中的小尺度涡有许多共性。关于涡旋的上述认识就导致了大尺度涡模拟的数值解法。这种方法旨在用非稳态的 Navier-Stokes 方程来直接模拟大尺度涡,但不直接计算小尺度涡,小涡对大涡的影响通过近似的模型来考虑,这种影响称为亚格子 Reynolds 应力(*subgrid* Reynolds *stress*)。大多数亚格子 Reynolds 应力模型都是在涡粘性(*eddy viscosity*)基础上,即把湍流脉动所造成的影响用一个湍流粘性系数,即涡粘性来描述。最早出现的涡粘性亚格子模型是 Smagorinsky 模型[12],以后很多作者对此作了改进。关于大涡模拟方法的最近进展可参文献[13]。

大涡模拟方法对计算机内存及速度的要求虽然仍比较高,但远低于直接模拟方法对计算机资源的要求,在工作站上甚至在PC机上都可以进行一定的研究工作,因而近年来的研究与应用日趋广泛。例如在文献[14]中,对流体外掠圆柱体的流动进行了大涡模拟。对 $Re=3\ 900$ 的情形,取网格数为 $190\times140\times32$,无量纲时间步长数为0.005,计算的最大无量纲时间为360。在一台主频为266 MHz,内存为512 MB的PC机上,计算一个完整的工况历时5个月。应用大涡模拟计算流场的例子还可参见文献[15](外掠方形柱体的流动)、[16]外掠圆柱流动)、文献[17](旋转管道内的流动)。

9.1.2.3　应用Reynolds时均方程(*Reynolds-averaging equations*)的模拟方法

在这类方法里,将非稳态控制方程对时间作平均,在所得出的关于时均物理量的控制方程中包含了脉动量乘积的时均值等未知量,于是所得方程的个数就小于未知量的个数。而且不可能依靠进一步的时均处理而使控制方程组封闭。要使方程组封闭,必须作出假设,即建立模型。这种模型把未知的更高阶的时间平均值表示成较低阶的计算中可以确定的量的函数。这是目前工程湍流计算中所采用的基本方法。

在Reynolds时均方程法中,又有Reynolds应力方程法及湍流粘性系数法两大类。在Reynolds应力方程法中,对于在时均过程中引入的两个脉动值乘积的时均项再建立偏微分方程。在建立两个脉动值乘积的时均值的方程的过程中,又会引入三个脉动值乘积的时均值,为了使方程组封闭,又须对三个脉动值乘积的时场值建立微分方程,而在这一过程中又出现了四个脉动速度乘积的时均值,这在理论上是一个不封闭性的困难[18]。我国著名科学家周培源教授在20世纪40年代,在四个脉动速度乘积这一层次上,加了一个涡量脉动平方平均值的方程式,从而使Reynolds应力方程封闭。这就是17方程模型,其中包括了两个速度脉动值时均值(称为二阶矩)的方程和三个速度脉动值乘积时均值的方程[19]。随着计算机工业的飞速发展,Reynolds应力方程模型(Reynolds *stress model*)在湍流数值计算中的应用日益广泛,特别是其中对二阶矩建立微分方程,对三阶矩引入近似处理的方法(称为二阶矩模型,*second-moment closure*)已经应用到工程数值计算中,本章将作适当介绍。湍流动力粘度法,习惯上称湍流粘性系数(或涡粘性)法是目前工程流动与数值计算中应用最广的方法,本章将作重点介绍。

9.1.3 湍流物理量时均值定义及性质

湍流物理量对时间平均值有两种定义，即经典的 Reynolds 定义及 Favre 质量加权平均的定义。对不可压缩流体，两种平均方法得出相同的结果。本书采用 Reynolds 平均方法来研究不可压缩流体的紊流流动，关于 Favre 定义的基本内容可参阅文献[3,20]。对于密度变化的流体，Favre 的平均方式虽然能使方程形式上简单一些，但因其结果难于与实验数据（通常是时均值）作直接比较，使其应用受到一定的限制[20]。

按 Reynolds 平均法，任一变量 ϕ 的时间平均值定义为：

$$\overline{\phi} = \frac{1}{\Delta t}\int_{t}^{t+\Delta t} \phi(t)\mathrm{d}t \tag{9-1}$$

其中时间间隔 Δt 相对于湍流的随机脉动周期而言足够地大，但相对于流场的各种时均量的缓慢变化周期来说，则应足够地小。有时在式(9-1)右端的积分号下加上“$\Delta t \to \infty$”的条件，也应理解成为“Δt 相对于湍流随机脉动周期为无限大”。在实际测定过程中，Δt 必为有限值。

如果时间平均值随时间而异（如图 9-1a 所示），称为非稳态的时均湍流；如果时均值不随时间而异（图 9-1b），称为准稳态湍流，简称稳态湍流。本章中将对稳态湍流开展讨论。

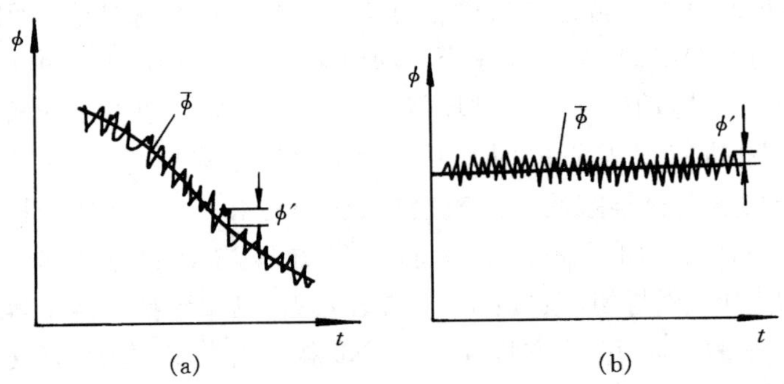

图 9-1 非稳态及准稳态时均量
(a) 非稳态 (b)准稳态

物理量的瞬时值 ϕ，时均值 $\overline{\phi}$ 及脉动值 ϕ' 之间有如下关系：

$$\phi = \overline{\phi} + \phi' \tag{9-2}$$

设 ϕ 及 f 是两个瞬时值，ϕ' 及 f' 为相应的脉动值，则按定义(9-1)及式(9-2)有以下基本关系成立：

$$\left.\begin{aligned}&\overline{\phi'}=0;\ \overline{\overline{\phi}}=\overline{\phi};\ \overline{\overline{\phi}+\phi'}=\overline{\phi}\\&\overline{\overline{\phi}f}=\overline{\phi}\overline{f};\ \overline{\overline{\phi}f'}=0;\ \overline{\overline{\phi}f}=\overline{\phi}\overline{f};\overline{\phi f}=\overline{\phi}\overline{f}+\overline{\phi'f'}\\&\overline{\frac{\partial\phi}{\partial x_i}}=\frac{\partial\overline{\phi}}{\partial x_i};\ \overline{\frac{\partial\phi}{\partial t}}=\frac{\partial\overline{\phi}}{\partial t};\ \overline{\frac{\partial^2\phi}{\partial x_i^2}}=\frac{\partial^2\overline{\phi}}{\partial x_i^2};\\&\overline{\frac{\partial\phi'}{\partial x_i}}=0;\ \overline{\frac{\partial^2\phi'}{\partial x_i^2}}=0\end{aligned}\right\}\tag{9-3}$$

9.2　湍流对流换热的 Reynolds 时均方程

本节中以直角坐标中的情形为例导出不可压缩流体对流换热的时均控制方程。

9.2.1　连续性方程

将三个坐标方向的瞬时速度表示成时均值与脉动值之和并代入连续性方程，再对该式作时均运算，得：

$$\overline{\frac{\partial(\overline{u}+u')}{\partial x}}+\overline{\frac{\partial(\overline{v}+v')}{\partial y}}+\overline{\frac{\partial(\overline{w}+w')}{\partial z}}$$

$$=\frac{\partial\overline{u}}{\partial x}+\frac{\partial\overline{v}}{\partial y}+\frac{\partial\overline{w}}{\partial z}+\frac{\partial\overline{u'}}{\partial x}+\frac{\partial\overline{v'}}{\partial y}+\frac{\partial\overline{w'}}{\partial z}=0$$

显然可有：

$$\frac{\partial\overline{u'}}{\partial x}+\frac{\partial\overline{v'}}{\partial y}+\frac{\partial\overline{w'}}{\partial z}=0\tag{9-4}$$

$$\frac{\partial\overline{u}}{\partial x}+\frac{\partial\overline{v}}{\partial y}+\frac{\partial\overline{w}}{\partial z}=0\tag{9-5}$$

这两式表明，湍流速度的时均值仍满足连续性方程。

9.2.2　动量方程

以 x 方向的动量方程为例，作类似于上面的处理，有

$$\overline{\frac{\partial(\overline{u}+u')}{\partial t}}+\overline{\frac{\partial(\overline{u}+u')^2}{\partial x}}+\overline{\frac{\partial(\overline{u}+u')(\overline{v}+v')}{\partial y}}+\overline{\frac{\partial(\overline{u}+u')(\overline{w}+w')}{\partial z}}$$

$$=-\frac{1}{\rho}\overline{\frac{\partial(\overline{p}+p')}{\partial x}}+\nu\left[\overline{\frac{\partial^2(\overline{u}+u')}{\partial x^2}}+\overline{\frac{\partial^2(\overline{u}+u')}{\partial y^2}}+\overline{\frac{\partial^2(\overline{u}+u')}{\partial z^2}}\right]$$

利用上节给出的关系式，可得：

$$\frac{\partial\overline{u}}{\partial t}+\frac{\partial(\overline{u}^2)}{\partial x}+\frac{\partial(\overline{u}\overline{v})}{\partial y}+\frac{\partial(\overline{u}\overline{w})}{\partial z}+\frac{\partial\,\overline{(u')^2}}{\partial x}+\frac{\partial\,\overline{(u'v')}}{\partial y}+\frac{\partial\,\overline{(u'w')}}{\partial z}$$

$$=-\frac{1}{\rho}\frac{\partial \bar{p}}{\partial x}+\nu\left(\frac{\partial^2 \bar{u}}{\partial x^2}+\frac{\partial^2 \bar{u}}{\partial y^2}+\frac{\partial^2 \bar{u}}{\partial z^2}\right)$$

把上式左端脉分量乘积的时均值项移到等号右端,得:

$$\frac{\partial \bar{u}}{\partial t}+\frac{\partial(\bar{u}^2)}{\partial x}+\frac{\partial(\bar{u}\bar{v})}{\partial y}+\frac{\partial(\bar{u}\bar{w})}{\partial z}$$

$$=-\frac{1}{\rho}\frac{\partial \bar{p}}{\partial x}+\frac{\partial}{\partial x}\left[\nu\frac{\partial \bar{u}}{\partial x}-\overline{(u')^2}\right]+\frac{\partial}{\partial y}\left(\nu\frac{\partial \bar{u}}{\partial y}-\overline{u'v'}\right)+$$

$$\frac{\partial}{\partial z}\left[\nu\frac{\partial \bar{u}}{\partial z}-\overline{u'w'}\right]$$

对其它两个方向也可作类似的推导。现在把三个方向上的动量方程写成直角坐标中张量符号形式。为与通用对流-扩散方程(5-46)在形式上的一致,以流体密度 ρ 乘上式两端,可得下列时均形式的 Navier-Stokes 方程,即 Reynolds 方程:

$$\frac{\partial(\rho\bar{u}_i)}{\partial t}+\frac{\partial(\rho\bar{u}_i\bar{u}_j)}{\partial x_j}$$

$$=-\frac{\partial \bar{p}}{\partial x_i}+\frac{\partial}{\partial x_j}\left(\eta\frac{\partial \bar{u}_i}{\partial x_j}-\rho\overline{u'_i u'_j}\right)\ (i=1,3) \tag{9-6}$$

9.2.3 其它 ϕ 变量方程

对其它 ϕ 变量作类似的处理,可得

$$\frac{\partial(\rho\bar{\phi})}{\partial t}+\frac{\partial(\rho\bar{u}_j\bar{\phi})}{\partial x_j}=\frac{\partial}{\partial x_j}\left(\Gamma\frac{\partial\bar{\phi}}{\partial x_j}-\rho\overline{u'_j\phi'}\right)+S \tag{9-7}$$

9.2.4 关于脉动值乘积的时均值的讨论

9.2.4.1 湍流模型(*turbulence model*)

由上述时均方程的导出过程可见,一次项在时均前后的形式保持不变,而二次项(即乘积项)在时均化处理后则产生包含脉动值的附加项。这些附加项代表了由于湍流脉动所引起的能量转移(应力、热流密度等),其中($-\overline{\rho u'_i u'_j}$)称为 Reynolds 应力或湍流应力。在式(9-5),(9-6),(9-7)这 5 个方程中含有多于 5 个的未知量,因而该五个方程是不封闭的。为了使描写湍流对流换热的方程组得以封闭,必须找出确定这些附加项的关系式,并且这些关系式中不能再引入新的未知量,否则又需要补充新的方程。实际上,湍流脉动值附加项的确定是用 Reynolds 时均方程计算湍流的核心内容。所谓湍流模型就是把湍流的脉动值附加项与时均值联系起来的一些特定关系式。

9.2.4.2　Reynolds 应力方程法

上节中已指出，通过对时均形式的 Navier-Stokes 方程（即 Reynolds 方程）作各种运算，包括再取时均值，可以导出关于脉动值附加项（即两个脉动值乘积的时均值）的偏微分方程。在此过程中又引入了更高阶的未知量（如三个脉动值乘积的时均值），于是还需对更高阶的附加项建立起方程，但又因此而引入了阶数更高的附加项，因而最终必须要用模型才能使方程组封闭。所以湍流模型实际上就是使方程组封闭的模型，文献中有时又称为封闭模型（*closure model*）。目前文献中已发展出了需求解 20 余偏微分方程的模型[21]，统称为 Reynolds 应力方程法，其中二阶矩模型被有的研究者认为是现阶段最有前途应用于工程数值计算的模型[1]，将在 9.9 节中予以介绍。

9.2.4.3　湍流粘性系数法

在湍流粘性系数法中，把湍流应力表示成湍流粘性系数的函数，整个计算的关键就在于确定这种湍流粘性系数。

1. 湍流粘性系数　Boussinesq（1877）假设，湍流脉动所造成的附加应力也与层流运动应力那样可以同时均的应变率关联起来。我们知道，层流时联系流体的应力与应变率的本构方程（*constitution equation*）为：

$$\tau_{i,j} = -p\delta_{i,j} + \eta\left(\frac{\partial u_i}{\partial x_j} + \frac{\partial u_j}{\partial x_i}\right) - \frac{2}{3}\eta\delta_{i,j}\,\mathrm{div}\,\mathbf{V} \tag{9-8}$$

其中 η 是分子扩散所造成的动力粘性。

仿此，湍流脉动所造成的应力可以表示成为：

$$-\rho\overline{u'_i u'_j} = (\tau_{i,j})_t = -p_t\delta_{i,j} + \eta_t\left(\frac{\partial u_i}{\partial x_j} + \frac{\partial u_j}{\partial x_i}\right) - \frac{2}{3}\eta_t\delta_{i,j}\,\mathrm{div}\,\mathbf{V} \tag{9-9}$$

上式各物理量均为时均值（为方便起见，此后，除脉动值的时均值外，其它时均值的符号均予以略去）。p_t 是脉动速度所造成的压力，定义为：

$$p_t = \frac{1}{3}\rho(\overline{u'^2} + \overline{v'^2} + \overline{w'^2}) = \frac{2}{3}\rho k \tag{9-10}$$

这里 k 是单位质量流体湍流脉动动能：

$$k = \frac{1}{2}(\overline{u'^2} + \overline{v'^2} + \overline{w'^2}) \tag{9-11}$$

式（9-9）中的 η_t 称为湍流粘性系数（*turbulent viscosity*），它是空间坐标的函数，取决于流动状态而不是物性参数，而分子粘性 η 则是物性参数。为简便起见，凡是由流体分子扩散所造成的迁移特性，如动力粘度，导热系数等，不加下标，由湍流脉动所造成的量加下标 t。

值得指出，虽然式(9-9)并无相应的物理基础，从纯学术的观点并不正确[18]；但是以该式为基础的一些湍流模型仍能获得不少有实用意义的结果，因而工程计算中仍广为采用。

2. 湍流扩散系数(*turbulent diffusivity*)

类似于湍流切应力的处理，对其它 ϕ 变量的湍流脉动附加项可以引入相应的湍流扩散系数，为简便起见均以 Γ_t 表示，则湍流脉动所传递的通量可以通过下列关系式而与时均参数联系起来：

$$-\overline{\rho u'_j \phi'} = \Gamma_t \frac{\partial \phi}{\partial x_j} \tag{9-12}$$

值得指出，虽然 η_t 与 Γ_t 都不是流体的物性参数而取决于湍流的流动，但是实验表明，其比值，即湍流 Prandtl 数(如果 ϕ 是温度)或湍流 Schmidt 数(如果 ϕ 是质交换方程的组份)则常常近似地可以视为是一常数。在湍流数值计算的文献中常用符号 σ 表示这两个量的比值，即：

$$\sigma = \frac{\eta_t}{\Gamma_t} \tag{9-13}$$

从下一节起，我们开始介绍几种常用的湍流模型。鉴于 η_t 与 Γ_t 之间有式(9-13)联系着，而且 σ 一般取为常数(自由射流中约为 0.6，贴壁流动中约为 0.9)，因而讨论的重点将在 η_t 的确定上。

3. 时均形式的通用对流-扩散方程

将式(9-9)代入式(9-6)中后，可以把 p_t 与 p 组合成一个有效压力：

$$p_{\text{eff}} = p + p_t = p + \frac{2}{3}\rho k \tag{9-14}$$

这样，时均形式的动量方程仍然可以表示成常规的对流-扩散方程的形式，而把不能归入到对流、扩散项中去的部分都纳入源项中去。按这种方式写出的三维坐标系中的动量方程的时均形式及其源项给出在 9.4 节的表 9-6，9-7 中。为简便起见，以后湍流的有效压力仍记为 p。

由上所述可见，引入 Boussinesq 假设以后，计算湍流流动的关键就在于如何确定 η_t。所谓湍流模型，在这里也就是指把 η_t 与湍流时均参数联系起来的关系式。依据确定 η_t 的微分方程数目的多少，又有所谓零方程模型、一方程模型及两方程模型等，下面我们分别予以介绍。

9.3　零方程模型及一方程模型

9.3.1　零方程模型(*zero equation model*)

所谓零方程模型,是指不需要微分方程而是用代数关系式把湍流粘性系数与时均值联系起来的模型。

9.3.1.1　常系数模型

最简的零方程模型是常系数模型。对自由剪切层流动,例如射流,Prandtl 提出在同一截面上 η_t 为常数。这时 ν_t 的计算式为

$$\nu_t = C\delta \mid u_{\max} - u_{\min} \mid \tag{9-15}$$

式中,δ 为剪切层厚度,它是切应力层中边缘上这样两个点之间的距离,该两点的流速与层外自由流动流体的速度差等于该截面上最大速差的 1%,对于轴对称流动,δ 是指从对称轴到 1% 点之间的距离,$u_{\max}$与 $u_{\min}$ 为同一截面上的最大与最小流速。系数 C 之值列于表 9-2 表。

式(9-15)的形式简单,且所得结果与实验测定的符合也能满足一般工程计算的需要,因此,在湍流射流计算中曾应用较广。但当发生从一种形式的流动向另一种形式的转换时,由于系数没有通用性,计算的结果就不准确。

表 9-2　式(9-15)中的系数[22]

流动形式	平面混合流动	平面射流	圆形射流	径向射流	平面尾迹
C	0.01	0.014	0.011	0.019	0.026

9.3.1.2　二维 Prandtl 混合长度理论(*mixing length theory*)

Prandtl 的混合长度理论也属于零方程模型。在二维坐标系中,湍流切应力表示成为:

$$-\overline{\rho u'v'} = \rho l_m^2 \left| \frac{\partial u}{\partial y} \right| \frac{\partial u}{\partial y} \tag{9-16}$$

或

$$\eta_t = \rho l_m^2 \left| \frac{\partial u}{\partial y} \right| \tag{9-17}$$

这里 u 为主流的时均速度,y 是与主流方向相垂直的坐标。l_m 称为混合长度,是这种模型中需要加以确定的参数。

对自由剪切层流动(图 9-2 中画出了几种典型情形),混合长度 l_m 与剪切层厚度 $\delta(x)$ 之比列出于表 9-3 中。

表 9-3　自由剪切层流动中的混合长度[22]

流动形式	平面混合流动	平面射流	圆形射流	径向射流	平面尾迹
l_m/δ	0.07	0.09	0.075	0.125	0.16

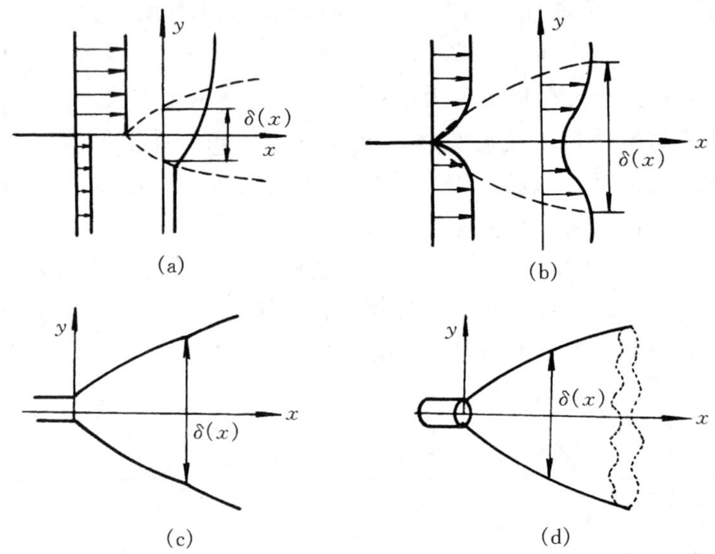

图 9-2　自由剪切层的几种流动情形

(a) 平面混合流 (b)平面尾迹 (c) 平面射流 (d) 圆形射流

对图 9-3(a)所示的沿壁面的边界层流动,混合长度 l_m 与离开壁面的相对距离 y/δ 按斜坡函数的关系变化,如图 9-4 所示。其中 δ 为流速是来流速度 99% 处离开壁面的距离。系数 κ 与 λ 由实验测定得出。Patanker 与 Spalding[22]推荐 $\kappa=0.435$, $\lambda=0.09$。Anderson 等[23]取 $\kappa=0.41$, $\lambda=0.085$。Cebeci 与 Bradshaw[24],则取 $\kappa=0.41,\lambda=0.08$。

对于圆管内充分发展的流动(图 9-3b)),混合长度可按可按 Nikurades 公式计算:

$$l_m/R = 0.14 - 0.08(1-y/R)^2 - 0.06(1-y/R)^4 \quad (9-18)$$

其中 R 为管道半径,得出上式的实验范围是 $Re=1.1\times10^5\sim3.2\times10^6$。

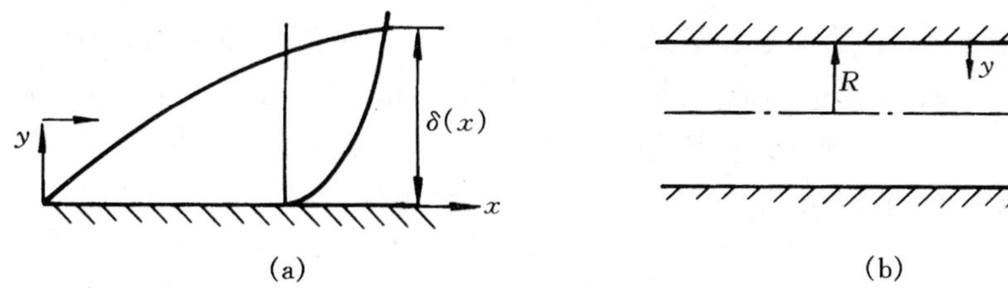

图 9-3　沿壁面流动的两种情形
(a) 边界层流动 (b) 管内流动

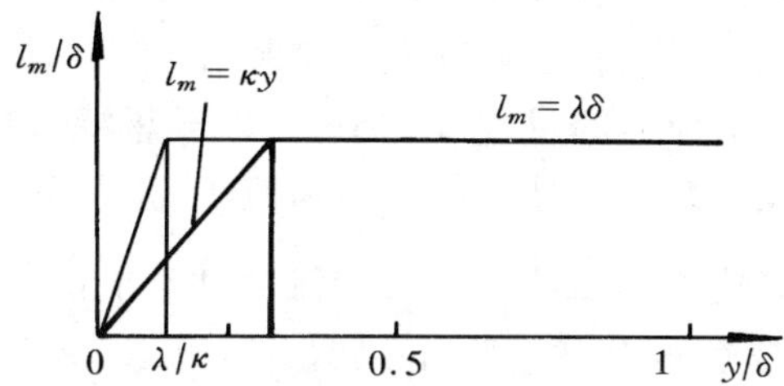

图 9-4　壁面边界层中混合长度的确定

在十分接近壁面的地区,应考虑分子粘性对紊流脉动的影响。van Driest 提出了一个阻尼函数来考虑这一因素[25],把壁面附近的混合长度计算式表示成为:

$$l_m = \kappa y\left[1-\exp\left(-\frac{y(\tau_W/\rho)^{1/2}}{A\nu}\right)\right],\ A = 26 \qquad (9-19)$$

式中 τ_W 为壁面上的切应力。

由混合长度理论确定了 η_t 后可以应用关系式(9-13)确定湍流扩散系数。当 ϕ 为温度时,对沿壁面的流动,$\sigma_T=0.9$,在平面射流中取 0.5,在圆形射流中取 0.7。

9.3.1.3　混合长度理向三维流动的推广

上述计算湍流粘性系数的混合长度理论已被推广到三维流动,可参见文献[12,26,27]。

混合长度理论对于比较简单的流动,如二维边界层流动,平直通道内的流动等是适用的。例如 Patankar 等就曾用混合长度理论计算了带纵向内肋片的平直圆管内的充分发展湍流换热,获得了与实验值相当一致的结果[28],其它应用实例可见文献[29～31]。

混合长度理论在物理概念上是有不足之处的。按式(9-17),在管道的中心线上,速度梯度为零,使 η_t 也等于零,这与实验测定结果相矛盾。同时 ν_t 的计算式也不能反映湍流的历史(上游情况)及湍流强度① (*turbulence intensity*)的影响,用偏微分方程来确定湍流粘性系数的模型就适应了这方面的需要。

9.3.2 一方程模型(*one-equation model*)

9.3.2.1 Prandtl-Kolmogorov 假设

在混合长度理论中,η_t(或 ν_t)仅与几何位置及时均速度场有关,而与湍流的特性参数无关。混合长度理论应用的局限性启发我们想到湍流粘性系数应当与湍流本身的特性量有关。如果把湍流脉动造成附加应力的过程与分子扩散造成应力的过程相比拟,可以设想湍流粘性系数应当与脉动的特性速度及脉动的特性尺度的乘积有关,正像分子粘性正比于分子平均自由程与其速度的乘积一样。湍流脉动动能的平方根,即 $k^{\frac{1}{2}}$,可以作为湍流脉动速度的代表。Prandtl 及 Kolmogorov[32] 从上述考虑出发,各自提出了计算 η_t 的下列表达式:

$$\eta_t = c'_{\mu} \rho k^{\frac{1}{2}} l \tag{9-20}$$

其中 c'_{μ} 为经验系数,l 是湍流脉动的长度标尺,一般地它不等于混合长度 l_m。采用此式来确定 η_t 时,关键在于确定流场中各点的脉动动能及长度标尺。

9.3.2.2 湍流脉动动能方程

为了确定 k,首先需要建立关于 k 的偏微分方程。这可以从 k 的定义$\left(\frac{1}{2}\overline{u'_i u'_i}\right)$出发,通过对瞬态 Navier-Stokes 方程及其时均的形式作一系列的运算而得出(参见本书第 1 版附录 1 中式(A1-7)及其以前的部分)。这样得出的方程中又引入了新的未知量,如$\overline{u'_i p'}$等。为使方程封闭,必须对这些项作近似处理,以把它们表示成其它时均变量的函数。经过这一番简化处理后,可得 k 方程的最终形式如下:

$$\underbrace{\rho \frac{\partial k}{\partial t}}_{\text{非稳态项}} + \underbrace{\rho u_j \frac{\partial k}{\partial x_j}}_{\text{对流项}} = \underbrace{\frac{\partial}{\partial x_j}\left[\left(\eta + \frac{\eta_t}{\sigma_k}\right)\frac{\partial k}{\partial x_j}\right]}_{\text{扩散项}} + \underbrace{\eta_t \frac{\partial u_j}{\partial x_i}\left(\frac{\partial u_j}{\partial x_i} + \frac{\partial u_i}{\partial x_j}\right)}_{\text{产生项}} - \underbrace{c_D \rho \frac{k^{3/2}}{l}}_{\text{耗散项}} \tag{9-21}$$

① 湍流强度是指脉动速度平方时均值的方根与某一特征速度(如切应力速度)的比值。

这里 σ_k 称为脉动动能的 Prandtl 数,其值在 1.0 左右。系数 c_D 在文献中没有比较一致的值,例如在文献[33]中此值为 0.08,在文献[34]中取 0.22,在[35]中取 0.38,而在[36]中则取为 0.164,在[37]中又等于 0.092。但我们以后会看到,在利用两方程 $k-\varepsilon$ 模型来确定 η_t 时,我们感兴趣的是 c_D 与 c'_μ 的乘积,而这一乘积则在各种文献中相当一致($\approx$ 0.09)。

9.3.2.3　一方程模型

利用 k 方程来确定 η_t 时,整个控制方程组包括连续性方程、动量方程、能量方程及 k 方程。此外还必须对式(9-20)、(9-21)中的 l 作出规定才能使方程封闭。这样连同式(9-20)就构成了一方程湍流模型。

式(9-21)中的 l 称为湍流长度标尺(*turbulence length scale*),文献中不同的 k 方程模型间的区别也就在于计算 l 的方法不同。常用的做法是采用类似于混合长度理论中 l_m 的计算式。在某些具体问题中可以找出使计算与实验结果吻合得更好的表达式。例如在文献[34]中对如图 8-5所示的单侧突扩区域中的湍流流动采用一方程模型来计算,并给出了 l 的计算公式,可供参考。应用一方程模型求解流动与换热问题的例子还可参见文献[35,36]。

采用一方程模型时,边界条件的处理有两种做法。一种做法是在近壁区域中设置足够多的节点,并取壁面上的 $k=0$ 及与壁面平行的流速为零。这种方法适宜于计算边界层类型的流动。例如在文献[36]中,计算低 Pr 介质在管内的湍流换热时,采用了抛物型方程,在横截面上布置了 60 个节点,其中一半是设置在近壁区内的(该文中把 $y^+\leqslant 100$ 称为近壁区,y^+ 的定义见下一节)。对于椭圆型问题,在近壁区稠密地设置节点会使所需内存及计算时间都大幅度地增加。为避免这点,可以采用壁面函数法,有关这一方法的内容将在 $k-\varepsilon$ 模型中介绍。

在一方程模型中,湍流粘性系数与能表征湍流流动特性的脉动动能联系了起来,这无疑优于混合长度理论。但是在一方程模型中仍要用经验的方法规定长度标尺的计算公式,这是一方程模型的主要缺点。实际上湍流长度标尺本身也是与具体问题有关的,需要有一个偏微分方程来确定,这就导致了两方程模型。

在结束本节之前,给出一个应用混合长度理论计算湍流对流换热的例子。

例 9-1　应用混合长度理论计算均匀热流边界条下圆管内湍流充分发展换热区的 Nu 数。

据第 4 章所述,充分发展区的动量方程为:

$$\frac{1}{r}\frac{\partial}{\partial r}\left[r(\eta+\eta_t)\frac{\partial w}{\partial r}\right]=\frac{\mathrm{d}p}{\mathrm{d}x}\ (w\ \text{为轴向速度})$$

定义

$$\zeta = r/R,\ W = \eta w/\left(-R^2\frac{\mathrm{d}p}{\mathrm{d}x}\right)$$

则上式化为:

$$\frac{1}{\zeta}\frac{\partial}{\partial \zeta}\left[\zeta\left(1+\frac{\eta_t}{\eta}\right)\frac{\partial W}{\partial \zeta}\right]+1=0 \tag{a}$$

设 ϕ_l 为轴向单位长度上的加热量,则在充分发展区有:

$$\frac{\partial T}{\partial x}=\frac{\mathrm{d}T_b}{\mathrm{d}x}=\phi_l/(\pi R^2 w_m \rho c_P)$$

而能量方程则可以转化成:

$$\frac{1}{\zeta}\frac{\partial}{\partial \zeta}\left[\zeta(1+\lambda_t/\lambda)\frac{\partial \Theta}{\partial \zeta}\right]+\frac{W}{\pi W_m}=0 \tag{b}$$

这里 $\Theta=(T_W-T)/(\phi_l/k)$,$T_W$ 为管壁温度。

不难看出,式(a)、(b)与第 4 章中相应问题的控制方程式相类似,仍然是导热型方程。所不同的是式(a)、(b)中的湍流粘性系数 η_t 及湍流导热系数 λ_t,均为未知量,需要引入湍流模型来确定。

在文献[28]中提出了下列计算混合长度 l_m 的公式:

$$l_m=(DF)_V(l_m)_N \tag{c}$$

其中$(l_m)_N$ 按 Nikurads 公式(9-18)计算,而阻尼因子$(DF)_V$ 则按 van Driest 提出的方式确定,即:

$$(DF)_V=1-\exp\left[-\frac{y(\tau_W/\rho)^{1/2}}{A\nu}\right],\ A=26 \tag{d}$$

湍流导热系数 λ_t 可通过湍流 Prandtl 数 σ_T 而与 η_t 联系起来:

$$\lambda_t=c_p\frac{\eta_t}{\sigma_T},\ \text{或}\ \frac{\lambda_t}{\lambda}=\left(\frac{Pr}{\sigma_T}\right)\left(\frac{\eta_t}{\eta}\right) \tag{e}$$

σ_T 取为常数(0.9~1)。

由于(η_t/η)的值与速度场有关,因而式(a)的数值计算就必然具有迭代的性质。即先需假定一个速度场,据式(9-17)及(c)、(d)确定 η_t,然后求解式(a),如此反复,直到获得收敛的解。获得速度场后,据式(e)确定不同地点上的 λ_t/λ,再求解能量方程(b),进而确定 Nu 数。

在这一计算中,决定速度场的无量纲参数是 Re 数,决定温度场的是 Re 数及 Pr 数。η_t/η 与 Re 数等量之间的关系如下:

$$\frac{\eta_t}{\eta}=\frac{\rho l_m^2\left|\frac{\mathrm{d}w}{\mathrm{d}y}\right|}{\rho\nu}=\frac{R^2\left(\frac{l_m}{R}\right)^2\frac{\mathrm{d}\mid W/W_m\mid u_m}{R\mathrm{d}(y/R)}}{\nu}$$

$$=\frac{Re}{2}\left(\frac{l_m}{R}\right)^2\left|\frac{\mathrm{d}(W/W_m)}{\mathrm{d}\zeta}\right| \tag{f}$$

其中(l_m/R)通过类似的转换可化为：

$$\frac{l_m}{R}=(0.14-0.08\zeta^2-0.06\zeta^4)\Big\{1-$$

$$\exp\left[-\frac{(1-\zeta)}{A}\sqrt{\frac{Re}{2}}\sqrt{\left|\frac{\mathrm{d}(W/W_m)}{\mathrm{d}\zeta}\right|_{\zeta=1}}\right]\Big\} \tag{g}$$

将式(f)代入(e)，可把 λ_t/λ 表示成Re 及Pr 数的函数。

显然，式(a)，(b)是带源项的导热型方程，由于 η_t 与λ_t 是求解变量的函数，因而是非线性问题。笔者在 $Re=10^4\sim1.8\times10^5$ 范围内进行了求解，计算所得的 Nu 数及阻力系数与分别按 Petukhov 公式及 Filonenko 公式[37]计算的值相差在 4.1% 以内。计算中取 $\sigma_T=1.0$，40 节点，径向不均匀分布，靠近壁面处网格加密。

9.4　$k-\varepsilon$ 两方程模型

9.4.1　与湍流长度标尺有关的物理量

在一方程模型中，湍流的长度标尺 l 是由经验公式给出的。其实长度标尺也是一个变量，可以通过求解微分方程而得出。这里我们先来探讨一下，除了 l 本身以外，还可能有些什么变量是与湍流脉动的长度标尺有关的。在文献中广泛地采用形如 $Z=k^ml^n$ 的公式来选择与湍流脉动的长度标尺有关的量。已经采用的 Z 变量的主要形式列于表 9－4 中。Rodi 指出[22]，所有这些 Z 变量的微分方程形式均类似，但是对靠近壁面

表 9－4　Z 变量的几种主要形式

Z 变量	$k^{1/2}/l$	$k^{3/2}/l$	kl	k/l^2
提出者	Kolmogorov [32]	Chou（周培源）[19]	Rodi，Spalding [38]	Spalding[39]
符号	f	e	kl	W
物理意义	涡旋频率	能量的耗散	能量与标尺之积	涡量脉动的均方值

地区的计算来说以 ε 方程最为方便。因而，在湍流的工程计算中，$k-\varepsilon$ 的两方程模型用最广。本书中主要讨论 $k-\varepsilon$ 两方程模型。

9.4.2 脉动动能耗散率的定义及其控制方程

9.4.2.1 耗散率的定义

湍流中单位质量流体脉动动能的耗散率，即各向同性的小尺度涡的机械能转化为热能的速率定义为：

$$\varepsilon = \nu \overline{\left(\frac{\partial u'_i}{\partial x_k}\right)\left(\frac{\partial u'_i}{\partial x_k}\right)} \tag{9-22a}$$

式中 ν 为流体的分子粘性，重复的下标代表求和。

在由三维非稳态 Navier-Stokes 方程出发推导 ε 方程的过程中，需要对推导过程中出现的复杂的项作出简化处理。此外，再引入下面关于 ε 的模拟定义式以将 ε 与 k 联系起来：

$$\varepsilon = c_D \frac{k^{3/2}}{l} \tag{9-22}$$

式中 c_D 为经验常数。这一模拟定义式的得出可以如下理解：从较大的涡向较小的涡传递能量的速率对单位体积的流体正比于 ρk，而反比于传递时间。传递时间与湍流长度标尺 l 成正比，而与脉动速度成反比。于是可有：

$$\rho\varepsilon \sim \rho k \Big/ \left(\frac{l}{\sqrt{k}}\right) \sim \rho k^{3/2} l$$

9.4.2.2 ε 的控制方程

关于耗散率 ε 方程的推导过程给出在本书第 1 版的附录 2 中，下面列出其最终的形式：

$$\underbrace{\rho\frac{\partial \varepsilon}{\partial t}}_{\text{非稳态项}} + \underbrace{\rho u_k \frac{\partial \varepsilon}{\partial x_k}}_{\text{对流项}} = \underbrace{\frac{\partial}{\partial x_k}\left[\left(\eta + \frac{\eta_t}{\sigma_\varepsilon}\right)\frac{\partial \varepsilon}{\partial x_k}\right]}_{\text{扩散项}} + \underbrace{\frac{c_1 \varepsilon}{k}\eta_t \frac{\partial u_i}{\partial x_j}\left(\frac{\partial u_i}{\partial x_j} + \frac{\partial u_j}{\partial x_i}\right)}_{\text{产生项}} - \underbrace{c_2 \rho \frac{\varepsilon^2}{k}}_{\text{消失项}} \tag{9-23}$$

于是 k 方程可改写成为：

$$\rho\frac{\partial k}{\partial t} + \rho u_j \frac{\partial k}{\partial x_j} = \frac{\partial}{\partial x_j}\left[\left(\eta + \frac{\eta_t}{\sigma_k}\right)\frac{\partial k}{\partial x_j}\right] + \eta_t \frac{\partial u_i}{\partial x_j}\left(\frac{\partial u_i}{\partial x_j} + \frac{\partial u_j}{\partial x_i}\right) - \rho\varepsilon \tag{9-24}$$

式(9-23)中的 c_1，c_2 为经验系数，将在下面给出其推荐值。

9.4.3　$k-\varepsilon$ 两方程湍流模型的控制方程组

采用 $k-\varepsilon$ 模型时，式(9-20)可改写为：

$$\eta_t = c'_\mu \rho k^{\frac{1}{2}} l = (c'_\mu c_D)\rho k^2 \frac{1}{c_D k^{3/2}/l} = c_\mu \rho k^2/\varepsilon \qquad (9-25)$$

其中 $c_\mu = c'_\mu c_D$。

采用 $k-\varepsilon$ 模型来求解湍流对流换热问题时，控制方程包括连续性方程、动量方程、能量方程及 k、ε 方程与式(9-25)。在这一方程组中引入了三个系数(c_1, c_2, c_μ)及三个常数($\sigma_k, \sigma_\varepsilon, \sigma_T$)。在近年发表的文献中，关于这 6 个经验常数的取值已经比较一致，其值给出在表 9-5 中，其中与温度场有关的湍流 Pr 数 σ_T 与时均形式能量方程的广义扩散系数 Γ 有下列关系：

$$\Gamma = \frac{\lambda}{c_p} + \frac{\eta_t}{\sigma_T} = \frac{\eta}{Pr} + \frac{\eta_t}{\sigma_t} \qquad (9-26)$$

这里 η/Pr 是由分子扩散所造成的，而 η_t/σ_t 则是由湍流脉动所造成的。在旺盛湍流区，分子扩散部分可以略而不计。

表 9-5　$k-\varepsilon$ 模型中的系数[4,22,40~48]

c_μ	c_1	c_2	σ_k	σ_ε	σ_T
0.09	1.44	1.92	1.0	1.3	0.9~1.0

为读者查阅的方便，三维直角坐标系及三维圆柱坐标系中的湍流动量方程及 $k-\varepsilon$ 方程列出于表 9-6，9-7 中。表中 Γ 及 S 的下标 ϕ 均已省去。在三种二维正交坐标系中的 $k-\varepsilon$ 模型的控制方程可由相应的三维控制方程删去与第 3 个坐标有关的项而得。例如二维轴对称坐标系中的控制方程可据表 9-7 所列方程删去与 θ 坐标有关的项(包括对流项、扩散项与源项中所包括的与 θ 有关的项)而得出。

9.4.4　几点说明

1. 湍流应力计算　本章所介绍的各种湍流模型，实际上是要解决如何计算由于脉动所造成的湍流应力问题。采用 $k-\varepsilon$ 两方程模型后湍流应力就可以按以下公式计算：

$$(\tau_{i,j})_t = -\frac{2}{3}\rho k \delta_{i,j} + \eta_t\left(\frac{\partial u_i}{\partial x_j} + \frac{\partial u_j}{\partial x_j}\right) \qquad (9-26a)$$

$$\eta_t = c_\mu \rho k^2/\varepsilon \qquad (9-26b)$$

表 9-6　三维直角坐标中 $k-\varepsilon$ 模型的控制方程

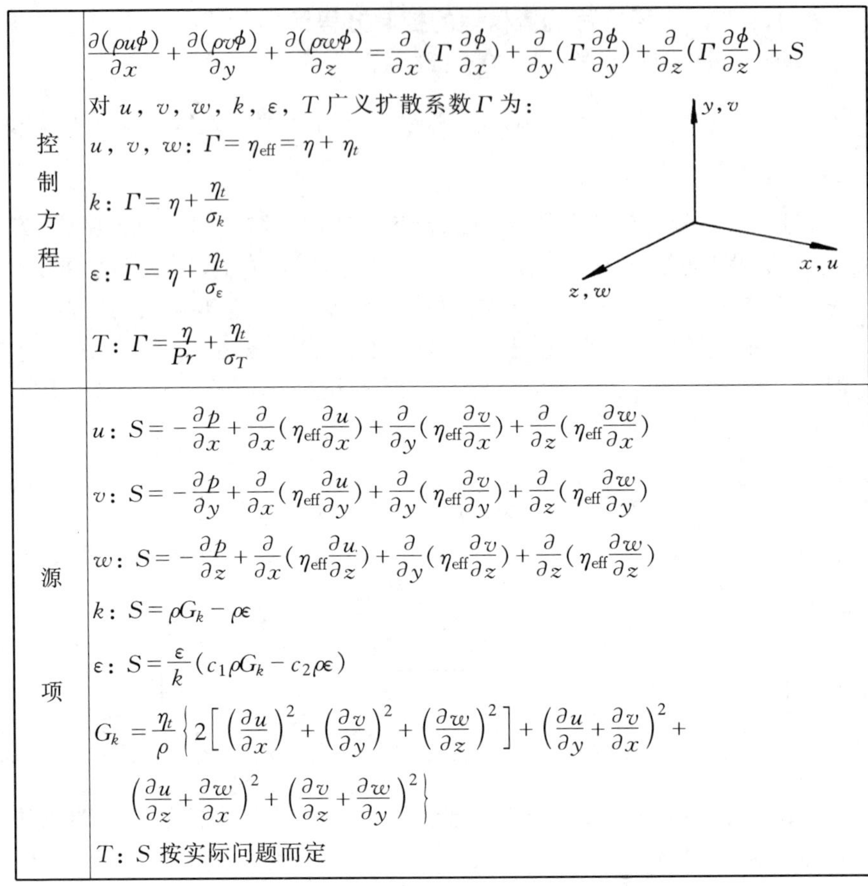

控制方程	$\dfrac{\partial(\rho u\phi)}{\partial x}+\dfrac{\partial(\rho v\phi)}{\partial y}+\dfrac{\partial(\rho w\phi)}{\partial z}=\dfrac{\partial}{\partial x}(\Gamma\dfrac{\partial\phi}{\partial x})+\dfrac{\partial}{\partial y}(\Gamma\dfrac{\partial\phi}{\partial y})+\dfrac{\partial}{\partial z}(\Gamma\dfrac{\partial\phi}{\partial z})+S$ 对 u，v，w，k，ε，T 广义扩散系数 Γ 为： u，v，w：$\Gamma=\eta_{\mathrm{eff}}=\eta+\eta_t$ k：$\Gamma=\eta+\dfrac{\eta_t}{\sigma_k}$ ε：$\Gamma=\eta+\dfrac{\eta_t}{\sigma_\varepsilon}$ T：$\Gamma=\dfrac{\eta}{Pr}+\dfrac{\eta_t}{\sigma_T}$
源项	u：$S=-\dfrac{\partial p}{\partial x}+\dfrac{\partial}{\partial x}(\eta_{\mathrm{eff}}\dfrac{\partial u}{\partial x})+\dfrac{\partial}{\partial y}(\eta_{\mathrm{eff}}\dfrac{\partial v}{\partial x})+\dfrac{\partial}{\partial z}(\eta_{\mathrm{eff}}\dfrac{\partial w}{\partial x})$ v：$S=-\dfrac{\partial p}{\partial y}+\dfrac{\partial}{\partial x}(\eta_{\mathrm{eff}}\dfrac{\partial u}{\partial y})+\dfrac{\partial}{\partial y}(\eta_{\mathrm{eff}}\dfrac{\partial v}{\partial y})+\dfrac{\partial}{\partial z}(\eta_{\mathrm{eff}}\dfrac{\partial w}{\partial y})$ w：$S=-\dfrac{\partial p}{\partial z}+\dfrac{\partial}{\partial x}(\eta_{\mathrm{eff}}\dfrac{\partial u}{\partial z})+\dfrac{\partial}{\partial y}(\eta_{\mathrm{eff}}\dfrac{\partial v}{\partial z})+\dfrac{\partial}{\partial z}(\eta_{\mathrm{eff}}\dfrac{\partial w}{\partial z})$ k：$S=\rho G_k-\rho\varepsilon$ ε：$S=\dfrac{\varepsilon}{k}(c_1\rho G_k-c_2\rho\varepsilon)$ $G_k=\dfrac{\eta_t}{\rho}\left\{2\left[\left(\dfrac{\partial u}{\partial x}\right)^2+\left(\dfrac{\partial v}{\partial y}\right)^2+\left(\dfrac{\partial w}{\partial z}\right)^2\right]+\left(\dfrac{\partial u}{\partial y}+\dfrac{\partial v}{\partial x}\right)^2+\left(\dfrac{\partial u}{\partial z}+\dfrac{\partial w}{\partial x}\right)^2+\left(\dfrac{\partial v}{\partial z}+\dfrac{\partial w}{\partial y}\right)^2\right\}$ T：S 按实际问题而定

2. 通用控制方程　将表 9-6,9-7 中所列的控制方程与式(5-46)相比后可以发现,无论哪一种坐标系,控制方程式都可以表示成以下通用形式:

$$\frac{\partial(\rho\phi)}{\partial t}+\mathrm{div}(\rho\mathbf{V}\phi)=\mathrm{div}(\Gamma\mathrm{grad}\phi)+S \tag{9-27}$$

各类变量的控制方程都可以写成式(9-27)这种统一形式的这一事实,为发展大型通用计算程序提供了条件。首先,控制方程的离散化及求解方法可以求得统一,本书第 5,6 章中所讨论过的有关内容对各类变量都适用;其次以式(9-27)为出发点所编制的程序可以适用于各种变量,不同变量间的区别仅在于广义扩散系数、广义源项及初值、边界条件这三方面。实际上,目前世界上研究计算传热学的主要组织所编制的程序多是针对式(9－27)写出的。读者在学习过程中应特别注意不同变量的源项在离散化及求解过程中的特殊问题。关于 k,ε 方程的源项在离散化时应注意的事项将在 9－5 节中讨论。

表 9－7　三维圆柱坐标中 $k-\varepsilon$ 模型的控制方程[41]

控制方程	$\frac{\partial}{\partial x}(\rho u\phi)+\frac{1}{r}\frac{\partial}{\partial r}(r\rho v\phi)+\frac{1}{r}\frac{\partial}{\partial \theta}(\rho w\phi)$ $=\frac{\partial}{\partial x}\left(\Gamma\frac{\partial\phi}{\partial x}\right)+\frac{1}{r}\frac{\partial}{\partial r}\left(\Gamma r\frac{\partial\phi}{\partial r}\right)+$ $\frac{1}{r}\frac{\partial}{\partial\theta}\left(\frac{\Gamma}{r}\frac{\partial\phi}{\partial\theta}\right)+S$ Γ 的取值方式同表 9－6 （图：r,v；θ；w；x,u）
源项	u：$S=-\frac{\partial p}{\partial x}+\frac{\partial}{\partial x}\left(\eta_{\text{eff}}\frac{\partial u}{\partial x}\right)+\frac{1}{r}\frac{\partial}{\partial r}\left(r\eta_{\text{eff}}\frac{\partial v}{\partial x}\right)+\frac{1}{r}\frac{\partial}{\partial\theta}\left(\eta_{\text{eff}}\frac{\partial w}{\partial x}\right)$
	v：$S=-\frac{\partial p}{\partial r}+\frac{\partial}{\partial x}\left(\eta_{\text{eff}}\frac{\partial u}{\partial r}\right)+\frac{1}{r}\frac{\partial}{\partial r}\left(r\eta_{\text{eff}}\frac{\partial v}{\partial r}\right)+$ $\frac{1}{r}\frac{\partial}{\partial\theta}\left[\eta_{\text{eff}}\frac{r\partial(w/r)}{\partial r}\right]-\frac{2\eta_{\text{eff}}}{r}\left(\frac{1}{r}\frac{\partial w}{\partial\theta}+\frac{v}{r}\right)+\frac{\rho w^2}{r}$
	w：$S=-\frac{1}{r}\frac{\partial p}{\partial\theta}+\frac{\partial}{\partial x}\left(\eta_{\text{eff}}\frac{\partial u}{r\partial\theta}\right)+\frac{1}{r}\frac{\partial}{\partial r}\left[r\eta_{\text{eff}}\left(\frac{1}{r}\frac{\partial v}{\partial\theta}-\frac{w}{r}\right)\right]+$ $\frac{1}{r}\frac{\partial}{\partial\theta}\left[\eta_{\text{eff}}\left(\frac{1}{r}\frac{\partial w}{\partial\theta}+\frac{2v}{r}\right)\right]+\frac{\eta_{\text{eff}}}{r}\left[r\frac{\partial(w/r)}{\partial r}+\frac{1}{r}\frac{\partial v}{\partial\theta}\right]-\frac{\rho vw}{r}$
	k：$S=\rho G_k-\rho\varepsilon$，$G_k=\frac{\eta_t}{\rho}\left\{2\left[\left(\frac{\partial u}{\partial x}\right)^2+\left(\frac{\partial v}{\partial r}\right)^2+\left(\frac{\partial w}{r\partial\theta}+\frac{v}{r}\right)^2\right]+\right.$ $\left.\left(\frac{\partial u}{\partial r}+\frac{\partial v}{\partial x}\right)^2+\left(\frac{\partial w}{\partial x}+\frac{\partial u}{r\partial\theta}\right)^2+\left(\frac{1}{r}\frac{\partial v}{\partial\theta}+\frac{\partial w}{\partial r}-\frac{w}{r}\right)^2\right\}$
	ε：$S=\frac{\varepsilon}{K}(c_1\rho G_k-c_2\rho\varepsilon)$
	T：S 按实际问题而定

3．经验常数的确定　表 9－5 中的常数主要是根据一些特殊条件下的试验结果而确定的。例如在网格后的湍流中 k,ε 方程的扩散项与产生项均为零[2]，于是两式中仅乘下常数 c_2，通过测定网格后 k 的衰减率便可得出 c_2。试验测得此值在 1.8～2.0 范围内[22]。经验表明，对计算结果影响最大的是 c_1,c_2 之值。例如 c_1 或 c_2 变化 5% 时，对射流喷射率的影响可达 20%。不言而喻，这一套常数的数值对于 $k-\varepsilon$ 模型的适应性与准确性有重要影响。

4．经验常数的适应性　表 9－5 中的这套常数虽然是据某些特殊情形下的试验结果而得出的，但仍有其一定适用性。近年来，$k-\varepsilon$ 模型已被广泛地用来计算边界层型流动[49]、管内流动[50]、剪切流动[51]、平面倾斜冲击流动[52]、有回流的流动[53]、三维边界层流动[54]，渐扩、渐缩方形截面管道内的流动与换热[55]及方形截面扭转通道中的流动与换热[56]，都取得了相当的成功。

但是，不能对表 9－5 所给出的常数值的适用性估计过高。这首先是因为每一种模型的本身有其一定的局限性，其次每一种模型所包括的经验常数也有一定的适用范围。例如常数 c_μ 之值是按那些边界层中脉动动能的产生项与耗散项相平衡的试验结果整理而得的，对产生项与耗散项偏离平衡状态较远的流动，c_μ 之值就会与 0.09 相差较远[22]。又如湍流 Pr 数 σ_T，据对圆管内湍流换热的实验测定，当 $y^+>30$ 时，其值基本上保持在 0.9 左右，但当 $y^+<30$ 时，越近壁面 σ_T 之值越大，当 $y^+=10$ 时，可达 1.6[57]。因而对这种情形在整个湍流区域内把 σ_T 取为常数的做法必然会带来误差。

在文献[58]中根据 DNS 计算结果及实验资料提出了以下计算公式：

在湍流边界层的对数律区域：

$$\sigma_T = \frac{0.7}{\left(\frac{\eta_t}{\eta}\right)Pr} + 0.85 \tag{9-28a}$$

在速度分布的过渡区与粘性支层内：

$$\sigma_T = 1.07,\ y^+ < 5$$

$$\sigma_T = 1 + 0.855 - \tanh[0.2(y^+ - 7.5)],\ 5 \leqslant y^+ < 30 \tag{9-28b}$$

按式(9－28b)确定的 σ_T 在 $y^+=10$ 时为 1.5，与文献[57]的试验结果相当一致。由于湍流 Pr 数计算中的这些不确定因素，促使一些研究者直接对湍流扩散系数进行数值求解的研究，在湍流模型中增加了温度脉动值平方的时均量及湍流热扩率的偏微分方程，可参见文献[59,60]。

5．在近壁区域内的适用性　式(9－23)，(9－24)及表 9－5 所规定的 $k-\varepsilon$ 模型称为高 Re 数模型，适用于离开壁面一定距离的湍流区域。这里的 Re 数是以湍流脉动动能的平方根作为速度的(又称湍流 Re 数)。在高 Re 数区域，η 相对于 η_t 可以略而不计。在与壁面相邻接的粘性支层中，湍流 Re 数很低，这里必须考虑分子粘性的影响，此时系数 c_μ 将与湍流 Re 数有关，k，ε 方程亦要作相应修改。适用于粘性支层的 $k-\varepsilon$ 模

型称为低 *Re* 数模型。采用高 *Re* 数 $k-\varepsilon$ 模型(*high-Re k-ε model*)来计算流体与固体表面间的换热时,对于壁面附近的区域,可采用壁面函数法来处理,将在下节介绍。

9.5 壁面函数法

如上节所述,在固体壁面附近的粘性支层中,流动与换热的计算可以采用低 *Re* 数 $k-\varepsilon$模型或壁面函数法。采用低 *Re* 数 $k-\varepsilon$ 模型时,要在粘性支层内布置比较多的节点(图 9-5a),将在下节中讨论。采用高 *Re* 数 $k-\varepsilon$ 模型时,在湍流流核中应用高 *Re* 数 $k-\varepsilon$ 模型,而在粘性支层内不布置任何节点,把与壁面相邻的第一个节点布置在旺盛湍流区域内(图 9-5b)。

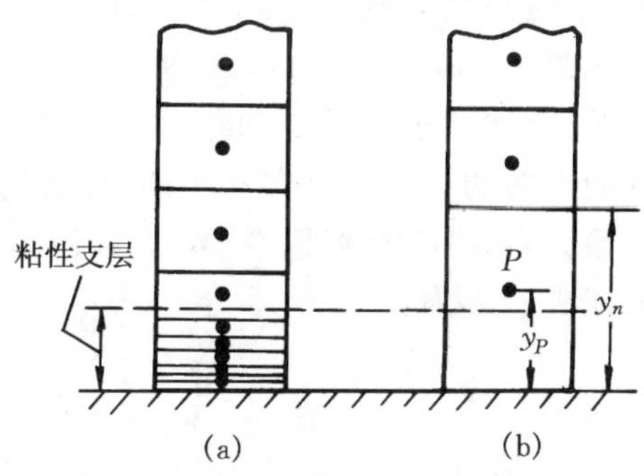

图 9-5　壁面附近区域的处理方法
(为清晰起见界面线改用实线画出)

此时壁面上的切应力与热流密度仍然按第一个内节点与壁面上的速度及温度之差来计算,其关键是如何确定此处的有效扩散系数以及 k,ε 的边界条件,以使计算所得的切应力与热流密度能与实际情形基本相符。这种方法能节省内存与计算时间,在工程湍流计算中应用较广。

9.5.1 壁面函数法的基本思想

壁面函数法的基本思想可归纳如下[40]。

1. 假设在所计算问题的壁面附近粘性支层以外的地区,无量纲速度与温度分布服从对数分布律。由流体力学[61]可知,对数分布律为:

$$u^{+}=\frac{u}{v^{*}}=\frac{1}{\kappa}\ln\left(\frac{yv^{*}}{\nu}\right)+B=\frac{1}{\kappa}\ln y^{+}+B \tag{9-29}$$

其中 $v^{*}=\sqrt{\tau_w/\rho}$,称为切应力速度; von Karman 常数 $\kappa=0.4\sim0.42$,$B=5.0\sim5.5$。在这一定义中只有时均值 u 而无湍流参数。为了反映湍流脉动的影响需要把 u^{+},y^{+}的定义作一扩展:

$$y^{+}=\frac{y(c_{\mu}^{1/4}k^{1/2})}{\nu} \tag{9-30a}$$

$$u^{+}=\frac{u(c_{\mu}^{1/4}k^{1/2})}{\tau_W/\rho} \tag{9-30b}$$

同时引入无量纲的温度：

$$T^{+}=\frac{(T-T_W)(c_\mu^{1/4}k^{1/2})}{(q_W/\rho c_p)}$$

注意，在这些定义式中，既引入了湍流参数 k，同时又保留壁面切应力 τ_W 及热流密度 q_W。正是后面这两个量是工程计算中主要的求解对象。可以证明，上述关于 y^+，u^+ 的定义是常规定义的一种推广。当边界层流动中脉动动能的产生与耗散相平衡时，上述定义就与常规定义一致，这一证明留给读者去完成(习题 9－4)。采用上述定义后，速度与温度的对数分布律就表示成为：

$$u^{+}=\frac{1}{\kappa}\ln(Ey^{+}) \tag{9－31a}$$

$$T^{+}=\frac{\sigma_T}{\kappa}\ln(Ey^{+})+\sigma_T\left(\frac{\pi/4}{\sin\pi/4}\right)\left(\frac{A}{\kappa}\right)^{1/2}\left(\frac{\sigma_L}{\sigma_T}-1\right)\left(\frac{\sigma_L}{\sigma_T}\right)^{-1/4} \tag{9－31b}$$

其中 $\ln(E)/\kappa=B$；σ_L 及σ_T 分别是分子Pr 数(即 Pr)及湍流 Prandtl 数；A 为 van Driest 常数，对于光滑圆管取为 26，κ 及 B 是对数分布律中的常数。如果取 $\kappa=0.4$，则 $\left(\frac{\pi/4}{\sin(\pi/4)}\right)\left(\frac{A}{\kappa}\right)^{\frac{1}{2}}=8.955\cong 9$。此式中等号右端的第二部分是据试验结果整理出来的[62]，它考虑了 Pr 数的影响。当 $\sigma_L=\sigma_T=1$ 时，$T^{+}=u^{+}$，这就是 Reynolds 比拟成立的情形。

2．在划分网格时，把第一个内节点 P 布置到对数分布律成立的范围内，即配置到旺盛湍流区域。

3．第一个内节点与壁面之间区域的当量粘性系数 η_t 及当量导热系数λ_t 按下列方式确定：

$$\tau_W=\eta_t\frac{u_P-u_W}{y_P} \tag{9－32a}$$

$$q_W=\lambda_t\frac{T_P-T_W}{y_P} \tag{9－32b}$$

这里 q_W，τ_W 由对数分布定律所规定。u_W，T_W 为壁面上的速度与温度。据此式，可导得第一个内节点上的 η_t 与λ_t 的计算式。在第一个内节点上与壁面相平行的流速及温度应满足对数分布律，即

$$\frac{u_P(c_\mu^{1/4}k_P^{1/2})}{\tau_W/\rho}=\frac{1}{\kappa}\ln\left[Ey_P\frac{(c_\mu^{1/2}k_P)^{1/2}}{\upsilon}\right] \tag{9－33}$$

$$\frac{(T_P-T_W)(c_\mu^{1/4}k_P^{1/2})}{q_W/\rho c_P}=\frac{\sigma_T}{\kappa}\ln\left[E\frac{y_P(c_\mu^{1/2}k_P)^{1/2}}{\nu}\right]+\sigma_T P \tag{9－34}$$

其中

$$P = 9\left(\frac{\sigma_L}{\sigma_T} - 1\right)\left(\frac{\sigma_L}{\sigma_T}\right)^{-1/4} \tag{9-35}$$

将式(9-32a)与式(9-33)相结合,得节点 P 与壁面间的当量扩散系数 η_t 为

$$\eta_t = \left[\frac{y_P(c_\mu^{1/4}k_P^{1/2})}{\nu}\right]\frac{\eta}{\ln(Ey_P^+)/\kappa} = \frac{y_P^+}{u_P^+}\eta \tag{9-36}$$

其中 η 为分子粘性系数。类似地,将式(9-32b)同式(9-34)相结合,得:

$$\lambda_t = \frac{y_P^+\eta c_P}{\frac{\sigma_T}{\kappa}\ln(Ey_P^+) + P\sigma_T} = \frac{y_P^+\eta c_P}{\sigma_T[\ln(Ey_P^+)/\kappa + P]} = \frac{y_P^+}{T_P^+}Pr\lambda \tag{9-37}$$

式(9-36),(9-37)所得出的 η_t 与 λ_t 就用来计算壁面上的切应力(按式(9-32a))及热流密度(式(9-32b))。可以看出,从计算上看壁面函数法的一个主要内容就在于确定壁面上温度的当量导热系数 λ_t 及流速 u 的当量粘性系数 η_t。

4. 对第一个内节点 P 上 k_P 及 ε_P 的确定方法作出选择。k_P 之值仍可按 k 方程计算,其边界条件取为 $\left(\frac{\partial k}{\partial y}\right)_W=0$($y$ 为垂直于壁面的坐标)。值得指出,如果第一个内节点设置在粘性支层内且离开壁面足够地近,自然可以取 $k_W=0$ 作为边界条件。但是在壁面函数法中,P 点置于粘性支层以外,在这一个控制容积中,k 的产生与耗散都较向壁面的扩散要大得多[40,63],因而可以取 $\left(\frac{\partial k}{\partial y}\right)_W\approx0$。至于壁面上的 ε 值,按式(9-22b)很难确定,因为在壁面附近 k 及 l 同时趋近于零[44]。为避免给壁面的 ε 赋值的这一困难,P 点的 ε 值不通过求解离散方程,而是据代数方程来计算。按式(9-22b),已知 k_P 后,只要选定 l 的计算方法,ε_P 之值即可算出。常用的一种方法是按混合长度理论计算此处的 l。例如在文献[41]中取:

$$\varepsilon_P = \frac{c_\mu^{3/4}k_P^{3/2}}{\kappa y_P} \quad ① \tag{9-38}$$

在使用通用程序求解时,对 ε 求解区域仍可为整个区域,但采用6.9

---

① 按文献[64],此式可导出如下。设在壁面附近混合长度理论成立,脉动特性尺度取为混合长度,则 $l=\kappa y_P$。据 $\tau_W=\rho\nu_t\frac{\partial u}{\partial y}$ 及 $\nu_t=l^2\left(\frac{\partial u}{\partial y}\right)$ 可得 $\frac{\partial u}{\partial y}=u^*/l$,所以 $\nu_t=u^*l$,另一方面 $\nu_t=c_\mu k^2/\varepsilon=c_\mu k^{\frac{1}{2}}l/c_D$,将此两式结合得 $k=(c_D u^*/c_\mu)^2$。另一方面,如把动能方程应用于二维边界层流动,并设在壁面附近脉动动能的耗散与产生相平衡,则有 $\varepsilon=\nu_t\left(\frac{\partial u}{\partial y}\right)^2$,将 $\nu_t=c_\mu(k^2/\varepsilon)$ 及 $\frac{\partial u}{\partial y}=u^*/l$ 代入此式又得 $k=c_\mu u^{*2}/c_D^2$。将上述两个 k 的表达式联立,即得 $c_D=c_\mu^{3/4}$。

节中所介绍的大系数法使 P 点的 ε 取得规定的值。

所谓壁面函数就是指式(9－33)～(9－38)这一类代数关系式。

9.5.2 高 *Re* 数 $k-\varepsilon$ 模型/壁面函数法边界条件的处理

下面以图 5－32 所示突扩区域内湍流流动为例，来说明采用高 Re 数的 $k-\varepsilon$ 模型及壁面函数法时边界条件的确定方法。

1．入口边界　这里的 k 值在无实测值可依据时，可取为来流的平均动能的一个百分数。如当入口处为圆管的充分发展的湍流时，可取为 0.5～1.5%[65]。入口截面上的 ε 可按式(9－38)确定，其中分母可按混合长度理论(图 9－4)确定。入口截面上的 ε 亦可按式(9－25)计算，其中 η_t 按 $\rho uL/\eta_t=100\sim1\,000$ 来确定，这里 u 为入口平均流速，L 为特性尺度。当计算区域内湍流运动很强烈时，入口截面上 k，ε 的取值对计算结果的影响并不大[65]。

2．出口边界　k，ε 的边界条件可按坐标局部单向化方式处理。

3．中心线　k 及 ε 的法向导数为零。

4．固体壁面　在固体壁面上边界条件的设置也是壁面函数法中具有特色之处，兹对 u，v，k，ε 及 T 分别说明如下。

(1) 与壁面平行的流速 u　在壁面上 $u_W=0$，但其粘性系数则按式(9－36)计算。在计算过程中若 P 点落在粘性支层范围内，则仍暂取分子粘性之值。

(2) 与壁面垂直的速度 v　由于在壁面附近 $\dfrac{\partial u}{\partial x}\cong0$，据连续性方程，有 $\dfrac{\partial v}{\partial y}\cong0$。这样可以把固体壁面看成是"绝热型"的，即令壁面上与 v 相应的扩散系数为零。但作为对流项中的流速 v 仍取固体表面上 $v_W=0$。

(3) 湍流脉动动能　按上面所述，取 $\left(\dfrac{\partial k}{\partial y}\right)_W\cong0$，因而取壁面上 k 的扩散系数为零。

(4) 脉动动能的耗散　可规定第一个内节点上的 ε 值按式(9－38)计算。

(5) 温度　边界上温度条件的处理与导热问题中一样，但壁面上的当量导热系数则按式(9－37)计算。

9.5.3 高 *Re* 数 $k-\varepsilon$ 模型/壁面函数法数值计算中的注意事项

在采用 $k-\varepsilon$ 模型求解二维对流换热问题时，共有六个变量：u，v，

p, T, k 及 ε,其中 u, v, T, k 及 ε 的控制方程都可以写成统一的形式。这些方程在离散时,对流项离散格式的选取及速度与压力耦合关系的处理,均可按照本书以前有关章节介绍的内容进行。在假定了各量的初始分布(包括 η_t 之值)以后,逐一用迭代法求解 $u, v, p(p'), T, k$ 及 ε 诸离散方程。在获得了 k, ε 的新值后可按式(9-25)确定 η_t,从而可以进行下一层次的迭代计算。在计算过程中应注意以下诸方面。

1. 第一个内节点与壁面间的无量纲距离 y_P^+(或 x_P^+,其定义与 y_P^+ 相同)应满足

$$11.5 \sim 30 \leqslant x_P^+, \; y_P^+ \leqslant 200 \sim 400$$

因为速度的对数分布律只在这一范围内成立。下限 11.5 相当于速度分布的两层模型,而 30 则相当于三层模型[46,66]。在开始计算时并不知道 x_P、y_P 的无量纲值,因而这些值需在计算过程中加以调正。数值计算实践表明,x_P^+,y_P^+ 之值对传热特性的影响比较大,往往存在一个合适的取值范围,在该范围内数值计算结果与实验数据的符合最好。例如文献[67]对于旋转通道的计算发现无量纲距离的合适取值范围为 12～42,而文献[55]对正方形截面通道中湍流换热的计算则得出符合最好的无量纲距离范围为 11.5～40。

2. 非线性耦合关系的处理　由于各个变量间强烈的非线性耦合关系,应当采用亚松弛迭代方法(包括对 η_t),以利于非线性问题迭代的收敛。k,ε 及 η_t 的松弛因子开始时可取在 0.4～0.5 左右。

3. k,ε 方程中源项的处理方法　从物理意义上看,k 与 ε 永远大于零,因而应当防止在数值计算中 k,ε 出现负值。从源项线性化公式(4-2)及迭代公式(4-26)可见,当 $S_C>0$ 时,使物理量增值,当 $S_C<0$ 时则降值;而 $(-S_P)$ 的部分则使物理量现时的变化速度降低,即当 ϕ 是增值时,$(-S_P)$ 的存在使增长速度降低,而当 ϕ 是减值时则使减值速率变小。可见 $(-S_P)$ 的存在有利于克服出现负的 ϕ 值的现象。为了形成 S_P 值,k 方程中的源项可作如下处理:

$$S = \rho G_k - \rho\varepsilon = \underbrace{\rho G_k}_{S_C} - \underbrace{(\rho\varepsilon / k^*)}_{S_P} k \tag{9-39}$$

类似地 ε 方程中的源项可改写成为:

$$S = \underbrace{c_1 \rho\varepsilon G_k / k}_{S_C} - \underbrace{(c_2 \rho\varepsilon^* / k)}_{S_P} \varepsilon \tag{9-40}$$

4. 动量方程源项的离散　在原始变量法中,在交错网格上动量方程源项的离散要采用一系列插值处理。我们先把 Boussinesq 假设(9-9)代

入式(9－6)以导出不可压缩流体采用湍流粘性系数时的动量方程

$$\frac{\partial(\rho u_i)}{\partial t}+\frac{\partial(\rho u_i u_j)}{\partial x_j}$$

$$=-\frac{\partial p}{\partial x_i}+\frac{\partial}{\partial x_j}\left[\eta\left(\frac{\partial u_i}{\partial x_j}+\frac{\partial u_j}{\partial x_i}\right)-p_t\delta_{i,j}+\eta_t\left(\frac{\partial u_i}{\partial x_j}+\frac{\partial u_j}{\partial x_i}\right)\right]$$

整理之得：

$$\frac{\partial(\rho u_i)}{\partial t}+\frac{\partial(\rho u_i u_j)}{\partial x_j}$$

$$=-\frac{\partial p_{\mathrm{eff}}}{\partial x_i}+\frac{\partial}{\partial x_j}\left[(\eta+\eta_t)\frac{\partial u_i}{\partial x_j}\right]+\underbrace{\frac{\partial}{\partial x_j}\left[(\eta+\eta_t)\frac{\partial u_j}{\partial x_i}\right]}_{\text{源项}} \tag{9-41}$$

对于层流运动在直角坐标中当 η 为常数时，其动量方程的源项为零；但对于湍流，由于 η_t 不是常数，就出现了源项。各种坐标系中动量方程的源项都可以按上述方式导出，其表达式见表 9－6，9－7。现在以二维问题 x 方向动量方程为例来说明离散过程中的插值处理方法。略去分子粘性不计，这一源项为：

$$S=\frac{\partial}{\partial x}\left(\eta_t\frac{\partial u}{\partial x}\right)+\frac{\partial}{\partial y}\left(\eta_t\frac{\partial v}{\partial x}\right)$$

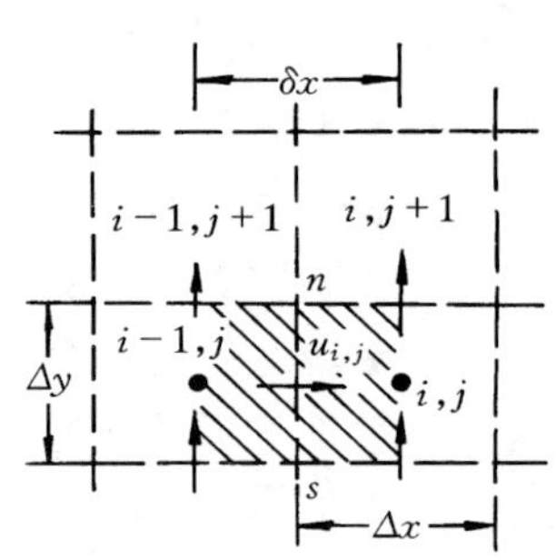

图 9－6 说明 u 方程源项离散方式的图示

参考图 9－6，上式中第二项的离散形式为：

$$\frac{\partial}{\partial y}\left(\eta_t\frac{\partial v}{\partial x}\right)\cong\frac{1}{\Delta y}\left(\eta_{t,n}\frac{v_{i,j+1}-v_{i-1,j+1}}{\delta x}-\eta_{t,s}\frac{v_{i,j}-v_{i-1,j}}{\delta x}\right) \tag{9-42}$$

其中的 $\eta_{t,n}$，$\eta_{t,s}$需用插值方法确定。例如当网格均匀划分时，可有：

$$\eta_{t,n}=\frac{1}{2}(\eta_{t,u_{i,j}}+\eta_{t,u_{i,j+1}}) \tag{9-43a}$$

而

$$\eta_{t,u_{i,j}}=\frac{2\eta_{t,i,j}\eta_{t,i-1,j}}{\eta_{t,i,j}+\eta_{t,i-1,j}} \tag{9-43b}$$

这里下标位置上的 $u_{i,j}$表示速度 $u_{i,j}$的位置。类似地可以确定 $\eta_{t,u_{i,j+1}}$。

5. 位于流场中固体表面的处理　当采用区域扩充法来求解某些不规则区域中的湍流流场时，常常会遇到要对位于流场内部的固体表面实施壁面函数法的情形。现在分平直边界[68]与阶梯形边界[69]两种情形予以说明。

例如要计算二维转弯通道中的湍流流动(图 9－7a)，比较方便的方法

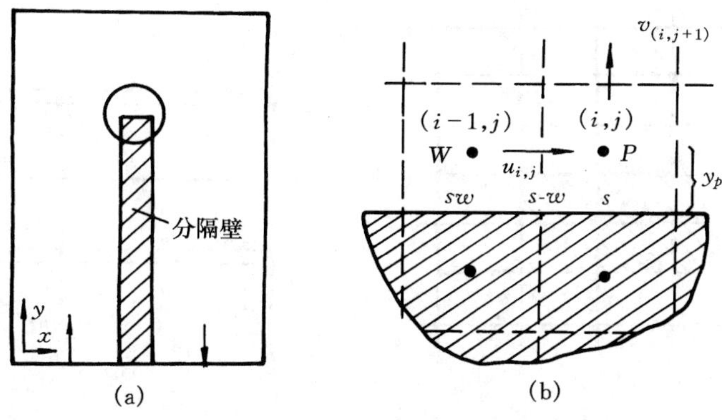

图 9-7　位于流体区内的平直表面

是把分隔壁作为计算区域内部从而对整个长方形区域进行整场求解(固体区作为粘性无限大的流体处理)，这时对固体表面附近的第一个流体中的节点也必须采用壁面函数法。以分隔壁顶端为例，如图 9-7(b)所示，对与固体表面平行的流速 $u_{i,j}$，其壁面 $s-w$ 处的湍流扩散系数用 s 及 sw 处的值作调和平均，而 s 及 sw 处之值则按壁面函数法计算，如 s 处为：

$$\eta_{t,s} = \frac{y_P^+ \eta}{\ln(E y_P^+)/\kappa}, \quad y_P^+ = \frac{c_\mu^{1/4} k_{i-1,j}^{1/2} y_P}{\nu} \tag{9-44}$$

与壁面垂直的流速(如 $v_{i,j+1}$)则取其南侧条件为$\dfrac{\partial \phi}{\partial n}=0$ (n 为固体表面的法线)，对 $k_{i,j}$ 同样实施这一条件(通过取壁面上扩散系数为零来实现)。对 ε_P，则用下式计算之：

$$\varepsilon_P = \frac{c_\mu^{3/4} k_{i,j}^{3/2}}{\kappa y_P} \tag{9-45}$$

对于位在流体区内的阶梯形固体表面，则还需要特别注意以下处理细节。以图 9-8 所示节点 P 为例。首先速度 $u_{i,j}$ 的控制容积应当扩充到固体边界处，如图中打阴影线的部分所示。其次在计算这一速度控制容积南北界面的系数时，应注意南侧的流量应包括 FL 及 FLM 两部分，北侧的扩散系数应分为 GM 及 GMM 面部分，其中 GM 应按壁面函数法处理，然后按扩导并联的方式确定北界面的扩导。按这样确定的扩导与流量来生成南北界面上离散方程的系数 a_N 及 a_S。在利用区域扩充法进行这类计算时，应该设置一个模块专门处理位于流场中固体表面上的控制容积离散方程的系数。

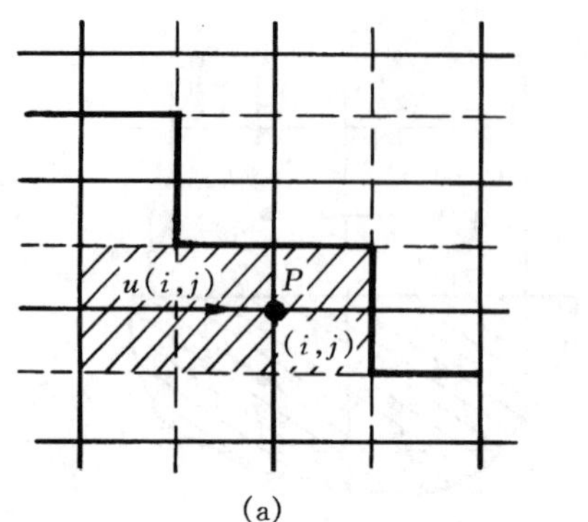

(a)

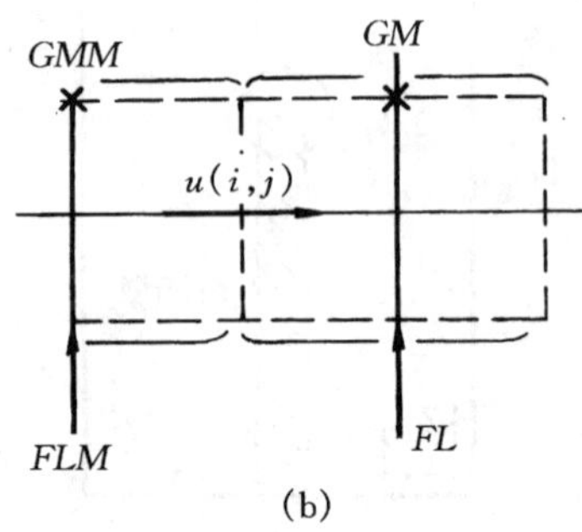

(b)

图 9-8　位于流场中的阶梯形边界

9.5.4　壁面函数法的改进与发展

9.5.4.1　速度分布两层模型

上节中所介绍的壁面函数法属于单层模型,它基本上没有考虑与壁面相邻接的控制容积中湍流物理量的变化。实际上在图 9-5b 所示的控制容积 P 中,流动经历了从壁面上的完全粘性到 P 点处旺盛湍流的变化,因而分子粘性对这一控制容积中的湍流脉动动能必然会有影响。二层与三层模型改进了单层模型的这一不足。

在文献[42]中提出了二层模型的壁面函数法。这一方法根据壁面附近存在粘性支层这一事实,对与壁面相邻的控制容积中的脉动动能的分布及切应力的分布作出了假设,导出了能考虑分子粘性影响的 k 方程中的产生项与耗散项,使计算结果有了一定的改进。在这种两层模型中,粘性支层的厚度取为定值,取在无量纲距离 $\frac{yk^{1/2}}{\nu}=20$ 的地点上。以后在文献[70]中又进一步提出了粘性支层厚度取为变量的方法,用这一方法计算圆管突扩区内的湍流流动与换热,所得的局部 Nu 数与实测值的偏差已下降到 10～15%。

9.5.4.2　速度分布的三层模型

Amano[46]进一步完善了上层两层模型并提出了一个三层模型。Amano 的两层模型与 Launder 等的两层模型的主要区别在于:在 Launder 等的两层模型中,只有对 k 方程,采用了按所假定的 k 及 τ 的分布作积分而得的产生项与耗散项,并以这些值来求解 P 控制容积的 k 方程,至于 P 控制体的 ε 值,则仍按单层模型那样取为定值,而在 Amano 方法中对 ε 方程中的产生项与消失项也是据所假定的 k,ε 分布对控制容积作积分而得出，并利用这些数据求解 P 控制容积的 ε 方程。在其三层模型中，Amano 进一步把第一个内节点 P 与壁面间的距离分为粘性支层与过渡区两部分(见图 9-9)，粘性支层的范围是 $0<y^+<5$，过渡区则为 $5<y^+<30$。对每一个区域内的 k，ε 及 τ 的分布均作出假设，于是便可用积分算出 P 控制容积中的 k 方程及 ε 方程中的产生项及耗散项(或消失项)，并以这些数值来求解 P 控制容积的 k，ε 方程。无论是两层模型还是三层模型，只要 ε_P 之值是通过求解 ε 方程得出的，就需规定 ε 的边界条件。在文献[46]中，采用边界上 ε 扩散为零的条件，即：

$$\left(\frac{\partial \varepsilon}{\partial y}\right)_W = 0 \qquad (9-46)$$

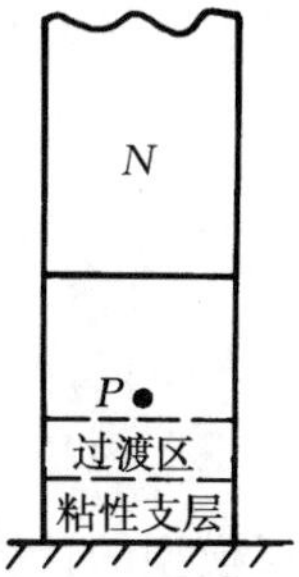

图 9-9　三层模层

文献[46]中采用单层、二层及三层模型壁面函数法对圆管突扩区域内的换热进行数值计算。网格划分如图 9-10 所示(22×22 个节点，径向渐密，轴向渐稀)。径向的步长收缩率为 0.95。

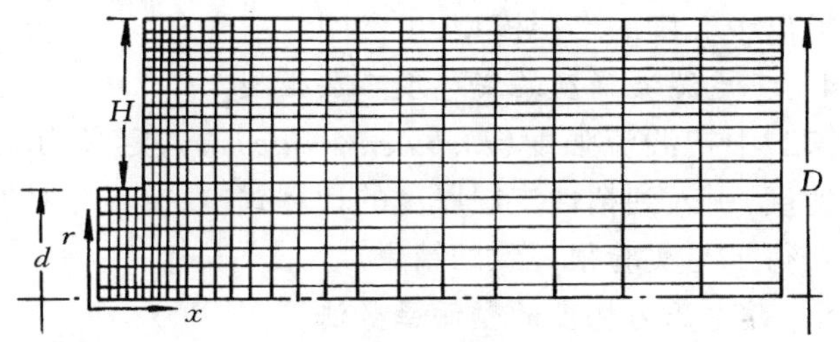

图 9-10　突扩区域的网格划分(径向放大了 10 倍)

应用 SIMPLE 算法。第一个内节点壁开壁面的无量纲距离 y_P^+ 对局部 Nu 数的影响示于图 9-11 中。由图可见，当 y_P^+ 减少时，与该点位置相应的 Nu_x 趋于一个定值。当 $y_P^+<150$ 时，可以认为已得出了与网格无关的解。采用图 9-10 的网格后，y_P^+ 的最大值约在 100 左右。由图9-12可见，

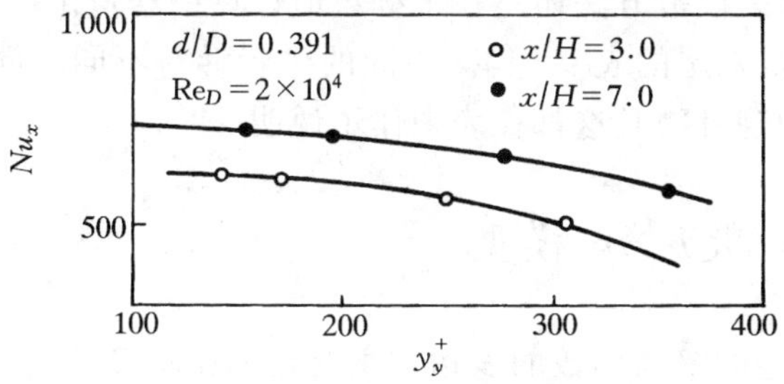

图 9-11　y_P^+ 对 Nu_x 的影响

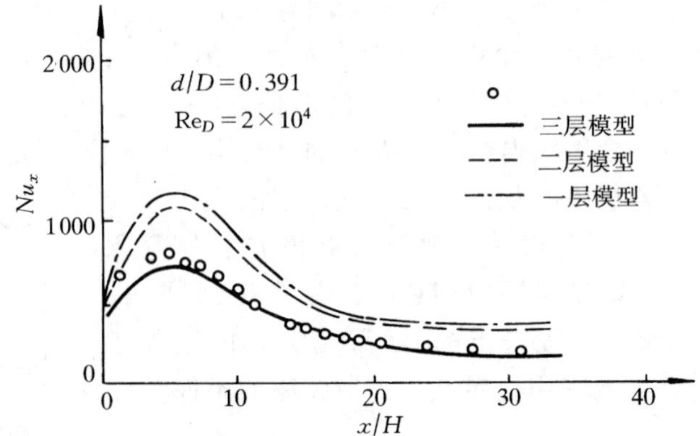

图 9-12　壁面函数法的三种模型计算结果与实验测定的比较

三层模型的计算结果与实验测定值(用 *o* 表示)的符合程度是相当好的。

9.5.4.3　速度、温度分布的两层模型

上述二层、三层模型都只考虑了流动参数在 *P* 控制容积中的变化,而没有对温度作相应的考虑。在文献[71]中在湍流脉动动能二层分布的模型基础上提出了温度的二层模型,可参阅。

9.5.4.4　考虑湍流强度的变厚度二层模型

在文献[72]中把湍流强度(*turbulence intensity*,定义为 $k_P^{1/2}/u_P$,u_P 为主流方向速度)引入到粘性支层厚度的计算式中,据报导对外掠后台阶传热的计算获得了与实验很一致的结果。

9.5.4.5　考虑压力梯度的壁面函数法

在文献[73]中提出了能计及主流方向压力梯度影响的对数分布率。这种速度的对数分布率与 $k-\varepsilon$ 的两层模型相结合能获得较好的预测结果。这一改进方法较容易实施,值得读者偿试。

虽然不少研究者认为高 *Re* 数 $k-\varepsilon$ 模型/壁面函数法不能很好地反映有分离及重接触等物理过程,应该不再采用[72,74]。但考虑到经济性与实施的方便,这一模拟方法还是在工程数值计算中获得了广泛的应用,部分实例参见本章末尾的表 9-14。不同的作者针对不同的问题在细节问题的处理上常有些区别,这都在表中作了说明。

9.6　低 *Re* 数 $k-\varepsilon$ 模型

上节中所述的壁面函数的表达式主要是据比较简单的平行流动边界层的实测资料而归纳出来的。采用这些关系式就意味着所计算的流动具

有简单的湍流边界层流动的一些特性:壁面附近速度按对数律分布、从壁面到第一个内节点间的切应力是均匀的,在此区域内脉动动能的产生与耗散相平衡[40]。实际上在非常靠近壁面的地区,湍流脉动动能强烈地被衰减,而耗散率则达到其最大值[75]。因此在非常靠近壁面的地区,分子粘性的作用会变得显著起来。当局部湍流 Re 数低于 150 时,上述高 Re $k-\varepsilon$ 模型就不再适用[48]。这里的湍流 Re 数定义为 $Re_t=\rho k^2/(\eta\varepsilon)$。为了使数值计算能从高 Re 数区域一直进行到固体壁面上(该处 $Re_t=0$),需要对高 Re 数 $k-\varepsilon$ 模型进行修正,引入低 Re 数 $k-\varepsilon$ 模型(*low-Re k-ε model*)。高 Re 数 $k-\varepsilon$ 模型又称标准 $k-\varepsilon$ 模型(*standard k-ε model*)。

9.6.1　Jones 和 Launder 的低 *Re* 数 $k-\varepsilon$ 模型

Jones 和 Launder 认为[76,77],高 Re 数 $k-\varepsilon$ 模型要推广到粘性支层区域需要作以下三方面的修正:

1. 在控制方程中扩散系数项必须同时包括湍流扩散系数与分子扩散系数两部分。

2. 系数 c_μ, c_1, c_2 必须考虑 Re_t 的影响。

3. 在 k 方程中应考虑到壁面附近脉动动能的耗散不是各向同性的这一因素。

他们提出的低 Re 数 $k-\varepsilon$ 方程为:

$$\frac{\partial(\rho uk)}{\partial x}+\frac{\partial(\rho vk)}{\partial y}=\frac{\partial}{\partial x}\left[\left(\eta+\frac{\eta_t}{\sigma_k}\right)\frac{\partial k}{\partial x}\right]+\frac{\partial}{\partial y}\left[\left(\eta+\frac{\eta_t}{\sigma_k}\right)\frac{\partial k}{\partial y}\right]+\eta_t G-\rho\varepsilon-\underbrace{\left|2\eta\left(\frac{\partial k^{1/2}}{\partial y}\right)^2\right|}_{D} \tag{9-47}$$

$$\frac{\partial(\rho u\varepsilon)}{\partial x}+\frac{\partial(\rho v\varepsilon)}{\partial y}=\frac{\partial}{\partial x}\left[\left(\eta+\frac{\eta_t}{\sigma_\varepsilon}\right)\frac{\partial \varepsilon}{\partial x}\right]+\frac{\partial}{\partial y}\left[\left(\eta+\frac{\eta_t}{\sigma_\varepsilon}\right)\frac{\partial \varepsilon}{\partial y}\right]+\frac{\varepsilon}{k}c_1\left|f_1\right|\eta_t G-c_2\rho\frac{\varepsilon^2}{k}\left|f_2\right|+\underbrace{\left|2\frac{\eta\eta_t}{\rho}\left(\frac{\partial^2 u}{\partial y^2}\right)^2\right|}_{E} \tag{9-48}$$

$$\eta_t=c_\mu\left|f_\mu\right|\rho\frac{k^2}{\varepsilon} \tag{9-49}$$

以上三式中两直线所围的部分就是低 Re 模型区别于高 Re 数模型的部分,f_μ, f_2 的计算式为:

$$f_\mu=\exp(-2.5/(1+Re_t/50)) \tag{9-50}$$

$$f_2 = 1.0 - 0.3\exp(-Re_t^2) \tag{9-51}$$

$$Re_t = \rho k^2/(\varepsilon\eta) \tag{9-52}$$

至于 f_1 在 Jones-Launder 的模型中取为 1。显然当 Re_t 很大时，f_μ，f_2 均趋近于 1。

除了对系数 C_1，C_2 及 C_μ 计算式的修正外，Jones 和 Launder 的模型中在 k，ε 方程中还各自引入了一个附加项。在 k 方程(9－47)中引入的附加项 $-2\eta\left(\frac{\partial k^{1/2}}{\partial y}\right)^2$ 是为考虑在粘性支层中脉动动能的耗散不是各向同性的这一因素而加入的。在高 Re_t 的区域，脉动动能的耗散可以看成是各向同性的，式(9－22a)所定义的也正是各向同性的耗散率(或者说是耗散率中的各向同性部分，各向异性部分可以略而不计)。在粘性支层中，总耗散率中各向异性部分的作用逐渐增加，至使在壁面上，各向同性部分为零，而总耗散率等于各向异性部分之值，可表示为：

$$\varepsilon_W = \nu\left[\overline{\left(\frac{\partial u'}{\partial y}\right)^2} + \overline{\left(\frac{\partial w'}{\partial y}\right)^2}\right] \tag{9-54}$$

这里 y 是垂直壁面的坐标，u' 及 w' 是与壁面相平行的两个分速度的脉动值。从数值计算角度，如果应用壁面上的 $\varepsilon_W=0$ 的条件是有利于代数方程迭代收敛的。为了利用这一条件而又照顾到极靠近壁面地区 k 的耗散率不为零的特点，在 k 的耗散项中加入了 $2\eta\left(\frac{\partial k^{1/2}}{\partial y}\right)^2$ 这一项(Jones-Launder 的简化分析证明它等于壁面上的总耗散率)。至于式(9－48)中的附加项 E 是为了使 k 的计算结果与某些实验测定值符合得更好而加入的。

式(9－47)、(9－48)在固体边界上的条件为：

$$k = \varepsilon = 0 \tag{9-55}$$

至于其它边界上 $k-\varepsilon$ 的条件则与上节中所述相同。另外，对动量方程边界上的粘性就是流体的分子粘性 η 而不再采用式(9－36)，对温度场亦如此。

9.6.2 低 *Re* 数 $k-\varepsilon$ 模型的其它形式

自从 Jones 与 Launder 提出了上述低 Re 数 $k-\varepsilon$ 模型后，文献中已先后提出了十余种模型，不同模型之间的区间的区别主要在于：(1)如何考虑壁面对湍流脉动的衰减影响(*wall damping effect*)；(2)k，ε 方程中的附加项的构造；(3)壁面上 k，ε 方程的边界条件的处理。如果把 k，ε 方程中的附加项分别记为 D 及 E，则现有各种低 Re 数 $k-\varepsilon$ 模型的 $k-\varepsilon$ 方程均可用式(9－47)，(9－48)表示，16 种不同低 Re 数 k，ε 模型之间的区别汇总在表 9－8 中。

表 9-8　16 种低 Re 数 $k-\varepsilon$ 模型

No	模型	简称	ε_w 条件	c_μ	c_1	c_2	σ_k	σ_ε	f_μ	f_1	f_2	D	E
1	高 Re 数	HR	壁面函数法	0.09	1.44	1.92	1.0	1.3	1.0	1.0	1.0	0	0
2	Janes/Launder	JL	0	0.09	1.44	1.92	1.0	1.3	$\exp[-2.5/(1+Re_t/50)]$	1.0	$1-0.3\exp(-Re_t^2)$	$2\eta\left(\frac{\partial k^{1/2}}{\partial y}\right)^2$	$2\frac{\eta_t}{\rho}\left(\frac{\partial^2 u}{\partial y^2}\right)^2$
3	Launder/Sharma[78]	LS	0(附注 1)	0.09	1.44	1.92	1.0	1.3	$\exp[-3.4/(1+Re_t/50)^2]$	1.0	$1-0.3\exp(-Re_t^2)$	$2\eta\left(\frac{\partial k^{1/2}}{\partial y}\right)^2$	$2\frac{\eta_t}{\rho}\left(\frac{\partial^2 u}{\partial y^2}\right)^2$
4	Hassid/Porch[79]	HP	0	0.09	1.45	2.0	1.0	1.3	$1-\exp(-0.0015Re_t)$	1.0	$1-0.3\exp(-Re_t^2)$	$2\eta\frac{k}{y^2}$	$-2\eta\left(\frac{\partial \varepsilon^{1/2}}{\partial y}\right)^2$
5	Hoffman[80]	HO	0	0.09	1.81	2.0	2.0	3.0	$\exp[-1.75/(1+Re_t/50)]$	1.0	$1-0.3\exp(-Re_t^2)$	$\frac{\eta}{y}\frac{\partial k}{\partial y}$	0
6	Dutoya/Michard[81]	DM	0	0.09	1.35	2.0	0.9	0.95	$1-0.86\exp[-(Re_t/600)^2]$	$1-0.04\exp\left[-\left(\frac{Re_t}{50}\right)^2\right]$	$1-0.3\exp\left[-\left(\frac{Re_t}{50}\right)^2\right]$	$2\eta\left(\frac{\partial k^{1/2}}{\partial y}\right)^2$	$-c_2 f_2(\varepsilon D/k)^2$
7	Chien[82]	CH	0	0.09	1.35	1.8	1.0	1.3	$1-\exp(-0.0115y^+)$	1.0	$1-0.22\exp\left[-\left(\frac{Re_t}{6}\right)^2\right]$	$2\eta\frac{k}{y^2}$	$-2\eta(\varepsilon/y^2)\exp(-0.5y^+)$
8	Reynolds[83]	RE	$\nu\frac{\partial^2 k}{\partial y^2}$	0.084	1.0	1.83	1.69	1.3	$1-\exp(-0.0198Re_y)$(附注 2)	1.0	$\left\{1-0.3\exp\left[-\left(\frac{Re_t}{6}\right)^2\right]\right\}f_\mu$	0	0
9	Lam/Bremhost[84](Dirichlet)	LB	$\nu\frac{\partial^2 k}{\partial y^2}$	0.09	1.44	1.92	1.0	1.3	$[1-\exp(-0.0165Re_y)]^2\times\left(1+\frac{20.5}{Re_t}\right)$	$1+(0.05/f_\mu)^3$	$1-\exp(-Re_t^2)$	0	0
10	Lam/Bremhost[84](Neumann)	LB1	$\frac{\partial\varepsilon}{\partial y}=0$	0.09	1.44	1.92	1.0	1.3	同 LB	同 LB	同 LB	0	0

续表 9-8

No	模型	简称	ε_w 条件	c_μ	c_1	c_2	σ_k	σ_ε	f_μ	f_1	f_2	D	E
11	Nagano/Hishida[86]	NH	0	0.09	1.45	1.90	1.0	1.3	$[1-\exp(-y^+/26.5)]^2$	1.0	$1-0.3\exp(-Re_t^2)$	$2\nu\left(\frac{\partial k^{1/2}}{\partial y}\right)^2$	$\nu\nu_t(1-f_\mu)\left(\frac{\partial^2 u}{\partial y^2}\right)^2$
12	Myong/Kosagi[86]	MK	$\nu\frac{\partial^2 k}{\partial y^2}$ (附注 3)	0.09	1.40	1.80	1.4	1.3	$(1+3.45Re_t^{1/2})\times[1-\exp(-y^+/70)]$	1.0	$\left[1-\frac{2}{9}\exp\left(\frac{Re_t}{6}\right)^2\right]\times[1-\exp(-y^+/5)]^2$	0	0
13	Abid[87]	AB	$\nu\frac{\partial^2 k}{\partial y^2}$	0.09	1.45	1.83	1.0	1.4	$\tanh(0.008Re_y)\left(1+\frac{4}{Re_t^{3/4}}\right)$	1.0	$1-\frac{2}{9}\exp\left(1-\frac{Re_t^2}{36}\right)\cdot\left[1-\exp\left(\frac{-Re_y}{12}\right)\right]$	0	0
14	Abe \ Kondoh Nagano[88]	AKN	$2\nu\frac{R_p}{y_p^2}$	0.09	1.5	1.9	1.4	1.4	$\left\{1+5/Re_\tau^{3/4}\exp\left[1-\left(\frac{Re_\tau}{200}\right)^2\right]\right\}[1-\exp(-y^*/14)]^2$(附注 4)	1.0	$\left\{1-0.3\exp\left[-\left(\frac{Re_t}{6.5}\right)^2\right]\right\}\cdot[1-\exp(-y^*/3.1)]^2$	0	0
15	Fan \ Barnett Lakshmin-arayana[89]	FBL	$\frac{\partial\varepsilon}{\partial y}=0$	0.09	1.4	1.8	1.0	1.3	$0.4f_w/\sqrt{Re_t}+(1-0.4f_w/\sqrt{Re_t})\cdot[1-\exp(Re_y/42.63)]^3$ (附注 5)	1.0	$f_w^2\left\{1-0.22\exp\left[-\left(\frac{Re_t}{6}\right)^2\right]\right\}$	0	0
16	Cho/Goldstein[90]	CG	$\frac{\partial\varepsilon}{\partial y}=0$	0.09	1.44	1.92	1.0	1.3	$1-0.95\exp(-5\times10^{-5}Re_t)$	1.0	$1-0.222\exp\left(\frac{-Re_t^2}{36}\right)$	0	(附注 6)

对表 9－8 附注：

1．LS 模型中对 k 方程在固体表面上取 $\left(\frac{\partial k}{\partial y}\right)_W=0$ 的条件。其它模型均取 $k_W=0$ 的条件。

2．$Re_y=\frac{\sqrt{k}y}{\nu}$，$y$ 为离开壁面的距离。 (9－56a)

3．文献[86]中指出，$\varepsilon_W=\nu\frac{\partial^2 k}{\partial y^2}$ 这种第一类边界条件是通过下列形式上不同、数值上等价的方式来实现的：

$$\varepsilon_W=\frac{4\nu k_P}{y_P^+}-\varepsilon_P \tag{9-56b}$$

下标 P 表示离开壁面的第一个内节点。为保证上式的精度，要求第一点内节点在粘性支层之内，即 $y_P^+<0.6$。

4．$y^*=4y/\nu$ (9－56c)

5．$f_w=1-\exp\left\{-(\sqrt{Re_y}/2.3)+[\sqrt{Re_y}/2.3)-(Re_y/8.89)][1-\exp(-Re_y/20)]^2\right\}$ (9－56d)

6．$E=1.44(1-f_\mu)\left[\frac{2\eta\eta_t}{\rho}\left(\frac{\partial^2 u_i}{\partial x_k\partial x_j}\right)^2\frac{\varepsilon}{k}+2\eta\left(\frac{\partial\sqrt{k}}{\partial x_i}\right)^2\frac{\varepsilon}{k}\right]+\max\left[0.83\frac{\varepsilon^2}{k}\left(\frac{l}{c_e y}-1\right)\left(\frac{l}{c_e y}\right)^2,0.0\right]$ (9－56e)

$l=\frac{k^{3/2}}{\varepsilon}$，$c_e=2.44$，$y$ 为离开壁面的距离。

Koutmos 与 Kostouros 提出的一种模型可见文献[91]。

上述低 Re 数 $k-\varepsilon$ 模型所考核的算例主要是边界层型流动、管道流动及平行板通道内的流动。只有 NH 模型用扩散器中的流动作过考核，CG 模型考核过后台阶流动及突扩通道的流动。1984 年 Patel 等[92]对于表 9－8 中的 8 种模型(N0.3～N0.10)用四种边界层类型流动进行了考核，发现 LS，CH 及 LB 模型的计算结果与实验值符合较好，而 HP，HO 及 DM 模型连最简单的平板边界层流动也符合得不好。但即使是 LS，CH 及 LB 模型，为对近壁区内及低 Re 数的流动作出可靠的预测，也需要加以改进。文献[93]介绍了对于受限冲击射流(*confined impinging jet*)及受限对冲射流(*confined opposing jets*)(图 9－13)采用标准 $k-\varepsilon$ 模型及 LS，LB1，AB，AKN 与 FBL 5 种低 Re 数模型的数值模拟研究。在用低 Re 数模型来预测有分离流动的湍流换热时，在壁面附近计算所得的 ε 值

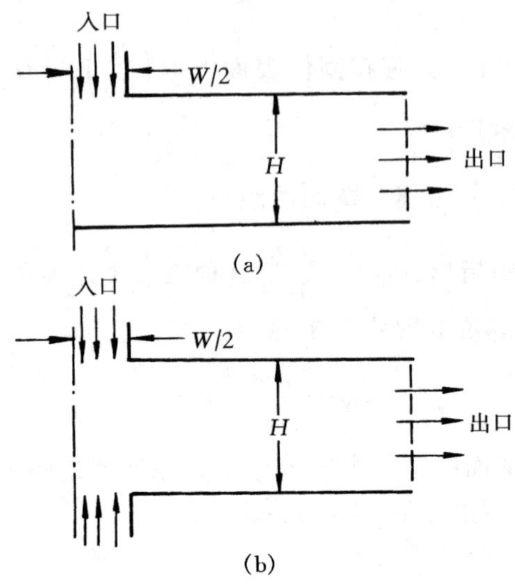

图 9-13 受限冲击射流与对冲射流

(a) 冲击射流 (b) 对冲射流

常常过低，导致换热的计算结果偏高，Launder 认为应该在 ε 方程中加入另一个源项[94]。YaP 提出下列第二个源项(单位质量的源项)的表达式：

$$S_{\varepsilon}=\max\left[0.83\left(\frac{l}{l_e}-1\right)\left(\frac{l}{l_e}\right)^2\frac{\varepsilon^2}{k},\ 0.0\right] \tag{9-57}$$

其中 l_e 为近壁处湍流脉动的产生与耗散处于平衡状态的长度标尺，取为离开壁面距离的 2.5 倍，$l=k^{3/2}/\varepsilon$。

在文献[93]的数值试验中考察了加入上述修正项对计算结果的影响。文献[93]的数值试验结果表明：LB1 模型由于对 ε 采用了齐次 Neumann 条件收敛较困难，FLB，AB 模型没有收敛问题但对冲击射流 Nu 数计算值偏高；LS 模型也不存在收敛问题但计算结果与网格的关系很密切，而 AKN 模型很容易得到网格独立的解；在滞止区内没有一个模型能得出满意的结果，在滞止区外 HR 模型可得出与实验基本一致的结果。对于对冲射流，该文推荐采用 AKN 和 AB 模型。

9.6.3 低 Re 数 $k-\varepsilon$ 模型的部分计算实例

文献[90]采用 CG 模型计算了二维平面通道内的流动、流过台阶的流动、前台阶流动及轴对称突扩流动与换热，均获得了与实验数据相当符合的结果。计算时在粘性支层内要布置数个节点。至于整个横截面的节点数该文中并未提供，据文献[1]，为获得足够的分辨率横穿边界层一般应设置 60～100 个节点。对后台阶流动与换热的计算结果示于图 9-14、9-15 中。图 9-14 中示出了 St 数($St=Nu/(RePr)$)沿流动方向的变化情况，同图中还画出了用 LS，NH 及 LB 模型计算的结果。图9-15 中的 $x^*=(x-L_r)/L_r$。由此两图可见，CG 模型在预测有回流的湍流流动与换热特性方向明显优于其它模型，值得在其它复杂湍流流场计算中进一步加以考核和使用。

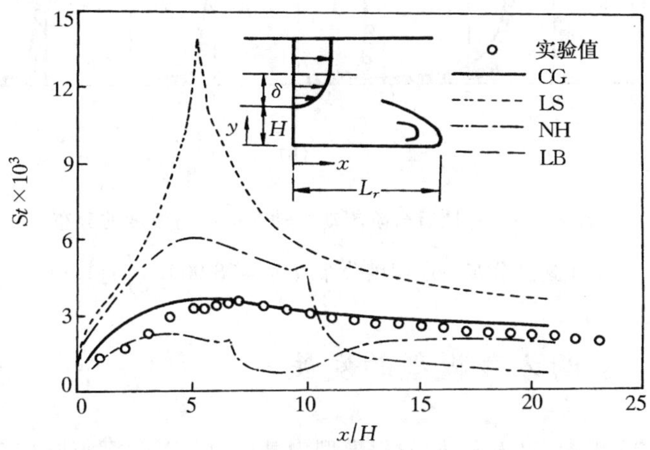

图 9-14　后台阶流动中局部 St 数的变化

$$\left(Re_H=\frac{Hu_m}{\nu}=28\ 000,\ \frac{\delta}{H}=1.1\right)$$

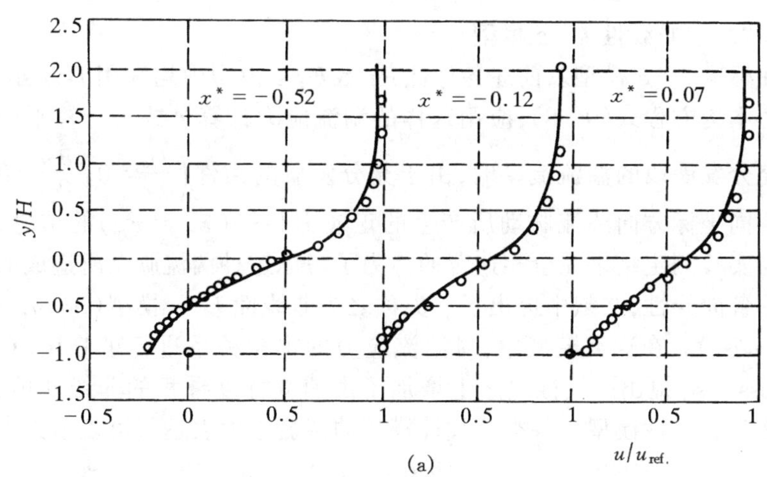

(a)

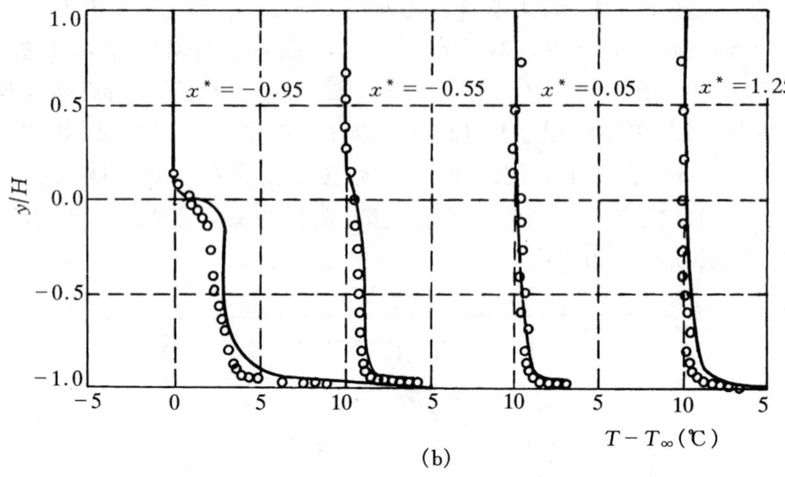

图 9－15 外掠后台阶流动中轴向速度与温度的分布

(a) 速度分布 (b) 温度分布($Re_H=28\ 000$, $\dfrac{\delta}{H}=1.1$)

9.7 $k-\varepsilon$ 两方程模型的发展

在近 20 年中,以 $k-\varepsilon$ 两方程模型为基架,提出了多种改进方案。每一种方案都在一定的范围内改进了原模型,但仍然没有一种模型能在各个方面都获得满意的计算结果。本节对其中主要几种改进方案作简要介绍。

9.7.1 非线性 $k-\varepsilon$ 模型

在标准 $k-\varepsilon$ 模型及前述各种低 Re 数 $k-\varepsilon$ 模型中均采用 Boussinesq 的应力本构方程式(9－8),应用这样的湍流应力计算公式来计算平面通道内充分发展段的湍流流动时,由于充分发展的条件$\left(\dfrac{\partial u}{\partial x}=0,\ \dfrac{\partial v}{\partial y}=0\right)$,导致不同坐标方向湍流脉动所产生的正应力相等($\tau_{xx}=\tau_{yy}$)的结论,而这是与实验测定结果完全相违背的。为了考虑这种湍流脉动所造成的正应力的各向异性,文献中提出了一类称之为非线性 $k-\varepsilon$ 模型(*non-linear k-ε model*)。在这类模型中,对湍流应力的本构关系进行了修正,在原来 Boussinesq 提出的线性项之上增加了由速度梯度乘积的非线性项,因而称之为非线性模型。各类非线性模型的湍流应力表达式可表示为[1]:

$$-\rho\overline{u'_i u'_j}=-\frac{2}{3}\rho\delta_{i,j}k+\eta_t\left(\frac{\partial u_i}{\partial x_j}+\frac{\partial u_j}{\partial x_i}\right)+\rho\frac{\delta_{i,j}}{3}\sum_{m=1}^{3}c_{\tau,m}\frac{k^3}{\varepsilon^2}S_{m,l,l}$$

$$-\sum_{m=1}^{3} c_{\tau,m}\frac{k^3}{\varepsilon^2}S_{m,i,j} \tag{9-58}$$

其中

$$S_{1,i,j}=\frac{\partial u_i}{\partial x_l}\frac{\partial u_j}{\partial x_l} \tag{9-59a}$$

$$S_{2,i,j}=\frac{1}{3}\left(\frac{\partial u_i}{\partial x_l}\frac{\partial u_l}{\partial x_j}+\frac{\partial u_j}{\partial x_l}\frac{\partial u_l}{\partial x_i}\right) \tag{9-59b}$$

$$S_{3,i,j}=7\frac{\partial u_l}{\partial x_i}\frac{\partial u_l}{\partial x_j} \tag{9-59c}$$

$$\eta_t = c_\mu \rho k^2/\varepsilon,\ c_\mu = 0.09 \tag{9-59d}$$

系数 $c_{\tau,1}$，$c_{\tau,2}$及 $c_{\tau,3}$与模型有关，常见的三种非线性模型系数如表9－9所示[1]：

表 9－9　非线性 $k-\varepsilon$ 模型 Reynolds 应力计算式中的系数

作　者	$c_{\tau,1}$	$c_{\tau,2}$	$c_{\tau,3}$
Speziale (1987)[95]	0.041	0.014	0.014
Nisizima/Yoshizawa (1987) [96]	0.057	−0.167	−0.0067
Rubinstein/Barton (1990) [97]	0.034	0.104	−0.014

如果将式(5－58)所示的湍流脉动应力表达式代入到 Reynolds 时均方程(9－6)，最后仍然可以得出像标准 $k-\varepsilon$ 模型一样的控制方程式，只是动量方程中的有效压力及源项的表示式大为复杂化，在文献[98]中对二维直角坐示中的问题给出 Reynolds 应力、有效压力及动量方程源项的详细表达式，可供参考。

对非线性 $k-\varepsilon$ 模型，在近壁处的处理仍然可以采用壁面函数法[98～100]。在文献[98]中应用 Spiziale 的非线性 $k-\varepsilon$ 模型计算具有横向内肋片的平面通道中周期性充分发展的湍流换热，发现采用非线性模型得出的湍流切应力与正应力之值要比标准 $k-\varepsilon$ 模型的结果更符合实验测定值，但是温度与 Nu 数的分布则与标准的 $k-\varepsilon$ 模十分接近，而无明显的改善。

非线性 $k-\varepsilon$ 模型又称为各向异性 $k-\varepsilon$ 模型(*anisotropic k－ε model*)，即能考虑到湍流流场中同一地点上湍流脉动所造成的附加扩散作用的各向异性这一特点。为改进非线性 $k-\varepsilon$ 模型测预传热问题的能力，在文献[101,102]中提出了能考虑湍流热扩散率各向异性的 $k-\varepsilon$ 模型，并对平面通道内均匀热流及均匀壁温边界条件下充分发展对流换热情形获得了与实验数据比较一致的结果。

在近壁区中 Reynolds 应力的非线性表示式也已应用于低 Re 数 $k-\varepsilon$ 模型,可参见文献[103～106]。

9.7.2 多尺度 $k-\varepsilon$ 模型

到目前为止我们所讨论过的湍流模型都假定湍流运动只用单个时间尺度(*single time scale*)及单个长度尺度(*single length scale*)。然而一般认为湍流的脉动包含了很宽的涡旋尺度范围及时间尺度范围。单尺度模型能获得比较好的预测结果的情形可能是流动本身就很接近于脉动能量的谱分布是处于平衡状态的。而对诸如圆型射流、尾迹、浮升力流动及有分离的流动,单尺度模型常常不能得出满意的结果。因此不少研究者发展了湍流迁移过程的多尺度模型(*multiscale model of turbulence*)。

比较常用的是两尺度模型,即把湍流中的涡旋划分为两大类,尺度较大的载能涡(*energy-containing eddies*)及尺度较小的耗能涡(*energy-dissipating eddies*),前者从主流中获取能量(即产生脉动动能)而后者则耗散脉动动能。这样湍流脉动动能的谱可以大别为产生区(*production region*)与转换区(*transfer region*)。在产生区中的 k 与 ε 分别记为 k_p 及 ε_p,这里 ε_p 是脉动动能的转移率,即从载能涡向耗能涡转移的速率。转移区中的两个量则记为 k_t 及 ε_t,这里 ε_t 是脉动动能耗散成为热能的速率[1,107]。

大尺度涡的脉动动能及其转移率的控制方程为:

$$\frac{\partial(\rho u_i k_p)}{\partial x_i}=\frac{\partial}{\partial x_i}\left[\left(\eta+\frac{\eta_t}{\sigma_{kp}}\right)\frac{\partial k_p}{\partial x_i}\right]+\rho G_k-\rho\varepsilon_p \tag{9-60}$$

$$\frac{\partial(\rho u_i \varepsilon_p)}{\partial x_i}=\frac{\partial}{\partial x_i}\left[\left(\eta+\frac{\eta_t}{\sigma_{\varepsilon p}}\right)\frac{\partial \varepsilon_p}{\partial x_i}\right]+c_{p1}\frac{\rho G_k^2}{k_p}+c_{p2}\frac{\rho G_k\varepsilon_p}{k_p}-c_{p3}\frac{\rho\varepsilon_p^2}{k_p} \tag{9-61}$$

小尺度涡的脉动动能及其耗散率的控制方程为:

$$\frac{\partial(\rho u_i k_t)}{\partial x_i}=\frac{\partial}{\partial x_i}\left[\left(\eta+\frac{\eta_t}{\sigma_{kt}}\right)\frac{\partial k_t}{\partial x_i}\right]+\rho\varepsilon_p-\rho\varepsilon_t \tag{9-62}$$

$$\frac{\partial(\rho u_i \varepsilon_t)}{\partial x_i}=\frac{\partial}{\partial x_i}\left[\left(\eta+\frac{\eta_t}{\sigma_{\varepsilon t}}\right)\frac{\partial \varepsilon_t}{\partial x_i}\right]+c_{t1}\frac{\rho\varepsilon_p^2}{k_t}+c_{t2}\frac{\rho\varepsilon_p\varepsilon_t}{k_t}-c_{t3}\frac{\rho\varepsilon_t^2}{k_t} \tag{9-63}$$

其中大尺度涡脉动动能产生率 G_k 的表达式如表 9-5 中所示。大尺度涡的脉动动能转移率就是小尺度涡的产生率,因而式(9-62)、(9-63)中 ε_p 与式(9-60)、(9-61)中的 G_k 相当。以上四式中的系数如表 9-10 所示。

表 9-10　多尺度湍流模型中的系数

作者	σ_{kp}	σ_{kt}	$\sigma_{\varepsilon p}$	$\sigma_{\varepsilon t}$	c_{p1}	c_{p2}	c_{p3}	c_{t1}	c_{t2}	c_{t3}
Hanjalic/Launder (1980)[108]	1.11	1.11	1.11	1.11	0.00	2.20	$1.8-0.3\left(\dfrac{\dfrac{k_p}{k_t}-1}{\dfrac{k_p}{k_t}+1}\right)$	0.00	$1.08\dfrac{\varepsilon_p}{\varepsilon_t}$	1.15
Kim/Chen (1989)[109]	0.75	0.75	1.15	1.15	0.21	1.24	1.84	0.29	1.28	0.66

在全场范围内解出 k_p 与 k_t 后,每一地点上的 $k=kt+kp$,然后按以下公式计算湍流动力粘度

$$\eta_t = c_\mu \rho k^2/\varepsilon_p, \quad c_\mu = 0.09^{[109]} \tag{9-64}$$

$$\eta_t = c_\mu \rho k k_p/\varepsilon_p, \quad c_\mu = 0.1^{[108]} \tag{9-65}$$

在式(9-64)、(9-65)中用 ε_p 来确定 η_t,这意味着湍流长度标尺主要是与载能涡有关而不取决于耗散涡(注意到在节 9.4 中 ε 是作为湍流脉动的长度标尺的有关量而引入的。

关于湍流脉动的时间标尺,在式(9-60)、(9-61)中是脉动动能产生率时间尺度,即 k/G_k,而在式(9-62),(9-63)中则采用耗散率时间尺度,即 k/ε。因而这类模型又称多时间尺度模型(*multi-time-scale model*)。

在文献[108]中提出的多尺度模型中,载能涡与耗能涡的分界,即 k_p/k_t 之比,是固定不变的,使该模型难于适应多种不同的情形。文献[109]的模型,通过在 ε 方程中引入不为零的 c_{p1} 与 c_{t1},使 k_p/k_t 之值随问题而异,而且是数值解的一个部分。

用多尺度模型求解湍流问题时在边界条件的设定方面有一点是与单尺度模型不同的,这就是要给定进口截面及沿固体边界的 k_p/k_t,$\varepsilon_p/\varepsilon_t$ 之值[107,109]。至于近壁区节点的设置及 k,ε 边界条件的处理则仍然可以采用壁面函数法。文献[107,109]中应用这种多尺度 $k-\varepsilon$ 模型计算了贴壁射流(*wall jet*),尾迹与边界层流动间的相互作用、受限同轴旋转射

流(*confined coaxial swirling jet*)、外掠后台阶及矩形肋片的绕流,都取得了与实验数据比较一致的结果。

上述多尺度模型是一种高 *Re* 数模型,为了改进在近壁区的处理方法,文献中提出了高 *Re* 数多尺度模型与近壁区一方程(k 方程)相结合的方法[110],以及低 *Re* 数多尺度模型[111]。在文献[112]中对多尺度模型的构造进行比较仔细的分析,可参阅。

9.7.3 重整化群 $k-\varepsilon$ 模型

Yakhot 及 Orzag 在文献[113]中,将非稳态 Navier-Stokes 方程对一个平衡态作 Gauss 统计展开,并用对脉动频谱的波数段作滤波的方法,从理论上导出了高 *Re* 数 $k-\varepsilon$ 模型,所得出的 k,ε 方程形式上同标准 $k-\varepsilon$ 模型完全一样,但不同的是 5 个系数之值不是根据实验数据而是由理论分析得出。这套系数的最新结果为[114]:

$$\left.\begin{aligned}
&c_\mu = 0.085;\ c_1 = 1.42 - \frac{\tilde{\eta}(1-\tilde{\eta}/\tilde{\eta}_0)}{1+\beta\tilde{\eta}^3};\ c_2 = 1.68\\
&\sigma_k = 0.7179;\ \sigma_\varepsilon = 0.7179;\ \tilde{\eta} = Sk/\varepsilon\\
&\boldsymbol{S} = (2S_{i,j}S_{i,j})^{1/2};\ \tilde{\eta}_0 = 4.38;\ \beta = 0.015\\
&\boldsymbol{S}_{i,j} = \frac{1}{2}\left(\frac{\partial u_i}{\partial x_j} + \frac{\partial u_j}{\partial x_i}\right)
\end{aligned}\right\}\tag{9-66}$$

高 *Re* 数 $k-\varepsilon$ 方程采用上述系数时就构成了重整化群 $k-\varepsilon$ 模型(*renormalization group*, RNG, *k*-ε *model*)。显然,与标准 $k-\varepsilon$ 模型相比,RNG $k-\varepsilon$ 模型的最大特点在于在 ε 方程产生项的系数 c_1 的计算中引入了主流的时均应变率 $S_{i,j}$。这样在 RNG $k-\varepsilon$ 模型中 c_1 之值不仅与流动情况有关,而且在同一问题中也还是空间坐标的函数。

由于 RNG $k-\varepsilon$ 模型采用高 *Re* 数 $k-\varepsilon$ 方程,因而在近壁处要采用壁面函数法来处理。在文献[114]中应用三层模型的壁面函数法[46]来计算流过后台阶的分离流,在重接触点的位置及速度场的确定方面获得了与实验数据十分接近的结果。但是由于三层模型的壁面函数法本身就较单层模型要更符合实验测定结果,因而文献[114]中所获得的结果应该认为是重整化群模型及三层模型壁面函数法共同作用所致[48]。

9.7.4 可实现 $k-\varepsilon$ 模型

文献[115]中指出,标准 $k-\varepsilon$ 模型对时均应变率特别大的情形($Sk/\varepsilon > 3.7$, $S=\sqrt{2S_{i,j}S_{i,j}}$, $S_{i,j}$ 的定义见式(9-66),会导致负的正应

力，这种情况是不可能实现的。为保证计算结果的可实现性(*realizability*)，计算湍流动力粘度计算式中的系数 c_μ 应当不是常数，而应当与应变率联系起来。例如，实验测定表明，对于均匀的剪切流，在平板边界层的粘性支层中当 $Sk/\varepsilon=3.3$ 时，$c_\mu\approx0.09$，而当 $Sk/\varepsilon=6$ 时，$c_\mu\approx0.5$。该文据此采用了下列确定 c_μ 的公式：

$$c_\mu=\frac{1}{A_0+A_sU^*\dfrac{k}{\varepsilon}} \tag{9-67}$$

其中：$A_0=4.0$

$$A_s=\sqrt{6}\cos\phi,\ \phi=\frac{1}{3}\mathrm{arc\ cos}(\sqrt{6}\ W),\ W=\frac{S_{i,j}S_{j,k}S_{k,j}}{(S_{i,j}S_{i,j})^{3/2}} \tag{9-68a}$$

$$U^*=\sqrt{S_{i,j}S_{i,j}+\tilde{\Omega}_{i,j}\tilde{\Omega}_{i,j}} \tag{9-68b}$$

$$\tilde{\Omega}_{i,j}=\Omega_{i,j}-2\varepsilon_{i,j,k}\omega_k \tag{9-68c}$$

$$\Omega_{i,j}=\bar{\Omega}_{i,j}-\varepsilon_{i,j,k}\omega_k \tag{9-68d}$$

其中 $\bar{\Omega}_{i,j}$ 是从角速度为 ω_k 的参考系中观察到的时均转动速率，显然对无旋转的流场，式(9-68b)中根号中的第 2 项为零，这一项是专门用以表示旋转的影响的，也是本模型的特点之一。

除 c_μ 的表示式外，文献[115]中采用的耗散率方程也与标准 $k-\varepsilon$ 模型不同：

$$\frac{\partial(\rho u_i\varepsilon)}{\partial x_i}=\frac{\partial}{\partial x_i}\left[\left(\eta+\frac{\eta_t}{\sigma_\varepsilon}\right)\frac{\partial\varepsilon}{\partial x_i}\right]+c_1\rho S\varepsilon-c_2\rho\frac{\varepsilon^2}{k+\sqrt{\nu\varepsilon}} \tag{9-69}$$

其中　$\sigma_\varepsilon=1.2,\ \sigma_k=1.0$

$$c_1=\max\left\{0.43,\ \frac{\tilde{\eta}}{5+\tilde{\eta}}\right\},\ \tilde{\eta}=\frac{Sk}{\varepsilon},\ S=(2S_{i,j}S_{i,j})^{1/2} \tag{9-70}$$

系数 c_1 与时均应变率 $S_{i,j}$ 联系在一起，这与 RNG $k-\varepsilon$ 模型有相似之处。

式(9-67)、(9-69)是可实现 $k-\varepsilon$ 模型(*realizable* $k-\varepsilon$ *model*)区别于标准 $k-\varepsilon$ 模型的地方，k 方程则与标准 $k-\varepsilon$ 模型相同。同时采用壁面函数法处理壁面附近的计算。这一模型用于计算有旋的均匀剪切流，平面混合流，平面射流，圆形射流，管道内充分发展流动及后台阶流，都取得了与实验数据比较一致的结果。应用这种模型的例子还可见文献[116]。

目前在文献中尚未见到对上述四种 $k-\varepsilon$ 模型进行直接对比的数值

研究结果,部分模型的对比结果将在 9.10 节中介绍。

二方程湍流模型除了应用最广的 $k-\varepsilon$ 模型外,文献中采用的还有 $k-W$模型(W 为涡量脉动值平方的时均值)、$k-l$ 模型(l 为湍流脉动的长度标尺)及 $k-\tau$ 模(湍流脉动的时间标尺,频率 f 的倒数)限于篇幅,本书中不作介绍。有兴趣的读者可分别参见文献[107～109],[95,110]和[121～123]。

9.8 二阶矩模型

上面所介绍的各种两方程模型中都采用各向同性的湍流动力粘度来计算湍流应力,这些模型难于考虑旋转流动及流动方向表面曲率变化的影响;另外,需要引入湍流 Pr 数来计算湍流热流密度。为了克服这些缺点,有必要直接对湍流脉动应力 $-\rho\overline{u'_iu'_j}$ 及湍流热密度 $-\rho\overline{c_pu'_iT'}$ 直接建立微分方程式进行求解。实际上在湍流研究的历史上早在 20 世纪 40 年代我国著名科学家周培源就导出了世界上第一个计算湍流应力的 17 方程模型[18]。只是因为受当时计算资源的影响,在上世纪七,八十年代中广泛应用的还是基于 Boussinesq 假设的各种确定湍流动力粘度的方法。从 20 世纪 90 年代以来直接对湍流切应力进行求解的方法日益受到重视。本节中着重介绍对时均过程中形成的两个脉动量乘积的时均值($\overline{u'_iu'_j}$及$\overline{u'_iT'_j}$)进行求接求解,而将三个脉动值乘积的时均值($\overline{u'_iu'_ju'_k}$)采用模拟方式计算的模型,文献中称为二阶矩 Reynolds 应力模型(*second-moment* Reynolds *stress model*)或二阶模型(*second-order model*)。不少研究者认为这是目前最有发展前途的湍流模型[1]。

9.8.1 Reynolds 应力方程及热流密度方程的严格形式

9.8.1.1 应力方程的严格形式

将 Navier-Stokes 方程中的瞬时量表示成时均值与脉动值之和,并从此式减去 Reynolds 时均方程,可得脉动速度的方程为:

$$\frac{\partial u'_i}{\partial t}+u'_k\frac{\partial \bar{u}_i}{\partial x_k}+\bar{u}_k\frac{\partial u'_i}{\partial x_k}+u'_k\frac{\partial u'_i}{\partial x_k}$$

$$=-\frac{1}{\rho}\frac{\partial p'}{\partial x_i}+\frac{\partial}{\partial x_k}\left(\nu\frac{\partial u'_i}{\partial x_k}-\overline{u'_iu'_k}\right) \tag{a}$$

对于 j 方向可写出:

$$\frac{\partial u'_i}{\partial t}+u'_k\frac{\partial \bar{u}_j}{\partial x_k}+\bar{u}_k\frac{\partial u'_j}{\partial x_k}+u'_k\frac{\partial u'_j}{\partial x_k}$$

$$=-\frac{1}{\rho}\frac{\partial p'}{\partial x_i}+\frac{\partial}{\partial x_k}\left(\nu\frac{\partial u'_j}{\partial x_k}-\overline{u'_j u'_k}\right) \tag{b}$$

以 $u'_j\times$(a)$+u'_i\times$(b)，再取时均值，经整理后可得下列湍流应力方程：

$$\frac{\partial \overline{u'_i u'_j}}{\partial t}+\bar{u}_k\frac{\partial(\overline{u'_i u'_j})}{\partial x_k}$$

$$=\frac{D(\overline{u'_i u'_j})}{Dt}=P_{i,j}+\pi_{i,j}+D_{i,j}-\varepsilon_{i,j} \tag{9-71}$$

其中

$$P_{i,j}=-\left(\overline{u'_i u'_k}\frac{\partial \bar{u}_j}{\partial x_k}+\overline{u'_j u'_k}\frac{\partial \bar{u}_i}{\partial x_k}\right)\text{—— 应力产生项} \tag{9-72}$$

$$\pi_{i,j}=\overline{\frac{p'}{\rho}\left(\frac{\partial u'_j}{\partial x_i}+\frac{\partial u'_i}{\partial x_j}\right)}\text{—— 压力应变再分配项} \tag{9-73}$$

$$D_{i,j}=-\frac{\partial}{\partial x_k}\left(\overline{u'_i u'_j u'_k}-\nu\frac{\partial(\overline{u'_i u'_j})}{\partial x_k}+\delta_{i,k}\frac{\overline{u'_j p'}}{\rho}+\delta_{j,k}\frac{\overline{u'_i p'}}{\rho}\right)\text{—— 扩散项} \tag{9-74}$$

式(9-71)就是湍流切应力的一般微分方程。注意 $i,j=1,2,3$，因而实际上有六个分量方程。$P_{i,j}$ 是湍流切应力在主流速度方向做的功，因而是能量的源项；$\pi_{i,j}$ 称为再分配项，这是因为如果令 $i=j$，并利用求和法则，式(9-71)就是脉动动能方程式，但对 $\pi_{i,j}$ 则由连续性方程可知此时其值为零。可见，此项并不产生脉动能量，仅起到再分配作用。$D_{i,j}$ 呈现梯度的形式，故称为扩散项。式(9-71)又称 Reynolds 应力方程。

由上推导可见，为了得出 $\overline{u'_i u'_j}$ 的微分方程，我们引入了新的比 $\overline{u'_i u'_j}$ 更高阶的未知量 $\overline{u'_i u'_j u'_k}$ 以及压力脉动值 p' 与速度脉动值乘积的时均值，因而方程是不封闭的，必须补充以把三阶量与低阶的量及时均变量联系起来的关系式，同时压力应变项等也须用低阶的量及时均变量来模拟，方程组才能封闭。由于这些项模拟方式的不同，形成了不同的二阶矩应力方程模型，在文献[124]中详细的介绍。这里以三阶项的模拟为例，说明如下。

$$\overline{u'_i u'_j u'_k}=-c_s\frac{k}{\varepsilon}\overline{u'_k u'_l}\frac{\partial \overline{u'_i u'_j}}{\partial x_l}\qquad\text{—Daly/Harlow[125]} \tag{c}$$

$$\overline{u'_i u'_j u'_k}=-c_s\frac{k^2}{\varepsilon}\frac{\partial \overline{u'_i u'_j}}{\partial x_k}\qquad\text{—Shir[126]} \tag{d}$$

$$\overline{u'_i u'_j u'_k} = -c_s \frac{k}{\varepsilon}\left(\overline{u'_i u'_l}\frac{\partial \overline{u'_j u'_k}}{\partial x_l} + \overline{u'_j u'_l}\frac{\partial \overline{u'_i u'_k}}{\partial x_l} + \overline{u'_k u'_l}\frac{\partial \overline{u'_i u'_j}}{\partial x_l}\right)$$

—Hanjalic/Launder[127]　(e)

$$\overline{u'_i u'_j u'_k} = -c_s \frac{k^2}{\varepsilon}\left(\frac{\partial \overline{u'_j u'_k}}{\partial x_i} + \frac{\partial \overline{u'_i u'_k}}{\partial x_j} + \frac{\partial \overline{u'_i u'_j}}{\partial x_k}\right)$$

—Mellor/Herring[128]　(f)

以上诸式中的系数则通过与一定范围内的实验数据的对比来确定。

9.8.1.2　热流密度方程的严格形式

采用导出应力方程的类似方法，可得下列 Reynolds 热流密度方程的严格形式：

$$\frac{D\,\overline{u'_i T'}}{Dt} = \frac{\partial}{\partial x_l}\Bigg(\overbrace{-\overline{u'_l u'_i T'} - \delta_{i,l}\frac{\overline{p'T'}}{\rho}}^{(1)} + \overbrace{a\,\overline{u'_i \frac{\partial T'}{\partial x_l}} + \nu\,\overline{T'\frac{\partial u'_i}{\partial x_l}}}^{(2)}\Bigg) - \underbrace{\left(\overline{u'_i u'_l}\frac{\partial T}{\partial x_l} + \overline{u'_l T'}\frac{\partial u_i}{\partial x_l}\right)}_{(3)} - \underbrace{(a+\nu)\overline{\frac{\partial u_i}{\partial x_l}\frac{\partial T'}{\partial x_l}} + \overline{\frac{p'}{\rho}\frac{\partial T'}{\partial x_i}}}_{(4)} + \underbrace{\overline{\phi' u'_i}}_{(5)} \qquad (9-75)$$

式中 a 为流体的热扩散率。

式(9-75)右端各项的物理意义如下：

(1) ——Reynolds 热流的湍流扩散；

(2) ——Reynolds 热流的分子扩散；

(3) ——从时均主流获得的 Reynolds 热流的产生项；

(4) ——Reynolds 热流的耗散；

(5) ——Reynolds 热流摩擦加热项(一般可以忽略)。

9.8.2　二阶 Reynolds 应力方程和热流方程

9.8.2.1　应力方程

如前所述，由于对式(9-71)中的 $\pi_{i,j}$ 及 $D_{i,j}$ 项模拟方式的不同，形成了多种二阶矩模型。下面给出的是文献[1]中采取的适用于高 Re 数的应力方程：

$$\frac{D\,\overline{u'_i u'_j}}{Dt} = \frac{\partial}{\partial x_l}\left[\left(c_k\frac{k^2}{\varepsilon} + \nu\right)\frac{\partial \overline{u'_i u'_j}}{\partial x_l}\right] - \left(\overline{u'_i u'_l}\frac{\partial u_j}{\partial x_l} + \overline{u'_j u'_l}\frac{\partial u_i}{\partial x_l}\right) - \frac{2}{3}\delta_{i,j}\varepsilon - c_1\frac{\varepsilon}{k}\left(\overline{u'_i u'_j} - \frac{2}{3}\delta_{i,j}k\right) + c_2\left(\overline{u'_i u'_l}\frac{\partial u_j}{\partial x_l} + \overline{u'_j u'_l}\frac{\partial u_i}{\partial x_l} - \frac{2}{3}\delta_{i,j}\overline{u'_n u'_m}\frac{\partial u_n}{\partial x_m}\right) \qquad (9-76)$$

其中$\frac{D}{Dt}$常称物质导数,包括非稳态项及对流项[66]。

9.8.2.2　热流方程

文献[1]中采用的热流方程为:

$$\frac{D\overline{u'_iT'}}{Dt}=\frac{\partial}{\partial x_l}\left[\left(c_T\frac{k^2}{\varepsilon}+a\right)\frac{\partial\overline{u'_iT'}}{\partial x_l}\right]-\left(\overline{u'_iu'_l}\frac{\partial T}{\partial x_l}+\overline{u'_lT'}\frac{\partial u_i}{\partial x_l}\right)-$$
$$c_{T1}\frac{\varepsilon}{k}\overline{u'_iT'}+c_{T2}\overline{u'_mT'}\frac{\partial u_i}{\partial x_m}\tag{9-77}$$

9.8.3　二阶模型的封闭方程组

对于三维流动,除了五个时均变量(u, v, w, p, T)外,式(9-76)中引入了 6 个 Reynolds 应力项,式(9-77)中引进了三个 Reynolds 热流项,同时式(9-76)、(9-77)中还引入了 k 及 ε 两个变量。为使方程组封闭,还需补充两个方程。在二阶模型中,$k-\varepsilon$ 方程的模拟形式与二方程 $k-\varepsilon$模型中类似,据文献[1]可表示为:

$$\frac{Dk}{Dt}=\frac{\partial}{\partial x_l}\left(c_k\frac{k^2}{\varepsilon}\frac{\partial k}{\partial x_l}+\nu\frac{\partial k}{\partial x_l}\right)-\overline{u'_iu'_l}\frac{\partial u_i}{\partial x_l}-\varepsilon\tag{9-78}$$

$$\frac{D\varepsilon}{Dt}=\frac{\partial}{\partial x_l}\left[\left(c_\varepsilon\frac{k^2}{\varepsilon}+\nu\right)\frac{\partial\varepsilon}{\partial x_l}\right]-c_{\varepsilon1}\frac{\varepsilon}{k}\overline{u'_iu'_l}\frac{\partial u_i}{\partial x_l}-c_{\varepsilon2}\frac{\varepsilon^2}{k}\tag{9-79}$$

在式(9-76)~(9-79)中共引入了 9 个系数,如何据实验数据来确定这些系数的方法可详见文献[1]。这九个系数的推荐值如表 9-11 所示。

表 9-11　二阶 Reynolds 应力模型中的系数

c_k	c_1	c_2	c_ε	$c_{\varepsilon1}$	$c_{\varepsilon2}$	c_T	c_{T1}	c_{T2}
0.09	2.30	0.40	0.07	1.45	1.92	0.07	3.2	0.5

顺便指出式(9-79)仅适用于 $Pr\approx1$,湍流扩散为各向同性的情形。

这样,对三维问题,有 16 个变量(5 个时均变量,6 个应力,3 个热流密度及 k,ε),共有 16 个方程,形成了封闭的方程组。这就是计算对流换热的二阶矩模型。

值得指出,由于从 Reynolds 应力方程的三个正应力项可以得出脉动动能($k=\overline{u'_iu'_i}/2$),因而不少文献中,如[48, 129~131],不把 k 作为独立的变量,也不引入 k 方程。但文献[1, 132, 133]中则把 k 方程列入为控制方程之一，本书采用的是后一种做法。

9.8.4 二阶矩模型对近壁面处的处理

上述二阶矩模型仅适用于高 Re 数的情形，在固体壁面附近，由于分子粘性的作用，湍流脉动受到阻尼，上述方程不再适用。因而与 $k-\varepsilon$ 模型一样，对壁面附近分子粘性起作用的地区要作特别的处理。目前文献中大致有以下几种方法。

9.8.4.1 采用壁面函数法

在文献[129,130, 133]中采用类似于标准 $k-\varepsilon$ 模型中的壁面函数法对离开固体表面的位于粘性支层以外的第一个内节点赋值及规定时均速度及温度在边界上的当量动力粘度或导热系数。例如文献[133]中对位于粘性支层以外的第一个内节点 $P(y_P^+>11.5)$ 给出了以下条件：

(1) 动量方程中的速度在壁面上的当量动力粘度 $\eta_t=\dfrac{\rho u^* y_P\kappa}{\ln(Ey_P^+)}$ 其中 κ 为 vom Karman 常数(取为 0.41)，$u^*=\sqrt{\tau_w/\rho}$ (9-80a)

(2) $k_P=c_\mu^{-0.5}(u^*)^2$，$c_\mu=0.09$ (9-80b)

(3) $\varepsilon_P=\dfrac{(u^*)^3}{\kappa y_P}$ (9-80c)

(4) 湍流应力：

$$\left.\begin{aligned}\overline{u'v'}&=-(u^*)^2+y_P\frac{\partial p}{\partial x}\\ \overline{(u')^2}&=5.1\,(u^*)^2\\ \overline{(v')^2}&=1.0\,(v^*)^2\\ \overline{(w')^2}&=2.3\,(u^*)^2\end{aligned}\right\}\tag{9-80d}$$

文献[130]中对于传热问题又补充了以下关于 Reynolds 热流及温度对数分布律的表达式：

(5) 垂直壁面的 Reynolds 热流

$$-\overline{v'T'}=q_W/\rho c_p-\lambda\frac{\partial T}{\partial y}\tag{9-80e}$$

(6) 主流方向的 Reynolds 热流

$$\overline{u'T'}=-C\,\overline{v'T'}\quad (C\text{ 为某一常数})\tag{9-80f}$$

(7) 温度的对数分布率

$$\frac{T-T_W}{q_W/\rho(\sqrt{\tau_W/\rho})c_p}=\frac{1}{\kappa'}\ln E_c y_P^+\qquad (\kappa'=0.465,\ E_c=4.75)\tag{9-80g}$$

显然由此式可导出壁面上当量导热系数的表示式，见9.5节。

9.8.4.2　采用两区模型

文献[134]中对于平面上的圆型冲击射流的湍流流场与温度场采用双区模型计算：以 $Re_t=150$ 为界，在旺盛湍流区采用 Reynolds 应力模型，而在 $Re_t<150$ 的边壁区采用 Launder/Sharma 的低 Re 数模型(增加了 Yap 的修正)，同时在计算中保证与分界线上切应力，热流密度、温度、湍流脉动动能及耗散率的连续性。

9.8.4.3　采用低 Re 数 Reynolds 应力模型

我们知道，速度与温度的对数分布律是对边界层类型的流动适用的规律，并不适用于所有的流动与换热情形。对于二阶矩湍流模型，在旺盛湍流区已采用了更精确的因而也更复杂的应力微分方程，但在近壁区仍然采用带有较大任意性的壁面函数法，未免是一个明显的不足。虽然粘性支层外湍流脉动动能的水平对壁面上的传热是有影响，因而在高 Re 数区采用更精确的模型仍是有必要的[134]。因而 Speziale 在其一篇湍流模型综述性论文[131]中，把二阶矩模型推广到低 Re 数区域，使其可以直接积分到固体表面作为发展 Reynolds 应力模型的两大任务之一。

已有不少研究者提出了低 Re 数二阶矩模型，基本思想是修正高 Re 数二阶矩模型中耗散函数(扩散项)及压力应变重新分配项的表达式，以使模型方程可以直接应用到壁面上。文献[135]中对8种现有的低 Re 数 Reynolds 应力模型作了比较。关于低 Re 数下 Reynolds 热力密度的模型文献中还很少报导。

由上讨论可见，无论是各种 $k-\varepsilon$ 模型，还是 Reynolds 应力模型，都存在一个近壁区的处理问题。可以认为在旺盛湍流区，湍流模型的发展相对地比较成熟，而进壁区的湍流处理则是一个薄弱环节，也是目前湍流模型研究中的一个热点。

9.8.5　二阶矩模型应用举例及数值计算中的特殊问题

9.8.5.1　应用举例

二阶矩模型抛弃了 Boussinesq 假设中各向同性湍流动力粘度及湍流应力与时均速度梯度呈线性关系的假设，因而对不均匀的、各向异性的湍流运动尤其能显示其优越性。作为不均匀湍流(*inhomogeneous turbulent flow*)的一例，图9-16(a)中示出圆管本身绕其轴线作旋转运动的管内湍流强制对流[131]，此时由于 Coriolis 力的作用使时均速度场变或非对称分布。采用 $k-\varepsilon$ 模型及二阶矩模型计算的结果示于图9-14b中。由图可

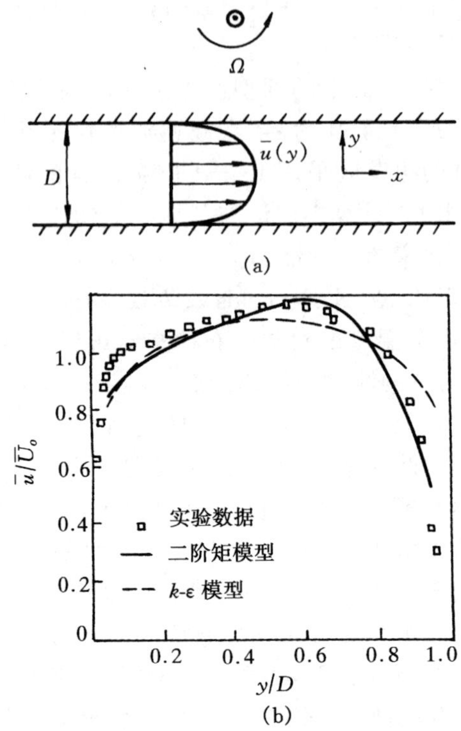

图 9-16　旋转圆管内湍流流场的数值计算（$Re=11\ 500$，旋转数 $R_0=0.21$）
(a) 旋转圆管内的湍流　(b) 截面上的速度分布

见，二阶矩模型计算的结果与实验测定的数据[136]相当一致，而标准 $k-\varepsilon$ 模型计算的结果则与没有旋转时的对称速度分布没有区别。

9.8.5.2　数值计算中的一些特殊问题

采用二阶矩湍流模型计算不可压缩流体的流动与换热问题时，在网格的生成、对流项与扩散项的离散以及速度与压力耦合关系的处理等方面均可本书以前介绍过的各种方法。例如文献[134]中应用交叉网格、QUICK 格式和 SIMPLE 算法求解了冲击平板的射流换热；文献[133]中利用动量插值的同位网格与 SIMPLEC 算法求解了后台阶及具有中间逐渐收缩与扩大的圆管内的湍流流动；而文献[137]中则采用 SIMPLER 算法求解了矩形截面通道内的三维发展段的流动。我国学者周力行在应用二阶矩模型进行气、固两相流的数模型方面做出了不少开拓性的工作，可见文献[138]。

应用二阶矩模型作数值模拟时，与 $k-\varepsilon$ 两方程模型相比有以下新的问题：

1. 控制方程的数目远多于 $k-\varepsilon$ 两方程模型　前已指出，对于三维问题，控制方程总数多达 16 个。即使对于平面二维对流换热问题，根据文献[129,130]，控制方程数目也多达 11 个(不含 k)，即：时均变量 u, v, p, T 及 $\overline{(u')^2}$, $\overline{(v')^2}$, $\overline{(w')^2}$, $\overline{u'v'}$, $\overline{u'T'}$, $\overline{v'T'}$, ε，这不仅对计算机资源提出了相当高的要求，问题的非线性也相应地增加；

2. 在高 *Re* 数的计算区域要引入视在粘度(*apparent viscosity*)文献[133]指出，在湍流 *Re* 数相当高的地区，分子粘性的作用可以忽略，这样在时均速度方程中含分子粘性项的扩散项就可以忽略，这相当于网格 Peclet 数趋于无穷大，容易引起数值不稳定。为了克服这一困难，需要对 Reynolds 应力方程作改写，使它包括时均速度的梯度在内，含有时均速度梯度的项中梯度前的系数即可作为视在粘性系数。该文中给出了详细的分析过程，可参阅。

3. 要保证在任何迭代计算阶段湍流的正应力不小于零，这可以通过对正应力方程的源项作按式(4-2)规定的方式处理来实现，详见文献[133]。

由上可见，二阶矩湍流模型由于在湍流切应力及热流密度的数学描述上采用了更加严密的微分方程的形式，导致了对计算机资源的更高要求，数值计算过程的健壮性也受到影响。因此不少研究者就探索这样一种途径：在这种方法中既保持对 Reynolds 应力及热流密度进行直接求解的特点，又可以大大减少计算工作量，这就导致了 Reynolds 代数应力模型的产生，下面简要介绍这种湍流模型。

9.8.6　代数应力模型

在代数应力模型(*algebraic stress model*, ASM)中，Reynolds 应力及热力密度是用代数方程式而不是用微分方程来求解的，这就大大减轻了计算工作量。这些代数方程可以通过两种考虑来导出。

1. 假设应力微分方程中对流项与扩散项近似相等[1]此时在准稳态的湍流条件下，式(9-76)简化为：

$$0 = P_{i,j} - \frac{2}{3}\delta_{i,j}\varepsilon - c_1\frac{\varepsilon}{k}\left(\overline{u'_iu'_j} - \frac{2}{3}\delta_{i,j}k\right) - c_2\left(P_{i,j} - \frac{2}{3}\delta_{i,j}p_k\right) \tag{9-81}$$

其中：

$$P_{i,j} = -\left(\overline{u'_i u'_l}\frac{\partial u_j}{\partial x_l} + \overline{u'_j u'_l}\frac{\partial u_i}{\partial x_l}\right) \qquad (9-82a)$$

$$p_k = -\overline{u'_n u'_m}\frac{\partial u_n}{\partial x_m} \qquad (9-82b)$$

类似地，由式(9－77)可得简化的 Reynolds 热流密度方程：

$$0 = -\left(\overline{u'_i u'_l}\frac{\partial T}{\partial x_l} + \overline{u'_l T'}\frac{\partial u_i}{\partial x_l}\right) - c_{T1}\frac{\varepsilon}{k}\overline{u'_i T'} + c_{T2}\overline{u'_m T'}\frac{\partial u_i}{\partial x_m} \qquad (9-83)$$

这样我们得到 9 个关于 Reynolds 应力及热流密度的代数方程。这些代数方程与 $k-\varepsilon$ 方程及时均动量方程相结合就构成了代数应力模型封闭的方程组，文献中有时用符号 $k-\varepsilon-A$ 表示之。

2. 假设 Reynolds 应力的对流与扩散项正比于 k 的对流与扩散项[139]

将式(9－76)中的扩散项(右端第 1 项，简记为 $D_{i,j}$)移到等号前有：

$$\frac{D\overline{u'_i u'_j}}{Dt} - D_{i,j} = P_{i,j} - \frac{2}{3}\delta_{i,j}\varepsilon - c_1\frac{\varepsilon}{k}\left(\overline{u'_i u'_j} - \frac{2}{3}\delta_{i,j}k\right) - c_2\left(P_{i,j} - \frac{2}{3}\delta_{i,j}P_k\right) \qquad (g)$$

上式的左端可作如下改写：

$$\frac{D\overline{u'_i u'_j}}{Dt} - D_{i,j} = \frac{D\left(\frac{\overline{u'_i u'_j}}{k}\right)k}{Dt} - \left(\frac{\overline{u'_i u'_j}}{k}\right)D_{i,j}$$

$$\cong \frac{\overline{u'_i u'_j}}{k}\left(\frac{Dk}{Dt} - D_k\right) \qquad (h)$$

其中 D_k 为 k 方程的扩散项。上式相当于假定应力方程的对流项与扩散项之差正比于 k 方程的对流项与扩散项之差，比例系数为 $\frac{\overline{u'_i u'_j}}{k}$。式(h)中的 $\left(\frac{Dk}{Dt} - D_k\right)$ 部分可以用 k 方程中的其余部分来代替，于是得：

$$\frac{\overline{u'_i u'_j}}{k}(P_k - \varepsilon) = P_{i,j} - \frac{2}{3}\delta_{i,j}\varepsilon - c_1\frac{\varepsilon}{k}\left(\overline{u'_i u'_j} - \frac{2}{3}\delta_{i,j}k\right) - c_2\left(P_{i,j} - \frac{2}{3}\delta_{i,j}P_k\right) \qquad (9-84)$$

类似地可得湍流热流密度的代数方程：

$$\frac{\overline{u'_i T'}}{k}(P_k - \varepsilon) = -\left(\overline{u'_i u'_l}\frac{\partial T}{\partial x_l} + \overline{u'_l T'}\frac{\partial u_i}{\partial x_l}\right) - c_{T1}\frac{\varepsilon}{k}\overline{u'_i T'} + c_{T2}\overline{u'_m T'}\frac{\partial u_i}{\partial x_m} \qquad (9-85)$$

应力代数模型中 $k-\varepsilon$ 方程仍如式(9－78)、(9－79)所示，在壁面附近的处理也有类似于二阶矩模型中那几种方式，这里不再重复。应力代数模型已成功地应用于一些湍问题的数值模拟，如非圆型截面通道内的截面二次流计算[140]，垂直冲击来流的湍流射流[141]，气膜冷却[142]，燃烧室内的旋转流动[143,144]及旋转空腔内的湍流流动[145]等。文献[48]认为代数应力模型是目前最有应用前景的湍流模型。

9.9　有浮升力存在时湍流的数值计算

浮升力(*buoyant force*)是流体在重力作用下由于流体中各部分密度的不均匀而引起的一种体积力。在自然界与工程技术领域中广泛存在着有浮升力作用的运动，其中典型的三种情形示图 9－17 中。图 9－17(a)所示为尾流(*plume*)，工业设备中温度较高的气体排向大气就是这种情形；图(b)所示是典型的边界层型流动；图(c)为熟知的有限空间内的自然对流。为节省篇幅，本节中主要讨论有限空间湍流自然对流的数值计算问题，对于图(a)及(b)所示情形的湍流计算，可分别参见文献[146,147]和[148,149]。由于固体壁面及回流的存在，有限空间自然对流的计算要比图 9－17(a)(b)两种情形更复杂一些。为考虑浮升力的作用，这里仍采用 Boussinesq 假设及有效压力的概念(见 6.9 节)。在前述强制对流换热湍流模型讨论的基础上，本节中首先介绍有限空间中湍流自然对流的二阶矩模型，然后逐步将模型简化，直到标准 $k-\varepsilon$ 两方程模型为止。最后讨论近壁处的处理方法并介绍一些用不同模型计算的结果。

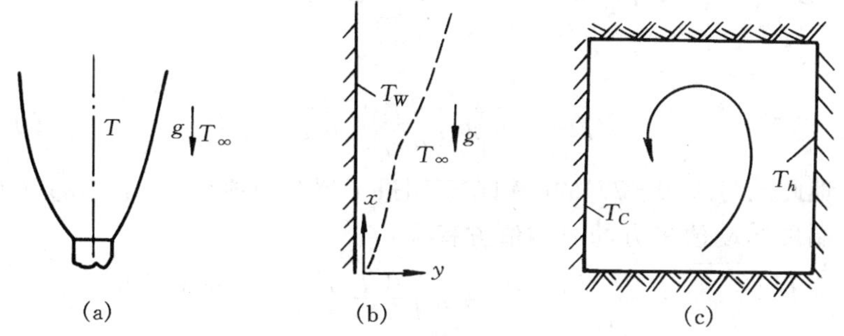

图 9－17　有浮升力作用的三种典型情形

(a) 喷射尾流 (b) 边界层流动 (c) 有限空间自然对流

9.9.1 湍流自然对流的二阶矩模型

类似于强制对流问题的分析，可得出湍流自然对流的 Reynolds 应力方程为[1]：

$$\frac{D\overline{u'_iu'_j}}{Dt}=\frac{\partial}{\partial x_l}\left[\left(c_k\frac{k^2}{\varepsilon}+\nu\right)\frac{\partial\overline{u'_iu'_j}}{\partial x_l}\right]+P_{i,j}+P_{i,j,b}-\frac{2}{3}\delta_{i,j}\varepsilon$$
$$-c_1\frac{\varepsilon}{k}\left(\overline{u'_iu'_j}-\frac{2}{3}\delta_{i,j}k\right)-c_2\left(P_{i,j}-\frac{2}{3}\delta_{i,j}P_k\right)$$
$$-c_3\left(P_{i,j,b}-\frac{2}{3}\delta_{i,j}P_b\right) \tag{9-86}$$

其中：

$$P_{i,j}=-\left(\overline{u'_iu'_l}\frac{\partial u_j}{\partial x_l}+\overline{u'_ju'_e}\frac{\partial u_i}{\partial x_l}\right) \tag{9-87a}$$

$$P_k=-\overline{u'_ku'_l}\frac{\partial u_i}{\partial x_l} \tag{9-87b}$$

$$P_{i,j,b}=-\alpha(g_i\overline{u'_jT'}+g_j\overline{u'_iT'}) \tag{9-87c}$$

$$P_b=-\alpha g_i\overline{u_iT'} \tag{9-87d}$$

上式中 g_i 为重力加速度的分量，α 为流体的体胀系数。显然与式(9-76)相比，式(9-86)增加了因浮升力引起的 $P_{i,j,b}$ 及 P_b 两项。

Reynolds 热流密度方程为(对 $Pr\approx1$ 的流体)：

$$\frac{D\overline{u'_jT'}}{Dt}=\frac{\partial}{\partial x_l}\left[\left(c_T\frac{k^2}{\varepsilon}+a\right)\frac{\partial\overline{u'_iT'}}{\partial x_l}\right]+P_T-(1+c_{T3})\alpha g_i\overline{(T')^2}$$
$$-c_{T1}\frac{\varepsilon}{k}\overline{u'_iT'}+c_{T2}\frac{\partial u'_i}{\partial x_m}\overline{u'_mT'} \tag{9-88}$$

其中

$$P_T=-\overline{u'_iu'_l}\frac{\partial T}{\partial x_l}-\overline{u'_lT'}\frac{\partial u_i}{\partial x_l} \tag{9-89}$$

类似地此式与式(9-77)的区别在于引进了浮升力项 $-(1+c_{T3})\alpha g_i\overline{(T')^2}$。

温度脉动值平方的时均值方程为：

$$\frac{D\overline{(T')^2}}{Dt}=\frac{\partial}{\partial x_l}\left[\left(c_\theta\frac{k^2}{\varepsilon}+a\right)\frac{\partial\overline{(T')^2}}{\partial x_l}\right]-2\overline{u'_lT'}\frac{\partial T}{\partial x_l}-2\varepsilon_\theta \tag{9-90}$$

k 及 ε 的微分方程分别为：

$$\frac{Dk}{Dt}=\frac{\partial}{\partial x_l}\left[\left(c_k\frac{k^2}{\varepsilon}+\nu\right)\frac{\partial k}{\partial x_l}\right]+P_k+P_b-\varepsilon \tag{9-91}$$

$$\frac{D\varepsilon}{Dt}=\frac{\partial}{\partial x_l}\left[\left(c_\varepsilon\frac{k^2}{\varepsilon}+\nu\right)\frac{\partial\varepsilon}{\partial x_l}\right]+c_{\varepsilon1}\frac{\varepsilon}{k}P_k+c_{\varepsilon3}\frac{\varepsilon}{k}P_b-c_{\varepsilon2}\frac{\varepsilon^2}{k}\tag{9-92}$$

同时还应补充以 ε_θ 的方程：

$$\frac{D\varepsilon_\theta}{Dt}=\frac{\partial}{\partial x_l}\left[\left(c_l\frac{k^2}{\varepsilon}+a\right)\frac{\partial\varepsilon_\theta}{\partial x_l}\right]-c_{l1}\frac{\varepsilon}{k}\overline{u'_lT'}\frac{\partial T}{\partial x_l}-c_{l2}\frac{\varepsilon}{k}\varepsilon_\theta\tag{9-92}$$

上述诸式中的各个系数值如下(按方程顺序排列)：

$c_k=0.09$；$c_1=1.82\sim2.8$；$c_2=0.4\sim0.6$；$c_3=0.3\sim0.5$；

$c_T=0.07$；$c_{T1}=3.2$；$c_{T2}=0.5$；$c_{T3}=0.5$；$c_\theta=0.13$

$c_\varepsilon=0.07$；$c_{\varepsilon1}=1.44$；$c_{\varepsilon2}=1.92$；$c_{\varepsilon3}=1.44\sim1.92$

$c_l=0.1$；$c_{l1}=2.5$；$c_{l2}=2.5$。

由上可见三维自然对流的二阶矩模型要求解总共 18 个微分方程。

9.9.2　$k-\varepsilon-A$ 模型

采用类似于强制对湍流应力方程的简化方法,可得下列代数模型。

k 方程：

$$\frac{Dk}{Dt}=\frac{\partial}{\partial x_l}\left[\left(c_k\frac{k^2}{\varepsilon}+\nu\right)\frac{\partial k}{\partial x_l}\right]+P_k+P_b-\varepsilon\tag{9-93}$$

$$\frac{D\varepsilon}{Dt}=\frac{\partial}{\partial x_l}\left[\left(c_\varepsilon\frac{k^2}{\varepsilon}+\nu\right)\frac{\partial\varepsilon}{\partial x_l}\right]+c_{\varepsilon1}\frac{\varepsilon}{k}P_k+c_{\varepsilon3}\frac{\varepsilon}{k}P_b-c_{\varepsilon2}\frac{\varepsilon^2}{k}\tag{9-94}$$

以及下列 10 个代数方程

$$-\overline{u'_iu'_j}=\frac{k}{c_1\varepsilon}\left\{\frac{(c_2-1)P_{i,j}+(3-1)P_{i,j,b}-\frac{2}{3}\delta_{i,j}[c_2P_k+c_3P_b+(c_1-1)\varepsilon]}{1+\left(\frac{P_k+P_b}{\varepsilon}-1\right)/c_1}\right\}\tag{9-95}$$

$$-\overline{u'_iT'}=\frac{k}{c_{T1}\varepsilon}\left[\frac{-P_T+(1+c_{T3})\alpha g_i\overline{(T')^2}-c_{T2}\overline{u'_mT'}\frac{\partial u'_i}{\partial x_m}}{1+\left(\frac{P_b+P_k}{\varepsilon}-1\right)/c_{T1}}\right]\tag{9-96}$$

$$\overline{(T')^2}=-\frac{k}{c_{\theta1}\varepsilon}\overline{u'_lT'}\frac{\partial T}{\partial x_l}\tag{9-97}$$

系数 $c_{\theta 1}=0.62$，其余各系数的取值同二阶矩模型。

9.9.3 k-ε-E 模型

引入 Boussinesq 的涡粘性假设，即：

$$-\overline{u'_i u'_j}=\nu_t\left(\frac{\partial u_i}{\partial x_j}+\frac{\partial u_j}{\partial x_i}\right)-\frac{2}{3}\delta_{i,j}k \tag{9-98a}$$

$$-\overline{u'_i T'}=a_t\left(\frac{\partial T}{\partial x_i}\right) \tag{9-98b}$$

$$\nu_t=c_\mu\frac{k^2}{\varepsilon}=c_k\frac{k^2}{\varepsilon}\quad(\text{注意到 } c_k=c_\mu=0.09) \tag{9-98c}$$

则式(9-93)中的 P_k，P_b 项分别化为：

$$P_k=\nu_t\left(\frac{\partial u_i}{\partial x_l}+\frac{\partial u_l}{\partial x_i}\right)\frac{\partial u_j}{\partial x_l}-\frac{2}{3}\delta_{i,l}k\frac{\partial u_i}{\partial x_l}=\nu_t\left(\frac{\partial u_i}{\partial x_l}+\frac{\partial u_l}{\partial x_i}\right) \tag{a}$$

$$P_b=-\alpha g_i a_t\left(\frac{\partial T}{\partial x_i}\right)=-1/\alpha g_i\left(\frac{\nu_t}{\sigma_T}\right)\left(\frac{\partial T}{\partial x_i}\right) \tag{b}$$

于是式(9-93)简化为：

$$\frac{Dk}{Dt}=\frac{\partial}{\partial x_l}\left[(\nu_t+\nu)\frac{\partial k}{\partial x_l}\right]+G_k-\alpha g_i\left(\frac{\nu_t}{\sigma_T}\right)\left(\frac{\partial T}{\partial x_i}\right)-\varepsilon \tag{9-99}$$

类似地式(9-94)化为：

$$\frac{D\varepsilon}{Dt}=\frac{\partial}{\partial x_l}\left[(\nu_t+\nu)\frac{\partial \varepsilon}{\partial x_l}\right]+c_{\varepsilon 1}\frac{\varepsilon}{k}G_k-c_{\varepsilon 3}\alpha g_i\frac{\varepsilon}{k}\left(\frac{\nu_t}{\sigma_T}\right)\left(\frac{\partial T}{\partial x_i}\right)-c_{\varepsilon 2}\frac{\varepsilon^2}{k} \tag{9-100}$$

式(9-100)中的系数数值同上，显然 $c_{\varepsilon 1},c_{\varepsilon 3}=1.44\sim1.92$[1]，$c_{\varepsilon 2}$即为表 9-4 中的 c_1 与 c_2，只是这里为避免混淆，增加了下标 ε 而已。式(9-99)、(9-100)中的带体胀系数 α 的项就是考虑在 i 方向的温度梯度对自然对流的抑制作用而引入的。G_k 的展开表示式见表 9-6 及 9-7。式(9-99)、(9-100)连同时均形式动量、能量、连续性方程及式(9-98c)就构成了自然对流时的涡粘性 k-ε 模型，即 k-ε-E 模型(E 代表 *eddy viscosity*)。

9.9.4 近壁区的处理

与强制对流的情况一样，上述控制方程只适用于高 Re 数情形，在壁面附近由于分子粘性的阻尼作用，使湍流脉动逐渐削弱，因而必须作相应的处理。常见方法有以下两种。

9.9.4.1 采用壁面函数法

我们在 9.5 节中所介绍的速度与温度的对数分布律是从强制对流边

界层流动中总结出来的，未必运用于自然对流问题，尽管有研究者提出了自然对流边界层中的速度分布律，但像 9.5 节介绍的那种壁面函数法的处理方式在有限空间自然对流计算中并无多少成功的算例。在文献[150～152]中采用了这样一种处理方法：一方面在壁面附近设置比较密的节点，同时对第一个内节点的 k，ε 按以下公式赋值：

$$k = (u^*)^2/\sqrt{c_\mu},\ \varepsilon = (u^*)^4/0.41\nu y^+ \qquad (9-101)$$

式中 $u^* = \sqrt{\tau_w/\rho} = \sqrt{\nu(\partial u/\partial y)_w}$，$u$ 为与壁面平行的流速。但对速度与温度则不采用对数分布率来确定壁面上的当量扩散系数而直接用分子扩散系数之值。文献[152]中采用这一方法计算方形空腔内空气在 $Ra = 10^8$，10^9 及 10^9 时的平均 Nu 数所得之值与文献[151]中采用低 Re 数模型计算的结果相一致，但如果壁面上的扩散系数(导热系数)采用按温度的对数分布律得出的当量值，则计算所得的 Nu 数远远高于按低 Re 数模型计算的结果。

9.9.4.2　采用低 Re 数 $k-\varepsilon$ 模型

表 9－8 中所汇总的 16 种低 Re 数 $k-\varepsilon$ 模型是对强制对流导出的。文献中只有一种低 Re 数模型[153]是针对自然对流导出的。最近文献[154]中采用 8 种低 Re 数模型比较了自然对流的计算，现在将未列入在表 9－8 中的其它几种模型汇列在表 9－12 中。

文献[159]中对于竖壁上的湍流自然对流边界层应用标准 $k-\varepsilon$ 模型及 TH，LB，CH，HP，HO 和 JL6 种低 Re 数 $k-\varepsilon$ 模型进行了数值计算，并将结果与文献[160]中的实测结果进行了对比。结果发现，总的说标准 $k-\varepsilon$ 及 6 种低 Re 模型的计算结果与实验数据的符合都比较好，其中 LB，CH 及 JL 模型符合最好，而 TH 及 HF 模型较差。值得指出，对于标准 $k-\varepsilon$ 模型，作者把第一个内节点设置在 $y^+(x^+) < 11.5$ 的粘性支层内，因而不采用由对数律确定的有效扩散系数。只是对于 k 及 ε 采取了以下处理方式：

$$k_W = 0,\ \varepsilon_P = \frac{c_\mu^{3/4} k_P^{3/2}}{\kappa y_P} \quad (P\ \text{为第一个内节点})$$

这一处理方法与文献[150～152]的做法是基本一致的。

但是对于有限空间内湍流自然对流的低 Re 数 $k-\varepsilon$ 模型的对比计算情况要复杂得多。文献[161]中对于 JL，LS，DA，LB，CH，NH 及 TH 等模型计算了空气在 $Ra = 5\times10^{10}$ 及 10^{12} 下的换热，并将计算结果所得平均 Nu 数与实验关联式 $Nu = 0.47Ra^{1/3}$ 进行了对比。结果发现在 $Ra = 5\times10^{10}$ 时，所比较模型的平均 Nu 数的计算结果均偏低(最大偏低

表 9－12　已用于自然对流换热计算的部分低 Re 数 $k-\varepsilon$ 模型

No	模型	简称	ε_w 条件	c_μ	c_1	c_2	σ_k	σ_ε	σ_T	f_μ	f_1	f_2	D	E
1	To/Humphery[153]	TH	$2\nu\left(\frac{\partial\sqrt{k}}{\partial y}\right)^2$	0.09	1.44	1.92	1.0	1.3	0.9	$\exp[-2.5/(1+Re_t/50)]$	1.0	$[1-0.3\exp(-Re_t^2)]f_3$ $f_3=\begin{cases}1, & y^+\geqslant 5\\ 1-\exp(-Re_t^2), & y^+<5\end{cases}$	0	0
2	Yang/Shih[155]	YS	$2\nu\left(\frac{\partial\sqrt{k}}{\partial y}\right)^2$	0.09	1.44	1.92	1.0	1.3	0.9	$[1-\exp(-1.5\times10^{-4}R_k-$ $5\times10^{-7}R_k^3-10^{-10}R_k^5]^{1/2}$ (注 1)	1.0	1.0	0	$2\frac{\eta_t}{\rho}\left[\left(\frac{\partial^2 u}{\partial y^2}\right)^2+\right.$ $\left.\left(\frac{\partial^2 v}{\partial r^2}\right)^2\right]$ (注 2)
3	Heindel/Ramadhyani/Incropera[156]	HRI	$2\nu\left(\frac{\partial\sqrt{k}}{\partial y}\right)$	0.09	1.44	1.92	1.0	1.3	0.9	$\exp[-3.4/(1+Re_t/50)^2]$	1.0	$1-0.3\exp(-Re_t^2)$	0	0
4	Chang/Lee/Yoon[157]	CLY	$2\nu\left(\frac{\partial\sqrt{k}}{\partial y}\right)$	0.09	1.44	1.92	1.0	1.3	0.9	$(1+31.66Re_t^{5/4})\cdot$ $[1-\exp(-0.0215Re_k)]^2$	1.0	$[1-0.01\exp(-Re_t^2)]\cdot$ $[1-\exp(-0.0631R_k)]$	0	0
5	Davidson[158]	DA	$\frac{\partial\varepsilon}{\partial y}=0$	0.09	1.44	1.92	1.0	1.3	0.9	$\exp[-3.4/(1+Re_t/50)^2]$	$1+(0.141f_\mu)^3$	$1-0.27\exp(-Re_t^2)]\cdot$ $[1-\exp(-Re_y)]$	0	0

注：1. $R_k=\sqrt{k^* Gry}$，$k^*=k/(\nu^2 Gr/R_0^2)$，$Gr=\alpha g\Delta TR_0^3/\nu^2$，$R_0$ 为竖圆筒的半径，其内流体发生自然对流。

2. 这里指的是圆柱坐标系中的情形

17%)，而 $Ra = 10^{12}$时则从偏高 37% 到偏低 19% 都有。相对而言 LB 模型的偏差均在 10% 以内。

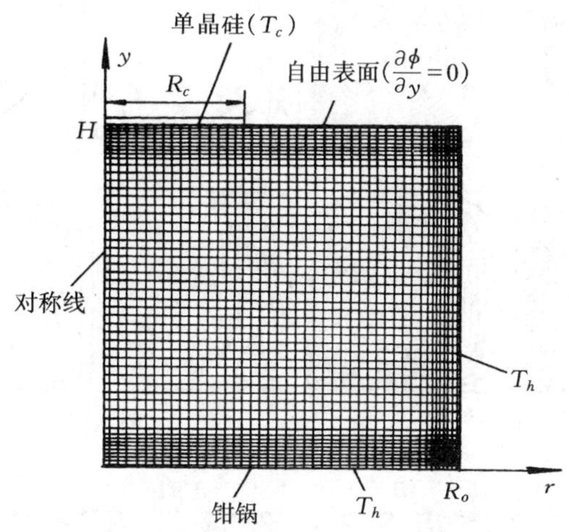

图 9－18　Czochralski 结构示意图

宇波和 Ozoe 对于 Czochralski 结构中纯自然对流的比较计算则得出了比文献[160]更乐观的结果[154]。Czochralski 结构示意性地表示在图 9－18 中，这是控制单晶硅生长的一种设备，工作时钳锅壁温高于位于中心轴上的单晶硅，钳锅与单晶硅柱体又各自在做旋转。在他们的比较计算中不考虑旋转，只研究由于温差而引起的含硅的液态金属的自然对流，计算中采用了 8 种低 Re 数 $k-\varepsilon$ 模型(AKN, AB, CLY, FBL, HRI, JL, LB, YS)，对 $Pr = 0.011$，$Gr = \alpha g \Delta T R_0^3/\nu^2 = 6.6 \times 10^9$ 的计算结果相当一致，只有在脉动动能分布及湍流粘性系数的分布上有一定差异。在图 9－19中示出了其中 4 种模型的计算结果。一般地不同模型之间或同一模型与实验数据之间在与脉动有关量的符合程度上要比与时均值的符合程度差，文献[154]的计算结果也显示了这一特点。

9.9.5　非线性 $k-\varepsilon$ 模型及重整化群 $k-\varepsilon$ 模型

文献[162]中应用低 Re 数非线性 $k-\varepsilon$ 模型计算了水平环形空间中的自然对流，发现在预测外圆筒顶端受气流冲击地区的传热特性方面，非线性模型要比线性低 Re 数模型(LS 模型加 Yap 修正)要好，而其余地区则两种模型的结果差别不大。文献[163]中对于狭长的竖方形空腔中的自然对流采用 RNG $k-\varepsilon$ 模型计算，在壁面附近采用了三层的壁面函数

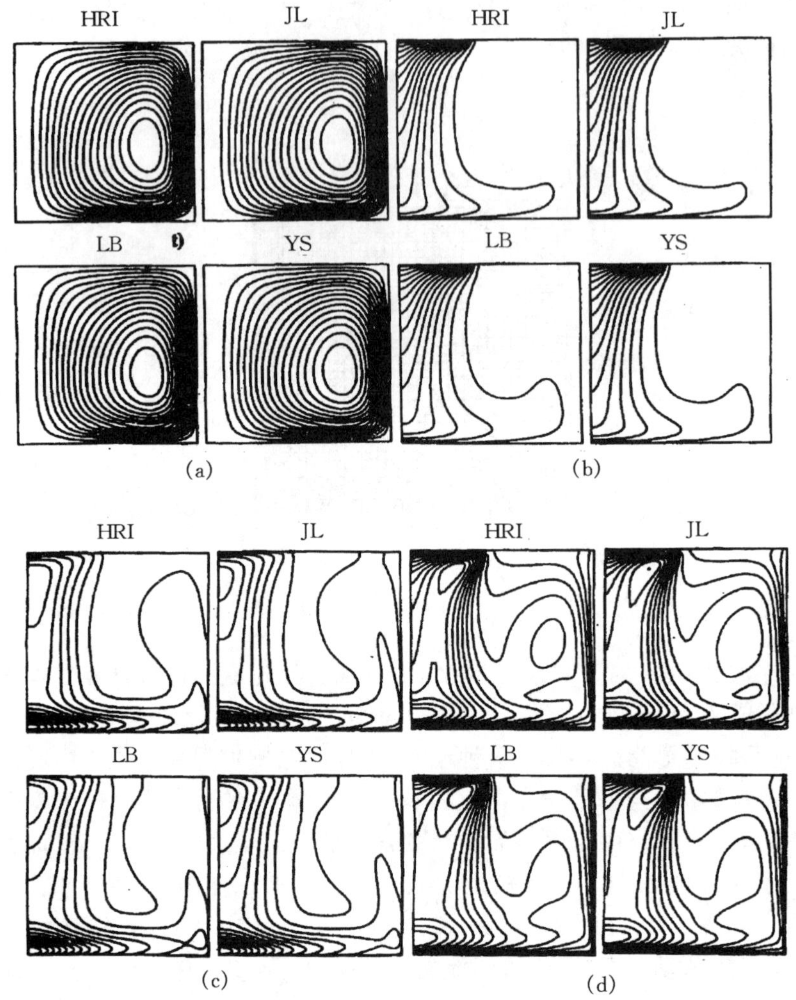

图 9-19　4 种低 Re 数 $k-\varepsilon$ 模型计算结果的对比

(a) 流函数等值线；(b) 等温线；(c) 脉动动能等值线；(d) 湍流粘性等值线

法，所得结果比标准 $k-\varepsilon$ 模型有明显的改进。

9.10　湍流数值模拟综述及其近代发展

自百余年前 Osborne Reynolds 发现了湍流这种流动现象以后，关于湍流流动与换热规律的研究，一直是流体力学与传热学界的主要课题。

近代电子计算机的出现和飞速发展极大地促进了关于湍流流动与换热的数值计算方法的发展。1968 年在美国 Stanford 大学举行了被誉为“湍流奥林匹克”的讨论会,各国科学家提交了 29 种计算方法(其中 20 种为积分方程方法,9 种为微分方程方法),按照会议所指定的具有比较准确的实测结果的湍流边界层问题,用这些方法进行计算并与实测值进行比较。自 1968 年 Stanford 会议以后,类似的湍流计算考核的活动不断举行,如 1981 年的第二次 Stanford 会议[164]和 1992 欧州共同体热科会委员会召开的封闭腔内湍流自然对流计算会议[165]。关于湍流数值计算的专著不断问世,如:文献[33](1972),[26](1974),[166](1981),[22](1984),[167](1984),[138](1994),[1](1998),各类综合性的论文也不断发表,如:文献[168](1972),[40](1974),[83](1976),[169](1980),[170](1983),[171](1985),[124](1994),[172](1996),[48](1997),[8](1998),[173](2001)。由于湍流现象本身的复杂性,关于湍流流动及换热的数值模拟研究正处在方兴未艾阶段,是计算流体力学与计算传热学中最活跃的研究领域之一。

本节将先对湍流数值计算中为有利于获得收敛解的一些问题进行讨论,然后简介现有文献中对不同湍流模型的对比计算情况,最后对不同模型的应用范围及其发展情况作一小结。

9.10.1　为有利于获得收敛解的一些方法

湍流计算所求解的是一组强烈耦合的代数方程组,除了各种源项的离散应采用式(4-2)所示的局部线性化方式及采用亚松弛以外,还有以下几方面值得注意。

1. 初场的选择要合适

初始的 $k-\varepsilon$ 分布如果假定得不合适,会形成一个不合理的 η_t 场,容易引起迭代发散。为获得一个较合理的 $k-\varepsilon$ 初场,可先求解相应的层流问题,获得相应的速度与温度的初始分布,然后单独求解 $k-\varepsilon$ 方程以建立起较合理的 η_t 初始分布,再用已获得的速度分布及 η_t 分布作为初场开始湍流工况的计算。

2. 为避免由于低阶格式的假扩散误差加剧湍流计算结果的不准确性,建议采用二阶及二阶以上的格式,如 CDS, QUICK 等。采用 QUICK 格式时,对二维问题如果代数方程求解不采用 PDMA 方法,则建议采用延迟修正方法以保证代数方程求解过程的稳定性。

另外为防止由于延迟修正而引入的附加源项导致计算发散,对 $k-\varepsilon$

方程的源项可以采用以下方法(以 k 方程为例):

$$S_k = S_c + S_P k_P \tag{9-102a}$$

$$S_c = S_{c,k} + \max(S_{\text{QUICK}},\ 0.0) \tag{9-102b}$$

$$S_P = S_{P,k} + \max(0.0 - S_{\text{QUICK}}/k^*) \tag{9-102c}$$

其中 $S_{c,k}$, $S_{P,k}$是k 方程本身的源项,按式(9-39)的方式计算,k^*为上一层次迭代之值,S_{QUICK}为由于采用 QUICK 格式及延迟修方式而引入的源项。

3. 如果要获得一组 Re 数(或 Ra 数)下的数值解,同时采用同一种网格划分,则可以用前一个 Re 数下的解作为下一个 Re 数的迭代初值,这样可以避免采用上面所述的获得合理初场的方法。

9.10.2 不同湍流模型的部分对比计算结果

这里我们介绍三个对比研究的结果

1. Arman 和 Babas 的对比研究。Arman 和 Rabas 将 LB 低 Re 数模型及标准$k-\varepsilon$ 模型用于旺盛湍流区、近壁区用 k 方程计算的两层模型计算了圆管突扩区域及圆管内矩形截面环肋的对流换热[174]。结果表明,对于突扩区域的局部 Nu 数的分布,LB 低 Re 数模型预测的结果与实验资料符合得好,二层模型的结果偏低(图 9-20a);而对圆管内环肋区域局部 Nu 数的计算结果则是二层模型与实验数据符合得更好,LB 模型的结果明显偏高(图 9-20b)。图 9-20 中纵坐标是局部努塞尔数 $Nu(x)$ 与光管中充分发展的 Nu_p 之比。

2. Chen 的对比计算:Chen 对于房间气流组织有关的四种问题,应用 5 个湍流模型作了对比计算[175]。这 5 个模型是:(1)标准 $k-\varepsilon$ 模型+壁面函数法;(2) LB 低 Re 数模型;(3) $k-\varepsilon$ 两层模型,近壁区用 k 方程并规定第一个内节 ε 的计算式[176];(4) Kim 与 Chen 的多尺度模型[109];(5) Yakhot 等的 RNG $k-\varepsilon$ 模型[177]。计算的结果与相应的实验数据就时均速度、温度及脉动速度等方面作了对比。把数值计算结果与实验数据符合的程度分为优(A),良(B),中(C),差(D),不能接受(E)五挡,则五种湍流模型的评价结果如表 9-13 所示。

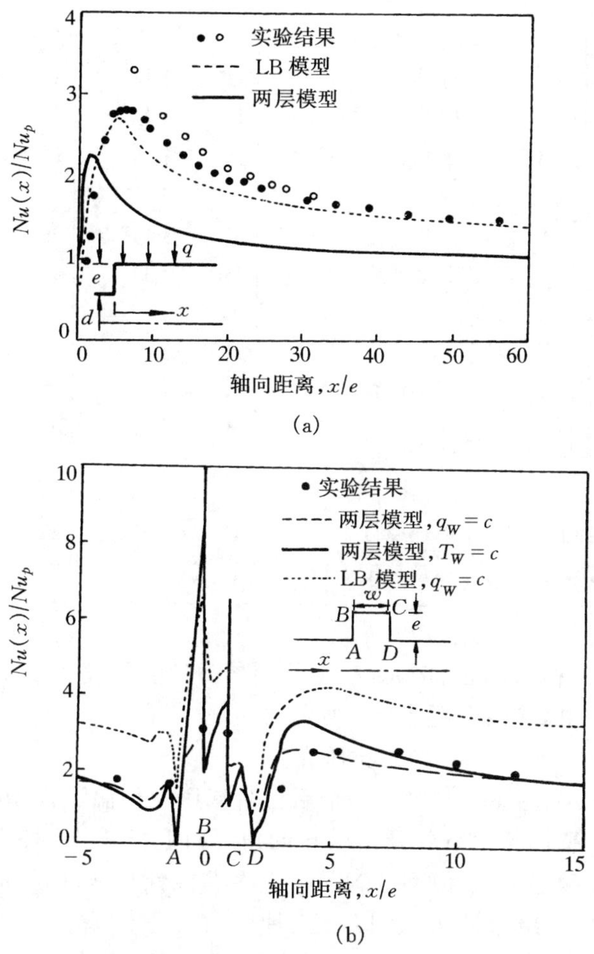

图 9-20　LB模型与两层模型的对比计算结果

(a) $e/d=0.1$，$Re=20\ 000$，$Pr=0.71$

(b) $e/d=0.062\ 5$，$w/e=1$，$L/e=18$，$Pr=0.71$ $Re=13\ 000$

（L 为两肋片间的距离）

表 9-13　5 种湍流模型的对比

流动类型	比较参数	标准 $k-\varepsilon$	LB 低 Re 数模型	二层 $k-\varepsilon$ 模型	多尺度 $k-\varepsilon$ 模型	RNG $k-\varepsilon$
自然对流（T_h，T_c）	时均速度	B	A	B	B	B
	脉动速度	C	C	D	D	C
	时均温度	B	D	B	B	B
	换热量	C	B	A	C	C
强制对流	时均速度	C	C	C	E	C
	脉动速度	D	D	D	D	D
混合对流（x_e）	时均温度	A	A	C	A	A
	x_e	C	B	B	D	A
射流冲击	时均速度	C	C	C	A	A
	脉动速度	D	D	D	C	C

由表可见，相对而言，RNG $k-\varepsilon$ 模型较好，多尺度模型由于出现了不可接受的结果，其综合性能反不如标准 $k-\varepsilon$ 模型好。

3. Lien 与 Leschziner 的对比研究

Lien 与 Leschziner[178]对于一个后台阶流用 9 种湍流模型作了对比，该后台阶的上壁面从台阶处开始以 6°的角度向上张开。9 种模型包括了标准 $k-\varepsilon$ 模，两层 $k-\varepsilon$ 模型，RNG $k-\varepsilon$ 及非线性$k-\varepsilon$，两种形式的非线性与 RNG $k-\varepsilon$ 组合的方式，以及三种应力方程模型。计算结果表明 Reynolds 应力模型在重接触点位置的预测及湍流结构的分辨方面较优，RNG $k-\varepsilon$ 模型只有与非线性模型相结合才能达到同样的分辨能力，而所有模型在预测各向异性特性方面则均不理想。

上述情况表明，同一个模型其预测性能的好坏是与所研究的问题有关的，目前还没有找到对各类问题预测性能都优良的模型[173]。从现阶段工程计算的要求与可能提供的计算设备来看，研究的主要任务之一与其说是要找出一个统一的、适用一切情况的湍流模型，倒不如认为是要查明不同模型的适用范围更确切一些。作为本章的结束，这里简单地归纳一下前面所介绍的主要方法的适用范围及其近代发展的简况。

9.10.3　各类湍流模型简评

1. 混合长度模型。对于无固体边界的射流或混合层，以及对于一般平直表面上的湍流边界层类型的问题，混合长度模型常常可以得出相当好的结果。混合长度理论也已成功地应用于方形管道内发展中的三维湍流流动[179, 180]。混合长度模型的局限性是不适用于有回流的比较复杂的流动，也无法处理表面曲率的影响、来流湍流度的影响等问题。美国的 Kays 与 Moffat，Cebeci 与 Smith 及英国的 Spalding 等是研究与应用零方程模型的著名学者，他们的研究成果比较集中地反映在文献[22, 166, 181]中。

2. 一方程模型。一方程模型由于需要选定湍流长度标尺，目前单独使用已较少，早期的应用文献可见文献[181, 182]。但在处理近壁区的问题中，k 方程常用来作为两层模型中贴壁层内求解的方程，见文献[176, 184]。

3. 两方程模型：

两方程模型中应用最广的是 $k-\varepsilon$ 模型，目前已发展出多种形式的 $k-\varepsilon$ 模型。在应用湍流模型计算贴壁流动时所遇到的一个重要问题是如何考虑固体表面附近分子粘性对脉动的阻尼作用。由于传热与流动计算中粘性支层内的场分布对结果有重要影响，因而近壁处的湍流模拟问题（*near wall turbulence model*）引起了广泛的重视，已经发展出的方法包括壁面函数法（适用于强制对流的[40]及适用于自然对流的[150~152]）；各种低 Re 数 $k-\varepsilon$ 模型，二层与三层模型[42,46, 176, 184]。为了克服各向同性湍流粘性等假设的缺点，已经发展出非线性 $k-\varepsilon$ 模型，RNG $k-\varepsilon$ 模型，多尺度 $k-\varepsilon$ 模型，可实现 $k-\varepsilon$ 模型以及非线性 RNG $k-\varepsilon$ 模型[178]。

上述各种模型都隐含着这样一个认识，即所计算流场中的任何一点上流体的运动一直是处于紊流状态的。对某些情形，这种认识是不正确的。例如在外部流动的紊流边界层中，在边界层的外边界上时而呈非湍流状态，时而呈现湍流状态，在某一点上流体呈湍流状态的机率称为间隙率。显然，采用上述各种模型无法计算间隙率。近年来发展起来的双流体模型可以做到这一点。在双流体模型中，假定两种流体（湍流与非湍流的）共享一个空间，每种流体占据该空间的时间百分数称为该流体的“容积百分数”，因而间隙率就是湍流流体的“容积百分数”。对每一种流体分别写出控制方程式，本章上述各节中的有关内容经过适当修正又可继续使用。双流体模型尚处于发展的初期阶段[185, 186]。

4. Reynolds 应力模型

Reynolds 应力模型中目前已开始应用于工程数值计算的是二阶矩模型以及在此基础上经简化而得出的代数应力模型。在代数应力模型中需要求解的微分方程数目与相应的 $k-\varepsilon$ 模型一样,所增加的只是代数方程的求解,因而计算工作量增加不明显,值得应用推广。文献中已经有对三阶脉动量乘积的时均值建立微分方程的模型,称为三阶模型[187](*third-order turbulence model*)。虽然三阶模型在预测三阶量(诸如 $\overline{u'u'v'}$ 等)方向要较二阶模型优良,但由于计算工作量太大目前没有得到广泛的重视与应用。

所有上述湍流数值模拟方法所采用的控制方程都是对流场中的一个点建立起来的,可统称“单点模型”。为了掌握不同尺寸涡旋的统计特性,常需要空间两点间物理量关系的一些信息。由适用于单点的 Navier-Stokes 方程出发可以导出空间两点间速度分量乘积的时均偏微分方程,在这基础上可以建立起一套数值计算方法,称为“二点模型”[188]。这类模型的计算十分复杂,目前还应用不广。

大多数的湍流数值计算所采用的控制方程都是以 Euler 方式来描写流体运动的。对湍流进行数值模拟的另一类方法——旋涡法则是基于 Lagrange 描述流体运动的方法的。采用 Lagrange 描写方法的优点是不必对于对流项导数作出显式的处理。有关内容可以参见文献[189]。

为使读者对紊流数值计算方法的全貌有初步的了解,图 9-21 中示出了其分类树。对于工程湍流计算而言,在现阶段,各种类型的 $k-\varepsilon$ 模型及代数应力模型是最有实用价值的计算复杂问题的湍流模型。还值得指出,从工程计算的角度,对模型的要求是在满足一定预测精度的前提下,使用方便、计算简捷,因此即使零方程模型在其适用范围内也有使用价值[31,190]。壁面函数法是实施两方程 $k-\varepsilon$ 模型的早期提出的方法,但由于近壁区的处理是任何湍流模型都回避不了的问题,即使像二阶矩应力模型也要用到这种处理方法,因而本书中还是给予了足够的重视。本章末所附的表 9-14 就收集了一些典型的例子,供读者参考。

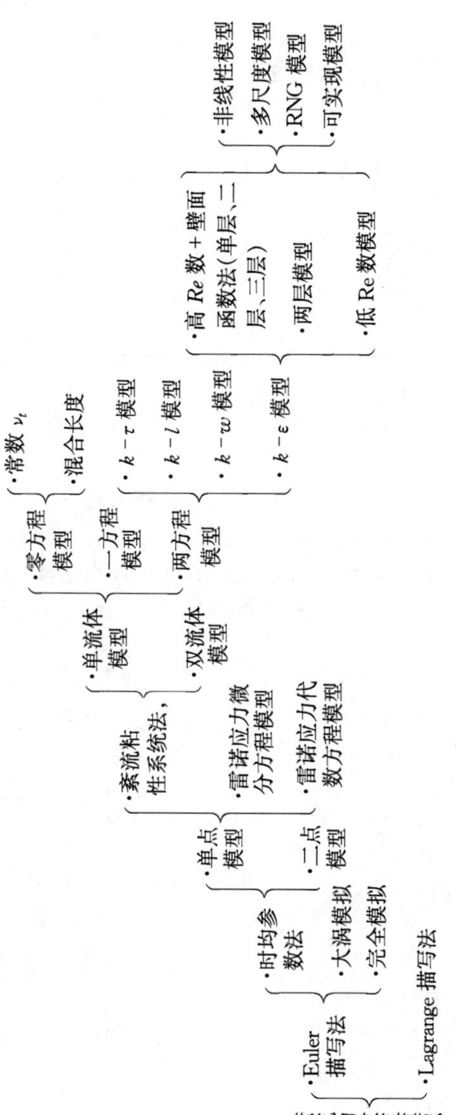

图 9-21　湍流数值计算方法分类树

表 9-14　$k-\varepsilon$ 模型应用实例

No.	物理问题	作者·文献	入口条件	特　　点
1	二维圆筒燃烧室中的流场	Khalil E E 等，[191]1975	$k/U^2=0.003$ 等三种情形 $\varepsilon=c_D k^{3/2}/0.03y$	$\kappa=0.42, E=8.8, \sigma_k=0.9, \sigma_\varepsilon=1.32, \sigma_T=0.9$，壁面函数法，$k_P$ 按 $k_P=\tau_W/\rho c_\mu{}^{1/2}$ 计算
2	弯曲圆管内的流动	Patankar S V 等，[192]1975		$c_1=1.47$，壁面函数法，k_P 方程中的 ε 取积分值：$\int_0^{y_N}\varepsilon \mathrm{d}y = c_\mu^{3/4} k_P^{3/2}\int_0^{y_N}\frac{1}{\kappa y}\mathrm{d}y$
3	弯曲方管中的流动	Pratap V S 等，[193]1975		$c_1=1.47$，壁面函数法。
4	圆柱形空腔中的同轴射流	Elghobashi S E 等，[63]1977	k 值给定，ε 值按 k 值计算，紊流脉动的标尺为 0.11×筒体半径	$c_1=1.45$，$c_2=2.0$，$\kappa=0.435$，$\psi-\omega$ 方程组，壁面函数法，k_P 方程中的源项取控制容积的平均值
5	旋转通道中的流动	Majumdar A K 等，[194]，1977		壁面函数法，k_P 方程中的 $\rho\varepsilon$ 取积分值(同 2)
6	垂直等温平板上的自然对流	Plumb O A 等，[195]，1977	$k=(0.4\%)U_\infty^2$	$\sigma_T=2.5-2.0(y/\delta)$，采用 $x-\omega$ 坐标系的边界层方程，低 Re 数模型，增加了关于脉动温度的均方值方程，在 k，ε 方程中增加了浮升力项。
7	任意形状物体上的三维边界层流动	Markatos N C G. 等，[196]，1978		$\sigma_e=1.23$，壁面函数法。
8	T 型接头中的流动	Pollard A 等，[197]1978		$c_1=1.43$，$\sigma_k=0.9$，$\sigma_\varepsilon=1.1$ 壁面函数法

续表 9 - 14

No.	物理问题	作者·文献	入口条件	特　　点
9	三维圆筒形燃烧室中的换热	Pai B R 等[198],1978		$c_1=1.43$,壁面函数法,$\kappa=0.4$
10	圆形空腔中轴对称挡板后的流动	Ganesan V 等[199],1978		$c_1=1.43$,壁面函数法,$\kappa=0.4$,$E=9.0$,$k_P=\tau_W/(\rho c_\mu^{1/2})$
11	垂直等温平板上的紊流自然对流	Lin S J 等,[200],1978		$c_1=1.45$,$c_2=2.0$,$\sigma_T=0.9$ 低 Re 数模型,k 方程中加入了浮升力的影响
12	热边界条件对圆柱形空腔中回流流动与换热的影响	Patankar S V 等,[65],1978	$k=(0.5\sim1.5\%)\times\left(\frac{1}{2}u^2\right)$,$\varepsilon=c_D k^{3/2}/l$,$l$ 取为入口管径的$\frac{1}{10}\sim\frac{1}{20}$	$\sigma_T=0.5$,壁面函数法,$y_P^+\geqslant15$
13	方形空腔内的强制对流	Ideriah F J K[201],1978		壁面函数法,k_P 用方程求解,但其中 G 及 $\rho\varepsilon$ 项修改为:$\int\eta_t\left(\frac{\partial u}{\partial y}+\frac{\partial v}{\partial x}\right)^2\mathrm{d}V=\tau_W\times(u_P-u_W)\Delta V/y_P$ $\rho\cdot\int\varepsilon\mathrm{d}V=\rho c_\mu^{3/4}k_P^{3/2}u_P^+\Delta V/y_P$,$\Delta V$ 为 P 的体积
14	圆管中突扩区域的流动	Ha Minh H 等[202],1978		壁面函数法,$c_1=1.45$,$c_2=1.90$,$\sigma_\varepsilon=1.1$。比较了原始变量法与涡量流函数法,认为前者较好。

续表 9－14

No.	物理问题	作者·文献	入口条件	特　　点
15	三维任意形状表面上的流动	Abdelmeguid，A M 等，[203] 1979	$k=0.004U_{\infty}^{2}$ $\varepsilon=c_{\mu}k^{3/2}/l$ $l=l_{m}c_{\mu}^{1/4}$ $\frac{y}{\delta}<\frac{c_{\mu}}{\kappa}$， $l_{m}=\kappa y$ $\frac{y}{\delta}>\frac{c_{\mu}}{\kappa}$，$l_{m}=c_{\mu}\delta$ δ 为边界厚度	壁面函数法，$\sigma_{\varepsilon}=1.23$
16	低 Pr 数流体在圆管内的对流换热	Gori F 等[36]，1979	$k=0.0001U^{2}$ $\varepsilon=c_{D}k^{3/2}/l$ $L=y\left[0.4-0.44\times\frac{2y}{D}+0.24\left(\frac{2y}{D}\right)^{2}-0.06\left(\frac{2y}{D}\right)^{3}\right]$ $c_{D}=0.164$	在粘性支层内采用一方程模型，用 $x-\omega$ 边界层方法求解，在旺盛紊流区采用 $k-\varepsilon$ 模型，$k_{W}=0$，$\sigma_{k}=1.3$，$c_{2}=2.7574$
17	三维圆柱形燃烧室内的流动与燃烧	Serag-Eldin M A. 等，[41]，1979		壁面函数法， $k_{P}=\tau_{W}/(\rho c_{\mu}{}^{1/2})$， $\varepsilon_{P}=\frac{c_{\mu}^{3/4}k_{P}^{3/2}}{\kappa y_{P}}$，$\kappa=0.4$， $E=9.0$，$\sigma_{T}=0.7$
18	圆管中突扩区的对流换热	Chieng C C 等[42]，1980		壁面函数法，二层模型

续表 9－14

No.	物理问题	作者·文献	入口条件	特　点
19	具有倾斜边界的二维轴对称区域中的流动	Oliver A J [204],1980		壁面函数法,$\psi-\omega$ 系统,导出了涡量的壁面函数表达式 $\omega_W=-[u_P(2.5\ln y_P^+ + 5.5)^{-1}]^2\frac{u_P}{\lvert u_P\rvert}$ 温度壁面函数中的 P 为: $P=9.24[(\sigma_L/\sigma_T)^{3/4}-1]\left[1+0.28e^{-0.007\left(\frac{\sigma_L}{\sigma_T}\right)}\right]$ σ_L 为分子 Pr 数。k_P 用守恒方程求解。 $\sigma_\varepsilon=1.0$, $c_1=1.47$, $c_2=2.0$
20	二维边界层流动	Singhal A K 等,[49],1981	初始截面上沿 y 方向k 按三次方曲线分布,在自由边界上 $k=0.000\,5U_\infty^2$, ε 取值方法同例 15	壁面函数法,$\kappa=0.4$,$\sigma_\varepsilon=1.111$在粘性支层外边界上一点 c 取: $u_c/v^*=\frac{1}{\kappa}\ln\left[E_{y^+}\left(1+\frac{1}{2}\frac{y_c}{\rho v^{*2}}\frac{dp}{dx}\right)^{\frac{1}{2}}\right]$ $k_c=c_\mu^{-1/2}(\tau/\rho)_c$ $\varepsilon_c=k_P^{3/2}/(c_\mu^{1/4}\kappa y_P)$, $v^*=\sqrt{\tau/\rho}$
21	圆管内充分发展流动	Lam C K G 等,[84],1981		低 Re 数模型,但在 k、ε 方程中不加入附加项,仅对函数 f_μ,f_1,f_2 等进行了修正。

续表 9-14

No.	物理问题	作者·文献	入口条件	特　点
22	矩形空腔中由三维射流引起的流动	Hjertager B H 等,[205],1981		壁面函数法,$c_1=1.42$,$c_2=1.79$,$\kappa=0.42$, $E=9.0$。k_P 按方程求解,但其中 ε 按 $\int_0^{y_P}\varepsilon \mathrm{d}y=(c_\mu^{1/2}k_P)^{1.5}\frac{1}{\kappa}\ln(Ey_P^+)$ 计算。$\varepsilon_P=c_\mu k_P^{3/2}/(\kappa y_P)$
23	具有强烈辐射能力的热尾流	Ideriah F J K [206],1981		在 k,ε 方程中加入了浮升力影响项,但系数均为 1
24	两平行圆盘间的紊流(上盘比下盘小)	Pollard A[207],1981	k 据平均入口流速计算并考虑到径向分布的不均匀性,ε 按 k 计算	壁面函数法。认为采用常规的 $k-\varepsilon$ 模型及混合格式难以得出准确的结果
25	带旋转的受限射流	Ramos J I [207],1981	k 按射流速度计算并考虑到径向分布的不均匀性,$\varepsilon=k^{3/2}/(0.005r)$	壁面函数法,$\sigma_\varepsilon=1.2$
26	二维突扩区域中的换热	Gooray A M 等,[209],1981	k 值按实测值赋给	壁面函数法,$\kappa=0.42$,$E=9.8$,y_P^+ 取为 19,P 函数与例 19 中形式相同,但在壁面附近区 σ_T 取为变量
27	环形空间中自然对流	Farouk B 等,[43],1982		采用 $\psi-\omega$ 系统,高 Re 数方程。在壁面附近加密网格,$k_W=0$,ε_P 按式(10-38)计算,在 k,ε 方程中加入浮升力的影响

续表 9 - 14

No.	物理问题	作者·文献	入口条件	特　点
28	封闭空间中由浮升力引起的烟气流动	Markatos N C 等,[210],1982		壁面函数法,在 k,ε 方程中均加入了浮升力的影响项,但认为浮升力对 k 方程的影响远比对 ε 方程的影响大
29	通道中及边界层中的流动	Chien K Y [82],1982		低 Re 数模型,但在 k,ε 方程中加入的考虑粘性作用的项与[76]不同。$c_1=1.35$,$c_2=1.8$
30	二维突扩区域中的换热	Gooray A M 等,[211],1983	同 N0.26	在回流区用高 Re 数模型加壁面函数法,在重发展区用低 Re 数模型
31	尾部有分离的外掠机翼的流动	Rhie A M 等,[212],1983		壁面函数法,适体坐标系,k_P 方程中的 ε 的计算式与例 22 相同。$c_1=1.45$,$c_2=1.90$
32	两排水平放置圆柱体外的自然对流换热	Farouk B [213],1983	$\frac{\partial\psi}{\partial y}=\frac{\partial w}{\partial y}=\frac{\partial k}{\partial y}=\frac{\partial\varepsilon}{\partial y}=0$,$y$ 为主流方向	$\psi-\omega$ 系统,同例 27
33	二维弯曲通道内的流动	Pourahmadi F 等,[45],1983	$k=0.005U_{in}^2$ $\varepsilon=k^{3/2}/0.01D$ D 为通道宽度	壁面函数法,对数律中 $1/\kappa=2.35$,$B=5.45$,k_P 按方程计算,但产生项考虑了对数律的修正。ε_P 考虑了曲率的影响,修正了 c_μ,使之可以考虑曲率的影响

续表 9 - 14

No.	物理问题	作者·文献	入口条件	特　　点
34	矩形空腔内非稳态自然对流	Ahluwalia A K 等[214],1983		壁面函数法,在 k,ε 方程中考虑了浮升力的影响。$\sigma_e=1.22$, $\sigma_T=1.0$, $\kappa=0.42$, $E=9.0$, $\tau_W=\rho c_\mu^{1/2}k^P$,对数律成立范围取为 $11.6<y^+<1\ 000$
35	内表面旋转的环形空间内的混合对流换热	Morcos S M 等,[215],1983	$k=0.005U_{in}^2$ $\varepsilon=c_\mu k^{3/2}/(0.015D_e)$ D_e 为当量直径	壁面函数法,$\sigma_K=0.7$, $\sigma_e=1.22$, $\sigma_T=0.9$, $\kappa=0.4187$, $E=9.79$,温度壁面函数中 $P=9.25\left(\frac{\sigma_L}{\sigma_T}-1\right)\left(\frac{\sigma_L}{\sigma_T}\right)^{-1/4}$, k_P 按方程求解,但其中产生项考虑了对数律的修正,$\varepsilon_P=\frac{1}{\kappa}c_\mu^{3/4}k_P^{3/2}/y_P$
36	封闭空腔中的自然对流	Markatos N C 等,[216],1984		在 ε 方程中未计及浮升力的影响,q_W 按壁面函数法计算
37	管槽内充分发展流动	Comini G 等,[217],1985	$k=0.004U_{in}^2$ $\varepsilon=c_\mu^{3/4}k^{3/2}/l$ l 按斜坡函数确定	壁面函数法,采用有限元法计算 $\kappa=0.419$, $E=9.793$, $\sigma_\varepsilon=1.22$, k_P 按 $c_\mu^{1/2}k_P=\tau_w/\rho$ 确定,$\varepsilon_P=c_\mu^{3/4}k_P^{3/2}/\kappa y$
38	两同轴旋转环形圆盘形的对流换热	Sim Y S 等,[218],1985		壁面函数法,$\kappa=0.42$, $E=9.8$,温度壁面函数中 $P=9\left(\frac{\sigma_L}{\sigma_T}-1\right)\left(\frac{\sigma_L}{\sigma_T}\right)^{-1/4}$
39	矩形空腔中水的自然对流(上、下面绝热、两侧等温)	Ozoe H 等,[150],1985		$\psi-\omega$ 系统,边界条件处理方法同例 27,k,ε 方程中均考虑浮升力的影响,$\sigma_T=1$,ε 方程中浮升力项系数为 0.7,用改变系数方法计算发现,如取 $\sigma_T=4$, $c_1=1.296$ 则计算值与实验结果符合更好

续表 9-14

No.	物理问题	作者·文献	入口条件	特　点
40	在发展区域中的紊流剪切层流动	Wood P E 等，[51]，1986	初始截面上的 u，k，ε 的分布均由喷口前通道内的计算给出	高 Re 数模型，$c_1=1.43$，在射流的外边界上 $\varepsilon=k=0$
41	二维通道内的对流换热	Akbari H 等，[71]，1986		采用高 Re 数的 k，ε 方程及两层模型的壁面函数法（包括 k，ε 及温度 T），c_μ 考虑了 $Re_t=\rho k^2/\mu\varepsilon$ 的影响，$\sigma_\varepsilon=1.22$，$\sigma_T=0.9$
42	正方形通道中充分发展对流换热（上、下表面带粗糙元）	Fujita H 等，[219]，1986		$\psi-\omega$ 系统，在粗糙表面上对数律修正为 $\dfrac{u}{v^*}=\dfrac{1}{\kappa}\ln\left(\dfrac{v^*y}{\nu}\right)+B-13.8$。壁面函数法，壁面上 $\dfrac{\partial k}{\partial y}=0$，$\dfrac{\partial\varepsilon}{\partial y}=0$，$k_P=(v^*)^2/\sqrt{c^\mu}$，$\varepsilon_P=(v^*)^3/\kappa y_P$
43	受热的贴壁射流	Raghunath G 等，[220]，1986		$\psi-\omega$ 系统，低 Re 数模型用于下游，壁面函数法用于初始段，k，ε 方程中考虑了浮升力的影响，ε_P 用类似式(9-45)的公式计算。在初始段，对 ψ_P 提出了计算式 $\dfrac{(\psi_P-\psi_w)c_\mu^{1/4}k_P^{1/2}}{y_P(\tau_W/\rho)}=\dfrac{1}{\kappa}\ln\left[Ey_P\dfrac{(c_\mu^{1/2}k_P)^{\frac{1}{2}}}{\nu}\right]$
44	垂直等温平板上的混合流动	Armaly B F 等，[221]，1986		$x-\omega$ 系统的边界层计算，低 Re 数模型，k，ε 方程中考虑了浮升力的影响

续表 9-14

No.	物理问题	作者·文献	入口条件	特　点
45	燃料棒束之间流体的充分发展的对流换热	Yueh Y S 等，[222]，1987		壁面函数法。温度的对数分布律取为：$T^+ = \sigma_T(u^+ + P_{fun})$ $P_{fun} = 9.24[(\sigma_L/\sigma_T)^{0.75} - 1]\times[1+0.28e^{(-0.007\sigma_L/\sigma_T)}]$ 温度的壁面函数取为 $T^+ = c_\mu\rho(\tau_w/\rho)^{1/2}(T_w - T_P)/q_W$
46	内管外壁有矩形截面环状肋片的环形空间内周期性充分发展换热	Lee B K 等，[223]，1988	周期性充分发展条件 $k_{out} = k_{in}$，$\varepsilon_{out} = \varepsilon_{in}$	$\sigma_\varepsilon = \dfrac{x^2}{(c_2 - c_1)c_\mu^{1/2}}$，$k = 0.4187$；提出了考虑曲率修正的 c_μ 计算式；壁面函数法
47	二维矩形截面钝头物体上的分离流动与换热	Djilali N 等，[224]，1989	$k_{in} = 6.4\times10^{-5}u_\infty^2$ $\varepsilon_{in} = \dfrac{k_{in}^{1.5}}{1.1\times10^{-2}H}$，$H$ 为通道高度	$\sigma_\varepsilon = \dfrac{k^2}{(c_2 - c_1)c_\mu^{1/2}}$，$k = 0.4187$；采用 Amano 的三层模型壁面函数法，见文献[46]
48	三维方形截面管道内的三维充分发展对流换热（$T_W = c$）	Yang G 等，[225]，1991		采用代数应力模型，k，ε 方程用标准模型，采用单层壁面函数法
49	复杂几何区域内有回流的流动	Shyy W 等，[226]，1993		采用多重网格，标准 $k-\varepsilon$ 模型及壁面函数法，保证在网格间传递信息时 $k>0$，$\varepsilon>0$，在限定过程中离开壁面的第一个节点位置不变可助于收敛

续表 9－14

No.	物理问题	作者·文献	入口条件	特　点
50	方形截面 U 型弯管内的湍流流动与换热(均匀热流)	Bo T 等，[227]，1995	充分发展的速度与温度分布	两区模型：旺盛湍流区为标准 $k-\varepsilon$ 模型，近壁区为 k 方程模型
51	矩形及梯形截面通道内湍流充分发展换热	Rokni M 等，[99]，1996	进口用周期条件	壁面函数法，当 $y_P^+>11.63$ 时 $k_P=c_\mu^{-0.5}(u^*)^2$，u^* 为切应力速度；$\varepsilon_p=\frac{c_\mu^{3/4}k_P^{1.5}}{xy_P}$ 当 $y_P^+<11.63$ 时，壁面上取分子粘性

习　题

9－1　试以下列数据为例，估算湍流有效压力与流体的热力学压力之间的区别：压力为 1 bar 的空气流经风洞的工作段，平均流速为 $u=50$ m/s，空气温度为 20 ℃，流体的湍流度为$(\sqrt{u'^2}/u)=5\%$（这是相当大的值）。假设湍流是各向同性的，即湍流的各种统计值与方向无关，这里表现为$\overline{u'^2}=\overline{v'^2}=\overline{w'^2}$。

9－2　试对三维直角坐标写出 k 方程中产生项的展开式(见式(9－21))。

9－3　试对平板上的稳态、二维边界层紊流流动，写出高 Re 数的 $k-\varepsilon$方程。

9－4　在二维的边界层流动中，如果脉动动能的产生与耗散相互平衡，试证此时有：$\sqrt{\tau_W/\rho}=c_\mu^{1/4}k^{1/2}$。

9－5　试据脉动动能耗散率 ε 的定义，$\varepsilon=\nu\overline{\left(\frac{\partial u'_i}{\partial x_k}\right)^2}$，写出其在三维直角坐标中的展开式，并查明其量纲及其单位(SI 制)。从而进一步分析 c_μ, c_1, c_2 是否是无量纲的纯数。

9-6 如图 9-22 所示,设 G 为紊流边界层外边界上的一点。采用数值方法来计算该边界层内的流动时,需要知道外边界上的条件。试写出在 G 点处关于速度 u,脉动动能 k 及耗散率 ε 的边界条件。

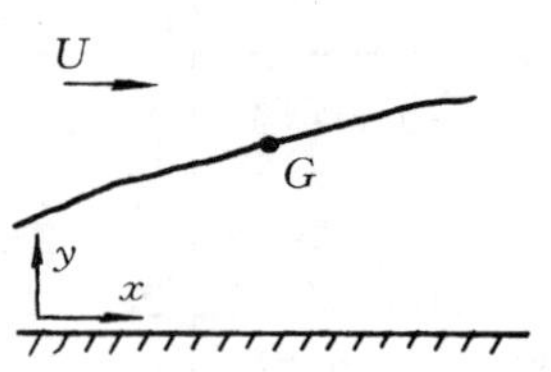

图 9-22 习题 9-6 插图

9-7 对于在 x, y 方向各自均匀划分的网格,写出 Re 数均方程中 v 方程源项的离散形式。

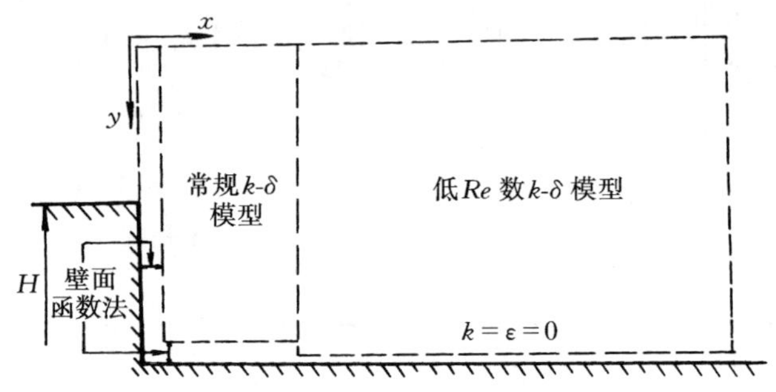

图 9-23 习题 9-8 的图示

9-8 试对如图 9-23 所示的突扩区域中的流动与换热,讨论如何对两个区域中分别应用高 Re 数 $k-\varepsilon$ 模型(辅以壁面函数法)及低 Re 数 $k-\varepsilon$ 模型的计算方法。(回流区用高 Re 数 $k-\varepsilon$ 模型,在重接触点以后区域,采用低 Re 数 $k-\varepsilon$ 模型。)

9-9 为了用数值方法计算流体外掠单排管子的紊流换热,从图9-24a所示情形中取出图 9-24b 那样的区域作为计算对象,采用椭圆型方程。试写出在边界 $abcdefga$ 上原始变量法中的各控制方程的边界条件。设管子外表面处于均匀壁温,在管子表面附近采用极坐标而其余区域采用直角坐标(关于这种组合坐标的计算方法将在第 10 章详细地介绍)。采用高 Re 数 $k-\varepsilon$ 模型和壁面函数法。

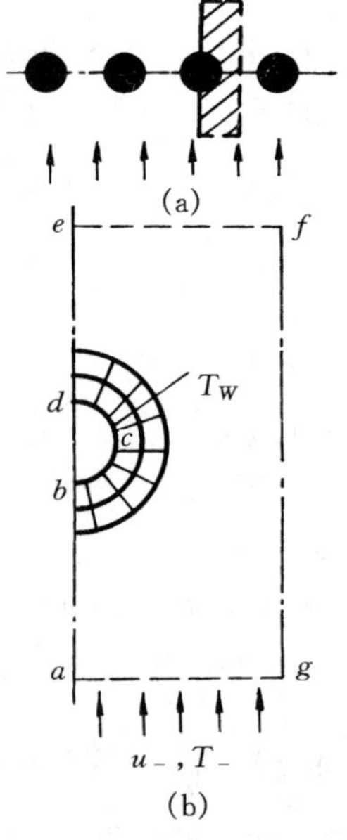

图 9-24 习题 9-9 的图示

9-10 Rodi 等曾采用低 Re 数 $k-\varepsilon$ 模型

计算了二维叶片上层流-紊流的流动与换热[228]。试阅读该文献,并从物理概念上分析,为什么低 Re 数 $k-\varepsilon$ 模型的控制方程可以用来计算层流边界层及在计算过程中从层流到紊流的转变是怎样实现的。

9-11　除了零方程模型外,所有的湍流模型都对固体壁面附近区域中湍流的数值模拟问题十分重视。试对高 Re 数 $k-\varepsilon$ 模型、低 Re 数 $k-\varepsilon$ 模型、非线性 $k-\varepsilon$ 模型、RNG $k-\varepsilon$ 模型、多尺度 $k-\varepsilon$ 模型、可实现 $k-\varepsilon$ 模型及二阶矩模型、代数应力模型等多种不同层次的湍流模型综述处理近壁处湍流的数值方法。

9-12　设有如图 9-25 所示一平面湍流射流,在 $x=0$ 处的速度分布及 k,ε 之值均已知。环境中的气体是静止的。试:

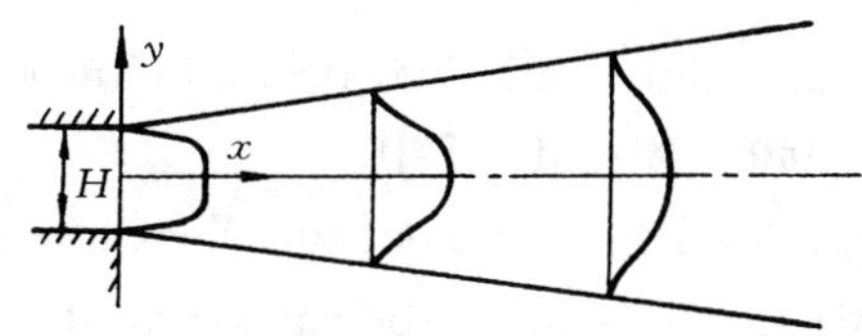

图 9-25　习题 9-12 的图示

(1) 写出用 $k-\varepsilon$ 模型计算射流流场的控制方程式及边界条件;

(2) 说明用数值方法求解这组控制方程组的步骤。与突扩区域中的流场求解相比,这一问题的数值计算方法的主要特点是什么(参阅文献[51])?

参 考 文 献

1. Chen C-J, Jaw S-Y. Fundamentals of turbulence modeling. Washington DC: Taylor& Francis, 1998. x i: 91－92, 119, 69, 71, 63, 64
2. 窦国仁.湍流力学(上册). 北京:高等教育出版社,1985. 99
3. Anderson D A, Tannehill J C, Pletcher R H. Computational fluid mechanics and heat transfer. Washington DC: Hemisphere, 1984. 199, 201
4. Markatos N C, The mathematical modeling of turbulence flows. Appl Math Modeling, 1986. 10:190－220
5. Ferziger J H. High-level simulation of turbulent flows. In: Essers J A, ed. Computational methods for turbulent flows, transonic and viscous flows. Washington DC: hemisphere, 1983. 93－182
6. Orszag S A. Numerical simulation of turbulence flows. In: Frost W, Moulden T H, eds. Handbook of turbulence. New York: Plenum Press, 1977. 281－313
7. Rodi W. Recent developments in turbulence modeling. In: '93 Workshop on mathematical modeling of turbulent flows, 1993. Tokyo, 1.1 — 1.48
8. Moin P, Mahesh K. Direct numerical simulation: a tool in turbulence research. Ann Rev Fluid Mech. 1998. 30:39－78
9. Moin P, Kim J. Numerical investigations of turbulent channel flow. J Fluid Mech. 1982. 118:341－377
10. Chapman D R. Computational aerodynamics development and outlook. AIAA J. 1979.17:1293－1313
11. Shumann U. Subgrid scale model for finite difference simulation of turbulent flow in plane channels and annuli. J Comput Phys. 1975. 18: 376－404
12. Smagorinsky J. General circulation experiments with the primitive equations. Part 1;the basic experiment. Mon Weather Rev. 1963. 91: 99－165

13. Moin P. Progress in large eddy simulation of turbulent flows. AIAA paper 97－15761

14. 康钦军.圆柱饶流的数值模拟.清华大学博士学位论文，1999

15. Kogaki T，Kobayashi T，Taniguchi N. Large eddy simulation of flow around a rectangular cylinder. Fluid Dynamics Res. 1997. 20:11－24

16. Jordan S A，Ragab S A. A large eddy simulation near wake of a circular cylinder. ASME J Fluids Engineering. 1998. 120:243－252

17. Yang Z Y. Large eddy simulation of fully developed turbulent flow in a rotating pipe. Int J Numer Methods Fluids. 2000. 33:681－694

18. 蔡树棠,刘宇陆编著.湍流理论.上海:上海交通大学出版社，1993. 152,145

19. Chou P Y. On the velocity correlations and the equations of turbulent vorticity fluctuation. Quart Appl Math. 1945. 1:33－54

20. 卡里尔 E E 著.燃烧室与工业炉的模拟.陈熙,周晓庆译.北京:科学出版社，1987. 22－23，35－39

21. Kolovandin B A，Valutin I A. Statistical transfer theory in non-homogeneous turbulence. Int J Heat Mass Transfer. 1972. 15:2371－2388

22. Rodi W. Turbulence models and their application in hydraulics. 2nd ed. Netherlands，IAHR，1984. 9－46

23. Anderson P S，Kays W M，Moffat R J. Experimental results for the transpired boundary layer in an adverse pressure gradient. J Fluid Mech. 1975. 69. 353－375

24. Cebeci T，Bradshaw P. Momentum transfer in boundary layer. Washington D C：Hemisphere，1977. 161,168

25. van Driest E R. On turbulent flow near a wall. J Aero Sci. 1956. 23:1007－1011

26. Cebeci T，Smith A M O. Analysis of turbulent boundary layers. New York：Academic Press，1974

27. Baldwin B S，Lomax H. Thin-layer approximation and algebraic model for separated turbulent flows. AIAA paper 78－257

28. Patankar S V，Ivanovic M，Sparrow E M. Analysis of Turbulent flow and heat transfer in internally finned tubes and annuli. ASME J Heat Transfer. 1979. 101:29－37

29. Emery A F，Neighbors P K，Gessner F B. The numerical prediction of

developing turbulent flow and heat transfer in a square duct. ASME J Heat Transfer. 1980. 102:51－57

30. Levy S, Healzer J M. Application of mixing length theory to wavy turbulent liquid gas interface. ASME J Heat Transfer. 1981. 103:492－500

31. Li Z Y, Hung T-C, Tao W Q. Numerical simulation of fully developed turbulent flow and heat transfer in annular ducts. To be published in Heat & Mass Transfer.

32. Kolmogorov A N. Turbulent flow equations of incompressible fluid. Bulletin of Academic of Science of Soviet Union, Physics Series, 1942. 6:(1－2):56－58(in Russian)

33. Launder B E, Spalding B E. Lectures in mathematical models of turbulence. London: Academic Press, 1972. 78,115

34. Taylor C, Thomas C E, Morgan K. Analysis of turbulent flow with separation using the finite element method. In: Taylor C, Morgan K, eds. Computational techniques in transient and turbulent flows. Swansea: Pinerige press, 1981. 283－325

35. Carajilescov P, Todreas N E. Experimental and analytical study of axial turbulent flows in an interior subchannel of a bare rod bundle. ASME J Heat Transfer. 1976. 98:262－268

36. Gori F, E1Hadidy M A, Spalding D B. Numerical prediction of heat transfer to low-Prandtl fluids. Numer Heat Transfer, 1979. 2:441－454

37. Petukhov B S. Heat transfer and friction in turbulent pipe flow with variable physical properties. In: Hartnett J P, Irvine T F. eds. Advances in Heat Transfer, 1970. :504－564

38. Rodi W, Spalding D B. A two-parameter model of turbulence, and its application to separated and reattached flows. Numer Heat Transfer, 1984. 7:59－75

39. Spalding D B. A two-equation model of turbulence. VDI-Forshungsheft. 1972. 549:5－16

40. Launder B E, Spalding D B. The numerical computation of turbulent flows. Comput Methods Appl Mech Eng. 1974. 3:269－289

41. Serag-Eldin M A, Spalding D B. Computations of three-dimensional

gas turbine combustion chamber. ASME J Eng Power. 1979. 101:327 −336

42. Chieng C C, Launder B E. On the calculation of turbulent heat transport downstream from an abrupt pipe expansion. Numer Heat Transfer. 1980.3:189−207
43. Farouk B, Guceri S I. Laminar and turbulent natural convection in the annulus between horizontal concentric cylinders. ASME J Heat Transfer, 1982. 104:631−636
44. Farouk B, Guceri S I. Natural convection from a horizontal cylinder-turbulent regime. ASME J Heat Transfer. 1982.104:228−235
45. Pourahmadi F, Humphery J A C. Prediction of curved channel flow with an extended $k-\varepsilon$ model of turbulence. AIAA J. 1983. 21:1365 −1373
46. Amano R S. Development of a turbulence near-wall model and its application to separated and reattached flows. Numer Heat Transfer. 1984.7:59−75.
47. Gupta A K, Lilley D G. Flowfield modeling and diagnostics . New York: Abacus Press, 1985. 36−39
48. Ramadhyani S. Two-equation and second-moment turbulence models for convective heat transfer. In: Minkowycz W J, Sparrow E M. eds. Advances in numerical heat transfer. Washington D C: Taylor & Francis. 1997.1:171−199,
49. Singhal A K, Spalding D B. Prediction of two-dimensional boundary layers with the aid of the $k-\varepsilon$ model of turbulence. Comput Methods Appl Mech Eng. 1981.25:365−383
50. Stephenson P L. Theoretical study of heat transfer in two-dimensional turbulent flow in a circular pipe and between parallel and diverging plates. Int J Heat Mass Transfer. 1976. 19:413−423
51. Wood P E, Chen C P. A calculation scheme for computing turbulent shear flows in the developing region using closure models. Numer Heat Transfer, 1986. 9:115−123
52. Hwang J C, Tsou F K. Numerical solutions for flow and heat transfer of a plane turbulent oblique impinjing jet. In: Shih T M. ed. Numerical properties and methodologies in heat transfer. Washington D C:

Hemisphere, 1982. 403－417

53. Scholz R, Kohlmann J, Wolf P. Berechnung turbulenter Stromungen in durch-stromung Raumen. ZAMM 1976. 56:T502－T506

54. Rastogi A K, Rodi W. Calculation of general three-dimensional turbulent boundary layers. AIAA J. 1978.16:151－159

55. Wang L B, Wang Q W, He Y L, Tao W Q. Experimental and numerical study of developing turbulent flow and heat transfer in convergent/divergent square ducts. To be published in Heat Mass Transfer

56. Wang L B, Tao W Q, Wang Q W, He Y L. Experimental and numerical study of turbulent heat transfer in twisted square ducts. To be published in ASME J Heat Transfer

57. Hishida M, Nagano Y, Tagawa M. Transport processes of heat and momentum in the wall region. In: Proceedings of Eighth International Heat Transfer Conference, 1986. 3:925－930

58. Kays W M. Turbulent Prandtl number—where we are? ASME J Heat Transfer. 1994.116:284－295

59. Sommer T P, So R M C, Lai Y G. A near-wall two-equation model for turbulent heat fluxes. Int J Heat Mass Transfer. 1992. 35:3375－3387

60. So R M C, Sommer T P. A near wall eddy conductivity model for fluids with different Prandtl numbers. ASME J Heat Transfer. 1994. 116:844－854

61. White F. Viscous fluid flow. New York: McGraw－Hill, 1974. 472

62. Jayatillaka C L V. The influence of Prandtl number and surface roughness on the resistance of the laminar sublayer to momentum and heat transfer. In: Grigull U, Hahne E. eds. Progress in heat mass transfer. New York: Pergamon Press, 1969. 193－329

63. Elghobashi S E, Pun W N, Spalding D B. Concentration fluctuation in isothermal turbulent confined coaxial jets. Chem Eng Sci. 1977. 32: 161－166

64. Ozoe H, Mouri A, Hiramatsu M, Churchill S W, Lior N. Numerical calculation of three-dimensional turbulent natural convection in a enclosure using a two-equation model. 1984. ASME HTD－32: 25－32

65. Patankar S V, Sparrow E M, Ivanovic M. Thermal interaction among

the confining walls of a turbulent recirculating flow. Int J Heat Mass Transfer. 1978. 24:269－274

66. 王补宣著.工程传热传质学(上册).北京:科学出版社，1982. 426－428，363～366

67. Tekriwal P. Heat transfer predictions with extended $k-\varepsilon$ turbulence model in radial cooling ducts rotating in orthogonal mode. ASME J Heat Transfer. 1994. 116:369－380

68. Zhao C Y, Tao W Q. A three-dimensional investigation of turbulent flow and heat transfer around sharp 180 deg turns in two-pass rib-roughened channels. Int. Communication Heat Mass Transfer, 1997. 24(5):587－596

69. Tao W Q, Nie J H ,Cheng P, Wang Q W. Numerical simulation of three-dimensional turbulent flow in a complex geometry, with LDV experimental confirmation. In: de Vahl Davis G, E Leonardi, eds. CHT'01: Advances in computational heat transfer. New York: Begell House, 2:1234－1242

70. Johnson R W, Launder B E. Discussion on the calculation of turbulent heat transfer transport downstream from an abrupt pipe expansion. Numer Heat Transfer, 1982.5:493－496

71. Akbari H, Mertol A, Gadgil A, Kammerud R, Bauman F. Development of a turbulent near-wall model and its application to channel flow. Warme-und-stoffubertragung, 1986. 20:189－201

72. Ciofalo M, Collins M W. $k-\varepsilon$ predictions of heat transfer in turbulent recirculating flows using an improved wall treatment. Numer Heat Transfer, Part B, 1989. 15:21－47

73. Kim S E, Choudhurry D. A near-wall treatment using wall functions sensitized to pressure gradient. 1995.FED-Vol 217:273－280

74. Lauder B E. Numerical computation of convective heat transfer in complex turbulent flows: time to abandon wall function? Int J Heat Mass Transfer, 1984.27: 1485－1491

75. So R M C, Zhang H S, Speciale C G. Near-wall modeling of the dissipation rate equation. AIAA J, 1991. 29(12):2069－2076

76. Jones W P, Launder B E. The prediction of laminarization with a two-equation model of turbulence. Int J Heat Mass Transfer. 1972.15:301

-311

77. Jones W P, Launder B E. The calculation of low-Reynolds-number phenomena with a two-equation model of turbulence. Int J HeatMass Transfer, 1973. 16:1119-1130
78. Launder B E, Sharma B I. Application of the energy dissipation model of turbulence to the calculation of flow near a spinning disk . Letters in Heat Mass Transfer. 1974. 1:131-138
79. Hassid S, Porch M. A turbulent energy model for flow with drag reduction. ASME J Fluids Engineering. 1975. 97:234-241
80. Hoffman G H. Improved from of the low Reynolds number $k-\varepsilon$ turbulence model. Physics of Fluids. 1975. 18, 309-312
81. Dutoya D, Michard P. A program for calculating boundary layers along compressor and turbine blades. In: Lewis R W, Mofgan K, Zienkiewicz O C. eds. Numerical methods in heat transfer. New York: Wiley, 1981
82. Chien K Y. Predictions of channel and boundary layer flows with a low Reynolds number turbulence model. AIAA J, 1982. 20:33-38
83. Reynolds W C. Computation of turbulent flows. Ann Rev Fluid Mech. 1976. 8:183-208.
84. Lam C K G, Bremhost K A. Modified form of the $k-\varepsilon$ model for predicting wall turbulence.. ASME J Fluids Engineering. 1981. 103:456-460
85. Nagano Y, Hishida M. Improved form of the $k-\varepsilon$ model for wall turbulent shear flows. ASME J Fluids Engineering. 1987. 109: 156-160
86. Myong H K, Kasagi N. A new approach to the improvement of $k-\varepsilon$ turbulence model for wall bounded shear flows. JSME Int J Series II, 1990. 63-72
87. Abid R. Evaluation of two-equation turbulence models for predicting transitional flows. Int Eng Sci. 1993. 31:831-840
88. Abe K, Kondoh T, Nagano N. A new turbulence model for predicting fluid flow and heat transfer in separating and reattaching flows I :flow field calculation. Int J Heat Mass Transfer. 1994. 37:139-151
89. Fan S, Barnett M, Lakshiminarayana B. A low-Reynolds number $k-\varepsilon$

model for unsteady turbulent boundary layer flows. AIAA J. 1993. 31:1777-1784

90. Cho H H, Goldstein R J. An improved low-Reynolds-number $k-\varepsilon$ turbulence model for recirculating flows. Int J Heat Mass Transfer. 1994. 1495-1508

91. Koutmos P, Kostouros N C. Calculation of complex near wall turbulent flows with a low-Reynolds number $k-\varepsilon$ model. Int J Numer Methods Fluids. 1995. 21:113-127

92. Patel V C, Rodi W, Scheuerer G. Turbulence models for near wall and low Reynolds number flows: a review. AIAA J. 1984. 23(9);1308-1319

93. Hosseinalipour S M, Majumdar A S. Comparative evaluation of different turbulence models for confined impinging and opposing jet flows. Numer Heat Transfer, Part A. 1995. 28:647-666

94. Launder B E. Current capabilities for modeling turbulence in industrial flows. Appl Sci Res. 1991. 48:247-269

95. Speziale C G. On nonlinear $k-l$ and $k-\varepsilon$ models of turbulence. J Fluid Mechanics. 1987. 178:459-475

96. Nisizima S, Yoshizawa A. Turbulent channel and Couette flows using anisotropic k-ε model. AIAA J. 1987.25(3):414-420

97. Rubinstein R, Barton J M. Nonlinear Reynolds stress models and the renormalization group. Phys Fluids A, 1990. 2(8):1472-1476

98. Acharya S, Dutta S, Myrum T A, Baker R S. Periodically developed flow and heat transfer in a ribbed duct. Int J Heat Mass Transfer. 1992. 36(8):2069-2082

99. Rokni M, Sunden B. Numerical investigation of turbulent forced convection in ducts with rectangular and trapezoidal cross-section area by using different turbulence models. Numer Heat Transfer, Part A. 1996. 30:321-346

100. 刘正先,宋保军,谷传纲,苗永淼, 苏莫明.高阶各向异性 $k-\varepsilon$ 模型及在直通道湍流流场中的数值研究.航空动力学报, 1996. 11 (4): 393-396

101. Torii S, Yang W J. New near wall two-equation model for turbulent heat transport. Numer Heat Transfer, Part A. 1996. 29:417-440

102. Torii S, Yang W J. Heat transfer analysis of turbulent parallel Couette flows using anisotropic $k-\varepsilon$ model. Numer Heat Transfer ,Part A,. 1997. 31 ;223－234

103. Park T S, Sung H J. A nonlinear low-Reynolds-number $k-\varepsilon$ model the turbulent separated and reattaching flows — Ⅰ. Flow field computation. Int J Heat Mass transfer. 1995. 38(14):2657－2666

104. Park T S, Sung H J. A nonlinear low-Reynolds-number $k-\varepsilon$ model the turbulent separated and reattaching flows — Ⅱ: Thermal field computation. Int J Heat Mass Transfer. 1996. 39(16):3465－3474

105. Myong H K, Kasagi N. Prediction of anisotropy of the near-wall turbulence with an anisotropic low-Reynolds-number $k-\varepsilon$ turbulence model. ASME J Fluids Engineering. 1990. 112:521－524

106. Myong H K, Kobayashi T. Prediction of three dimensional developing turbulent flow in a square duct with an anisotropic low-Reynolds-number $k-\varepsilon$ model. ASME J Fluids Engineering. 1991. 113: 608－615

107. Zeidan E, Djilali N. Multiple-time scale turbulence model: computations of flow over a square rib. AIAA J. 1996. 34(5):626－629

108. Hanjalic K, Launder B E, Schiestel R. Multiple-time-concepts in turbulence transport modeling. In: Bradbury L J S, Durst F, Launder B E, Schmidt F W, Whitelaw J H, eds. Turbulent shear flows Ⅱ. Berlin: Springer-Verlag, 1980.36－49

109. Kim S W, Chen C P. A multiple-time-scale turbulence model based on variable partitioning of the turbulent kinetic energy spectrum. Numer Heat Transfer, Part B. 1989. 16:193－211

110. Kim S W. Near-wall turbulence model and its application to fully developed turbulent channel and pipe flows. Numer Heat Transfer, Part B. 1990.17:101－122

111. Jaw S Y, Hwang R R. A two-scale low-Reynolds number turbulence model. Int J Numer Methods Fluids. 2000. 33(5):695－710

112. Schiestel R. Multi-time-scale modeling of turbulent flows in one point closures. Phys Fluids. 1987. 30(3):722－731

113. Yakhot V, Orzag S A. Renormalization group analysis of turbulence: basic theory. J Scient Comput. 1986. 1:3－11

114. Speziale C G, Thangam S. Analysis of an RNG based turbulence model for separated flows. Int J Engng Sci. 1992. 10:1379－1388

115. Shih T H, Liou W W, Shabbir A, Yang Z G, Zhu J. A new $k-\varepsilon$ eddy viscosity model for high Reynolds number turbulent flows. Comput Fluids. 1995. 24(3):227－238

116. 吴海玲 陈听宽 罗玉珊. 应用不同湍流模型的二维横向射流传热数值模拟研究(将载于西安交通大学学报)

117. Wilox D C. Comparison of the scale-determining equation for advanced turbulence models. AIAA J. 1988. 26(11):1299－1310

118. Wilox D C. A half century historical review of the $k-\omega$ model. AIAA paper 1991. 91－0615

119. Ilegbusi J O, Spalding D B. An improved version of the k-W model of turbulence ASME J heat transfer. 1985. 107:63－69

120. Hur N, Thangam S, Speziale C G. Numerical study of turbulent secondary flows in curved ducts. ASME J Fluids Engineering. 1990. 112:205－211

121. Mansour N N, Kim J, Moin P. Reynolds stress and dissipation rate budgets in turbulent channel flow. J Fluid Mechanics. 1988. 194:15－44

122. Speziale C G, Abid R, Anderson E C. Critical evaluation of two-equation models for near-wall turbulence. AIAA J. 1992. 30(2):324－330

123. Thangam S, Abid R, Speziale C G. Application of a new $k-\tau$ model to near-wall turbulence flows. AIAA J. 1992. 30(2):552－554

124. Hanjalic K. Advanced turbulence closure models: a view of current status and future prospects. Int J Heat Fluid Flow. 1994. 15(3):178－203

125. Daly B J, Harlow F H. Transport equation of turbulence. Phys Fluids, 1970. 13:2634－2639

126. Shir C C. A preliminary study of atmosphere turbulent flow in the idealized planetary boundary layer. J Atmosphere Sci, 1973. 30:1327－1332

127. Hanjalic K, Launder B E. A Reynolds stress model of turbulence and its application to thin shear flows. J Fluid Mech, 1972. 51:301－308

128. Mellor G L. Herring H J. A survey of the mean turbulent field closure models AIAA J, 1973. 11(5):590－597

129. Launder B E, Reece G J, Rodi W. Progress in the development of a Reynolds-stress turbulence closure. J Fluid Mech. 1975. 68(Part 3): 537－566

130. Launder B E, Samaraweera D S A. Application of a second-moment turbulence closure to heat and mass transport in thin shear flows — Ⅰ Two-dimensional transport. Int J Heat Mass Transfer. 1979. 22: 1633－1643

131. Speziale C G. Analytical methods for the development of Reynolds-stress closures in turbulence. Ann Rev Fluid Mech. 1991.23:107－157

132. Hanjalic K, Launder B E. Contribution towards a Reynolds-stress closure for low-Reynolds number turbulence. J Fluid Mech. 1976(Part 4):593－610

133. Farhanieh B, Davidson L, Sunden B. Employment of second-moment closure for calculation of turbulent recirculating flows in complex geometries with collocated variable arrangement. Int J Numer Methods Fluids, 1993. 16:525－544

134. Craft T J, Graham J W, Launder B E. Impinging jet studies for turbulence model assessment — Ⅱ. An examination of the performance of four turbulence models. Int J Heat Mass Transfer. 1993.36(10): 2685－2697

135. So R M C, Lai Y G, Zhang H S. Second-order near-wall turbulence closures: a review. AIAA J. 1991. 29(11):1819－1835

136. Johnston J P, Halleen R M, Lezius D K. Effects of a spanwise rotation on the structure of two-dimensional fully developed turbulent channel flow. J Fluid Mech. 1972. 56:533－557

137. Naimi M, Gessner F B. A calculation method for developing turbulent flow in rectangular ducts of arbitrary aspect ration. ASME J Fluids Engineering. 1995. 117:249－258

138. 周力行.湍流气粒两相流动和燃烧的理论与数值模拟.北京:科学出版社, 1994

139. Rodi W. A new algebraic relation for calculating the Reynolds stress.

ZAMM. 1976. 56:219－221

140. Demuren A O, Rodi W. Calculation of turbulence-driven secondary motion in non-circular duct. J Fluid Mechanics. 1984. 140:189－222

141. Bergles G, Gosman A D, Launder B E. The turbulent jet in a cross stream at low injection rates: a three-dimensional numerical treatment. Numer Heat Transfer, 1978.1:217－242

142. Demuren A O, Rodi W, Schonung B. Systematic study of film cooling with a three-dimensional calculation procedure. ASME J Turbomachinery, 1986.108:124－130

143. Nikjooy M, Mongia H C. A second-order modeling study of confined swirling flow. Int J Heat Fluid Flow. 1991. 12(1):12－19

144. Nikjooy M, So R M C. On the modeling of scalar and mass transport in combustor flows. Int J Numer Methods Engineering. 1989. 28:861－877

145. Iacovides H, Theofanopoulos I P. Turbulence modeling of axisymmetric flow inside rotating cavities. 1991. 12(1):2－11

146. Sini J F, Dekeyser I. Numerical prediction of turbulent plane jets and forced plumed by use of the $k-\varepsilon$ model of turbulence. Int J Heat Mass Transfer. 1987. 30(9): 1787－1801

147. Malin M R, Younis B A. Calculation of turbulent buoyant plumes with a Reynolds stress and heat flux transport closure. Int J Heat Mass Transfer. 1990. 33(10):2247－2264

148. Henkes R A W M, Hoogendoom C J. Numerical determination of wall functions for the turbulent natural convection boundary layer. Int J Heat Mass Transfer. 1990. 33(6): 1087－1097

149. Peters T W J, Henkes R A W M. The Reynolds-stress model of turbulence applied to the natural-convection boundary layer along a heated vertical plate. Int J Heat Mass Transfer. 1992. 35(2):403－420

150. Ozoe H, Mouri A, Ohmuro M, Churchill S W, Lior N. Numerical calculation of laminar and turbulent natural convection in water in rectangular channels heated and cooled isothermally on the opposing vertical walls. Int J Heat Mass Transfer. 1985. 28:125－138

151. Henkes R A W M, der Vlugt F F, Hoogendoom C J. Natural-convection flow in a square cavity calculated with low-Reynolds-number tur-

bulence models. Int J Heat Mass Transfer. 1991. 34(2):377 – 388

152. Barakos G, Mitsoulis E. Natural convection flow in a square cavity revisited: laminar and turbulent models with wall functions. Int J Numer Methods Fluids. 1994. 18:685 – 719

153. To W M, Humphery J A C. Numerical simulation of buoyant, turbulent flow —1. Free convection along a heated, vertical, flat plate. Int J Heat Mass Transfer. 1986. 29:573 – 592

154. Yu B, Ozoe H. Comparison of eight differential low-Reynolds number k- models computed for natural convection in a Czocharalski configuration. J Mater Procc Manuf Sci. 1999. 8:162 – 185

155. Yang Z, Shih T H. New time scale based $k-\varepsilon$ model for near-wall turbulence. AIAA J. 1993. 31:1191 – 1198

156. Heindel T J , Ramadhyani S, Incropera F P. Assessment of turbulence models for natural convection in an enclosure. Numer Heat Transfer, Part B, 1994. 26:147 – 172

157. Chang H T, Lee, S C, Yoon J K. Numerical prediction of operational parameters in Czochralski growth of large scale Si. J Crystal Growth. 1996. 163:249 – 258

158. Davidson L. Calculation of the turbulent buoyancy driven flow in a rectangular cavity using an efficient solver and two different low Reynolds number $k-\varepsilon$ turbulence models. Numer Heat Transfer, Part A, 18:129 – 147

159. Henkes R A W M. Natural convection boundary layer. Ph D thesis, Delft University of technology, 1990

160. Tsuiji T, Nagano Y. Velocity and temperature measurements in a natural convection boundary layer along a vertical plat plate. Experimental Thermal Fluid Sci. 1989. 2:208 – 215

161. Perez-Segarra C D, Oliva A, Costa M. Benchmark of turbulent natural convection in a square cavity. Comparison between different $k-\varepsilon$ turbulence models. In: Henkes R A W M, Hoogendoom C J, eds. Turbulent natural convection in enclosures. Eurotherm Seminar 222 Proceedings. 1992. 109 – 120

162. Char M I, Hsu Y H. Comparative analysis of linear and nonlinear low-Reynolds number eddy viscosity models to turbulent natural con-

vection in horizontal cylindrical annuli. Numer Heat Transfer, Part A, 1998. 33:191－206

163. Gan G H. Prediction of turbulent buoyant flow using an RNG k-model. Numer Heat Transfer, Part A, 1998. 33:169－189

164. Kline S J, Cantwell B J, Lilley G M. eds. Proceedings of the 1981 AFOSR-HTTM Stanford conference on complex turbulent flows. Stanford: Stanford University Press, 1981

165. Henkes R A W M, Hoogendoorn C J. eds. Turbulent natural convection in enclosures. Paris: Editions Europeennes Thermique et Industrie, 1993

166. Bradshaw P, Cebeci T, Whitelaw J H. Engineering calculation methods for turbulent flows. London: Academic Press, 1981

167. Launder B E. Turbulence models and their applications. Paris: Editins Eyrolles. 1984

168. Mellor G, Herring H J. A survey of the mean turbulent closure models. AIAA J. 1972. 12:590－599

169. Hanjalic K. Challenges in 'RANS' modeling of thermal and magnetic convection. In: CHT'01 Advances in computational heat transfer Ⅱ. New York: Begell House

170. Birch S F. Turbulence models — progress and problems. In: Morgan K, Taylor C, Brebbia C A. eds. Computer methods in fluids. London: Pentech press, 1980. 287－300

171. Freziger J H. High-level simulation of turbulent flows. In: Essers J A. ed. Computational methods for turbulent, transonic and viscous flows. Washington D C: Hemisphere,1983. 93－182

172. Yang W J, Aung W. Equations and coefficients for turbulence modeling. In: Kakac S, Aung W, Viskanta R. eds. Natural convection — fundamentals and applications. Washington D C: Hemipshere,1985. 258－300

173. Jaw S Y, Chen C J. Present status of $k-\varepsilon$ models and their applications. In: Chen C J, Shih C, Lienau J, Kung R J. eds. Flow modeling and turbulence measurement. Rotterdam: A A Bolkema, 1996. 295－304

174. Arman B, Rabas T J. Two-layer-model predictions of heat transfer

inside enhanced tubes. Numer Heat Transfer, Part A, 1994. 25:721 −741

175. Chen Q. Comparison of different $k-\varepsilon$ models for indoor air flow computations. Numer Heat Transfer, Part A, 1995. 28:353 − 369

176. Rodi W. Experience with two-layer models combining the $k-\varepsilon$ model with a one-equation model near the wall. 1991. AIAA − 91 − 0216

177. Yakhot V, Orzag S A, Thangam S, Gastki T B, Speziale C G. Development of turbulence models for shear flows by a double expansion technique. Phys Fluids A, 1992. 4(2): 1510 − 1520.

178. Lien F S, Leschziner M A. Assessment of turbulence transport models including non-linear RNG eddy-viscosity formulation and second moment closure for flow over a backward-facing step. Comput Fluids, 1994. 23(8):983 − 1004

179. Gessner F B, Emery A F. A length-scale model for developing turbulence flow in a rectangular ducts. ASME J Fluids Engineering. 1977. 99:347 − 356

180. Gessner F B, Emery A F. The numerical prediction of developing turbulent flow in rectangular ducts. ASME J Fluids Engineering. 1981. 101:445-455

181. 凯斯 W M, 克拉福特 M E 著.对流传热与传质. 陈熙 翟殿春译. 北京:科学出版社, 1986

182. Spalding D B. Heat transfer from turbulent separated flows. J Fluid Mech. 1967. Part 1, 27:97 − 109

183. Kaviany M, Seban R A. Transient turbulent thermal convection in a pool of water. Int J Heat Mass Transfer. 1981.24:1742 − 1746

184. Chen H C, Patel V C. Near wall turbulence models for complex flows including separation. AIAA J. 1988. 26:641 − 648

185. Malin M R, Spalding A. A two-equation model of turbulence and its application to heated plane jets and wakes. Physico-chemical hydrodynamics. 1984.5:339 − 362

186. Kollmann W. Prediction of the intermittency factor for turbulent shear flows AIAA J. 1984.22:486 − 492

187. Amano R S, Goel P. A numerical study of a separating and reattaching flow by using Reynolds stress turbulence model. Numer Heat

Transfer, 1984. 7:343－357

188. Cambon Ç. Spectral modeling of homogeneous nonisotropic turbulence, J Fluid Mech. 1981. 44:247－262

189. Leonard A. Vortex method for flow simulation. J Comput Phys. 1980. 37:289－335

190. Moukalled F, Kasamani J. Turbulent convection heat transfer in longitudinally conducting, externally finned pipes. Numer Heat transfer, Part A, 1992. 21:401－421

191. Khalil E E, Spalding D B, White J H. The calculation of local flow properties in two-dimensional furnace. Int J Heat Mass Transfer. 1975. 18:775－791

192. Patankar S V, Pratap V S, Spalding D B. Prediction of turbulent flow in curved pipes. J Fluid mech. 1975. 67(Part 3):583－595

193. Pratap V S, Spalding D B. Numerical computation of the flow in curved ducts. The Aeronautical Quarterly. 1975. 26:219－228

194. Majumdar A K, Pratap V S, Spalding D B. Numerical computations of flow in rotating ducts. ASME J Fluids Engineering. 1977. 99:148－153

195. Plumb O A, Kennedy L A. Application of $k-\varepsilon$ model to natural convection from a vertical isothermal surfaces. ASME J Heat Transfer. 1977. 99:79－85

196. Markatos N C, Spalding D B, Tatchell D G, Vlachos N. A solution method on bodies of arbitrary shape. Comput methods Appl Mech Eng. 1978. 15:161－174

197. Pollard A, Spalding D B. The prediction of the three-dimensional turbulent flow field in a flow splitting tee-junction. Comput Methods Appl Mech Eng. 1978. 13:293－306

198. Pai B R, Michelfelder S, Spalding D B. Prediction of furnace heat transfer with a three-dimensional mathematical model. Int J Heat Mass Transfer. 1978. 23:571－580

199. Ganesau V, Spalding D B, Murthy B S. Experimental and theoretical investigation of flow behind an axi-symmetrical baffle in a circular duct. J Inst Fuel. 1978. 51:144－148

200. Lin S J, Churchill S W. Turbulent forced convection from a vertical,

isothermal plate. Numer Heat Transfer 1978. 1:129－145

201. Ideriah F J K. On turbulent forced convection in a square cavity. In: Taylor C, Morgan K, Brebbia C A. eds. Numerical methods in laminar and turbulent flow. London: Pentech Press. 1978. 257－270

202. Ha Minh H, Chassaing P. Some numerical prediction of incompressible turbulent flows. In: Taylor C, Morgan K, Brebbia C A. eds. Numerical methods in laminar and turbulent flow. London: Pentech Press. 1978. 287－300

203. Abdelmeguid A M, Markatos N C, Muraoka K, Spalding D B. A comparison between the parabolic and partially parabolic solution procedures for three-dimensional turbulent flows around ship's hulls. Appl Math Modelling. 1979. 3(4):249－258

204. Oliver A J. The prediction of turbulent flow and heat transfer over backward facing steps. In: Morgan K, Taylor C. eds. Computer methods in fluids. London: Pentech Press, 1980. 309－338

205. Hjertager B H, Magnussen B F. Calculation of turbulent three-dimensional jet induced flow in rectangular closures. Comput Fluids. 1981. 9:395－407

206. Ideriah F J K. The prediction of strongly radioactive buoyant plumes. In:Lewis R K, Morgan K, Schrefler B A. eds. Numerical methods in thermal engineering. Swansea: Pineridge Press, 1981. 1204－1214

207. Pollard A, On the calculation of the laminar and turbulent flow between parallel disks. In: Taylor C, Schrefler B A. eds. Swansea: Pineridge Press, 1981. 377－388

208. Ramos J I. A numerical study of confined Turbulent jets. In: Taylor C, S chrefler B A. eds. Numerical methods in laminar and turbulent flows. Swansea: Pineridge Press, 1981. 401－402

209. Gooray A M, Watkins C B., Aung W. Numerical calculation of turbulent heat transfer downstream of a reward-facing step. In: Taylor C, Schrefler B A. eds. Numerical methods in laminar and turbulent flows. Swansea: Pinerigre Press, 1981. 639－651

210. Markatos N C, Malin M R, Cox G. Mathematical modeling of Buoyancy induced smoke flow in enclosures. Int J Heat Mass Transfer. 1982. 25:63－75

211. Gooray A M, Watkins C B, Aung W. A two-pass procedure for the calculation of heat transfer in recirculating turbulent flow. Numer Heat Transfer, 1983. 6:423－440
212. Rhie C M, Chow W L. Numerical study of the turbulent flow past an airfoil with trailing edge separation. AIAA J. 1983. 21:1525－1532
213. Farouk B, Guceri S I. Natural convection from horizontal cylinders in interacting flow fields. Int J Heat Mass Transfer. 1983. 26:232－243
214. Ahluwalia A K, Shoukri M. Numerical simulation of transient buoyant flow. In: Lewis R W, Johnson J A, Smith W R. eds. Numerical methods in thermal problems. Swansea: Pineridge Press, 1983. 718－728
215. Morcos S M, Abou-Ellail M M M, Abou-Arab T W. Combined forced and free turbulent heat transfer in a vertical annulus with rotating inner cylinder. In: Lewis R W, Johnson J A, Smith W R. eds. Numerical methods in thermal problems. Swansea: Pineridge Press, 1983. 762－777
216. Markatos N C, Pericleous K A. Laminar and turbulent natural convection in an enclosed cavity. Int J Heat Mass Transfer. 1984. 27:755－772
217. Comini G, Del Giudice S. A ($k-\varepsilon$)model of turbulent flow. Numer Heat transfer. 1985. 8:133－147
218. Sim Y S, Yang W J. Turbulent heat transfer in co-rotating annulus disks. Numer Heat Transfer. 1985.8:299－316
219. Fujita H, Yakosawa H. The numerical prediction of fully developed turbulent flow and heat transfer in a square duct with two roughened facing walls. In: Proceedings of the Eighth International Heat Transfer Conference, 1986. 919－924
220. Raghunatch G, Kumar R, Liburdy J A. Application of $k-\varepsilon$ closure to a heated turbulent offset jet. In: proceedings of the Eighth International Conference, 1986. 1153－1158
221. Armaly B F, Ramachandran N, Chen T S. Prediction of turbulent mixed convection along a vertical plate. In: Proceedings of the Eighth International Heat Transfer Conference, 1986.1445－1450

222. Yueh Y S, Chieng C C. On the calculation of flow and heat transfer characteristics for CANDU-type 19-rod fuel bundles. ASME J Heat Transfer, 1987. 109:590－598

223. Lee B K, Cho N H, Choi Y D. Analysis of periodically fully developed turbulent flow and heat transfer by $k-\varepsilon$ equation model in artificially roughened annulus. Int J Heat Mass Transfer. 1988. 31(9): 1797－1806

224. Djilali N, Gartshore I, Salcudean M. Calculation of convective heat transfer in recirculating turbulent flow using various near-wall turbulence models. Numer Heat Transfer, Part A, 1989. 16:189－212

225. Yang G, Edadian M A Effect of Reynolds and Prandtl numbers on turbulent convective heat transfer in a three-dimensional square duct. Numer Heat Transfer, Part A, 1991. 20:111－122

226. Shyy W, Sun C S, Chen M H, Chang K M. Multigrid computation for turbulent recirculating flows in complex gepmetries. Numer Heat Transfer, Part A. 1993. 23:79－98

227. Bo T, Iacovides H, Launder B E. Convective discretization schemes for the turbulence transport equations in flow predictions through sharp u-bends. Int J Heat Fluid Flow, 1995. 5:33－48

228. Rodi W, Scheuerer G. Calculation of heat transfer to convection-cooled gas turbine blades. ASME J Gas Turbine and Power. 1985. 107:602－627

第 10 章　网格生成技术

上述各章所讨论的换热问题大都是在规则而简单的区域中发生的。但是许多实际的流动与换热现象是在不规则的区域中进行的。图 10-1 中示出了几个典型的例子。图 a 是一个渐扩通道(例如喷管);图 b 表示环形空间的自然对流;图 c 是具有锯齿状集热表面的太阳能集热器,自然对流发生在夹层中,阴影线所示区域为其一个单元;图 d 中画出了流体外掠管束的一个流动截面。显然,以上 4 种情形中的流动与换热并不是直角坐标、圆柱轴对称坐标或极坐标所能方便地予以描写的。如何对不规则的(或者复杂的)区域内的流动与换热进行数值计算,是近年来计算传热学中的重要研究课题。

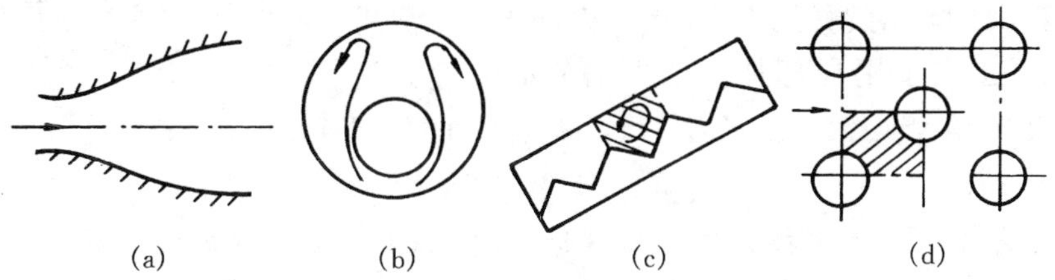

图 10-1　不规则区域中的流动与换热举例

要对不规则区域中的流动与传热问题进行数值计算首先要解决如何进行区域离散化的问题,现在已经发展出多种对不规则区域进行离散以生成计算网格的方法,统称为网格生成技术(*grid generation techniques*)。本章的内容按以下方式来展开:首先综合介绍在有限差分法及有限容积法中对不规则区域生成网格的常用方法,并对区域扩充法作比较仔细的介绍。本章的重点是讨论生成适体坐标的方法,所以第 1 节以后的几节(10.2～10.5)将详细地介绍生成网格的代数法及微分方程法。用适体坐标方法生成网格相当于是做一个变换,即把物理空间中的不规则区域变换到计算空间中的规则区域,并在其上进行数值计算,因而在 9.6 及 9.7 节中要讨论如何将物理空间中的控制方程及边界条件转换到计算空间中去，以及如何在其上进行方程离散及求解。在计算空间上完成计算后如何处理计算结果将在10.8节中讨论。本章最后要对块结构化网格作出简要介绍。为讨论的方便，本章研究的不规则区域均为二维区域。

10.1 有限差分及有限容积法中处理不规则区域的常用方法

10.1.1 采用阶梯形边界逼近真实边界

由于直角坐标系的简单方便，不少研究者愿意在直角坐标系中进行复杂问题的数值计算，这时曲线边界就用阶梯形的网格来逼近，如图10－2所示。这一方法的缺点是计算边界是带有90°角尖锋的锯齿状粗糙表面，虽然随着网格的细化这一影响可以减轻。在计算传热学发展的早期，曾广泛采用过这种方法。由于这种网格的构造简单，可以适用于任何形状物体，因而近年来又引起了许多研究者的兴趣，特别在计算大规模问题时(如环境工程问题)经常采用，并提出了用局部加密的方法使曲线边界可以更好地被逼近，有兴趣的读者可参考文献[1～5]。

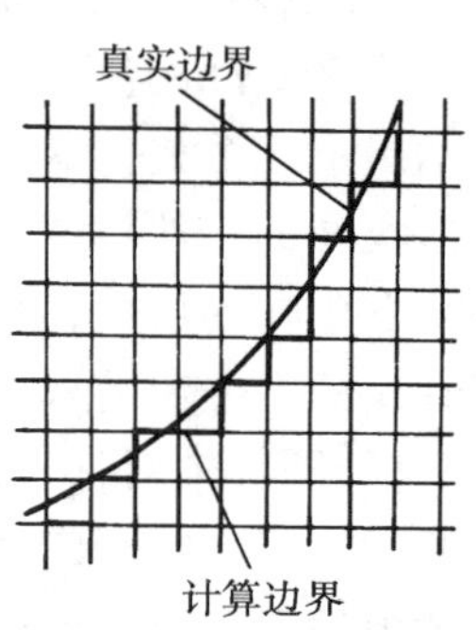

图10－2　用阶梯形边界逼近曲线边界

采用阶梯形曲线来逼近真实边界时，如果把求解区域限在计算边界之内，则对每一个具体问题都需要单独开发计算程序。如果把计算区域扩充成为一个规则区域，则通过特殊的处理可以采用已有的对规则区域写出的计算程序，这是处理形状不是特别复杂的计算区域的有效方法，称之为区域扩充法(*domain extension method*)。下面我们来讨论在三种边界条件下如何实施区域扩充法。

1. 流场计算

设要计算图10－3(a)所示的二维渐扩、渐缩通道中的充分发展对流换热，则只要取一个周期的一半即可，如图10－3(b)所示，以阶梯形边界来逼近其实际边界后把计算区域扩充为一个长方形。为计算其内流场可采取以下措施：(1) 令扩充区外边界上(图中CD) $u=v=0$；(2) 令扩充区内流体的动力粘度 $\eta=10^{25}\sim10^{30}$；(3) 界面上的当量扩散系数采用调和平均方法(4.1节)。这相当于把扩充部分看成是粘度为无限大的流体,计算结果该扩充区内的"速度"要比通道内区域的流体速度小许多数量级(例如 8～10 个数量级)。

2. 温度场计算

可分以下 4 种情形:

(1) 均匀壁温边界条件　可令扩充区中的导热系数为无限大,而与扩充区相邻的边界温度则等于已知值。

(2) 绝热边界条件　只要令扩充区中的导热系数为零即可实现此条件。

(3) 均匀热流边界条件　可以应用附加源项法来实现。假如该通道受到热流密度 q 的加热(图 10-3(c)),控制容积 P 与真实边界相交于 e,f 两点,则控制容积 P 的附加源项为

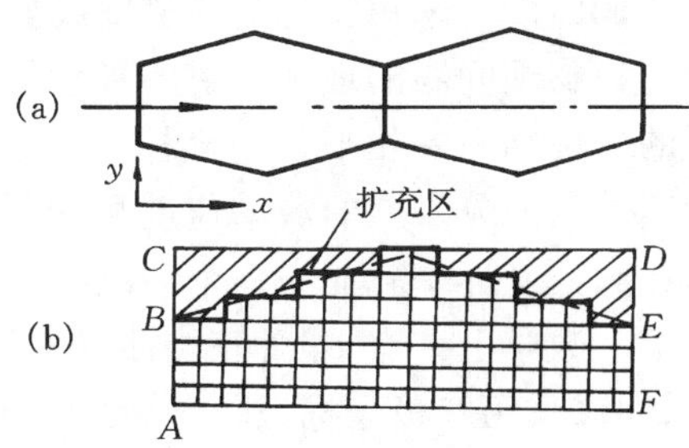

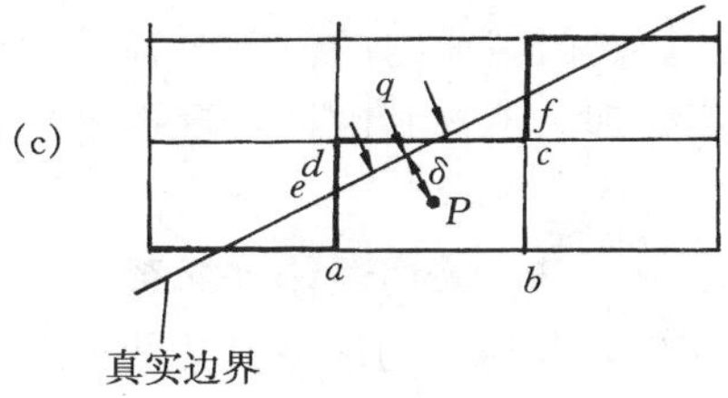

图 10-3　区域扩充法示意图

$$S_{c,ad} = \frac{q \cdot \overline{ef}}{\Delta V_P} \tag{10-1}$$

同时令扩充区中的导热系数为零。式(10-1)中$\overline{ef}$为真实边界的长度,ΔV_P 为P 控制容积的体积,q 为边界上给定的热流密度,不必为常量,但对每一个控制容积应取边界热流密度的平均值。

(4) 外部对流边界条件　设真实边界外流体的温度 T_f 及表面传热系数h 均已知,则由 Newton 冷却公式及 Fourier 导热定律,可得 P 控制容积的下列附加源项(见 4.3 节):

$$S_{c,ad} = \frac{\overline{ef}}{\Delta V_P} \frac{T_f}{1/h + \delta/\lambda}; \quad S_{P,ad} = -\frac{\overline{ef}}{\Delta V_P} \frac{1}{1/h + \delta/\lambda} \tag{10-2}$$

式中 δ 为P 点到真实边界的距离。

文献[6,7]中应用上述方法求解了不规则区域中的对流换热及非稳态导热问题。区域扩充法的缺点是要浪费一些计算机的资源,同时不规则边界处理不易实现自动化,要较多的人工投入。但这种方法思想简洁,可以利用现有的对规则区域编写的程序,仍不失为一种实用的方法。

10.1.2 采用特殊的正交曲线坐标系

在物理问题的理论求解中最理想的坐标系是求解区域的边界与坐标系的坐标轴一一相平行的坐标系。首先,这可以减少自变量的数目。例如圆管内充分发展的流动速度场如果采用直角坐标系是一个二维问题,但在圆柱坐标中就成为一个一维问题。其次这有利于边界条件的离散化处理。数学上共有 14 种正交曲线坐标系[8]。例如对图 10－1b 所示的情形,如果采用双极坐标系[9,10],则两个圆都成了坐标轴,在这样的坐标系上进行这一问题的数值求解就极为方便。类似的例子还有应用椭圆坐标系计算椭圆截面内的流动与换热[11,12]等。但是能应用这类正交曲线坐标系处理的不规则区域数量毕竟是有限的。

10.1.3 采用适体坐标系

有许多复杂的区域其边界不可能与现有的各种坐标系正好相符,于是可以采用计算的方法来造成一种坐标系,其各坐标轴恰与被计算物体的边界相适应,这种坐标系便称为适体坐标系,这是本章要重点讨论的内容。

10.1.4 采用块结构化网格

到目前为止我们用到的网格系统中节点排列有序、邻点间的关系明确,这种网格称为结构化网格。所谓块结构化网格是指把一个复杂的计算区域分成若干个块、每一块内均采用结构化网格,但不同的块中网格系统不同的这一类网格,它与数学上的区域分解算法相对应。最简单的块结构化网格可用二维弯头为例,如图 10－4 所示,它可以由两个直角坐标区域与一个极坐标区域所组成。本章最后要对这类网格生成中的一些问题价简要介绍。

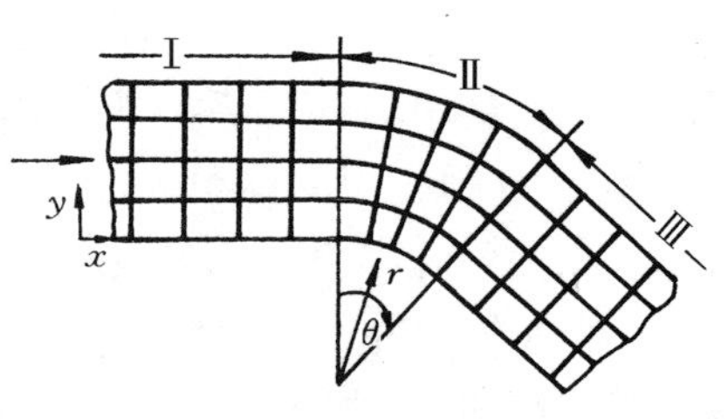

图 10－4 简单的块结构化网格

10.1.5 采用非结构化网格

与结构化网格不同,在非结构化网格中节点的位置无法用一个固定的法则予以有序地命名。图 10－5 所示是非结构化网格的一个实例,这是用以计算一个复杂区域传热问题的网格。显然非结构化网格应用于有限差分法与有限容积法，使得这两种数值方法对不规则边界的适应性增强到与有限元法相等同的程度。但非结构化网格生成的工作量大，离散方程的求解速度也比较慢，本书中不作介绍，有兴趣的读者可参见文献[13]。

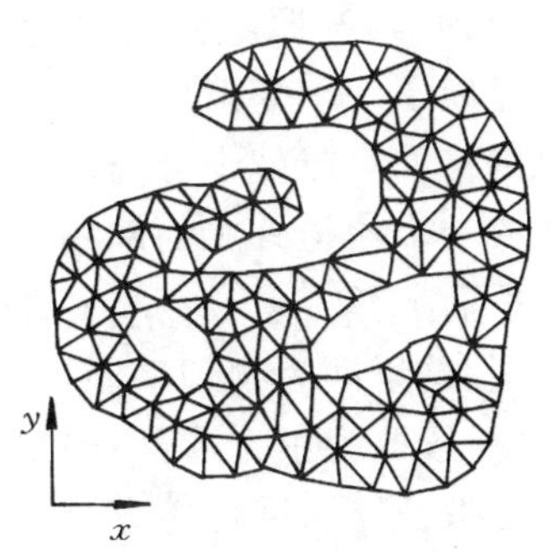

图 10 - 5　非结构化网格举例

10.2　适体坐标的基本概念

10.2.1　什么是适体坐标系？

在作物理问题的理论分析时，最理想的坐标系是各坐标轴与所计算区域的边界一一相符合的坐标体，称该坐标系是所计算区域的适体坐标系（*body-fitted coordinates*，BFC）。直角坐标系是矩形区域的适体坐标系，极坐标是环扇形区域的适体坐标系。适体坐标有时又称为贴体坐标、附体坐标。

当没有现成的坐标系可以利用时，可以通过计算的方法来构造这样的坐标系，以使求解区域得以简化。试看图 10 - 6a，设在物理平面的 $x-y$ 坐标中有一不规则区域，为了构造一个与该区域相适应的坐标系，把该区域相交的两个边界作为曲线坐标系的两个轴，记为 ξ 及 η。在该物体的四个边上，规定不同地点的 ξ,η 值。在作这种规定时要注意：(1) 在一条边上只能一个坐标单值地发生变化，而另一个坐标则保持为常数；(2) 在两条对应边上，同一曲线坐标的最大值与最小值应当对应相等。下来的问题是：(1) 在选定了两条边界分别作为 ξ 和 η 的坐标轴后，如何用计算的方法来生成区域内部的等 ξ 线与等 η 线？(2) 为什么采用 $\xi-\eta$ 坐标系后能使求解区域简化？

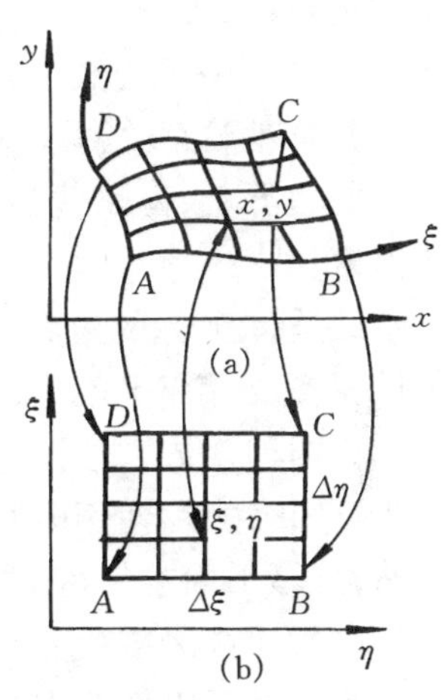

图 10 - 6　适体坐标示意图

10.2.2　适体坐标系如何使计算区域简化

我们先来回答第二个问题。假定已经建立了如图 10 - 6(a)所示的适体坐标系，我们现在把 $\xi-\eta$ 看成是另一个计算平面上的直角坐标系的两个轴，则按照上面规定的 ξ,η 取值的原则，在计算平面上求解区域就简化成了一个矩形区域，如果在计算平面上来完成数值计算，则计算平面上网格的生成就十分简便，只要给出了每一个方向的节点总数，立即可以生成一个均匀分布的网格，如图 10－6(b)所示。剩下的问题就是对于计算平面上任一点(ξ,η)如何确定其相应的物理问题所在空间(称为物理空间，这里即为物理平面)上的一点(x,y)，或反之。计算平面上求解区域(一般取为正方形)中网格的划分总是均匀的，这样所谓生成适体坐标就是指已经知道计算平面上的各点的(ξ,η)要找出物理平面中对应的(x,y)，生成适体坐标的方法也就是寻找这种对应关系的方法。

10.2.3 对适体坐标的要求及生成方法分类

从数值计算的观点，对生成的适体坐标有以下几个要求：(1) 物理平面上的节点应与计算平面上的节点一一对应，同一簇中的曲线不能相交，不同簇中的两曲线仅能相交一次[14]。(2) 在适体坐标系中的每一个节点应当是一系列曲线坐标轴的交点，而不是一群三角形元素的顶点或一个无序的点群，以便设计有效、经济的算法及程序[15]。要做到这一点，只要在计算平面中采用矩形网格即可，所以适体坐标系生成的是结构化网格。(3) 物理平面求解区域内部的网格疏密程度要易于控制。(4) 在适体坐标的边界上，网格线最好与边界线正交或接近于正交，以便于边界条件的离散化[14]。

生成适体坐标的过程可以看成是一种变换，即把物理平面上的不规则区域变换成计算平面上的规则区域，从这一角度来理解有复变函数法与代数法两种生成方法。生成适体坐标的过程又可以看成是求解一个边值问题。因为实际使用时物理平面求解区域边界上的节点配置常常是规定好的，计算平面求解区域总是均匀划分的。这样网格生成问题就成为：已经知道与计算区域边界节点相对应的物理平面上的边界节点位置，要求出与计算平面内部节点相对应的物理平面的内部节点的位置，这就相当于是一个边值问题，可以通过求解偏微分方程来实现。用复变函数生成二维适体坐标的方法可参见文献[16]，本书不作介绍。本章下面主要介绍代数法及求解偏微分方程的方法。

10.2.4 采用适体坐标求解问题的总体步骤

采用适体坐标求解流动与换热问题的总体步骤如下：

1. 网格生成　即在计算平面上选择与物理平面上复杂区域相应的

求解区域,并找出两个区域内部节点的对应关系,$x = x(\xi, \eta)$,$y = y(\xi, \eta)$或其反函数。这些关系可以是解析的或是数值的。

2. 控制方程的生成与离散 把物理平面上的控制方程及边界条件转换成计算平面上的形式,并利用控制容积积分法建立离散方程。

3. 离散方程的求解及解的传递 在计算平面上获得收敛的解后,据节点间的对应关系传送到物理平面上去,并进行有关的后续计算,如确定 Nu 数,阻力系数等。

下面我们依次介绍生成适体坐标的代数法及求解偏微分方程的方法。

10.3 生成适体坐标的代数法

顾名思义,代数法就是指通过一些代数关系式,而不是微分方程把物理平面上的不规则区域转换成计算平面上矩形区域的方法。具体的实施方法颇多,最简单的就是边界规范化的方法。本节先通过一系列的例子说明这一方法,然后介绍较通用的双边界法及无限插值法。

10.3.1 边界规范化方法

所谓边界规范化方法(*boundary normaltization*)就是指通过一些简单的变换把物理平面计算区域中不规则部分的边界转换成计算平面上的规则边界的方法,这些变换关系式因具体问题而异。下面通过一些例子来说明。

1. 二维不规则通道的变换 如图 10－7(a)所示一个二维渐扩通道的上半部,给定了不规则的上边界的函数形式为 $y = x^2$,$1 \leqslant x \leqslant 2$。则可采用下列变换把上边界规范化:

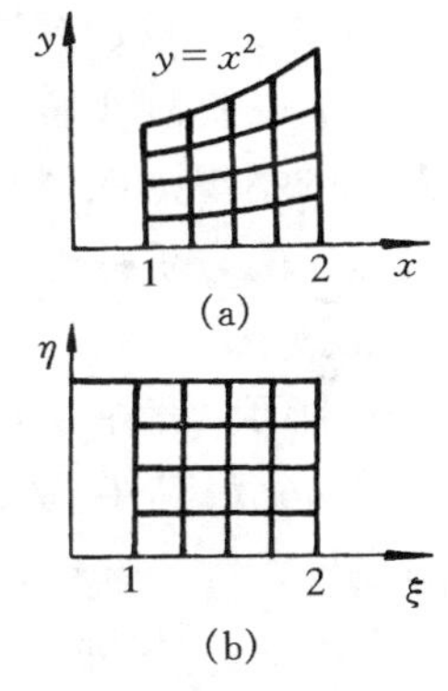

图 10－7 不规则二维通道

$$\xi = x,\ \eta = y/y_{\max},\ y_{\max} = x_t^2 \tag{10-3}$$

这里 x_t 为上边界节点的 x 值。对于一条边界为不规则的二维通道,只要规定了不规则边界上 y 与 x 之间的关系式,都可用这种方法来进行变换。应用这一方法的例子可见文献[17～20]。

2. 梯形区域的变换 如图 10－8 所示的一个梯形区域可以通过以下公式变换成计算平面上边长可以调节的矩形:

$$\xi = ax, \ \eta = b\,\frac{y - F_1(x)}{F_2(x) - F_1(x)} \tag{10-4}$$

其中 $F_2(x)$,$F_1(x)$分别为梯形上下边的 y 与 x 的关系式,a 与 b 为调节系数(放大或缩小),而且 $F_1(x)$,$F_2(x)$不必为直线,曲线亦可(但与垂直 x 轴的直线只能有一个交点)。文献[21]中采用此类变换求解了梯形空腔内的自然对流换热。

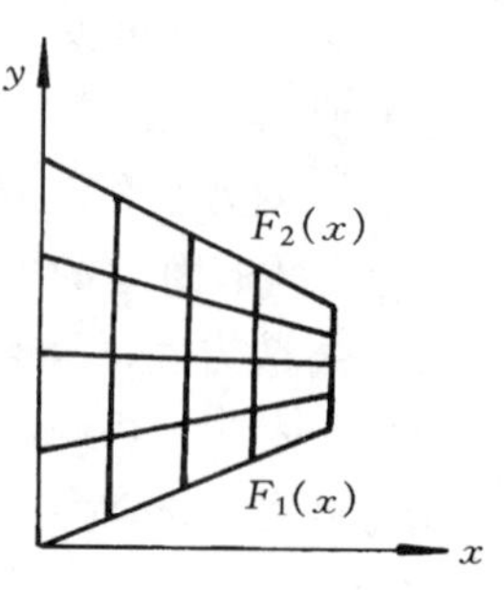

图 10-8　梯形区域的变换

3. 偏心圆环区域的变换　图 10-9(a)所示的偏心圆环区域可以采用以变换转化成为计算平面上的一个矩形(图 10-9(b)):

$$\xi = \varphi, \ \eta = \frac{r - a}{R - a} \tag{10-5}$$

偏心圆环中的自然对流就可以用这类变换来生成网格。

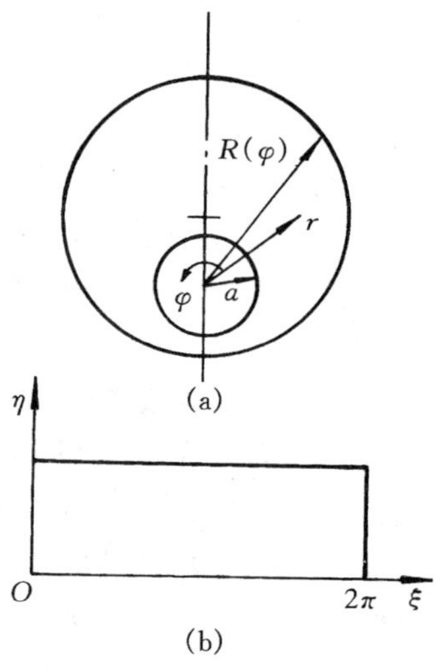

图 10-9　偏心圆环的变换

10.3.2　双边界法

对于在物理平面上由四条曲线边界所构成的不规则区域,可以采用一种具有通用意义的方法来生成网格,这就是"双边界法"(*two-boundary method*)。如图 10-10 所示,设在物理平面上有一不规则区域 $abcd$,其中 ab,cd 为两不直接相联的边界。首先选定这两条边界上的 η 值,设分别为 η_b 及 η_t,于是该两边界上的 x,y 仅随 ξ 而异。这些依变关系应该预先取定,设为:

$$\begin{aligned} x_b &= x_b(\xi),\ y_b = y_b(\xi), \\ x_t &= x_t(\xi),\ y_t = y_t(\xi) \end{aligned} \tag{a}$$

这里下标 b 与 t 分别表示底边与项边。

为简便起见,计算平面上的 ξ,η 值取在 0~1 之间,这里且取 $\eta_1=0$,$\eta_2=1$,则以上四式可写成为:

$$\begin{aligned} x_b &= x_b(\xi,0),\ y_b = y_b(\xi,0), \\ x_t &= x_t(\xi,1),\ y_t = y_t(\xi,1) \end{aligned} \tag{b}$$

为了确定在区域 $abcd$ 内各点的 ξ,η 值，一种最简单的方法是取为上、下边界函数关于 η 的线性组合，即：

$$x(\xi,\eta) = x_b(\xi)f_1(\eta) + x_t(\xi)f_2(\eta)$$
$$y(\xi,\eta) = y_b(\xi)f_1(\eta) + y_t(\xi)f_2(\eta) \tag{10-6}$$

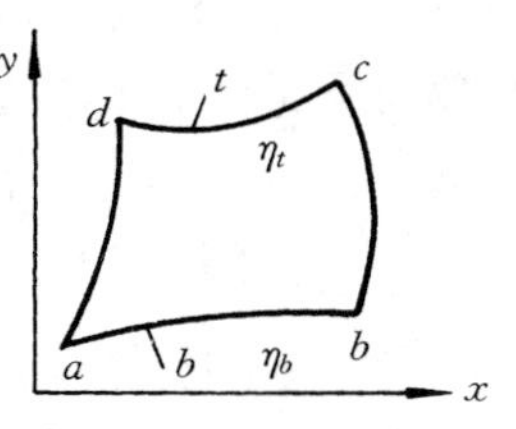

图 10－10　可用双边界法生成适体坐标的区域

其中 $f_1(\eta)=1-\eta, f_2(\eta)=\eta$，这样生成的网格，在物理平面的边界上网格线与边界是不垂直的，为了生成与边界正交的网格，$f_1(\eta), f_2(\eta)$需要取为三次多项式，且在式(10－6)中要增加两条边界上 x_b, y_b, x_t 及 y_t 对 ξ 的导数项，可参阅文献[22]。

例 10－1　试应用双边界法来转换如图 10－11(a)所示的梯形。

解：试取：

$$x_b = x_1(\xi) = \xi,\ x_t = \xi$$
$$y_b = y_1(\xi) = 0,\ y_t = y_2(\xi) = 1 + \xi$$

则按式(10－6)得：

$$x = x_1(\xi)(1-\eta) + x_2(\xi)\eta = \xi(1-\eta) + \xi\eta = \xi$$
$$y = y_1(\xi)(1-\eta) + y_2(\xi)\eta = 0\cdot(1-\eta) + (1+\xi)\eta = (1+\xi)\eta$$

这就相当于把 y 方向的长度规范化。这一变换所得出的物理平面上的网格线显然不与 $x=0$ 及 $x=1$ 两条直线正交。对于物理平面的计算边界上的节点设置为均分情形(设为 5×5 的节点布置)，用双边界法得到的物理平面上的网格如图 10－11(b)所示。

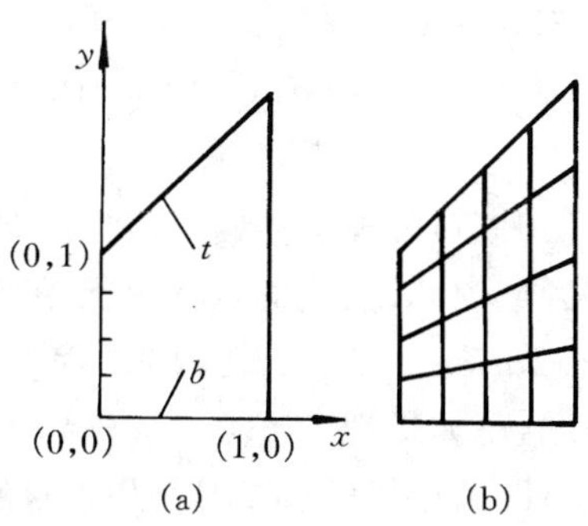

图 10－11　双边界法例题

10.3.3　无限插值方法

双边界法还可以看成是构造了一种插值的方式，即把上、下边界上规定好的 $x_t(\xi), y_t(\xi)$及 $x_b(\xi), y_b(\xi)$通过插值而得出内部节点的(x,y)与(ξ,η)间的关系。如果同时在四条不规则的边界上各自规定了(x,y)与(ξ,η)的关系，这种关系可以是解析的，也可以给出离散的对应关系。设分别为 $x_b(\xi), y_b(\xi), x_t(\xi), y_t(\xi), x_l(\eta), y_l(\eta)$及 $x_r(\eta), y_r(\eta)$，其中

下标 l,r 表示左右，如图 10-12(a)所示，则可以采用下列变换(插值)得出物理平面上计算区域内任一点(x,y)与(ξ,η)的关系：

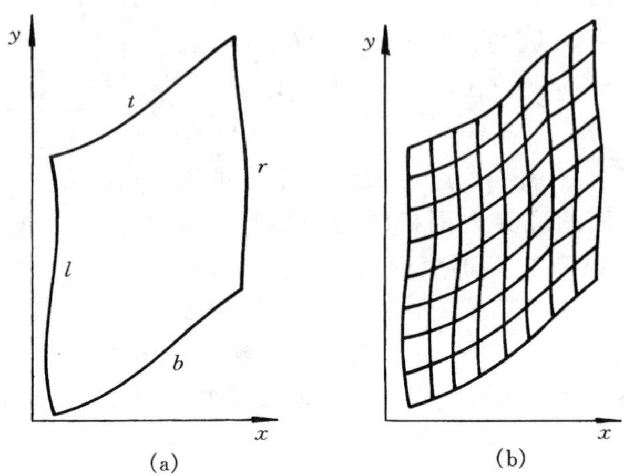

图 10-12　无限插值方法生成的网格

$$x(\xi,\eta)=(1-\eta)x_b(\xi)+\eta x_t(\xi)+(1-\xi)x_t(\eta)+\xi x_r(\eta)-[\xi\eta x_t(1)+\xi(1-\eta)x_b(1)+\eta(1-\xi)x_t(0)+(1-\xi)(1-\eta)x_b(0)] \tag{10-7a}$$

$$y(\xi,\eta)=(1-\eta)y_b(\xi)+\eta y_t(\xi)+(1-\xi)y_l(\eta)+\xi y_r(\eta)-[\xi\eta y_t(1)+\xi(1-\eta)y_b(1)+\eta(1-\xi)y_t(0)+(1-\xi)(1-\eta)y_b(0)] \tag{10-7b}$$

式(10-7)所规定的插值可以把四条边界上规定的对应关系连续地插值到区域内部，插值的点数是无限的，因而称之为无限插值(*transfinite interpolation*，TFI)，其导出过程的分析可参见文献[15]。这里可以作这样的理解；如果把 $\xi=(0,1)$，$\eta=(0,1)$分别代入到式(10-7a)(10-7b)，可得出四条边界的(x,η)与(ξ,η)的关系式，因而在 $0<\xi<1$，$0<\eta<1$ 的范围内式(10-7)给出了求解区域内节点的位置据四条边界给定的关系进行插值的方式。对图 10-12(a)的无限插值法生成的网格示于图 10-12(b)中。生成网格的代数法中还有一种方法叫多表面法(*multi-surface method*)，因限于篇幅，这里不作介绍，可参见文献[13]。

10.3.4　几何系数的计算

在 10.1 节中已指出，用适体坐标系求解时是在计算平面上来求解物理问题的，在控制方程从物理平面向计算平面转换过程中会引入一系列与两个空间（平面）上网格有关的几何因子，例如$\frac{\partial x}{\partial \xi}, \frac{\partial x}{\partial \eta}, \frac{\partial y}{\partial \xi}, \frac{\partial y}{\partial \eta}$，简记为$x_\xi, x_\eta, y_\xi, y_\eta$。根据文献[15]的观点，无论用什么方法生成网格，这种几何参数都应该用离散的方式计算，而不宜采用解析式计算（用代数法生成网格时存在这种解析式），其理由如下。

在将控制方程由物理平面转换到计算平面时，需要利用链导法把通用变量中对(x,y)的导数表示成为对(ξ,η)的导数，例如$\frac{\partial \phi}{\partial x}$就可以表示成为：

$$\frac{\partial \phi}{\partial x} = \frac{1}{J}[(\phi y_\eta)_\xi] - [(\phi y_\xi)_\eta] \tag{10-8}$$

其中 J 称为 *Jacobi* 因子，定义为：

$$J = x_\xi y_\eta - x_\eta y_\xi \tag{10-9}$$

这里从本章以后各节中均用下标表示求导。当 ϕ 为均匀场时上式化为：

$$y_{\eta\xi} - y_{\xi\eta} = 0 \tag{10-10}$$

在文献[15]中称此类等式为度规恒等式（*metric identity*）。在做数值计算时应保证离散形式的度规恒等式成立，否则相当于在数值计算中引进了虚假的梯度。要做到这一点，文献[15]中提出了两条规则：(1) 几何系数 x_ξ 等应当用有限差分方法确定，而不应按变换的分析式计算；(2) 几何系数不应采用插值方法确定，而应直接按各节点的坐标值用差分式计算，节点的坐标值如果需要则可以采用插值方式确定。

例 10－2　对图 10－7 所示的网格计算 $x=1.75, y=2.2969$ 处的 y_ξ, y_η 之值。

解：首先找出与此点对应的计算平面上的点的坐标：

$$\xi = x = 1.75,\ \eta = \frac{y}{y_{max}} = \frac{y^2}{x_t^2} = \frac{2.2969}{1.75^2} = 0.75$$

$$\Delta\xi = \Delta\eta = 0.25$$

按定义，

$$y_\eta = \left.\frac{\partial y}{\partial \eta}\right|_\xi = \frac{y(\xi,\eta+\Delta\eta) - y(\xi,\eta-\Delta\eta)}{2\Delta\eta}$$

$$= \frac{y(1.75,1.0) - y(1.75,0.5)}{2\times 0.25}$$

$$= \frac{1\times 1.75^2 - 0.5\times 1.75^2}{0.5} = 3.0625$$

$$y_\xi = \left.\frac{\partial y}{\partial \xi}\right|_\eta = \frac{y(\xi+\Delta\xi,\eta) - y(\xi-\Delta\xi,\eta)}{2\Delta\xi}$$

$$=\frac{y(2,0.75)-y(1.5,0.75)}{2\times 0.25}$$

$$=\frac{0.75\times 2^2-0.75\times 1.5^2}{0.5}=2.6250$$

10.4 生成适体坐标的微分方程法

前已指出，适体坐标的网格生成问题，可以看成是一个边值问题。边值问题的求解是偏微分方程领域中的一个经典课题。应用这种方法时，我们可以利用微分方程的一些性质使所生成的网格更完善、合理。这个方法最早是由 Winslow 在 1967 年提出的[23]。以后不少研究者都对此法的发展作出过贡献。但比较全面而系统地研究这一方法的当推 Thompson，Thames 及 Martin1974 年的论文[24]。此后，在流体力学与传热学的数值计算研究中就逐渐形成了一个分支领域——网格生成技术。文献中所谓的 TTM 方法就是指通过求解微分方程生成网格的方法（TTM 系 Thompson，Thames 及 Martin 三人姓的第一字母）。在文献[15,25]中有详细的综述，有关的数学理论可见文献[26,27]。TTM 方法是用椭圆型偏微分方程生成网格的方法，继此法提出以后，相继发展出了用双曲型及抛物型偏微分方程生成网格的方法。限于篇幅，本章中仅介绍椭圆型方程生成网格的方法。对后两种方法有兴趣的读者可分别参见文献[28～30]和[31～33]。

10.4.1 用椭圆型系统生成网格问题的表述

用椭圆型方程生成网格时已知的条件是：(1) 计算平面上 ξ,η 方面的节点总数及节点位置。在计算平面上网格总是均匀划分的，一般取 $\Delta\xi=\Delta\eta=1$（或 0.1 或其它方便的数值）。(2) 物理平面计算区域边界上的节点设置，这种节点设置方式应反映出我们对网格疏密布置的要求，例如估计在变量变化剧烈的地方网格要密一些，变化平缓的地方则应稀疏一些。

需要解决的问题是：找出计算平面上求解域内的一点 (ξ,η) 与物理平面上一点 (x,y) 之间的对应关系，如图 10－13 所示。

10.4.2 把网格生成看成是一个边值问题

我们如果把 (x,y) 及 (ξ,η) 都看成是各自独立的变量，则上述问题

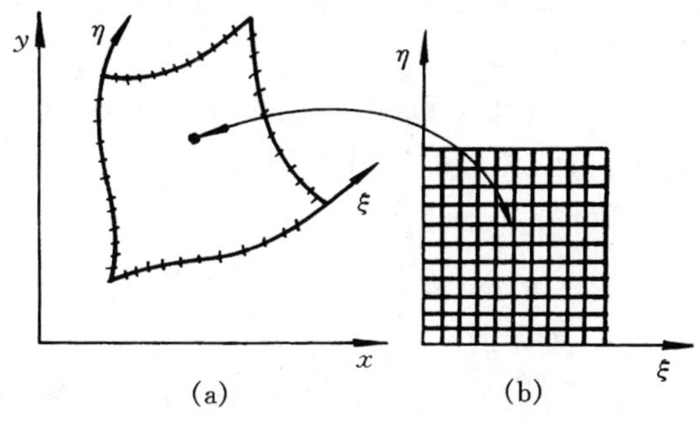

图 10－13　椭圆型方程生成网格的问题表述图示
(a) 物理平面；(b) 计算平面

的表述就是规定了一个边值问题，即已经知道了边界上变量(x,y)与变量(ξ,η)之间的对应关系(相当于是第一类边界条件)，而要求取在求解区域内部它们之间的关系。

1．从物理平面上来看　把 ξ,η 看成是物理平面上被求解的因变量，则就构成了物理平面上的一个边值问题：即已经知道物理平面上与边界点(x_B,y_B)相应的(ξ_B,η_B)，要求出与内部一点(x,y)对应的(ξ,η)。在数学上描写边值问题的最简单的椭圆型方程就是 Laplace 方程。根据 Laplace 方程解的唯一性原理，可以把 ξ,η 看作为是物理平面上 Laplace 方程的解，即：

$$\nabla^2\xi = \xi_{xx} + \xi_{yy} = 0 \tag{10-11a}$$

$$\nabla^2\eta = \eta_{xx} + \eta_{yy} = 0 \tag{10-11b}$$

同时在物理平面的求解区域边界上规定 $\xi(x,y)$、$\eta(x,y)$的取值方法，于是就形成了物理平面上的第一类边界条件的 Laplace 问题(也可以在部分边界上规定 ξ,η 对 x,y 的导数)。关于 Laplace 方程的数值计算问题已研究得很成熟，但由于物理平面上是个不规则区域，于是在物理平面上解这一问题又碰到了不规则边界的困难。

2．从计算平面上来看　如果从计算平面上的边值问题出发来考虑，则情况就大为改观，因为在计算平面上可以永远取成一个规则区域。所谓计算平面上的边值问题，就是指在计算平面的矩形边界上规定 $x(\xi,\eta)$，$y(\xi,\eta)$的取值方法，然后通过求解微分方程来确定计算区域内部各点的(x,y)值，即找出与计算平面求解区域内各点相应的物理平面上的坐标。实际上用椭圆型方程来生成网格时都是通过求解计算平面上的边值问题来进行的。为此需要把物理平面上的 Laplace 方程转换到计算平面上以 ξ,η 为自变量的方程。

利用链导法以及函数与反函数之间的关系,可以证明,在计算平面上与式(10-11a)(10-11b)相应的微分方程为:

$$\alpha x_{\xi\xi}-2\beta x_{\eta\xi}+\gamma x_{\eta\eta}=0 \tag{10-12a}$$

$$\alpha y_{\xi\xi}-2\beta y_{\eta\xi}+\gamma y_{\eta\eta}=0 \tag{10-12b}$$

其中参数 α,β,γ 的定义为:

$$\alpha=x_\eta^2+y_\eta^2,\ \beta=x_\xi x_\eta+y_\xi y_\eta,\ \gamma=x_\xi^2+y_\xi^2 \tag{10-13}$$

式(10-12)连同计算平面求解区边界上已知的(ξ,η)与(x,y)之间的关系就构成了计算平面上第一类边界条件的边值问题。

关于参数 α、β 及 γ 的几何意义说明如下。

由 β 的定义可知,它是反映物理平面上两条网格线(等 ξ 线与等 η 线)交角大小的一个参数,当局部正交时,$\beta=0$。

α 及 γ 分别是 η 及 ξ 方向的度规系数(*metric coefficient*)。对图 10-14 所示的情形,将 ξ 为常数的网格线上的微元弧长记为 $dS^{(\xi)}$,η 为常数的网格线上相应的量记为 $dS^{(\eta)}$,则有:

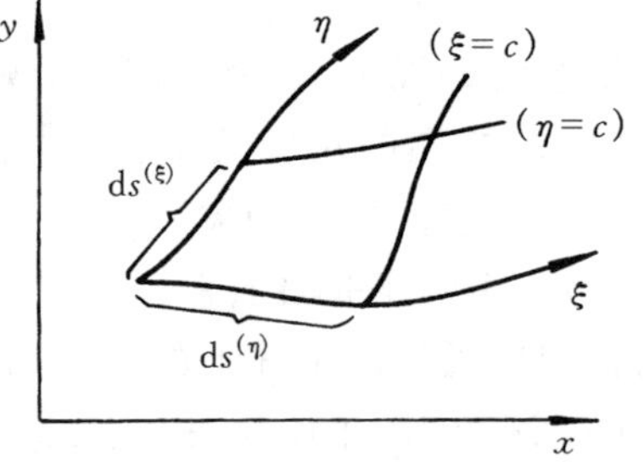

图 10-14　曲线坐标系中的弧长

$$dS^{(\xi)}=\sqrt{\alpha}\,d\eta,\quad dS^{(\eta)}=\sqrt{\gamma}\,d\xi \tag{10-14}$$

10.4.3　计算平面上边值问题的求解及解的特性

从数值求解的角度,偏微分方程(10-12)的求解没有任何困难,它们是计算平面上两个带非常数源项的各向异性的扩散问题,于是本节第四章中所介绍过的方法都可以采用。由于参数 α,β,γ 把(x,y)耦合在一起,因而两个方程需要联立求解(采用迭代的方式)。在获得了与计算平面上各节点(ξ,η)相对应的(x,y)以后,就可以应用有限差与方法计算各个节点上的几何参数($x_\xi,x_\eta,y_\xi,y_\eta,\alpha,\beta,\gamma$ 及J)。

下面我们来分析利用式(10-13)生成的物理平面上的网格的特性,由于式(10-13)是由物理平面上的 Laplace 方程转换而来的,以后就称为由 Laplace 方程生成的网格。图 10-15,10-16 中示意性地画出了由

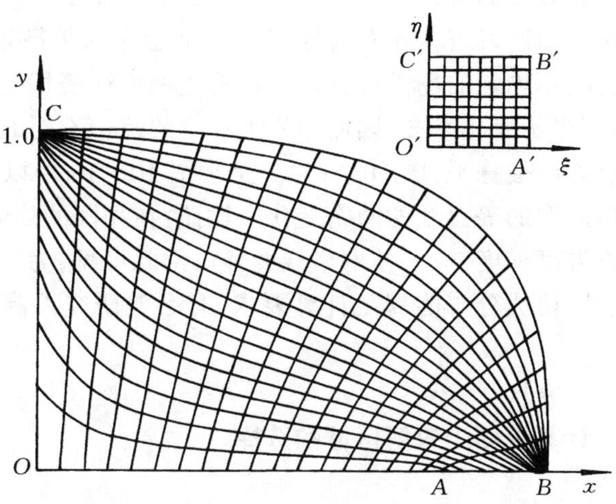

图10-15　由Laplace方程生成的网格的特性(边界上的疏密被抹平)

Laplace方程生成的网格的特点。

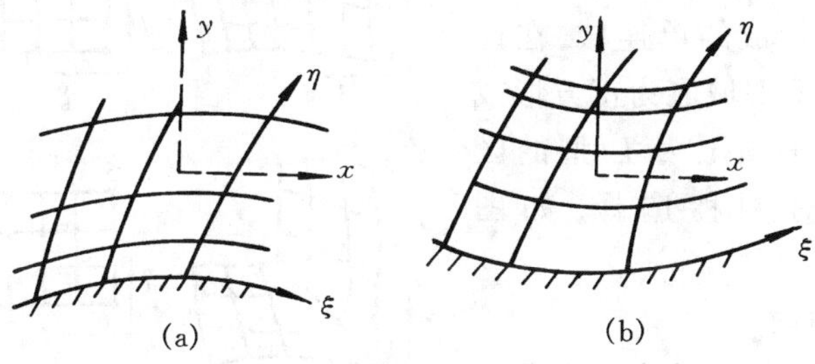

图10-16　由Laplace方程生成的网格的特性(曲面边界附近的疏密度变化)

在图10-15中,物理平面上的四条边界$\overline{AB}$,$\overline{BC}$,$\overline{CO}$及$\overline{OA}$组成了一个不规则区域。在设置边界节点时,在$\overline{OA}$及$\overline{BC}$边界上采取了均匀分布方式,而在$\overline{CO}$及$\overline{AB}$边上则采取了按指数规律逐稀(或逐密)的布置。但采用Laplace方程生成的网格线分布却表明,到计算区域的中部沿η方向网格线已接近均匀分布。图10-16则表示了在凸面与凹面附近用Laplace方程生成的网格,由图可见,在凸面附近随着离壁面距离的增加网格线呈现逐渐变稀的倾向,而在凹面附近则反之。为了较好地分辨固体表面附近变量的剧烈变化,图10-16(a)的变化趋向是有利的,而图10-16(b)的变化特性则有不利的影响。

上述网格线分布的特性可以由 Laplace 方程所描写的物理过程的本质来说明。我们知道，Laplace 方程描写了一个稳态的扩散过程，扩散过程的结果是空间不均匀的场予以抹平。在这里网格线密相当于场的梯度大，网格线稀相当于变化平缓，因而边界上规定的疏密不同的分布传递到区域内部时已逐渐被抹平(图 10－15)。至于图 10－16 可以用通过圆筒体的稳态导热问题的等温线的疏密变化来比照：在相同的热流量下，导热面积大的地方温度梯度就小，使网格线变稀。由此可见，为了使物理平面上求解域内的网格线分布能满足计算要求，有必要研究控制网格分布的技术。

10.4.4　计算平面上求解区域的选择

1．单连域

所谓单连域是指求解区域边界线内不包含有非求解区域的情形。凡是在物理平面上由 4 条相交的曲线所构成的单连域，在计算平面上的求解域取为正方形或矩形。物理平面上为 L 型的区域则可以有两种选择，如图 10－17所示

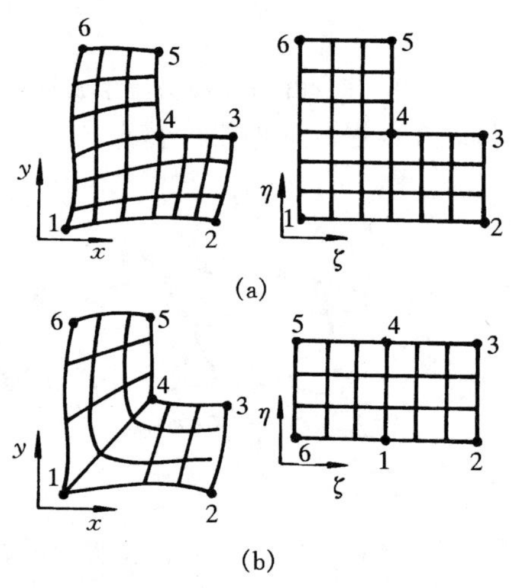

图 10－17　L 型区域的两种变换

2．多连域

如果在求解区域内包含非求解区域，则称该求解区域为多连域，绕流流动(流体外称固体表面)就是典型的多联域问题。以绕流机翼的流动为例，其网格有 C－型及 O－型两种，如图 10－18 所示。O－型网格像一个变形的圆，一圈一圈地包围机翼，直到最外层网格线上可以取来流的条件。O－型网格在计算平面上的矩形的一组对边构成周期性条件，如图 10－18(a)所示在$\overline{rs}$及$\overline{pq}$边界上，相同 η 处的(x, y)取值一样。C－型网格则象一个变了形的C 字围在机翼的外面，在计算平面上的矩形中在 $\eta=0$ 的网格线上两端分别是$\overline{rs}$与$\overline{pq}$，在这两段网格线的对应点上(x, y)取值应一样。

最后我们给出用 Laplace 方程生成的网格例子。为计算如图 10－1(d)所示叉排管束流体的对流换热，取出其中打阴影线的区域作为周期性

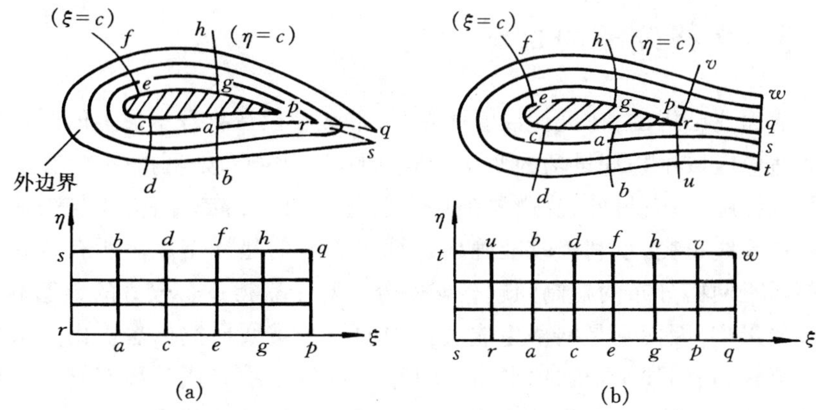

图 10－18　绕流问题的两种网格

充分发展区域一个单元的代表。用 Laplace 方程生成的网格(21×21 节点)如图 10－19 所示。由图可见,在计算区域的中间部分网格接近于均匀分布,而使 b 点与 e 点同第一条内部等 η 的网格线间的距离拉大,不利于提高固体边界附近的计算精度。

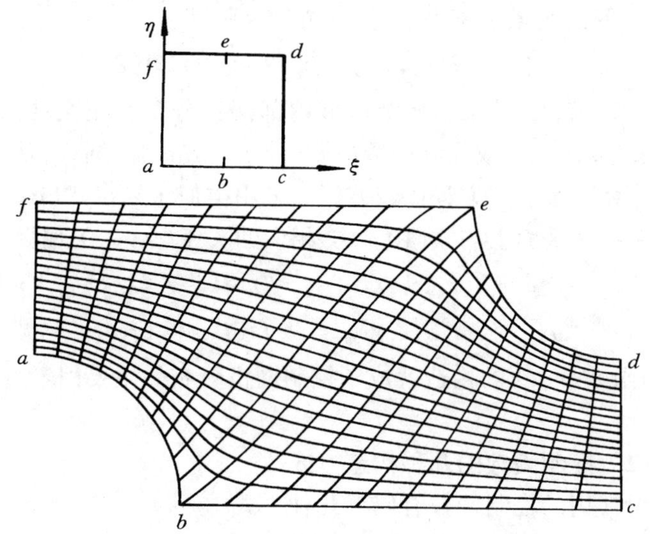

图 10－19　用 Laplace 方程生成计算外掠管束对流换热的网格

10.5 网格分布的控制

前面业已指出，在进行数值计算时，常常希望在物理平面上的网格划分能适应区域中物理量场的变化情形，即在变化剧烈处稠密一些，在变化平缓处稀疏一些；另外，从边界条件离散化的角度，希望网格线与物理区域的边界线正交，以利于较准确地计算边界上的热流密度。所有这些要求都属于网格分布的控制问题。网格分布对于获得一个较好的数值解有很大的影响，因而它是网格生成理论中的一个重要研究内容。由上节的讨论可知，我们如果把物理平面上的等 η 或等 ξ 线看成是稳态导热问题的等温线，则等温线密集的程度就反映了局部地区热流密度的不同。如果某一局部地区有热源存在，则该地区的等温线必定更密集。这一联想启发我们应用带"源项"的 Laplace 方程，即 Poisson 方程来生成网格。本节中我们将着重讨论如何来构造 Poisson 方程的源项问题。

10.5.1 生成网格的 Poisson 方程

我们首先在物理平面上来考虑。设(ξ,η)是物理平面上的两个因变量，与(x,y)间的关系由下列 Poisson 方程来描写：

$$\xi_{xx}+\xi_{yy}=P(\xi,\eta),\quad \eta_{xx}+\eta_{yy}=Q(\xi,\eta),\qquad(10-15)$$

这里函数 P,Q 是用来调节区域内部网格分布及正交性的，称为源函数(*source function*)或控制函数(*control function*)。同样，从数值计算的角度在计算平区上解方程比较方便。采用类似于导出式(10-12)的方法可导得在计算平面上与式(10-15)相应的关于(x,y)的偏微分方程：

$$\alpha x_{\xi\xi}-2\beta x_{\xi\eta}+\gamma x_{\eta\eta}=-J^2(Px_\xi+Qx_\eta)\qquad(10-16)$$

$$\alpha y_{\xi\xi}-2\beta y_{\xi\eta}+\gamma y_{\eta\eta}=-J^2(Py_\xi+Qy_\eta)$$

这样，控制函数 P,Q 的构造就成了控制网格分布的主要因素。

10.5.2 控制函数的几种构造方式

文献中常用的控制函数有以下几种方式。

10.5.2.1 可控制边界附近网格疏密的源函数

Thompson[15]建议下列指数函数：

$$P(\xi)=-\sum_{i=1}^{L}a\,\frac{\xi-\xi_i}{|\xi-\xi_i|}e^{-b|\xi-\xi_i|}\qquad(10-17a)$$

$$Q(\eta) = -\sum_{i=1}^{M} a \frac{\eta - \eta_i}{|\eta - \eta_i|} e^{-b|\eta - \eta_i|} \tag{10-17b}$$

其中 L, M 分别为 ξ 及 η 方向的节点总数，a 及 b 是正的常数，其值需通过“数值试验”来确定。这里 $P(\xi), Q(\eta)$ 分别控制在 ξ 方向及 η 方向上网格的疏密。对图 10-19 所示的计算区域，采用 $P(\xi)=0$，而对 $Q(\eta)$ 取 $a=1.0, b=1.5$，可使等 η 线向边界移动，得出的网格线如图 10-20 所示。

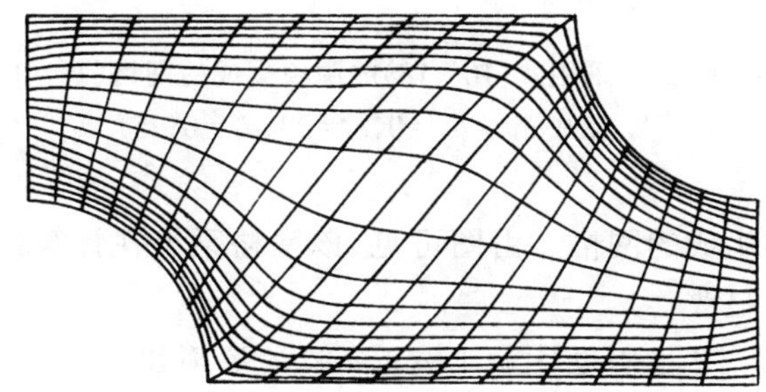

图 10-20　用 Poisson 方程生成的网格（$P=0, Q$ 中的 $a=1.0, b=1.5$）

10.5.2.2　可控制内部某点附近网格疏密的源函数

下列形式的源函数可以达到这一要求：

$$P(\xi, \eta) = -\sum_{m=1}^{L} a_m \frac{\xi - \xi_i}{|\xi - \xi_i|} e^{-b_m|\xi - \xi_m|} - \sum_{i=1}^{I} c_i \frac{\xi - \xi_i}{|\xi - \xi_i|} e^{-d_i[(\xi-\xi_i)^2 + (\eta-\eta_i)^2]^{1/2}} \tag{10-18a}$$

$$Q(\xi, \eta) = -\sum_{n=1}^{M} a_n \frac{\eta - \eta_i}{|\eta - \eta_i|} e^{-b_n|\eta - \eta_n|} - \sum_{i=1}^{I} c_i \frac{\eta - \eta_i}{|\eta - \eta_i|} e^{-d_i[(\xi-\xi_i)^2 + (\eta-\eta_i)^2]^{1/2}} \tag{10-18b}$$

其中 L, M 的意义同前；I 是网格线需要靠近的节点的总数，(ξ_i, η_i) 是这些节点的坐标，均需预先设定；参数 a_m, b_m, a_n, b_n, c_i 及 d_i 需由数值实验来确定。

为使图 10-19 中所示区域的网格线向着 b, e 点更靠近，可以采用式(10-18)所规定的源函数；同时考虑到图 10-20 的网格系统中在 η 方向的网格在计算区域中的中部地区过分稀疏，可以通过在计算区域的中间位置设定 (ξ_i, η_i) 的位置来控制附近区域的网格线的疏密。在图 10-21

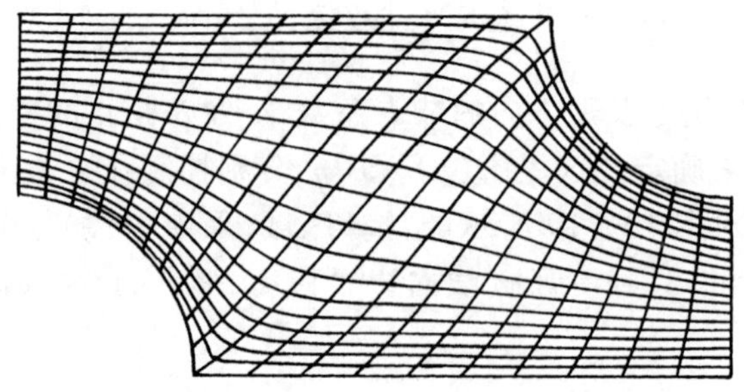

图 10－21　采用式(10－18)的源项生成的网格($P=0$，
Q 中 $a_n=b_n=0, c_i=20, d_i=0.75$)

中示出了这样生成的网格。由图可见，该网格系统在计算区域中间的网格线分布已明显改善。

10.5.2.3　可控制边界上网格正交性的源函数

上述源函数在使用时需要较多的人工干预，公式中系数的值与具体问题有关，并且要通过试凑才能得到比较好的结果。Thomas 与 Middlecoeff 在文献[34]中提出了一种可以控制网格线与边界的正交性的方法，而不需要任何试凑过程。

Thomas 与 Middlecoeff 假定源函数取以下形式：

$$P(\xi,\eta)=\phi(\xi,\eta)(\xi_x^2+\xi_y^2) \tag{10-19a}$$

$$Q(\xi,\eta)=\psi(\xi,\eta)(\eta_x^2+\eta_y^2) \tag{10-19b}$$

其中$(\xi_x^2+\xi_y^2)$及$(\eta_x^2+\eta_y^2)$起到了可以把边界上设定的网格线分布密度向区域内部传递的作用，函数 ϕ 与 ψ 的形式待定，确定 ϕ 与 ψ 的主要依据是网格线与计算区域的边界局部平直、正交。

把式(10－19)代入式(10－16)，经整理后可得：

$$\alpha(x_{\xi\xi}+\phi x_\xi)-2\beta x_{\xi\eta}+\gamma(x_{\eta\eta}+\psi x_\eta)=0 \tag{10-20a}$$

$$\alpha(y_{\xi\xi}+\phi y_\xi)-2\beta y_{\xi\eta}+\gamma(y_{\eta\eta}+\psi y_\eta)=0 \tag{10-20b}$$

值得指出，包括在式(10－19)中的$(\xi_x^2+\xi_y^2)$及$(\eta_x^2+\eta_y^2)$项在代入过程中与方程(10－16)中原来含有的同类项抵消了，因而式(10－20)实际上已经反映了该两项的影响在内。

确定 ϕ 及 ψ 之值的步骤如下。

1．在计算区域的等 η 边界线上确定 ϕ，在等 ξ 边界线上确定 ψ，确定的条件是网格线与边界局部平直、正交。

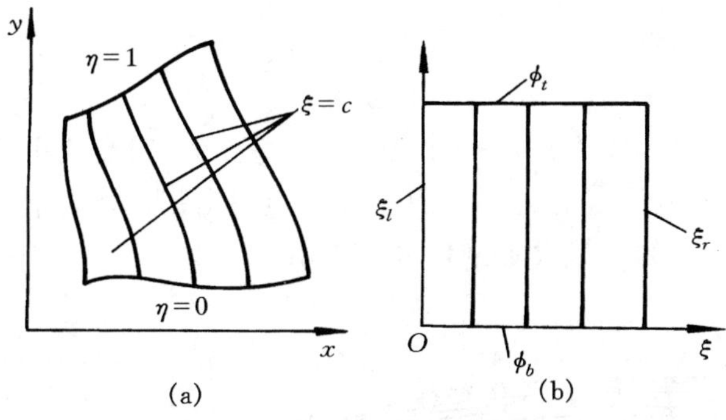

图 10－22　说明 ϕ 值插值的图示

2. 在两条等 η 线间的等 ξ 线上，ϕ 按 η 作线性插值；在两条等 ξ 线间的等 η 线上，ψ 按 ξ 作线性插值(图 10－22)。

至此，问题题归结为如何在两条等 η 的边界线及等 ξ 的边界线上来确定 ϕ 及 ψ 之值。现以确定 ϕ_b 或 ϕ_t 为例说明如下。

确定 ϕ 的步骤为：

1. 从式(10－20a)及(10－20b)消去 ψ 得：

$$\alpha[y_\eta(x_{\xi\xi}+\phi x_\xi)-x_\eta(y_{\xi\xi}+\phi y_\xi)]= \\ y_\eta^2[2\beta(x_\eta/y_\eta)_\xi+\gamma(x_{\eta\eta}y_\eta-y_{\eta\eta}y_\eta)/y_\eta^2] \tag{a}$$

2. 局部正交要求 $\beta=0$，可消去右端第 1 项，局部平直要求：

$$\frac{\mathrm{d}}{\mathrm{d}\eta}\left(\frac{x_\eta}{y_\eta}\right)=x_{\eta\eta}y_\eta-y_{\eta\eta}x_\eta=0$$

故右端第 2 项也可以删去。

3. 由此，式(a)可化为：

$$y_\eta(x_{\xi\xi}+\phi x_\xi)=x_\eta(y_{\xi\xi}+\phi y_\xi) \tag{b}$$

$$x_{\xi\xi}+\phi x_\xi=\left(\frac{x_\eta}{y_\eta}\right)(y_{\xi\xi}+\phi y_\xi) \tag{c}$$

利用边界上局部正交特性，$\beta=x_\xi x_\eta+y_\xi y_\eta=0$，由此得 $x_\eta/y_\eta=-y_\xi/x_\xi$，于是式(c)化为：

$$x_\xi(x_{\xi\xi}+\phi x_\xi)=-(y_\xi y_{\xi\xi}+\phi y_\xi^2) \tag{d}$$

由此可解出：

$$\phi=-\frac{y_\xi y_{\xi\xi}+x_\xi x_{\xi\xi}}{x_\xi^2+y_\xi^2} \tag{10－21a}$$

类似地可得：

$$\psi=-\frac{y_\eta y_{\eta\eta}+x_\eta x_{\eta\eta}}{x_\eta^2+y_\eta^2} \tag{10-21b}$$

值得指出：式(10－21a)是对 $\eta=0$ 及 $\eta=1$ 写出的，因而式中均为对 ξ 的导数，而且都可由设定的边界上网格分布而得出；类似地式(10－21b)可由 $\xi=0$ 及 $\xi=1$ 的边界设定网格分布得出。

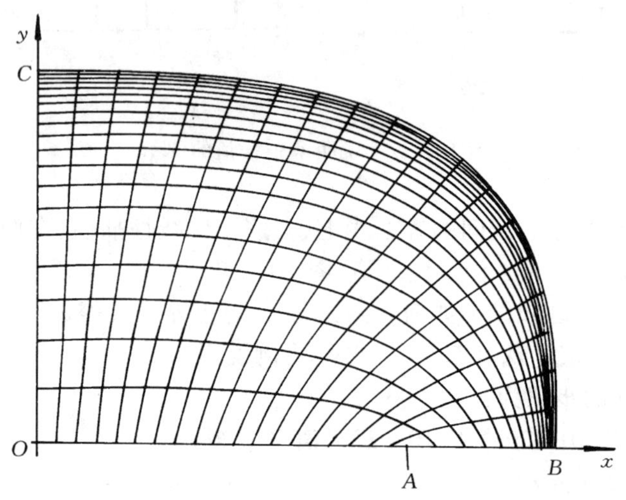

图 10－23　利用 Thomas-Middleceeff 方法生成的网格

对图 10－15 所示的情形，利用这一方法生成的网格示于图 10－23 中，由图可见，网格线与边界间的正交性已有所改善(由于数值计算本身的误差，不可能严格正交)。另外，在 $\overline{CO}$ 及 $\overline{AB}$ 边界上设定的不均匀分布特性也能传入到计算区域内部。文献[35]中利用这种方法构造网格，计算了水平方柱体外的自然对流换热。

网格生成是数值计算中的一个重要的前处理过程(*preprocessing*)，对于复杂区域中流动与传热问题的计算，网格生成所需的时间常可占总时间的一半以上，因此是计算传热学与计算流体力学中一个非常重要的研究领域。限于篇幅本书仅就适体坐标方法作了概要的介绍，有兴趣的读者可参阅网格生成的专著文献[36]及手册文献[37]。本章下面转入计算平面上控制方程的转换、离散、求解及结果的处理问题。

10.6　控制方程的转换及其离散

10.6.1　控制方程的转换

物理平面上二维稳态对流-扩散方程的通用形式为：

$$\frac{\partial(\rho u\phi)}{\partial x}+\frac{\partial(\rho u\phi)}{\partial y}=\frac{\partial}{\partial x}(\Gamma\frac{\partial\phi}{\partial x})+\frac{\partial}{\partial y}(\Gamma\frac{\partial\phi}{\partial y})+R(x,y) \tag{10-22}$$

为叙述方便，这里源项用 $R(x,y)$表示。

在将物理平面的控制方程转换到计算平面的过程中，需要利用以下数学关系。

1. 链导法　设物理平面上的流速为 $u(x,y)$，$v(x,y)$，坐标(x,y)与(ξ,η)间的关系为 $x=x(\xi,\eta)$，$y=y(\xi,\eta)$，则物理平面上对 x,y 的偏导数与计算平面上对ξ,η 的偏导数之间的关系可用以下矩阵乘积的形式表示之：

$$\begin{vmatrix}\dfrac{\partial u}{\partial x} & \dfrac{\partial u}{\partial y}\\ \dfrac{\partial v}{\partial x} & \dfrac{\partial v}{\partial x}\end{vmatrix}=\begin{vmatrix}\dfrac{\partial u}{\partial \xi} & \dfrac{\partial u}{\partial \eta}\\ \dfrac{\partial v}{\partial \xi} & \dfrac{\partial v}{\partial \eta}\end{vmatrix}\begin{vmatrix}\dfrac{\partial \xi}{\partial x} & \dfrac{\partial \xi}{\partial y}\\ \dfrac{\partial \eta}{\partial x} & \dfrac{\partial \eta}{\partial y}\end{vmatrix} \tag{10-23}$$

例如：

$$\frac{\partial u}{\partial x}=\frac{\partial u}{\partial\xi}\frac{\partial\xi}{\partial x}+\frac{\partial u}{\partial\eta}\frac{\partial\eta}{\partial x}$$

2. 函数的导数与其反函数导数间的关系

设有 $x=x(\xi,\eta)$，$y=y(\xi,\eta)$及 $\xi=\xi(x,y)$，$\eta=\eta(x,y)$，则有：

$$\xi_x=\frac{1}{J}y_\eta,\ \eta_x=-\frac{1}{J}y_\xi,\ \xi_y=-\frac{1}{J}x_\eta,\ \eta_y=\frac{1}{J}x_\xi \tag{10-24}$$

其中 J 的定义如式(10－9)所示，称为 Jacobi 因子，它代表了计算空间中控制容积的胀缩程度。如果计算空间的三个坐标为 ξ,η,ζ，则物理空间中的微元体积 dV 变换计算空间后体积为$d\xi d\eta d\zeta$，两者间的关系为：

$$dV=J\mathrm{d}\xi\mathrm{d}\eta\mathrm{d}\zeta \tag{10-25}$$

利用以上两个数学关系式可以导出计算平面上与式(10－22)相应的稳态对流-扩散方程为：

$$\frac{1}{J}\frac{\partial}{\partial\xi}(\rho U\phi)+\frac{1}{J}\frac{\partial}{\partial\eta}(\rho V\phi)=\frac{1}{J}\frac{\partial}{\partial\xi}\left[\frac{\Gamma}{J}(\alpha\phi_\xi-\beta\phi_\eta)\right]+\frac{1}{J}\frac{\partial}{\partial\eta}\left[\frac{\Gamma}{J}(-\beta\phi_\xi+\gamma\phi_\eta)\right]+S(\xi,\eta) \tag{10-26}$$

其中

$$U = uy_\eta - vx_\eta, \ V = vx_\xi - uy_\xi \tag{10-27a}$$

$$\alpha = x_\eta^2 + y_\eta^2, \ \beta = x_\xi x_\eta + y_\xi y_\eta, \ \gamma = x_\xi^2 + y_\xi^2 \tag{10-27b}$$

式(10-26)是计算平面上的守恒方程,式中的各个项仍然保待了直角坐标中相应各项的意义,其中源项 S 完全是由直角坐标中的源项 R 转换而来的,其它各项在变换过程中并不给源项增添新的成分。当所生成的曲线坐标在物理平面上某点正交时,按正交性的定义[8],此处的 $\beta=0$。出现在式(10-26)对流项中的 U 及 V 是计算平面上 ξ 及 η 方向的速度分量(称为逆变速度)。利用微分几何及张量分析的理论,可以对变换后的方程及其中新出的一些量的意义作更严格的解释与说明,有兴趣的读者可参阅文献[15]。

由式(10-22)~(10-26)可以看出,求解区域从物理平面到计算平面的简化是以控制方程的复杂化为代价的。

10.6.2 边界条件的转换

物理平面上的控制方程转换到计算平面上后,边界条件亦应作相应的转换。物理平面上的第一类边界条件,变换后其值保持不变。但含有边界上导数项的边界条件,则应作变换处理。为一般化起见,把三种类型的边界条件统一地表示成为:

$$A\phi + B\vec{n}\cdot(\Gamma\nabla\phi) = C \tag{10-28a}$$

其中 ϕ 为通用变量,A,B,C 为给定的数值,$\vec{n}$是边界的外法线上的单位矢量。上式亦可写成:

$$A\phi + B\Gamma\frac{\partial\phi}{\partial n} = C \tag{10-28b}$$

这里$\frac{\partial\phi}{\partial n}$是边界上的法向导数。

当物理平面的曲线边界变换成计算平面上的直线后,上述边界条件表达式中的 A,B,C 及 Γ 都保持不变,但$\frac{\partial\phi}{\partial n}$项应作转换。为导出$\frac{\partial\phi}{\partial n}$的转换式,我们先引入下列基本关系式。

1. 梯度表达式　按定义任一函数 f 的梯度为

$$\nabla f = \frac{\partial f}{\partial x}\vec{i} + \frac{\partial f}{\partial y}\vec{j}$$

其中 $\boldsymbol{i},\boldsymbol{j}$ 为 x,y 轴上的单位矢量。利用链导法可得:

$$\begin{aligned}\nabla f &= (f_\xi\xi_x + f_\eta\eta_x)\vec{i} + (f_\xi\xi_y + f_\eta\eta_y)\vec{j} \\ &= \left[(f_\xi y_\eta - f_\eta y_\xi)\vec{i} + (x_\xi f_\eta - f_\xi x_\eta)\vec{j}\right]\Big/J\end{aligned} \tag{10-29}$$

2. 垂直于 $f(x,y)=\text{const}$ 且指向 f 增加方向的单位矢量 $\vec{n}^{(f)}$ 可表示成为

$$\vec{n}^{(f)}=\frac{\nabla f}{|\nabla f|}$$

令 $f=\xi$，则据式(10－29)有 $\nabla\xi=(y_\eta\vec{i}-x_\eta\vec{j})\Big/J$，$|\nabla\xi|=\sqrt{x_\eta^2+y_\eta^2}\Big/J=\sqrt{\alpha}/J$，故有：

$$\vec{n}^{(\xi)}=\frac{\nabla\xi}{|\nabla\xi|}=(y_\eta\vec{i}-x_\eta\vec{j})/\sqrt{\alpha} \tag{10-30a}$$

同理有
$$\vec{n}^{(\eta)}=(-y_\xi\vec{i}+x_\xi\vec{j})/\sqrt{\gamma} \tag{10-30b}$$

利用式(10－29)，(10－30)可以导出任一曲线边界上的法向导数的转换表达式，以 $\dfrac{\partial\phi}{\partial n^{(\xi)}}$ 为例有：

$$\frac{\partial\phi}{\partial n^{(\xi)}}=\frac{\partial\phi}{\partial x}\cos(n^{(\xi)},x)+\frac{\partial\phi}{\partial y}\cos(n^{(\xi)},y)$$

其中方向余弦 $\cos(n^{(\xi)},x)$，$\cos(n^{(\xi)},y)$ 又可表示为：

$$\begin{aligned}\cos(n^{(\xi)},x)&=\vec{n}^{\xi}\cdot\nabla x=\frac{(y_\eta\vec{i}-x_\eta\vec{j})}{\sqrt{\alpha}}\cdot\vec{i}\\&=y_\eta/\sqrt{\alpha}\\ \cos(n^{(\xi)},y)&=\vec{n}^{(\xi)}\cdot\nabla y=-x_\eta/\sqrt{\alpha}\end{aligned}$$

所以
$$\begin{aligned}\frac{\partial\phi}{\partial n^{(\xi)}}&=(\phi_\xi\xi_x+\phi_\eta\eta_x)\frac{y_\eta}{\sqrt{\alpha}}+(\phi_\eta\eta_y+\phi_\xi\xi_y)-\frac{x_\eta}{\sqrt{\alpha}}\\&=\frac{\phi_\xi(y_\eta^2+x_\eta^2)-\phi_\eta(y_\xi y_\eta+x_\xi x_\eta)}{J\sqrt{\alpha}}\\&=\frac{\alpha\phi_\xi-\beta\phi_\eta}{J\sqrt{\alpha}}\end{aligned} \tag{10-31}$$

类似地可导出 $\dfrac{\partial\phi}{\partial n^{(\eta)}}$ 的表达式。

例 10－3　设有如图 10－24a 所示偏心圆环中的自然对流换问题，已经通过求解微分方程将求解区域变成为计算平面上的正方形(图 10－24b)，试对原始变量法列出计算平面上 u，v 及 T 的边界条件。

解：首先列出物理平面上的边界条件。据对称性，有：

在 1－2 上，$u=0$，$\dfrac{\partial v}{\partial x}=0$，$\dfrac{\partial T}{\partial x}=0$

在 2－3－4 上，$u=v=0$，$T=T_h$

在 4－5 上，$u=0$，$\dfrac{\partial v}{\partial x}=0$，$\dfrac{\partial T}{\partial x}=0$

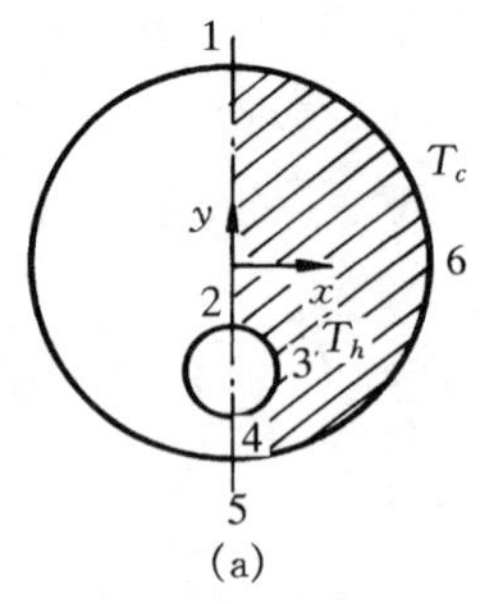

(a)

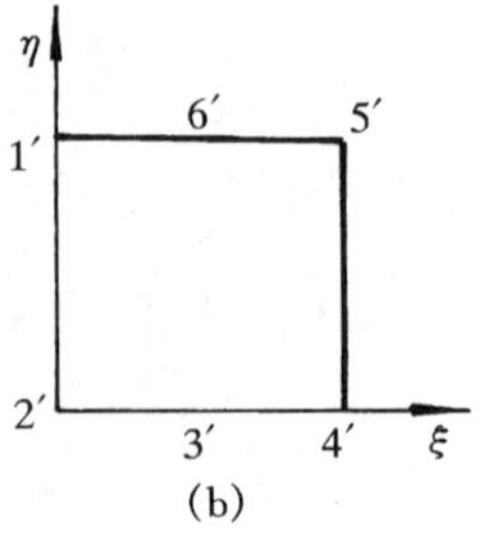

(b)

图 10-24　例题 10-3 的图示

在 5-6-1 上，$u=v=0, T=T_c$

转化到计算平面上后，边界条件为：

在 1′-2′上，$u=0, \alpha v_\xi-\beta v_\eta=0, \alpha T_\xi-\beta T_\eta=0$

在 2′-3′-4′上，$u=v=0, T=T_h$

在 4′-5′上，$u=0, \alpha v_\xi-\beta v_\eta=0, \alpha T_\xi-\beta T_\eta=0$

10.6.3　计算平面上的离散

我们在计算平面的交叉网格上来离散通用控制方程式(10-26)。物理平面与计算平面上相应的控制容积示于图 10-25 中。

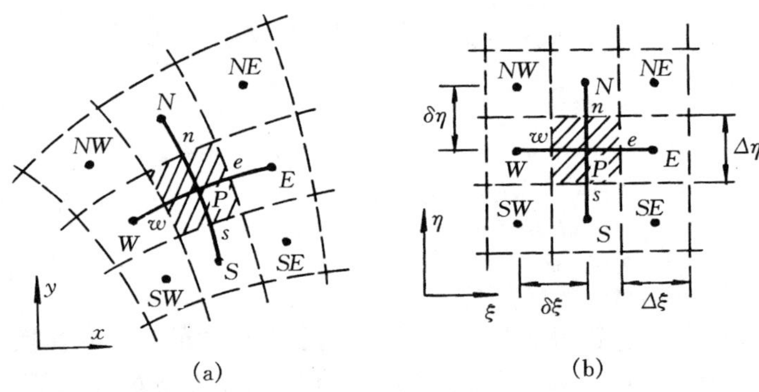

图 10-25　物理平面与计算平面上的交叉网格

将式(10-26)对计算平面上的控制容积 P 作积分，为简便起见令 $\Delta\xi=\Delta\eta=1$，则类似于物理平面中的推导，可得：

$$(\rho U\phi)_e-(\rho U\phi)_w+(\rho V\phi)_n-(\rho V\phi)_s$$

$$= \left[\frac{\Gamma}{J}(\alpha\phi_{\xi} - \beta\phi_{\eta})\right]_{e} - \left[\frac{\Gamma}{J}(\alpha\phi_{\xi} - \beta\phi_{\eta})\right]_{w}$$

$$+ \left[\frac{\Gamma}{J}(-\beta\phi_{\xi} + \gamma\phi_{\eta})\right]_{n} - \left[\frac{\Gamma}{J}(-\beta\phi_{\xi} + \gamma\phi_{\eta})\right]_{s} + SJ \quad (10-32)$$

为了最终导出 ϕ 的离散方程，需要对界面上的函数及其一阶导数规定取值方式，这方面的处理方法与物理平面上的情形一样，不再细述。而最终离散方程可以表示为：

$$A_P\phi_P = A_E\phi_E + A_W\phi_W + A_N\phi_N + A_S\phi_S + B \quad (10-33)$$

其中

$$A_P = A_E + A_W + A_N + A_S \quad (10-34)$$

系数 A_E 等取决于所采用的格式。例如，当界面上的函数及其导数均采用分段线性的型线时，有：

$$A_E = D_e - \frac{1}{2}F_e,\ A_W = D_w + \frac{1}{2}F_w,$$

$$A_N = D_n - \frac{1}{2}F_n,\ A_S = D_s + \frac{1}{2}F_s \quad (10-35)$$

F 与 D 是界面上的流量与扩导，其计算式为：

$$\begin{aligned} &F = (\rho U\Delta\eta)_e,\ F_w = (\rho U\Delta\eta)_w \\ &F_n = (\rho V\Delta\xi)_n,\ F_s = (\rho V\Delta\xi)_s \end{aligned} \quad (10-34a)$$

$$\begin{aligned} &D_e = \left(\frac{\alpha}{J}\Gamma\frac{\Delta\eta}{\delta\xi}\right)_e,\ D_w = \left(\frac{\alpha}{J}\Gamma\frac{\Delta\eta}{\delta\xi}\right)_w \\ &D_n = \left(\frac{\gamma}{J}\Gamma\frac{\Delta\xi}{\delta\eta}\right)_n,\ F_s = \left(\frac{\gamma}{J}\Gamma\frac{\Delta\xi}{\delta\eta}\right)_s \end{aligned} \quad (10-34b)$$

$$B = SJ\Delta\xi\Delta\eta - \left[\left(\frac{\Gamma}{J}\beta\phi_{\eta}\Delta\eta\right)_w^e + \left(\frac{\Gamma}{J}\beta\phi_{\xi}\Delta\xi\right)_s^n\right] \quad (10-35)$$

在式(10－34)，(10－35)中，$\Delta\eta$，$\Delta\xi$ 为界面间的距离，$\delta\eta$，$\delta\xi$ 为节点间的距离。为使表达式更具有一般性起见，把它们均写了出来。实际计算时，常取为 1。此外，这里为简便起见，源项 S 均按 S_c 来处理。对非常数源项同样可以采用式(4－2)所示的线性化方式处理。

式(10－35)中等号后的第二项是由于网格的非正交而引起的。一般地此项之值较小，在迭代计算过程中可取上一轮的变量值，因而把它归入源项中。注意在$(\phi_{\eta})_w^e$ 及$(\phi_{\xi})_s^n$ 的离散表达式中，除了 N,E,W,S 四个邻点的 ϕ 值外，还包含有远邻点上的值($\phi_{NE},\phi_{SE},\phi_{NW},\phi_{SW}$)。为把计算平面上的离散方程写成与物理平面上的离散方程一样的形式，这里把由$(\phi_{\eta})_w^e$，$(\phi_{\xi})_s^n$ 所引入的近邻点的值也归并到 B 中去。

10.6.4 边界条件的离散

从上面的讨论可以看出,边界条件转换后需要进行数值离散的是法向导数项。以例 10-3 中的 1-2 面为例,在计算平面的 1′-2′上有

$$\alpha T_\xi = \beta T_\eta$$

亦即:

$$T_\xi = \left(\frac{\beta}{\alpha}\right) T_\eta$$

这是计算平面上的第 2 类边界条件,可采用附加源项法来处理。其中 T_η 之值可用 1′-2′上节点之值用一阶导数离散形式表示。对位于 1′-2′上的一点 $(1,j)$,可有:

$$T_\eta = \frac{T_{1,j+1} - T_{1,j-1}}{2\Delta\eta}$$

上面所导出的在计算平面上的通用控制方程的离散表达式,在形式上与物理平面上的对应部分相类似,因而在物理平面上发展起来的一些行之有效的求解方法,例如解决速度与压力耦合关系的方法,原则上都可以推广到计算平面上去。只是要根据计算平面中的一些特点作相应的修改,下一节就讨论这一问题。

10.7 计算平面上的 SIMPLE 算法

10.7.1 计算平面上速度求解变量的选择

设物理平面上有一点 P,在该点的速度矢量的为 **V**,一般地说,可以用下列三种分量来表示该速度矢:(1) 采用直角坐标分量 u, v,采用逆变分量 U, V (*contravariant components*)(图 10-26),这里 U 是垂直于过 P 点的等 ξ 线的速度分量,而 V 是垂直于过 P 点的等 η 线的分量;(3) 采用协变分量 $\widetilde{U}$, $\widetilde{V}$ (*covariant components*)。U, V 与 u, v 的关系已如式(10-27a)所示,而协变分量 $\widetilde{U}$, $\widetilde{V}$ 与 u, v 的关系为:

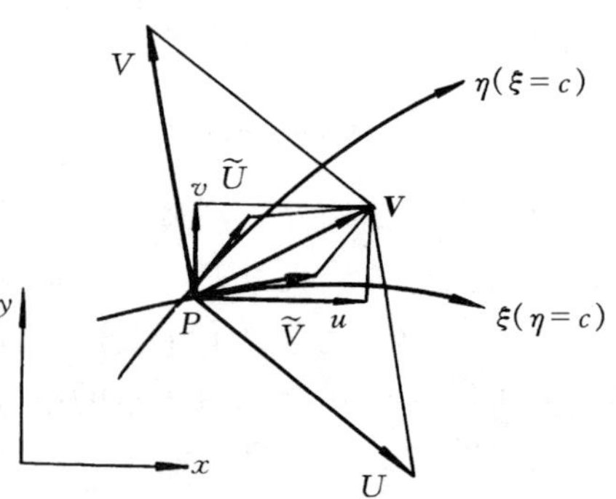

图 10-26 三种速度分量

$$\widetilde{U} = x_\xi u + y_\xi v, \quad \widetilde{V} = x_\eta u + y_\eta v \tag{10-35}$$

当在物理平面的直角坐标上用原始变量法来求解时，采用直角坐标分量作为速度求解变量是很自然的选择，但当在计算平面上来求解时，情况就有所变化，三种速度变量均可作为求解变量，而且都有研究者采用。根据文献[38]的分析，从尽可能满足守恒定律的角度，下列组合是一种合适的选择：以 U，V 作为计算平面上连续性方程的速度分量，而以 u，v 作为计算平面上动量方程的速度分量，这是文献中大多数研究者采用的方法，本书中也取这种选择。

10.7.2　计算平面上的动量方程的离散形式

在上节的通用控制方程中，用 $R(x,y)$ 代表了源项。对速度 u，v，必须把压力梯度 $\frac{\partial p}{\partial x}$，$\frac{\partial p}{\partial y}$ 从源项中分离出来。这两项从物理平面变换到计算平面后，除了产生相应的 p_ξ，p_η 项外，还会引入交叉导数项。例如 $\frac{\partial p}{\partial x}$ 经变换后为：

$$\frac{\partial p}{\partial x} = \frac{1}{J}\left(\frac{\partial p}{\partial \xi}y_\eta - \frac{\partial p}{\partial \eta}y_\xi\right) = \frac{1}{J}(p_\xi y_\eta - p_\eta y_\xi) \qquad (10-36)$$

因而在计算平面上写出 u，v 的离散方程时亦必包含交叉导数的离散形式。

为方便起见，我们采用与介绍物理平面上的 SIMPLE 算法相同的思路来讨论。首先，从物理平面上动量方程的离散形式来推出计算平面上的相应表达式。为此，把物理平面上 $x-y$ 坐标系中的动量方程离散形式(6-5)，(6-6)重新写出如下(以 u_e 方程为例)：

$$a_e u_e = \sum a_{nb}u_{nb} + b + \Delta y(p_P - p_E)$$

此式可改写为：

$$u_e = \sum\left(\frac{a_{nb}}{a_e}\right)u_{nb} + \frac{b}{a_e} - \frac{(\Delta y)(\delta x)}{a_e}\left(\frac{p_E - p_P}{\delta x}\right) \qquad (10-37)$$

其中 $(p_E - p_P)/\delta x$ 是 $\frac{\partial p}{\partial x}$ 的离散形式。

仿照式(10-37)，并考虑到压力的交叉导数项式(10-36)，可以写出计算平面上 u，v 的离散方程形式如下：

$$u_P = \sum_{NEWS} A^u_{nb}u_{nb} + D^u + (B^u p_\xi + C^u p_\eta) \qquad (10-38a)$$

$$v_P = \sum_{NEWS} A^v_{nb}v_{nb} + D^v + (B^v p_\xi + C^v p_\eta) \qquad (10-38b)$$

其中下标 P 表示速度的计算地点，A^u_{nb} 相当于式(10-37)中的 $\frac{a_{nb}}{a_e}$，D^u 相

当于b/a_e，p_ξ，p_η 分别代表了两个方向上的导数。

为书写简便起见，就用 p_ξ，p_η 代表其离散形式。这里要特别指出，如图 10－25 所示，在计算平面上我们也采用交叉网格，按物理平面上速度编号的方法（见图 6－6），对主控制容积 P 其相应的 v 速度是 v_s，其相应的 u 速度为 u_w。但这里为书写的方便与简洁均以 u_P，v_P 表示之，读者应明确的是同是下标 P，u_P 与 v_P 具有不同的几何位置。

式（10－38）中的 B，C 的计算式为：

$$B^u = -\frac{y_\eta}{A_P^u}\Delta\eta\delta\xi = -\frac{y_\eta}{A_P^u} \qquad （计算平面上取 \Delta\xi = \Delta\eta = 1）$$

$$C^u = \frac{y_\xi}{A_P^u},\ B^v = \frac{x_\eta}{A_P^v},\ C^v = \frac{-x_\xi}{A_P^v} \tag{10－39}$$

10.7.3 速度修正值计算式的导出

仿照物理平面上的 SIMPLE 算法，先导出速度修正值的计算公式，再导出压力修正值的计算公式。应注意的是，既然计算平面上选定 U，V 为质量守恒方程中的速度变量，则从满足连续性条件的角度应导出关于 U'，V'的计算式。但因为 U 与 V 通过式（10－27）与 u，v 相关联，而且在计算平面上作为动量方程的求解变量是 u，v，所以我们先导出 u'，v'的表达式，然后再转换到 U'，V'的计算式。

设在迭代过程的某一轮计算中，压力为 p^*，速度为 u^*，v^*。一般地说，与 u^*，v^*相应的 U^*，V^*不满足连续性方程，但 u^*，v^*满足式（10－38），即：

$$u_P^* = \sum A_{nb}^u u_{nb}^* + D^u + (B^u p_\xi^* + C^u p_\eta^*) \tag{10－40a}$$

$$v_P^* = \sum A_{nb}^v v_{nb}^* + D^v + (B^v p_\xi^* + C^v p_\eta^*) \tag{10－40b}$$

为使 u，v 满足在连续性方程，应对 u，v 进行修正。设修正值分别为 u'，v'，相应的压力修正值为 p'。为导出关于 p'的代数方程，我们先看当已知 p'时如何获得 u'，v'。显然，$(u^* + u')$，$(v^* + v')$及$(p^* + p')$也应满足式（10－38）。把这些值代入式（10－38）并减去式（10－40）的相应部分，得：

$$u'_P = \sum A_{nb}^u u'_{nb} + (B^u p'_\xi + C^u p'_\eta) \tag{10－41a}$$

$$v'_P = \sum A_{nb}^v v'_{nb} + (B^v p'_\xi + C^v p'_\eta) \tag{10－41b}$$

与物理平面上的 SIMPLE 算法一样，将以上两式中等号后求和部分略去，就得：

$$u'_P = B^u p'_\xi + C^u p'_\eta \tag{10-42a}$$

$$v'_P = B^v p'_\xi + C^v p'_\eta \tag{10-42b}$$

按式(10-27)，可得在计算平面上 ξ,η 方向的速度分量的修正值 U'，V'：

$$\begin{aligned} U'_P &= y_\eta(B^u p'_\xi + C^u p'_\eta) - x_\eta(B^u p'_\xi + C^u p'_\eta) \\ &= (y_\eta B^u - x_\eta B^u) p'_\xi + (y_\eta C^u - x_\eta C^v) p'_\eta \end{aligned} \tag{10-43}$$

$$V'_P = (x_\xi C^v - y_\xi C^u) p'_\eta + (x_\xi B^v - y_\xi B^u) p'_\xi \tag{10-44}$$

由此两式可见，在 U'_P、V'_P 的修正值计算式中，除了含有同方向上的压力修正值的导数外，还包括交叉方向上的修正值的导数。这就意味着，当利用计算平面上的连续性原理来导出 P 点的压力修正值方程时，所得出的方程中除了含有近邻点上的 4 个压力修正值外，还包括了 4 个远邻点上的压力修正值，所得的压力修正方程将是一个 9 点格式的代数方程。为避免求解九点格式的代数方程，略去交叉方向上的压力修正值导数项，从而得计算平面上的速度修正值方程为：

$$U'_P = (y_\eta B^u - x_\eta B^v) p'_\xi,\ V'_P = (x_\xi C^v - y_\xi C^u) p'_\eta \tag{10-45}$$

10.7.4　压力修正值方程的导出

计算平面上的连续性方程可令式(10-32)中的 $\phi = 1, \Gamma = 0$ 而得出：

$$\frac{\partial(\rho U)}{\partial \xi} + \frac{\partial(\rho V)}{\partial \eta} = 0 \tag{10-46}$$

将它对控制容积 P 作积分得：

$$(\rho U \Delta\eta)_e - (\rho U \Delta\eta)_w + (\rho V \Delta\xi)_n - (\rho V \Delta\xi)_s = 0 \tag{10-47}$$

将 $(U^* + U')$、$(V^* + V')$ 代入上式，并整理成为关于 p' 的方程，可得：

$$A_P p'_P = A_E p'_E + A_W p'_W + A_N p'_N + A_S p'_S + b \tag{10-48}$$

其中

$$A_P = A_E + A_W + A_N + A_S \tag{10-49a}$$

$$\begin{aligned} A_E &= \left(\rho B \frac{\Delta\eta}{\delta\xi}\right)_e,\ A_W = \left(\rho B \frac{\Delta\eta}{\delta\xi}\right)_w \\ A_N &= \left(\rho C \frac{\Delta\xi}{\delta\eta}\right)_n,\ A_S = \left(\rho C \frac{\Delta\xi}{\delta\eta}\right)_s \end{aligned} \tag{10-49b}$$

$$b = (\rho U^* \Delta\eta)_e - (\rho U^* \Delta\eta)_w + (\rho V^* \Delta\xi)_n - (\rho V^* \Delta\xi)_s \tag{10-49c}$$

$$B = B^u y_\eta - B^v x_\eta,\ C = C^v x_\xi - C^u y_\xi \tag{10-49d}$$

关于计算平面上方程(10-48)的边界条件,也可分成两种情形。(1)边界上的压力为已知,这时边界上的 $p'=0$;(2) 边界上的速度为已知,于是边界上速度修正值均为零,根据式(10-45),在边界上与该边界垂直方向上的压力修正的梯度$\left(\frac{\partial p'}{\partial \xi}\text{或}\frac{\partial p'}{\partial \eta}\right)$为零[39,40]。可见,在计算平面上压力修正方程边界条件的处理方法与物理平面上的 SIMPLE 算法是一样的。

获得压力修正值后,可将它直接代入式(10-42)及(10-45),获得 u',v',U'及V',从而得出这一迭代层次上的速度

$$u_P = u_P^* + (B^u p'_\xi + C^u p'_\eta) \tag{10-50a}$$

$$v_P = v_P^* + (B^v p'_\xi + C^v p'_\eta) \tag{10-50b}$$

$$U_P = U_P^* + (B^u y_\eta + B^v x_\eta) p'_\xi \tag{10-50c}$$

$$V_P = V_P^* + (C^v x_\xi + C^u y_\xi) p'_\eta \tag{10-50d}$$

10.7.5 计算平面上 SIMPLE 算法的计算步骤及其讨论

现在把计算平面上的 SIMPLE 算法的计算步骤归纳如下:

1. 在给定的压力场下按式(10-38)计算 u^*,v^* 及相应的 U^*,V^*;

2. 按式(10-48)求解压力修正值 p';

3. 按式(10-50)计算改进后的速度场 u,v,U 及 V;

4. 按改进后的速度更新动量离散方程的系数,并利用改进后的压力场开始下一层次的迭代。

与物理平面上的 SIMPLE 算法一样,当迭代过程收敛时,无论是速度的修正值还是压力修正值都趋近于零,因而在 U'及 V'的表达式中略去压力的交叉导数项并不会影响最后的收敛值。由于这种处理可使压力修正方程保留五点格式的特性(对二维问题),不少作者均采用之。在文献[41]中曾把交叉导数项并入到压力修正方程的源项中,并对一个呈肝脏形区域内的流动作了对比计算,发现这样做并不能改善收敛特性。文献[42]对适体坐标中压力修正值方程中交叉导数项的处理作过较仔细的分析,发现如果网格线倾斜比较严重(交角小于 45°或大于 135°)则略去交叉导数项后或者迭代过程不收敛或者使收敛速度变得很慢,而且可使用的松弛因子范围变得很窄,算法的健壮性变差。如果把压力梯度的交叉导数项都包括在压力修正值方程中,则对二维问题要求解一个九对角

阵的压力修正值方程，对三维问题要求解一个十九对角阵的压力修正值方程，这在目前的计算机条件下是难以采用的。文献[43]中提出了把交叉导数项分成显式与隐式两部分处理的方法，可使二维与三维问题的压力修正值方程的系数矩阵分别下降到五对角阵及七对角阵，并使网格线倾斜严重的情形算法的健壮性有所改善，并且发现松弛因子的关系 $\alpha_p = 1.0 - \alpha_u$ 或 $\alpha_p = 1.1 - \alpha_u$ 仍然适用，可供读者参考。

10.8　计算平面上数值计算结果的处理

在进行传热与流动的数值计算时，可得出关于温度、速度及压力的分布。为了获得诸如阻力系数、热流密度等物理量，需要对数值计算得到的量作求和、求平均等运算。这些运算都应从物理平面上的定义式出发，经过一定的变换，再转化到计算平面上来进行，而不在计算平面直接采用物理平面上的定义方式来计算，这是因为计算平面上的几何要素都是经过变形或扭曲的，不能直接反映物理量之间的真实关系。例如物理空间中的微元体体积是 $dV = J d\xi d\eta d\xi$，而不能用 $J d\xi d\eta d\xi$ 表示微元体积，等 ξ 线上的微元弧长为 $dS^{(\xi)} = \sqrt{\alpha} d\eta$，等 η 线上的微元弧长为 $dS^{(\eta)} = \sqrt{\gamma} d\xi$ 等。下面我们用两个实例来说明。

10.8.1　圆内正六边形的自流对流换热[44]

如图 10－27 所示，二维环形空间的内表面为六边形，内表面温度 T_i 大于外表面温度 T_o，其内充满空气，由于浮升力的作用，空气在环形空间内形成了自然对流。试对 $r_0 = 2W$ 的情形用数值方法确定环形空间的平均 Nu 数与 Ra 数的关系，Nu 数与 Ra 数均以 W 为特征长度。

考虑到对称性，取一半为计算区域（对这一类环形空间内的流动，在一定的 Ra 数或 Gr 数范围内，实验发现流动是不对称的[45]，但这里我们不研究这种情形）。采用下列代数变换将计算区域转换成为矩形（如图 10－27b）所示：

$$\xi = \theta, \quad \eta = \frac{r - a(\theta)}{2W - a(\theta)} \tag{10-51}$$

由此可得 (x, y) 与 (ξ, η) 的关系：

$$\begin{aligned} x &= \{a(\xi) + \eta[r_0 - a(\xi)]\}\cos\left(\frac{\pi}{2} - \xi\right) \\ y &= \{a(\xi) + \eta[r_0 - a(\xi)]\}\sin\left(\frac{\pi}{2} - \xi\right) \end{aligned} \tag{10-52}$$

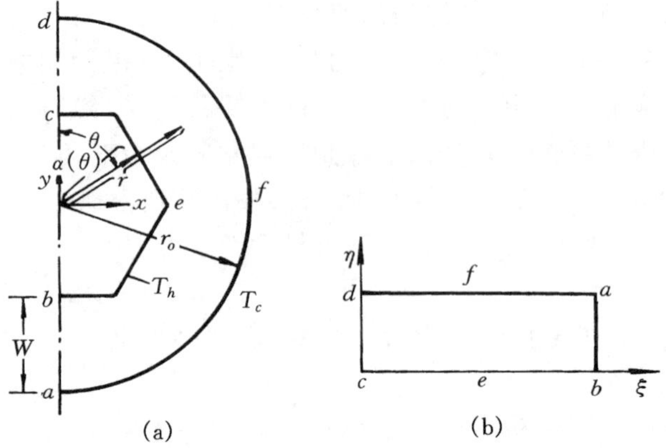

图 10－27　圆内正元边形的自然对流换热

该计算区域边界条件的处理与例题 10－3 相类似，这里不再重复。

下面讨论如何根据计算结果来确定局部 Nu 数及平均 Nu 数。以内边界 $\overline{ceb}$ 为例，根据 Fourier 导热定律及 Newton 冷却公式有：

$$h_i(T_h - T_c)\mathrm{d}A_i = -\lambda \frac{\partial T}{\partial n}\mathrm{d}A_i$$

其中 $\mathrm{d}A_i$ 为内壁面上的微元表面积，$\frac{\partial T}{\partial n}$ 为法向导数。定义局部 Nu 数为：

$$Nu_i = \frac{h_i W}{\lambda} = -\frac{1}{\lambda}\left(\frac{\lambda}{T_h - T_c}\frac{\partial T}{\partial n}\right)W = -\frac{\partial\left(\frac{T - T_c}{T_h - T_c}\right)}{\partial\left(\frac{n}{W}\right)}$$

$$= -\frac{\partial \widetilde{T}}{\partial \widetilde{n}} = -\frac{\sqrt{\gamma}\partial \widetilde{T}}{J\partial \eta} \qquad (10-53)$$

其中 $\widetilde{T}$ 及 $\widetilde{n}$ 为无量纲量。上式给出了利用计算平面上的一阶导数 $\frac{\partial \widetilde{T}}{\partial \eta}$ 计算局部 Nu 数的方式。

在内表面上的平均 Nu 数为：

$$Nu_{i,m} = \frac{\int_{A_i} Nu_i dA_i}{A_i} = \frac{\sum Nu_i \Delta\xi \sqrt{\gamma}}{A_i} = \frac{\sum\left[\frac{\gamma}{J}\left(-\frac{\partial \widetilde{T}}{\partial \eta}\right)_{\eta=0}\right]}{A_i} \qquad (10-53)$$

类似地可写出外表面的局部 Nu 及平均 Nu 数的表示式。值得指出，在本例中确定表面传热系数的温差 $(T_h - T_c)$ 为常数，因而可以通过对 Nu_i

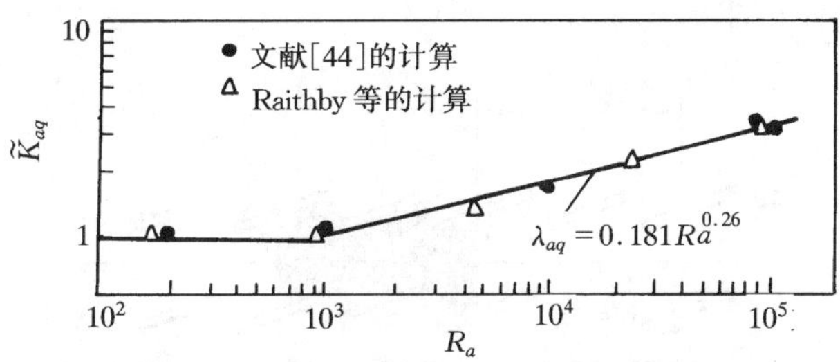

图 10－28　计算结果与实验关联式的对比

作积分而得出平均值$Nu_{i,m}$，如果这一温差不是常数，平均 Nu 数需按总面积的 Newton 冷却公式确定，而不能采用简单的求积分平均值的方式。

图 10－28 中画出了数值计算结果与实验关联式的对比，图中纵坐标为相对当量导热系数的平均值(见 8.4 节)，横坐标为 Ra 数$(=g\beta(T_h-T_c)W^3Pr/\nu^2)$。由图可见，在所计算的范围内数值计算结果与实验关联式符合甚好(最大偏差 5.1％)。实验与计算都表明，在 $Ra\leqslant10^3$ 时，导热机理起主导作用，所以 $\lambda_{eq}=1$。图 10－29 中示出了 $Ra=9.2\times10^4$ 时的流函数(图左半)及等温线(图右半)。由图可见，对所计算的工况，存在两个独立的涡，即顶部及侧面各一个涡。在侧面的环形区域内已经出现了等温线的反转。

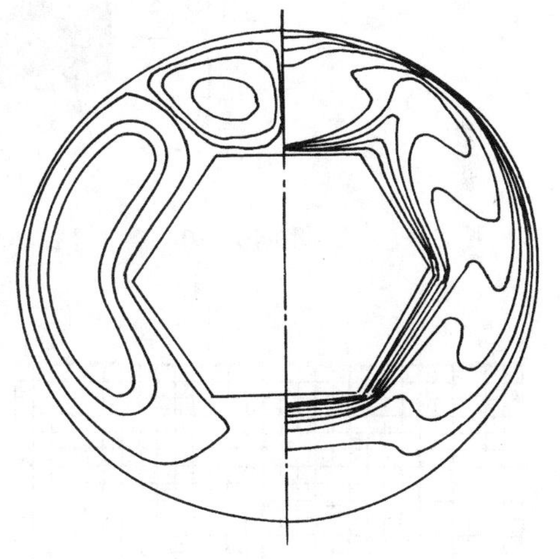

图 10－29　流函数与等温线($Ra=9.2\times10^4$)

10.8.2　空气外掠非均长板簇的对流换热[46]

对图 10－30(a)所示的空气外掠非均长倾斜板簇($T_W=C$)的对流换热进行数值模拟，当流动与换热进入周期性充分发展阶段以后，为研究充分发展中的换热规律，只要取出一个周期作为计算区域即可，图 10－30(b)中示出了这样的一个周期结构。其对应的计算平面上的结构如图 10－31所示，其中粗实线为板簇的表面，采用多面法生成网格，一个典型的网格划分示于图 10－32 中。

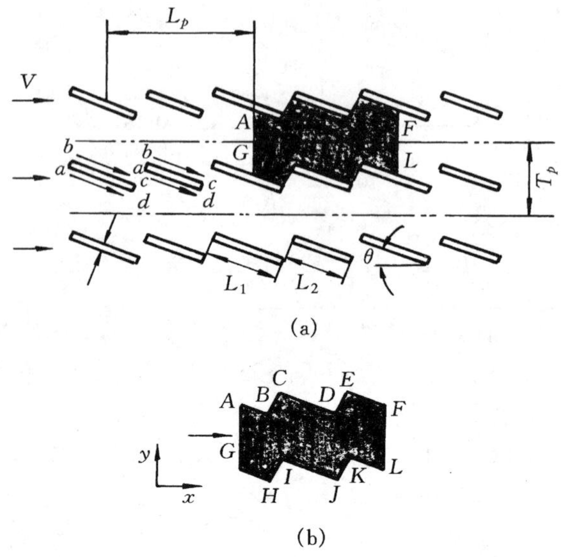

(a)

(b)

图 10－30　空气外掠非均长板簇的换热

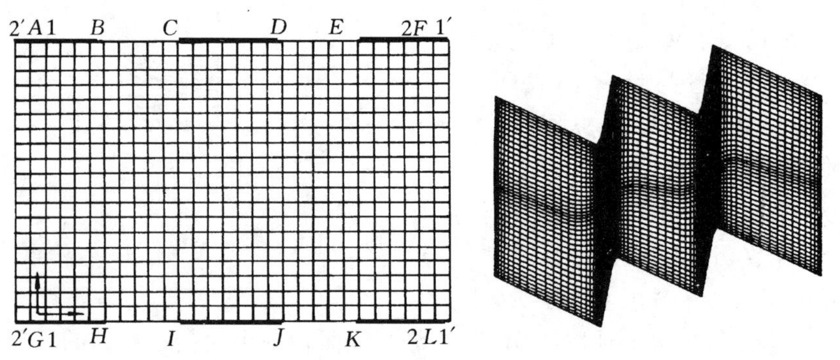

图 10－31　计算平面上的求解区域　　图 10－32　物理平面上的网格分布

由于在垂直于主流方向板簇伸展很宽，因而可以认为呈周期性边界条件。以流速 u 为例，计算区域中不同的流体边界上的边界条件为：

$$u(x,y)\Big|_{AG} = u(x,y)\Big|_{FL}$$

$$u(x,y)\Big|_{BC} = u(x,y)\Big|_{HI}$$

$$u(x,y)\Big|_{DE} = u(x,y)\Big|_{JK}$$

流速 v 的边界条件可类似地写出。至于温度情况要稍为复杂一些，将在下一章中讨论。

下面讨论如何根据数值计算所得的温度场计算流体截面平均温度、热流密度及板簇的表面平均传热系数。

1. 截面平均温度　以 FL 截面为例，按定义[47]：

$$T_b = \frac{\int_{y_L}^{y_F} T(x,y)u(x,y)\mathrm{d}y}{\int u(x,y)\mathrm{d}y} = \frac{\int_{\eta_1}^{\eta_{M1}} T(\xi,\eta)u(\xi,\eta)\sqrt{\alpha}\mathrm{d}\eta}{\int_{\eta_1}^{\eta_{M1}} u(\xi,\eta)\sqrt{\alpha}\mathrm{d}\eta} \tag{10-54}$$

其中 $M1$ 为 η 方向最后一个节点的编号。

2. 热流密度　在 η_1 及 η_{M1} 上热流密度的计算式为：

$$\begin{aligned} q_{n1} &= -\lambda \frac{\gamma T_\eta - \beta T_\xi}{J\sqrt{\gamma}}\Big|_{\eta=\eta_1} \\ q_{n2} &= -\lambda \frac{\gamma T_\eta - \beta T_\xi}{J\sqrt{\gamma}}\Big|_{\eta=\eta_{M1}} \end{aligned} \tag{10-55}$$

一个周期的平均热流密度为：

$$q_m = \frac{\int_{\xi_A}^{\xi_B} q_{n2}\sqrt{\gamma}\mathrm{d}\xi + \int_{\xi_C}^{\xi_D} q_{n2}\sqrt{\gamma}\mathrm{d}\xi + \int_{\xi_E}^{\xi_F} q_{n2}\sqrt{\gamma}\mathrm{d}\xi + \int_{\xi_G}^{\xi_H} q_{n1}\sqrt{\gamma}\mathrm{d}\xi + \int_{\xi_I}^{\xi_J} q_{n1}\sqrt{\gamma}\mathrm{d}\xi + \int_{\xi_K}^{\xi_L} q_{n1}\sqrt{\gamma}\mathrm{d}\xi}{\int_{\xi_A}^{\xi_B}\sqrt{\gamma}\mathrm{d}\xi + \int_{\xi_C}^{\xi_D}\sqrt{\gamma}\mathrm{d}\xi + \int_{\xi_E}^{\xi_F}\sqrt{\gamma}\mathrm{d}\xi + \int_{\xi_G}^{\xi_H}\sqrt{\gamma}\mathrm{d}\xi + \int_{\xi_I}^{\xi_J}\sqrt{\gamma}\mathrm{d}\xi + \int_{\xi_K}^{\xi_L}\sqrt{\gamma}\mathrm{d}\xi} \tag{10-56}$$

3. 平板表面传热系数

$$h_m = \frac{q_m}{\dfrac{T_b(\xi_{FL}) - T_b(\xi_{AG})}{\ln\left[\dfrac{T_W - T_b(\xi_{AG})}{T_W - T_b(\xi_{FL})}\right]}} \tag{10-57}$$

这里以板簇进出口平板与流体的对数平均温差作为计算平均表面传热系数的温差[45]。

图 10－33 中画出了 $L_1/L_2 = 2.5$，$T_p/L_p = 0.571$，$\theta = 25°$ 时计算结果与实验测定值的对比。由图可见两者间的符合良好。实验测定时由于小流速测定的困难，无法获得 $Re = u_m L_2/\nu$（u_m 为截面平均流速）时的数据，这一不足已由数值计算予以弥补。在图 10－34 中给出了 $Re = 1\ 000$

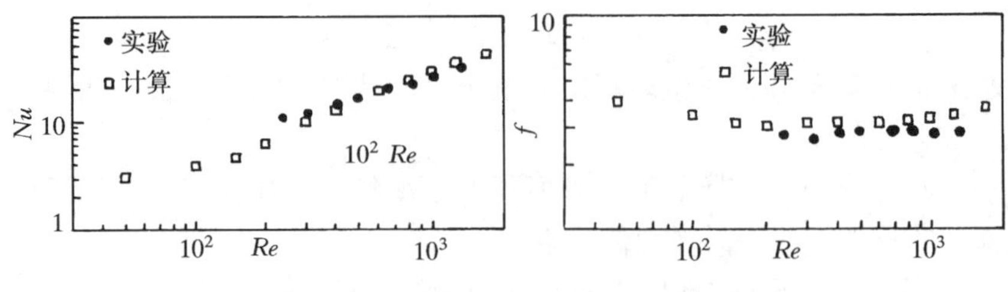

图 10－33　数值计算与实验结果的对比

时的速度场，注意图中长板被分割为前后两段，分析流动结构时应当把前后两段接起来考虑。由图可见在长板的背风面形成了两个旋涡，而在长度的迎风面及短板的迎风、背风面则都只形成一个旋涡。由于倾斜布置，在流体中造成了多次流动分离，增加流体各部分的混合程度。

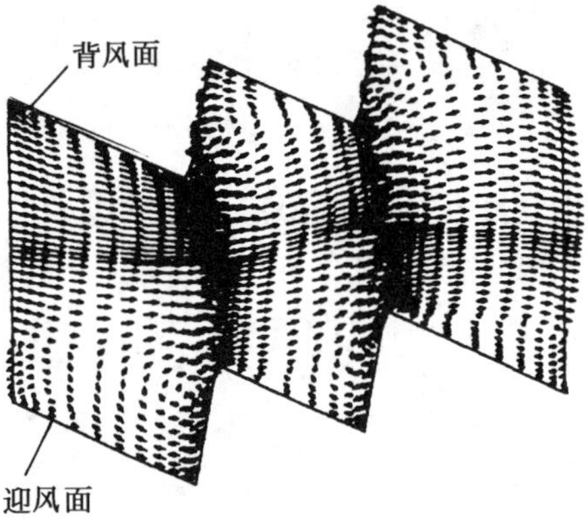

背风面

迎风面

图 10－34　流体的速度场
（$Re=1000$，$L_1/L_2=2.5$）

10.9　块结构化网格简介

本章上面所介绍的使用适体坐标求解不规则几何区域中的流动与换热问题的方法，可以用来求解一大批不规则区域中的流场、温度场，因此 TTM 方法的提出为有限容法、有限差分法处理不规则区域问题提供了一条崭新的道路，大大地促进了这些数值求解方法的发展。但由于实际工程技术问题的复杂性，仍然有不少不规则区域中的问题难以用适体坐标方法进行求解。本节中简要地介绍处理不规则计算区域的另一个有效的方法——块结构化网格，将从块结构化网格的基本思想、两种基本类型及生成块结构化网格中的关键问题，代数方程求解方法等方面予以说明，最后给出一个应用的例子。

10.9.1　块结构化网格的基本思想

块结构化网格（*block-structured grid*）又称组合网格（*composite grid*）

是求解不规则区域中的流动与传热问题的一种重要网格划分方法。从数值方法的角度，又称区域分解法（*domain decomposition method*）。采用这种方法时，根据问题的条件把整个求解区域划分成若干个小的区域（块），每一块中都用常见的结构化网格来离散，并且每一块中都可以采用适体坐标方法生成网格，一般地各块中的离散方程也各自分别求解，块与块之间的耦合通过交界区域中信息的传递来实现。于是，这种网格生成方法的关键问题就变为如何在块与块的交界区域上来实现计算信息的有效传递，这也是本节要讨论的主要内容。

采用块结构化网格的优点是：(1) 可以大大减轻网格生成的难度，因为在每一块中都可以方便地生成结构化网格；(2) 可以在不同块内采用不同的网格疏密度，从而可有效地照顾到不同地区需要不同空间尺度的情形，块与块之间不要求网格线完全贯穿，便于网格的局部加密；(3) 便于采用并行算法来求解代数方程组。

10.9.2　块结构化网构的两种基本形式[48]

块结构化网格可大别为拼片式网格（*patched grids*）与搭接式网格（*overlapping grids*），前者在块与块的交界处无重叠区域，通过一个界面相接，如图 10－35(a)所示（为方便起见以规则的矩形成为例），而后者则有部分区域重叠，如图 10－35(b)所示的网格。搭接式网格又称杂交网格（*chimera grids*）。

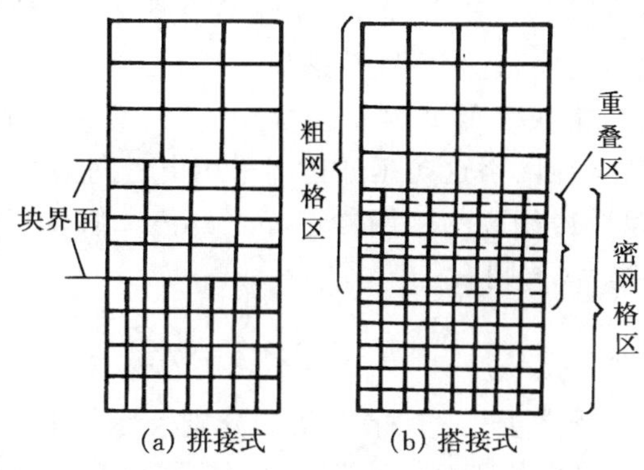

图 10－35　块结构化网格的两种类型

在块与块的交界处网格信息传递的常用方法有 D－D 型（D－Dirichlet，即第一类边界条件传递）及 D－N 型（N—Neumann）两种。在 D－N

传递中一个块在交界处给出第一类边界条件而另一块则在交界处给出第二类边界条件。下面我们对拼片式与搭接式网格来说明 D－N 型及 D－D 的传递方法。

10.9.3 D－N 型信息传递方法

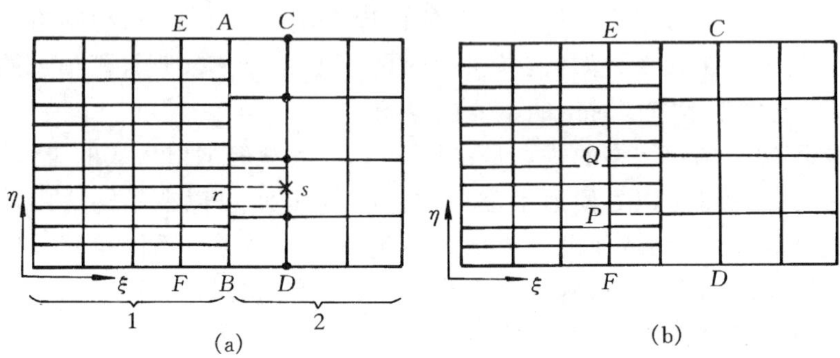

图 10－36 界面上信息的 $D-N$ 传递

为说明方便，以如图 10－36 所示两块的公共边界 AB 上信息传递方法为例来说明，为了求解块 1(密网格块)中的离散方程，需要有一个东侧邻点之值。为此将块 1 的 ξ 方向的网格线延伸一格，与疏网格区的 CD 相交于 S 点。S 上的 ϕ_1 之值可以块 2 中 CD 线上相关位置的 ϕ_2 插值而得(这里下标 1,2 表示块的编号)。一般可取线性插值直到三阶插值，以获得所需的变量值(u,v,T,p'等)。对于变化剧烈的变量，高阶插值反而会导致不合理的结果，宜采用线性插值。

类似地将粗网格块 2 的 ξ 网格线延伸一格，交块 1 中的网格线 EF 于 Q，P 两点。对于粗网格这条延伸边界采用由密网格的密度(如热流密度)式通量插值以获得相应的粗网格边界上的值。假设粗网格延伸边界 PQ 上的热流密度为 q_c，则有：

$$q_c = \frac{1}{\Delta\eta_c}\int_P^Q q_f \mathrm{d}\eta_f = \sum q_{f,j}\Delta\eta_{f,j}N_j/\Delta\eta_c \qquad (10-58)$$

其中 $\Delta\eta$ 为 η 方向网格步长，下标 c 及 f 分别表示“粗”(*coarse*)与“密”(*fine*)，N_f 为密网格中位于 $P-Q$ 范围内的控制容积界面面积进入 $P-Q$ 的百分数(图 10－36(b)所示情形中有两个密网格的界面完全进入，另外两个部分进入)。这样决定的 q_c 就作为粗网格的第二类边界条件。为保界面上的守恒性，对密格在 CD 线上得到的值还应根据下列界面上的守恒条进行调整：

$$\int_C^D q_f \mathrm{d}\eta_f = \int_C^D q_c \mathrm{d}\eta_c \tag{10-59}$$

式中 q_f 是根据在 CD 上插值而得的 ϕ_1 计算的密网格侧的热流密度值，如果上述条件不成立，就可对这些插值得出的 ϕ_1 值作总体修正，使式(10-59)得以满足。

文献[49]中采用上述方法计算了如图10-37所示分叉扩散器中的流动。

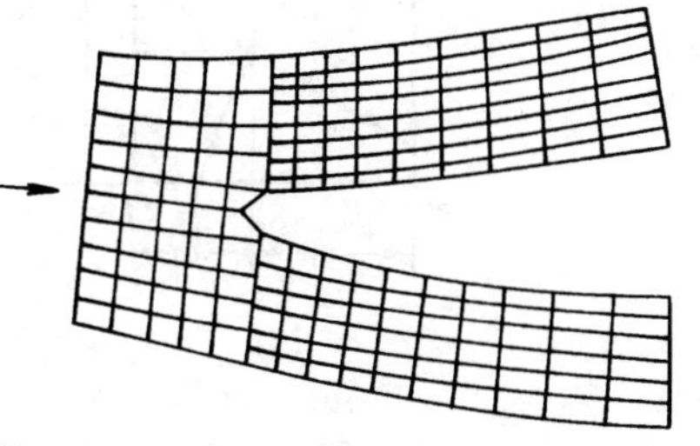

图10-37　分叉扩散器的块结构化网格

10.9.4　D-D型信息传递方法

为了计算图10-1(d)这种情形的流动与换热，可以采用图10-38所示的这种组合网格。这里两个圆柱面附近区域采用极坐标，其余部分则采用直角坐标。这两种网格是独立地设置的，并不考虑相互间要正好联接起来，但彼此间要有重叠的区域。设极坐标区Ⅰ的外边界为曲线 aa，Ⅱ的外界为圆弧 bb，而直角坐标网格区Ⅲ的外边界为 cc。

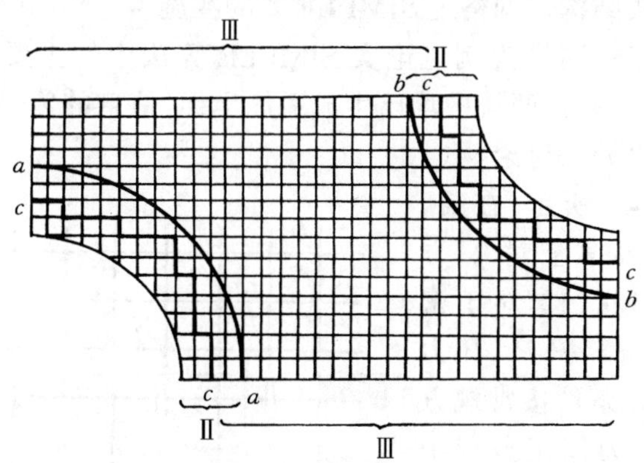

图10-38　搭接式网格

在图10-39中画出了重叠区内两种坐标系节点插值情形。在重叠区内，一种网格系统边界节点之值，可利用与之相邻的另一网格系中的四个节点之值按线性插值原则得出。例如对图10-39(a)中的 P 点，有：

$$\phi_P = [(\phi_{NE}x_1 + \phi_{NW}x_2)y_2 + \phi_{SE}x_1 + \phi_{SW}x_2)y_1]/[(x_1 + x_2)(y_1 + y_2)] \tag{10-60a}$$

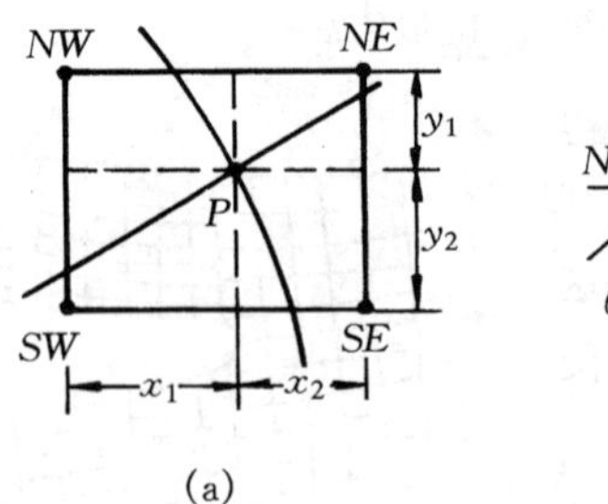

(a)

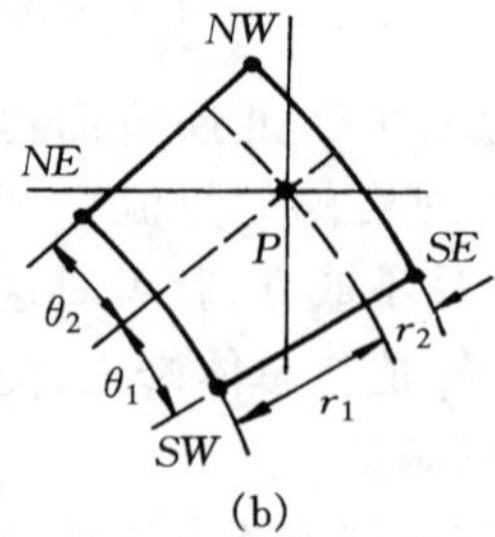

(b)

图 10－39　搭接式网格重叠区内的插值

而对图 10－39(b)中的 P 点，则有：

$$\phi_P = [(\phi_{NE}r_1 + \phi_{NW}r_2)\theta_1 + \phi_{SE}r_1 + \phi_{SW}r_2)\theta_2]/[(\theta_1 + \theta_2)(r_1 + r_2)] \tag{10-60b}$$

在文献[50]中应用这种组合网格及涡量—流函数法完成了外掠叉排管束充分发展换热区域的换热计算。搭接式网格的更多应用例子可参见文献[51～54]。

10.9.5　块结构化网格上 SIMPLE 算的实施

下面以拼接式网格为例讨论实 SIMPLE 算法中的主要问题。仍以两块问题来讨论，并设两块中均已生成适体坐标，信息的传递对相应计算平面上的块交界处来讨论。

如图 10－40 所示，在疏、密两块的网格界面上对 p' 方程可作以下处理：(1) 对于密网格的界面控制容积 P_f，压力修正方程的边界条件按常规方法处理，即令压力修正方程中的系数 $A_s=0$，同时界面上的流量 ρV^* (图中用箭头 ↑ 表示)则从相邻的粗网格区的北界面流速(图中用箭头 ⇑ 表示)插值而得。为保证在界面上总体质量守恒满足，这样获得的界面流速应作总体质量守恒的

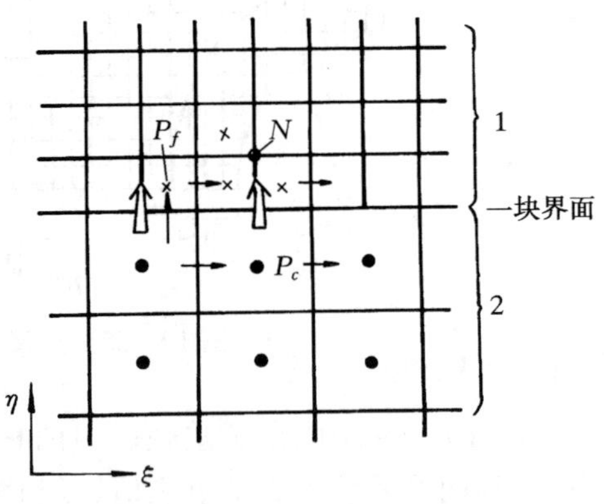

图 10－40　块边界上压力修正值方程的处理

修正;(2) 对于粗网格界面控制容积 P_c,则在密网格中取一虚拟点 N,该处的 p' 值可由密网格中的邻点(图中用符号×表示)上的 p' 值插值而得,并以此值作为粗网格北界面压力修正方程的第一类边界条件。对控制容积 P_c,其压力修正方程的北界面系数 A_N 可按 10－7 节导出如下。

将式(10－49d)代入式(10－49b)的 A_N 计算式有:

$$A_N = \rho\left(\frac{\Delta\xi}{\delta\eta}\right)_n (C^v x_\xi - C^v y_\xi)$$

再将式(10－39)代入上式得:

$$A_N = \rho\left(\frac{\Delta\xi}{\delta\eta}\right)_n \left[(-\frac{x_\xi}{A_p^v})x_\xi - \frac{y_\xi}{A_p^u}\cdot y_\xi\right] = -\rho\left(\frac{\Delta\xi}{\Delta\eta}\right)_n \left(\frac{x_\xi^2}{A_p^v} + \frac{y_\xi^2}{A_p^u}\right) \tag{10-61}$$

式中 A_p^v,A_p^u 是图中 P_c 控制容界北界面速度位置上的动量离散方程系数。显然 A_p^v 可由该处速度的离散方程而得,但 A_p^u 则需从四个速度(图中箭头→所示的速度)的动量离散方程的系数插值而得,x_ξ,y_ξ 则可据块界面上粗网格的网格分布特性而得。

关于离散所得的 u,v,p' 等代数方程组的求解,原则上有以块为主及以控制方程为主两种方法。以块为主时,在一块内实施 SIMPLE 算法,依次求解 u,v,p',并修正 u,v 及 U,V。获得一个层次的解后转向另一块。各个块均前进一个层次后再回到第一块,开始下一层次的迭代。以方程为主时,先对各个块依次求解同一个变量(u,v)的方程及压力修正值方程,然后对全场各块修正 u,v 及 U,V,再进入下一层次迭代。已有的算例表明这一方法容易获得收敛的解[55]。

图 10－40 所示的网格中,粗网格的宽度正好是密网格宽度的整数倍,这只是一种简单的情形,更一般的情况两种宽度之比不是整数倍,其

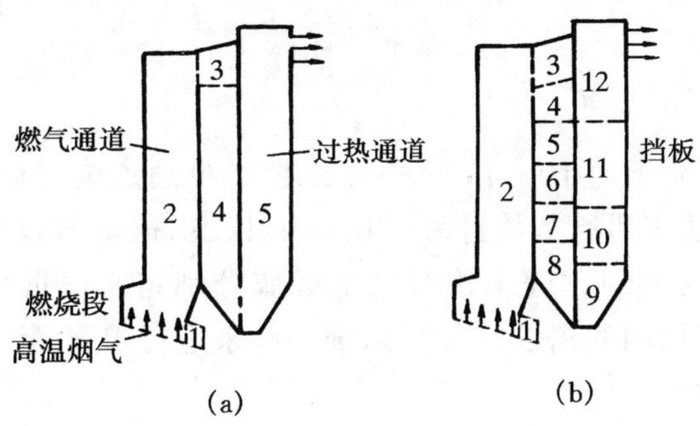

图 10－41　垃圾燃烧炉截面图

时插值情形更为复杂;同时块界面上的信息存储的数据结构对于有效地实施块结构化网格十分重要;另外,在搭接式网格中如何满足界面处的守恒性等都是重要的研究内容。限于篇幅,这里仅可作初步的介绍,对块结构化网格有兴趣的读者可参见文献[13,48,56,57]的有关部分内容。

最后,给出一个块结构化网格的应用例子。文献[55]对图 10-41(a)所示的垃圾燃烧炉的二维模型用块结构化网格进行了流场计算。该炉子由燃烧段、过渡段及过热段所组成,按炉子的原设计,将计算区域分成 5 块(如图 10-41(a)中数字 1,2…,5 所示)。计算结果发现在过渡段及过热段的后墙上有严重的气流冲刷(图 10-42(a)),这容易使布置在后墙上的受热面腐蚀。据此对过渡段及过热段作了改进,共置入八块瓷质档板,每块阻挡面积约占通道面积的 1/4,整值计算分成 12 个块(图 10-41(b)),采用分块离散、分块求解方法。计算结果表明,气流冲刷后墙的情形已完全消失(图 10-42(b))。

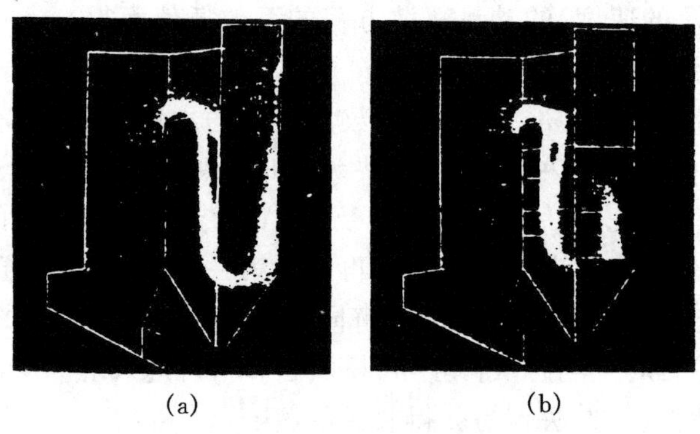

(a) (b)

图 10-42 垃圾炉中的流场计算结果

习 题

10-1 设对于图 10-43 所示的二维 U 型通道内层流混合对流,采用坐标组合方法来进行数值计算。试利用 Boussinesq 假设列出三个区域内原始变量法的控制方程。并对三个区域分别定义一批合适的无量纲量,以使三个区域内的离散方程可以统一起来进行求解,特别注意三个区域内有效压力的定义。

10-2 在图 10-44 所示的二维波浪型通道中,一个周期内的流动区域可以分解为五个区域,其中Ⅰ,Ⅲ,Ⅴ可以用极坐标方程描写,而Ⅱ,

Ⅳ区域则采用直角坐标。但应注意区域Ⅲ与区域Ⅰ,Ⅴ的圆心分别位于通道的两侧。试构思一种程序设计的方式,它可以让计算机识别区域Ⅰ与区域Ⅲ的不同,从而可以应用坐标组合方法来进行求解,参阅文献[58]。

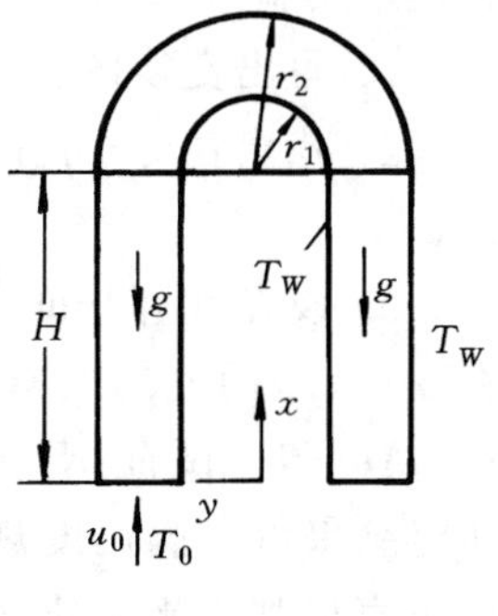

图 10－43　习题 10－1 图示

10－3　试把直角坐标中的流函数方程转换到计算平面上。

10－4　对图 10－45 所示的扇形区域内的稳态导热问题,试引入一变换,把扇形区变换为计算平面上的矩形,且把控制方程由物理平面变换到计算平面上,内热源是坐标的函数。物理平面上采用直角坐标系。

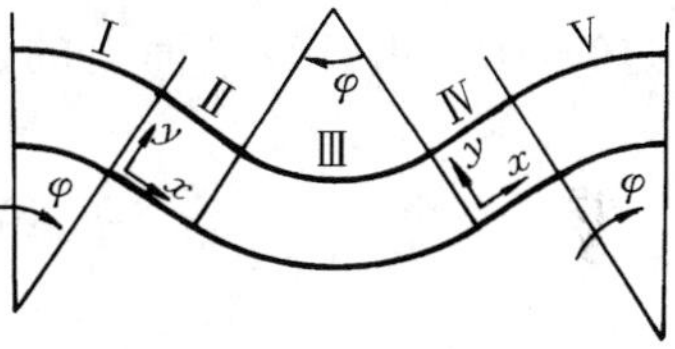

图 10－44　习题 10－2 图示

10－5　对于同心圆环内的对流换热问题,极坐标是适合该类形状的适体坐标。从这一观点出发,利用式(10－26),导出 $\theta-r$ 坐标(即 $\xi-\eta$ 坐标)系中的对流-扩散方程。

10－6　试证对于偏心圆环内充分发展层流流动在 $x-y$ 坐标系中的动量方程

$$\frac{\partial^2 u}{\partial x^2}+\frac{\partial^2 u}{\partial y^2}=\frac{1}{\eta}\frac{\mathrm{d}p}{\mathrm{d}z}$$

在采用双极坐标系后可以转化成为:

$$\frac{\partial^2 V}{\partial \xi^2}+\frac{\partial^2 V}{\partial \eta^2}=\frac{-1}{(\cosh\eta-\cos\xi)^2}$$

其中 u 为主流方向(即 z 方向)流速,$V=-u\Big/\left(\frac{a^2}{\eta}\frac{\mathrm{d}p}{\mathrm{d}z}\right)$。双极坐标系的 ξ,η 与 x,y 的关系为:

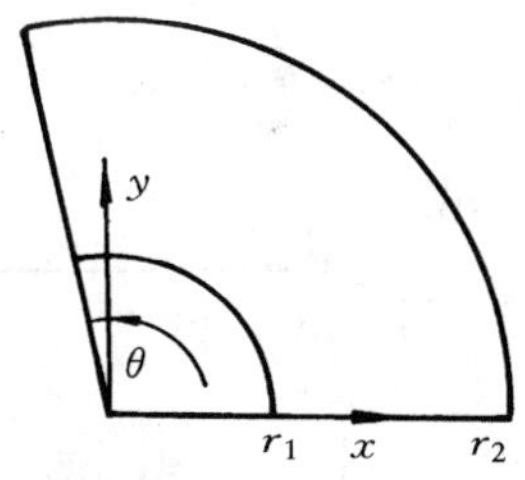

图 10－45　习题 10－4 图示

$$x=\frac{\alpha\sinh\eta}{\cosh\eta-\cos\xi},\quad y=\frac{\alpha\sinh\xi}{\cosh\eta-\cos\xi}$$

10－7　试导出$\frac{\partial\phi}{\partial n^{(\eta)}}$的转换表达式。

10－8　有一 $x-y$ 平面上的圆环($\theta=0\sim360^\circ,\Delta r=r_1\sim r_2$),要把它变换到 $\xi-\eta$ 平面上的正方形。取 $\xi=1\sim2,\eta=1\sim2$。欲采用 Laplace

方程来实施这一变换。试:

1. 写出变换的控制方程及边界条件;

2. 找出在 $\xi-\eta$ 平面上变换的分析形式,即 x,y 用 ξ,η 表示的关系式;

3. 设在计算平面上正方形在 ξ,η 方向上各自四等分,试定性地画出在 $x-y$ 平面上的网格线。

10-9 试证:若 $y_{\xi\eta}$ 及 $y_{\eta\xi}$ 是直接由坐标值的有限差分来计算的,则所得结果可以满足度规恒等式(10-10),如果在确定 $y_{\xi\eta}$(或 $y_{\eta\xi}$)的过程中不直接利用坐标值而是由同类值插值而得,例如取:

$$(y_\eta)_{i+1,j+\frac{1}{2}} = \frac{1}{2}[(y_\eta)_{i+1,j} + (y_\eta)_{i+1,j+1}]$$

则所得的关于 $y_{\xi\eta}, y_{\eta\xi}$ 之值不能使式(10-10)得到满足。

10-10 由计算平面上的连续性方程(10-46),当 $u=v=\text{cost}$ 时,得:

$$(y_\eta - x_\eta)_\xi + (x_\xi - y_\xi)_\eta = 0$$

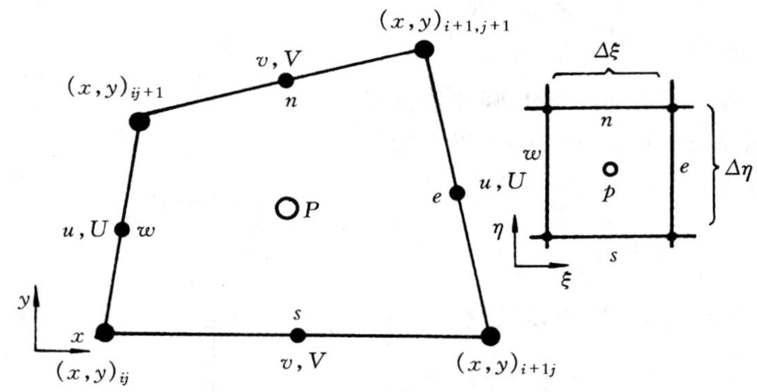

图 10-46 习题 10-10 图示

对物理平面上任意一控制容积 P(图 10-46),上式可离散成为:

$$(y_\eta - x_\eta)_e - (y_\eta - x_\eta)_w + (-y_\xi + x_\xi)_n - (-y_\xi + x_\xi)_s = 0 \quad \text{(a)}$$

试证,如果上式中的 $x_\xi, x_\eta, y_\xi, y_\eta$ 采用协调一致的有限差分方式来表示,则可保证(a)式成立。

10-11 为了解源函数 P,Q 在控制网格分布中的作用,可用一维问题作定性分析。设有:

$$\begin{aligned} &x_{\xi\xi} = P \\ &x = 0, \xi = 0;\ x = 2, \xi = 1 \end{aligned} \quad \text{(b)}$$

试在 P 为常数情形下求解上述微分方程，并分别对 $P=4$ 及 -4 两种情形画出 $\xi-x$ 图(以均分 ξ 为横坐标，对应的 x 为纵坐标)，指出这样所生成的 x 坐标轴上节点分布的特点。

10-12　设

$$\begin{aligned} x_{\xi\xi} &= P\left(\frac{1}{2}-\xi\right) \\ x &= 0,\xi = 0;\ x = 2,\xi = 1 \end{aligned} \tag{c}$$

求解上述微分方程，并对 $P=12$ 情形画出 $\xi-x$ 图，指出在 x 轴上节点分布的特点。

10-13　试在图 10-1c 所示锯齿形截面的二维空腔中，齿状表面维持为均匀温度 T_h，上表面维持在均匀温度 $T_c(T_h>T_c)$今欲用数值方形计算其中的自然对流换热，试：

1. 确定计算区域并写出涡量-流函数控制方程；

2. 试采用区域规范化的方法把物理平面上的求解区域变换成计算平区上的正方形；

3. 写出计算平面上的边界条件。

设集热器顶面与水平面平行，齿顶角为 β。

10-14　在 10-13 题所采用的变换中，采用 Thomas-Middlecoff 方法，确定在 $\eta=1$ 这一条边界上的控制函数 P。

参考文献

1. Chai J C, Lee H S, Patankar S V. Treatment of irregular geometries using a Cartesian coordinates finite-volume radiation heat transfer procedure. Numer Heat Transfer, Part B. 1994. 26:1798-197
2. Quirk J J. An alternative to unstructured grids for computing gas dynamic flows around arbitrary complex two-dimensional bodies. Comput Fluids, 1994. 23(1): 125-142
3. Nagano A, Satofuka N, Shimomura N. A Cartesian grid approach to compressible viscous flow computations. In: Computational fluid dynamics'96, New York: John Wiley & Sons Ltd, 1996. 540-546
4. Wang Z J. A quadtree based adaptive Cartesian grid flow solver for Navier-Stokes equations. Comput Fluids. 1998. 27(4):529-549
5. 刘继平,聂建虎,严峻杰,陶文铨.复杂区域流动换热问题的一种新的网格处理方法.西安交通大学学报. 1999. 33 (5):34-37
6. Prata A T, Sparrow E M. Heat transfer and fluid flow characteristics for an annulus of periodically varying cross section. Numer Heat Transfer,. 1984. 7:285-304
7. Kang H J, Tao W Q. Numerical solution for transient heat conduction in a narrow and long axisymmetric domain by combination of FDM and BEM. In: Wrobel L C, Brebbia C A, Nowak A J. eds. Advanced computational methods in heat transfer. Southampton: Computational Mechanics Publications, 1990. 1:95-106
8. 阿费肯 G. 矢量、张量与矩阵.曹高田译.北京:计量出版社,1986. 94-153
9. Prusa J, Yao L S. Natural convection heat transfer between eccentric horizontal cylinders. ASME J Heat Transfer, 1983. 105:109-116
10. Veluusamy K, Garg V K. Entrance flow in eccentric annular ducts. Int J Numer Methods Fluids, 1994. 19:493-512
11. Rapley C W. Flow and heat transfer in non-circular passages. In: Coldwell J, Moscadini A O. eds. Numerical modeling in diffusion convection. London: Pentech Press, 1982. 78-126

12. Dong Z F, Ebadian M A. A numerical analysis of thermally developing flow in elliptic ducts with internal fins. Int J Heat Fluid Flow, 1991. 12(2):166-172
13. 陶文铨著.计算传热学的近代进展.北京:科学出版社,2000. 64-79
14. Thompson J F. General curvilinear coordinate system. Appl Math Comput, 1982. 10-11:1-30
15. Thompson JF, Warsi Z U A, Mastin C W. Numerical grid generation, foundation and applications. New York: North-Holland, 1985. 4,26, 95-140, 163,206, 206
16. Davis R T. Numerical methods for coordinate generation based on mapping techniques. In: Essers J A. ed. Computational methods for turbulent, transonic and viscous flows. Washington D C: Hemisphere, 1983. 1-43
17. Faghri M, Sparrow E M, Prata A T. Finite difference solutions of convection-diffusion problems in irregular domain, using a non-orthogonal coordinate transformation. Numer Heat Transfer, 1984. 7:183-209
18. Asako Y, Faghri M. Heat transfer and fluid flow analysis for an array of interrupted plates, positioned obliquely to the flow direction. In: Proceedings of the Eighth International Heat Transfer Conference, 1986. 2:421-427
19. Faghri M, Asako Y. Numerical determination of heat transfer and pressure drop characteristics for a converging-diverging flow channel. ASME J Heat Transfer, 1987. 109:599-605
20. Asako Y, Faghri M. Finite-volume solution for laminar flow and heat transfer in a conjugated duct. ASME J Heat Transfer, 1987. 109:627-634.
21. Lee T S. Computational and experimental studies of convective fluid motion and heat transfer in inclined non-rectangular enclosures. Int J Heat Fluid Flow, 1984. 5:29036
22. Smith R E. Algebraic grid generation. Appl Math Compt, 1982. 10-11:137-170
23. Winslow A M. Numerical solution of the quasilinear Poisson equation in a nonuniform triangle mesh. J Comput Phys, 1967. 2:49-172

24. Thompson J F, Thames F C, Mastin C W. Automatic numerical generation of body-fitted curvilinear coordinate system for field containing any number of arbitrary two-dimensional bodies. J Comput Phys, 1974. 15:299-319
25. Thompson J F, Warsi Z U A, Mastin C W. Body-fitted coordinate systems for numerical solution of partial difference equations: a review. J Comput Phys, 1982. 47:1-108
26. Mastin C W, Thompson J F. Elliptic systems and numerical transformations. J Math Anyl Application, 1878. 62:52-62
27. Mastin C W, Thompson J F. Transformation of three-dimensional regions into rectangular regions by elliptic systems. Numerische Mathematik, 1979. 29:397-407
28. Steger J L, Chaussee D S. Generation of body-fitted coordinates using hyperbolic partial differential equations. SIAM J Sci Stat Comp, 1980. 1 (4):431-437
29. Jeng Y N, Shu Y L. Grid generation for internal flow problems by methods using hyperbolic equation. Numer Heat Transfer. Part B, 1995. 27:43-61
30. Nair M T, Sengupta T K. Orthogonal grid generation for Navier-Stokes computation. Int J Numer Methods Fluids, 1998. 28:215-224
31. Nakamura S. Marching grid generation using parabolic partial differential equations. In: Thompson J F. ed. Numerical grid generation. New York,: Elsevier, 1982. 79-105
32. Hodge J K, Leone S A, McCarty R L. Noniterative adaptive grid generation using parabolic partial differential equations. AIAA J, 1987. 25 (4): 542-549
33. Liou Y C, JengY N. Parabolic equation method of grid generation for enclosed region. Numer Heat Transfer, Part B, 1996. 29:289-303
34. Thomas P D, Middlecoeff J F. Direct control of the grid point distribution in meshes generated by elliptic equations. AIAA J, 1980. 18:652-656
35. Chang K S, Choi C J. Separated laminar natural convection above a horizontal isothermal square cylinder. Int Comm Heat Mass Transfer, 1986. 13:201-208

36. Knupp P, Steinberg S. Fundamentals of grid generation. Boca Raton: CRC Press, 1994
37. Thompson J F, Soni B K, Weatherill N P(ecls). Handbook of grid generation. Boca Raton: CRC Press, 1999
38. Shyy W. Element of pressure-based computational algorithms for complex fluid flow and heat transfer. In: Advances in heat transfer. San Diego: Academic Press, 1994. 191-275
39. Rhie C M, Chow W L. Numerical study of the turbulent flow past an airfoil with trailing edge separation. AIAA J, 1983. 21:1525-1532
40. Rhie C W, Chow W L. Three-dimensional passage flow analysis method aimed at centrifugal impellers. Comput Fluids, 1985. 13: 443-460
41. Shyy W, Tong S S, Correa S M. Numerical recirculating flow calculation using a body-fitted coordinate system. Numer Heat Transfer, 1985. 8:99-113
42. Peric M. Analysis of pressure velocity coupling on nonorthogonal grids. Numer Heat Transfer, Part B, 1990. 17:63-82
43. Cho M J, Chung M K. New treatment of nonorthogonal terms in the pressure-correction equation. Numer Heat Transfer, Part B, 1994. 26:133-145
44. Zhang H L, Tao W Q, Wu Q J. Numerical simulation of natural convection in circular enclosures with inner polygonal cylinders, with confirmation by experimental results. J Thermal Science, 1992. 1(4): 249-258
45. Powe R E, Carley C T, Bishop E H. Free convection flow pattern in cylindrical annuli. ASME J Heat Transfer, 1969. 91:310-314
46. Wang L B, Jiang G D, Tao W Q, Ozoe H. Numerical Simulation on heat transfer and fluid flow characteristics of arrays with non-uniform plate length positioned obliquely to the flow direction. ASME J Heat Transfer, 1998. 120:991-998
47. 杨世铭,陶文铨编著.传热学(第 3 版).北京:高等教育出版社,1998. 163
48. Shyy W, Ouyang H, B losch E, Thakur S S, Liu J. Computational techniques for complex transport phenomena. Cambridge: Cambridge

University Press, 1998. 122-162

49. Yung C N, Keith Tr T G, de Witt K J. Numerical simulation of axisymmetric turbulent flow in combustors and diffusers. Int J Numer Methods Fluids, 1989. 8:167-183
50. Launder B E, Massey T H. The numerical prediction of viscous flow and heat transfer in the banks. ASME J Heat Transfer. 1000, 1978. 565-571
51. Fujii M, Fujii T, Nagata T. A numerical analysis of laminar flow and heat transfer of air in-line tube banks. Numer Heat Transfer, 1984. 7: 89-10
52. Pemg C Y, Street R L. A coupled-multi-domain-splitting technique for simulating incompressible flows in geometrically complex domain. Int J Numer Methods Fluids, 1991. 13:269-286
53. Gropp W D, Keyes D. Domain decomposition methods in compressible fluid dynamics. Int J Numer Methods Fluids, 1992. 14:147-165
54. Chattol J J, Wang Y. Improved treatment of intersecting bodies with the chimera method and validation with a simple and fast solver. Comput Fluids, 1998. 27:721-740
55. Thakur S S, Shyy W, Udaykumar H S. Multiblock interface treatments in a pressure-based flow solver. Numer Heat Transfer, Past B, 1998. 33:367-396
56. Lilik Z, Muzaferija S, Peric M, Seidl V. An implicit control-volume method using nonmatching blocks of structured grid. Numer Heat Transfer, Part B, 1997. 32:385-401
57. Lilik Z, Muzaferija S, Peric M, Seidl V. Computation of unsteady flows using nonmatching blocks of unstructured grid. Numer Heat Transfer, Part B, 1997. 32:403-418
58. Xin R C, Tao W Q, Numerical prediction of laminar flow and heat transfer in wavy channels of uniform cross-sectional area. Numer Heat Transfer, 1988. 14:465-481

第 11 章 计算传热学专题讨论

通过前面各章的学习,我们已经掌握了以导热、对流方式进行的典型热量传递过程的有限容积数值计算方法,为进一步研究工程技术领域中的各种复杂热交换现象打下了基础。本章将对几个专题开展讨论。首先将研究三个比较复杂的流动与换热问题的数值求解方法,它们是导热—对流耦合问题、周期性充分发展的对流换热及换热器的数值模拟。然后介绍数值计算结果的误差来源及现有的一些基准解。最后介绍商业软件和其工程应用的一些情况。

11.1 耦合传热问题的数值计算

11.1.1 耦合传热问题概说

在对导热或对流换热问题进行分析解或数值计算时,对固体边界上的换热条件一般都作出规定:或给定边界上的温度分布,或规定边界上的热流分布、或给出壁面温度与热流密度间的依变关系,这就是所谓的三类边界条件。它分别相应于数学上的 Dirichlet 问题、Neumann 问题及 Robin 问题。无论导热或对流,在固体边界上都可以具有这三种边界条件。应注意的是,对于对流换热问题,第三类边界条件中所规定的对流换热系数并非求解区域内的值,而是边界外环境流体与边界间的对流换热系数。本书 4.7 节所分析的问题就属于这种情形。

但还有一部分导热或对流换热过程的边界条件,不能用上述的三类边界条件来概括。例如,对于两种紧密接触的固体材料中的导热过程,如果对两种材料中的温度分布单独求解,则界面上仅可给出温度及热流连续的条件:

$$T_W|_{\mathrm{I}} = T_W|_{\mathrm{II}} \tag{11-1a}$$

$$q_W|_{\mathrm{I}} = q_W|_{\mathrm{II}} \tag{11-1b}$$

式中Ⅰ,Ⅱ表示两个区域,W 表界交界面上。如式(11-1)所示的界面上温度、热流连续的条件在有的文献中称为第四类边界条件[1]。

对于某些对流换热问题,热边界条件无法预先规定,而是受到流体与壁面之间相互作用的制约。这时无论界面上的温度还是热流密度都应看成是计算结果的一部分,而不是已知条件。像这类热边界条件是由热量交换过程动态地加以决定而不能预先规定的问题,称为耦合传热问题(conjugate heat transfer)。

图 11-1 为几种典型的耦合情形。图 a 表示的是流体进入导热系数为有限值的厚壁通道中的换热,这时流体与通道表面上的温度或热流密度的分布取决于流体的 Re 数 Pr 数,壁面相对厚度及流体与固体导热系数之比等因素,无法在求解前就预先给定;图 b 所示为逆流式套管换热器,内管表面上的条件受两种流体互相作用的影响;螺旋板换热器中的情形与此相类似(图 c);图 d 所示为竖环形空腔内的自然对流换热,外壳的边界条件受腔内自然对流及外表面上自然对流相作用的影响。在图(e)中,具有导热壁的一方腔上下绝热,两垂直外壁温度为 T_c,腔内有温度为 T_h 的圆柱;在图(f)中温度均匀的方腔内置有一块具有热源的导热系数为有限大小的竖板。对图(e)和(f)两种情形,流体与壁面之间均发生耦合换热现象。

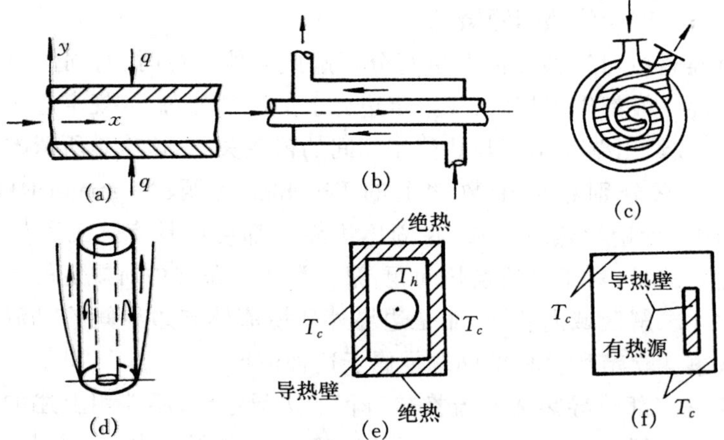

图 11-1 耦合问题的一些例子

11.1.2　耦合问题的数值解法

大多数有实际意义的耦合问题都无法获得分析解,而要采用数值解法。数值解法可分为分区求解、边界耦合的方法及整场求解法两大类。

11.1.2.1　分区求解、边界耦合

分区计算、边界耦合方法的实施步骤是:

1. 分别对各个区域中的物理问题建立控制方程。

2. 列出每个区域的边界条件,其中耦合边界上的条件可以取下列三种表达式中的两个:

(1) 耦合边界上温度连续,$T_W|_{\mathrm{I}} = T_W|_{\mathrm{II}}$　(11-2a)

(2) 耦合边界上热流密度连续,$q_W|_{\mathrm{I}} = q_W|_{\mathrm{II}}$　(11-2b)

(3) 耦合边界上的第三类条件,$-\lambda\left(\dfrac{\partial T}{\partial n}\right)_W\Big|_{\mathrm{I}} = h(T_W - T_f)|_{\mathrm{II}}$　(11-2c)

对于第三种情形,这里假设区域Ⅱ为流体,至于区域Ⅰ可以为固体,亦可为流体(假定分界壁面很薄)。数值计算实践发现,采用式(11-2c)的耦合条件有利于迭代收敛,这里 n 为壁面的外法线[2]。

3. 假定耦合边界上的温度分布,对其中一个区域(例如Ⅰ)进行求解,得出耦合边界上的局部热流密度和温度梯度,然后应用式(11-2b)或式(11-2c)求解另一个区域(Ⅱ),以得出耦合边界上新的温度分布。再以此分布作为域区Ⅰ的输入,重复上述计算直到收敛。

当采用无量纲控制方程时,应注意在耦合边界上无量纲温度定义间的一致性,以利于信息的传递。

对这种计算方法,迭代过程收敛的快慢主要取决于耦合边界上信息的传递。这与上一章中所讨论的块结构化网格相类似;所不同的是用块结构化网格来处理时,块与块的界面是人为地划分的,物理过程本身是一个整体,但耦合问题中两区的界面是实际存在的,两个区域中所进行的是不同的过程。在文献[3]中应用这一方法求解了两相邻平行通道内的自然对流换热,文献[2]中求解了管内层流与管外自然对流间的耦合换热,文献[4]中求解了方腔内自然对流与腔壁外自然对流间的耦合换热,可供读者参考。

11.1.2.2　整场离散、整场求解

求解耦合问题的有效方法是整场离散、整场求解,这时把不同区域中的热传递过程组合起来作为一个统一的换热过程来求解,不同的区域采用通用控制方程,区别仅在广义扩散系数及广义源项的不同,耦合界面成

了计算区域的内部。采用控制容积积分法来导出离散方程时,界面上的连续性条件原则上都能满足(注意事项将在下面讨论),这样就省去了不同区域之间的反复迭代过程,使计算时间显著缩短。因而整场离散、整场求解的方法是计算耦合问题的一种主导方法,尤其是在预测电子器件的散热特性时几乎是唯一采用的方法,一些代表性的参考文献为[5~26]。

11.1.3 整场求解方法的注意事项

1. 相分界面上的当量扩散系数的计算

耦合问题中往往存在固体与流体区,其内的温度场需要耦合求解,这时固体与流体的分界面自然地成为控制容积的界面,该界面上的当量扩散系数应该采用调和平均的方法。文献[20]的对比计算证明,从数值计算的整体精度、稳定性及收敛性来看,调和平均都是一种值得推荐的方法。

2. 固体区中的比热容的取值

文献[27]中的专门研究指出,在采用整场求解方法时,固体与流体区中的导热系数采取各自的实际值,但固体区中的比热容则应采用流体区的比热容之值,这样才能保证耦合界面上物理上的热流密度连续。对此,可作如下说明。在 4.1 节中,我们从界面两侧热流密度连续的条件导出了界面上当量导热系数的调和平均表达式(4-6)(图 4-1)

$$\frac{(\delta x)_e}{\lambda_e} = \frac{(\delta x)_{e^-}}{\lambda_P} + \frac{(\delta x)_{e^+}}{\lambda_E}$$

但是我们采用的通用对流-扩散方程为式(5-46):

$$\frac{\partial(\rho\phi)}{\partial t} + \frac{\partial(\rho u\phi)}{\partial x} + \frac{\partial(\rho v\phi)}{\partial y} = \frac{\partial}{\partial x}\left(\Gamma_\phi \frac{\partial\phi}{\partial x}\right) + \frac{\partial}{\partial y}\left(\Gamma_\phi \frac{\partial\phi}{\partial y}\right) + S_\phi$$

其中广义扩散系数 Γ_ϕ 对温度为 $\left(\frac{\lambda}{c_p}\right)$。显然,在式(4-6)等号两侧同乘以 $c_{p,f}$ 可得:

$$\frac{(\delta x)_e}{\left(\frac{\lambda_e}{c_{p,f}}\right)} = \frac{(\delta x)_{e^-}}{\left(\frac{\lambda_P}{c_{p,f}}\right)} + \frac{(\delta x)_{e^+}}{\left(\frac{\lambda_E}{c_{p,f}}\right)}$$

即

$$\frac{(\delta x)_e}{\Gamma_e} = \frac{(\delta x)_{e^-}}{\Gamma_P} + \frac{(\delta x)_{e^+}}{\Gamma_E} \tag{11-3}$$

式(11-3)就是对形如式(5-46)所示的控制方程进行离散时,界面上当量扩散系数的调和平均表示式。由此可以看出,Γ_P 及 Γ_E 中的比热容均应为流体的值才能保证式(4－6)的成立,即耦合界面上的热流密度是连续的。

3．流体区域中的弧立物体的处理

当固体区域与计算边界相邻接时,可以采用把固体区作为粘性无限大的流体区的方法来保证固体区中的速度为零,如 10－1 中所述。当固体区位于流场中间而不与计算边界相连时,应当采用 6－9 节中的方法来保证固体区中的流速为零。至于固体区中的导热系数则应按实际数值赋给,这样固体区的温度分布也就在计算过程中来确定。这样的计算可以研究固体区的导热系数相对于流体区导热系数的比值对换热性能的影响,可见文献[22,24]。

4．固体表面需考虑辐射换热时的处理方法[25,28～30]

当气体与固体耦合时,相分界面上固体表面的温度是在计算中才能确定的,如果流场中还存在不同温度的固体表面,则应考虑不同固体表面之间的辐射换热,固体表面的净辐射换热量可以作为位于相界面两侧的两个控制容积的附加源项来处理。下面以图 11－2 所示通过空心砖的热传递过程为例来说明。

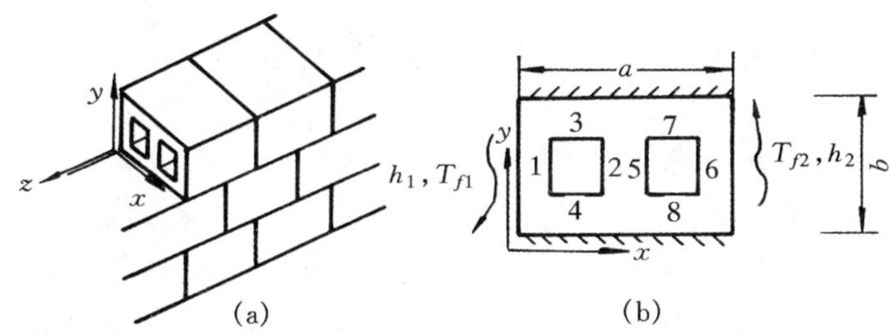

图 11－2　通过空心砖的热传递分析

取出一块砖来分析,其顶部与底部可看作为绝热边界条件而两侧面取第 3 类边界条件。采用整场求解方法时,砖内的两个孔表面 1,2,3,4 及 5,6,7,8 之间有辐射换热存在,每一个平面当作一个等温表面处理(温度可取平均值),则可由辐射换热的计算公式得出每个表面辐射换热的热流密度 q_r(净放热为正,吸热为负)。这样得出的 q_r 可以折算成为位于耦合界面两侧的气、固控制容积的附加源项。如图 11－3 所示,对空气侧的控制容积,有:

$$S_{c,ad} = \frac{q_r \dfrac{(\delta x)_{e^-}}{k_P}}{\dfrac{(\delta x)_{e^-}}{k_P} + \dfrac{(\delta x)_{e^+}}{k_E}} \cdot \frac{1}{\Delta x^+} \tag{11-4a}$$

对位于固体区的控制容积,有:

$$S_{c,ad} = \frac{q_r \dfrac{(\delta x)_{e^+}}{k_E}}{\dfrac{(\delta x)_{e^-}}{k_P} + \dfrac{(\delta x)_{e^+}}{k_E}} \cdot \frac{1}{\Delta x^-} \tag{11-4b}$$

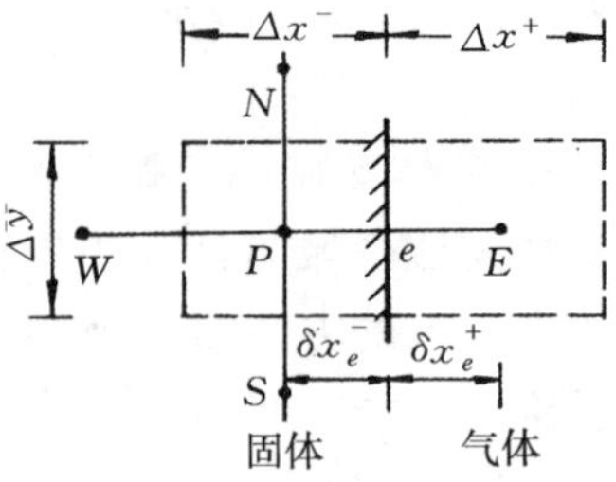

图 11-3　气-固耦合界面

为了计算 q_r,需要耦合界面的温度,可据界面上温度连续及热流密度连续的条件确定,以图 11-3 中 e 界面为例,有:

$$T_e = \frac{T_P\lambda_P/(\delta x)_e^{-} + T_E\lambda_E/(\delta x)_e^{+} - q_r}{k_P/(\delta x)_e^{-} + k_E/(\delta x)_e^{+}} \tag{11-5}$$

考虑固体表面辐射换热的对流-导热耦合问题在电子器件冷却计算中尤为常见,可参见文献[31]。

11.2　周期性充分发展对流换热的求解

为了强化对流换热,工程上广泛应用着几何结构呈周期性变化的流动通道(见图 11-4)。在这类通道的充分发展换热区域,垂直于主流方向上的速度分量并不为零,因而流动与换热的控制方程式不能化为导热型的方程,而必须求解完整的 Navier-Stokes 方程与能量方程。同时,由于流道的周期性结构,又给边界条件的处理及计算方法带来一系列特点。另外,在某一类换热设备中,几何结构并未呈周期性变化,但流体的流动方向发生周期性地交变,例如脉管制冷机中回热器内的流动,这类换热器中的过程也可以看作为周期性充分发展的流动与换热,有关这两类周期性充分发展流动与换热的计算过程特点本节中都要涉及到。

11.2.1　几何结构呈周期性变化的换热过程的数学描写

在这类通道中,当流动与换热进入充分发展阶段后,速度、压力梯度及无量纲温度都以一个几何周期为周期在主流方向重复地变化。因而为了查明充分发展阶段的流动与换热规律,计算的区域在原则上只要一个周期即可。

现以图 11－4(a)所示的情形为例来分析，这是流体纵掠错排板束的一个二维模型，为方便起见，设板的厚度可以不计。取出一个周期的计算区域示于图 11－5 中。当流动进入充分发展状态时有：

$$u(x,y)=u(x+s,y),\quad v(x,y)=v(x+s,y) \tag{11-6a}$$

$$p(x,y)-p(x+s,y)=p(x+s,y)-p(x+2s,y) \tag{11-6b}$$

注意到在流动充分发展区有式(11－6b)成立，因而可令：

$$\beta=\frac{p(x+y)-p(x+s,y)}{s} \tag{11-7}$$

则任一点的压力可表示为：

$$p(x,y)=-\beta x+\hat{p}(x,y) \tag{11-8}$$

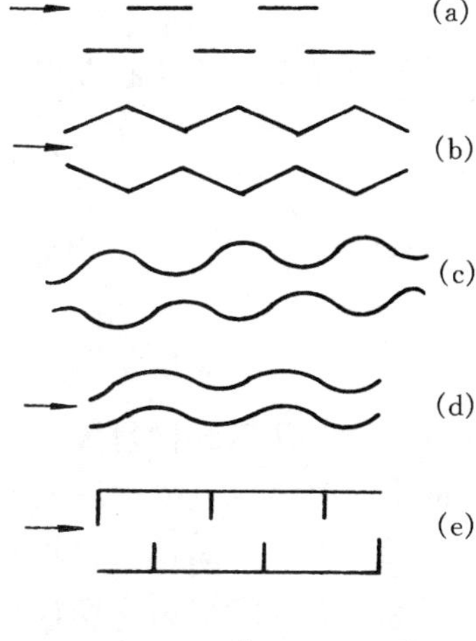

图 11－4　几何结构呈周期性变化的通道举例

这里 β 是一个周期中的平均压力梯度，$\hat{p}(x,y)$则是局部压力偏离平均压力的差值。于是不计体积力时一个周期中的流动控制方程为：

$$\frac{\partial u}{\partial x}+\frac{\partial v}{\partial y}=0 \tag{11-9a}$$

$$\rho\left(u\frac{\partial u}{\partial x}+v\frac{\partial u}{\partial y}\right)=\beta-\frac{\partial \hat{p}}{\partial x}+\eta\left(\frac{\partial^2 u}{\partial x^2}+\frac{\partial^2 u}{\partial y^2}\right) \tag{11-9b}$$

$$\rho\left(u\frac{\partial v}{\partial x}+v\frac{\partial v}{\partial y}\right)=\beta-\frac{\partial \hat{p}}{\partial y}+\eta\left(\frac{\partial^2 v}{\partial x^2}+\frac{\partial^2 v}{\partial y^2}\right) \tag{11-9c}$$

边界条件为：

在②，③边界上 $u=v=0$　　(11－10a)

在①，④边界上$\frac{\partial u}{\partial y}=0, v=0$　　(11－10b)

在⑤，⑥边界上 $u(0,y)=u(s,y), v(0,y)=v(s,y), \hat{p}(0,y)=\hat{p}(s,y)$　　(11－10c)

对于能量方程，引入无量纲温度：

$$\Theta = \frac{T(x,y) - T_W}{T_b(x) - T_W} \tag{11-11}$$

则可得下列温度场的控制方程与边界条件：

$$\rho c_p\left(u\frac{\partial T}{\partial x} + v\frac{\partial T}{\partial y}\right) = \lambda\left(\frac{\partial^2 T}{\partial x^2} + \frac{\partial^2 T}{\partial y^2}\right) \tag{11-12}$$

边界条件为在②，③上 $T = T_W$，在①，④上，$\frac{\partial T}{\partial y}=0$，在⑤，⑥上则有：

$$\Theta(x,y) = \Theta(x+s,y) \tag{11-13}$$

11.2.2 几何结构呈周期性变化的充分发展换热的数值解法

根据求解离散方程方法的不同，主要有以下两类方法

11.2.2.1 周期性进出口条件采用循环三对角阵算法来实施

这种求解方法根据周期性充分发展的进、出口边界条件表达式(11-10c)及(11-13)，在对速度分量及无量纲温度场建立代数方程时引入如下关系：$\phi(1,j)=\phi(L1,j)$，这里 $L1$ 是一个周期在主流方向的总节点数。如果所求解的各个变量相互间不耦合，则对每一变量的代数方程可以用 CTDMA 方法求解(见 7-2 节)；如果两个变量耦合而且需要同时求解，则需采用 COCTDMA(耦合循环三对角阵方法)，可参见文献[32]。采用循环三对角阵方法求解几何结构呈周期性变化的充分发展对流换热最早由文献[33]所引入，以后在文献[34～39]中也采用了这种求解方法。例如文献[35]求解了考虑平板厚度影响的图 11-5 所示这类问题的层流充分发展对流换热。这里有一点需要加以特别指出，即对于一定的几何通道，平均压力梯度 β 与流量之间(因而与流动的 Re 数之间)有一一对应的关系。给定了一个 β 值就相当于规定了一个 Re 数。为了获得所需 Re 数下的结果，可通过计算过程中的调试阶段来获得。但一旦确定了计算所需的 Re 数(即 β 值)则应在以后的迭代过程中保持不变，β 在式(11-9b)中即作为源项来处理。

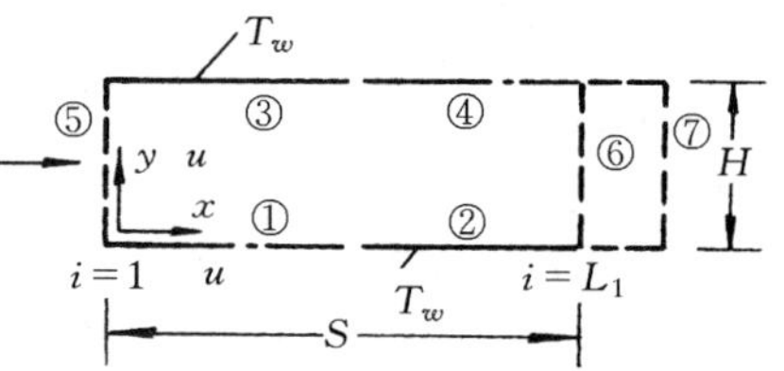

图 11-5 图 11-4(a)几何结构的一个周期计算区域

11.2.2.2 周期性进出口条件通过相互替代方法来实施

所谓相互替代法(*mutual replacements*)就是指在完成一个层次的迭代计算后，把进口与出口截面上对应位置的变量互相替换的方法。实施这种

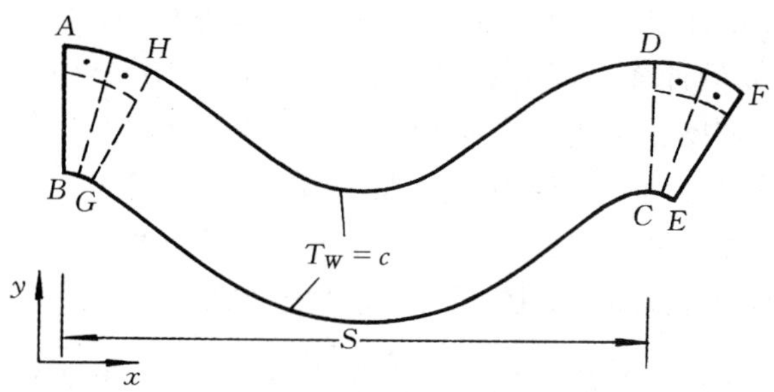

图 11-6 二维波纹型通道的计算区域

方法时可据计算区域略大于一个周期及等于一个周期而分两种情形。

1. 计算区域略大于一个周期

这种相互替代的方法(又称反复迭代法)最早是由文献[40]引入的。采用这种方法时,不必引入 β 值,可采用常规的动量方程。按文献[40],具体的做法是:把计算区域作适当延长(如延长几个控制容积,以图11-5中虚线⑦作为出口边界)。先假定一个入口分布,出口边界取为局部单向化的条件,进行迭代计算。迭代一定次数后再把位置⑥上的速度场传送给⑤截面作为入口流速,如此一直反复迭代到⑤,⑥两截面上速度的周期性条件已满足为止。在[40,41]中特别指出,如果计算区域不稍作延长,这样的迭代会导致发散,在文献[42,43]中进一步发展了这种算法,即速度传送的区域由一条线而发展到2~3条线,不仅从出口区域向入口区域回送,也同时从入口区域向出口区域回送,以加速迭代收敛速度;而且不必对出口边界作局部单向化的假设(把进出口边界都看成是已知速度分布的边界)。

至于温度场周期性边界条件的实施,则需通过无量纲温度 Θ 来实现。以图 11-6 所示二维波纹型通道为例,计算区域比一个周期延长 2 个控制容积。在 ABEF 的计算区域内求解有量纲的温度场方程,然后利用无量纲温度的周期性边界条件式(11-13)由出口截面处计算所得之无量纲温度来获得进口截面上的温度:

$$T(0,y) = T_W + \Theta(s,y)[T_b(0) - T_W] \qquad (11-14)$$

类似地可以写出用 GH 线上的无量纲温度来表示的出口截面 EF 上的有量纲温度的表示式。采用这种方法的算例可参见文献[44~46]。

2. 计算区域等于一个周期

有时希望把计算区域限定在一个周期内,这时可采用下列方式来实施周期性边界条件，以图 10 - 30 所示的流体外掠非均长等温板簇的换热为例，一个周期的计算区域（在 $\xi-\eta$ 平面上）如图 10 - 31 的 A - F - L - G 所示。为了实施反复迭代法来实现进出口的周期性边界条件，设想在计算平面的进出口各向外延伸一个控制容积，如图中 2′ - 2′及 1′ - 1′所示。显然它们与计算区域内的 2 - 2 与 1 - 1 分别对应。所以为了实现 ξ 方向的周期性边界条件，可以采用以下线性插值公式：

$$\phi(\xi_{A-G},\eta) = \phi(\xi_{F-L},\eta) = \frac{1}{2}[\phi^{*}(\xi_{1-1'},\eta) + \phi^{*}(\xi_{2-2'},\eta)] \tag{11-15}$$

其中 * 表示上一层次的值。

图 10 - 30 所示的问题在 η 方向也具有周期性，可以采用类似的插值公式来实现：

$$\phi(i,1) = \phi(i,M1) = \frac{1}{2}[\phi^{*}(i,2) + \phi^{*}(i,M2)]$$

$$(i_H < i < i_I, i_J < i < i_K) \tag{11-16}$$

其中 $M1,M2$ 为 η 方向的最后一个节点及最后第二个节点的编号。

温度场的周期性条件同样通过无量纲温度的线性插值来实现。以 ξ 方向为例，首先获得进、出口截面上的无量纲温度：

$$\Theta = \frac{1}{2}\left[\frac{T(\xi_{1-1},\eta) - T_W}{T_b(\xi_{1-1}) - T_W} + \frac{T(\xi_{2-2},\eta) - T_W}{T_b(\xi_{2-2}) - T_W}\right] \tag{11-17}$$

据此而更新进、出口截面上的有量纲温度：

$$T(\xi_{A-G},\eta) = T_W + \Theta[T_b(\xi_{A-G}) - T_W] \tag{11-18a}$$

$$T(\xi_{F-L},\eta) = T_W + \Theta[T_b(\xi_{F-L}) - T_W] \tag{11-18b}$$

采用这种线性插值方法时要求网格划分比较细密，以保证插值的一定精确度。在文献[47～49]中采用上述方法求解了一批周期性充分发展的流动与换热问题。把求解区域限于一个周期的文献还有如[50～52]。

11.2.3 周期性的脉动流动与换热

当通道进口的流动条件发生周期性的变化时，通道内的流动与换热也会呈现对时间呈周期性充分发展的状态。对这一类问题作数值模拟时有以下几个方面的特点：

1. 控制方程应该采用非稳态形式[53～56]，对于湍流，假定脉动流动的周期远大于湍流时均值所取的周期，则可用非稳态的雷诺时均方程[57]。

2. 在计算区域的进口必须给出脉动的边界条件，一般是轴向流速的周期性变化的表达式[53~56]；文献[57]中研究了在几何结构呈周期性变化的通道内充分发展的脉动流动，这时如对一个几何周期进行计算，计算区域进、出口仍可取周期性的条件。

3．计算区域的出口条件常常取为所谓连续流动条件(*continous flow condition*)，即轴线方向上一阶导数为零的条件[53,54]。

4．为分辨一个脉动周期内不同时刻的流动特性，应在一个脉动周期内取足够多的时间步长，如 120[53]。在流动方向发生交替变化的脉动流中，进出口的位置在一个周期中是交替地改变的。

至于数值计算方法则广泛采用的仍是用有限容积法来离散方程，用 SIMPLE 系列算法来处理压力与速度的耦合关系[53~56]，采用 QUICK 等格式来离散对流项[56,57]。对于脉管制冷机这类工作在交变流动条件下的机械，对其各部件进行交变流动下充分发展流动与换热特性的分析对掌握过程机理，改进性能具有重要意义[58]。

表 11－1 中汇总了文献中已经求解过的部分周期性充分发展流动与换热的例子。

表 11－1　周期性充分发展流动与换热的部分算例

NO	流道截面	边界条件	文献
1	含螺旋插入物	轴向均匀热流、周向均匀壁温	[59,60]
2		(流动及阻力计算)	[61,62]
3		均匀热流；轴向均匀热流、周向均匀壁温	[63~66]
4		均匀壁温	[33]
5		均匀壁温	[35,67]

续表 11-1

NO	流道截面	边界条件	文献
6	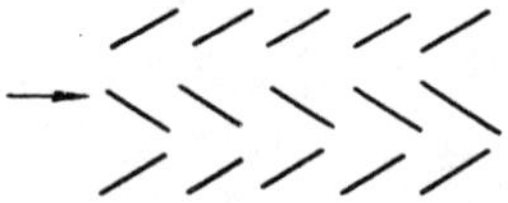	均匀壁温	[44]
7	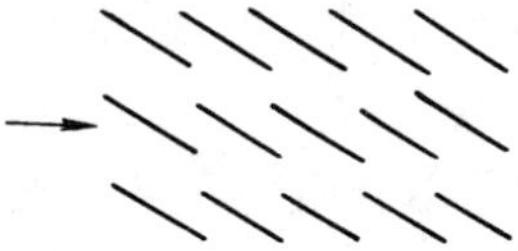	均匀壁温	[47]
8	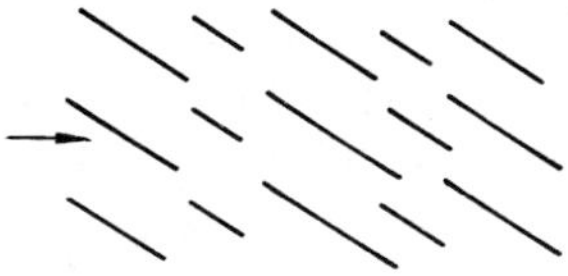		[46,49]
9		均匀壁温	[68~70]
10		均匀壁温,层流湍流	[40,41,71]
11	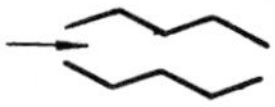	均匀壁温	[34]
12	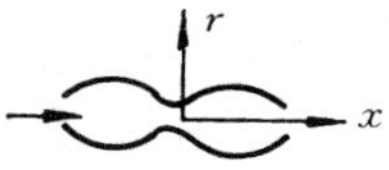 r x	均匀壁温,均匀热流	[36]
13	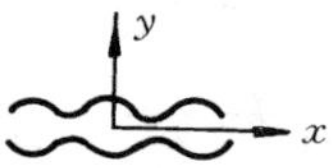 y x	均匀壁温	[52]
14		均匀壁温	[42,43]
15	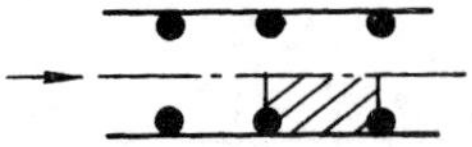	均匀壁温	[48]

续表 11-1

NO	流道截面	边界条件	文献
16	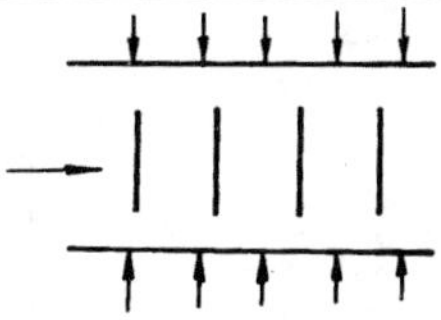	均匀热流	[24]
17	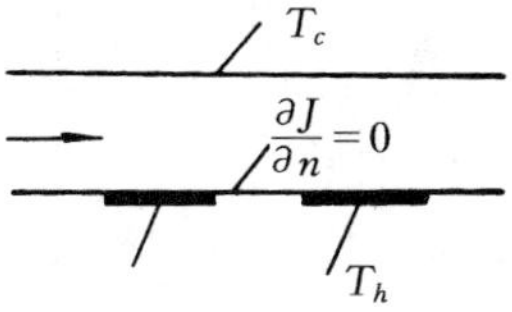 T_c $\frac{\partial J}{\partial n}=0$ T_h	周期性加热混合对流	[50,51]
18	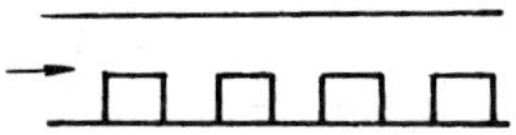	导热壁,热源块	[21]
19	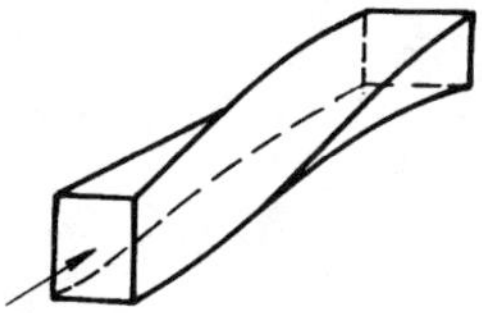	均匀壁温	[72,73]
20	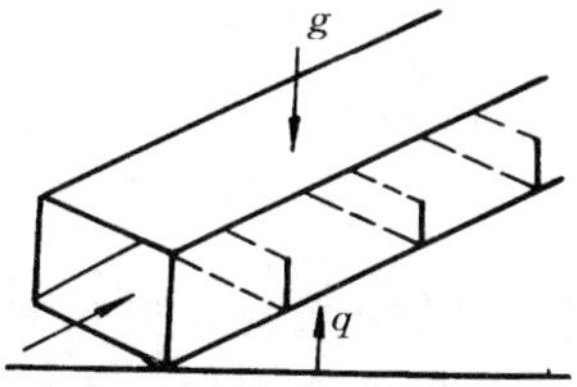 g q	求下壁面均匀热流	[26]
21	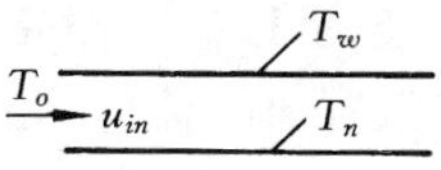 T_w T_o u_{in} T_n $u_{in}=u_o(1+A\sin\omega t)$	层流	[53]
22	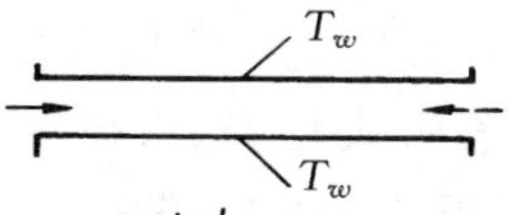 T_w T_w $u_{in}=\sin\phi$	层流	[54]

续表 11-1

NO	流道截面	边界条件	文献
23	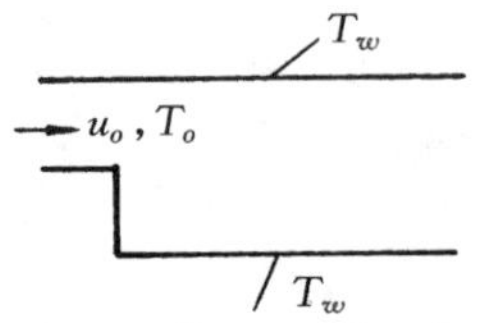 T_w; u_o, T_o; T_w; $u = u_o[1 + A\sin(\omega t)]$	层流	[55]
24	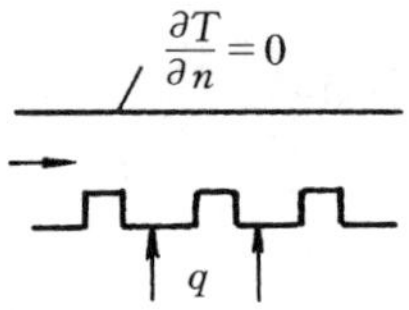 $\frac{\partial T}{\partial n} = 0$; q; 用期性脉动流	湍流	[57]
25	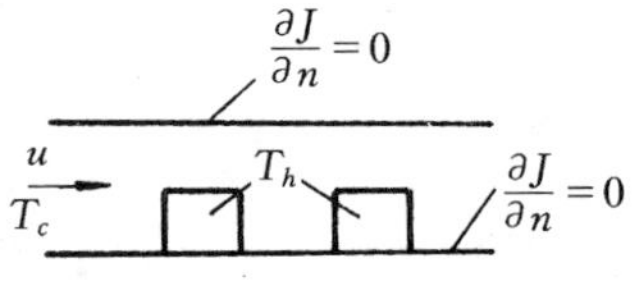 $\frac{\partial J}{\partial n} = 0$; u; T_c; T_h; $\frac{\partial J}{\partial n} = 0$; $u = u_o(1 + A\sin\omega t)$	层流	[56]

11.3 换热器数值模拟概述

换热器广泛地应用于许多工业部门中，其中壳管式换热器占了 1/3 以上。长期以来壳管式换热器的热设计都采用完全根据由实验结果整理出来的经验公式进行。1974 年 Patankar 与 Spalding[74]把壳侧作为一种多孔介质，引入了分布阻力(distributed resistance)的概念，完成了对壳管式换热器壳侧流场的数值模拟。以后在文献[75～82]中又进一步发展应用了这一基本思想进行了换热器壳侧流体流动的三维数值模拟。本节将根据上述文献的基本思想介绍对壳侧流体的流动与换热特性进行场模拟的基本方法。在换热器的数值模拟中还有一类计算，即研究工况改变时换热器流体温度的动态响应特性，这类计算均采用一维模型，这里不作展开，有兴趣的读者可参见文献[83～85]。

11.3.1　壳侧多孔介质模型的基本思想

图 11－7 所示为一台壳管式换热器的简图。在这类换热器中流动与换热是相当复杂的。首先,壳侧流体在壳间的流动时而垂直于管壳、时而平行于管束,在穿过挡板的开孔处时还有一部分流体从挡板与管子间的间隙中泄漏;其次,管内流体与管外流体之间的热交换是耦合在一起的。要对这样复杂的流动与换热过程完全采用本书前面各节中所述的方法,把管内流体、管外流体的流速、温度分布的每一个细节(例如在管子后面的旋涡,穿过隔板的泄漏等)全部分辨出来,从而确定流动阻力与换热系数,那是相当困难的,也是目前工程计算所能提供的计算机的容量所不许可的。例如,初步估计表明,对有 500 根管子、10 块折流板的换热器要进行这种场模拟至少要 1.5×10^8 个控制容积。壳管式换热器数值计算的多孔介质模型正是为了避免对计算机资源这种巨大的要求而提出来的。

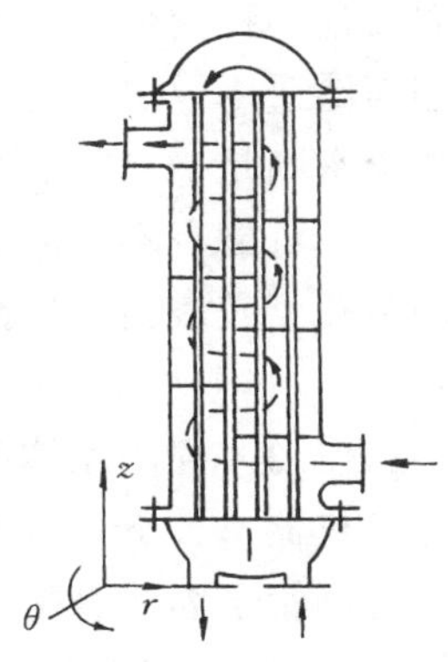

11－7　壳管式换热器简图

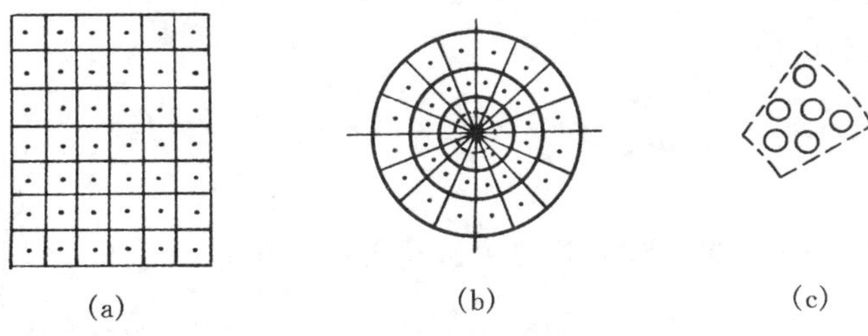

图 11－8　换热器壳体侧的多孔介质模型

为了说明多孔介质模型的合理性,试把换热器的筒体(三维圆柱)按图 11－8 所示划分成若干个控制容积。为清晰起见,在图 a,b 中控制容积的界面线划成了实线。在图 c 中示出了一个控制容积可能会包含多根管子的情形。把壳侧流体的流动看成是流经多孔介质的运动这一处理方法的合理性也可由此图看得很清楚。从图 c 还可以看出,利用上述物理模型计算得到的壳侧各节点上的流速只具有某种平均意义,并不能完全反映在各管子之间流动的细节。

对于图 11－8(c)所示的控制容积,我们要计算的是位于管子之间的流体空间，管子就好像是多孔介质的骨架，管内流体与壳侧流体的热交换就看成是一种内部的热源。多孔介质有两个重要的几何参数，即多孔度及表面渗透率。多孔度是指单位体积中流体空间所占的体积百分数，表面渗透率则是指在控制容积的表面上流体表面积所占的百分率，在不同的方向上可能有不同的值。在换热器的几何结构确定后，不同控制容积中的多孔度及表面渗透率原则上均可据几何结构计算而得。

11.3.2 壳侧流体多孔介质模型的控制方程式[86]

换热器多孔介质模型中的另一个重要概念就是分布阻力，它是考虑由于壳侧管子固体表面的存在对流体流动所造成的动量损失，分布阻力随结构、地点及方向而异，例如沿轴向的分布阻力就不同于沿径向的分布阻力。这是需要从现有实验数据中获取的经验参数。值得指出，如果数值模拟精细到可以分辨各个管子之间的流场，则分布阻力是数值模拟结果而不应作为已知条件输入；但是采用多孔介质模型以后，一个控制容积中(它包含了若干根管子表面)只有一个某种平均流速，这时必须引入分布阻力才能考虑到管子存在对阻止流体流动的影响。

设三维圆柱坐标 $\theta - r - z$ 方向的速度分量分别为 u，v 及 w，则适用于多孔介质模型的流场与温度场的控制方程为

连续性方程：

$$\frac{\partial}{\partial t}(f_V\rho) + \frac{1}{r}\frac{\partial}{\partial \theta}(f_\theta \rho u) + \frac{1}{r}\frac{\partial}{\partial r}(f_r \rho v) + \frac{\partial}{\partial x}(f_x \rho w) = 0 \tag{11-19a}$$

三个速度的动量方程及温度方程可统一写为：

$$\frac{\partial(f_V\rho\phi)}{\partial t} + \frac{1}{r}\frac{\partial}{\partial \theta}(f_\theta \rho u\phi) + \frac{1}{r}\frac{\partial}{\partial r}(f_r \rho v\phi) + \frac{\partial}{\partial x}(f_x \rho w\phi) =$$

$$\frac{1}{r}\frac{\partial}{\partial \theta}\left(f_\theta \frac{\Gamma_\phi}{r}\frac{\partial \phi}{\partial \theta}\right) + \frac{1}{r}\frac{\partial}{\partial r}\left(f_r \Gamma_\phi r\frac{\partial \phi}{\partial r}\right) + \frac{\partial}{\partial x}\left(f_x \Gamma_\phi \frac{\partial \phi}{\partial x}\right) + S_\phi f_V \tag{11-19b}$$

式中 f_V 为体积多孔度，对每个控制容积是一个固定的值，f_θ，f_r 及 f_x 是一个控制容积在三个方向上的表面渗透率，S_ϕ 为广义源项，除了动量方程本身的源项以外还包括分布阻力在内，如表 11-2 所示。ϕ 代表 u，v，w 及 T。

表 11-2　式(11-19b)的 Γ_ϕ 及源项表达式

ϕ	Γ_ϕ	S_ϕ
u	η	$-\frac{1}{r}\frac{\partial p}{\partial \theta}-\frac{\rho u v}{r}+\frac{2\eta}{r^2}\frac{\partial v}{\partial \theta}-\frac{\eta u}{r^2}+R_\theta$
v	η	$-\frac{\partial p}{\partial r}+\frac{\rho u^2}{r}-\frac{\partial \eta}{r^2}\frac{\partial u}{\partial \theta}-\frac{\eta v}{r^2}+R_r$
w	η	$-\frac{\partial p}{\partial x}+R_x$
T	λ/c_p	$\dot{\phi}/c_p$

上述方程组的边界条件包括:(1) 换热器入口两种流体的焓值(温度);(2) 壳侧流体进口截面的速度分布;(3) 壳体的热边界条件(一般处理为绝热);(4) 换热器出口一般可取局部单向化条件。至于表 11-2 中温度方程源项 $\dot{\phi}$的计算将在下面说明。

显然,上述控制方程组在三维圆柱坐标系中的离散和数值求解原则上没有什么困难,本书以前各章所介绍的数值方法(如对流项的各种构造方法,SIMPLE 系列算法等)均可使用。这里比较特殊的地方是三个分布阻力及温度方程中的源项 $\dot{\phi}$的确定等问题,下面就介绍这方面的处理方法。

11.3.3　分布阻力及温度方程源项的确定

分布阻力及温度场的源项的确定是换热器数值模拟中需要引入经验关系式的环节。

根据实验结果,文献[81]建议壳管式换热器的 R_θ, R_r 及 R_x 的计算公式如下

$$R_r=-0.5\frac{1}{\Delta r}N_L\rho\kappa\tilde{f}_r V_{r\max}|V_{\max}| \tag{11-20a}$$

$$R_\theta=-0.5\frac{1}{r\Delta\theta}N_L\rho\kappa\tilde{f}_\theta V_{\theta\max}|V_{\max}| \tag{11-20b}$$

$$R_x=-0.5\frac{1}{\Delta x}\rho\tilde{f}_x V_x|V| \tag{11-20c}$$

式中 $\tilde{f}$ 为阻力系数;N_L 为所计算的控制容积中(r,θ)截面上的管子数;$V_{r\max}$, $V_{\theta\max}$及 $V_{\max}$为壳侧错流区最小面积上 r 方向,θ 方向的速度分量

及绝对速度之值，V_x 为 x 方向的速度分量，V 为速度的绝对值。据文献[87]，κ 为与管子布置有关的因子，$\tilde{f}_r=\tilde{f}_\theta$，在该文献中提供有确定 $\tilde{f}$ 及 n 的图表。$\tilde{f}_x$ 之值可按下式计算：

$$\sqrt{8/\tilde{f}_x}=A\{2.5\ln[Re(\sqrt{\tilde{f}_x/8})+5.5]-G^*\} \qquad (11-21)$$

其中 A 与 G^* 为与管子布置有关的参数，可从文献[88]中查得。

能量方程中的单位体积内热源强度 $\dot{\phi}$ 就是壳侧流体与管内流体之间的换热量。设在所计算的控制容积内局部传热系数为 k_0，换热面积为 A_s，则单位体积壳侧流体的内热源强度为：

$$\dot{\phi}=\frac{A_s k_0}{vol}\left(\frac{H_t}{c_{p,t}}-\frac{H_s}{c_{p,s}}\right) \qquad (11-22)$$

式中 vol 为控制体的体积，H 为流体的焓，下标 t 及 s 分别表示管侧与壳侧。为了确定传热系数 k_0 须要计算壳侧流体横掠管束的表面传热系数及管内流体的表面传热系数，可分别按 Zukauskas 公式及 Dittus-Boelter 公式计算[89]。从式(11.22)还可看出，为了进行壳侧的温度场计算，管内流体的截面平均温度也必须同时予以计算，以壳侧流体的控制容积作为管内流体计算的控制容积，在该控制容积的范围内管内流体取一个平均温度。其变化按以下一维公式确定：

$$\rho c_{p,t}\dot{m}_t\frac{\mathrm{d}T_t}{\mathrm{d}x}=\int_{A_s}k_0\left(\frac{H_t}{c_{p,t}}-\frac{H_s}{c_{p,s}}\right)\mathrm{d}A_s \qquad (11-23)$$

其中 $\dot{m}_t$ 为管内介质的质量流速(kg/s)。

11.3.4 湍流模型及壳体轴线上速度的处理

壳侧流体常常处于湍流流动范围，文献[81,82]中采用标准 $k-\varepsilon$ 模型与壁面函数法进行了计算。此时各求解变量(u,v,w,T,k,ε)的通用控制方程仍如式(11－19b)所示，但各变量的 Γ_ϕ 及 S_ϕ 应按表 9－6 规定的方式计算，并且在 S_u，S_v 及 S_w 中应加入相应的分布阻力，为节省篇幅，具体的表达式不再列出。此外文献[81]还提出在 k 及 ε 的产生项中应增加下列部分：

$$R_k=R_r|V_r|+R_\theta|V_\theta|+R_x|V_x| \qquad (11-24)$$

$$R_\varepsilon=1.92\frac{\varepsilon}{k}R_k \qquad (11-25)$$

在折流板及壳体内表面上采用壁面函数法来布置离开固体壁面的第一个内节点及固体表面上的当量扩散系数数值。文献[81]中所采用的一套系数值为：$c_1=1.44$，$c_2=1.92$，$c_\mu=0.09$，$\sigma_T=0.9$，$\sigma_k=1.0$，$\sigma_\varepsilon=1.314$。

在三维圆柱坐标系的包含轴线在内的径向第一个控制容积（如图 11－9 所示的控制容积 P）中来计算湍流动量方程 v 的源项时，会遇到诸如$\frac{\partial v}{\partial r}$这样的项。由于采用区域离散方法 B 来离散计算区域时，轴线所在位置的 ϕ 变量不进入离散方程的求解范围（P 控制容积的离散方程中 $a_S\phi_S=0$），因而在计算中轴线位置上没有变量的信息。此时为确定$\frac{\partial v}{\partial r}$这样的项可以用一阶偏差分的方式来逼近，即取$\left(\frac{\partial v}{\partial r}\right)_{v_{i,3}}\approx\frac{v_{i,4}-v_{i,3}}{\Delta r}$。

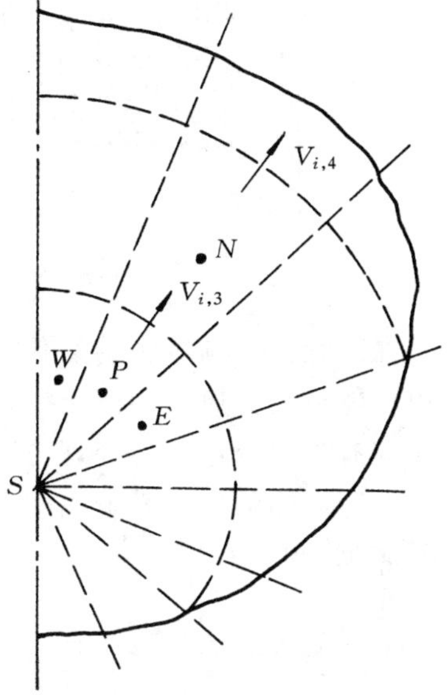

图 11－9　轴线位置上变量信息的处理

文献[74]中对于一个方形截面的壳管式换热器采用多孔介质模型计算的流场示于图 11－10 中，图 a

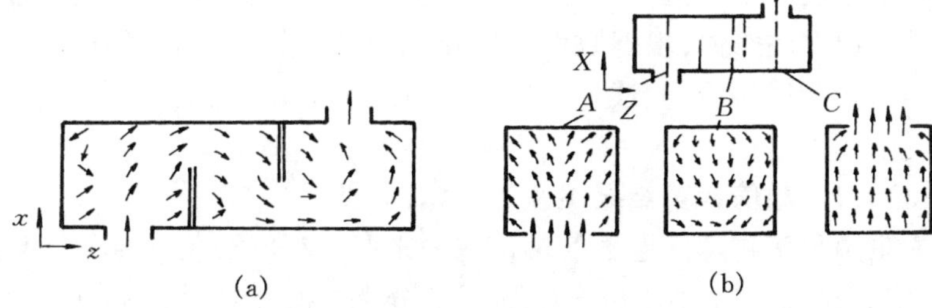

图 11－10　壳侧流的速度场

中画出了换热器中心截面上的流场，图 b 中示出了位于壳侧进口、出口及中间位置截面上的速度分布。由图可见，虽然上述方法并不能准确地分辨各个局部细节，但对于壳侧流体总的流动情况还是可以得出的益的结果的。文献[81]中采用本节上述方法用 $24(\theta)\times10(r)\times60(x)$ 的网格计算所得换热器对称截面上的速度分布如图 11－11 所示。由图可见由于采用了较密的网格，截面上速度的分布已分辨得比较精细。

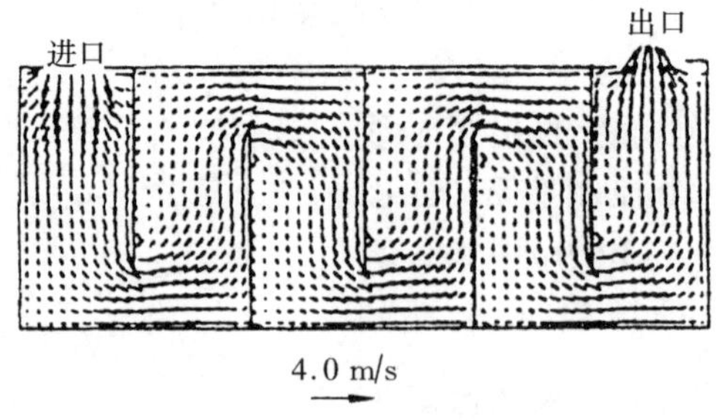

图 11－11　对称截面上的速度分布

在工程技术领域中的热传递现象是森罗万有、多种多样的。我们在这里只能举几个典型的例子以示梗概,在数值方法方面也仅限于有限容积法与有限差分这一类处理方式,为读者解决自己所面临的问题打下基础。关于不同的数值方法在解决各类流动与传热问题中的应用,读者可参阅文献[90～92]。

11.4　数值计算结果的误差估计和基准解

如何分析数值计算结果的误差是国际计算流体力学与计算传热学界普遍关注的问题,但是到目前为止尚未形成被普遍接受的分析方法。本节中将根据近年来散见于有关杂志与会议论文集中的有关报导,就数值计算结果误差的来源,根据数值计算结果分析截断误差的方法及基准解等方面问题开展讨论,使读者对这一方面的论题有一基本的了解。

11.4.1　数值计算结果误差的来源(分类)

文献中关于物理问题数值解误差的来源(或分类)及其名称目前尚未统一,笔者建议采用如图 11－12 所示的分类方法及名称。

如图 11－12 所示,数值计算结果与实际物理问题有数值之间的偏差(A－D)是总的误差,而[(B－C)＋(C－D)]则为数值误差(*numerical error*),也即数值解与微分方程精确解之间的偏差。一般认为,舍入误差与迭代计算不完全误差(*error of incomplete iteration*)在数值误差中所占的比例很小,数值误差主要是由截断误差及网格划分不够细密所造成的。本节下面要介绍如何根据数值计算结果来估计计算所用格式的截断误差及由数值解估计其准确解的方法。

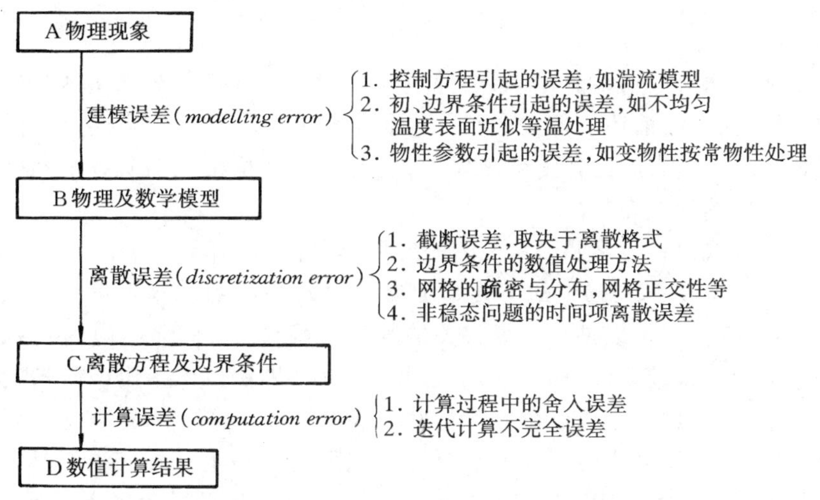

图 11-12　物理问题数值计算结果误差的分类

11.4.2　分析数值解截断误差的 Richardson 外推法及其应用

假设：(1) 在一个数值计算中数值解单调地趋近于其收敛的值；(2) 网格的划分已足够地细，因而截断误差中的高阶项相对于首项已可略而不计；(3) 假设舍入误差与不完全迭代误差可以略而不计，则数值计算所需求解的某一个量的收敛解 ϕ 与网格步长为 αh 时所得的数值解 $\phi_{\alpha h}$ 之间有以下关系成立[93]：

$$\phi = \phi_{\alpha h} + c(\alpha h)^n \tag{11-26}$$

式中，h 为基本网格的步长，α 为调节网格疏密的参数，系数 c 及指数 n 取决于所采用离散格式。式(11-26)中有三个未知数：ϕ，c 及 n。为此，在三套不同疏密的网格上对同一个地点同一物理量进行求解，例如取网格步长为 h，$2h$ 及 $4h$，即取 $\alpha = 1,2,4$，则可解得以下结果：

$$\phi = \frac{2^n\phi_h - \phi_{2h}}{2^n - 1} \tag{11-27a}$$

$$n = \frac{\ln[(\phi_{2h} - \phi_{4h})/(\phi_h - \phi_{2h})]}{\ln 2} \tag{11-27b}$$

$$c = \frac{\phi - \phi_h}{h^2} \tag{11-27c}$$

其中，式(11-27a)给出了收敛解的估计值。为了估计网格步长为 h 时的数值解的截断误差，在式(11-27a)的等号两侧各减去 ϕ_h，可得网格步长 h 时数值解的截断误差估计值：

$$\varepsilon_h = \phi - \phi_h = \frac{\phi_h - \phi_{2h}}{2^n - 1} \tag{11-28}$$

按本节上面对数值计算结果误差的分类,($\phi - \phi_h$)应为整个计算结果的数值误差,但在前述的假定条件(不计舍入误差及不完全迭代误差),式(11-28)所代表的也就是截断误差,它包含了离散格式的阶数及网格划分所形成的误差在内。

对于式(11-27)及(11-28)的应用与分析,我们要作以下说明:

(1) 式(11-27a)中的 ϕ 可以是数值计算中某点的物理量(速度、温度、压力等),还可以是与整场有关的某一个函数[94],例如平均 Nu 数、阻力系数等。也就是说,如果利用 Richardson 外推法可以得出四阶精度的节点值,那么原则上可以用四阶精度的节点值去计算像 Nusselt 数这样的函数值。但是,更为方便的方法是分别以两套网格上计算获得的具有二阶精度的 Nu 数,利用式(11-27a)而获得其具有四阶精度的 Nu 数。实际上,这也是 Richardson 外推法的吸引人之处[94]。因为这样得出四阶精度的结果比直接应用四阶精度的格式要方便得多。

(2) 如果所采用的离格式具有二阶精度,即式(11-27a)中 $n=2$,则有

$$\phi = \frac{4\phi_h - \phi_{2h}}{3} \tag{11-29}$$

当离散格式的截断误差表达式中不存在三阶项时,式(7-44)得出的 ϕ 具有四阶的精度。但当二阶的离散格式截断误差中含有三阶项时(如二阶迎风),则上式仅为三阶精度[94]。

(3) 为了应用式(11-27a)来推得某点的值,ϕ_h 及 ϕ_{2h} 必须是对于同一点上之值,但粗网格不必一定是密网格的整数倍[94],此时式(11-27a)变为

$$\phi = \frac{\alpha^n \phi_h - \phi_{\alpha h}}{\alpha^n - 1} \tag{11-30}$$

这里,系数 α 可以为任何大于 1 的数,但文献[94]建议,α 至少为 1.1,即网格数至少变化 10%。如果网格数变化过小,则因网格数变化而得到的解的变化可能会被数值解的“噪声”(如不完全迭代误差,舍入误差等所淹没)。只要粗网格的计算仍在渐近解的收敛范围以内,α 值较大时所得的估计值也更可靠。

(4) Richardson 外推法的应用不限于均分网格,非均分网格中也可采用。

为了获得求解区域中某点之外推值,应当把粗网格上的值插值到细网格的所需位置上,只是要注意,插值公式的阶数应高于所采用离散格式的阶数(如离散格式为二阶,则插值公式至少为三阶),以免由于插值而引入显著的额外误差。

文献[95]中对于三维水平夹层中双涡结构的 Rayleigh-Bernad 流动进行了数值模拟,利用在三套网格上得出的平均 Nu 数估计了收敛解的真值,如表 11-2 所示。表中 U_{max},V_{max}及 W_{max}为三个坐标方向无量纲速度分量的最大值,相对偏差指的是以 20×20×20 的网格来求解时所得之解与估计的真解之间的相对偏差。表中 Nu 数相对偏差的数值在一般工程数值计算中是有代表性的。

表 11-2　双涡 Rayleigh-Bernad 流动计算结果的 Richardson 外推

网格	20×20×20	40×40×40	80×80×80	Richardson 外推值	相对偏差(%)
Nu	2.646	2.586	2.571	2.566	3.12
U_{max}	42.75	42.97	43.01	43.02	0.63
V_{max}	46.67	51.05	51.95	52.25	10.38
W_{max}	7.81	8.13	8.18	8.20	11.12

在进行复杂工程流动与传热问题的数值模拟时常常需要自行开发计算程序或发展某种离散格式。为了验证所开发的程序的正确性一般采用将典型问题计算结果与那些被普遍认可的所谓“基准解”来对比,下面我们就来讨论基准解问题。

所谓基准解是指被学术界普遍认同的可以用作为对比依据的一些典型问题的精确解或高精度数值解。常用的分析解有两类,即典型问题的精确解及人为构筑的精确解。典型问题的精确解能同时满足控制方程与边界条件。这些分析解虽然都是对比较简单的情形作出的,但通过合理地选取计算区域(见图 1-9)可以用来作复杂区域计算结果的考核依据。关于现有的 Navier-Stokes 方程的精确解的情况可见文献[97~99]。另一类人为构筑的精确解只满足 Navier-Stokes 方程而不管边界条件。例如:对二维不可压缩流体的非稳态 Navier-Stokes 方程有如下精确解[100]:

$$u = -\cos(\pi x)\sin(\pi y)e^{-2\pi^2 \nu t}$$

$$v = \sin(\pi x)\cos(\pi y)e^{-2\pi^2 \nu t}$$

$$p = -\frac{\cos(2\pi x) + \cos(2\pi y)}{4} e^{-4\pi^2 \nu t}$$

其中 u, v, p, t 均为无量纲量,稳态问题的解可令时间 $t=0$ 而得。ν 为流体的运动粘度。

文献中已有的部分高精度数值解汇总在表 11-3 中,高精度数值解的其它算例可参见文献[101]。

表 11-3　部分基准解汇总表

NO	物理问题及图示	参数范围	数值方法	文献
1	二维方腔顶盖驱动流 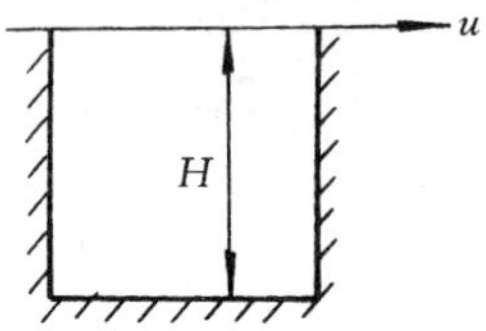	$Re = uH/\nu$ $Re = 10^2 \sim 10^4$	涡量-流函数法及多重网格法,$Re = 10^4$ 最密网格为 257×257	[102]
2	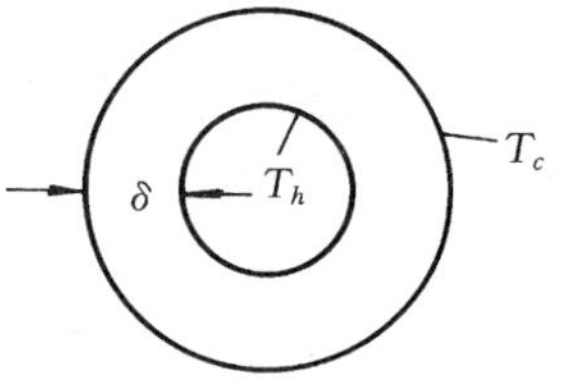	$Ra_\delta = \frac{g\alpha \Delta T \delta^3}{a\nu}$ $\Delta T = T_h - T_c$ $Ra = 10^3 \sim 10^5$	涡量流函数法,有干涉仪可视化图象	[103]
3	二维方腔自然对流 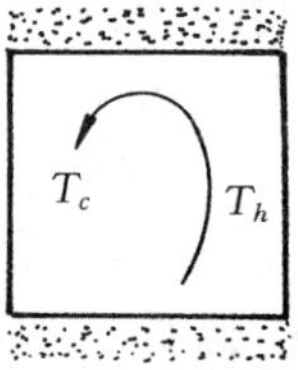	$Pr \approx 0.7$ $Ra = 10^3 \sim 10^{10}$	原始变量法、$k-\varepsilon$ 模型,壁面函数法,80×80	[104] [105]
4	二维环腔顶盖驱动流 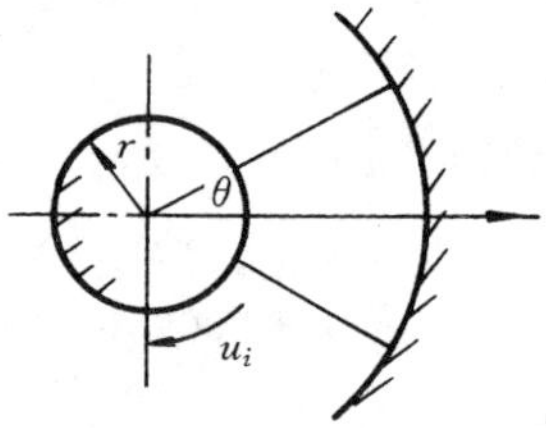	$Re = u_i r/\nu$ $Re = 60 \sim 350$ $2\theta = 1$ 弧度	涡量-流函数法,多重网格[106] 128×128,估计误差 0.1%～1%;原始变量法,自适应网格[107]	[106] [107]

续表 11－3

NO	物理问题及图示	参数范围	数值方法	文献
5	二维斜空腔顶盖驱动流	$Re=\frac{uL}{\nu}$ $Re=100,1000$ $\beta=30°,45°$	适体坐标方法，多重网格，速度与压力的耦合采用对称的多重线迭代法 256 × 256[108]，适体坐标，同位网格 SIMPLE 方法[109]	[108] [109]
6	后台阶流动与换热	$Re=u_1h/\nu=$ 10，20，50，100，200，500 $w_2/w_1=1.25\sim2$ $Pr=10^{-4}\sim10^3$ [110] $Re=800$[111]	原始变量法，压力用 Poisson 方程求解，60 × 40 网格[110] $\psi-\omega$ 方法，有限元方法，$Re=800$ 流动是稳定的[111]	[110] [111] [112]

11.5 计算传热学的商业软件

自从 1981 年英国 CHAM 公司首先推出求解流动与传热问题的商业软件 PHOENICS 以来，迅速在国际软件产业中形成了通称为 CFD 软件产业市场。到今天，全世界至少已有 50 余种这样的流动与传热问题的商业软件，在促进 CFD/NHT 技术应用于工业实际中起了很大的作用。本节中首先简要介质 CFD/NHT 商业软件的一般特点，然后对目前国际上比较著名的几个大型商业软件作简要介绍，并给出一些应用商业软件求解工程问题的文献。

11.5.1 CFD/NHT 商业软件的一般特点[113]

CFD/NHT 商业软件是一种高层次的、知识密集度极高的商业产品，一般有以下几个特点：

1. 软件中包含有较多的算例　为便于用户模仿、迅速掌握该软件的使用方法，商业软件中都包含有 11－4 节中所介绍过的那些典型问题的算例。这些算例常常做成一个例库,用户可任意提取并运行。

2. 软件应该有友好的用户界面和方便的前处理系统　使用商业软件的用户包括各个领域的工程技术人员,未必都是 CFD/NHT 的专业人才,商业软件应有通俗、灵活、方便的输入系统,使用户能方便地与计算机交流,输入有关信息(如计算条件等)。所谓前处理系统主要是指用于生成网格的软件模块,对复杂的求解区域网格生成功能的完善程度是评价一个商业软件的重要指标。

3. 软件一般有方便的模块接口,使用户可以加入自己开发的模块或其它商业软件　商业软件是不提供源程序的,只提供使用可执行文件的执照,用户要在商业软件中纳入该软件未包括的一些功能只能通过接口来实现。

4. 软件应有完善的后处理系统　对于计算节点数多达几万乃至几百万的计算结果如果只是以数字报表的形式输出,用户难以了解计算结果的全貌,实际上等于废纸一堆。商业软件一般都有完善地用图形显示计算结果的功能(包括对图形作平移、转动、缩放等功能)。有的软件还可显示迭代进行过程中守恒方程的不平衡余量的动态变化过程,以使用户能清楚地看到迭代过程的收敛情况。

5. 商业软件应有足够的文件系统以帮助用户熟悉与操作该软件

这种文件系统一般包括:(1) 使用说明书;(2) 在线帮助系统(*on-line help system*)两部分。

6. 商业软件应有较完备的错误防止及检测系统

11.5.2　几个主要的 CFD/NHT 商业软件简介

下面按商业软件名称的英语字母顺序简介一部目前应用较广的 CFD/NHT 商业软件。

1. CFX

该软件采用有限容积法、拼片式块结构化网格,在非正交曲线坐标(适体坐标)系上进行离散,变量的布置采用同位网格方式。对流项的离散格式包括一阶迎风、混合格式,QUICK,CONDIF,MUSCL 及高阶迎风格式。压力与速度的耦合关系采用 SIMPLE 系列算法(SIMPLEC),代数方程求解的方法中包括线迭代、代数多重网格、ICCG,Stone 强隐方法及块隐式(BIM)方法等。湍流模型中纳入了 $k-\varepsilon$ 模型、低 Reynolds $k-\varepsilon$ 模型,RNG(重整化群)$k-\varepsilon$ 模型、代数应力模型及微分 Reynolds 应力模型。可计算的物理问题包括不可压缩及可压缩流动、耦合传热问题、多相流、粒子输运过程、化学反应、气体燃烧(含 NO_x 生成模型)、热辐射等，同时还能处理滑移网格(*sliding grid*)，可用来计算透平机械中叶片间的流场。有很强的网格生成及后处理功能。瑞典 Volvo 汽车公司的外型设计中就采用了 CFX 来计算流场[114]。

2. FIDAP

这是英语 *Fluid Dynamics Analysis Package* 的缩写，系于 1983 年由美国 *Fluid Dynamics International*, *Inc*. 推出，是世界上第一个使用有限元法(FEM)的 CFD/NHT 软件。可以接受如 I-DEAS、PATRAN、ANSYS 和 ICEMCFD 等著名生成网格的软件所产生的网格。该软件可以计算可压缩及不可压缩流，层流与湍流，单相与两相流，牛顿流体及非牛顿流体的流动，凝固与熔化问题等。有网格生成及计算结果可视化处理的功能。应用 FIDAP 计算传热与流动问题的例子可见文献[115～118]。

3. FLUENT

这一软件由美国 FLUENT *Inc*. 于 1983 年推出，是继 PHOENICS 软件之后的第二投放市场的基于有限容积法的软件。它包含有结构化及非结构化网格两个版本。在结构化网格版本中有适体坐标的前处理软件，同时也可以纳入 PATRAN, ANSYS, I-DEAS 及 ICEMCFD 等专门生成网格的软件。速度与压力耦合采用同位网格上的 SIMPLEC 算法。对流项差分格式纳入了一阶迎风、中心差分及 QUICK 等格式。代数方程求解可以采用多重网格及最小残差法(GMRES)。湍流模型有标准 $k-\varepsilon$ 模型、RNG $k-\varepsilon$ 模型及 Reynolds 应力模型(RSM)等，在辐射换热计算方面纳入了射线跟踪法(*ray tracing*)。可以计算的物理问题类型有：定常与非定常流动，不可压缩与可压缩流动(对高 *Ma* 下的流动，专门另有 RAMPANT 软件)，含有粒子/液滴的蒸发、燃烧的过程，多组份介质的化学反应过程等。在其非结构化网格的版本(FLUENT/UNS)中采用控制容积有限元方法(CVFEM)，在该方法中采用类似于控制容积积方法来离散方程，因而可以保证数值计算结果的守恒特性，同时采用了非结构网格上的多重网格方法求解代数方程。1998 年 FLUENT 公司推出了自己研制的新的前处理网格生成软件 GAMBIT，并且将 FLUENT/UNS 与 RAMPANT 合并为 FLUENT5，应用 FLUENT 软件计算传热与流动的例子可参见文献[119～122]。

4. PHOENICS

这是世界上第一个投放市场的 CFD 商用软件(1981)，可以算是 CFD/NHT 商用软件的鼻祖。这一软件中所采用的一些基本算法，如

SIMPLE 方法、混合格式等，正是由该软件的创始人 D B Spalding 及其合作者 S V Patankar 等所提出的，对以后开发的商用软件有较大的影响。这一软件采用有限容积法，可选择一阶迎风、混合格式及 QUICK 等，压力与速度耦合采用 SIMPLEST 算法，对两相流纳入了 IPSA 算法（适用于两种介质互相穿透时）及 PSI-Cell 算法（粒子跟踪法），代数方程组可以采用整场求解或点迭代、块迭代方法，同时纳入了块修正以加速收敛。由于该软件投放市场较早，因而曾经在工业界得到较广泛的应用，在算例库中收入了 600 余个例子。为了说明其应用范围的广泛，该公司把其应用范围总结为从 *A* 到 *Z*，这从某一方面说明了 CFD/NHT 的应用广泛的程度，今列出如下：*Aerodynamics*（空气动学），*Burner*（燃烧器），*Cyclonic separation*（分离器中的分离），*Duct flow*（管道内流动），*Electnonic Cooling*（电子器件冷却），*Fire engineering*（防火工程），*Geophysical study*（地球物理研究），*Heat exchanger*（换热器），*Imepeller*（叶轮中的流动），*Jet*（射流），*Kiln*（炉室中的传热），*Lung*（肺部中的流动），*Mould filling*（浇铸中的充填过程），*Nozzle*（喷嘴中的流动），*Oil slick*（油膜运动），*Plume dispersal*（尾流的扩散），*Quality of air*（空气质量的预测），*Rocket*（火箭中的流动），*Stirred tank*（扰拌箱中的流动），*Tundish*（浇口漏斗中的场预测），*Urban pollution*（城市污染预测），*Vistol aircraft*（直升机流场分析），*Wet cooling tower*（湿式冷却塔流场分析），*Nox reduction*（降低燃烧中 NO_x 的分析），*Yacht*（游艇四周流场分析），*Zeppelin*（飞艇流场分析）。由于受到早期开发时所采用基本框架的限制，这一软件在人机界面上似不及后期开发软件来得灵活。近年来，PHOENICS 软件在功能与方法方面作了较大的改进，包括纳入了拼片式多块网格及细网格嵌入技术，同位网格及非结构化网格技术；在湍流模型方面开发了通用的零方程模型、低 Reynolds $k-\varepsilon$ 模型、RNG $k-\varepsilon$ 模型等。在网格生成方面，PHOENICS 与 ICEMCFD 及 PATRAN 等专门生成网格的软件建立了联接的界面等。PHOENICS 的最低版本 1.4 已可从互联网上卸载。应用 PHOENICS 计算的近期文献可见[123,124]。

5．STAR-CD

这一软件件名称的前半段系英语 *Simulation of Turbulent flow in Arbitrary Region* 的缩写，连字符后的 CD 是开发商 Computational Dynamics Ltd 的简称。这是基于有限容积法的一个通用软件。在网格生成方面，采用非结构化网格，单元的形状可以有六面体、四面体、三角形截面的棱柱体、金字塔形的锥体及六种形状的其它多面休，还可以与目前通用的 CAD/CAE 软件相联接，如 ANSYS，I-DEAS，NASTRAN，PATRAN 等，使 STAR－CD 在适应复杂计算区域的能力方面具有特别的优势。同时 STAR－CD 还可以处理滑移网格的问题，可用于多级透平机械内的流场计算。在差分格式方面，纳入了一阶迎风，二阶迎风，中心差分，QUICK 格式以及将一阶迎风与中心差分或 QUICK 等掺混而成的混合格式，在压力与速度耦合关系的处理方面，可选择 SIMPLE，PISO 以及称之为 SIMPISO 的算法（一种借用了 PISO 算法中处理非正交坐标系中压力梯度项处理方法的 SIMPLE 算法），其中 SIMPLE 及 SIMPISO 仅用于稳态而 PISO 可用于稳态及非稳态计算。在边界条件处理方面，可以处理给定压力的边界条件，周期性边界、辐射边界等复杂情形。在湍流模型方面纳入了标准 $k-\varepsilon$ 模型，RNG $k-\varepsilon$ 模型，及 $k-\varepsilon$ 两层模型等。应用这一软件可以计算稳态与非稳态流动，牛顿流体及非牛顿流体的流动，多孔介质中的流动，亚音速及超音速流动，涉及导热、对流与辐射换热的流动问题，涉及化学反应的流动与传热问题及多相流（气/液，气/固，固/液，液/液）的数值分析，这一软件在世界汽车工业中应用尤广（分析汽油机与柴油机中的流动与传热问题）。应用 STAR－CD 的文献可见[125～127]。

以上 5 种软件国内的有关高等学校或研究所均已引进。

结束语

本书前述各章较详细地介绍了有限容积法及其在求解基本的流动与传热问题中的应用。可以看到,通过几十年来各国研究者们的努力,今天我们已能够用数值的方法来求解几乎所有的流动与传热问题(在不同计算准确度的层次上)。当前像有限容积法这一类建筑在连续介质模拟基础上的数值方法正在进一步向着算法的健壮性,有效性及计算的准确性方法继续发展;另一方面为解决高新技术中涌现出来的流动与传热的新问题,如微时间与微尺度的流动与传热问题,一批建立在不连续介质层次上的新数值方法,包括格子—波尔兹曼方法,直接模拟蒙特—卡罗法以及分子动力学模拟等正在迅速地发展起来。可以预期,随着科学技术(尤其是计算机技术)的进一步发展与进步,建立在不同层次上的各种数值模拟方法都会在其适用范围内得到进一步的发展,使人们对工程技术领域中的各种迁移过程的物理机制及其规律能有更深层次的认识,在计算传热学的这一宽阔研究舞台上,必定会演出许多丰富多彩、有声有色的好戏来,使计算传热学成为解决工程技术问题的一种强有力的工具。

习 题

11－1 试导出公式(11－4a)及(11－4b)。

11－2 试导出公式(11－5)。

11－3 试将图 11－12 所示周期性波纹型通道的求解区域变成 $\xi-\eta$ 平面上的正方形(设 $\delta(x)$与 x 的依变关系为已知),并写出在计算平面上速度 u,v 的边界条件。

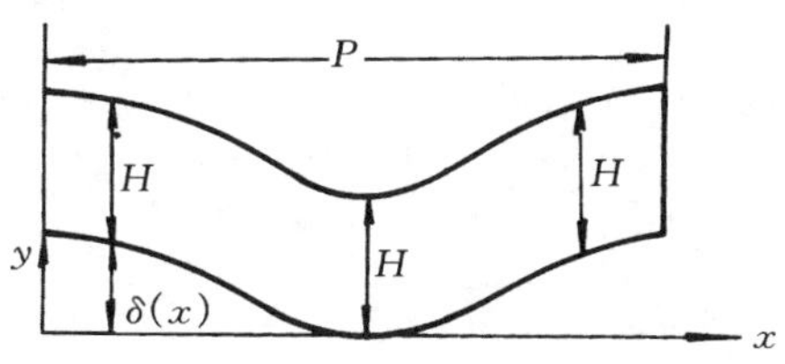

图 11－12 习题 11－3 的图示

11－4 对图 10－38 所示的问题,设流动与换热已进入周期性充分发展状态,在垂直于主流方向上管排数很多,试列出计算区域的四条平直边界上速度的边界条件。

11－5 如图 11－13 所示,流体在带肋的平板通道内作层流充分发展对流换热,平板外表面受均匀热流密度 q_0 的加热,比值 B/H 比较大,设已得出了充分发展时的速度场。(1) 试列出流体温度场的控制方程,并对温度作适当变换,使所得到的新方程既利用了周期性充分发展外表面均匀加热的条件,又利于进行数计算。(2) 列出新的温度场方程的边界条件并提出数值求解的方法。注意:如果采用真实温度 $T(x,y)$进行数值计算,则对 $T(x,y)$周期性充分发展的条件不能表示成为 $T(x,y)=T(x+s,y)$,参阅文献[15]。

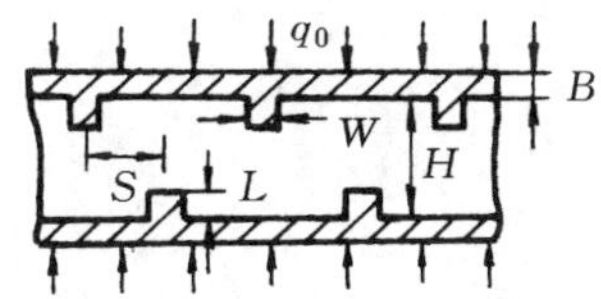

图 11－13 习题 11－4 的图示

11－6 为了计算流体在外表面带环肋的圆管中对流换热的发展过程,需要对实际问题作些简化。试提出一个物理模型,它既能考虑到外表面有肋与无肋区域换热条件的不同,又可方便地应用已有的轴对称问题的计算程序进行这一问题的数值计算[128]。

11－7 试说明为什么采用多孔介质模型来分析壳管式换热器的壳侧流场时,必须要引入分布阻力的概念？在文献[81,82]中对壳侧流体流动与换热的控制方程(11－19)中三个方向的表面渗透率取成相等,试对这种处理方法作出评价。

11－8 设某个对流-扩散问题的离散格式具有二阶截差。已经在两套各自均匀的网格上(步长分别为 $\Delta x_1,\Delta x_2$)得到了两组解 $\phi_{(1)}$及 $\phi_{(2)}$。试导出据此计算精确解的估计值 ϕ_{exact}的公式(两套网格均已属于渐近收敛阶段的网格)。

参考文献

1. Zabrodskiy S S. Several specific terms and concepts in Russian heat transfer notation. Heat Transfer—Soviet Research, 1972. 4(2): 1-4
2. Sparrow E M, Faghri M. Fluid-to-fluid conjugate heat transfer for a vertical pipe-internal forced convection. ASME J Heat Transfer, 1981. 102:402-407
3. Sparrow E M, Tao W Q. Buoyancy-driven fluid flow and heat transfer in a pair of interacting vertical parallel channels. Numer Heat Transfer, 1982. 5:39-58
4. Sparrow E M, Prakash C. Interaction between internal natural convection in an enclosure and external natural convection boundary-layer flow. Int J heat Mass Transfer, 1981. 24:895-907
5. Patankar S V. A numerical method for conduction in composite materials, flow in irregular geometries and conjugate heat transfer. In: Proceedings of the Sixth International Heat Transfer Conference, 1978. 3: 297-302
6. Tao W Q. Conjugated laminar convective heat transfer from internally finned tubes. ASME J Heat Transfer, 1987. 109:791-795
7. Barozzi A S, Pagliatini G. A method to solve conjugate heat transfer problems: the case of fully developed laminar flow in a pipe. ASME J Heat Transfer, 1985. 107:77-85
8. Schvech U I, Didenko O I, Lipovetskaya O D. Heat transfer computation of longitudinal fins with arbitrary profile under conjugated boundary condition. Industrial Thermal Techniques (in Russian), 1985. 792:5-9
9. Sunden B. Transient conjugate forced convection heat transfer from circular tubes in a cross flow. In: Lewis R W, Morgan J, eds. Numerical methods in heat transfer. Swansea: Pineridge Press, 1985. 231-246
10. Ramadhyani S, Moffat D F, Incropera F P. Conjugate heat transfer from small isothermal heat sources embedded in a large substrate. Int J Heat Mass Transfer, 1985. 28:1945-1952
11. Ebadian M A, Topakoglu H C, Amas O A. Convective heat transfer

for laminar flows in a multi-passage circular pipe subjected to an external uniform heat flux. Int J Heat Mass Transfer, 1986. 29:107-117

12. Lee W C, Tu Y H. Conjugate Leveque solution for Newtonian fluid in a plate channel. Int J Heat Mass Transfer, 1986. 29:941-947
13. Oliver D L R, Chung J N. Conjugate unsteady heat transfer from a spherical droplet of low Reynolds numbers. Int J Heat Mass Transfer, 1986. 29:879-889
14. Wijeysundera N E. Laminar forced convection in circular and flat ducts with axial conduction and external convection. Int J Heat Mass Transfer, 1986. 29:797-807
15. Webb B W, Ramadhyani S. Conjugate heat transfer in a channel with staggered ribs. Int J Heat Mass Transfer, 1986. 29:1679-1687
16. Kadle D S, Sparrow E M. Numerical and experimental study of turbulent heat transfer and fluid flow in longitudinal fin arrays. ASME J Heat Transfer, 1986. 108:16-23
17. Ho C J, Yih Y L. Conjugate natural convection heat transfer in an air-filled rectangular cavity. Int Comm Heat Mass Transfer, 1987. 14:91-100
18. Kuznetsov Yu N, Kalinin E I. Conjugated unsteady convective heat transfer in annuli. In: Proceedings of the Eighth International Heat Transfer Conference, 1986. 3:999-1004
19. Allen D H G, Childs E P. Conjugated heat transfer in disk-type transformer windings. In: Proceedings of the Eighth International Heat Transfer Conference, 1986. 6:2977-2982
20. Shyy W, Burke J. Study on iterative characteristics of convective-diffusive and conjugate heat transfer problems. Numer Heat Transfer, Part B, 1994. 26:21-27
21. Kim S H, Anand N K. Outflow boundary condition for the temperature field in channels with periodically positioned heat sources in the presence of wall conduction. Numer Heat Transfer, Part B, 1994. 25:163-176
22. Sun Y S, Emery A F. Multigrid computation of natural convection in enclosures with a conductive baffle. Numer Heat Transfer, Part A, 1994. 25:575-592

23. Lacroix M, Joyeux A. Natural convection heat transfer around heated cylinders inside a cavity with conducting walls. Numer Heat Transfer, Part A, 1995. 27:335-349

24. Anand N K, Chin C D, McMath J G. Heat transfer in rectangular channels with a series of normally in-line positioned plates. Numer Heat Transfer, Part A, 1995. 27:19-34

25. Zhao C Y, Tao W Q. Natural convections in conjugated single and double enclosure. Heat Mass Transfer, 1995. 30:175-182

26. Lopez J R, Anand N K, Fletcher L S. heat transfer in a three-dimensional channel with baffles. Numer Heat Transfer, Part A, 1996. 30:189-205

27. 韩鹏,陈熙,关于对流-导热耦合问题整体求解方法的讨论,见:陈熙,丁良士编,全国第七届计算传热学会议论文集.北京: 1997. 32-37

28. 杨沫,王育清,傅燕弘,陶文铨.家用冰箱冷冻冷藏室温度场的数值模拟.制冷学报,1991 年.(4)

29. 杨沫,王育清,傅燕弘,陶文铨.具有表面辐射的导热和对流耦合问题的数值计算方法.西安交通大学学报, 1992. 26(2):26-32

30. Beckermann C, Smith T F. Incorporation of internal surface radiant exchange in the finite volume method. Numer Heat Transfer, Part B, 1993. 23:127-133

31. Smith T F, Beckermann C, Weber S W. Combined conduction, natural convection, and radiant heat transfer in an electronic chassis. ASME J Electronic Packaging, 1991. 113:382-391

32. Sebben S, Baliga B R. Some extensions of tridiagonal and pendadiagonal matrix algorithm. Numer Heat Transfer. Part B, 1995. 28:323-357

33. Patankar S V, Liu C H, Sparrow E M. Fully developed flow and heat transfer in ducts having streamwise-periodic variations of cross-sectional area. ASME J Heat Transfer, 1977. 99:180-186

34. Sparrow E M, Prata A T. Numerical solution for laminar flow and heat transfer in periodically converging-diverging tube, with experimental confirmation. Numer Heat Transfer, 1983. 6:441-461

35. Patankar S V, Prakash C. An analysis of the effect of plate thickness on laminar flow and heat transfer in interrupted plate passage. Int J

Heat Mass Transfer, 1981. 24:1801-1810

36. Prata A T, Sparrow E M. Heat transfer and fluid flow characteristics for an array of periodically varying cross section. Numer Heat Transfer, 1984. 7:285-304

37. Asako Y, Faghri M. Heat transfer and fluid flow analysis for an array of interrupted plates, positioned obliquely to the flow direction. In: Proceedings of the Eighth International Heat Transfer Conference, 1986. 3:421-427

38. Kelkar K M, Patankar S V. Numerical prediction of flow and heat transfer in a parallel plate channel with staggered fins. ASME J Heat Transfer, 1987. 109:25-30

39. Kelkar K M, Choudhury D, Minkowycz W J. Numerical method for the computation of flow in irregular domains that exhibit geometric periodicity using nonstaggered grids. Numer Heat Transfer, Part B, 1997. 31:1-21

40. Amano R S. A numerical study of laminar and turbulent heat transfer in a periodically corrugated wall channel. ASME J Heat Transfer, 1985. 107:564-569

41. Amano R S. Bagherlee A, Smith R J, Niess T G. Turbulent heat transfer in corrugated wall channel with and without fins. ASME J Heat Transfer, 1987. 109:62-67

42. Xin R C, Tao W Q. Numerical prediction of laminar flow and heat transfer in wavy channel of uniform cross-sectional area. Numer Heat Transfer, 1988. 14:465-481

43. Xiao Q, Xin R C, Tao W Q. Analysis of fully developed laminar flow and heat transfer in asymmetric wavy channels. Int Comm Heat Mass Transfer, 1989. 16:227-236

44. Pang K, Tao W Q, Zhang H H. Numerical analysis of fully developed fluid flow and heat transfer for arrays of interrupted plates positioned convergently-divergently along the flow direction. Numer Heat Transfer, Part A, 1991. 18:309-324

45. Bai L, Mitra N K, Fibig M, Kost A. A multigrid method for predicting periodically fully developed flow. Int J Numer Methods Fluids, 1994. 18:843-852

46. Wang L B, Tao W Q. Numerical analysis on heat transfer and fluid flow for arrays of non-uniform plate length aligned at angles to the flow direction. Int J Numer Methods Heat Fluid Flow, 1997. 7(5):479-496
47. Wang L B, Tao W Q. Heat transfer and fluid flow characteristics of plate-array aligned at angles to the flow direction. Int J Heat Mass Transfer, 1995. 18:843-852
48. Yuan Z X, Tao W Q, Wang Q W. Numerical prediction for laminar forced convection heat transfer in parallel channels with streamwise periodic rod-disturbances. Int J Numer Methods Fluids, 1998. 28:1371-1381
49. Wang L B, Jiang G D, Tao W Q. Numerical simulation on heat transfer and fluid flow characteristics of arrays with nonuniform plate length positioned obliquely to the flow direction. ASME J Heat Transfer, 1998. 120(4);991-998
50. Hasnaoui M, Bilgen E, Vasseur P, Robillard L. Mixed convective heat transfer in a horizontal channel heated periodically from below. Numer Heat Transfer, Part A, 1991. 20:297-315
51. Bilgen E, Wang X, Vasseur P, Meng F, Robillard L. On the periodic conditions to simulate mixed convection heat transfer in horizontal channels. Numer Heat Transfer, Part A, 1995. 27:461-472
52. Wang G, Vanka S P. Convective heat transfer in periodic wavy passage. Int J Heat Mass Transfer, 1995. 38:3219-3230
53. Kim S Y, Kang B H, Hyuan J M. Heat transfer in the thermally developing region of a pulsating channel flow. lnt J Heat Mass Transfer, 1993. 36(127):4257-4266
54. Zhao T S, Cheng P. A numerical solution of laminar forced convection in a heated pipe subjected to a reciprocating flow. Int J Heat Mass Transfer, 1995. 38(16): 3011-3022
55. Valencia A. Effect of pulsating inlet on the turbulent flow and heat transfer past a backward-facing step. Int Comm Heat Mass Transfer, 1997. 24(7): 1009-1018
56. Kim S Y, Kang B H. Forced convection heat transfer from two heated blocks in pulsating channel flow. Int J Heat Mass Transfer, 1998. 41

(3): 625-634

57. Fusegi T. Numerical study of turbulent forced convection in a periodically ribbed channel with oscillating throughflow. Int J Numer Methods Fluids, 1996. 23:1223-1233
58. 何雅玲,高成名,陈钟颀,陶文铨.两种锥形脉管制冷机的数值模拟及其实验验证.工程热物理学报,2001. 22:5-8
59. Date A W, Singham J R. Numerical prediction of friction and heat transfer characteristics of fully developed laminar flow in tubes containing twisted tapes. ASME paper 72-HT-17,1972
60. Date A W. Prediction of fully developed flow in a tube containing twisted tape. Int J Heat Mass Transfer, 1974. 17:845-859
61. Trudell L C Jr, Adler R J. Numerical treatment of fully developed laminar flow in helically coiled tubes. AIChE J, 1970. 16:1010-1015
62. Zapryanov Z, Christov Ch, Toshev E. Fully developed laminar flow and heat transfer in curved tubes. Int J Heat Mass Transfer, 1980. 23:873-880
63. Joseph B, Smith E P, Adler R J. Numerical treatment of laminar flow in helically coiled tubes of square cross section. AIChE J, 1975. 21: 965-974
64. Cheng K C, Akiyama M. Laminar forced convection heat transfer in curved rectangular channels. Int J Heat Mass Transfer, 1970. 13:471-490
65. Cheng K C, Lin R C, Ou I W. Fully developed laminar flow in curved rectangular channels. ASME J Fluids Eng, 1976. 98:41-48
66. Komiyama Y, Mikami F, Okui K, Hori T. Laminar forced convection heat transfer in curved channels of rectangular cross sections. Heat Transfer-Japanese Res, 1984. 13(3):68-91
67. Sparrow E M, Liu C H. Heat transfer, pressure drop and performance relationships for in-line, staggered, and continuous plate heat exchangers. Int J Heat Mass Transfer, 1977. 22:1613-1625
68. Achaichia A, Cowell T A. A finite difference analysis of fully developed periodic laminar flow in inclined louver arrays. In: Proceedings of 2nd UK National Heat Transfer conference, Glasgow, 1988. 883-897
69. Achaichia A, Heikal M R, Sulaiman Y, Cowell T A. Numerical inves-

tigation on flow and friction in louver fin arrays. In: Proceedings of 10th International Heat Transfer Conference, Brighton, 1994. 4:333-338

70. Atkinson K N, Drakulie R, Heikal M R, Cowell T A. Two-and three dimensional numerical models of flow and heat transfer over louvered fin arrays. Int J Heat Mass Transfer, 1998. 41:4063-4080

71. Asako Y, Faghri M. Finite volume solutions for laminar flow and heat transfer in a corrugated duct. ASME J Heat Transfer, 1987. 107:627-634

72. Masliyah J H, Nandakamur K. Steady laminar flow through twisted pipes, heat transfer in square tubes. ASME J Heat Transfer, 1981. 103(3):785-790

73. 徐重光著.张量传热学.济南:上海科学技术出版社,1991. 460-507

74. Patankar S V, Spalding D B. A calculation procedure for the transient and steady state behavior of shell-and-tube heat exchanger. In: Afgan N F, Schlunder E U. eds. Heat exchanger: design and theory source book. New York: McGraw-Hill, 1974. 155-176

75. Sha W T, Yang L I, Kao T T, Cho S M. Multidimensional numerical modeling of heat exchanger. ASME J Heat Transfer, 1982. 104:417-425

76. Patankar S V, Spalding D B. Computer analysis of the three-dimensional flow and heat transfer in a steam generator. Forsch Ingenieurwe, 1978. 44(2):47-32

77. Majumdar A K, Singhal A K, Spalding D B. Numerical modeling of wet-cooling towers-Part I: mathematical and numerical model. ASME J Heat Transfer, 1983. 105:728-735

78. Majumdar A K, Singhal A K, Spalding D B. Numerical modeling of wet-cooling towers-Part II Application to natural and mechanical towers. ASME J Heat Transfer, 1983. 105:736-743

79. Spalding D B. Numerical solution procedures for heat exchanger equations. In Schlunder E U, et al. eds. Heat exchanger design handbook. Washington D C: Hemisphere Publishing Corporation, 1983. 1:1.4.1.1-1.4.3.6

80. Zhang C. Numerical modeling using a quasi-three-dimensional proce-

dure for large power plant condensers. ASME J Heat Transfer, 1994. 116:180-188

81. Prithiviraj M, Andrews M J. Three-dimensional numerical simulation of shell-and-tube heat exchangers. Part Ⅰ: foundation and fluid mechanics. Numer Heat Transfer. Part A, 1998. 33:799-816
82. Prithiviraj M, Andrews M J. Three-dimensional numerical simulation of shell-and-tube heat exchangers. Part Ⅱ: heat transfer. Numer Heat Transfer. PartA, 1998. 33:817-828
83. Spiga M, Spiga G. Transient temperature fields in cross flow heat exchangers. ASME J Heat Transfer, 1988. 110:49-53
84. 杨冬,陈听宽,杨仲明,李永兴,朱跃.锅炉受热面热力参数的解析—数值混合计算方法.机械工程学报,1999. 35(2):73～76
85. Roetzel W, Wuan Y. Transient behavior of multi-pass shell-and-tube heat exchanger. Int J Heat Mass Transfer, 1992. 35:703-701
86. 胡延东.壳管式换热器壳侧流场与温度场的三维数值模拟.西安交通大学硕士学位论文,2001. 5
87. Zukauskas A. Heat transfer from tubes in cross flow. In: Hartnett J P, Irvine T F, Jr. eds. Advnaces in heat transfer. 1972. New York: Academic Press, 8:93-158
88. Rehme K. Simple method of predicting friction factors of turbulent flow in noncircular channels. Int J Heat Mass Transfer, 1973. 16: 933-950
89. 杨世铭,陶文铨编著.传热学(第3版).北京:高等教育出版社, 1998. 12,164,177
90. Minkowycz E M, Sparrow E M, Pletcher R H, Schneider G E. eds. Handbook of numerical heat transfer. New York: John Wiley & Sons, 1988
91. Minkowycz W J, Sparrow E M. eds. Advances in numerical heat transfer(Volume 1). Washington D C:Taylor & Francis, 1997
92. Minkowycz W J, Sparrow E M. eds. Advances in numerical heat transfer(Volume 2). Washington D C: Taylor & Francis, 2000
93. Celik I, Zhang W M. Application of Richardson extrapolation to some simple turbulent flow calculation. FED, 1993. 158:29-38
94. Roache P J. Prospective: a method for uniform reporting of grid refine-

ment studies. ASME J Fluids Engineering, 1994. 116:405-413

95. Mukutmori D, Yang K T. Rayleigh-Bemad convection in small aspect ratio enclosure. ASME J Heat Transfer, 1993. 115:360-366

96. 屠珊,孙弼,毛靖儒,用外推法分析传热层流问题的不确定度.西安交通大学学报, 1999. 33(12):47-50

97. Berker R. Integration des equations du mouvement d'un fluide visqueux incompressible. In; Flugge S, ed. Handbuch der Physik. Berlin: Springer, 1963. 1-384

98. Wang C Y. Exact solutions of the steady-state Navier-Stokes equations, Annu Rev Fluid Mech, 1991. 23:159-177

99. Wang C Y. Exact solutions of unsteady Navier-Stokes equations. Appl Mech Rev, 1989. 42:S269-S282

100. Ethier C R, Steinman D A. Exact fully 3D Navier-Stokes solutions for benchmarking. Int J Numer Methods Fluids, 1994. 19:369-375

101. 陶文铨.计算传热学的近代发展.北京:科学出版社, 2000. 339-346

102. Ghia U, Ghia K N, Shin C T. High-Re solutions for incompressible flow using the Navier-Stokes equations and a multigrid method. J Comput Phys, 1982. 48:387-411

103. Kuehn T H, Goldsten R J. An experimental and theoretical study of natural convection in the annulus between horizontal concentric cylinders. J Fluid Mech, 1976. 695-719

104. Le Quere P. Accurate solutions to the square thermal driven cavity at high rayleigh number. Comput Fluids, 1991. 2091):29-41

105. Barakos G. Mitsoulis E. Natural convection in a square cavity revisited: laminar and turbulent flows with wall function. Int J Numer Methods Fluids. 18(7):695-719

106. Fuchs L, Tillmark N. Numerical and experimental study of driven flowin a polar cavity. Int J Numer Methods Fluids, 1985. 5:311-329

107. Lee D, Tsuei Y M. A hybrid adaptive gridding procedure for recirculating fluid flow problems. J Comput Phys, 1993. 108:122-141

108. Oosterlee C W, Wesseling P, Segal A. Benchmark solutions for the incompressible Navier-Stokes equations in general coordinates on staggered grids. Int J Numer Methoids Fluids, 1993. 17:301-321

109. Demirdzic I, Lilek Z, Peric M. Fluid flow and heat transfer test

problems for non-orthogonal grids: benchmark mark solutions. Int J Numer Methods Fluids, 1992. 15:339-354

110. Kondoh T, Nagano Y, Tsaji T. Computational study on laminar heat transfer downstream of a backward-facing step. Int J Heat Mass Transfer, 1993. 36(3):577-591

111. Gresho P M. Is the steady viscous incompressible two-dimensional flow over a backward-facing step at Re = 88 stable? Int J Numer Methods Fluids, 1993. 17:501-541

112. Gartling D K. A test problem of outflow boundary condition: flow over a backward-facing step. Int J Numer Methods Fluids, 1990. 11: 953-967

113. 吴振亚.从 CHAM 公司的建立与发展看软件产业的兴起.见:陶文铨,林汉涛,李长发,易希朗编.传热学的研究与进展.北京:高等教育出版社, 1995. 253-259

114. Ramnefors M. CFD in external aerodynamics at Volvo. CFX Update, 1997. (14);4

115. Thomas B G, Najjar F M. Finite element modeling of turbulent flow and heat transfer in continuous casting. Appl Math Modeling, 1991. 15:226-243

116. Grannis V B, Sparrow E M. Numerical simulation of fluid flow through an array of diamond-shaped pin fins. Numer Heat Transfer, Part A. 1991. 19:381-403

117. Fischer L, Marting H. Friction factors for fully developed laminar flow in ducts confined by corrugated parallel walls. Int J Heat Mass Transfer, 1997. 40(3):635-639

118. Kim W J, Boehm R E. Laminar buoyancy-enhanced convection flows on repeated blocks with asymmetric heating. Numer Heat Transfer, Part A. 1992. 22:421-434

119. Mathur S R, Murthy J Y. A pressure-based method for unstructured meshes. Numer Heat Transfer, Part B, 1997. 31:195-215

120. Lin C X, Zhang P, Ebadian M A. Laminar forced convection in the entrance region of helical pipe. Int J Heat Mass Transfer, 1997. 40 (14), 3293-3304

121. 杨小玉,徐佳莹,陶文铨.非牛顿流体在渐扩渐缩周期性通道内的层

流充分发展对流换热的计算.哈尔滨工业大学学报,1999. 31(增刊):67-70

122. 吴海玲,陈听宽,罗玉珊.应用不同紊流模型的维横向射流传热数值模拟研究(将载于西安交通大学学报)
123. Youn B, Mills A F. Flow of supercritical hydrogen in a uniformly heated circular tube. Numer Heat Transfer, Part A, 1993. 24:1-24
124. 孙召璞,陈江平,阕雄才,陈芝久.轻型客车空调室内3维流场温度场的数值模拟与实验研究,哈尔滨工业大学学报,1999. 31(增刊)124-128
125. Clayton R P, Leong W U A, Sanatian R, Issa R I, Xi G. A numerical study of the three-dimensional turbulent flow in the impeller of a high-speed centrifugal compressor. 1998. ASME paper 98-GT-49
126. Wang X, Hiyama H, Jia M, Hashimoto H. Numerical study on the behaviors of solidifying droplets of molten salt and its vapor in swirling flow. In: Tien C L, Cai R X, Xu J J. eds. Proceedings of ICET 99. Beijing: International Academic Press, 1999. 369-376
127. 席光,王尚锦.半开式离心压缩机湍流场数值分析.西安交通大学学报,1997. 31(5):91-96
128. Moukalled F, Acharya S. Forced convection heat transfer in a finitely conducting externally finned pipe. ASME J Heat Transfer, 1988. 110:571-576

主题索引

A

B

C

D

F

G

H

J

K

L

M

N

O

P

Q

R

S

T

V

W

X

Y

Z

作者索引

A

B

C

D

E

F

G

H

K

L

M

N

O

P

Q

R

S

T

X

Y

Z